13章 视频后期处理
案例实战——镜头效果光晕制作夜晚月光

10章 材质与贴图技术
案例实战——利用VRayHDRI贴图制作真实环境

08章 灯光技术
综合实战——目标平行光和VR灯光综合制作书房夜景效果

13章 视频后期处理
案例实战——镜头效果高光制作吊灯光斑

08章 灯光技术
案例实战——泛光灯、目标聚光灯制作烛光

12章 环境和效果
案例实战——利用火效果制作火焰

11章 灯光/材质/渲染综合运用
VRay渲染器综合——现代风格休息室

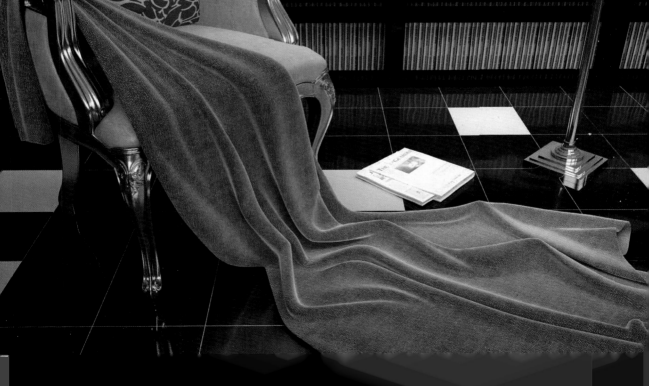

10章 材质与贴图技术
案例实战——利用VRayMtl材质制作吊灯

10章 材质与贴图技术
综合实战——利用VRayMtl材质制作美食

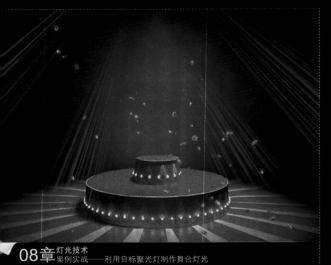

08章 灯光技术
案例实战——利用目标聚光灯制作舞台灯光

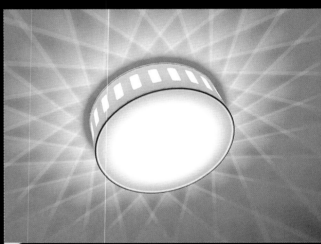

08章 灯光技术
案例实战——利用VR灯光制作壁灯

打带

10章 材质与贴图技术
案例实战——利用凹凸贴图制作墙体

08章 灯光技术
案例实战——利用自由灯光制作射灯

10章 材质与贴图技术
案例实战——利用噪波贴图制作拉丝金属

10章 材质与贴图技术
案例实战——利用VR灯光材质制作室外背景

11章 灯光/材质/渲染综合运用
VRay渲染器综合——现代风格厨房

08章 灯光技术
案例实战——利用目标灯光制作射灯

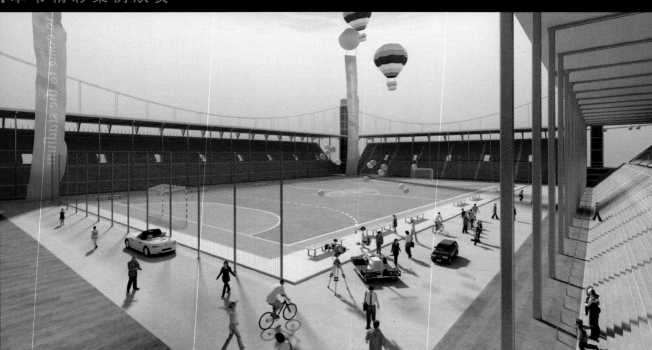

11章 灯光/材质/渲染综合运用
VRay渲染器综合——体育场日景效果

10章 材质与贴图技术
案例实战——利用Ink'n Paint材质制作卡通效果

10章 材质与贴图技术
案例实战——利用顶/底材质制作雪材质

08章 灯光技术
案例实战——利用VR灯光制作台灯

08章 灯光技术
综合实战——休息室灯光

10章 材质与贴图技术
案例实战——利用混合材质制作布纹

10章 材质与贴图技术
案例实战——利用VRayMtl材质制作木地板

10章 材质与贴图技术
案例实战——利用平铺贴图制作瓷砖

10章 材质与贴图技术
案例实战——利用VRayMtl材质制作陶瓷

16章 毛发系统
案例实战——Hair和Fur制作卡通草地

16章 毛发系统
案例实战——Hair和Fur制作兔子

16章 毛发系统
案例实战——hair和fur（WSN）修改器制作蒲公英

16章 毛发系统
案例实战——VR毛皮制作草地

12章 环境与效果
案例实战——为背景加载贴图

12章 环境与效果
案例实战——利用体积光制作丛林光束

08章 灯光技术
案例实战——利用VRayIES灯光制作射灯

10章 材质与贴图技术
案例实战——利用VRayMtl材质制作玻璃

10章 材质与贴图技术
案例实战——利用VRayMtl材质制作塑料

10章 材质与贴图技术
案例实战——利用标准材质制作乳胶漆

08章 灯光技术
案例实战——利用VR太阳制作阳光

08章 灯光技术
案例实战——利用VR灯光制作灯罩灯光

14章 粒子系统和空间扭曲
案例实战——超级喷射制作流星

14章 粒子系统和空间扭曲
案例实战——粒子流源制作雨滴

12章 环境与效果
案例实战——利用色彩平衡效果调整场景的色调

12章 环境与效果
案例实战——测试亮度和对比度效果

10章 材质与贴图技术
案例实战——利用VR边纹理贴图制作线框效果

10章 材质与贴图技术
案例实战——利用VR混合材质制作酒瓶

10章 材质与贴图技术
案例实战——利用噪波贴图制作水波纹

10章 材质与贴图技术
案例实战——利用棋盘格贴图制作地砖

08章 灯光技术
案例实战——利用目标灯光制作地灯

08章 灯光技术
案例实战——利用阴影灯光制作阴影效果

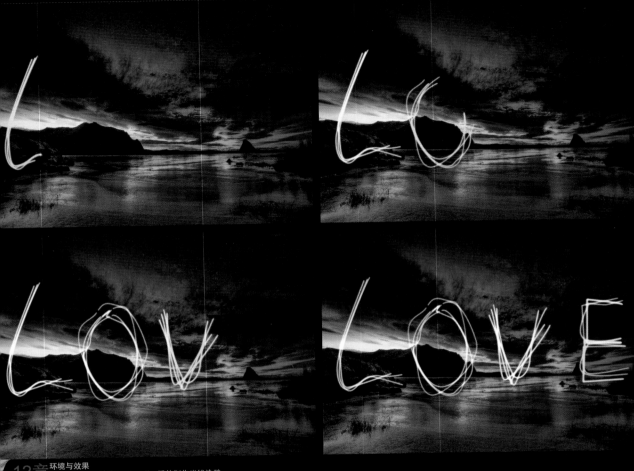

12章 环境与效果
案例实战——利用Ky_Trail Pro插件制作光线涂鸦

11章 灯光/材质/渲染综合运用

11章 灯光/材质/渲染综合运用
VRay渲染器综合——汽车展厅发布会

12章 环境与效果
案例实战——利用胶片颗粒效果制作颗粒特效

10章 材质与贴图技术

10章 材质与贴图技术

14章 粒子系统和空间扭曲
案例实战——超级喷射制作魔幻方体

14章 粒子系统和空间扭曲
案例实战——雪制作雪花动画

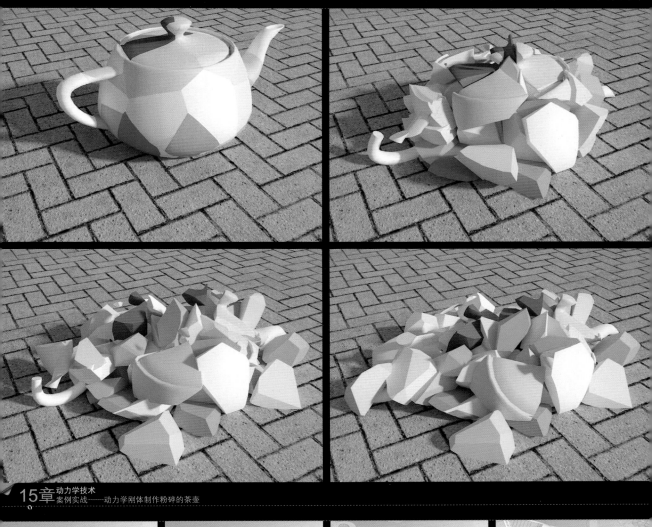

15章 动力学技术
案例实战——动力学刚体制作粉碎的茶壶

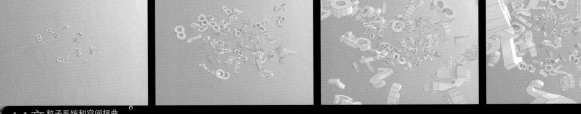

14章 粒子系统和空间扭曲
案例实战——粒子流源制作数字下落动画

14章 粒子系统和空间扭曲
案例实战——暴雪制作下雨

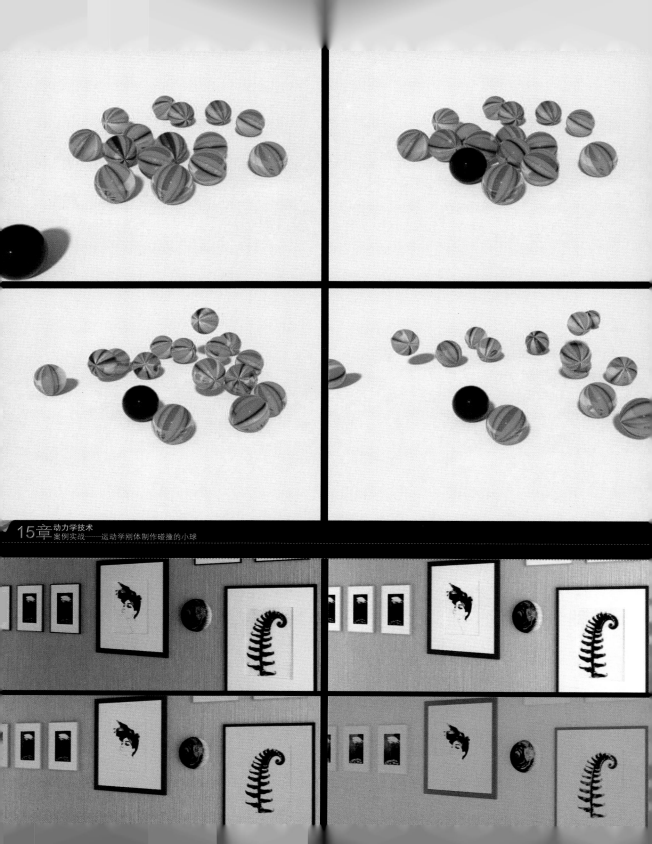

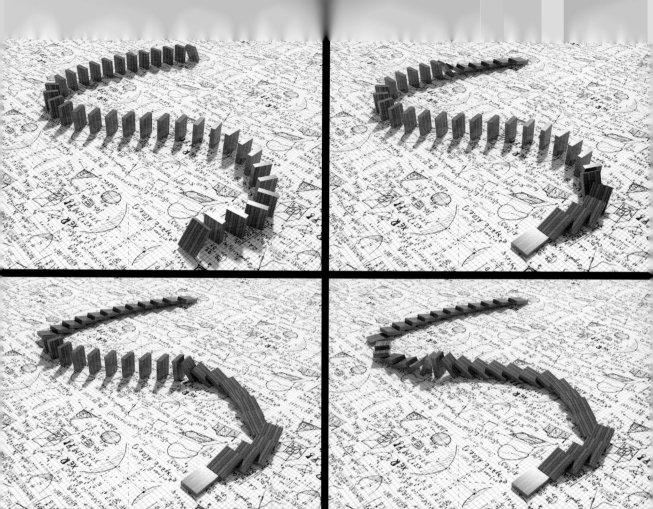

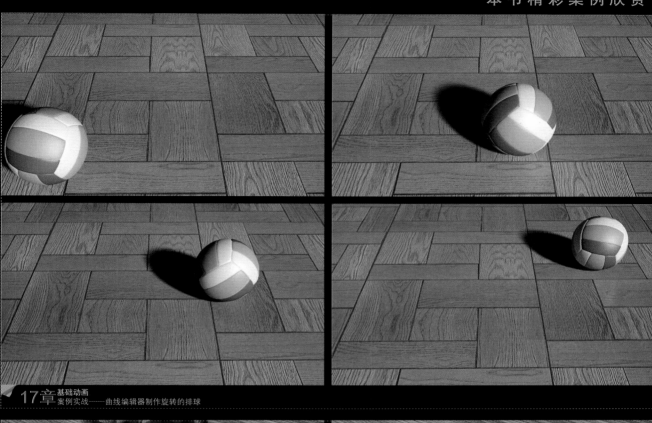

17章 基础动画
案例实战——曲线编辑器制作旋转的排球

15章 动力学技术
案例实战——动力学刚体制作下落的草莓

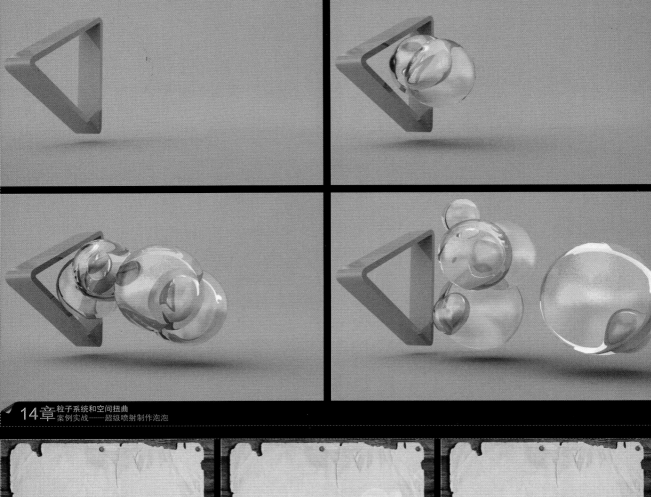

14章 粒子系统和空间扭曲
案例实战——超级喷射制作泡泡

17章 基础动画
案例实战——自动关键点制作气球动画

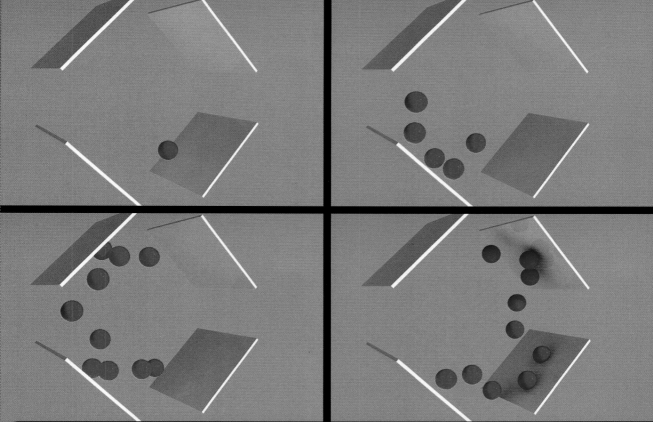

14章 粒子系统和空间扭曲
案例实战——粒子流源制作碰撞的小球

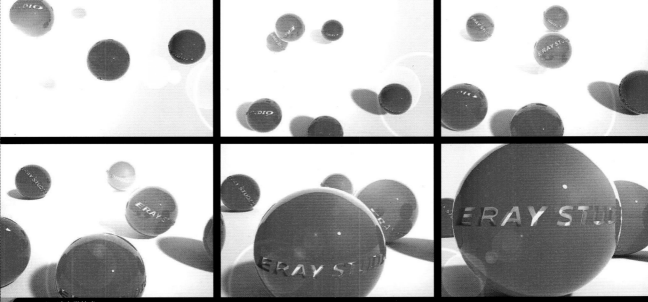

15章 动力学技术
综合实战——制作LOGO演绎动画

17章 基础动画
案例实战——切片制作建筑生长动画

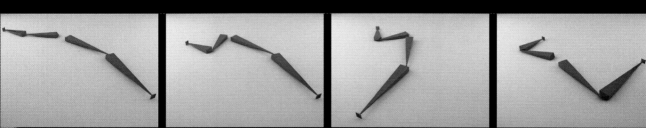

18章 高级动画
案例实战——为骨骼对象建立父子关系

15章 动力学技术
案例实战——运动学刚体制作击打保龄球

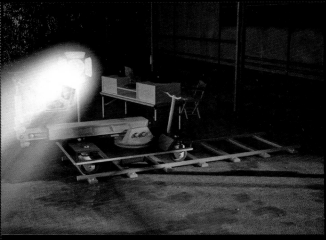
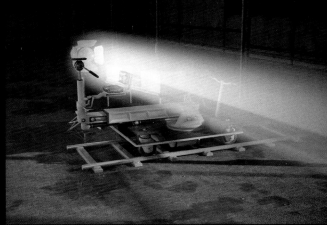
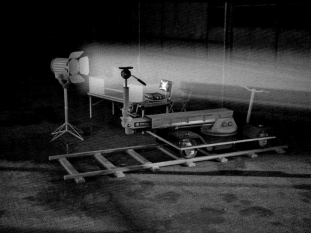

17章 基础动画
案例实战——摄影机拍摄动画

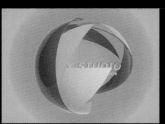

17章 基础动画
综合实战——关键帧制作球体转动LOGO

18章 高级动画
综合实战——骨骼对象制作踢球动画

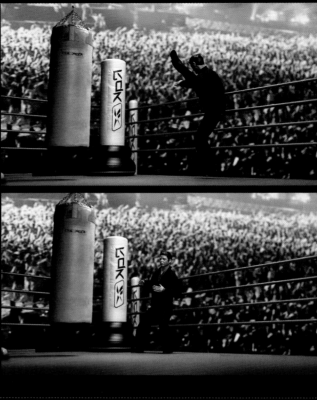

18章 高级动画
案例实战——Biped制作人物格斗

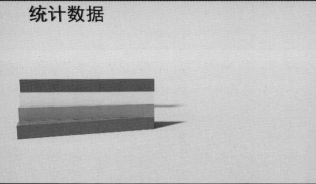
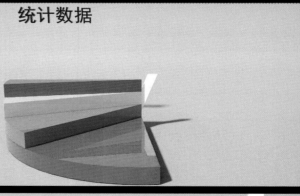
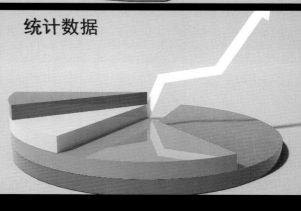

17章 基础动画
案例实战——关键帧制作三维饼形图动画

17章 基础动画
案例实战——自动关键点制作行驶的火车

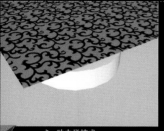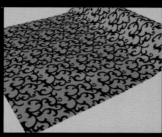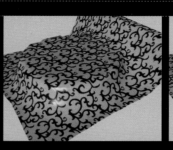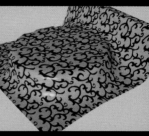

15章 动力学技术
案例实战——mCloth制作布料下落

15章 动力学技术
案例实战——mCloth制作下落的布料

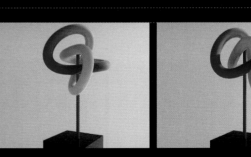

15章 动力学技术
案例实战——扭曲约束制作摆动动画

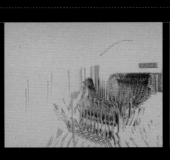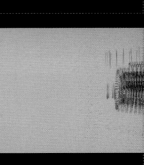

14章 粒子系统和空间扭曲
案例实战——爆炸制作爆炸文字

08章 灯光技术
案例实战——利用VR太阳制作黄昏

10章 材质与贴图技术
案例实战——利用多维子对象材质制作窗帘

03章 几何体建模
放样制作欧式顶棚

04章 样条线建模
线制作美式铁艺栅栏

06章 多边形建模
多边形建模制作皮椅子

06章 多边形建模
多边形建模制作古典镜子

07章 网格建模和
NURBS建模
网格建模制作床头柜

05章 修改器建模
【壳】修改器制作
睡椅

04章 样条线建模
样条线制作书架

04章 样条线建模
通道制作各种通道
模型

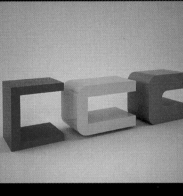

05章 修改器建模
【弯曲】修改器制
作变形台灯

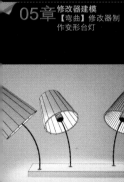

06章 多边形建模
制作床头柜

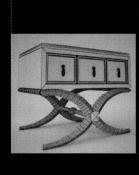

03章 几何体建模
放样制作油画框

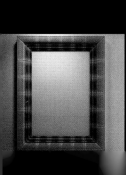

06章 多边形建模
多边形建模制作现
代风格雕塑

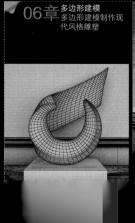

05章 修改器建模
【挤出】修改器制作书

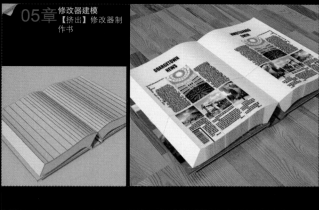

07章 网格建模和
NURBS建模
NURBS建模制作
抱枕

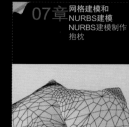
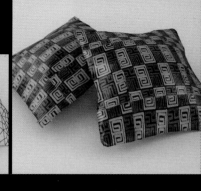

04章 样条线建模
矩形制作中式屏风

03章 几何体建模
创建多种楼梯模型

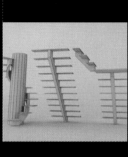
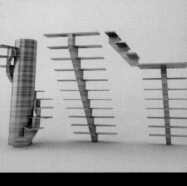

05章 修改器建模
【晶格】修改器制作现代水晶吊灯

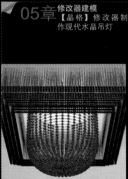
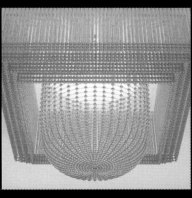

04章 样条线建模
圆制作创意镜子

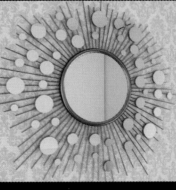

03章 几何体建模
切角长方体制作简约餐桌

06章 多边形建模
多边形建模制作镜子

03章 几何体建模
超级布尔制作烟灰缸

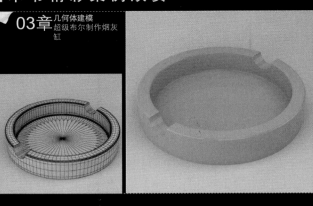

04章 样条线建模
文本制作LOGO

03章 几何体建模
标准基本体创建
石膏组合

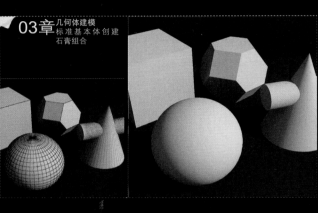

03章 几何体建模
标准基本体制作
台灯

05章 修改器建模
【车削】修改器
制作酒瓶

04章 样条线建模
线制作欧式吊灯

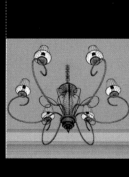
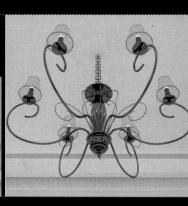

03章 几何体建模
创建多种植物

03章 几何体建模
长方体制作方形
玻璃茶几

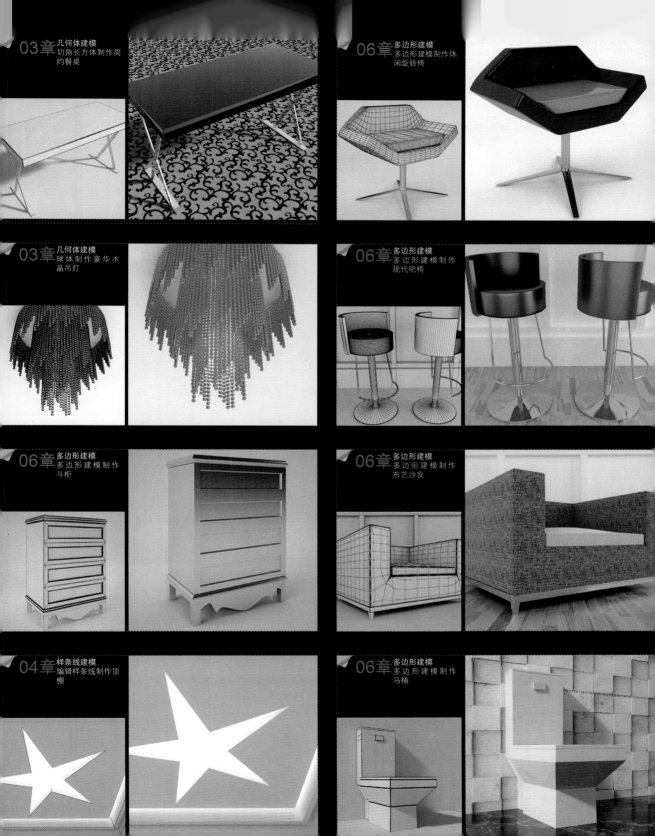

3ds Max 2013自学视频教程

唯美映像　编著

清华大学出版社

北　京

内 容 简 介

《3ds Max 2013自学视频教程》一书从专业、实用的角度出发，全面、系统地讲解3ds Max 2013的使用方法。主要内容包括3ds Max的界面和基本操作，几何体、样条线、修改器、多边形等基础建模技术，网格和NURBS高级建模技术，灯光、摄影机、材质和贴图技术，渲染技术的应用，环境和效果，视频后期处理，粒子系统和空间扭曲，动力学和毛发技术，以及基础动画和高级动画的制作等日常工作所使用到的全部知识点。在具体介绍过程中均辅以具体的实例，并穿插技巧提示和答疑解惑等，帮助读者更好地理解知识点，使这些案例成为读者以后实际学习工作的提前"练兵"。

本书是一本3ds Max完全自学视频教程，适合于3ds Max的初学者，同时对具有一定3ds Max使用经验的读者也有很好的参考价值，还可作为学校、培训机构的教学用书。

本书和光盘有以下显著特点：

1. 170节专业讲师录制的配套视频讲解，让自学更快、更有效。（最快的学习方式）

2. 170个中小实例循序渐进，从实例中学、边用边学更有兴趣。（提高学习兴趣）

3. 会用软件远远不够，会做商业作品才是硬道理，本书讲解过程中列举了许多实战案例。（积累实战经验）

4. 专业作者心血之作，经验技巧尽在其中。（实战应用、提高学习效率）

5. 赠送11个大型场景的设计案例，7大类室内设计常用模型共计137个，7大类常用贴图共计270个，30款经典光域网素材，50款360度汽车背景极品素材，3ds Max常用快捷键索引、常用物体折射率、常用家具尺寸和室内物体常用尺寸，方便用户查询。

本书封面贴有清华大学出版社防伪标签，无标签者不得销售。

版权所有，侵权必究。侵权举报电话：010-62782989 13701121933

图书在版编目（CIP）数据

3ds Max 2013自学视频教程/唯美映像编著. —北京：清华大学出版社，2015

ISBN 978-7-302-35409-3

Ⅰ. ①3… Ⅱ. ①唯… Ⅲ. ①三维动画软件－教材 Ⅳ. ①TP391.41

中国版本图书馆CIP数据核字（2014）第022927号

责任编辑：赵洛育
封面设计：刘洪利
版式设计：文森时代
责任校对：马军令
责任印制：刘海龙

出版发行：清华大学出版社
  网 址：http://www.tup.com.cn，http://www.wqbook.com
  地 址：北京清华大学学研大厦 A 座 邮 编：100084
  社 总 机：010-62770175 邮 购：010-62786544
  投稿与读者服务：010-62776969，c-service@tup.tsinghua.edu.cn
  质 量 反 馈：010-62772015，zhiliang@tup.tsinghua.edu.cn

印 装 者：三河市中晟雅豪印务有限公司
经 销：全国新华书店
开 本：203mm×260mm 印 张：33.25 插 页：20 字 数：1379 千字
  （附 DVD 光盘 1 张）
版 次：2015 年 6 月第 1 版 印 次：2015 年 6 月第 1 次印刷
印 数：1～3500
定 价：99.80 元

产品编号：049299-01

前　言
Preface

　　3D Studio Max，简称为3ds Max，是Discreet公司（现被Autodesk公司合并）开发的三维动画渲染和制作软件，是当今世界上应用领域最广、使用人数最多的三维动画制作软件，使用3ds Max可以完成高效建模、材质及灯光的设置，还可以轻松地将对象制作成动画。作为性能卓越的三维动画软件，3ds Max被广泛应用于如下领域：

　　■ 影视制作

　　您每天看到的电视栏目片头片尾三维动画、三维动画广告，以及经常看到的3D大片都有3ds Max参与制作。这些目不暇给、引人入胜的镜头离不开视觉特效制作的功劳，而3ds Max凭借其鲜明、逼真的视觉效果、色彩分级和配有丰富插件，受到各大电影制片厂和后期制作公司的青睐。3ds Max中的视觉效果技术在影片特效制作中大显身手，在实现电影制作人天马行空的奇思妙想的同时，也将观众带入了各种神奇的世界，创造出多部经典作品。

　　■ 室内外效果图

　　在建筑设计领域中，各种室内装潢效果图、景观效果图、楼盘效果图等，3ds Max都可以大显身手。使用3ds Max制作的建筑效果图比较精美，可以令观赏者赏心悦目，具有较高的欣赏价值；用户还可以根据环境的不同，自由地设计和制作出不同类型和风格的室内外效果图，对实际工程的施工也有着一定的直接指导性作用。因此，使用3ds Max创建的场景效果图，被广泛应用于售楼效果图、工程招标或者施工指导、宣传及广告活动。

　　■ 工业设计

　　现代生活中，人们对于生活消费品、家用电器的外观、结构和易用性有了更高的要求。通过使用3ds Max参与产品造型的设计，让企业可以很直观地模拟产品的材质、造型和外观等特性，从而提高研发效率。

　　■ 展示设计

　　使用3ds Max设计和制作的展示效果，不但可以体现设计者丰富的想象力、创造力、较高的观赏和艺术造诣，而且还可以在建模、结构布局、色彩、材质、灯光和特殊效果等制作方面自由地进行调整，以协调不同类型场馆环境的需要。

　　■ 电脑游戏

　　3ds Max是全世界数字内容的标准，3D业内使用量最大，是顶级艺术家和设计师优先选择的3D制作方案，世界很多知名游戏基本上都使用了3ds Max参与开发。当前许多电脑游戏中大量地加入了三维动画的应用，细腻的画面、宏伟的场景和逼真的造型，使游戏的视觉效果和真实性大大增加，同时也使得3D游戏的玩家愈来愈多，使3D游戏的市场得以不断扩大。

本书内容编写特点

1. 完全从零开始

　　本书以完全入门级、自学者为主要读者对象，通过对基础知识细致入微的介绍，辅助以对比图示效果，结合中小实例，对常用工具、命令、参数等做了详细的介绍，同时给出了技巧提示，确保读者零起点、轻松快速入门。

2．内容极为详细

本书内容涵盖了3ds Max几乎所有工具、命令常用的相关功能，是市场上内容最为全面的图书之一，可以说是入门者的百科全书、有基础者的参考手册。

3．例子丰富精美

本书的实例极为丰富，致力于边练边学，这也是大家最喜欢的学习方式。另外，例子力求在实用的基础上精美、漂亮，一方面熏陶读者朋友的美感，一方面让读者在学习中享受美的世界。

4．注重学习规律

本书在讲解过程中采用了"知识点+理论实践+实例练习+综合实例+技术拓展+技巧提示"的模式，符合自学的学习规律。

本书显著特色

1．大型配套视频讲解，让学习更快、更有效

光盘配备与书同步的自学视频，涵盖全书几乎所有实例，如同老师在身边手把手教您，让学习更轻松、更高效！

2．中小实例循序渐进，边用边学更有兴趣

中小实例极为丰富，通过实例讲解，让学习更有兴趣，而且读者还可以多动手，多练习，只有如此才能深入理解、灵活应用！

3．配套资源极为丰富，素材效果一应俱全

本光盘除包含书中实例的素材和源文件外，还赠送11个大型场景的设计案例，7大类室内设计常用模型共计137个，7大类常用贴图共计270个，30款经典光域网素材，50款360度汽车背景极品素材，以及3ds Max常用快捷键索引、常用物体折射率、常用家具尺寸和室内物体常用尺寸，方便用户查询。

4．会用软件远远不够，商业作品才是王道

仅仅学会软件使用远远不能适应社会需要，本书后边给出不同类型的综合商业案例，以便积累实战经验，为工作就业搭桥。

5．专业作者心血之作，经验技巧尽在其中

作者系艺术学院讲师，设计、教学经验丰富，大量的经验技巧融在书中，可以提高学习效率，少走弯路。

本书服务

1．3ds Max软件获取方式

本书提供的光盘文件包括教学视频和素材等，教学视频可以演示观看。要按照书中实例操作，必须安装3ds Max软件之后，才可以进行。您可以通过如下方式获取3ds Max简体中文版：

（1）登录官方网站http://www.autodesk.com.cn/咨询。

（2）到当地电脑城的软件专卖店咨询。

（3）到网上咨询、搜索购买方式。

2．关于本书光盘的常见问题

（1）本书光盘需在电脑DVD格式光驱中使用。其中的视频文件可以用播放软件进行播放，但不能在家用DVD播放机上播放，也不能在CD格式光驱的电脑上使用（现在CD格式的光驱已经很少）。

（2）如果光盘仍然无法读取，建议多换几台电脑试试看，绝大多数光盘都可以得到解决。

（3）盘面有胶、有脏物建议要先行擦拭干净。

（4）光盘如果仍然无法读取的话，请将光盘邮寄给：北京清华大学（校内）出版社白楼201 编辑部，电话：010-62791977-278。我们查明原因后，予以调换。

（5）如果读者朋友在网上或者书店购买此书时光盘缺失，建议向该网站或书店索取。

3．交流答疑QQ群

为了方便解答读者提出的问题，我们特意建立了如下QQ群：

3ds Max技术交流QQ群：134997177。（如果群满，我们将会建其他群，请留意加群时的提示）

4. 留言或关注最新动态

为了方便读者，我们会及时发布与本书有关的信息，包括读者答疑、勘误信息，读者朋友可登录本书官方网站（www.eraybook.com）进行查询。

关于作者

本书由唯美映像组织编写，唯美映像是一家由十多名艺术学院讲师组成的平面设计、动漫制作、影视后期合成的专业培训机构。瞿颖健和曹茂鹏讲师参与了本书的主要编写工作。另外，由于本书工作量巨大，以下人员也参与了本书的编写工作，他们是：杨建超、马啸、李路、孙芳、李化、葛妍、丁仁雯、高歌、韩雷、瞿吉业、杨力、张建霞、瞿学严、杨宗香、董辅川、杨春明、马扬、王萍、曹诗雅、朱于振、于燕香、曹子龙、孙雅娜、曹爱德、曹玮、张效晨、孙丹、李进、曹元钢、张玉华、鞠闯、艾飞、瞿学统、李芳、陶恒斌、曹明、张越、瞿云芳、解桐林、张琼丹、解文耀、孙晓军、瞿江业、王爱花、樊清英等，在此一并表示感谢。

特别说明

3ds Max软件版本更新很快，但无论怎样更新，其核心功能都不会改变，而对很多用户来说，最新版本的软件除了对自己电脑硬件的要求更高外，增加的新功能根本用不上，所以没必要盲目跟风。

衷心感谢

在编写的过程中，得到了吉林艺术学院副院长郭春方教授的悉心指导，得到了吉林艺术学院设计学院院长宋飞教授的大力支持，在此向他们表示衷心的感谢。本书项目负责人及策划编辑刘利民先生对本书出版做了大量工作，谢谢！

寄语读者

亲爱的读者朋友，千里有缘一线牵，感谢您在茫茫书海中找到了本书，希望她架起你我之间学习、友谊的桥梁，希望她带您轻松步入五彩斑斓的设计世界，希望她成为您成长道路上的铺路石。

唯美映像

目 录

Contents

170节大型高清同步视频讲解

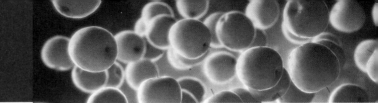

第1章

与3ds Max 2013的第一次接触

本章内容简介：

学习3ds Max首先要了解3ds Max的应用领域有哪些？使用的版本是什么？新增的功能有哪些？3ds Max创作的流程有几个步骤？了解这些内容，对学习软件是很有帮助的。本章将重点对以上问题进行解答。

本章学习要点：

- 了解3ds Max 2013的应用领域
- 了解3ds Max 2013的新增功能
- 了解3ds Max 2013的创作流程

1.1 3ds Max 2013的应用领域

3ds Max 2013为Autodesk公司出品的世界顶级的三维软件，在全世界范围内使用非常广泛。3ds Max凭借强大的功能，从诞生以来就一直受到CG艺术家的喜爱。3ds Max在模型塑造、场景渲染、动画及特效等方面都能制作出高品质的对象，这也使其在插画、影视动画、游戏、产品造型和效果图等领域中占据主导地位。

1.1.1 3ds Max 2013应用于插画领域

三维插画最能表达CG艺术家的个人作品情感，运用3ds Max可以创作幻想与现实的三维插画。如图1-1所示为优秀的插画作品。

图1—1

1.1.2 3ds Max 2013应用于影视动画领域

影视动画中常常使用到三维画面，用来弥补拍摄所不能达到的效果，如制作蜘蛛人、卡通人物等。如图1-2所示为优秀的影视动画效果。

图1—2

1.1.3 3ds Max 2013应用于游戏领域

随着计算机硬件的不断升级和发展，三维游戏在计算机上的运算速度越来越快，因此也备受玩家喜爱，而且目前大批量的三维游戏也出现在手机软件中，打破了几年前几乎没有三维游戏的局面。如图1-3所示为优秀的游戏作品。

图1—3

1.1.4 3ds Max 2013应用于产品造型领域

产品造型设计是科技发展过程中衍生出的行业，几乎所有的产品都需要设计外形，甚至连一个小小的按钮都需要进行设计，而使用3ds Max可以进行模拟和演示，大大提高了工作的效率，提高了科技发展水平。如图1-4所示为游戏中的造型作品。

图1-4

1.1.5 3ds Max 2013应用于效果图领域

效果图制作是室内外设计中非常重要的一个环节，而3ds Max是最擅长制作效果图的三维软件，而且结合VRay渲染器使得3ds Max的效果更逼真、更震撼，它不仅可以模拟小场景，而且可以模拟超大的鸟瞰场景。如图1-5所示为游戏中的效果图作品。

图1-5

 技巧提示

从3ds Max 2009开始，Autodesk公司推出了两个版本的3ds Max，一个是面向娱乐专业人士的3ds Max，另一个是专门为建筑师、设计师以及可视化设计而量身定制的3ds Max Design，对于大多数用户而言，这两个版本的功能是相同的。本书采用中文版3ds Max 2013版本来编写，请用户注意。

1.2 3ds Max 2013新增功能

Autodesk 3ds Max 2013软件继续超越其渲染变革和智能数据计划的极限，提供功能强大的交互式渲染体验，通过在NVIDIA iray渲染器中提供ActiveShade支持简化了迭代循环开发；通过集成的基于节点的合成提供新的渲染过程系统、状态集，并提供行业领先的与Adobe After Effects和Photoshop软件的互操作性。

此外，新的运动图形、动画和模拟工具使美工人员可以将更多精力专注在创作而不是解决技术难题上，同时，灵活的新自定义选项能够轻松进行配置并在已按他们的工作方式优化的界面间切换。最后，增强的与Autodesk Maya2013、Autodesk MotionBuilder 2013和Autodesk 2013 Revit Architecture 2013软件的互操作性有助于确保3ds Max 2013有效地集成到现代制作流程中。

1.2.1 建模新增功能

📋 无模式【阵列】对话框

【阵列】对话框现在是无模式的，这意味着用户可以在对话框处于打开状态时导航视口。例如，如果阵列超出了视口边界，可以平移和缩放视口以使整个阵列位于视野内。

📋 卵形样条线

卵形样条线可以创建形状类似鸡蛋的样条线。提供卵形样条线是为了支持 Autodesk Civil View 管网功能，如图1-6和图1-7所示。

图1-6　　　　　　　图1-7

Hair和Fur

在 Autodesk 3ds Max 2013中，Hair 和 Fur 已通过多种方式得以改进，改进的功能包括更好的视口显示、通过使用平铺内存的方式获得更高的效率、新材质选项及新的海市蜃楼参数、成束和多股功能。

适用于 3ds Max Design 的 Autodesk Civil View

Autodesk Civil View 仅随 3ds Max Design 一起提供。对于 3ds Max Design 2013，Civil View 随 3ds Max Design 一起安装，不需要单独进行安装。但是，若要运行 Civil View，必须将其初始化，然后重新启动 3ds Max Design。如图1-8所示为使用Autodesk Civil View 制作的动画效果。

图1-8

1.2.2　动画新增功能

MassFX增强功能

使用模拟解算器 MassFX 统一系统的多种增强功能和新功能，美工人员现在可以享用更集成精确的动力学工具集。高光是具有可撕裂纺织品的新mCloth模块，支持动力学碎布玩偶层次。此外，改进的约束、更好的轴点处理和增强的UI可读性均有助于改进整体工作流程。

gPoly格式

使用新的gPoly几何体格式可迅速加快角色动画工作流程。gPoly以由3ds Max 内部使用的硬件网格格式生成对象，无须从可编辑格式转换为内部硬件格式。这样便可在变形高分辨率网格（如使用【蒙皮】修改器）时加速动画播放。gPoly可在网格变形不更改拓扑的情况下加速播放。

重定时工具

现在，动画制作者可以对动画部分进行重定时，以控制其播放速度。不要求对该部分中存在的关键帧进行重定时，并且在生成的高质量曲线中不创建其他关键帧。

轨迹视图修改

为了使 3ds Max 轨迹视图动画编辑器更接近于同类产品（如 Autodesk Maya），已重新设计菜单布局，形成了一个更紧凑的界面。请参见轨迹视图菜单栏。

动画商店

Autodesk 3ds Max 2013 附带了一个动画商店，从中可以在购买运动数据之前通过自动重定位预览数百个与 Biped 或CAT角色相关的运动剪辑。要使用动画商店，请选择【动画】菜单中的【Autodesk 动画商店】命令。

64 位产品支持 QuickTime

在 64 位版本的 3ds Max 和3ds Max Design中添加了对 Apple QuickTime的支持。

1.2.3　【蒙皮】修改器的改进

为了更有效地管理附加到【蒙皮】修改器的骨骼，现在可以对骨骼列表按字母顺序升序或降序排序。通过仅显示匹配的条目而不是简单地高亮显示列表中匹配的条目，搜索列表也可以节省时间。

1.2.4　场景管理

工作空间

单个 3ds Max 会话现在可以托管多个工作台，即不同的用户界面排列。在工作台之间切换如同从下拉列表框中选择名称一样简单，创建新工作台同样也如此简单。

状态集

现在使用了全新的状态集渲染过程系统，用户可以更有效地为Autodesk Smoke 2013、Adobe After Effects、Adobe Photoshop 软件和其他图像合成应用程序创建渲染元素。通过状态录制器，美工人员可以捕获、编辑并保存当前状态，同时可视界面会显示合成和渲染元素关联在一起以创建最终结果的过程。美工人员可以更快速地从单个文件设置和执行多个渲染过程也可以修改各个过程，而无须重新渲染整个场景，从而提高了工作效率。

此外，部分状态集是新的每天同步功能，可提供摄影机、灯光、**Null** 对象、平面对象/实体、连续镜头（包括连续镜头分层）、混合模式、不透明度和效果的双向传输。使用该功能，美工人员可以更有效地进行迭代工作，并减少重做，以在更短的时间内完成项目。

视口布局

通过新的视口布局功能，可以在单个场景中存储多个视口设置，也可以通过单击鼠标在这些视口之间切换。

1.2.5 天光

对于天光对象，可以指定为所有渲染器提供照明的天空颜色贴图，包括高动态范围（HDR）贴图。它们还为 Nitrous 视口提供照明级别和阴影。与Autodesk 3ds Max 2013 之前的版本不同，天空颜色贴图不需要光跟踪器。

1.2.6 视口

渐变背景

现在，视口可以将垂直渐变作为背景，这是透视视口的默认设置。通过使用【自定义用户界面】➤【颜色】面板可以设定渐变的自定义颜色。此外，视口背景控件已合并到新的【视口配置】对话框➤【背景】面板中，并在【视图】菜单和【明暗处理视口标签】菜单中显示相应的选项。

Nitrous 视口

Nitrous加速图形核心进行了大量改善。美工人员将尽享提高后的处理大型场景时的绘图性能，以及对基于图像的照明、景深、加速的粒子流显示、新面和粘土明暗器的支持。此外，通过MAXScript更改场景图形的功能，对大型场景中阴影的支持，以及改进的室内场景的工作流程，都扩展了 Nitrous 的功能。

1.2.7 【Slate 材质编辑器】改进功能

【Slate 材质编辑器】界面在多个方面都进行了更新，提高了可用性。新功能包括增强的右键单击菜单功能、将材质的节点视图应用到选定对象的选项、新材质库选项以及参数可见的节点的特殊高亮显示。

1.2.8 渲染

【渲染设置】对话框

【渲染设置】对话框中的新下拉菜单可让用户在产品级渲染、迭代渲染和ActiveShade渲染之间进行选择。此菜单还可以启动网络渲染，而现在的网络渲染是一个操作而不是切换。此菜单还可扩展，允许第三方开发人员添加新的渲染模式。

iray渲染器

Autodesk 3ds Max 2013 附带的 iray 版本已升级到 iray v2.1。可以将 iray 渲染器用作 ActiveShade 渲染器。新的【硬件资源】卷展栏可让用户管理指定给渲染（无论是 ActiveShade 渲染还是产品级渲染）的处理器资源。

iray 渲染器现在支持运动模糊，从而可帮助美工人员创建更逼真的移动元素的图像。并且，产品级 iray 渲染器现在可以更快速地执行【要渲染的区域】。此外，还进行了大量改进，例如，支持【无漫反射凹凸】、圆角效果和更多的程序贴图；改进了天空门户、光泽折射、半透明和 IOR（折射率）；室外场景收敛更快速，输出分辨率处理也更高的功能，如图1-9所示。

图1—9

mental ray渲染器

【mental images】库已重命名为 NVIDIA 库，这些文件的路径现在是 3ds Max 根文件夹中的NVIDIA 文件夹。明暗器集与早期版本相同，并且场景描述文件保留了MI文件扩展名。Autodesk 3ds Max 2013 附带的 mental ray 版本已升级到 mental ray 3.10。可以通过【主菜单/帮助/附加帮助】来访问mental ray帮助。

1.2.9　互操作性

◨ FBX 文件链接更强

使用文件链接管理器可以直接导入 Revit Architecture（RVT）文件。文件链接选项显示在"应用程序"菜单 ➤【导入】组中，以便于访问。

◨ 增强的几何体文件支持

对 Autodesk DirectConnect 系列转换器的全新支持能够让 Autodesk 3ds Max 2013 用户使用以下 CAD（计算机辅助设计）产品与工程师交换工业设计数据：AutoCAD 软件、Autodesk Inventor软件、Autodesk Alias软件、Dassault Systèmes SolidWorks和Catia系统、PTC Pro/ENGINEER 、Siemens PLM Software NX、JT™ 等。支持各种文件格式，但对其中某些格式的支持需要许可。数据将导入为可根据需要进行交互式重新细分的原有实体对象。

DirectConnect 现在用于 IGES 导入，因此 IGES 几何体作为实体对象而不是作为 NURBS 导入。Autodesk 3ds Max 2013 现在还可以直接将网格导出为 WIRE 格式。

◨ 【发送到】子菜单

【发送到】子菜单现在提供对 Autodesk Maya 和 Autodesk Infrastructure Modeler的一键单击支持。发送到 Autodesk Maya 或 Autodesk MotionBuilder 或从 Autodesk Maya 或 Autodesk MotionBuilder 发送可以将两足动物 CAT 装备转换为 HumanIK 骨架，反之亦然。

◨ Maya 交互模式

通过新的 Maya 交互模式，熟悉Autodesk Maya 软件的美工人员可以在 3ds Max 中使用与 Maya 中一样的鼠标和按键组合导航视口。使用两个程序包时能够使用统一的样式有助于节省时间并降低用户挫败感。此外，交互模式可根据个人偏好进行自定义。

◨ 已停止使用的导出格式

Autodesk 3ds Max 2013 不再导出 JSR-184（M3G）文件。

1.2.10　内部改进

◨ 3ds Max SDK 的 .NET 曝光

Autodesk 3ds Max 2013 SDK（软件开发工具包）提供了改进的 .NET 曝光，使其可通过 .NET 识别的语言进行访问。.NET Framework 可提供无用数据收集和映像功能，有助于加速软件开发。内置的 .NET 库也有助于简化常见任务，如构建用户界面、连接到数据库、解析 XML 和文本、数值计算以及通过网络通信。

◨ 多语言展开

Autodesk 3ds Max 2013 现在使用 Unicode 标准，便于在单个可执行文件中提供多种语言。这为美工人员提供了便利，使他们能够选择语言运行该软件，而无须重新安装。

1.3　3ds Max的创建流程

通常3ds Max的创建流程包括6个部分，即创建对象模型—材质设置—灯光设置—摄影机设置—动画设置—渲染输出。这只是一个通常的流程，不代表所有的作品都需要严格按照这个流程去做，如可以先设置灯光再设置材质，也可以先设置摄影机再设置灯光，需要读者较为灵活地操作。

1.3.1　创建对象模型

制作作品的第一步是创建模型，只有有了模型，才可以去设置材质、灯光、动画等。制作模型的方法很多，在第3~7章中可以进行细致的学习。如图1-10所示为创建的模型。

1.3.2　材质设置

材质可以称为模型的"衣服"，创建材质需要使用材质编辑器进行设置，第10章"材质与贴图技术"将对其进行详细的介绍，从而帮助读者制作出美轮美奂的材质和贴图效果。如图1-11所示为制作完成的材质和贴图效果。

1.3.3　灯光设置

灯光非常容易理解，是产生光影的利器。有了灯光，物体才会有体积感，因此掌握如何制作灯光、如何表现体积感、如何增大画面灯光层次是非常重要的，不同的灯光也会产生不同的视觉、心理感受。如图1-12所示为创建的两类灯光。

1.3.4　摄影机设置

摄影机不仅可以起到固定画面角度的作用，而且可以控制场景的透视、明暗、光晕等特殊效果。如图1-13所示为场景设置了一台摄影机。

  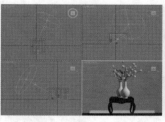 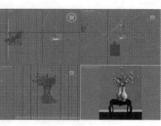

图1—10　　　　　　　图1—11　　　　　　　图1—12　　　　　　　图1—13

1.3.5　动画设置

动画是3ds Max较为强大的一个模块，可以使用【自动关键点】按钮快速设置场景动画。当然也可以使用其他的动画工具制作更为逼真的效果。如图1-14所示为设置的摄影机动画效果。

图1—14

1.3.6　渲染输出

渲染输出是把作品从3ds Max软件中生成出来的一个步骤，也是制作作品的最后一个步骤。为了使渲染更加真实，往往采用VRay渲染器进行渲染。如图1-15所示为使用VRay渲染器渲染作品的最终效果。

图1—15

本章小结

本章简单介绍了3ds Max的应用领域，3ds Max 2013的新增功能，以及3ds Max作品的一般创建流程，能够使读者对3ds Max 有一个大体的认识。

第2章

3ds Max的界面
和基础操作

本章内容简介:

学习3ds Max首先要了解其工作界面和基础操作。本章将介绍很多简单但较常用的工具、操作,这也是读者必须要完全掌握的。

本章学习要点:

- 熟悉3ds Max 2013的操作界面
- 掌握3ds Max 2013的常用工具
- 掌握3ds Max 2013文件的基本操作
- 掌握3ds Max 2013对象的基本操作

安装好3ds Max 2013后，可以通过以下两种方法来启动：

01 双击桌面上的快捷方式图标。

02 选择【开始/程序/Autodesk/Autodesk 3ds Max 2013 64-bit/Languages/Autodesk 3ds Max 2013 64-bit - Simplified Chinese】命令，如图2-1所示。

图2—1

在启动3ds Max 2013的过程中，可以看到3ds Max 2013的启动画面，首次启动速度会稍微慢一些，如图2-2所示。

图2—2

技术专题——如何使用欢迎对话框？

在初次启动3ds Max 2013时，系统会自动弹出【欢迎使用3ds Max】对话框，其中包括【缩放，平移和旋转，导航要点】、【创建对象】、【编辑对象】、【指定材质】、【设置灯光和摄影机】、【动画】和新功能等，如图2-3所示。单击相应的图标即可观看视频教程。

图2—3

首次开启3ds Max，欢迎对话框都会弹出来，当不需要每次都弹出来时，可以取消选中【在启动时显示此欢迎屏幕】复选框，如图2-4所示。

图2—4

3ds Max 2013的工作界面分为标题栏、菜单栏、主工具栏、视口区域、命令面板、时间尺、状态栏、时间控制按钮、视口导航控制按钮和标准视口布局10大部分，如图2-5所示。

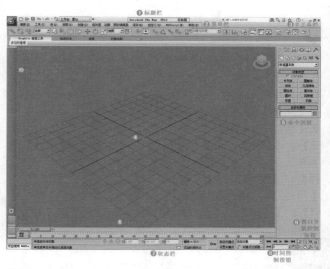

图2—5

默认状态下，3ds Max的各个界面都是保持停靠状态的，若不习惯这种方式，也可以将部分面板拖曳出来，如图2-6所示。

拖曳此时浮动的面板到窗口的边缘处，可以将其再次进行停靠，如图2-7所示。

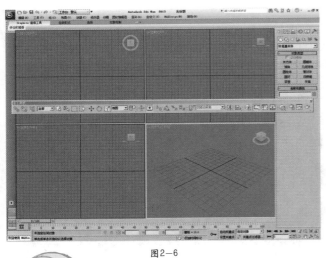

图2-6

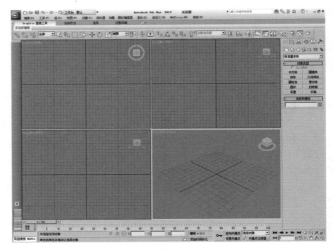

图2-7

2.1 标题栏

3ds Max 2013的标题栏主要包括5个部分，分别为【应用程序】按钮、快速访问工具栏、版本信息、文件名称和信息中心，如图2-8所示。

图2-8

 【应用程序】按钮

单击【应用程序】按钮，将会弹出一个用于管理文件的下拉菜单，该菜单与之前版本的【文件】菜单类似，主要包括【新建】、【重置】、【打开】、【保存】、【另存为】、【导入】、【导出】、【发送到】、【参考】、【管理】、【属性】、【最近使用的文档】、【选项】和【退出】14个常用命令，如图2-9所示。

图2-9

★ **案例实战——打开3ds Max文件**

场景文件	01.max
案例文件	案例文件\Chapter 02\案例实战——打开3ds Max文件.max
视频教学	视频文件\Chapter 02\案例实战——打开3ds Max文件.flv
难易指数	★☆☆☆☆
技术掌握	掌握打开3ds Max文件的5种方法

01 直接找到文件【场景文件/Chapter02/01.max】并双击即可，如图2-10所示。

02 直接找到文件，单击该文件，并将其拖曳到3ds Max 2013的图标上，如图2-11所示。

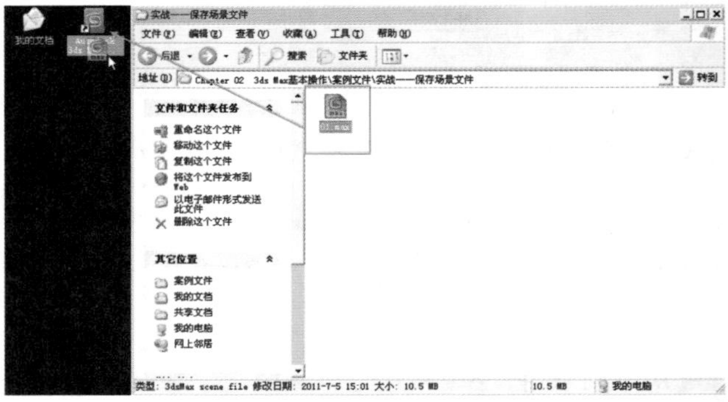

图2-10

图2-11

03 启动3ds Max 2013，然后单击界面左上角的软件图标，并在弹出的下拉菜单中选择【打开/打开】命令，接着在弹出的对话框中选择本书配套光盘中的【场景文件/Chapter02/01.max】文件，最后单击 打开(O) 按钮，如图2-12所示。打开场景后的效果如图2-13所示。

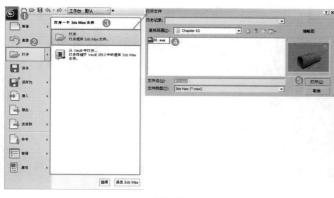

图2-12

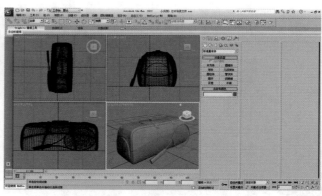

图2-13

04 启动3ds Max 2013，按【Ctrl+O】快捷键打开【打开文件】对话框，然后选择本书配套光盘中的【F：\实战——打开场景文件/01.max】文件，接着单击 打开(O) 按钮，如图2-14所示。

图2-14

如图2-16所示。

图2-16

02 按【Ctrl+S】快捷键进行保存。

05 启动3ds Max 2013，选择本书配套光盘中的【F：/新建文件夹（3）/实战——打开场景文件/01.max】文件，选择文件并按住鼠标左键将其拖曳带到视口区域中，松开鼠标左键并在弹出的对话框中选择相应的操作方式，如图2-15所示。

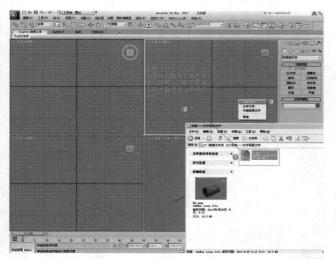

图2-15

★ 案例实战——保存场景文件

场景文件	02.max
案例文件	案例文件\Chapter 02\案例实战——保存场景文件.max
视频教学	视频文件\Chapter 02\案例实战——保存场景文件.flv
难易指数	★☆☆☆☆
技术掌握	掌握保存文件的两种方法

01 单击界面左上角的软件图标 ，然后在弹出的下拉菜单中选择【另存为/另存为】命令，接着在弹出的对话框中为文件设置保存路径和文件名称，最后单击 保存(S) 按钮，

★ 案例实战——导入外部文件

场景文件	02.obj
案例文件	案例文件\Chapter 02\案例实战——导入外部文件.max
视频教学	视频文件\Chapter 02\案例实战——导入外部文件.flv
难易指数	★☆☆☆☆
技术掌握	掌握导入外部文件的方法

在3ds Max制作中，经常需要将外部文件（如.3ds和.obj文件）导入到场景中进行操作。

01 单击界面左上角的软件图标 ，然后在弹出的下拉菜单中选择【导入/导入】命令，如图2-17所示。

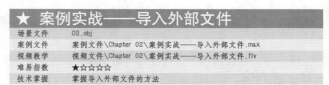

图2-17

02 打开【选择要导入的文件】对话框，在其中选择本书配套光盘中的【场景文件/chapter02/02.obj】文件，如图2-18所示。导入到场景后的效果如图2-19所示。

图2-18

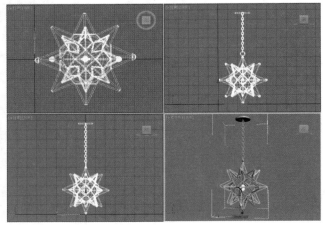

图2-19

★ **案例实战——导出场景对象**

场 景 文 件	03.max
案 例 文 件	案例文件\Chapter 02\案例实战——导出场景对象.max
视 频 教 学	视频文件\Chapter 02\案例实战——导出场景对象.flv
难 易 指 数	★☆☆☆☆
技 术 掌 握	掌握导出场景对象的方法

创建完一个场景后，可以将场景中的所有对象导出为其他格式的文件，也可以将选定的对象导出为其他格式的文件。具体方法为：

01 打开本书配套光盘中的【场景文件/Chapter02/03.max】文件，如图2-20所示。

图2-20

02 选择场景中的吊灯模型，然后单击界面左上角的软件图标，在弹出的下拉菜单中选择【导出/导出选定对象】命令，并在弹出的对话框中将导出文件命名为【02.obj】，最后单击 保存⑤ 按钮，如图2-21所示。

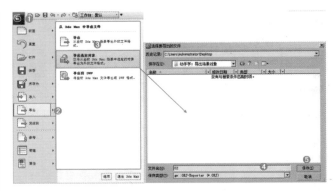

图2-21

🔊 **技巧提示**

在进行导出时，很多人习惯直接选择【导出/导出】命令，这样将会把场景中所有的物体全部进行导出，而选择【导出/导出选定对象】命令，只会将刚选中的物体进行导出，其他未选择的物体则不被导出。

★ **案例实战——合并场景文件**

场 景 文 件	04.max和05.max
案 例 文 件	案例文件\Chapter 02\案例实战——合并场景文件.max
视 频 教 学	视频文件\Chapter 02\案例实战——合并场景文件.flv
难 易 指 数	★☆☆☆☆
技 术 掌 握	掌握合并场景文件的方法

合并文件就是将外部的文件合并到当前场景中。在合并的过程中可以根据需要选择要合并的几何体、图形、灯光、摄像机等。具体方法为：

01 打开本书配套光盘中的【场景文件/Chapter02/04.max】文件，如图2-22所示。

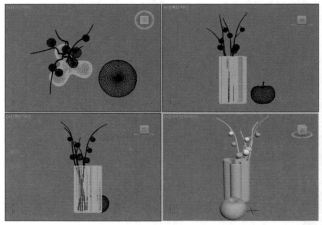

图2-22

02 单击界面左上角的软件图标，在弹出的下拉菜单中选择【导入/合并】命令，接着在弹出的对话框中选择本书配套光盘中的【场景文件/Chapter02/05.max】文件，最后单击【打开】按钮，如图2-23所示。

图2-23

03 系统会弹出【合并】对话框，用户可以选择需要合并的文件类型，这里选择全部的文件，然后单击 确定 按钮，如图2-24所示，合并文件后的效果如图2-25所示。

图2-24   图2-25

 技巧提示

在实际工作中，一般合并文件都是有选择性的。例如，场景中创建好了灯光和摄影机，可以不将灯光和摄影机合并进来，只需要在【合并】对话框中取消选中对应的复选框即可。

◤ 快速访问工具栏

快速访问工具栏集合了用于管理场景文件的常用命令，便于用户快速管理场景文件，包括【新建】、【打开】、【保存】、【撤消】、【重做】、【设置项目文件夹】、【隐藏菜单栏】和【在功能区下方显示】8个工具，如图2-26所示。

图2-26

◤ 版本信息

版本信息对于3ds Max的操作没有任何影响，只是为用户显示正在操作的3ds Max是什么版本。如本书使用的3ds Max版本为Autodesk 3ds Max 2013，如图2-27所示。

图2-27

◤ 文件名称

文件名称可以为用户显示正在操作的3ds Max文件的文件名称，若没有保存过该文件，则显示为【无标题】，如图2-28所示。若之前保存过该文件，则会显示之前的名称，如图2-29所示。

图2-28

图2-29

◤ 信息中心

信息中心用于访问有关Autodesk 3ds Max 2013和其他Autodesk产品的信息。

2.2 菜单栏

与其他软件一样，3ds Max的菜单栏也位于工作界面的顶端，其中包含12个菜单，分别为【编辑】、【工具】、【组】、【视图】、【创建】、【修改器】、【动画】、【图形编辑器】、【渲染】、【自定义】、【MAXScript】和【帮助】，如图2-30所示。

图2-30

◤ 【编辑】菜单

【编辑】菜单有20个命令，分别为【撤消】、【重做】、【暂存】、【取回】、【删除】、【克隆】、【移动】、【旋转】、【缩放】、【变换输入】、【变换工具框】、【全选】、【全部不选】、【反选】、【选择类似对象】、【选择实例】、【选择方式】、【选择区域】、【管理选择集】和【对象属性】，如图2-31所示。

图2-31

技巧提示

这些常用工具都配有快捷键，如【撤消】后面的【Ctrl+Z】，也就是说选择【编辑/撤消】命令或按【Ctrl+Z】快捷键都可以对文件进行撤消操作。

【工具】菜单

【工具】菜单主要包括对物体进行操作的常用命令，这些命令在主工具栏中也可以找到并可以直接使用，如图2-32所示。

【组】菜单

【组】菜单中的命令可以将场景中的两个或两个以上的物体组合成一个整体，同样也可以将成组的物体拆分为单个物体，如图2-33所示。

【视图】菜单

【视图】菜单中的命令主要用来控制视图的显示方式以及视图的相关参数设置（如视图的配置与导航器的显示等），如图2-34所示。

【创建】菜单

【创建】菜单中的命令主要用来创建几何物体、二维物体、灯光和粒子等，在创建面板中也实现相同的操作，如图2-35所示。

【修改器】菜单

【修改器】菜单中的命令包含了【修改】面板中的所有修改器，如图2-36所示。

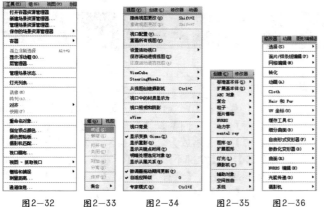

图2-32　　图2-33　　图2-34　　图2-35　　图2-36

【动画】菜单

【动画】菜单主要用来制作动画，包括正向动力学、反向动力学、骨骼的创建和修改等命令，如图2-37所示。

【图形编辑器】菜单

【图形编辑器】菜单是场景元素之间用图形化视图方式来表达关系的菜单，包括【轨迹视图-曲线编辑器】、【轨迹视图-摄影表】、【新建图解视图】和【粒子视图】等命令，如图2-38所示。

【渲染】菜单

【渲染】菜单主要是用于设置渲染参数，包括【渲染】、【环境】和【效果】等命令，如图2-39所示。

【自定义】菜单

【自定义】菜单主要用来更改用户界面或系统设置。通过该菜单可以定制自己的界面，同时还可以对3ds Max系统进行设置，如渲染和自动保存文件等，如图2-40所示。

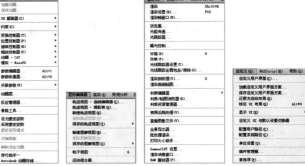

图2-37　　图2-38　　图2-39　　图2-40

【MAXScript】菜单

3ds Max支持脚本程序设计语言，可以书写脚本语言的短程序来自动执行某些命令。在【MAXScript】菜单中包括【新建脚本】、【测试脚本】和【运行脚本】的一些命令，如图2-41所示。

【帮助】菜单

【帮助】菜单中主要是一些帮助信息，可以供用户参考学习，如图2-42所示。

图2-41　　图2-42

2.3 主工具栏

3ds Max主工具栏由很多个按钮组成，每个按钮都有相应的功能，如可以通过单击【选择并移动工具】按钮对物体进行移动，当然主工具栏中的大部分按钮都可以在其他位置找到，如菜单栏中。熟练掌握主工具栏，会使得3ds Max操作更顺手、更快捷。3ds Max 2013的主工具如图2-43所示。

当长按某个按钮时，会出现两种情况：一是无任何反应；二是会出现下拉列表，下拉列表中还包含其他的按钮，如图2-44所示。

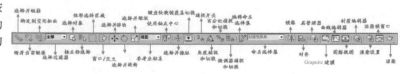

图2-43

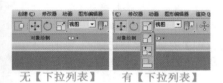

无【下拉列表】　　有【下拉列表】

图2-44

【选择并链接】工具

【选择并链接】工具主要用于建立对象之间的父子链接关系与定义层级关系，但只能是父级物体带动子级物体，而子级物体的变化不会影响到父级物体。

【断开当前选择链接】工具

【断开当前选择链接】工具与【选择并链接】工具的作用恰好相反，主要用来断开链接好的父子对象。

动手学：调出隐藏的工具栏

3ds Max 2013中有很多隐藏的工具栏，用户可以根据实际需要来调出处于隐藏状态的工具栏。当然，将隐藏的工具栏调出来后，也可以将其关闭。

01 选择【自定义/显示UI/显示浮动工具栏】菜单命令，如图2-45所示，此时系统会弹出所有的浮动工具栏，如图2-46所示。

图2-45

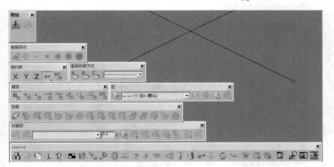

图2-46

02 适用于一次性调出所有的隐藏工具栏，但在很多情况下只需要用到其中某一个工具栏，这时可以在主工具栏的空白处单击鼠标右键，然后在弹出的菜单中选中需要的工具栏，如图2-47所示。

图2-47

技巧提示

按【Alt+6】快捷键可以隐藏主工具栏，再次按【Alt+6】快捷键可以显示出主工具栏。

【绑定到空间扭曲】工具

【绑定到空间扭曲】工具可以将使用空间扭曲的对象附加到空间扭曲中。选择需要绑定的对象，然后单击主工具栏中的【绑定到空间扭曲】按钮，接着将选定对象拖曳到空间扭曲对象上即可。

【选择过滤器】工具

全部下拉列表框主要用来过滤不需要选择的对象类型，这对于批量选择同一种类型的对象非常有用，如图2-48所示。

将选择过滤器切换为【图形】时，无论怎么选择，都只能选择图形对象，而其他的对象将不会被选择，如图2-49所示。

图2-48

图2-49

案例实战——使用【选择过滤器】工具选择场景中的灯光

场景文件	06.max
案例文件	案例文件\Chapter 02\案例实战——【选择过滤器】工具选择场景中的灯光.max
视频教学	视频文件\Chapter 02\案例实战——【选择过滤器】工具选择场景中的灯光.flv
难易指数	★☆☆☆☆
技术掌握	掌握使用【选择过滤器】工具单独选择灯光的方法

01 打开本书配套光盘中的【场景文件/Chapter02/06. max】文件，从视图中可以看到本场景包含两盏灯光，如图2-50所示。

02 如果要选择灯光，可以在主工具栏中的 全部 ▼ 下拉列表框中选择【L-灯光】选项，如图2-51所示，然后使用【选择并移动】工具 ⊕ 框选视图中的灯光，框选完毕后可以发现只选择了灯光，而模型并没有被选中，如图2-52所示。

图2-50　　　图2-51　　　图2-52

03 如果要选择模型，可以在主工具栏中的 全部 ▼ 下拉列表框中选择【G-几何体】选项，如图2-53所示，然后使用【选择并移动】工具 ⊕ 框选视图中的模型，框选完毕后可以发现只选择了模型，而灯光并没有被选中，如图2-54所示。

图2-53　　　图2-54

【选择对象】工具

【选择对象】工具 ▣ 主要用于选择一个或多个对象（快捷键为【Q】键），按住【Ctrl】键可以进行加选，按住【Alt】键可以进行减选。当使用【选择对象】工具 ▣ 选择物体时，光标指向物体后会变成十字形 ✛，如图2-55所示。

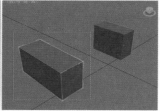

选择对象之前　　　　选择对象之后

图2-55

【按名称选择】工具

单击【按名称选择】按钮 ▣，会弹出【从场景选择】对

话框，在其中可以按名称选择所需要的对象，如图2-56所示为选择【Text001】并单击【确定】按钮后的显示。

图2-56

此时发现，【Text001】对象已经被选择了，如图2-57所示。因此可以知道，利用该方法可以快速地通过选择对象的名称从大量对象中选择需要的对象。

图2-57

案例实战——使用【按名称选择】工具选择场对象

场景文件	07.max
案例文件	案例文件\Chapter 02\案例实战——【按名称选择】工具选择场对象.max
视频教学	视频文件\Chapter 02\案例实战——【按名称选择】工具选择场对象.flv
难易指数	★☆☆☆☆
技术掌握	掌握使用【按名称选择】工具选择场对象的方法

【按名称选择】工具非常重要，它可以根据场景中的对象名称来选择对象。当场景中的对象比较多时，使用该工具选择对象相当方便。

01 打开本书配套光盘中的【场景文件/Chapter02/07. max】文件，如图2-58所示。

图2-58

02 在主工具栏中单击【按名称选择】按钮，打开
【从场景选择】对话框，从该对话框中可以看到场景中的对
象名称，如图2-59所示。

图2-59

03 如果要选择单个对象，可以直接在【从场景选择】
对话框中单击该对象的名称，然后单击 确定 按钮，如
图2-60所示。

04 如果要选择隔开的多个对象，可以按住【Ctrl】
键的同时依次单击对象的名称，然后单击 确定 按钮，如
图2-61所示。

图2-60　　　　　　　　　图2-61

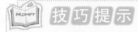技巧提示

　　如果当前已经选择了部分对象，那么按住【Ctrl】键的
同时可以进行加选，按住【Alt】键的同时可以进行减选。

选择区域工具

　　选择区域工具包含5种，分别是【矩形选择区域】工
具、【圆形选择区域】工具、【围栏选择区域】工具
、【套索选择区域】工具和【绘制选择区域】工具
，如图2-62所示。因此，可以选择合适的区域工具选择对
象，如图2-63所示为使用【围栏选择区域】工具选择场
景中的对象。

图2-62

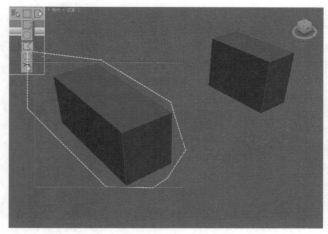

图2-63

★ 案例实战——使用【套索选择区域】工具选择对象

场景文件	08.max
案例文件	案例文件\Chapter 02\案例实战——【套索选择区域】工具选择对象.max
视频教学	视频文件\Chapter 02\案例实战——【套索选择区域】工具选择对象.flv
难易指数	★☆☆☆☆
技术掌握	掌握使用【套索选择区域】工具选择对象的方法

01 打开本书配套光盘中的【场景文件/Chapter02/08.
max】文件，如图2-64所示。

02 在主工具栏中单击【套索选择区域】按钮，然后
在视图中绘制一个形状区域，包装盒模型框选在其中，如
图2-65所示，这样就选中了包装盒模型，如图2-66所示。

图2-64　　　　　　　　　图2-65

图2-66

【窗口/交叉】工具

　　当【窗口/交叉】工具处于突出状态（即未激活状态）
时，其按钮显示效果为，这时如果在视图中选择对象，那
么只要选择的区域包含对象的一部分即可选中该对象；当
【窗口/交叉】工具处于凹陷状态（即激活状态）时，其按

钮显示效果为◎，这时如果在视图中选择对象，那么只有选择区域包含对象的全部区域才能选中该对象。在实际工作中，一般都要使【窗口/交叉】工具◎处于未激活状态。如图2-67所示为当【窗口/交叉】工具◎处于突出状态（即未激活状态）时选择的效果。如图2-68所示为当【窗口/交叉】工具◎处于凹陷状态（即激活状态）时选择的效果。

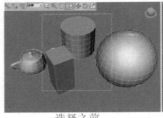

选择之前　　　　　　　　　　　选择之后

图2-67

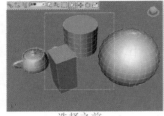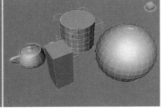

选择之前　　　　　　　　　　　选择之后

图2-68

【选择并移动】工具

使用【选择并移动】工具✣可以将选中的对象移动到任何位置。当将鼠标移动到坐标轴附近时，会看到坐标轴变为黄色。如图2-69所示当将鼠标移动到Y轴变黄色时，单击鼠标左键并拖曳即可只沿Y轴移动物体。选择模型，并按住【Shift】键，拖曳鼠标左键即可进行复制，如图2-70所示。

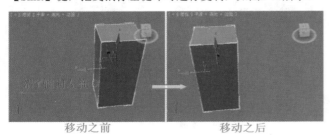

移动之前　　　　　　　　　移动之后

图2-69

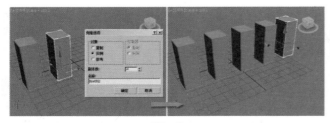

图2-70

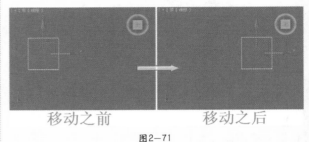
技术专题——如何精确移动对象

【选择并旋转】工具

【选择并旋转】工具◎的使用方法与【选择并移动】工具✣的使用方法相似，当该工具处于激活状态（选择状态）时，被选中的对象可以在X、Y、Z这3个轴上进行旋转。

技巧提示

如果要将对象精确旋转一定的角度，在【选择并旋转】按钮◎上单击鼠标右键，然后在弹出的【旋转变换输入】对话框中输入旋转角度即可，如图2-72所示。

图2-72

选择并缩放工具

选择并缩放工具包含3种，分别是【选择并等比缩放】工具▣、【选择并非等比缩放】工具▣和【选择并挤压】工具▣，如图2-73所示。如图2-74所示，不仅可以沿X、Y、Z这3个轴向将模型进行均匀缩放，也可以单独沿某一个轴向将模型进行不均匀缩放，如图2-75所示。

选择并等比缩放
选择并非等比缩放
选择并挤压

图2-73

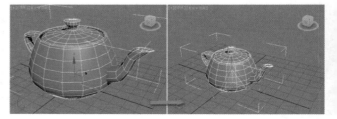

图2-74

3ds Max 2013 自学视频教程

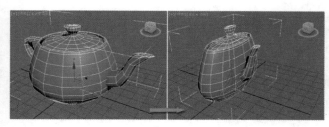

图2-75

技巧提示

同样，选择并缩放工具也可以设定一个精确的缩放
比例因子，具体操作方法就是在相应
的工具上单击鼠标右键，然后在弹出
的【缩放变换输入】对话框中输入相
应的缩放比例数值，如图2-76所示。

图2-76

【参考坐标系】工具

【参考坐标系】工具可以用来指定变换操作（如移动、
旋转、缩放等）所使用的坐标系统，包括视图、屏
幕、世界、父对象、局部、万向、栅格、工作和拾取
9种坐标系，如图2-77所示。

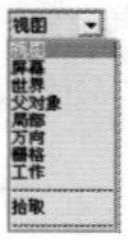

图2-77

- 视图：在默认的【视图】坐标系中，所有正交视口中的
  X、Y、Z轴都相同。使用该坐标系移动对象时，可以
  相对于视口空间移动对象。
- 屏幕：将活动视口屏幕用作坐标系。
- 世界：使用世界坐标系。
- 父对象：使用选定对象的父对象作为坐标系。如果对象
  未链接至特定对象，则其为世界坐标系的子对象，其
  父坐标系与世界坐标系相同。
- 局部：使用选定对象的轴心点为坐标系。
- 万向：万向坐标系与Euler XYZ旋转控制器一同使用，
  它与局部坐标系类似，但其3个旋转轴相互之间不一定
  垂直。
- 栅格：使用活动栅格作为坐标系。
- 工作：使用工作轴作为坐标系。
- 拾取：使用场景中的另一个对象作为坐标系。

轴点中心工具

轴点中心工具包含3种，分别是【使用轴点中心】工具、
【使用选择中心】工具和【使用变换坐标中心】工具，如
图2-78所示。

- 【使用轴点中心】工具：围绕其各自的
  轴点旋转或缩放一个或多个对象。

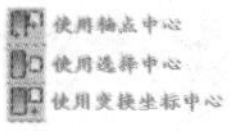

图2-78

- 【使用选择中心】工具：围绕其共同的几何中心旋转
  或缩放一个或多个对象。如果变换多个对象，该工具
  会计算所有对象的平均几何中心，并将该几何中心用
  作变换中心。
- 【使用变换坐标中心】工具：围绕当前坐标系的中心
  旋转或缩放一个或多个对象。当使用【拾取】功能将
  其他对象指定为坐标系时，其坐标中心在该对象轴的
  位置上。

【选择并操纵】工具

使用【选择并操纵】工具可以在视图中通过拖曳操纵
器来编辑修改器、控制器和某些对象的参数。

技巧提示

【选择并操纵】工具与【选择并移动】工具不
同，它的状态不是唯一的。只要选择模式或变换模式之
一为活动状态，并且启用了【选择并操纵】工具，那
么就可以操纵对象。但是在选择一个操纵器辅助对象之
前必须禁用【选择并操纵】工具。

捕捉开关工具

捕捉开关工具包括3种，分别是【2D捕捉】工具、
【2.5D捕捉】工具和【3D捕捉】工具。【2D捕捉】工
具主要用于捕捉活动的栅格；【2.5D捕捉】工具主要用
于捕捉结构或捕捉根据网格得到的几何
体；【3D捕捉】工具可以捕捉3D空间
中的任何位置。在捕捉开关工具上单击
鼠标右键，将打开【栅格和捕捉设置】
对话框，在该对话框中可以设置捕捉类
型和捕捉的相关参数，如图2-79所示。

图2-79

【角度捕捉和切换】工具

【角度捕捉和切换】工具可以用来指定捕捉的角度
（快捷键为【A】键）。激活该工具后，角度捕捉将影响所
有的旋转变换，在默认状态下以5°为增量进行旋转。

若要更改旋转增量，可以在【角度
捕捉和切换】工具上单击鼠标右键，
然后在弹出的【栅格和捕捉设置】对话
框中选择【选项】选项卡，接着在【角
度】数值框中输入相应的旋转增量，如
图2-80所示。

图2-80

动手学：使用【角度捕捉和切换】工具进行旋转复制

① 创建一个模型，并单击激活【角度捕捉和切换】按钮![]和【选择并旋转】按钮![]，如图2-81所示。

② 按下【Shift】键进行复制，可以看到复制完成的模型效果，如图2-82所示。

③ 假如需要让模型旋转复制的中心位置不在模型中心，可以单击【层次】按钮![]，并单击![仅影响轴]按钮，然后将轴心的位置进行调整，最后再次单击![仅影响轴]按钮，如图2-83所示。

④ 单击激活【角度捕捉和切换】按钮![]和【选择并旋转】按钮![]，然后按下【Shift】键进行复制，可以看到复制完成的模型效果，如图2-84所示。

图2-81

图2-82

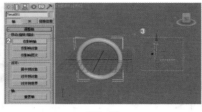
图2-83

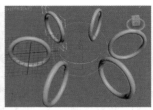
图2-84

【百分比捕捉和切换】工具

【百分比捕捉和切换】工具![]可以将对象缩放捕捉到自定义的百分比（快捷键为【Shift+Ctrl+P】），在缩放状态下，默认每次的缩放百分比为10%。

若要更改缩放百分比，可以在【百分比捕捉和切换】工具![]上单击鼠标右键，然后在弹出的【栅格和捕捉设置】对话框中选择【选项】选项卡，接着在【百分比】数值框中输入相应的百分比数值即可，如图2-85所示。

图2-85

【微调器捕捉和切换】工具

【微调器捕捉和切换】工具![]可以用来设置微调器单次单击的增加值或减少值。

若要设置微调器捕捉的参数，可以在【微调器捕捉和切换】工具![]上单击鼠标右键，然后在弹出的【首选项设置】对话框中选择【常规】选项卡，接着在【微调器】选项组中设置相关参数，如图2-86所示。

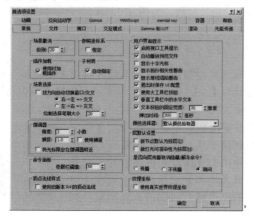
图2-86

【编辑命名选择集】工具

【编辑命名选择集】工具![]可以为单个或多个对象进行命名。选中一个对象后，单击【编辑命名选择集】按钮![]可以打开【命名选择集】对话框，在其中可以为选择的对象进行命名，如图2-87所示。

图2-87

技巧提示

【命名选择集】对话框中有7个管理对象的工具，分别为【创建新集】工具![]、【删除】工具![]、【添加选定对象】工具![]、【减去选定对象】工具![]、【选择集内的对象】工具![]、【按名称选择对象】工具![]和【高亮显示选定对象】工具![]，如图2-88所示。

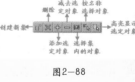
图2-88

【镜像】工具

使用【镜像】工具![]可以围绕一个轴心镜像出一个或多个副本对象。选中要镜像的对象后，单击【镜像】按钮![]，可以打开【镜像：世界 坐标】对话框，如图2-89所示。

● 镜像轴X、Y、Z、XY、YZ、ZX：选择其一可指定镜像的方向。这些选项等同于【轴约束】工具栏上的选项按钮。

图2-89

- 偏移：指定镜像对象轴点距原始对象轴点之间的距离。
- 不克隆：在不制作副本的情况下，镜像选定对象。
- 复制：将选定对象的副本镜像到指定位置。
- 实例：将选定对象的实例镜像到指定位置。
- 参考：将选定对象的参考镜像到指定位置。
- 镜像IK限制：当围绕一个轴镜像几何体时，会导致镜像IK约束（与几何体一起镜像）。

如图2-90所示为使用【镜像】工具 ▮▮ 制作的效果。

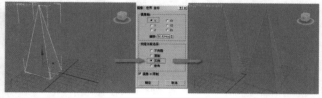

图2-90

对齐工具

对齐工具包括6种，分别是【对齐】工具 ▮、【快速对齐】工具 ▮、【法线对齐】工具 ▮、【放置高光】工具 ▮、【对齐摄影机】工具 ▮ 和【对齐到视图】工具 ▮，如图2-91所示。

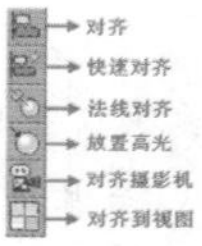

图2-91

- 【对齐】工具 ▮：快捷键为【Alt+A】，使用【对齐】工具可以将两个物体以一定的对齐位置和对齐方向进行对齐。
- 【快速对齐】工具 ▮：快捷键为【Shift+A】，使用【快速对齐】工具可以立即将当前选择对象的位置与目标对象的位置进行对齐。如果当前选择的是单个对象，那么快速对齐需要使用到两个对象的轴；如果当前选择的是多个对象或多个子对象，则使用【快速对齐】可以将选中对象的选择中心对齐到目标对象的轴。
- 【法线对齐】工具 ▮：快捷键为【Alt+N】，法线对齐是基于每个对象的面或以选择的法线方向来对齐两个对象。首先选择对齐的对象，然后单击对象上的面，接着单击第2个对象上的面，释放鼠标后就可以打开【法线对齐】对话框。
- 【放置高光】工具 ▮：快捷键为【Ctrl+H】，使用【放置高光】工具可以将灯光或对象对齐到另一个对象，以便可以精确定位其高光或反射。在【放置高光】模式下，可以在任一视图中单击并拖动光标。

技巧提示

放置高光是一种依赖于视图的功能，所以要使用渲染视图。在场景中拖动光标时，会有一束光线从光标处射入到场景中。

- 【对齐摄影机】工具 ▮：使用【对齐摄影机】工具可以将摄影机与选定的面法线进行对齐。【对齐摄影机】工具 ▮ 的工作原理与【放置高光】工具 ▮ 类似，不同的是，它是在面法线上进行操作，而不是入射角，并在释放鼠标时完成，而不是在拖曳鼠标期间时完成。
- 【对齐到视图】工具 ▮：【对齐到视图】工具可以将对象或子对象的局部轴与当前视图进行对齐。【对齐到视图】模式适用于任何可变换的选择对象。

★ 案例实战——对齐工具将两个物体对齐

场景文件	09.max
案例文件	案例文件\Chapter 02\案例实战——对齐工具将两个物体对齐.max
视频教学	视频文件\Chapter 02\案例实战——对齐工具将两个物体对齐.flv
难易指数	★☆☆☆☆
技术掌握	掌握使用对齐工具将两个物体对齐的方法

01 打开本书配套光盘中的【场景文件/Chapter02/09.max】文件，可以观察到场景中花盆和地面有一定的距离，没有对齐，如图2-92所示。

02 选中花盆和花，然后在主工具栏中单击【对齐】按钮 ▮，接着单击地面，在弹出的对话框中，在【对齐位置（世界）】选项组中选中【Z位置】复选框，在【当前对象】选项组中选中【最小】单选按钮，在【目标对象】选项组中选中【最大】单选按钮，最后单击 确定 按钮，如图2-93所示。

图2-92　　　　　　　　图2-93

 技术专题——对齐参数详解

- X/Y/Z位置：用来指定要执行对齐操作的一个或多个坐标轴。同时选中这3个复选框可以将当前对象重叠到目标对象上。
- 最小：将具有最小X/Y/Z值对象边界框上的点与其他对象上选定的点对齐。
- 中心：将对象边界框的中心与其他对象上的选定点对齐。
- 轴点：将对象的轴点与其他对象上的选定点对齐。
- 最大：将具有最大X/Y/Z值对象边界框上的点与其他对象上选定的点对齐。
- 对齐方向（局部）：包括X/Y/Z轴3个选项，主要用来设置选择对象与目标对象是以哪个坐标轴进行对齐。
- 匹配比例：包括X/Y/Z轴3个选项，可以匹配两个选定对象之间的缩放轴的值，该操作仅对变换输入中显示的缩放值进行匹配。

03 完成后的效果如图2-94所示。

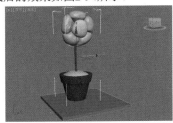

图2-94

【层管理器】工具

【层管理器】工具 可以用来创建和删除层，也可以用来查看和编辑场景中所有层的设置以及与其相关联的对象。

单击【层管理器】按钮 ，可以打开【层】对话框，在其中可以指定光能传递解决方案中的名称、可见性、渲染性、颜色以及对象和层的包含关系等，如图2-95所示。

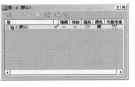

图2-95

【Graphite建模】工具

【Graphite建模】工具 是3ds Max 2013中非常重要的一个工具，它是优秀的PolyBoost建模工具与3ds Max的完美结合，其工具摆放的灵活性与布局的科学性大大方便了多边形建模的流程。单击主工具栏中的【Graphite建模】工具按钮 即可调出【Graphite建模】工具的工具栏，如图2-96所示。

图2-96

【曲线编辑器】工具

单击主工具栏中的【曲线编辑器】按钮 可以打开【轨迹视图-曲线编辑器】对话框。曲线编辑器是一种轨迹视图模式，可以用曲线来表示运动，而轨迹视图模式可以使运动的插值以及软件在关键帧之间创建的对象变换更加直观化，如图2-97所示。

图2-97

技巧提示

使用曲线上关键点的切线控制手柄可以轻松地观看和控制场景对象的运动效果和动画效果。

【图解视图】工具

【图解视图】工具 是基于节点的场景图，通过它可以访问对象的属性、材质、控制器、修改器、层次和不可见场景关系，同时在【图解视图】对话框中可以查看、创建并编辑对象间的关系，也可以创建层次、指定控制器、材质、修改器和约束等属性，如图2-98所示。

图2-98

技巧提示

在【图解视图】对话框的列表视图中的文本列表中可以查看节点，这些节点的排序是有规则性的，通过这些节点可迅速浏览极其复杂的场景。

【材质编辑器】工具

【材质编辑器】工具 非常重要，基本上所有的材质设置都在【材质编辑器】对话框中完成（单击主工具栏中的【材质编辑器】按钮 或者按【M】键都可以打开【材质编辑器】对话框），其中提供了很多材质和贴图，通过这些材质和贴图可以制作出很真实的材质效果，如图2-99所示。

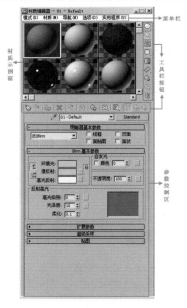

图2-99

【渲染设置】工具

单击主工具栏中的【渲染设置】按钮（快捷键为【F10键】）可以打开【渲染设置】对话框，所有的渲染设置参数基本上都在该对话框中完成，如图2-100所示。

图2-100

 技巧提示

【材质编辑器】对话框和【渲染设置】对话框的重要程度不言而喻，在后面的内容中将进行详细讲解。

【渲染帧窗口】工具

单击主工具栏中的【渲染帧窗口】按钮可以打开【渲染帧窗口】对话框，在其中可执行选择渲染区域、切换图像通道和储存渲染图像等任务，如图2-101所示。

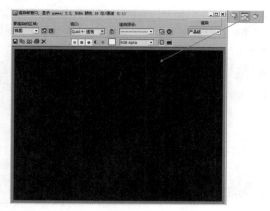

图2-101

渲染工具

渲染工具包含3种类型，分别是【渲染产品】工具、【迭代渲染】工具和【ActiveShade】工具3种类型，如图2-102所示。

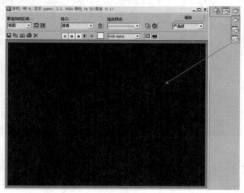

图2-102

2.4 视口区域

视口区域是操作界面中最大的一个区域，也是3ds Max中用于实际操作的区域，默认状态下为单一视图显示，通常使用的状态为四视图显示，包括顶视图、左视图、前视图和透视图4个视图，在这些视图中可以从不同的角度对场景中的对象进行观察和编辑。

每个视图的左上角都会显示视图的名称以及模型的显示方式，右上角有一个导航器（不同视图显示的状态也不同），如图2-103所示。

 技巧提示

常用的几种视图都有其相对应的快捷键，顶视图的快捷键是【T】键、底视图的快捷键是【B】键、左视图的快捷键是【L】键、前视图的快捷键是【F】键、透视图的快捷键是【P】键、摄影机视图的快捷键是【C】键。

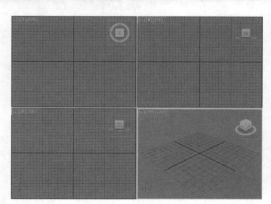

图2-103

与以往版本不同的是，3ds Max 2013中视图的名称部分被分为3个小部分，用鼠标右键分别单击这3个部分会弹出不同的菜单，如图2-104所示。

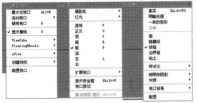

图2-104

动手学：视口布局设置

01 打开3ds Max 2013，可以看到默认的视口布局为4个视图，如图2-105所示。

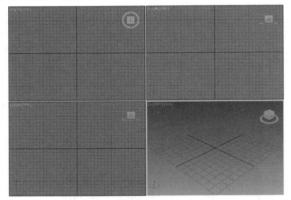

图2-105

02 选择【视图/视口配置】菜单命令，打开【视口配置】对话框，然后选择【布局】选项卡，在其中系统预设了一些视口的布局方式，如图2-106所示。

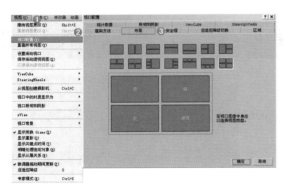

图2-106

03 选择其中一种布局方式，此时在下面的缩略图中可以看到这个视图布局的划分方式，如图2-107所示。

04 在大缩略图的左视图上单击鼠标右键，然后在弹出的快捷菜单中选择【透视】命令，将该视图设置为透视图，接着单击 确定 按钮，如图2-108所示，重新划分后的视图效果如图2-109所示。

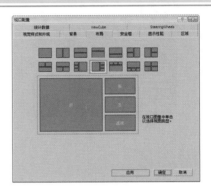

图2-107

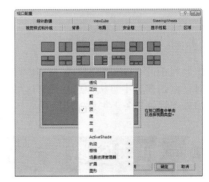

图2-108

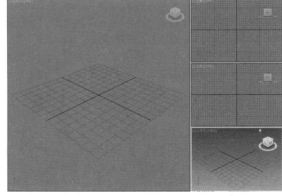

图2-109

动手学：自定义界面颜色

通常情况下，首次安装并启动3ds Max 2013时，界面是由多种不同的灰色构成的。如果用户不习惯系统预置的颜色，可以通过自定义的方式来更改界面的颜色。

01 在菜单栏中选择【自定义/自定义用户界面】命令，打开【自定义用户界面】对话框，然后选择【颜色】选项卡，如图2-110所示。

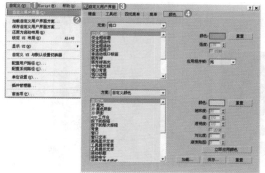

图2-110

02 设置【元素】为【视口】，然后在其下的列表框中选择【视口背景】选项，接着单击【颜色】选项旁边的色块，在弹出的【颜色选择器】对话框中可以观察到【视口背景】默认的颜色为灰色（红:125，绿:125，蓝:125），如图2-111所示。

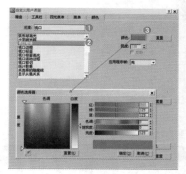

图2-111

03 在【颜色选择器】对话框中设置颜色为黑色（红:0，绿:0，蓝:0），然后单击 保存... 按钮，接着在弹出的【保存颜色文件为】对话框中为颜色文件进行命名，最后单击 保存(S) 按钮，如图2-112所示。

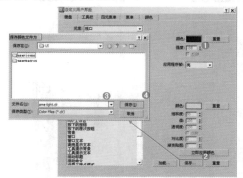

图2-112

04 在【自定义用户界面】对话框中单击 加载... 按钮，然后在弹出的【加载颜色文件】对话框中找到前面保存好的

颜色文件，接着单击【打开】按钮，如图2-113所示。

图2-113

05 加载颜色文件后，用户界面颜色就会发生相应的变化，如图2-114所示。

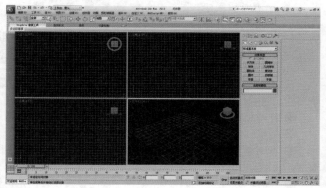

图2-114

 **技巧提示**

如果想要将自定义的用户界面颜色还原为默认的颜色，重复前面的步骤将【视口背景】的颜色设置为灰色（红:125，绿:125，蓝:125）即可。

📖 **读书笔记**

_____

_____

_____

_____

_____

_____

_____

动手学：设置纯色的透视图

在3ds Max 2013中，默认情况下透视图背景显示为渐变的颜色，这是3ds Max 2013的一个新功能。当然，这些小的功能对于3ds Max的老用户并不一定非常习惯，因此可以将其切换为以前的纯色背景。

① 打开3ds Max 2013，可以看到界面的透视图背景为渐变颜色，如图2-115所示。

② 此时将鼠标移动到透视图左上角的【真实】位置，并单击鼠标右键，在弹出的快捷菜单中选择【视口背景/纯色】命令，如图2-116所示。

③ 此时发现，透视图已经被设置为了纯色效果，如图2-117所示。

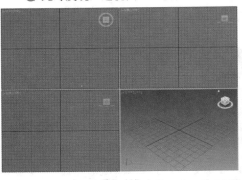 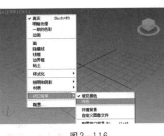 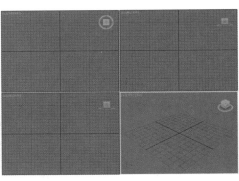

图2-115   图2-116   图2-117

动手学：设置关闭视图中显示物体的阴影

在3ds Max 2013中，默认情况下创建模型可以看到在视图中会显示出比较真实的光影效果，这是3ds Max一直在改进的一个功能。随着技术的发展，3ds Max在以后的版本中会显示出更真实的光影效果，当然这对计算机的配置要求也会越来越高。

① 打开3ds Max 2013，并随机创建几个物体。如图2-118所示已经可以看到有阴影效果产生。

② 随机创建一盏灯光，此时可以看到跟随灯光的照射产生了相应的阴影，但是并不算非常真实，如图2-119所示。

③ 此时将鼠标移动到透视图左上角的【真实】位置，并单击鼠标右键，在弹出的快捷菜单中选择【照明和阴影/阴影】命令，如图2-120所示。

④ 此时可以看到透视图中的阴影已经不显示了，但是仍然有部分软阴影效果，如图2-121所示。

图2-118   图2-119   图2-120   图2-121

⑤ 此时将鼠标移动到透视图左上角的【真实】位置，并单击鼠标右键，在弹出的快捷菜单中选择【照明和阴影/环境光阻挡】命令，如图2-122所示。

⑥ 此时可以看到透视图中已经完全没有阴影显示了，如图2-123所示。

图2-122   图2-123

2.5 命令面板

场景对象的操作都可以在命令面板中完成。命令面板由6个用户界面面板组成，默认状态下显示的是创建面板，其他面板分别是修改面板、层次面板、运动面板、显示面板和工具面板，如图2-124所示。

图2-124

创建面板

创建面板主要用来创建几何体、摄影机和灯光等。在创建面板中可以创建7种对象，分别是几何体、图形、灯光、摄影机、辅助对象、空间扭曲和系统，如图2-125所示。

图2-125

- 几何体：主要用来创建长方体、球体和锥体等基本几何体，同时也可以创建出高级几何体，如布尔、阁楼以及粒子系统中的几何体。
- 图形：主要用来创建样条线和NURBS曲线。

技巧提示

虽然样条线和NURBS曲线能够在2D空间或3D空间中存在，但是它们只有一个局部维度，可以为形状指定一个厚度以便于渲染，但这两种线条主要用于构建其他对象或运动轨迹。

- 灯光：主要用来创建场景中的灯光。灯光的类型有很多种，每种灯光都可以用来模拟现实世界中的灯光效果。
- 摄影机：主要用来创建场景中的摄影机。
- 辅助对象：主要用来创建有助于场景制作的辅助对象。这些辅助对象可以定位、测量场景中的可渲染几何体，并且可以设置动画。
- 空间扭曲：使用空间扭曲功能可以在围绕其他对象的空间中产生各种不同的扭曲效果。
- 系统：可以将对象、控制器和层次对象组合在一起，提供与某种行为相关联的几何体，并且包含模拟场景中的阳光系统和日光系统。

修改面板

修改面板主要用来调整场景对象的参数，同样可以使用该面板中的修改器来调整对象的几何形体，如图2-126所示为默认状态下的修改面板。

图2-126

层次面板

在层次面板中可以访问调整对象间层次链接的工具，通过将一个对象与另一个对象相链接，可以创建对象之间的父子关系，包括 轴 、 IK 和 链接信息 3种工具，如图2-127所示。

- 轴：该工具下的参数主要用来调整对象和修改器中心位置，以及定义对象之间的父子关系和反向动力学IK的关节位置等，如图2-128所示。
- IK：该工具下的参数主要用来设置动画的相关属性，如图2-129所示。
- 链接信息：该工具下的参数主要用来限制对象在特定轴中的移动关系，如图2-130所示。

图2-127　　　　图2-128　　　　图2-129　　　　图2-130

运动面板

运动面板中的参数主要用来调整选定对象的运动属性，如图2-131所示。

图2-131

技巧提示

可以使用【运动】面板中的工具来调整关键点时间及其缓入和缓出。【运动】面板还提供了【轨迹视图】的替代选项来指定动画控制器，如果指定的动画控制器具有参数，则在【运动】面板中可以显示其他卷展栏；如果【路径约束】指定给对象的位置轨迹，则【路径参数】卷展栏将添加到【运动】面板中。

工具面板

在工具面板中可以访问各种工具程序，包含用于管理和调用的卷展栏。当使用工具面板中的工具时，将显示该工具的相应卷展栏，如图2-133所示。

显示面板

显示面板中的参数主要用来设置场景中的控制对象的显示方式，如图2-132所示。

图2-132　　　　　图2-133

2.6 时间尺

时间尺包括时间线滑块和轨迹栏两大部分。时间线滑块位于视图的最下方，主要用于制定帧，默认的帧数为100，具体数值可以根据动画长度进行修改。拖曳时间线滑块可以在帧之间迅速移动，单击时间线滑块左右的向左箭头图标 < 与向右箭头图标 > 可以向前或者向后移动一帧，如图2-134所示；轨迹栏位于时间线滑块的下方，主要用于显示帧数和选定对象的关键点，在这里可以移动、复制、删除关键点以及更改关键点的属性，如图2-135所示。

| < | 0 / 100 | > |

图2-134

图2-135

2.7 状态栏

状态栏位于轨迹栏的下方，它提供了选定对象的数目、类型、变换值和栅格数目等信息，并且状态栏可以基于当前光标位置和当前程序活动来提供动态反馈信息，如图2-136所示。

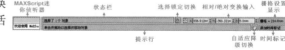

图2-136

2.8 时间控制按钮

时间控制按钮位于状态栏的右侧，这些按钮主要用来控制动画的播放效果，包括关键点控制和时间控制等，如图2-137所示。

 技巧提示

关键点控制主要用于创建动画关键点，有两种不同的模式，分别是 自动关键点 和 设置关键点 ，快捷键分别为键盘的【N】键和【'】键。时间控制提供了在各个动画帧和关键点之间移动的便捷方式。

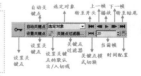

图2-137

2.9 视图导航控制按钮

视图导航控制按钮在状态栏的最右侧，主要用来控制视图的显示和导航。使用这些按钮可以缩放、平移和旋转活动的视图，如图2-138所示。

图2-138

所有视图中可用的控件

所有视图中可用的控件包含【所有视图最大化显示】/【所有视图最大化显示选定对象】、【最大化视图切换】。

- 【所有视图最大化显示】/【所有视图最大化显示定对象】：【所有视图最大化显示】可以将场景中的对象在所有视图中居中显示出来；【所有视图最大化显示选定对象】可以将所有可见的选定对象或对象集在所有视图中以居中最大化的方式显示出来。

- 【最大化视图切换】：可以在正常大小和全屏大小之间进行切换，其快捷键为【Alt+W】。

技巧提示

以上3个控件适用于所有的视图，而有些控件只能在特定的视图中才能使用，下文将依次讲解到。

01 如果想要整个场景的对象都最大化居中显示，可以单击【所有视图最大化显示】按钮，如图2-139和图2-140所示。

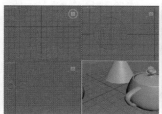 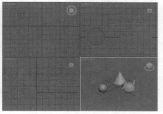

图2-139   图2-140

02 如果想要某个或多个对象单独最大化显示，可以选择该对象，然后单击【所有视图最大化显示选定对象】按钮（或按【Z】快捷键），效果如图2-141所示。

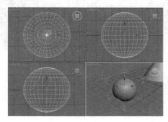

图2-141

03 如果想要在单个视图中最大化显示场景中的对象，可以单击【最大化视图切换】按钮（或按【Alt+W】快捷键），效果如图2-142所示。

图2-142

透视图和正交视图控件

透视图和正交视图控件包括【缩放】、【缩放所有图】、【所有视图最大化显示】/【所有视图最大化显示选定对象】（适用于所有视图）、【视野】/【缩放区域】、【平移视图】、【环绕】/【选定的环绕】/【环绕子对象】和【最大化视图切换】（适用于所有视图），如图2-143所示。

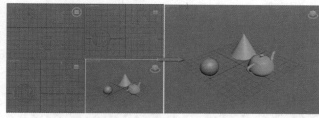

图2-143

- 【缩放】：使用该工具可以在透视图或正交视图中通过拖曳光标来调整对象的大小。

技巧提示

正交视图包括顶视图、前视图和左视图。

- 【缩放所有视图】：使用该工具可以同时调整所有透视图和正交视图中的对象。

- 【视野】/【缩放区域】：【视野】工具可以用来调整视图中可见对象的数量和透视张角量。视野的效果与更改摄影机的镜头相关，视野越大，观察到的对象就越多（与广角镜头相关），而透视会扭曲；视野越小，观察到的对象就越少（与长焦镜头相关），而透视会展平。使用【缩放区域】工具可以放大选定的矩形区域，该工具适用于正交视图、透视和三向投影视图，但是不能用于摄影机视图。

- 【平移视图】：使用该工具可以将选定视图平移到任何位置。

技巧提示

按住【Ctrl】键的同时可以随意移动对象；按住【Shift】键的同时可以将对象在垂直方向和水平方向进行移动。

- 【环绕】/【选定的环绕】/【环绕子对象】：使用这3个工具可以将视图围绕一个中心进行自由旋转。

单击【视野】按钮，然后按住鼠标左键的同时适当拖曳，可以产生一定的透视效果，如图2-144所示。

单击【平移视图】按钮，然后拖曳查看视图，如图2-145所示。

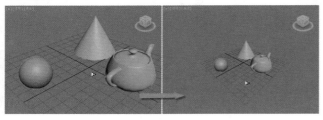

图2-144

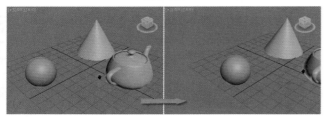

图2-145

摄影机视图控件

创建摄影机后，按【C】键可以切换到摄影机视图，该视图中的控件包括【推拉摄影机】/【推拉目标】/【推拉摄影机和目标】、【透视】、【侧滚摄影机】、【所有视图最大化显示】/【所有视图最大化显示选定对象】（适用于所有视图）、【视野】、【平移摄影机】、【环游摄影机】/【摇移摄影机】和【最大化视口切换】（适用于所有视图），如图2-146所示。

图2-146

- 【推拉摄影机】/【推拉目标】/【推拉摄影机和目标】：这3个工具主要用来移动摄影机或其目标，同时也可以移向或移离摄影机所指的方向。

- 【透视】：使用该工具可以增加透视张角量，同时也可以保持场景的构图。

- 【侧滚摄影机】：使用该工具可以围绕摄影机的视线来旋转【目标】摄影机，同时也可以围绕摄影机局部的Z轴来旋转【自由】摄影机。

- 【视野】：使用该工具可以调整视图中可见对象的数量和透视张角量。视野的效果与更改摄影机的镜头相关，视野越大，观察到的对象就越多（与广角镜头相

关），而透视会扭曲。视野越小，观察到的对象就越少（与长焦镜头相关），而透视会展平。

- 【平移摄影机】：使用该工具可以将摄影机移动到任何位置。

- 【环游摄影机】/【摇移摄影机】：使用【环绕摄影机】工具可以围绕目标来旋转摄影机；使用【摇移摄影机】工具可以围绕摄影机来旋转目标。

如果想要查看画面的透视效果，可以单击【透视】按钮，然后按住鼠标左键的同时拖曳光标即可查看到对象的透视效果，如图2-147所示。

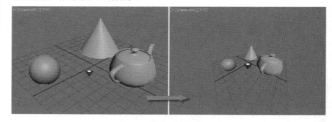

图2-147

如果想要得到一个倾斜的构图，可以单击【环游摄影机】按钮，然后按住鼠标左键的同时拖曳光标，如图2-148所示。

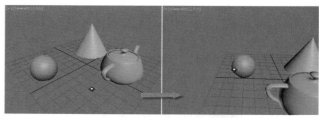

图2-148

读书笔记

动手学：设置文件自动备份

3ds Max 2013在运行过程中对计算机的配置要求比较高，占用系统资源也比较大。在运行3ds Max 2013时，某些较低的计算机配置和系统性能的不稳定性等原因会导致文件关闭或发生死机现象。当进行较为复杂的计算（如光影追踪渲染）时，一旦出现无法恢复的故障，就会丢失所做的各项操作，造成无法弥补的损失。

解决这类问题除了提高计算机硬件的配置外，还可以通过增强系统稳定性来减少死机现象。在一般情况下，可以通过以下3种方法来提高系统的稳定性。

① 要养成经常保存场景的习惯。

② 在运行3ds Max 2013时，尽量不要或少启动其他程序，而且硬盘也要留有足够的缓存空间。

③ 如果当前文件发生了不可恢复的错误，可以通过备份文件来打开前面自动保存的场景。

下面将重点讲解设置自动备份文件的方法。

选择【自定义/首选项】命令，然后在弹出的【首选项设置】对话框中选择【文件】选项卡，接着在【自动备份】选项组下选中【启用】复选框，再设置【Autobak文件数】为3、【备份间隔（分钟）】为5，最后单击  按钮，具体参数设置如图2-149所示。

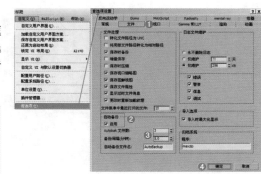

技巧提示

如有特殊需要，可以适当增大或减小【Autobak文件数】和【备份间隔】的数值。

图2-149

★ 案例实战——归档场景

场景文件	10.max
案例文件	案例文件\Chapter 02\案例实战——归档场景.zip
视频教学	视频文件\Chapter 02\案例实战——归档场景.flv
难易指数	★☆☆☆☆
技术掌握	掌握归档场景的方法

实例介绍

归档场景是指将场景中的所有文件压缩成一个.zip压缩包，这样的操作可以防止丢失材质和光域网等文件。

制作步骤

① 打开本书配套光盘中的【场景文件/Chapter02/10.max】文件，如图2-150所示。

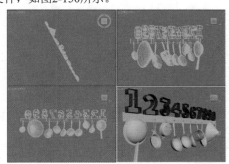

图2-150

② 单击界面左上角的软件图标 ，并在弹出的下拉菜单中选择【另存为/归档】命令，接着在弹出的对话框中输

入文件名，最后单击  按钮，如图2-151所示，归档后的效果如图2-152所示。

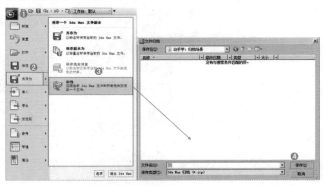

图2-151

10.zip

图2-152

读书笔记

本章小结

通过本章的学习，读者可以掌握3ds Max的界面和基础操作。这也为后面章节的学习做了一个很好的铺垫，因为后面的章节中也会反复地应用到本章的知识点。学习3ds Max一定要先打好基础，后面的学习才会更加顺利。

读书笔记

第3章

几何体建模

本章内容简介：

建模就是建立模型。建模的方式有很多，而且知识点相对较杂、较碎，因此在学习时应多注意多注意养成清晰的制作思路。后面的步骤才会进行得更加顺利。建模的重要性犹如楼房的地基，只有地基打得稳，后面的步骤才会进行得更加顺利。

本章学习要点：

- 几何基本体建模
- 复合对象建模
- 建筑对象建模
- VRay对象建模

3.1 了解建模

3.1.1 什么是建模

通俗来讲，3ds Max建模就是使用三维制作软件，通过虚拟三维空间构建出具有三维数据的模型，即建立模型的过程。

3.1.2 为什么要建模

对于3ds Max初学者来说，建模是学习中的第一个步骤，也是基础，只有模型做得扎实、准确，在后面的渲染步骤中才不会返回来再去反复修改建模时的错误，否则将会浪费大量的时间。

3.1.3 建模方式主要有哪些

建模的方法很多，主要包括几何体建模、复合对象建模、样条线建模、修改器建模、网格建模、面片建模、NURBS建模、多边形建模和石墨建模等。其中几何体建模、样条线建模、修改器建模和多边形建模应用最为广泛。下面分别进行简要介绍。

几何体建模

几何体建模是3ds Max中自带的标准基本体、扩展基本体等模型，可以使用这些模型创建模型，并将其参数进行合理的设置，最后调整模型的位置即可。如图3-1所示为使用几何体建模方式制作的餐桌椅、凳子模型。

图3-1

复合对象建模

复合对象建模是一种特殊的建模方法，使用复合对象可以快速地制作出很多模型效果。复合对象包括 变形 工具、散布 工具、一致 工具、连接 工具、水滴网格 工具、图形合并 工具、布尔 工具、地形 工具、放样 工具、网格化 工具、ProBoolean（超级布尔）工具和 ProCutter （超级切割）工具，如图3-2所示。

图3-2

使用 放样 工具，通过绘制平面和剖面，就可以快速地制作出三维油画框模型，如图3-3所示。

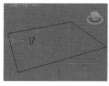

图3-3

使用 图形合并 工具可以制作出戒指表面的纹饰效果，如图3-4所示。

图3-4

样条线建模

使用样条线可以快速地绘制复杂的图形，利用该图形可以将其修改为三维模型，并可以使用添加修改器将其快速转化为复杂的模型效果。如图3-5所示为使用样条线建模制作的藤椅模型。

图3-5

3ds Max 2013 自学视频教程

答疑解惑：样条线变为三维物体的方法有哪些？

样条线建模是一种特殊的建模方式，不仅可以将绘制的线直接变为三维的物体，而且可以通过为样条线加载修改器（如车削、挤出、倒角等），使样条线变为三维的效果，如图3-6和图3-7所示，该部分内容会在样条线的章节和修改器的章节详细地讲解。

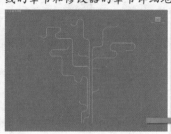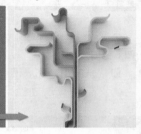

图3-6

图3-7

修改器建模

3ds Max的修改器种类很多，使用修改器建模可以快速修改模型的整体效果，以达到所需要的模型效果。

如图3-8所示为使用多种修改器建模制作的花瓶模型。

图3-8

技巧提示

修改器的种类非常多，其中包括为二维对象加载的修改器和为三维对象加载的修改器等。

网格建模

网格建模与多边形建模方法类似，是一种比较高级的建模方法，主要包括顶点、边、面、多边形和元素5种级别，

并通过分别调整某级别的参数等，以达到调节模型的效果。如图3-9所示为使用网格建模制作的沙发模型。

图3-9

NURBS建模

NURBS是一种非常优秀的建模方式，在高级三维软件中都支持这种建模方式。NURBS能够比传统的网格建模方式更好地控制物体表面的曲线度，从而创建出更逼真、生动的造型。如图3-10所示为使用NURBS建模制作的瓷器模型。

图3-10

多边形建模

多边形建模是最为常用的建模方式之一，主要包括顶点、边、边界、多边形和元素5个层级级别，参数比较多，因此可以制作出多种模型效果，也是后面章节中重点讲解的一种建模类型。如图3-11所示为使用多边形建模制作的沙发模型。

图3-11

技术拓展：认识多边形建模

多边形建模方法与网格建模方法非常接近，是比较经典的高级建模方法。网格建模是3ds Max最早期的主要建模方法，后来出现了更为方便的多边形建模方法，之后就逐渐被多边形建模方法所代替。

动手学：建模的基本步骤

一般来说，制作模型大致分为4个步骤，分别为清晰化思路并确定建模方式、建立基础模型、细化模型、完成模型，如图3-12所示。

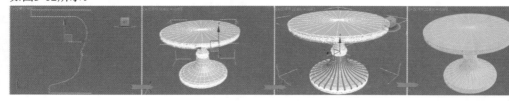

图3-12

① 清晰化思路并确定建模方式。例如，在这里选择样条线建模、修改器建模、多边形建模方式进行制作。按如图3-13所示创建一条线。

② 建立基础模型。使用车削修改器将模型的大致效果制作出来，如图3-14所示。

③ 细化模型。使用多边形建模对模型进行深入制作，如图3-15所示。

④ 完成模型。完成模型的制作，如图3-16所示。

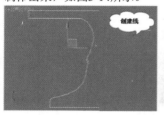

图3-13　　　　　　图3-14

图3-15　　　　　　图3-16

3.1.4　认识创建面板

● 技术速查：创建面板将所创建的对象种类分为7个类别，每一个类别有自己的按钮，一个类别内可能包含几个不同的对象子类别。

使用下拉列表框可以选择对象子类别，每一类对象都有自己的按钮，如图3-17所示。

图3-17

创建面板提供的对象类别如下。

● 几何体■：是场景的可渲染几何体。其中包括多种类型，也是本章的学习重点。

● 形状■：是样条线或 NURBS 曲线。其中包括多种类型，也是本章的学习重点。

● 灯光■：可以照亮场景，并且可以增加其逼真感。灯光种类很多，可模拟现实世界中不同类型的灯光。

● 摄影机■：提供场景的视图，可以对摄影机位置设置动画。

● 辅助对象■：有助于构建场景。

● 空间扭曲■：在围绕其他对象的空间中产生各种不同的扭曲效果。

● 系统■：将对象、控制器和层次组合在一起，提供与某种行为关联的几何体。

在建模中常用的两个类型是几何体■和图形■，如图3-19所示。

依次单击■、■按钮，选择 [标准基本体 ▼] 选项，再单击 [长方体] 按钮，并在视图中单击鼠标左键拖曳，此时可以创建出一个长方体模型，如图3-20所示。

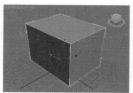

图3-19　　　　　　图3-20

由此可见，创建一个长方体模型需要4个步骤，这也代表了4个级别。分别是创建—几何体—标准基本体—茶壶，了解了这些后，只需要记住这4个级别就会快速地找到需要进行创建的对象。

3.2 创建几何基本体

在几何基本体下面共包括14种类型，分布为标准基本体、扩展基本体、复合对象、粒子系统、面片栅格、NURBS曲面、实体对象、门、窗、mental ray、AEC扩展、动力学对象、楼梯和VRay，如图3-21所示。

图3-21

3.2.1 标准基本体

○ 技术速查：标准基本体是3ds Max中自带的一些标准的模型，也是最常用的基本模型，如长方体、球体、圆柱体等。在3ds Max Design中，可以使用单个基本体对很多这样的对象建模，还可以将基本体结合到更复杂的对象中，并使用修改器进一步进行优化。

★ **本节知识导读**

工具名称	工具用途	掌握级别
长方体	制作结构为长方形的物体，如桌子、椅子等	★★★★★
球体	制作结构为球体的物体	★★★★★
圆柱体	制作结构为圆柱体的物体	★★★★★
平面	制作形状为平面的物体，如地面、墙面等	★★★★★
圆锥体	制作形状为圆锥体的物体	★★★★☆
茶壶	制作茶壶模型	★★★★☆
几何球体	制作几何球体模型，如水晶	★★★☆☆
管状体	制作管状体模型	★★★☆☆
圆环	制作圆环模型	★★★☆☆
四棱锥	制作四棱锥模型	★★★☆☆

如图3-22所示为标准基本体制作的作品。

标准基本体包含10种对象类型，分别是长方体、圆锥体、球体、几何球体、圆柱体、管状体、圆环、四棱锥、茶壶和平面，如图3-23所示。

图3-22

图3-23

长方体

长方体是最常用的标准基本体。使用【长方体】工具可以制作长度、宽度、高度不同的长方体。长方体的参数比较

简单，包括长度、高度、宽度以及相对应的分段，如图3-24所示。

图3-24

○ 长度、宽度、高度：设置长方体对象的长度、宽度和高度。默认值分别为0、0、0。

○ 长度分段、宽度分段、高度分段：设置沿着对象每个轴的分段数量。在创建前后设置均可。

○ 生成贴图坐标：生成将贴图材质应用于长方体的坐标。默认设置为启用。

○ 真实世界贴图大小：控制应用于该对象的纹理贴图材质所使用的缩放方法。

使用【长方体】工具可以快速创建出很多简易的模型，如书架、衣柜等，如图3-25所示。

图3-25

単击 按钮和 按钮，选择
标准基本体 选项，再单击 长方体
按钮，如图3-26所示。此时按住鼠标左
键进行拖动，定义长方体底部的大小，
如图3-27所示。松开鼠标左键并进行拖
动，定义长方体的高度，如图3-28所
示。这样一个长方体就创建完成了。

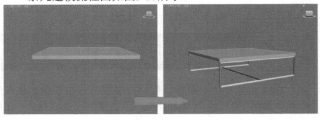
图3-26

图3-27　　　　　　　图3-28

使用【长方体】工具，按住【Ctrl】键进行拖动，定义
长方体底部的大小，如图3-29所示。松开鼠标左键并进行拖
动，定义长方体的高度，如图3-30所示。这样一个具有方形
底部的长方体就创建完成了。

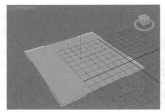
图3-29　　　　　　　图3-30

★ 案例实战——长方体制作方形玻璃茶几

场景文件	无
案例文件	案例文件\Chapter 03\案例实战——长方体制作方形玻璃茶几.max
视频教学	视频文件\Chapter 03\案例实战——长方体制作方形玻璃茶几.flv
难易指数	★☆☆☆☆
技术掌握	掌握内置几何体建模下【长方体】工具和【切角长方体】工具的运用

实例介绍

一般的玻璃茶几台面为钢化玻璃，再辅以造型别致的
仿金电镀配件以及静电喷涂钢管、不锈钢等底架，典雅华
贵、简洁实用。玻璃茶几的最终渲染和线框效果如图3-31和
图3-32所示。

图3-31　　　　　　　图3-32

建模思路

- 使用【切角长方体】工具创建茶几面模型。
- 使用【长方体】工具创建茶几腿模型。
茶几建模流程图如图3-33所示。

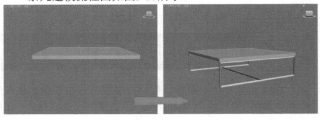
图3-33

制作步骤

01 单击 和 按钮，选择 扩展基本体 选项，单
击 切角长方体 按钮，在顶视图中创建一个切角长方体，并在
修改面板上设置【长度】为800mm，【宽度】为800mm，
【高度】为30mm，【圆角】为1mm，【圆角分段】为3，
如图3-34所示。

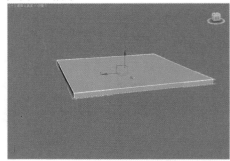
图3-34

02 利用【长方体】工具，在顶视图中创建一个长方
体，并在修改面板里设置【长度】为10mm，【宽度】为
10mm，【高度】为200mm，如图3-35所示。

图3-35

03 选择上一步中创建的长方体，并使用 ✛（选择并移动）工具按住【Shift】键进行复制，在弹出的【克隆选项】对话框中选择【实例】，设置【副本数】为3，如图3-36所示。

04 使用【长方体】工具在顶视图中创建4个长方体，并设置【长度】为10mm，【宽度】为780mm，【高度】为10mm，如图3-37所示。

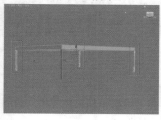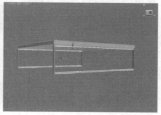

图3-36　　　　　　　　　图3-37

05 使用【长方体】工具在顶视图中创建一个长方体，并设置【长度】为10mm，【宽度】为10mm，【高度】为780mm，如图3-38所示。

06 最终模型效果如图3-39所示。

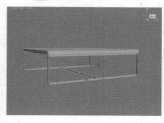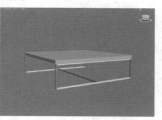

图3-38　　　　　　　　　图3-39

技术拓展：如何在视图中加载背景图像作为参考，以辅助建模

在建模时经常会用到贴图文件来辅助用户进行操作，如图3-40所示是本例加载背景贴图后的前视图效果。

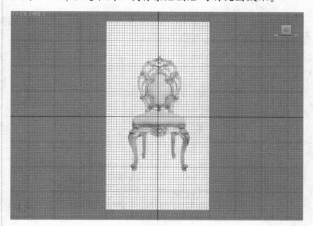

图3-40

01 打开3ds Max 2013，单击并激活【前视图】，然后

选择【视图/视口背景/配置视口背景】命令（快捷键是【Alt+B】），如图3-41所示。

图3-41

02 在弹出的【视口配置】对话框中选择【背景】选项卡，并设置方式为【使用文件】，选中【锁定缩放/平移】复选框，设置【纵横比】为【匹配位图】，然后单击 文件... 按钮，在弹出的【选择背景图像】对话框中选择贴图文件，最后单击 打开(O) 按钮，如图3-42所示。

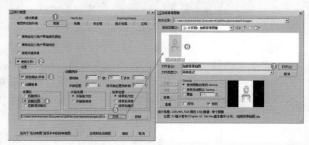

图3-42

03 此时在前视图中已经有了刚才添加的参考图，而其他视图则没有，如图3-43所示。

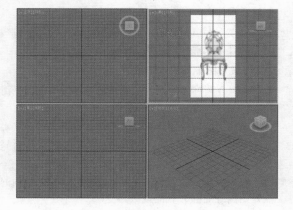

图3-43

04 当不需要该图片在前视图中显示时，可以在前视图左上角的【线框】字样位置 上单击鼠标右键，然后在弹出的快捷菜单中选择【视口背景/纯色】命令，如图3-44所示。

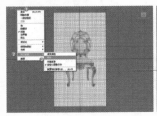

图3-44

圆锥体

使用【圆锥体】工具可以产生直立或倒立的完整或部分圆形圆锥体，如图3-45所示。

图3-45

- 半径1、半径2：设置圆锥体的第1个半径和第2个半径。两个半径的最小值都是 0。如果输入负值，则 3ds Max Design 会将其转换为 0。可以组合这些设置以创建直立或倒立的尖顶圆锥体和平顶圆锥体。具体设置方式与效果如下面表格所示。

半径组合	效果
半径 2 为 0	创建一个尖顶圆锥体
半径 1 为 0	创建一个倒立的尖顶圆锥体
半径 1 比半径 2 大	创建一个平顶圆锥体
半径 2 比半径 1 大	创建一个倒立的平顶圆锥体

- 高度：设置沿着中心轴的维度。负值将在构造平面下面创建圆锥体。

- 高度分段、端面分段：设置沿着圆锥体主轴的分段数、围绕圆锥体顶部和底部的中心的同心分段数。

- 边数：设置圆锥体周围边数。

- 平滑：混合圆锥体的面，从而在渲染视图中创建平滑的外观。

- 启用切片：启用【切片】功能。默认设置为禁用状态。创建切片后，如果禁用【启用切片】，则将重新显示完整的圆锥体。

- 切片起始位置、切片结束位置：设置从局部 X 轴的零点开始围绕局部 Z 轴的度数。

- 生成贴图坐标：生成将贴图材质用于圆锥体的坐标。默认设置为启用。

- 真实世界贴图大小：控制应用于该对象的纹理贴图材质所使用的缩放方法。

★ 案例实战——圆锥体制作多种圆锥体模型

场景文件	无
案例文件	案例文件\Chapter 03\案例实战——圆锥体制作多种圆锥体模型.max
视频教学	视频文件\Chapter 03\案例实战——圆锥体制作多种圆锥体模型.flv
难易指数	★★☆☆☆
技术掌握	掌握【圆锥体】工具的运用

实例介绍

本例将学习使用标准基本体下的圆锥体来完成模型的制作，最终渲染和线框效果如图3-46所示。

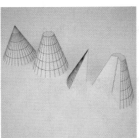

图3-46

建模思路

使用圆锥体制作各种圆锥体模型。

圆锥体建模流程如图3-47所示。

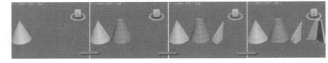

图3-47

制作步骤

01 单击 、 按钮，选择 标准基本体 选项，单击 圆锥体 按钮，在视图中创建一个圆锥体，修改参数，设置【半径1】为700mm，【半径2】为0mm，【高度】为1500mm，如图3-48所示。

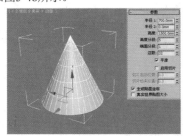

图3-48

02 继续在视图中拖曳并创建一个圆锥体，修改参数，设置【半径1】为700mm，【半径2】为200mm，【高度】为1500mm，【边数】为24，如图3-49所示。

03 再次在视图中拖曳并创建一个圆锥体，修改参数，设置【半径1】为700mm，【半径2】为0mm，【高度】为1500mm，【边数】为24，选中【启用切片】复选框，设置【切片起始位置】为90，如图3-50所示。

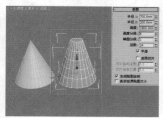 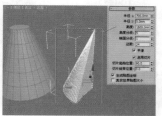

图3-49　　　　　　　　　图3-50

04 再次在视图中拖曳并创建一个圆锥体，修改参数，设置【半径1】为700mm，【半径2】为200mm，【高度】为1500mm，【边数】为24，选中【启用切片】复选框，设置【切片起始位置】为90，【切片结束位置】为-145，如图3-51所示。

05 最终模型效果如图3-52所示。

 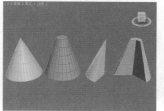

图3-51　　　　　　　　　图3-52

球体

使用【球体】工具可以制作完整的球体、半球体或球体的其他部分，还可以围绕球体的垂直轴对其进行切片修改，如图3-53所示。

图3-53

- ◎ **半径**：指定球体的半径。
- ◎ **分段**：设置球体多边形分段的数目。
- ◎ **平滑**：混合球体的面，从而在渲染视图中创建平滑的外观。
- ◎ **半球**：过分增大该值将切断球体，如果从底部开始，将创建部分球体。
- ◎ **切除**：通过在半球断开时将球体中的顶点和面切除来减少它们的数量。默认设置为启用。
- ◎ **挤压**：保持原始球体中的顶点数和面数，将几何体向着

球体的顶部挤压，直到体积越来越小。

- ◎ **启用切片**：选中此复选框，可启用切片。
- ◎ **切片起始位置、切片结束位置**：设置起始角度和结束角度。
- ◎ **轴心在底部**：将球体沿着其局部 Z 轴向上移动，以便轴点位于其底部。

使用球体可以快速创建出很多简易的模型，如吊灯等，如图3-54所示。

图3-54

★ 案例实战——球体制作豪华水晶吊灯

场景文件	无
案例文件	案例文件\Chapter 03\案例实战——球体制作豪华水晶吊灯.max
视频教学	视频文件\Chapter 03\案例实战——球体制作豪华水晶吊灯.flv
难易指数	★★☆☆☆
技术掌握	掌握内置几何体建模下【球体】工具的运用

实例介绍

现代豪华水晶吊灯一般用于大型商场，给人以豪华和大气的感觉。最终渲染和线框效果如图3-55所示。

图3-55

建模思路

使用【球体】工具、【圆】工具制作现代豪华水晶吊灯模型。

现代豪华水晶吊灯建模流程图如图3-56所示。

图3-56

制作步骤

01 单击 ■、○ 按钮，选择 标准基本体 ▼选项，单击 球体 按钮，在顶视图中创建一个球体，设置【半径】为5mm，如图3-57所示。

02 单击 按钮、 按钮，选择 样条线 选项，单击 圆 按钮，在顶视图中创建一个圆，设置【半径】为60mm，如图3-58所示。

03 选择如图3-59所示的模型，使用【选择并移动】工具 ，沿Z轴并按住【Shift】键进行复制，并设置【对象】为【实例】，【副本数】为10，最后单击【确定】按钮，如图3-60所示。

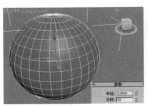

图3-57

图3-58

图3-59

图3-60

04 利用同样的方法制作出多份模型，如图3-61所示。

05 选择如图所示的模型，选择【组/成组】命令，如图3-62所示。

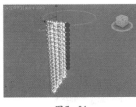

图3-61

图3-62

06 选择上一步成组的模型，单击 按钮进入层次面板，单击 仅影响轴 按钮，在顶视图中将线的轴心移动到圆的正中心，最后再次单击 仅影响轴 按钮将其取消，如图3-63所示。

07 选择上一步创建的模型，使用【选择并旋转】工具 ，并按下【Shift】键，复制7份，如图3-64所示。

图3-63

图3-64

08 按照同样方法制作出其他部分，如图3-65所示。

09 最终模型效果如图3-66所示。

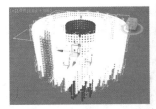

图3-65

图3-66

几何球体

使用【几何球体】工具可以根据3类规则多面体制作球体和半球，如图3-67所示。

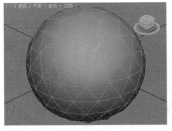

图3-67

● 半径：设置几何球体的大小。

● 分段：设置几何球体中的总面数。

● 平滑：将平滑组应用于球体的曲面。

● 半球：创建半个球体。

圆柱体

使用【圆柱体】工具可以创建完整的或部分圆柱体，可以围绕其主轴进行切片修改，如图3-68所示。

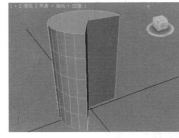

图3-68

● 半径：设置圆柱体的半径。

● 高度：设置沿着中心轴的维度。负数值将在构造平面下面创建圆柱体。

● 高度分段：设置沿着圆柱体主轴的分段数量。

● 端面分段：设置围绕圆柱体顶部和底部的中心的同心分段数量。

● 边数：设置圆柱体周围的边数。

● 平滑：将圆柱体的各个面混合在一起，从而在渲染视图中创建平滑的外观。

由于每个标准基本体的参数中都会有重复的参数选项，而且这些参数的含义基本一样，如启用切片、切片起始位置、切片结束位置、生成贴图坐标、真实世界贴图大小等，所以在这里不重复进行讲解。

管状体

使用【管状体】工具可以创建圆形和棱柱管道。管状体类似于中空的圆柱体，如图3-69所示。

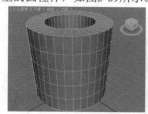

图3-69

● 半径1、半径2：较大的设置将指定管状体的外部半径，而较小的设置则指定内部半径。

● 高度：设置沿着中心轴的维度。负数值将在构造平面下面创建管状体。

● 高度分段：设置沿着管状体主轴的分段数量。

● 端面分段：设置围绕管状体顶部和底部的中心的同心分段数量。

● 边数：设置管状体周围边数。

圆环

使用【圆环】工具可以创建一个圆环或具有圆形横截面的环。可以将平滑选项与旋转和扭曲设置组合使用，以创建复杂的变体，如图3-70所示。

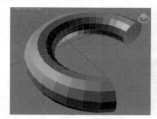

图3-70

● 半径1：设置从环形的中心到横截面圆形的中心的距离，这是环形环的半径。

● 半径2：设置横截面圆形的半径。每当创建环形时就会替换该值，默认设置为10。

● 旋转、扭曲：设置旋转、扭曲的度数。

● 分段：设置围绕环形的分段数目。

● 边数：设置环形横截面圆形的边数。

四棱锥

使用【四棱锥】工具可以创建方形或矩形底部和三角形侧面，如图3-71所示。

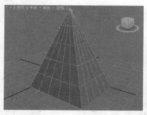

图3-71

● 宽度、深度和高度：设置四棱锥对应面的维度。

● 宽度分段、深度分段和高度分段：设置四棱锥对应面的分段数。

茶壶

茶壶在室内场景中是经常使用到的一个物体，使用【茶壶】工具可以方便、快捷地创建一个精度较低的茶壶，其参数也可以在修改面板中进行修改，如图3-72所示。

图3-72

平面

使用【平面】工具可以创建平面多边形网格，可在渲染时无限放大，如图3-73所示。

图3-73

● 长度、宽度：设置平面对象的长度和宽度。

● 长度分段、宽度分段：设置沿着对象每个轴的分段数量。

● 缩放：指定长度和宽度在渲染时的倍增因子。将从中心向外执行缩放。

● 密度：指定长度和宽度分段数在渲染时的倍增因子。

★ 综合实战——标准基本体创建石膏组合

场景文件	无
案例文件	案例文件\Chapter 03\综合实战——标准基本体创建石膏组合.max
视频教学	视频文件\Chapter 03\综合实战——标准基本体创建石膏组合.flv
难易指数	★★☆☆☆
技术掌握	掌握平面、长方体、球体、几何球体、圆锥体、圆柱体的应用

实例介绍

本例学习使用标准基本体下的【平面】、【长方体】、【球体】、【几何球体】、【圆锥体】、【圆柱体】工具来完成模型的制作，最终渲染和线框效果如图3-74所示。

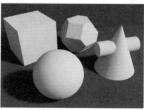

图3-74

建模思路

使用平面、长方体、球体、几何球体、圆锥体、圆柱体制作石膏模型。

石膏模型建模流程如图3-75所示。

图3-75

制作步骤

01 单击 ⚬、⚬ 按钮，选择 标准基本体 ▾ 选项，单击 平面 按钮，在顶视图中创建一个平面，然后单击 ⚬ 按钮进入修改面板，设置【长度】为150mm，【宽度】为140mm，如图3-76所示。

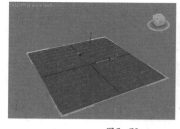

图3-76

技巧提示

默认情况下创建模型，模型在场景中的位置不会处于世界坐标中心，因此可以使用快捷的方法将其X、Y、Z 3个坐标都设置为0mm。如图3-77所示为随机创建时模型位置也是随机的。

随机创建后，右键单击X、Y、Z后面的 ⬍ 按钮，即可自动设置参数为0mm，如图3-78所示。

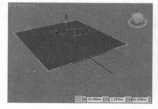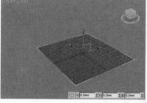

图3-77　　　　　　　图3-78

02 继续创建一个平面，然后设置【长度】为150mm，【宽度】为140mm，如图3-79所示。

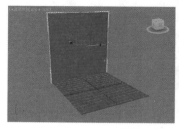

图3-79

03 单击 ⚬、⚬ 按钮，选择 标准基本体 ▾ 选项，单击 长方体 按钮，在顶视图中创建一个长方体，然后设置【长度】为20mm，【宽度】为20mm，【高度】为20mm，如图3-80所示。

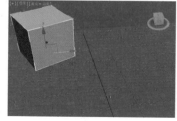

图3-80

04 单击 ⚬、⚬ 按钮，选择 标准基本体 ▾ 选项，单击 球体 按钮，在顶视图中创建一个球体，然后设置【半径】为10mm，【分段】为50，如图3-81所示。

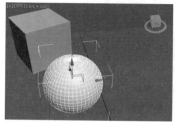

图3-81

05 单击 ⚬、⚬ 按钮，选择 标准基本体 ▾ 选项，单击 几何球体 按钮，在顶视图中创建一个几何球体，然后设置【系列】为【立方体/八面体】，【系列参数】选项组的【P】为0.32，【轴向比率】选项组的【P】、【Q】、

【R】都为100，【半径】为11.245mm，如图3-82所示。

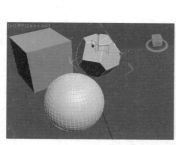

图3-82

06 单击 ┅、○按钮，选择 标准基本体 ▼ 选项，单击 管状体 按钮，在顶视图中创建一个圆锥体，然后设置【半径1】为10mm，【半径2】为0mm，【高度】为24mm，【边数】为50，如图3-83所示。

图3-83

07 单击 ┅、○按钮，选择 标准基本体 ▼ 选项，单击 圆柱体 按钮，在顶视图中创建一个圆柱体，然后设置【半径】为3.5mm，【高度】为20mm，【边数】为50，如图3-84所示。

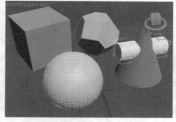

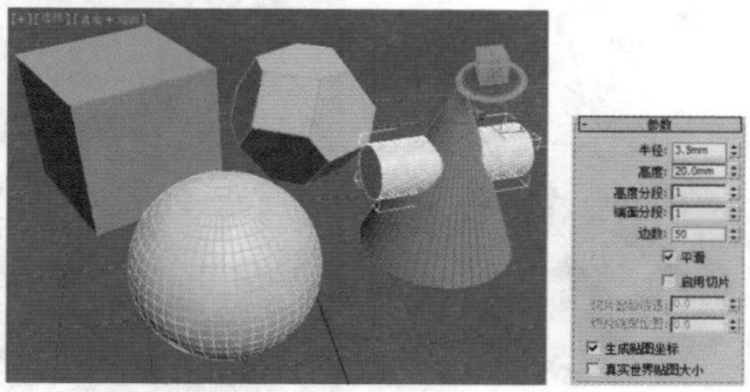

图3-84

 读书笔记

3.2.2 扩展基本体

◉ 技术速查：扩展基本体是3ds Max Design复杂基本体的集合，其中包括13种对象类型，分别是异面体、环形结、切角长方体、切角圆柱体、油罐、胶囊、纺锤、L-Ext、球棱柱、C-Ext、环形波、棱柱、软管，如图3-85所示。

图3-85

★ 本节知识导读

工具名称	工具用途	掌握级别
切角长方体	制作带有圆角的长方体模型，如桌子、椅子、沙发	★★★★★
切角圆柱体	制作带有圆角的圆柱体模型，如圆形桌子、沙发	★★★★★
异面体	制作如四面体、八面体、二十面体的水晶体模型	★★★★☆
环形结	制作互相缠绕形状的环形结模型	★★★☆☆
油罐	制作类似油罐的模型	★★☆☆☆
胶囊	制作胶囊模型	★★☆☆☆
纺锤	制作纺锤模型	★★☆☆☆
球棱柱	制作球棱锥模型	★★☆☆☆
L-Ext	制作L形墙模型	★★☆☆☆
C-Ext	制作C形墙模型	★★☆☆☆
环形波	制作环形波	★★☆☆☆
软管	制作软管模型，如饮料吸管	★★☆☆☆
棱柱	制作棱柱模型	★★☆☆☆

🎮 异面体

使用【异面体】工具可以创建出多面体对象，如图3-86所示。

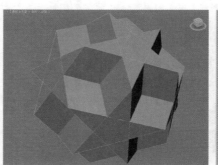

图3-86

◉ 系列：使用该组参数可选择要创建的多面体的类型。

◉ 系列参数：为多面体顶点和面之间提供两种方式变换的关联参数。

◉ 轴向比率：控制多面体一个面反射的轴。

使用【异面体】工具可以快速创建出很多复杂的模型，如水晶、饰品等，如图3-87所示。

图3-87

切角长方体

使用【切角长方体】工具可以创建具有倒角或圆形边的长方体，如图3-88所示。

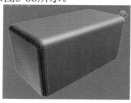

图3-88

◎ 圆角：用来控制切角长方体边上的圆角效果。

◎ 圆角分段：设置长方体圆角边时的分段数。

使用异面体可以快速创建出很多模型边缘较为圆滑的模型，如沙发等，如图3-89所示。

图3-89

图3-90

★ 案例实战——切角长方体制作简约餐桌

场景文件	无
案例文件	案例文件\Chapter 03\案例实战——切角长方体制作简约餐桌.max
视频教学	视频文件\Chapter 03\案例实战——切角长方体制作简约餐桌.flv
难易指数	★★☆☆☆
技术掌握	掌握内置几何体建模下【切角长方体】工具、【长方体】工具和【编辑多边形】修改器的运用

实例介绍

简约餐桌一般较为简单，主要造型有圆形、方形两种，最终渲染和线框效果如图3-91和图3-92所示。

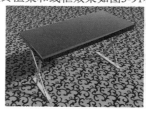
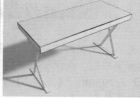

图3-91   图3-92

建模思路

◎ 使用【切角长方体】工具制作餐桌桌面模型。

◎ 使用【长方体】工具和【编辑多边形】修改器制作餐桌支撑模型。

简约餐桌建模流程图如图3-93所示。

图3-93

制作步骤

01 单击 、 按钮，选择 扩展基本体 选项，单击 切角长方体 按钮，在顶视图中创建一个切角长方体，并设置【长度】为1300mm，【宽度】为600mm，【高度】为80mm，【圆角】为5mm，【圆角分段】为5，如图3-94所示。

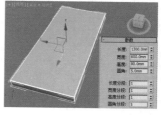

图3-94

02 单击 、 按钮，选择 标准基本体 选项，单击 长方体 按钮，在顶视图中创建两个长方体，设置【长度】为50mm，【宽度】为520mm，【高度】为10mm，如图3-95所示。

03 继续利用【长方体】工具在左视图创建一个长方体，设置【长度】为700mm，【宽度】为40mm，【高度】

为10mm，如图3-96所示。

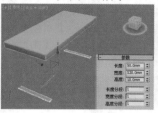 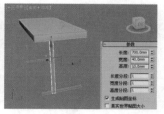

图3-95   图3-96

04 选择上一步创建的模型，使用【选择并旋转】工具 ◯ ，沿Y轴对其进行旋转，如图3-97所示。

05 选择上一步创建的样条线，为其加载【编辑多边形】修改器命令，在【顶点】级别 ☑ 下，调节顶点的位置，如图3-98所示。

图3-97   图3-98

06 选择上一步创建的模型，单击【镜像】工具按钮 ⊪ ，并设置【镜像轴】为【X】，【克隆当前选择】为【实例】，最后单击【确定】按钮，如图3-99所示。

07 选择模型，再使用【选择并移动】工具 ✛ 并按【Shift】键复制一份，如图3-100所示。

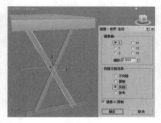 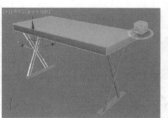

图3-99   图3-100

08 最终模型效果如图3-101所示。

图3-101

★ 案例实战——切角长方体制作现代沙发组合

场景文件	无
案例文件	案例文件\第7章\案例实战——切角长方体制作现代沙发组合.max
视频教学	视频文件\第7章\案例实战——切角长方体制作现代沙发组合.flv
难易指数	★★☆☆☆
技术掌握	掌握内置几何体建模下【长方体】工具、【切角长方体】工具和【编辑多边形】修改器的运用

实例介绍

流畅的线条、简洁的构成、亮丽的色彩组成了现代组合沙发的主旋律，沙发的最终渲染和线框效果如图3-102和图3-103所示。

图3-102   图3-103

建模思路

● 使用【长方体】工具和【编辑多边形】修改器制作沙发底座模型。

● 使用【切角长方体】工具和【编辑多边形】修改器制作沙发坐垫和靠背模型。

现代沙发组合建模流程图如图3-104所示。

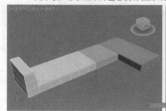 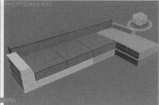

图3-104

制作步骤

01 单击 ▪ 、◯ 按钮，选择 标准基本体 ▼ 选项，单击 长方体 按钮，在顶视图中创建一个长方体，并设置【长度】为600mm，【宽度】为1400mm，【高度】为150mm，【宽度分段】为7，如图3-105所示。

02 继续利用【长方体】工具在顶视图创建一个长方体，并设置【长度】为600mm，【宽度】为600mm，【高度】为150mm，如图3-106所示。

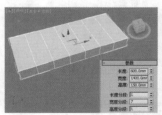 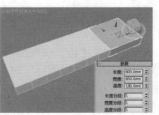

图3-105   图3-106

03 继续利用【长方体】工具在顶视图创建一个长方体，并设置【长度】为1200mm，【宽度】为600mm，【高度】为150mm，如图3-107所示。

04 选择多边形，为其加载【编辑多边形】修改器命令，如图3-108所示。

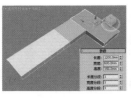
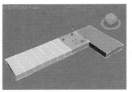

图3—107　　　　　　　图3—108

技巧提示

　　使用几何体建模有很大的局限性，只可以制作出非常标准的模型，如长方体、球体、圆柱体等，而一些模型发生改变的效果无法进行制作，因此需要结合使用多边形建模的方法进行制作。

05 在【多边形】级别■下选择如图3-109左图所示的多边形。单击 挤出 按钮后面的【设置】按钮■，并设置【高度】为150mm，如图3-109右图所示。

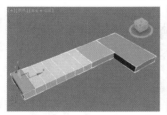
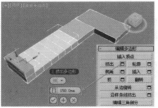

图3—109

06 保持选择上一步选择的多边形，单击 挤出 按钮后面的【设置】按钮■，并设置【高度】为150mm，如图3-110所示。

07 在【顶点】级别下，调节顶点的位置，如图3-111所示。

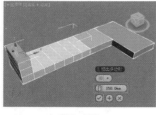
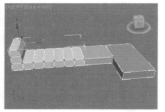

图3—110　　　　　　　图3—111

08 在【边】级别下，选择如图3-112左图所示的边。单击 切角 按钮后面的【设置】按钮■，并设置【数量段】为10，如图3-112右图所示。至此沙发底座模型完成。

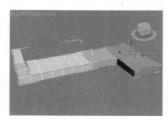
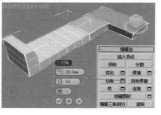

图3—112

09 单击　、　按钮，选择 扩展基本体 　选项，单击 切角长方体 按钮，在顶视图中创建3个切角长方体，并设置【长度】为600mm，【宽度】为600mm，【高度】为150mm，【长度分段】为4，【宽度分段】为4，【高度分段】为2，【圆角分段】为10，如图3-113所示。

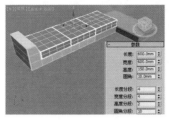

图3—113

10 选择上一步创建的模型，为其加载【编辑多边形】修改器命令，在【顶点】级别下，选择如图3-114左图所示的顶点，展开【软选择】卷展栏，选中【使用软选择】复选框，取消选中【影响背面】复选框，【衰减】设置为600mm，沿着Z轴移动点的位置，使其产生如图3-114右图所示的效果。

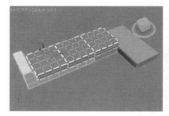
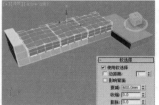

图3—114

11 利用【长方体】工具在顶视图创建一个长方体，并设置【长度】为1200mm，【宽度】为600mm，【高度】为150mm，【长度分段】为4，【宽度分段】为5，【高度分段】为2，如图3-115所示。

图3—115

12 选择上一步创建的模型，为其加载【编辑多边形】修改器命令，在【多边形】级别下，选择如图3-116所示的多边形。单击 挤出 按钮后面的【设置】按钮■，并设置【高度】为120mm，如图3-117所示。

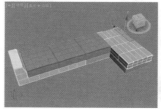

图3—116　　　　　　　图3—117

13 在【顶点】级别下，调节顶点的位置，如图3-118所示。

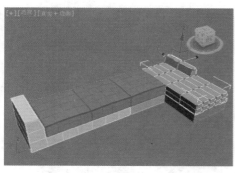

图3-118

14 在【边】级别 下，选择如图3-119所示的边。单击 切角 按钮后面的【设置】按钮 ，并设置【数量】为10mm，【分段】为10，如图3-120所示。

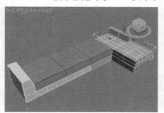

图3-119 图3-120

15 在【顶点】级别 下，选择如图3-121所示的顶点，并展开【软选择】卷展栏，选中【使用软选择】复选框，取消选中【影响背面】复选框，【衰减】设置为600mm，沿着Z轴移动点的位置，使其产生如图3-122所示的效果。

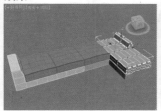
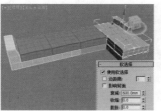

图3-121 图3-122

16 利用【切角长方体】工具在前视图创建一个切角长方体，并设置【长度】为520mm，【宽度】为2450mm，【高度】为150mm，【圆角】为10mm，【长度分段】为4，【宽度分段】为5，【高度分段】为2，【圆角分段】为10，如图3-123所示。

图3-123

17 选择上一步创建的模型，为其加载【编辑多边形】修改器命令，在【顶点】级别 下，选择如图3-124所示的顶点，并展开【软选择】卷展栏，选中【使用软选择】复选框，取消选中【影响背面】复选框，【衰减】设置为500mm，沿着Z轴移动点的位置，使其产生如图3-125所示的效果。

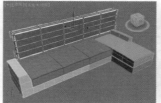
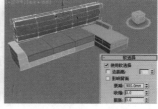

图3-124 图3-125

切角圆柱体

使用【切角圆柱体】工具可以创建具有倒角或圆形封口边的圆柱体，如图3-126所示。

图3-126

● 圆角：斜切切角圆柱体的顶部和底部封口边。

● 圆角分段：设置圆柱体圆角边时的分段数。

油罐

使用【油罐】工具可以创建带有凸面封口的圆柱体，如图3-127所示。

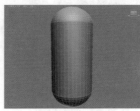

图3-127

● 半径：设置油罐的半径。

● 高度：设置沿着中心轴的维度。

● 封口高度：设置凸面封口的高度。

● 总体/中心：决定【高度】值指定的内容。

● 混合：大于0时将在封口的边缘创建倒角。

● 边数：设置油罐周围的边数。

● 高度分段：设置沿着油罐主轴的分段数量。

● 平滑：混合油罐的面，从而在渲染视图中创建平滑的外观。

胶囊

使用【胶囊】工具可以创建带有半球状封口的圆柱体，如图3-128所示。

图3-128

纺锤

使用【纺锤】工具可以创建带有圆锥形封口的圆柱体，如图3-129所示。

图3-129

L-Ext

使用【L-Ext】工具可以创建挤出的L形对象，如图3-130所示。

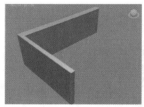

图3-130

● 侧面/前面长度：指定L每个脚的长度。

● 侧面/前面宽度：指定L每个脚的宽度。

● 高度：指定对象的高度。

● 侧面/前面分段：指定该对象特定脚的分段数。

● 宽度/高度分段：指定整个宽度和高度的分段数。

球棱柱

使用【球棱柱】工具可以根据可选的圆角面边创建挤出的规则面多边形，如图3-131所示。

图3-131

C-Ext

使用【C-Ext】工具可以创建挤出的C形对象，如图3-132所示。

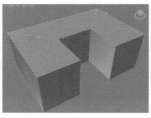

图3-132

● 背面/侧面/前面长度：指定3个侧面的每一个长度。

● 背面/侧面/前面宽度：指定3个侧面的每一个宽度。

● 高度：指定对象的总体高度。

● 背面/侧面/前面分段：指定对象特定侧面的分段数。

● 宽度/高度分段：设置该分段以指定对象的整个宽度和高度的分段数。

棱柱

使用【棱柱】工具可以创建带有独立分段面的三面棱柱，如图3-133所示。

图3-133

● 侧面1、2、3长度：设置三角形对应面的长度（以及三角形的角度）。

● 高度：设置棱柱体中心轴的维度。

● 侧面1、2、3分段：指定棱柱体每个侧面的分段数。

● 高度分段：设置沿着棱柱体主轴的分段数量。

软管

使用【软管】工具可以创建类似管状结构的模型，如图3-134所示。

图3-134

- 自由软管：如果只是将软管作为一个简单的对象，而不绑定到其他对象，则需要选中单选按钮。
- 绑定到对象轴：如果要把软管绑定到对象中，该单选按钮必须选中。
- 顶部/底部（标签）：显示【顶】/【底】绑定对象的名称。
- 拾取顶部对象：单击该按钮，然后选择【顶】对象。
- 张力：确定当软管靠近底部对象时顶部对象附近的软管曲线的张力。
- 高度：此字段用于设置软管未绑定时的垂直高度或长度。
- 分段：软管长度中的总分段数。
- 启用柔体截面：如果启用，则可以为软管的中心柔体截面设置以下4个参数。
  - 起始位置：从软管的始端到柔体截面开始处占软管长度的百分比。
  - 结束位置：从软管的末端到柔体截面结束处占软管长度的百分比。
  - 周期数：柔体截面中的起伏数目。可见周期的数目受限于分段的数目。

技巧提示

要设置合适的分段数目，首先应设置周期，然后增大分段数目，直到可见周期停止变化为止。

- 直径：周期外部的相对宽度。
- 平滑：定义要进行平滑处理的几何体。
- 可渲染：如果启用，则使用指定的设置对软管进行渲染。
- 圆形软管：设置为圆形的横截面。
- 长方形软管：可指定不同的宽度和深度设置。
- D 截面软管：与矩形软管类似，但一个边呈圆形，形成D 形状的横截面。

★ 综合实战——标准基本体制作台灯

场景文件	无
案例文件	案例文件\Chapter 03\综合实例——标准基本体制作台灯.max
视频教学	视频文件\Chapter 03\案例实战——标准基本体制作台灯.flv
难易指数	★★★☆☆
技术掌握	掌握【长方体】、【球体】、【管状体】、【圆环】、【选择并旋转】、【选择并缩放】、【选择并移动】工具的运用

实例介绍

居室的台灯已经远远超越了台灯本身的价值，台灯已经变成了一个不可多得的艺术品。在轻装修重装饰的理念下，台灯的装饰功能也就更加明显。本例学习、使用【长方

体】、【球体】、【管状体】、【圆环】、【选择并均匀旋转】、【选择并缩放】、【选择并移动】工具来完成模型的制作，最终渲染和线框效果如图3-135所示。

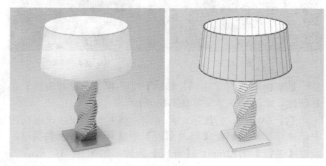

图3-135

建模思路

使用【长方体】、【管状体】、【球体】、【圆环】制作台灯模型。

台灯建模流程图如图3-136所示。

图3-136

制作步骤

01 单击■、○按钮，再单击 长方体 按钮，在顶视图中创建一个长方体，接着在修改面板下设置【长度】为90mm，【宽度】为90mm，【高度】为9mm，如图3-137所示。

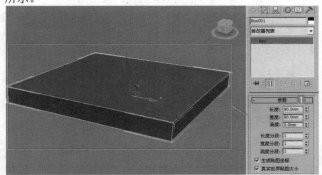

图3-137

02 在顶视图中创建一个长方体，接着在修改面板下设置【长度】为40mm，【宽度】为40mm，【高度】为6mm，如图3-138所示。

03 使用【选择并旋转】工具将上一步创建的长方体旋转复制一份，接着使用【选择并移动】工具将长方体拖曳到如图3-139所示的位置。

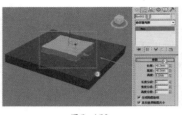
图3-138

图3-139

04 继续使用【选择并移动】工具和【选择并旋转】工具创建，此时场景效果如图3-140所示。

05 单击 、 按钮，再单击 球体 按钮，在顶视图中创建球体，然后在【修改面板】下展开【参数】卷展栏，设置【半径】为12mm，【分段】为32，如图3-141所示。

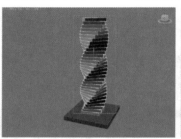
图3-140

图3-141

06 单击 、 按钮，再单击 管状体 按钮，在顶视图中创建管状体，接着在修改面板下展开【参数】卷展栏，设置【半径1】为100mm，【半径2】为99mm，【高度】为90mm，【高度分段】为1，【端面分段】为1，【边数】为36，如图3-142所示。

07 选择刚创建的管状体，接着在修改面板下加载【FFD2×2×2】命令修改器，并使用【选择并均匀缩放】工具调节控制点，调节后的效果如图3-143所示。

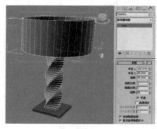
图3-142

图3-143

08 单击 、 按钮，再单击 圆环 按钮，在顶视图中创建圆环，接着在修改面板下展开【参数】卷展栏，设置【半径1】为99mm，【半径2】为1mm，【旋转】为0，【扭曲】为0，【分段】为36，【边数】为12，如图3-144所示。

09 在顶视图中创建圆环，接着在修改面板下展开【参数】卷展栏，设置【半径1】为86mm，【半径2】为1mm，【旋转】为0，【扭曲】为0，【分段】为36，【边数】为12，如图3-145所示。

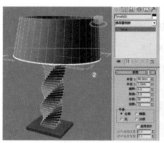
图3-144

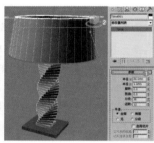
图3-145

10 最终模型效果如图3-146所示。

图3-146

读书笔记

3.3 创建复合对象

复合对象通常将两个或多个现有对象组合成单个对象，并可以非常快速地制作出很多特殊的模型，若使用其他建模方法可能会花费更多的时间。复合对象包含12种类型，分别是【变形】、【散布】、【一致】、【连接】、【水滴网格】、【图形合并】、【布尔】、【地形】、【放样】、【网格化】、【ProBoolean】和【ProCutter】，如图3-147所示。

图3-147

- 变形：可以通过两个或多个物体间的形状来制作动画。

- 一致：可以将一个物体的顶点投射到另一个物体上，使被投射的物体产生变形。

- 水滴网格：是一种实体球，它将近距离的水滴网格融合到一起，用来模拟液体。

- 布尔：运用布尔运算方法对物体进行运算。

- 放样：可以将二维的图形转化为三维物体。

- 散布：可以将对象散布在对象的表面，也可以将对象散布在指定的物体上。

- 连接：可以将两个物体连接成一个物体，同时也可以通过参数来控制这个物体的形状。

- 图形合并：可以将二维造型融合到三维网格物体上，还可以通过不同的参数来切掉三维网格物体的内部或外部对象。

- 地形：可以将一个或多个二维图形变成一个平面。

- 网格化：一般情况下都配合粒子系统一起使用。

- ProBoolean：可以将大量功能添加到传统的3ds Max布尔对象中。

- ProCutter：可以执行特殊的布尔运算，主要目的是分裂或细分体积。

PROMPT 技巧提示

在效果图制作中，最常用到的是【布尔】、【放样】、【图形合并】3种复合物体类型，下面将重点进行讲解。

★ 本节知识导读：

工具名称	工具用途	掌握级别
放样	制作如石膏线、油画框、管状物体等物体	★★★★★
ProBoolean	制作带有凹陷或突出的物体	★★★★★
图形合并	制作物体表面带有细节的物体，如戒指、桌子的花纹	★★★★☆
散布	制作物体散步在另外一个物体上，如漫山遍野的花	★★★★☆
变形	制作变形的物体	★★★☆☆
连接	制作两个物体连接的模型	★★★☆☆
一致	制作一个物体将另一个物体包裹的模型	★★☆☆☆
水滴网格	制作水滴模型效果	★★☆☆☆
地形	制作类似山体、地形的模型	★★☆☆☆
ProCutter	制作物体和物体进行切割的模型	★★☆☆☆
网格化	可与粒子系统结合使用，该功能不常用	★☆☆☆☆

读书笔记

3.3.1 图形合并

- 技术速查：使用【图形合并】工具可以创建包含网格对象和一个或多个图形的复合对象。这些图形嵌入在网格中（将更改边与面的模式），或从网格中消失。可以快速制作出物体表面带有花纹的效果。

参数面板如图3-148所示。模拟出的效果如图3-149所示。

图3-148　　　　　图3-149

- 拾取图形：单击该按钮，然后单击要嵌入网格对象中的图形即可选中图形。

- 参考/复制/移动/实例：指定如何将图形传输到复合对象中。

- 操作对象：在复合对象中列出所有操作对象。

- 删除图形：从复合对象中删除选中图形。

- 提取操作对象：提取选中操作对象的副本或实例。在列表框选择操作对象使此按钮可用。

- 实例/复制：指定如何提取操作对象。可以为实例或副本进行提取。

- 饼切：切去网格对象曲面外部的图形。

- 合并：将图形与网格对象曲面合并。

- 反转：反转【饼切】或【合并】的效果。

- 更新：当选中除【始终】之外的任一单击按钮时更新显示。

★ **案例实战——图形合并制作戒指**

场景文件	无
案例文件	案例文件\Chapter 03\案例实战——图形合并制作戒指.max
视频教学	视频文件\Chapter 03\案例实战——图形合并制作戒指.flv
难易指数	★★★☆☆
技术掌握	掌握【管状体】工具、【图形合并】工具的运用

实例介绍

戒指是一种戴在手指上的装饰珠宝，表面一般会带有非常精细的纹理。本例学习使用【图形合并】工具来完成模型的制作，最终渲染和线框效果如图3-150所示。

图3-150

建模思路

使用【管状体】工具和【编辑多边形修改器】制作戒指的主体模型。

使用样条线下的【文本】工具创建文字，使用复合对象下的【图形合并】制作戒指的突出文字。

创意戒指建模制作流程如图3-151所示。

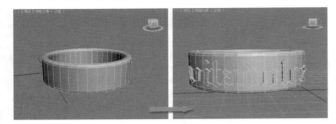

图3-151

制作步骤

01 单击 、 按钮，选择 标准基本体 选项，单击 管状体 按钮，在顶视图中创建一个管状体。修改参数，设置【半径1】为35mm，【半径2】为30mm，【高度】为20mm，【高度分段】为1，【边数】为36，如图3-152所示。

02 选择上一步创建的管状体，然后单击进入修改面板，并为管状体加载【编辑多边形】修改器，如图3-153所示。

03 单击 按钮进入修改面板，并单击【边】按钮 ，进入【边】级别，然后选择如图3-154所示的边。

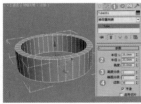

图3-152

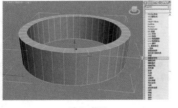

图3-153

04 保持选择的边不变，然后单击 切角 按钮后的【设置】按钮 ，并设置【数量】为2mm，【分段】为3，最后单击【确定】按钮 ，如图3-155所示。至此戒指的主题模型制作完成。

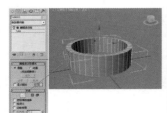

图3-154

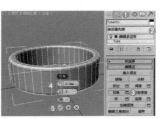

图3-155

05 单击 、 按钮，选择 样条线 选项，单击 文本 按钮，如图3-156所示。在前视图中单击鼠标左键进行创建，如图3-157所示。

图3-156   图3-157

06 单击 按钮进入修改面板，在【参数】卷展栏下设置【字体】为【GothicE】，【大小】为24mm，【字间距】为 - 1.5mm，最后在【文本】文本框中输入vitadolce，如图3-158所示。

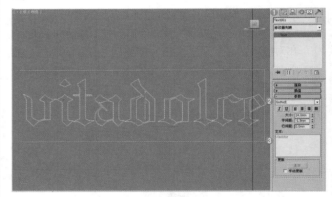

图3-158

技巧提示

本案例中为了达到类似古罗马字体的效果，下载了罗马字的字体，若读者没有该字体，可以使用其他字体代替，当然也可以在网上下载更合适的字体来使用。

07 在前视图中将上面创建的文字移动到戒指模型的正前方，如图3-159所示。

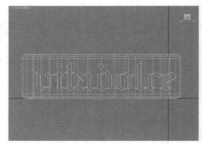

图3-159

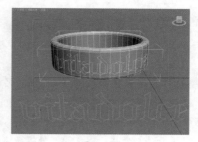

09 图形合并操作后的效果，如图3-162所示。

图3-162

技巧提示

该步骤中将文字移动到了戒指的正前方，但是一定要注意文字需要和戒指有一定的距离，这样在后面的步骤中才会正确，具体位置如图3-160所示。

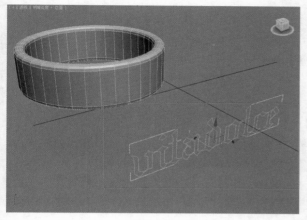

图3-160

10 选择戒指模型，并为其加载【编辑多边形】修改器命令，然后单击██按钮进入【多边形】级别，选中文字部分的多边形，如图3-163所示。

11 单击 挤出 按钮后的【设置】按钮█，并设置【数量】为0.8mm，如图3-164所示。

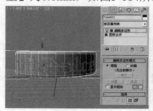

图3-163　　　　　　　图3-164

08 选择戒指模型，单击【复合对象】中的 图形合并 按钮，接着单击 拾取图形 按钮，最后在场景中单击拾取刚才创建的文字，如图3-161所示。

12 单击 倒角 按钮后的【设置】按钮█，并设置【高度】为0.2mm，【轮廓】为 - 0.04mm，如图3-165所示。

13 戒指的最终模型效果如图3-166所示。

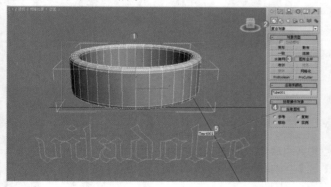

图3-161

图3-165　　　　　　　图3-166

3.3.2　布尔

- 技术速查：【布尔】工具是通过对两个以上的物体进行并集、差集、交集运算，从而得到新的物体形态。系统提供了5种布尔运算方式，分别是【并集】、【交集】和【差集（A-B）】、【差集（B-A）】和【切割】。

  单击 布尔 按钮可以展开【布尔】的参数设置面板，如图3-167所示。

- 拾取操作对象B：单击该按钮可以在场景中选择另一个运算物体来完成布尔运算。以下4个选项用来控制运算对象B的属性，必须在拾取运算对象B之前确定采用哪种类型。

- 参考：将原始对象的参考复制品作为运算对象B，若在以后改变原始对象，同时也会改变布尔物体中的运算对象B，但改变运算对象B时，不会改变原始对象。

- 复制：复制一个原始对象作为运算对象B，而不改变原始对象（当原始对象还要用在其他地方时采用这种方式）。

图3-167

- 移动：将原始对象直接作为运算对象B，而原始对象本身不再存在（当原始对象无其他用途时采用这种方式）。
- 实例：将原始对象的关联复制品作为运算对象B，若在以后对两者的任意一个对象进行修改都会影响另一个。
- 操作对象：主要用来显示当前运算对象的名称。
- 操作：该选项组用于指定采用何种方式来进行布尔运算，共有以下5种。
- 并集：将两个对象合并，相交的部分将被删除，运算完成后两个物体将合并为一个物体。
- 交集：将两个对象相交的部分保留下来，删除不相交的部分。
- 差集（A-B）：在A物体中减去与B物体重合的部分。
- 差集（B-A）：在B物体中减去与A物体重合的部分。
- 切割：用B物体切除A物体，但不在A物体上添加B物体的任何部分，共有【优化】、【分割】、【移除内部】和【移除外部】4个选项。【优化】是在A物体上沿着B物体与A物体相交的面来增加顶点和边数，以优化A物体的表面；【分割】是在B物体上切割A物体的部分边缘，并且会增加一排顶点，利用这种方法可以根据其他物体的外形将一个物体分成两部分；【移除内部】是删除A物体在B物体内部的所有片段面；【移除外部】是删除A物体在B物体外部的所有片段面。
- 显示：该选项组中的参数用来决定是否在视图中显示布尔运算的结果。
- 更新：该选项组中的参数用来决定何时进行重新计算并显示布尔运算的结果。
- 始终：每一次操作后都立即显示布尔运算的结果。
- 渲染时：只有在最后渲染时才重新计算更新效果。
- 手动：选中该单选按钮可以激活下面的 更新 按钮。
- 更新：当需要观察更新效果时，可以单击该按钮，系统将会重新进行计算。

技巧提示

　　在使用【布尔】工具时，一定要注意操作步骤，因为使用【布尔】工具极易出现错误，而且一旦执行布尔操作后，对模型修改非常不利，因此不推荐经常使用。若需要使用【布尔】工具，需将模型制作到一定精度，并确定模型不再修改时再进行操作。同时【布尔】与【ProBoolean（超级布尔）】十分类似，而且【ProBoolean（超级布尔）】的布线要比【布尔】好很多，在这里不重复进行讲解。

★ 案例实战——布尔运算制作草编椅子

场景文件	无
案例文件	案例文件\Chapter 03\案例实战——布尔运算制作草编椅子.max
视频教学	视频文件\Chapter 03\案例实战——布尔运算制作草编椅子.flv
难易指数	★★☆☆☆
技术掌握	掌握【球体】工具、【布尔】工具、【编辑多边形】和【晶格】修改器的运用

实例介绍

　　草编椅子是采用各种草类制成的不同造型的椅子，最终渲染和线框效果如图3-168和图3-169所示。

图3-168　　　　　　　　图3-169

建模思路

　　使用【球体】工具、【布尔】工具和【编辑多边形】修改器制作草编椅子模型。
　　使用【晶格】修改器制作竹藤模型效果。
草编椅子建模流程图如图3-170所示。

图3-170

制作步骤

01 单击 、 按钮，选择 标准基本体 选项，单击 球体 按钮，在顶视图中创建两个球体，并分别设置【半径】为400mm和500mm，如图3-171所示。

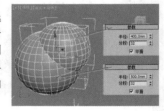

图3-171

02 选择如图3-172左图所示的模型，单击 、 按钮，选择 复合对象 选项，单击 布尔 按钮，在【拾取布尔】卷展栏下单击 拾取操作对象B 按钮，并选中【移动】单选按钮，最后单击另外一个球体，效果如图3-172右图所示。

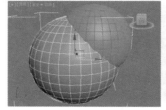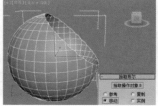

图3-172

技巧提示

在执行布尔命令时，需要特别注意的是【组】的物体将无法进行布尔运算，因此需要将【组】的物体进行解组。

03 继续利用 球体 在顶视图创建一个球体，并选中【平滑】复选框，设置【半径】为400mm，【半球】为0.75，如图3-173所示。

04 单击【镜像】工具■，在弹出的对话框设置【镜像轴】为Z，如图3-174所示。

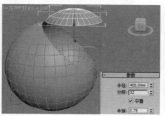
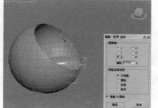

图3-173   图3-174

05 选择绿色的球体模型，为其加载【编辑多边形】修改器命令，如图3-175所示。

06 进入【顶点】级别■下，在前视图调节点的位置，如图3-176所示。

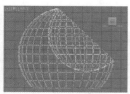

图3-175   图3-176

技巧提示

选择需要调整位置的顶点，使用【选择并均匀缩放】工具■，沿Z轴多次单击鼠标左键并拖曳，即可将顶点快速调节到一个平面上，如图3-177所示。

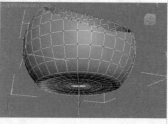

图3-177

07 此时模型效果如图3-178所示。

08 为模型添加【晶格】修改器，并设置【支柱】的【半径】为10mm，【边数】为20，如图3-179所示。

图3-178   图3-179

09 最终模型效果如图3-180所示。

图3-180

3.3.3 ProBoolean

○ 技术速查：【ProBoolean】工具通过对两个或多个其他对象执行超级布尔运算将它们组合起来。ProBoolean 将大量功能添加到传统的3ds Max Design布尔对象中，如每次使用不同的布尔运算，立刻组合多个对象的能力。这种计算方式比传统的布尔运算方式要好得多。

具体步骤如图3-181所示。

ProBoolean 还可以自动将布尔结果细分为四边形面，这有助于将网格和涡轮平滑。同时还可以从布尔对象中的多边形上移除边，从而减少多边形数目的边百分比，如图3-182所示。

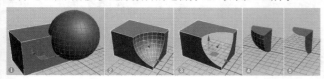

图3-181

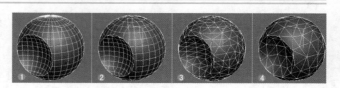

图3-182

ProBoolean的参数面板如图3-183所示。

图3-183

- **开始拾取**：单击此按钮，然后依次单击要传输至布尔对象的每个运算对象。在拾取每个运算对象之前，可以更改【参考/复制/移动/实例】选项、【运算】选项和【应用材质】选项。
- **运算**：其中的设置用于确定布尔运算对象实际如何交互。
  - **并集**：将两个或多个单独的实体组合到单个布尔对象中。
  - **交集**：从原始对象之间的物理交集中创建一个新对象，并移除未相交的体积。
  - **差集**：从原始对象中移除选定对象的体积。
  - **合集**：将对象组合到单个对象中，而不移除任何几何体。在相交对象的位置创建新边。
  - **附加（无交集）**：将两个或多个单独的实体合并成单个布尔型对象，而不更改各实体的拓扑。
  - **插入**：先从第一个操作对象减去第二个操作对象的边界体积，然后再组合这两个对象。
  - **盖印**：将图形轮廓（或相交边）打印到原始网格对象上。
  - **切面**：切割原始网格图形的面，只影响这些面。
- **显示**：该选项组可以选择显示的模式。
  - **结果**：只显示布尔运算而非单个运算对象的结果。
  - **运算对象**：定义布尔结果的运算对象。使用该模式编辑运算对象并修改结果。
- **应用材质**：可以选择一个材质的应用模式。
  - **应用运算对象材质**：布尔运算产生的新面获取运算对象的材质。
  - **保留原始材质**：布尔运算产生的新面保留原始对象的材质。
- **子对象运算**：对在层次视图列表中高亮显示的运算对象进行运算。
  - **提取所选对象**：根据选中的单选按钮，有3种模式，分别为移除、复制、实例。
  - **重排运算对象**：在层次视图列表中更改高亮显示的运算对象的顺序。
  - **更改运算**：为高亮显示的运算对象更改运算类型。
- **更新**：其中的选项确定在进行更改后，何时在布尔对象上执行更新，可以选择始终、手动、仅限选定时、仅限渲染时的方式。
- **四边形镶嵌**：其中的选项用于启用布尔对象的四边形镶嵌。
- **移除平面上的边**：其中的选项确定如何处理平面上的多边形。

★ **案例实战——超级布尔制作烟灰缸**

场景文件	无
案例文件	案例文件\Chapter 03\案例实战——超级布尔制作烟灰缸.max
视频教学	视频文件\Chapter 03\案例实战——超级布尔制作烟灰缸.flv
难易指数	★★☆☆☆
技术掌握	掌握【圆柱体】工具、【超级布尔】工具、【编辑多边形】和【网格平滑】修改器的运用

实例介绍

烟灰缸是盛烟灰、烟蒂的工具。以陶、瓷质为多见，也有以玻璃或金属材料制作的。一般烟灰缸上均有几道烟支粗细的槽，是专为放置烟卷而设计的。最终渲染和线框效果如图3-184和图3-185所示。

 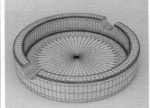

图3-184 　　　　　　　　　　 图3-185

建模思路

使用【圆柱体】工具和【编辑多边形】与【网络平滑】修改器制作烟灰缸基本模型。

使用【ProBoolean】工具制作烟灰缸的两个槽。

烟灰缸建模流程图如图3-186所示。

图3-186

制作步骤

01 单击 ■、○按钮，选择 标准基本体 选项，单击 圆柱体 按钮，在顶视图中创建1个圆柱体，并分别设置【半径】为50mm，【高度】为20mm，【边数】为50，如图3-187所示。

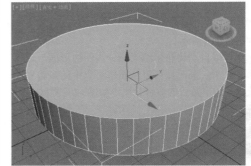

图3-187

02 选择刚创建的圆柱体，并单击修改为其加载【编辑多边形】修改器命令，并进入【多边形】级别。

03 选择如图3-188所示的多边形，并单击 插入 按钮后的【设置】按钮 ，并设置【数量】为8mm，如图3-189所示。

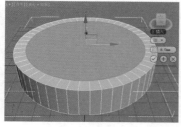

图3-188　　　　　　　图3-189

04 单击 挤出 按钮后的【设置】按钮 ，并设置【高度】为-15mm，如图3-190所示。

05 单击进入【边】级别 ，并选择如图3-191所示的边。

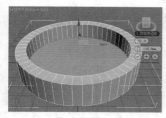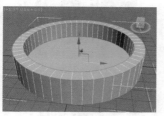

图3-190　　　　　　　图3-191

06 单击 切角 按钮后的【设置】按钮 ，并设置【数量】为1.4mm，【分段】为5，如图3-192所示。

07 选择模型，并单击修改添加【网格平滑】修改器，并设置【迭代次数】为1，如图3-193所示。

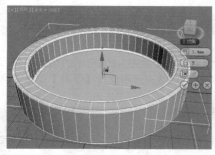

图3-192　　　　　　　图3-193

08 此时的烟灰缸模型效果如图3-194所示。

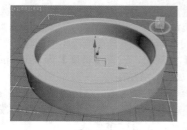

图3-194

09 单击 、 按钮，选择 标准基本体 选项，单击 圆柱体 按钮，在左视图中创建1个圆柱体，如图3-195所示。

10 选择上一步中的圆柱体，并设置【半径】为7mm，【高度】为150mm，【边数】为50，如图3-196所示。

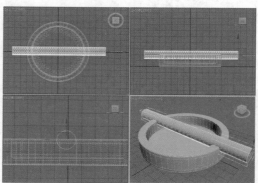

图3-195　　　　　　　　　图3-196

11 选择烟灰缸的模型，单击 、 按钮，选择 复合对象 选项，单击 ProBoolean 按钮，并单击 开始拾取 按钮，最后单击另外一个圆柱体，如图3-197所示。

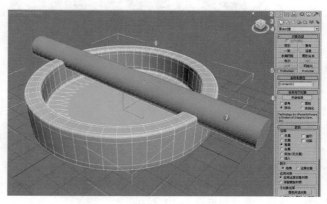

图3-197

技巧提示

　　在执行布尔或超级布尔时，一定要注意选择模型的先后顺序，如果先选择圆柱体，并在执行操作后选择烟灰缸，会出现不同的扣除效果，如图3-198所示。

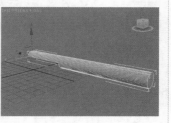

图3-198

12 此时的烟灰缸已经出现了部分被扣除的效果，如图3-199所示。

13 最终模型效果如图3-200所示。

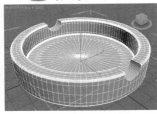

图3-199

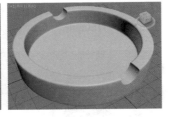

图3-200

3.3.4 放样

💬 技术速查：放样对象是沿着第三个轴挤出的二维图形。从两个或多个现有样条线对象中创建放样对象，这些样条线之一会作为路径，其余的样条线会作为放样对象的横截面或图形。沿着路径排列图形时，3ds Max Design会在图形之间生成曲面。

放样是一种特殊的建模方法，能快速地创建出多种模型，如画框、石膏线、吊顶、踢脚线等，其参数设置面板如图3-201所示。

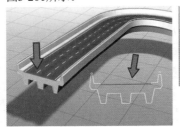

图3-201

💡 **技巧提示**

放样建模是3ds Max的一种很强大的建模方法，在放样建模中可以对放样对象进行变形编辑，包括缩放、旋转、倾斜、倒角和拟合。

★ 案例实战——放样制作油画框

场景文件	无
案例文件	案例文件\Chapter 03\案例实战——放样制作油画框.max
视频教学	视频文件\Chapter 03\案例实战——放样制作油画框.flv
难易指数	★★☆☆☆
技术掌握	掌握样条线建模下【线】工具、【矩形】工具、【放样】工具的运用

实例介绍

油画框造型别致、细节丰富，具有欧式风格。最终渲染和线框效果如图3-202和图3-203所示。

建模思路

💬 使用【线】工具、【矩形】工具绘制图形。

💬 使用【放样】工具制作油画框模型。

油画框建模流程图如图3-204所示。

图3-202

图3-203

图3-204

制作步骤

01 使用【线】工具在前视图中绘制一条如图3-205所示的样条线。

02 在顶点级别下选择如图3-206所示的顶点，然后单击鼠标右键并在弹出的快捷菜单中选择【平滑】命令，将选择的顶点进行圆滑处理。

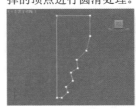

图3-205 图3-206

03 使用【矩形】工具在顶视图中创建，在修改面板下展开【参数】卷展栏，设置【长度】为1600mm，【宽度】为1100mm，如图3-207所示。

04 选择矩形，单击、◯按钮，选择 复合对象 ▾ 选项，单击 放样 按钮，然后单击 获取图形 按钮，并拾取场景中的样条线，如图3-208所示。

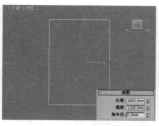
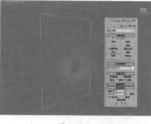

图3-207　　　　　　　　　　图3-208

05 放样后的模型效果如图3-209所示。

06 选择放样后的模型的图形，如图3-210所示，然后单击打开【选择并旋转】按钮 ⊙ 和【角度捕捉切换】按钮 ▲，并沿Z轴旋转180°，如图3-211所示。

图3-209

图3-210　　　　　　　　　　图3-211

 答疑解惑：为什么放样后的模型不是我们想要的？

在这个案例中使用【放样】工具制作画框模型，会看到默认情况下，三维截面方向是向内的，如图3-212所示。

当然也可以任意调整三维截面的朝向。打开修改面板，单击Loft下的【图形】子级别，然后选择画框的【图形】子级别，并使用【选择并旋转】工具 ⊙、【角度捕捉切换】工具 ▲，沿Z轴将【图形】子级别旋转90°，如图3-213所示。

图3-212

图3-213

当然也可以修改边框的厚度。打开修改面板，单击Loft下的【图形】子级别，然后选择画框的【图形】子级别，并使用【选择并均匀缩放】工具 ▣，沿某一轴向（此处可以沿Y轴）进行缩放，如图3-214所示。

图3-214

07 选择放样后的模型，展开【曲面参数】卷展栏，在【平滑】选项组下取消选中【平滑长度】复选框，如图3-215所示。

图3-215

08 使用平面工具在前视图中创建一个平面，并在修改面板下展开【参数】卷展栏，设置【长度】为1400mm，【宽度】为920mm，如图3-216所示。

09 最终模型效果如图3-217所示。

图3-216　　　　　　　　　　图3-217

★ **案例实战——放样制作欧式顶棚**

场景文件	无
案例文件	案例文件\Chapter 03\案例实战——放样制作欧式顶棚.max
视频教学	视频文件\Chapter 03\案例实战——放样制作欧式顶棚.flv
难易指数	★★★☆☆
技术掌握	掌握复合对象下的【放样】工具的使用方法

实例介绍

欧式顶棚一般较为复杂，转折结构较多，主要用来放置灯带。本例使用【放样】工具制作复杂的欧式顶棚模型，效果如图3-218所示。

图3-218

建模思路

- 使用圆、线绘制两个图形。
- 使用复合对象下的【放样】工具制作顶棚模型。

欧式顶棚建模流程如图3-219所示。

图3-219

制作步骤

01 单击 、 按钮，选择 样条线 选项，单击 圆 按钮，然后在顶视图创建一个圆，并设置【半径】为71.033mm，如图3-220所示。

02 单击 、 按钮，选择 样条线 选项，单击 线 按钮，绘制一条如图3-221所示的闭合的线。

图3-220   图3-221

03 选择圆，单击【复合对象】下的 放样 按钮，然后单击 获取图形 按钮，接着在场景中单击选择刚才创建的线，如图3-222所示。

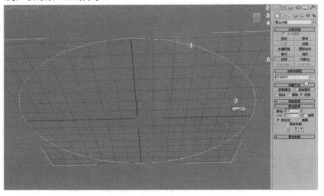

图3-222

04 此时的模型效果如图3-223所示。

05 选择放样后的模型并单击【修改】按钮，进入【图形】级别，如图3-224所示。

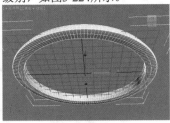

图3-223   图3-224

06 选择放样后的模型的图形，然后单击【选择并旋转】按钮 和【角度捕捉切换】按钮 ，并沿Z轴旋转180°，如图3-225所示。

07 最后将顶棚的剩余部分制作完成，如图3-226所示。

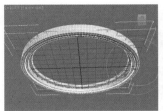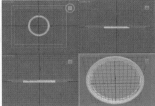

图3-225   图3-226

 读书笔记

3.4 创建建筑对象

3.4.1 AEC扩展

- 技术速查：AEC扩展专门用在建筑、工程和构造等领域，使用AEC扩展对象可以提高创建场景的效率。

AEC扩展对象包括植物、栏杆和墙3种类型，如图3-227所示。

图3-227

植物

使用 植物 工具可以快速地创建出系统内置的植物模型。植物的创建方法很简单，首先将【几何体】类型切换为【AEC扩展】类型，然后单击 植物 按钮，接着在【收藏的植物】卷展栏中选择树种，最后在视图中拖曳光标就可以创建出相应的植物，如图3-228所示。植物参数如图3-229所示。

图3-228　　　　　　　　图3-229

- 高度：控制植物的近似高度，这个高度不一定是实际高度，只是一个近似值。
- 密度：控制植物叶子和花朵的数量。值为1表示植物具有完整的叶子和花朵；值为5表示植物具有1/2的叶子和花朵；值为0表示植物没有叶子和花朵。
- 修剪：只适用于具有树枝的植物，可以用来删除与构造平面平行的不可见平面下的树枝。值为0表示不进行修剪；值为1表示尽可能修剪植物上的所有树枝。

技巧提示

3ds Max从植物上修剪植物取决于植物的种类，如果是树干，则永不进行修剪。

- 新建：显示当前植物的随机变体，其旁边是【种子】的显示数值。
- 生成贴图坐标：对植物应用默认的贴图坐标。
- 显示：该选项组中的参数主要用来控制植物的树叶、果实、花、树干、树枝和根的显示情况，选中相应复选框后，与其对应的对象就会在视图中显示出来。
- 视口树冠模式：该选项组用于设置树冠在视口中的显示模式。
- 未选择对象时：当没有选择任何对象时以树冠模式显示植物。
- 始终：始终以树冠模式显示植物。

- 从不：从不以树冠模式显示植物，但是会显示植物的所有特性。

技巧提示

为了节省计算机的资源，使得在对植物操作时比较流畅，可以选中【未选择对象时】或【始终】单选按钮，计算机配置较高的情况下可以选中【从不】单选按钮，如图3-230所示。

图3-230

- 详细程度等级：该选项组中的参数用于设置植物的渲染细腻程度。
- 低：用来渲染植物的树冠。
- 中：用来渲染减少了面的植物。
- 高：用来渲染植物的所有面。

★ 案例实战——创建多种植物

场景文件	无
案例文件	案例文件\Chapter 03\案例实战——创建多种植物.max
视频教学	视频文件\Chapter 03\案例实战——创建多种植物.flv
难易指数	★★★☆☆
技术掌握	掌握AEC扩展下的【植物】工具的运用

实例介绍

本例将学习使用内置AEC扩展下的【植物】工具来完成模型的制作，最终渲染和线框效果如图3-231所示。

图3-231

建模思路

使用【植物】工具制作多种植物。
植物建模流程如图3-232所示。

制作步骤

01 单击 按钮，选择 AEC扩展 选项，单击 植物 按钮，然后在【收藏的植物】卷展栏下选择【孟加拉菩提树】，如图3-233所示。

图3-232

图3-233

02 在顶视图中单击创建一棵孟加拉菩提树，并且设置【高度】为200mm，【密度】为1，【修剪】为0，【种子】为11574334，如图3-234所示。

图3-234

03 单击 、 按钮，选择 AEC扩展 选项，单击 植物 按钮，然后在【收藏的植物】卷展栏下选择【芳香蒜】，并在视图中单击创建，设置【高度】为18mm，【密度】为1，【修剪】为0，【种子】为5947026，如图3-235所示。

图3-235

04 选择上一步创建的芳香蒜，并按住【Shift】键将其复制58份，如图3-236所示。

05 继续将场景的地面和花坛模型制作完成，如图3-237所示。

图3-336　　　　　　　　图3-237

🔲 栏杆

栏杆对象的组件包括栏杆、立柱和栅栏。栅栏包括支柱（栏杆）或实体填充材质，如玻璃或木条。如图3-238所示为使用【栏杆】工具制作的模型。

图3-238

栏杆的创建方法比较简单，首先将【几何体】类型切换为【AEC扩展】类型，然后单击 栏杆 按钮，接着在视图中拖曳光标即可创建出栏杆，如图3-239所示。栏杆的参数分为【栏杆】、【立柱】和【栅栏】3个卷展栏，如图3-240所示。

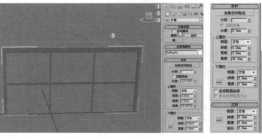

图3-239　　　　　　　　图3-240

- 🔘 **拾取栏杆路径**：单击该按钮可以拾取视图中的样条线来作为栏杆的路径。

- 🔘 **分段**：设置栏杆对象的分段数（只有使用栏杆路径时才能使用该选项）。

- 🔘 **匹配拐角**：在栏杆中放置拐角，以匹配栏杆路径的拐角。

- 🔘 **长度**：设置栏杆的长度。

- 🔘 **上围栏**：该选项组用于设置栏杆上围栏部分的相关参数。

- **剖面**：指定上栏杆的横截面形状。

- **深度**：设置上栏杆的深度。

- 宽度：设置上栏杆的宽度。
- 高度：设置上栏杆的高度。
- ◉ 下围栏：该选项组用于设置栏杆下围栏部分的相关参数。
- 剖面：指定下栏杆的横截面形状。
- 深度：设置下栏杆的深度。
- 宽度：设置下栏杆的宽度。
- 【下围栏间距】按钮▦：设置下围栏之间的间距。单击该按钮可以打开【立柱间距】对话框，在其中可设置下栏杆间距的一些参数。
- ◉ 生成贴图坐标：为栏杆对象分配贴图坐标。
- ◉ 真实世界贴图大小：控制应用于对象的纹理贴图材质所使用的缩放方法。
- ◉ 剖面：指定立柱的横截面形状。
- ◉ 深度：设置立柱的深度。
- ◉ 宽度：设置立柱的宽度。
- ◉ 延长：设置立柱在上栏杆底部的延长量。
- 【立柱间距】按钮▦：设置立柱的间距。单击该按钮可以打开【立柱间距】对话框，在其中可设置立柱间距的一些参数。

技巧提示

如果将【剖面】设置为【无】，那么【立柱间距】按钮将不可用。

- ◉ 类型：指定立柱之间的栅栏类型，有【无】、【支柱】和【实体填充】3个选项，如图3-241所示。
- ◉ 支柱：该选项组中的参数只有当栅栏类型设置为【支柱】类型时才可用。
- 剖面：设置支柱的横截面形状，有【方形】和【圆形】两个选项。
- 深度：设置支柱的深度。
- 宽度：设置支柱的宽度。

图3-241

- 延长：设置支柱在上栏杆底部的延长量。
- 底部偏移：设置支柱与栏杆底部的偏移量。
- 【支柱间距】按钮▦：设置支柱的间距。单击该按钮可以打开【立柱间距】对话框，在其中可设置支柱间距的一些参数。
- ◉ 实体填充：该选项组中的参数只有当栅栏类型设置为【实体填充】类型时才可用。

- 厚度：设置实体填充的厚度。
- 顶部偏移：设置实体填充与上栏杆底部的偏移量。
- 底部偏移：设置实体填充与栏杆底部的偏移量。
- 左偏移：设置实体填充与相邻左侧立柱之间的偏移量。
- 右偏移：设置实体填充与相邻右侧立柱之间的偏移量。

🔲 墙

墙对象由3个子对象构成，这些对象类型可以在修改面板中进行修改。编辑墙的方法和样条线比较类似，可以分别对墙本身，以及其顶点、分段和轮廓进行调整。

创建墙模型的方法比较简单，首先将【几何体】类型切换为【AEC扩展】类型，然后单击 墙 按钮，接着在顶视图中拖曳光标即可创建一个墙体，如图3-242所示。墙的参数如图3-243所示。

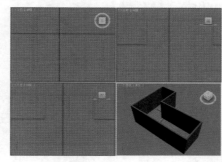 

图3-242　　　　　　　　　图3-243

- ◉ X/Y/Z：设置墙分段在活动构造平面中的起点的X/Y/Z轴坐标值。
- ◉ 添加点：根据输入的X/Y/Z轴坐标值来添加点。
- ◉ 关闭：结束墙对象的创建，并在最后一个分段的端点与第一个分段的起点之间创建分段，以形成闭合的墙。
- ◉ 完成：结束墙对象的创建，使之呈端点开放状态。
- ◉ 拾取样条线：单击该按钮可以拾取场景中的样条线，并将其作为墙对象的路径。
- ◉ 宽度/高度：设置墙的厚度/高度，其范围为0.01～100 mm。
- ◉ 对齐：该选项组用于指定墙的对齐方式，共有以下3种。
- 左：根据墙基线的左侧边进行对齐。如果启用了【栅格捕捉】功能，则墙基线的左侧边将捕捉到栅格线。
- 居中：根据墙基线的中心进行对齐。如果启用了【栅格捕捉】功能，则墙基线的中心将捕捉到栅格线。
- 右：根据墙基线的右侧边进行对齐。如果启用了【栅格捕捉】功能，则墙基线的右侧边将捕捉到栅格线。
- ◉ 生成贴图坐标：为墙对象应用贴图坐标。
- ◉ 真实世界贴图大小：控制应用于对象的纹理贴图材质所使用的缩放方法。

3.4.2 楼梯

⊙ 技术速查：【楼梯】工具在3ds Max 2013中提供了4种内置的参数化楼梯模型，分别是【直线楼梯】、【L型楼梯】、【U型楼梯】和【螺旋楼梯】。

4种楼梯的类型如图3-244所示，都包括【参数】卷展栏、【支撑梁】卷展栏、【栏杆】卷展栏和【侧弦】卷展栏，如图3-245所示。【螺旋楼梯】还包括【中柱】卷展栏。

图3-244 　　图3-245

★ 本节知识导读

工具名称	工具用途	掌握级别
直线楼梯	制作直线楼梯模型，常用在室内外效果图的建模中	★★★☆☆
L型楼梯	制作L型楼梯模型，常用在室内外效果图的建模中	★★★☆☆
U型楼梯	制作U型楼梯模型，常用在室内外效果图的建模中	★★★☆☆
螺旋楼梯	制作螺旋楼梯模型，常用在室内外效果图的建模中	★★★☆☆

参数

【直线楼梯】、【L型楼梯】、【U型楼梯】和【螺旋楼梯】的【参数】卷展栏如图3-246所示。

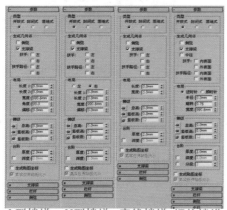

L型楼梯　U型楼梯　直线楼梯　螺旋楼梯

图3-246

⊙ 类型：该选项组主要用于设置楼梯的类型，包括以下3种类型。

- 开放式：创建一个开放式的梯级竖板楼梯。
- 封闭式：创建一个封闭式的梯级竖板楼梯。
- 落地式：创建一个带有封闭式梯级竖板和两侧具有封闭式侧弦的楼梯。

⊙ 生成几何体：该选项组中的参数主要用来设置楼梯生成哪种几何体。

- 侧弦：沿楼梯梯级的端点创建侧弦。

- 支撑梁：在梯级下创建一个倾斜的切口梁，该梁支撑着台阶。
- 扶手：创建左扶手和右扶手。

⊙ 布局：该选项组中的参数主要用于设置楼梯的布局参数。

- 长度1：设置第1段楼梯的长度。
- 长度2：设置第2段楼梯的长度。
- 宽度：设置楼梯的宽度，包括台阶和平台。
- 角度：设置平台与第2段楼梯之间的角度，范围从-90°～90°。
- 偏移：设置平台与第2段楼梯之间的距离。

⊙ 梯级：该选项组中的参数主要用于设置楼梯的梯级参数。

- 总高：设置楼梯级的高度。
- 竖板高：设置梯级竖板的高度。
- 竖板数：设置梯级竖板的数量（梯级竖板总是比台阶多一个，隐式梯级竖板位于上板和楼梯顶部的台阶之间）。

技巧提示

当调整这3个选项中的其中两个选项时，必须锁定剩下的一个选项。要锁定该选项，可以单击该选项前面的 按钮。

⊙ 台阶：该选项组中的参数主要用于设置楼梯的台阶参数。

- 厚度：设置台阶的厚度。
- 深度：设置台阶的深度。

⊙ 生成贴图坐标：对楼梯应用默认的贴图坐标。

⊙ 真实世界贴图大小：控制应用于对象的纹理贴图材质所使用的缩放方法。

支撑梁

【支撑梁】卷展栏如图3-247所示。

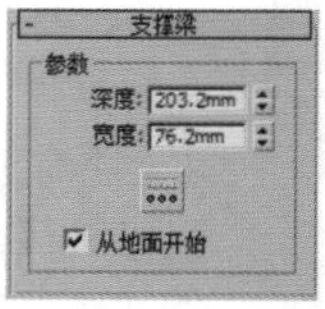

⊙ 深度：设置支撑梁离地面的深度。

⊙ 宽度：设置支撑梁的宽度。

⊙ 【支撑梁间距】按钮 ：设置支撑梁的间距。单击该按钮可以打开【支撑梁间距】对话框，在其中可设置支撑梁的一些参数。

图3-247

● **从地面开始**：设置支撑梁是从地面开始，还是与第1个梯级竖板的开始平齐，或是否将支撑梁延伸到地面以下。

栏杆

【栏杆】卷展栏如图3-248所示。

● **高度**：设置栏杆离台阶的高度。
● **偏移**：设置栏杆离台阶端点的偏移量。
● **分段**：设置栏杆中的分段数目。值越高，栏杆越平滑。
● **半径**：设置栏杆的厚度。

图3-248

侧弦

【侧弦】卷展栏，如图3-249所示。

● **深度**：设置侧弦离地板的深度。
● **宽度**：设置侧弦的宽度。
● **偏移**：设置地板与侧弦的垂直距离。
● **从地面开始**：设置侧弦是从地面开始，还是与第1个梯级竖板的开始平齐，或是否将侧弦延伸到地面以下。

图3-249

★ 案例实战——创建多种楼梯模型

场景文件	无
案例文件	案例文件\Chapter 03\案例实战——创建多种楼梯模型.max
视频教学	视频文件\Chapter 03\案例实战——创建多种楼梯模型.flv
难易指数	★★☆☆☆
技术掌握	掌握【直线楼梯】工具、【螺旋楼梯】工具、【L型楼梯】工具的运用

实例介绍

楼梯在建筑物中作为楼层间垂直交通用的构件，用于楼层之间和高差较大时的交通联系。在设有电梯、自动梯作为主要垂直交通手段的多层和高层建筑中也要设置楼梯。最终

渲染和线框效果如图3-250所示。

图3-250

建模思路

使用【直线楼梯】工具、【螺旋楼梯】工具、【L型楼梯】工具创建不同的楼梯。

制作步骤

01 单击、○按钮，选择 楼梯 选项，单击 直线楼梯 按钮，在顶视图中拖曳创建楼梯，如图3-251所示。

图3-251

02 确认直线楼梯处于选择状态，在修改面板下设置【类型】为【开放式】，选中【支撑梁】复选框，接着在【布局】选项组下设置【长度】为2400mm，【宽度】为1000mm，在【梯级】选项组下设置【总高】为2400mm，【竖板高】为200mm，在【台阶】选项组下设置【厚度】为20mm，最后设置【支撑梁】的【深度】为200mm，【宽度】为80mm，如图3-252所示。

03 此时场景如图3-253所示。

图3-252　　　　　　图3-253

04 单击、○按钮，选择 楼梯 选项，单击 螺旋楼梯 按钮，在顶视图中拖曳创建楼梯，并设置【类型】为【开放式】，在【生成几何体】选项组中选中【支撑梁】和【中柱】复选框，在【布局】选项组下设置【半径】为700mm，【旋转】为1，【宽度】为650mm，在【梯级】选项组下设置【总高】为2400mm，【竖板高】为200mm，【台阶】的【厚度】为20mm，最后设置【支撑梁】的【深度】为200mm，【宽度】为80mm，如图3-254所示。

05 此时场景效果如图3-255所示。

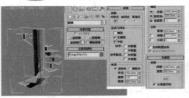
图3-254

图3-255

06 单击 、 按钮，选择 [楼梯] 选项，单击 [L型楼梯] 按钮，在顶视图中拖曳创建楼梯，并设置【类型】为【开放式】，在【生成几何体】选项组下选中【支撑梁】复选框，在【布局】选项组下设置【长度1】为1400mm，【长度2】为650mm，【宽度】为800mm，【角度】为90，【偏移】为30mm，在【梯级】选项组下设置【总高】为2400mm，【竖板高】为200mm，【台阶】的厚度为20mm，最后设置【支撑梁】的【深度】为130mm，【宽度】为100mm，如图3-256所示。

07 此时场景效果如图3-257所示。

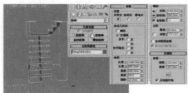
图3-256

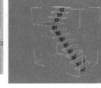
图3-257

3.4.3 门

◎ **技术速查**：3ds Max 2013中提供了3种内置的门模型，分别是枢轴门、推拉门和折叠门。枢轴门是在一侧装有铰链的门；推拉门有一半是固定的，另一半可以推拉；折叠门的铰链装在中间以及侧端，就像壁橱门一样。

★ 本节知识导读

工具名称	工具用途	掌握级别
枢轴门	制作枢轴的门，常用在室内外效果图的建模中	★★★☆☆
推拉门	制作推拉的门，常用在室内外效果图的建模中	★★★☆☆
折叠门	制作折叠的门，常用在室内外效果图的建模中	★★★☆☆

3种门的类型如图3-259所示。这3种门在参数上大部分都是相同的，下面先对这3种门的相同参数进行讲解，如图3-260所示。

图3-259

图3-260

技巧提示

这些楼梯的参数比较繁多，但是这几种类型的楼梯有很多相同的地方，因此调节起来也会相对容易一些。

08 最终场景效果如图3-258所示。

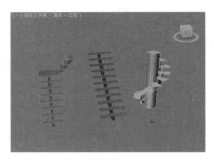
图3-258

读书笔记

◎ **宽度/深度/高度**：首先创建门的宽度，然后创建门的深度，接着创建门的高度。

◎ **宽度/高度/深度**：首先创建门的宽度，然后创建门的高度，接着创建门的深度。

技巧提示

所有的门都有高度、宽度和深度，所以在创建之前要先选择创建的顺序。

◎ **高度**：设置门的总体高度。

◎ **宽度**：设置门的总体宽度。

◎ **深度**：设置门的总体深度。

◎ **打开**：使用【枢轴门】工具时，指定以角度为单位的门打开的程度；使用【推拉门】和【折叠门】工具时，指定门打开的百分比。

◎ **门框**：该选项组用于控制是否创建门框以及设置门框的宽度和深度。

· **创建门框**：控制是否创建门框。

- 宽度：设置门框与墙平行方向的宽度（选中【创建门框】复选框时才可用）。
- 深度：设置门框从墙投影的深度（选中【创建门框】复选框时才可用）。
- 门偏移：设置门相对于门框的位置，该值可以为正，也可以为负（选中【创建门框】复选框时才可用）。

- 生成贴图坐标：为门指定贴图坐标。
- 真实世界贴图大小：控制应用于对象的纹理贴图材质所使用的缩放方法。
- 厚度：设置门的厚度。
- 门挺/顶梁：设置顶部和两侧的镶板框的宽度。
- 底梁：设置门脚处的镶板框的宽度。
- 水平窗格数：设置镶板沿水平轴划分的数量。
- 垂直窗格数：设置镶板沿垂直轴划分的数量。
- 镶板间距：设置镶板之间的间隔宽度。
- 镶板：指定在门中创建镶板的方式。
  - 无：不创建镶板。
  - 玻璃：创建不带倒角的玻璃镶板。
  - 厚度：设置玻璃镶板的厚度。
- 有倒角：选中该单选按钮可以创建具有倒角的镶板。
  - 倒角角度：指定门的外部平面和镶板平面之间的倒角角度。
  - 厚度1：设置镶板的外部厚度。
  - 厚度2：设置倒角从起始处的厚度。
  - 中间厚度：设置镶板内的面部分的厚度。
  - 宽度1：设置倒角从起始处的宽度。
  - 宽度2：设置镶板内的面部分的宽度。

技巧提示

门参数除了这些公共参数外，每种类型的门还有一些细微的差别，下面分别进行讲解。

枢轴门

枢轴门只在一侧用铰链进行连接，也可以制作成为双门，双门具有两个门元素，每个元素在其外边缘处用铰链进行连接，枢轴门包含3个特定的参数，参数和效果如图3-261所示。

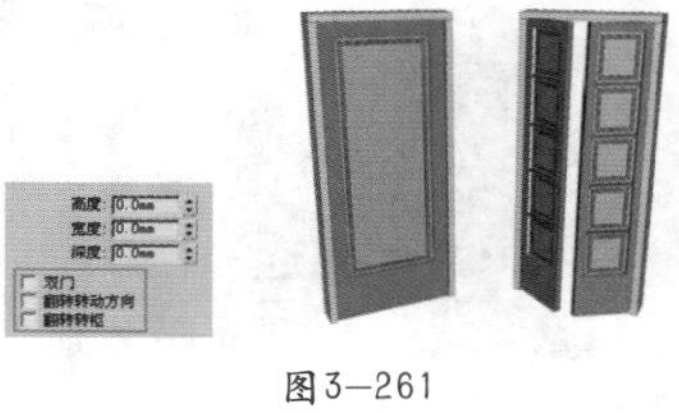

图3—261

- 双门：制作一个双门。
- 翻转转动方向：更改门转动的方向。
- 翻转转枢：在与门面相对的位置上放置门转枢（不能用于双门）。

推拉门

推拉门可以左右滑动，就像火车在轨道上前后移动一样。推拉门有两个门元素，一个保持固定，另一个可以左右滑动，推拉门包含两个特定的参数，参数和效果如图3-262所示。

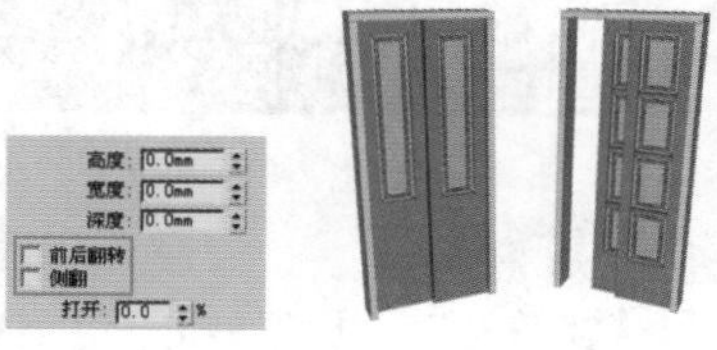

图3—262

- 前后翻转：指定哪个门位于最前面。
- 侧翻：指定哪个门保持固定。

折叠门

折叠门就是可以折叠起来的门，在门的中间和侧面有一个转枢装置，如果是双门的话，就有4个转枢装置，折叠门包含3个特定的参数，参数和效果如图3-263所示。

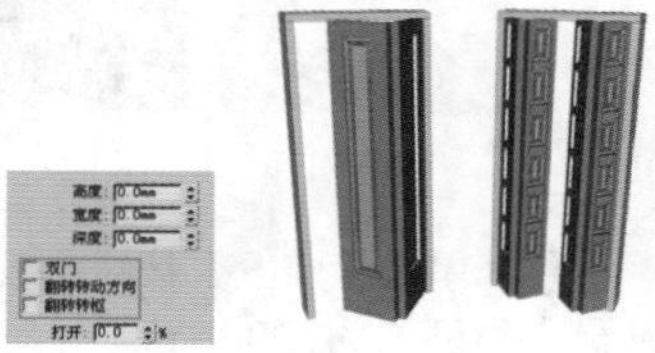

图3—263

- 双门：制作一个双门。
- 翻转转动方向：翻转门的转动方向。
- 翻转转枢：翻转侧面的转枢装置（该选项不能用于双门）。

★ 案例实战——创建多种门模型

场景文件	无
案例文件	案例文件\Chapter 03\案例实战——创建多种门模型.max
视频教学	视频文件\Chapter 03\案例实战——创建多种门模型.flv
难易指数	★★★☆☆
技术掌握	掌握【门】工具的使用方法

实例介绍

本例将以几个门模型用来讲解【门】工具的使用方法，效果如图3-264所示。

图3—264

建模思路

使用【门】工具创建门模型。

门的建模流程如图3-265所示。

图3-265

制作步骤

01 在创建面板下单击【几何体】按钮，设置【几何体类型】为【门】，单击 框轴门 工具，如图3-266所示。在视图中拖曳进行门的创建，如图3-267所示。

图3-266   图3-267

02 单击【修改】按钮面板 ，展开【参数】卷展栏，设置【高度】为2200mm，【宽度】为1800mm，【深度】为200mm，选中【双门】和【翻转转动方向】复选框，设置【打开】数值为45，在【门框】选项组下选中【创建门框】复选框，设置【宽度】为50mm，【深度】为25mm，展开【页扇参数】卷展栏，设置【厚度】为50mm，【门挺/顶梁】为100mm，【底梁】为300mm，选中【玻璃】单选按钮，设置【厚度】为0.25，如图3-268所示。此时的门模型效果如图3-269所示。

图3-268   图3-269

03 在创建面板下单击【几何体】按钮，设置【几何体类型】为【门】，单击 推拉门 工具，如图3-270所示。在视图中拖曳进行门的创建，如图3-271所示。

04 单击【修改】按钮 ，展开【参数】卷展栏，设置【高度】为2200mm，【宽度】为1800mm，【深度】为200mm，选中【前后翻转】和【侧翻】复选框，设置【打开】为60，在【门框】选项组下选中【创建门框】复选

框，设置【宽度】为50mm，【深度】为25mm，展开【页扇参数】卷展栏，设置【厚度】为50mm，【门挺/顶梁】为100mm，【底梁】为300mm，选中【有倒角】单选按钮，其他参数不变，如图3-272所示。此时的推拉门模型效果如图3-273所示。

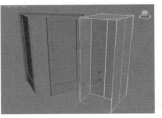

图3-270   图3-271

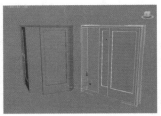

图3-272   图3-273

05 在创建面板下单击【几何体】按钮，设置【几何体类型】为【门】，单击 折叠门 工具，如图3-274所示。在视图中拖曳进行门的创建，如图3-275所示。

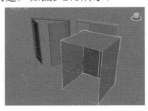

图3-274   图3-275

06 单击【修改】按钮 ，展开【参数】卷展栏，设置【高度】为2200mm，【宽度】为1200mm，【深度】为200mm，选中【翻转转枢】复选框，在【打开】数值栏中输入45，选中【创建门框】复选框，设置【宽度】为50.8mm，【深度】为25.4mm，展开【页扇参数】卷展栏，设置【厚度】为60mm，【门挺/顶梁】为120mm，【底梁】为300mm，选中【有倒角】单选按钮，如图3-276所示。此时的折叠门模型效果如图3-277所示。

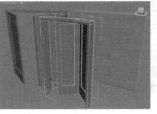

图3-276   图3-277

07 最终模型效果如图3-278所示。

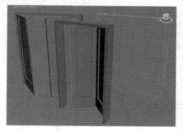

图3-278

读书笔记

3.4.4 窗

○ 技术速查：3ds Max 2013中提供了6种内置的窗户模型，分别为遮棚式窗、平开窗、固定窗、旋开窗、伸出式窗和推拉窗，使用这些内置的窗户模型可以快速地创建出所需要的窗户。

6种窗的类型如图3-279所示。

图3-279

★ 本节知识导读

工具名称	工具用途	掌握级别
遮篷式窗	制作遮篷式窗，常用在室内外效果图的建模中	★★★☆☆
固定窗	制作固定窗，常用在室内外效果图的建模中	★★★☆☆
伸出式窗	制作伸出窗，常用在室内外效果图的建模中	★★★☆☆
平开窗	制作平开窗，常用在室内外效果图的建模中	★★★☆☆
旋开窗	制作旋开窗，常用在室内外效果图的建模中	★★★☆☆
推拉窗	制作推拉窗，常用在室内外效果图的建模中	★★★☆☆

遮篷式窗有一扇通过铰链与其顶部相连的窗框。平开窗有一到两扇像门一样的窗框，它们可以向内或向外转动。固定窗是固定的，不能打开，如图3-280所示。

图3-280

旋开窗的轴垂直或水平位于其窗框的中心。伸出式窗有三扇窗框，其中两扇窗框打开时像反向的遮篷。推拉窗有两扇窗框，其中一扇窗框可以沿着垂直或水平方向滑动，如图3-281所示。

图3-281

这6种窗户的参数基本类似，如图3-282所示。

○ 高度：设置窗户的总体高度。

○ 宽度：设置窗户的总体宽度。

○ 深度：设置窗户的总体深度。

○ 窗框：控制窗框的宽度和深度。

• 水平宽度：设置窗口框架在水平方向的宽度（顶部和底部）。

• 垂直宽度：设置窗口框架在垂直方向的宽度（两侧）。

图3-282

• 厚度：设置框架的厚度。

○ 玻璃：用来指定玻璃的厚度等参数。

○ 厚度：指定玻璃的厚度。

○ 窗格：该选项组控制窗格的基本参数，如窗格宽度、窗格个数。

○ 宽度：该选项用来控制窗格的宽度。

○ 窗格数：该选项用来控制窗格的个数。

○ 开窗：该选项组用来控制开窗的参数。

• 打开：设置该选项组可以通过调节开窗的百分比来控制开窗的程度。

3.5 创建VRay对象

在成功安装VRay渲染器后，在创建面板的几何体类型列表中就会出现VRay，如图3-283所示。VRay对象包括VR代理、VR皮毛、VR平面、VR球体4种，如图3-284所示。

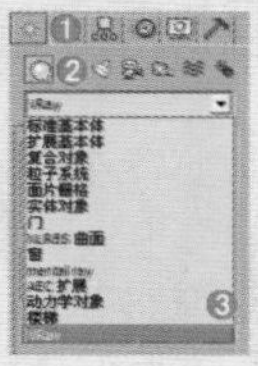

图3-283 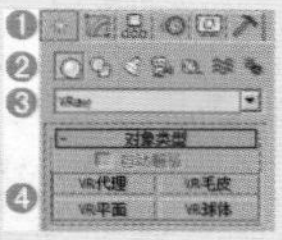　　图3-284

技术专题——加载VRay渲染器

按【F10】键打开【渲染设置】对话框，选择【公用】选项卡，展开【指定渲染器】卷展栏，单击第1个【选择渲染器】按钮，在弹出的对话框中选择渲染器为V-Ray Adv2.3（本书的VRay渲染器均采用V-RayAdv 2.3版本），如图3-285所示。

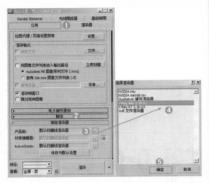

图3-285

★ 本节知识导读

工具名称	工具用途	掌握级别
VR毛皮	制作毛发效果，如地毯、皮毛、草地、绒毛	★★★★★
VR代理	制作大型场景，如会议室、歌剧院、楼盘、森林	★★★★★
VR平面	制作无限延伸的地面	★★★☆☆
VR球体	制作边缘无限光滑的球体	★★☆☆☆

读书笔记

3.5.1 VR代理

● 技术速查： VR代理物体在渲染时可以从硬盘中将文件（外部）导入到场景中的VR代理网格内，场景中的代理物体的网格是一个低面物体，可以节省大量的内存以及显示内存，一般在物体面数较多或重复较多时使用。

使用方法是在物体上单击鼠标右键，在弹出的快捷菜单中选择【VRay网格导出】命令，在弹出的【VRay网格导出】对话框（该对话框主要用来保存VRay网格代理物体的路径）中进行相应设置即可，如图3-286所示。

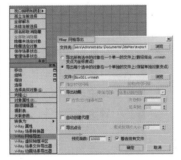

图3-286

● 文件夹：代理物体所保存的路径。

● 导出所有选中的对象在一个单一的文件上：可以将多个物体合并成一个代理物体进行导出。

● 导出每个选中的对象在一个单独的文件上：可以为每个物体创建一个文件来进行导出。

● 自动创建代理：是否自动完成代理物体的创建和导入，

源物体将被删除。如果没有选中该复选框，则需要增加一个步骤，就是在VRay物体中选择VR代理物体，然后从网格文件中选择已导出的代理物体来实现代理物体的导入。

技巧提示

使用VR代理可以非常流畅地制作出超大场景，如一个会议室、一座楼群、一片树林等，非常方便，并且操作和渲染速度都非常快。

如图3-287所示为使用VR代理制作的超大场景。

图3-287

3.5.2 VR毛皮

● 技术速查： VR毛皮可以用来模拟物体数量较多的毛状物体效果，如地毯、皮草、毛巾、草地、动物毛发等。

其参数设置面板如图3-288所示。制作出的效果如图3-289所示。

图3-288　　　　　　　图3-289

3.5.3 VR平面

第3章 几何体建模

🔵 **技术速查**： VR平面可以理解为无限延伸的、没有尽头的平面，可以为这个平面指定材质，并且可以对其进行渲染，在实际工作中一般用来模拟地面和水面等。

VR平面没有任何参数，如图3-290所示为使用VR平面模拟的海平面效果。

图3-290

技巧提示

单击 VR平面 按钮后，在视图中单击鼠标左键就可以创建一个平面，如图3-291所示。

图3-291

★ 案例实战——VR平面制作地面

场景文件	02.max
案例文件	案例文件\Chapter 03\案例实战——VR平面制作地面.max
视频教学	视频文件\Chapter 03\案例实战——VR平面制作地面.flv
难易指数	★★★☆☆
技术掌握	掌握VR平面功能的使用方法

实例介绍

使用【VR平面】工具可以制作无线延伸的地平面，没有任何参数。本例学习使用【VR平面】工具来完成地面的制作，最终渲染和线框效果如图3-292所示。

图3-292

建模思路

利用【VR平面】工具制作地面。
利用【VR平面】工具制作地面的流程如图3-293所示。

图3-293

制作步骤

01 打开本书配套光盘中的【场景文件/Chapter03/02.max】文件，如图3-294所示。

图3-294

02 接下来需要为花制作地面。单击 、 按钮，选择 VRay 选项，单击 VR平面 按钮，如图3-295所示。接着在场景中单击进行创建，并放置到如图3-296所示的位置。

图3-295　　　　　　图3-296

 读书笔记

....

....

....

....

....

....

03 此时场景效果如图3-297所示。

04 最终渲染效果如图3-298所示。

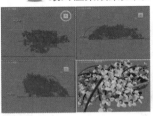
图3-297

图3-298

3.5.4 VR球体

🔘 技术速查：VR球体可以作为球来使用，但必须在VRay渲染器中才能渲染出来。

其参数设置如图3-299所示。

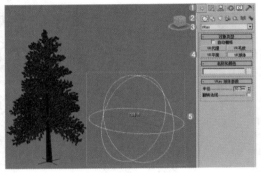
图3-299

课后练习

【课后练习——圆环和几何球体制作戒指】

思路解析：

① 使用【圆环】工具创建戒指的环形部分。

② 使用【圆环】和【几何球体】工具创建戒指的剩余部分。

本章小结

通过对本章的学习，可以掌握几何体建模的相关知识，如几何基本体、复合对象、建筑对象、VRay对象等。熟练掌握本章的内容可以对建模有较清晰的理解，并且可以制作出较简单的模型。

第4章

样条线建模

本章内容简介：

样条线是图形的一种，可以通过绘制样条线，并进行修改、添加修改器、放样等多种方法制作三维的模型效果，是一种较为独特、便捷的建模方法。

本章学习要点：

· 创建样条线的方法
· 编辑样条线的方法
· 使用样条线制作模型

4.1 创建样条线

4.1.1 样条线

🔵 **技术速查**：在通常情况下，3ds Max需要制作三维的物体，而不是二维的，因此样条线被很多人忽略，但是使用样条线并借助相应的方法，会快速制作或转化出三维的模型，制作效率非常高；而且可以返回到之前的样条线级别下，通过调节顶点、线段、样条线，可以方便地调整最终三维模型的效果。

在创建面板中单击【图形】按钮，然后设置图形类型为【样条线】，这里有12种样条线，分别是【线】、【矩形】、【圆】、【椭圆】、【弧】、【圆环】、【多边形】、【星形】、【文本】、【螺旋线】、【Egg】和【截面】，如图4-1所示。

图4-1

 技巧提示

样条线的应用非常广泛，其建模速度相当快。在3ds Max 2013中，制作三维文字时，可以直接使用【文本】工具输入字体，然后将其转换为三维模型。同时还可以导入AI矢量图形来生成三维物体。选择相应的样条线工具后，在视图中拖曳光标就可以绘制出相应的样条线，如图4-2所示。

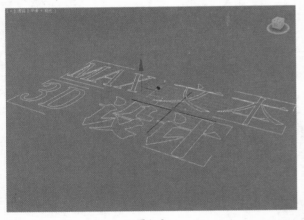

图4-2

📗 **线**

线在建模中是最常用的一种样条线，其使用方法非常灵活，形状也不受约束，可以封闭也可以不封闭，拐角处可以尖锐也可以圆滑，如图4-3所示。线中的顶点有4种类型，分别是【Bezier角点】、【Bezier】、【角点】和【平滑】。

线的参数包括5个卷展栏，分别是【渲染】卷展栏、【插值】卷展栏、【选择】卷展栏、【软选择】卷展栏和【几何体】卷展栏，如图4-4所示。

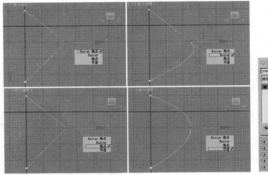

图4-3   图4-4

 答疑解惑：如何创建直线、90°直线、曲线？

单击鼠标左键即可创建直线，如图4-5所示。

在创建线时，按住【Shift】键，并单击鼠标左键，即可创建90°直线，如图4-6所示。

★ 本节知识导读

工具名称	工具用途	掌握级别
线	制作直线、曲线或物体，是最重要的样条线类型	★★★★★
矩形	制作矩形的图形或物体	★★★★★
圆	制作圆形的线或物体	★★★★★
文本	制作文字或三维文字	★★★★★
椭圆	制作椭圆图形或物体	★★★★☆
多边形	制作多边形图形或物体	★★★★☆
圆环	制作圆环状的图形或物体	★★★★☆
弧	制作半弧形的图形或物体	★★★★☆
螺旋线	制作螺旋的线	★★★☆☆
星形	制作星形图形或物体	★★★☆☆
截面	制作截面图形或物体	★★★☆☆
Egg	制作类似鸡蛋的图形，不大常用	★★☆☆☆

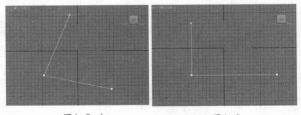

图4-5   图4-6

在创建线时，单击鼠标左键并进行拖动，即可创建曲线，如图4-7所示。

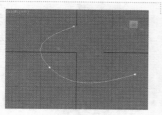

图4-7

⓿ 渲染

展开【渲染】卷展栏，如图4-8所示。

- 在渲染中启用：选中该复选框才能渲染出样条线；若取消选中，将不能渲染出样条线。
- 在视口中启用：选中该复选框后，样条线会以网格的形式显示在视图中。

图4-8

 思维点拨：如何绘制二维、三维的线？

默认情况下直接绘制线，即可绘制出二维的线，如图4-9所示。

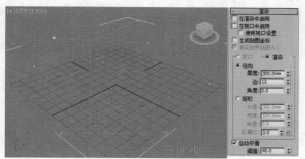

图4-9

当选中【在渲染中启用】和【在视口中启用】复选框后，即可绘制三维的线。设置方式为【径向】即可绘制截面为圆形的三维线，如图4-10所示。

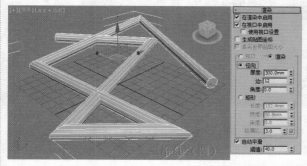

图4-10

当选中【在渲染中启用】和【在视口中启用】复选框后，即可绘制三维的线。设置方式为【矩形】即可绘制截面为方形的三维线，如图 4-11所示。

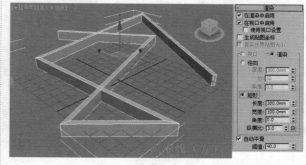

图4-11

- 使用视口设置：该选项只有在选中【在视口中启用】复选框时才可用，主要用于设置不同的渲染参数。
- 生成贴图坐标：控制是否应用贴图坐标。
- 真实世界贴图大小：控制应用于对象的纹理贴图材质所使用的缩放方法。
- 视口/渲染：当选中【在视口中启用】复选框时，样条线将显示在视图中；当选中【在视口中启用】复选框的同时选中【渲染】单选按钮时，样条线在视图中和渲染中都可以显示出来。
- 径向：将3D网格显示为圆柱形对象，其参数包含【厚度】、【边】和【角度】。【厚度】选项用于指定视图或渲染样条线网格的直径，其默认值为1，范围从0~100；【边】选项用于在视图或渲染器中为样条线网格设置边数或面数（如值为4表示一个方形横截面）；【角度】选项用于调整视图或渲染器中的横截面的旋转位置。
- 矩形：将3D网格显示为矩形对象，其参数包含【长度】、【宽度】、【角度】和【纵横比】。【长度】选项用于设置沿局部Y轴的横截面大小；【宽度】选项用于设置沿局部X轴的横截面大小；【角度】选项用于调整视图或渲染器中的横截面的旋转位置；【纵横比】选项用于设置矩形横截面的纵横比。
- 自动平滑：选中该复选框可以激活下面的【阈值】选项，调整【阈值】数值可以自动平滑样条线。

⓿ 插值

展开【插值】卷展栏，如图4-12所示。

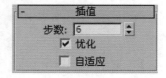

图4-12

● 步数：手动设置每条样条线的步数。

● 优化：选中该复选框后，可以从样条线的直线线段中删除不需要的步数。

● 自适应：选中该复选框后，系统会自适应设置每条样条线的步数，以生成平滑的曲线。

③ 选择

展开【选择】卷展栏，如图4-13所示。

● 【顶点】按钮：定义点和曲线切线。

● 【分段】按钮：连接顶点。

● 【样条线】按钮：一个或多个相连线段的组合。

图4-13

● 复制：将命名选择放置到复制缓冲区。

● 粘贴：从复制缓冲区中粘贴命名选择。

● 锁定控制柄：通常，每次只能变换一个顶点的切线控制柄，即使选择了多个顶点。

● 相似：拖动传入向量的控制柄时，所选顶点的所有传入向量将同时移动。

● 全部：移动的任何控制柄将影响选择中的所有控制柄，无论它们是否已断裂。

● 区域选择：允许自动选择所单击顶点的特定半径中的所有顶点。

● 线段端点：通过单击线段选择顶点。

● 选择方式：选择所选样条线或线段上的顶点。

● 显示顶点编号：启用后，3ds Max Design 将在任何子对象层级的所选样条线的顶点旁边显示顶点编号。

● 仅选定：启用后，仅在所选顶点旁边显示顶点编号。

④ 软选择

展开【软选择】卷展栏，如图4-14所示。

● 使用软选择：在可编辑对象或【编辑】修改器的子对象层级上影响【移动】、【旋转】和【缩放】功能的操作。

图4-14

● 边距离：选中该复选框后，将软选择限制到指定的面数，该选择在进行选择的区域和软选择的最大范围之间。

● 衰减：用以定义影响区域的距离，它是用当前单位表示的从中心到球体的边的距离。

● 收缩：沿着垂直轴提高并降低曲线的顶点。

● 膨胀：沿着垂直轴展开和收缩曲线。

⑤ 几何体

展开【几何体】卷展栏，如图4-15所示。

图4-15

● 创建线：向所选对象添加更多样条线。

● 断开：在选定的一个或多个顶点拆分样条线。

● 附加：将场景中的其他样条线附加到所选样条线。

● 附加多个：单击此按钮可以显示【附加多个】对话框，它包含场景中所有其他图形的列表。

● 横截面：在横截面形状外面创建样条线框架。

● 优化：允许添加顶点，而不更改样条线的曲率值，相当于添加点的工具，如图4-16所示。

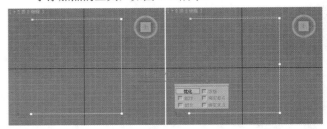

图4-16

● 连接：启用时，通过连接新顶点创建一个新的样条线子对象。

● 自动焊接：选中【自动焊接】复选框，会自动焊接在一定阈值距离范围内的顶点。

● 阈值距离：阈值距离是一个近似设置，用于控制在自动焊接顶点之前，两个顶点接近的程度。

● 焊接：将两个端点顶点或同一样条线中的两个相邻顶点转化为一个顶点，如图4-17所示。

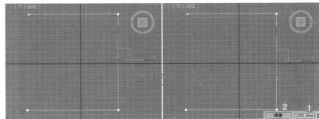

图4-17

● 连接：连接两个端点顶点以生成一个线性线段，而无论端点顶点的切线值是多少。

● 设为首顶点：指定所选形状中的哪个顶点是第1个顶点。

- 熔合：将所有选定顶点移至它们的平均中心位置。
- 反转：单击该按钮可以将选择的样条线进行反转。
- 循环：单击该按钮可以进行选择循环的顶点。
- 相交：在属于同一个样条线对象的两个样条线的相交处添加顶点。
- 圆角：允许在线段会合的地方设置圆角，添加新的控制点，如图4-18所示。

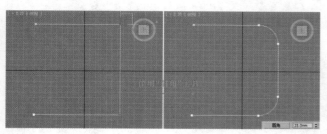

图4-18

- 切角：允许使用【切角】功能设置形状角部的倒角。
- 复制：启用此按钮，然后选择一个控制柄。此操作将把所选控制柄切线复制到缓冲区。
- 粘贴：启用此按钮，然后单击一个控制柄。此操作将把控制柄切线粘贴到所选顶点。
- 粘贴长度：启用此按钮后，还会复制控制柄长度。
- 隐藏：隐藏所选顶点和任何相连的线段。方法为选择一个或多个顶点，然后单击【隐藏】按钮。
- 全部取消隐藏：显示任何隐藏的子对象。
- 绑定：允许创建绑定顶点。
- 取消绑定：允许断开绑定顶点与所附加线段的连接。
- 删除：删除所选的一个或多个顶点，以及与每个要删除的顶点相连的那条线段。
- 显示选定线段：启用后，顶点子对象层级的任何所选线段将高亮显示为红色。

答疑解惑：如何多次创建一条线？

在创建样条线时，如果需要多次创建多条线，那么就需要选中【开始新图像】前面的复选框，如图4-19所示。此时多次创建样条线，会发现每次创建的样条线都是独立的，如图4-20所示。

图4-19　　　　　图4-20

在创建样条线时，如果需要多次创建1条线，那么需要取消选中【开始新图像】前面的复制框，如图4-21所示。此时多次创建样条线，会发现每次创建的样条线都是1条，如图4-22所示。

图4-21　　　　　图4-22

★ **案例实战——线制作美式铁艺栅栏**

场景文件	无
案例文件	案例文件\Chapter 04\案例实战——线制作美式铁艺栅栏.max
视频教学	视频文件\Chapter 04\案例实战——线制作美式铁艺栅栏.flv
难易指数	★★☆☆☆
技术掌握	掌握样条线建模下【线】工具、【挤出】修改器和【编辑多边形】修改器的运用

实例介绍

美式铁艺栅栏是铁条等做成的阻拦物，主要用于住宅区的隔离与防护，宾馆、酒店、超市、娱乐场所的防护与装饰产品等。最终渲染和线框效果如图4-23所示。

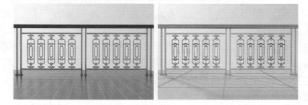

图4-23

建模思路

- 使用【线】工具、【挤出】修改器和【编辑多边形】修改器制作美式铁艺栅栏整体框架模型。
- 使用【线】工具、【挤出】修改器和【编辑多边形】修改器制作美式铁艺栅栏装饰部分模型。

美式铁艺栅栏建模流程图如图4-24所示。

图4-24

制作步骤

01 启动3ds Max 2013中文版，选择菜单栏中的【自定义/单位设置】命令，弹出【单位设置】对话框，将【显示单位比例】和【系统单位比例】设置为【毫米】，如图4-25所示。

02 单击 ✳、◎ 按钮，选择 样条线 ▼ 选项，单击 **线** 按钮，在左视图中绘制一个图形，如图4-26所示。

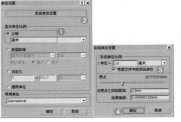 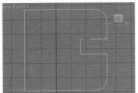

图4-25　　　　　　图4-26

03 选择上一步创建的图形，为其加载【挤出】修改器命令，如图4-27所示。在【参数】卷展栏下设置【数量】为2300mm，如图4-28所示。

图4-27　　　　　　图4-28

04 利用【线】工具在前视图中绘制一条样条线，如图4-29所示。

05 选择上一步创建的模型，在修改面板【渲染】选项组下分别选中【在渲染中启用】和【在视口中启用】复选框，激活【矩形】选项组，设置【长度】为20mm，【宽度】为20mm，如图4-30所示。

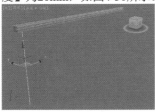 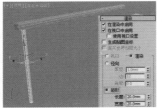

图4-29　　　　　　图4-30

技巧提示

使用样条线绘制图形后，单击【修改】按钮并选中【在渲染中启用】和【在视口中启用】复选框后，样条线将会被转换为三维的模型效果，并且在渲染时也可以显示出三维效果。

06 选择上一步创建的模型，为其加载【编辑多边形】修改器命令，如图4-31所示。

图4-31

07 在【多边形】级别 ■ 下选择如图4-32所示的多边形。单击 倒角 按钮后面的【设置】按钮 ■，并设置【轮廓】为10mm，如图4-33所示。

图4-32　　　　　　图4-33

08 保持选择上一步选择的多边形，单击 挤出 按钮后面的【设置】按钮 ■，并设置【高度】为20mm，如图4-34所示。

09 选择上一步创建的模型，复制5份，如图4-35所示。

图4-34　　　　　　图4-35

10 利用【线】工具在前视图中绘制一条样条线，如图4-36所示。

11 选择上一步创建的模型，在修改面板【渲染】选项组下分别选中【在渲染中启用】和【在视口中启用】复选框，激活【矩形】选项组，设置【长度】为20mm，【宽度】为20mm，如图4-37所示。

 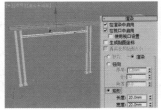

图4-36　　　　　　图4-37

12 选择上一步创建的模型，复制3份，如图4-38所示。至此美式铁艺栅栏整体框架模型完成。

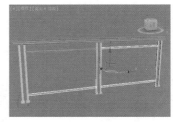

图4-38

13 利用【线】工具在前视图中绘制出形状，如图4-39所示，局部效果如图4-40所示。

图4—39　　　　　　　　　　图4—40

14 选择如图4-41所示的样条线，单击【修改】按钮并单击 附加 按钮，然后逐个单击上一步创建的样条线，如图4-42所示。

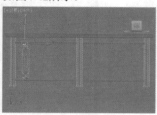 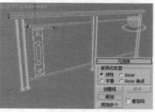

图4—41　　　　　　　　　　图4—42

技巧提示

该步骤中，将多条线进行【附加】操作，目的是将很多条线附加为一条线，这样在后面进行设置参数时会更加方便。

15 选择上一步创建的模型，在【修改】按钮面板【渲染】卷展栏下分别选中【在渲染中启用】和【在视口中启用】复选框，激活【矩形】选项组，设置【长度】为10mm，【宽度】为10mm，如图4-43所示。

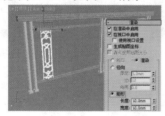

图4—43

16 选择上一步创建的模型，复制9份，如图4-44所示。

17 最终模型效果如图4-45所示。

图4—44　　　　　　　　　　图4—45

矩形样条线

使用【矩形】工具可以创建方形和矩形样条线。【矩形】工具的参数包括【渲染】、【插值】和【参数】3个卷展栏，如图 4-46所示。

图4—46

★ 案例实战——矩形制作中式屏风

场景文件	无
案例文件	案例文件\Chapter 04\案例实战——矩形制作中式屏风.max
视频教学	视频文件\Chapter 04\案例实战——矩形制作中式屏风.flv
难易指数	★★☆☆☆
技术掌握	掌握样条线建模下【矩形】工具、【线】工具和【编辑样条线】修改器的运用

实例介绍

中式屏风一般陈设于室内的显著位置，起到分隔、美化、挡风、协调等作用，最终渲染和线框效果如图4-47所示。

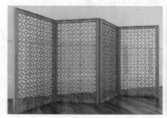 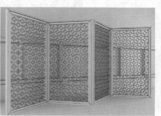

图4—47

建模思路

● 使用【矩形】工具制作中式屏风外框模型。

● 使用【矩形】工具、【线】工具和【编辑多边形】修改器制作中式屏风中间模型。

中式屏风建模流程图如图4-48所示。

图4—48

制作步骤

01 单击 、 按钮，选择 样条线 选项，单击 矩形 按钮，在前视图中创建一个矩形，并设置【长度】为2020mm，【宽度】为1030mm，如图4-49所示。

02 选择上一步创建的模型，在修改面板【渲染】选项组下分别选中【在渲染中启用】和【在视口中启用】复选框，激活【矩形】选项组，设置【长度】为50mm，【宽度】为50mm，如图4-50所示。

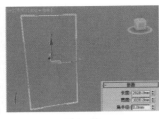

图4-49　　　　　　　　　　　图4-50

03 继续利用【矩形】工具在前视图创建一个矩形，并设置【长度】为2100mm，【宽度】为1110mm，如图4-51所示。

04 选择上一步创建的模型，在修改面板【渲染】选项组下分别选中【在渲染中启用】和【在视口中启用】复选框，激活【矩形】选项组，设置【长度】为70mm，【宽度】为30mm，如图4-52所示。至此中式屏风外框模型制作完成。

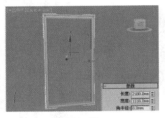

图4-51　　　　　　　　　　　图4-52

05 继续利用【矩形】工具在前视图创建一个矩形，并设置【长度】为200mm，【宽度】为200mm，如图4-53所示。

06 选择上一步创建的模型，为其加载【编辑样条线】修改器命令，如图4-54所示。

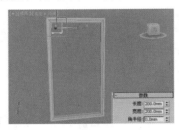

图4-53　　　　　　　　　　　图4-54

07 单击修改，并进入【顶点】级别下，选择矩形的4个顶点，在切角按钮后面输入50mm，并按【Enter】键结束，如图4-55所示。

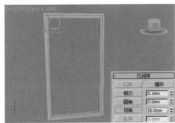

图4-55

08 继续利用【矩形】工具在前视图创建一个矩形，并设置【长度】为70mm，【宽度】为70mm，如图4-56所示。

09 选择上一步创建的矩形，单击【角度捕捉切换】工具，再使用【选择并旋转】工具沿Y轴旋转45°，如图4-57所示。

图4-56　　　　　　　　　　　图4-57

10 单击、按钮，选择样条线选项，单击线按钮，在前视图中绘制4条样条线，如图4-58所示。局部效果如图4-59所示。

图4-58　　　　　　　　　　　图4-59

11 选择其中一条线，并单击附加按钮，然后依次单击其他的线，将这些线附加为一条线，如图4-60所示。局部效果如图4-61所示。

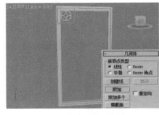
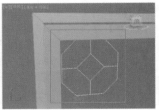

图4-60　　　　　　　　　　　图4-61

技巧提示

还有另一个简捷的方法可以在创建线时将每一次创建的线都规定为同一条线，也就是说无论创建多少次线，都是属于一条线的。方法为：在创建样条线时取消选中【开始新图形】复选框，这样创建出的样条线会自动成为一个整体，如图4-62所示。

图4-62

12 选择上一步创建的图形，在修改面板【渲染】选项组下分别选中【在渲染中启用】和【在视口中启用】复选框，激活【矩形】选项组，设置【长度】为5mm，【宽度】为5mm，如图4-63所示。

13 选择上一步创建的图形，复制4份，如图4-64所示。

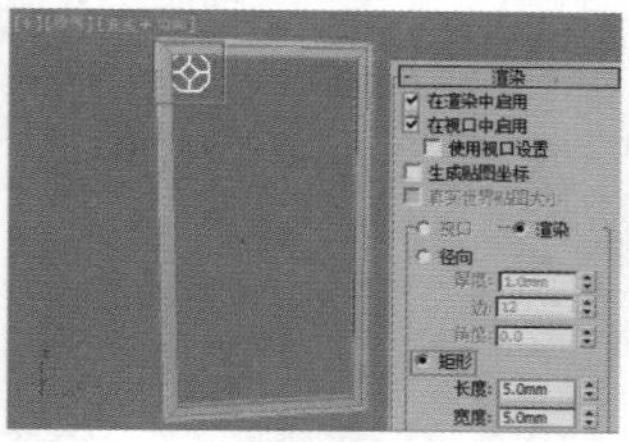

图4-63 　　　　　　　　　图4-64

14 选择如图4-65所示的模型，按住【Shift】键复制9份，如图4-66所示。

图4-65 　　　　　　　　　图4-66

15 选择如图4-67所示的模型，执行【组/成组】命令，如图4-68所示。

16 选择上一步创建的组，按住【Shift】键复制3份，如图4-69所示。

图4-67 　　　　图4-68 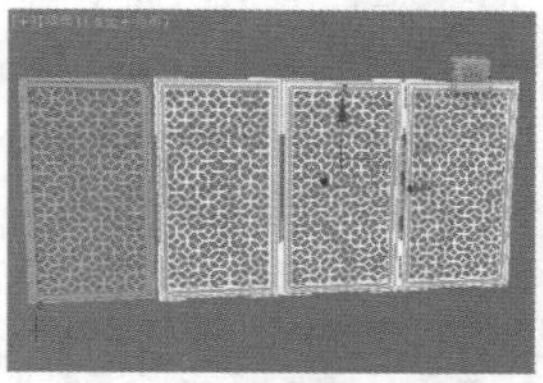　　　　图4-69

17 使用【选择并旋转】工具○调整其位置，如图4-70所示。

18 最终模型效果如图4-71所示。

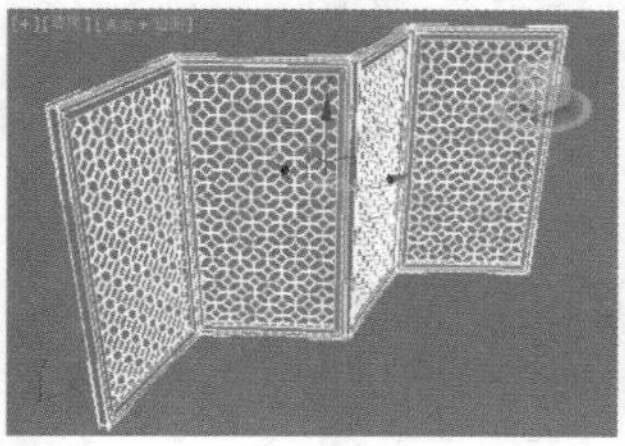

图4-70 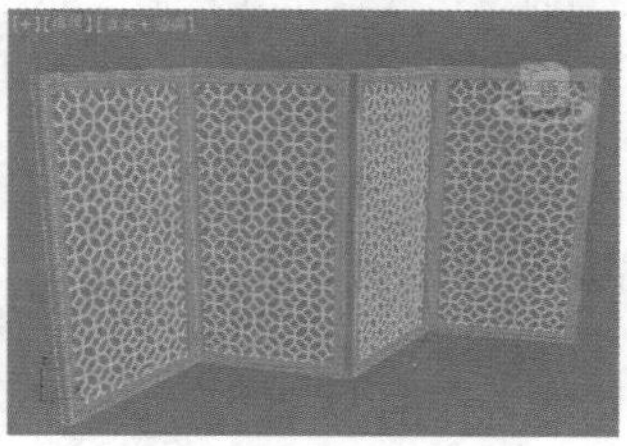　　　　　　　　　图4-71

圆形样条线

使用【圆形】工具创建由4个顶点组成的闭合圆形样条线。【圆形】工具的参数包括【渲染】、【插值】和【参数】3个卷展栏，如图4-72所示。

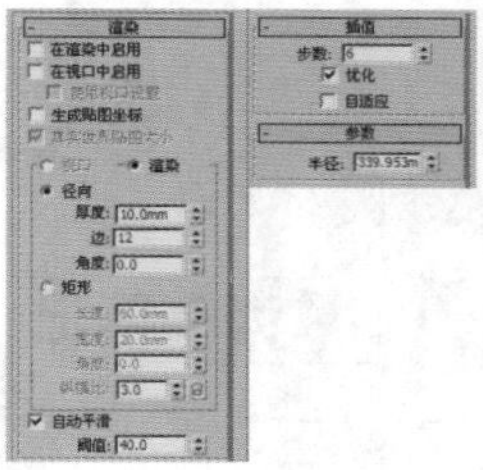

图4-72

★ 案例实战——圆制作创意镜子

场景文件	无
案例文件	案例文件\Chapter 04\案例实战——圆制作创意镜子.max
视频教学	视频文件\Chapter 04\案例实战——圆制作创意镜子.flv
难易指数	★★☆☆☆
技术掌握	掌握内置几何体建模下【线】工具、【圆】工具、【圆环】工具和【挤出】修改器的运用

实例介绍

创意镜子是具有规则反射性能的表面抛光金属器件和镀金属反射膜的玻璃或金属制品，最终渲染和线框效果如图4-73所示。

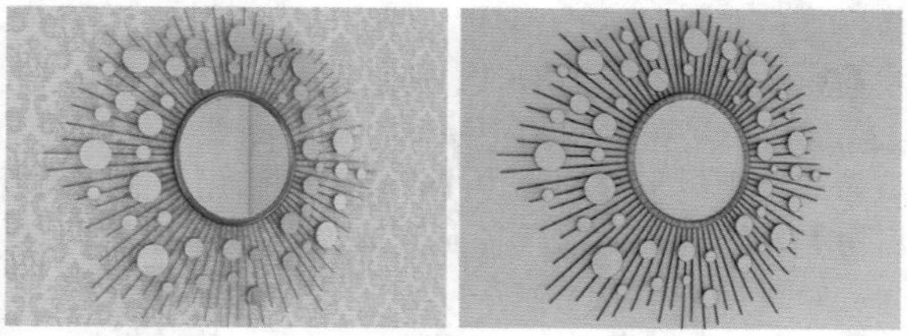

图4-73

建模思路

● 使用【圆】、【圆环】工具和【挤出】修改器制作镜子中间模型。

● 使用【线】、【圆】工具和【挤出】修改器制作镜子四周模型。

创意镜子建模流程图如图4-74所示。

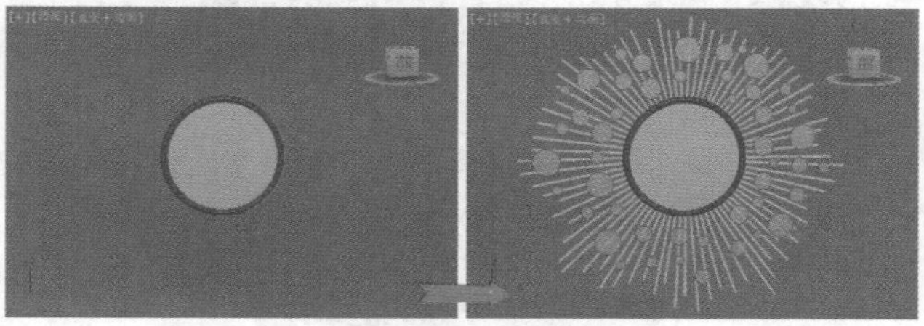

图4-74

制作步骤

01 单击 、 按钮，选择 样条线 选项，单击 圆 按钮，在前视图中绘制一个圆，并设置【步数】为20，【半径】为50mm，如图4-75所示。

02 选择上一步创建的圆，为其加载【挤出】修改器命令，如图4-76所示。在【参数】卷展栏下设置【数量】为1mm，如图4-77所示。

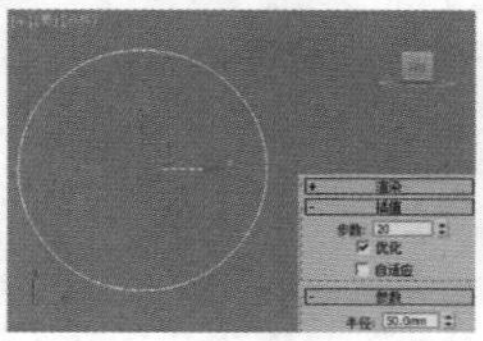

图4-75 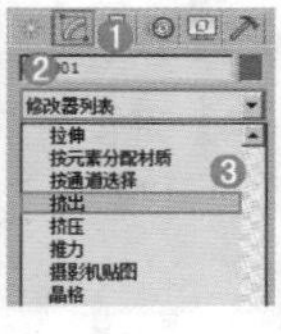　　　　图4-76 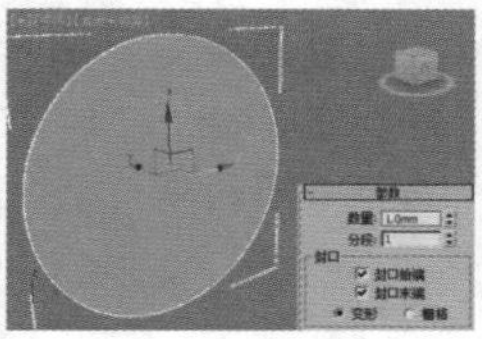　　　　图4-77

03 单击 、 按钮，选择 标准基本体 ▼ 选项，单击 圆环 按钮，在前视图中创建一个圆环，并设置【半径1】为53mm，【半径2】为3mm，【分段】为50，如图4-78所示。至此镜子中间模型制作完成。

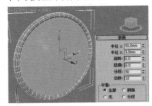

图4-78

04 单击 、 按钮，选择 样条线 ▼ 选项，单击 线 按钮，在前视图中绘制一条样条线，在修改面板【渲染】选项组下分别选中【在渲染中启用】和【在视口中启用】复选框，激活【径向】选项组，设置【厚度】为1mm，如图4-79所示。

05 选择上一步创建的样条线，进入层次面板 ，单击 仅影响轴 按钮，在顶视图中将线的轴心移动到模型的正中心，最后再次单击 仅影响轴 按钮，将其取消，如图4-80所示。

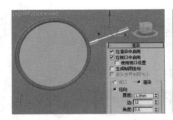

图4-79   图4-80

06 选择上一步创建的样条线，使用【选择并旋转】工具 ，按【Shift】键，沿X轴旋转复制多条样条线，如图4-81所示。

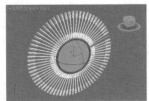

图4-81

技巧提示

该步骤中，调整了样条线的轴心，使用【选择并旋转】工具 ，并按【Shift】键进行复制，目的是旋转复制出很多条相隔角度一致的模型。

07 选择如图4-82所示的模型，在修改面板下进入【顶点】级别 ，调节点的位置，如图4-83所示。

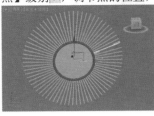
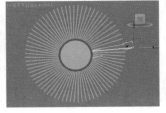

图4-82   图4-83

08 按照同样的方法调节其他样条线的顶点，效果如图4-84所示。

09 利用【圆】工具在前视图创建一个圆，并设置【半径】为12mm，如图4-85所示。

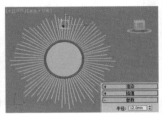

图4-84   图4-85

10 选择上一步创建的圆，为其加载【挤出】修改器命令，在【参数】卷展栏下设置【数量】为1mm，如图4-86所示。

11 把上一步创建的模型复制多份，并使用【选择并均匀缩放】工具 沿X、Y轴对其分别进行缩放，如图4-87所示。

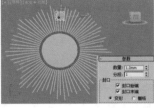
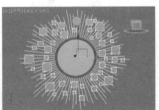

图4-86   图4-87

12 最终模型效果如图4-88所示。

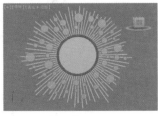

图4-88

读书笔记

★ 案例实战——圆制作现代风格茶几

场景文件	无
案例文件	案例文件\Chapter 04\案例实战——圆制作现代风格茶几.max
视频教学	案例文件\Chapter 04\案例实战——圆制作现代风格茶几.flv
难易指数	★★☆☆☆
技术掌握	掌握样条线建模下【切角圆柱体】工具、【圆】工具和【线】工具的运用

实例介绍

现代风格茶几虽是空间的小配角，但它在居家的空间中，往往能够增添多姿多彩、生动活泼的气氛，最终渲染和线框效果如图4-89所示。

图4-89

建模思路

🔵 使用【切角圆柱体】工具、【圆】工具制作现代风格茶几顶底模型。

🔵 使用线制作现代风格茶几中间模型。

现代风格茶几建模流程图如图4-90所示。

图4-90

制作步骤

01 单击 、 按钮，选择 扩展基本体 选项，单击 切角圆柱体 按钮，在顶视图中创建一个切角圆柱体，并设置【半径】为80mm，【高度】为5mm，【圆角】为0.3mm，【圆角分段】为3，【边数】为50，如图4-91所示。

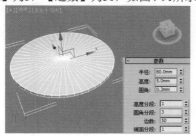

图4-91

02 单击 、 按钮，选择 样条线 选项，单击 圆 按钮，在顶视图中创建一个圆，并设置【半径】为80mm，如图4-92所示。

03 选择上一步创建的圆，在修改面板【渲染】选项组下分别选中【在渲染中启用】和【在视口中启用】复选框，激活【矩形】选项组，设置【长度】为2mm，【宽度】为2mm，如图4-93所示。

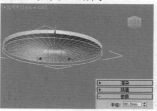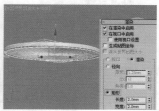

图4-92　　　　　　　　　　图4-93

04 继续利用【圆】工具在顶视图创建一个圆，并设置【半径】为122mm，如图4-94所示。

05 选择上一步创建的圆，在修改面板【渲染】选项组下分别选中【在渲染中启用】和【在视口中启用】复选框，激活【矩形】选项组，设置【长度】为3mm，【宽度】为2mm，如图4-95所示。至此现代风格茶几顶底模型制作完成。

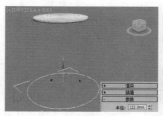

图4-94　　　　　　　　　　图4-95

06 单击 、 按钮，选择 样条线 选项，单击 线 按钮，在左视图中绘制一条样条线，并设置【步数】为50，如图4-96所示。

07 选择上一步创建的样条线，在修改面板【渲染】选项组下分别选中【在渲染中启用】和【在视口中启用】复选框，激活【矩形】选项组，设置【长度】为2mm，【宽度】为2mm，如图4-97所示。

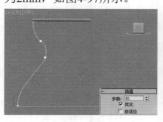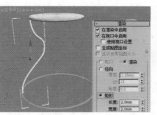

图4-96　　　　　　　　　　图4-97

08 选择上一步创建的样条线，进入层次面板 ，单击 仅影响轴 按钮，在顶视图中将线的轴心移动到圆的正中心，最后再次单击 仅影响轴 按钮，将其取消，如图4-98所示。

09 选择上一步创建的样条线，单击【角度捕捉切换】工具 ⚙，并单击【选择并旋转】工具 ⟳，然后按【Shift】键，沿Z轴旋转10°复制出35条线，如图4-99所示。

图4-98 　　　　　　　　图4-99

10 最终模型效果如图4-100所示。

图4-100

文本样条线

使用文本样条线可以很方便地在视图中创建出文字模型，并且可以更改字体类型和字体大小，如图 4-101所示，其参数设置面板如图 4-102所示（【渲染】和【插值】两个卷展栏中的参数与线的参数相同）。

图4-101 　　　　　　　　图4-102

● 【斜体样式】按钮 *I*：单击该按钮可以将文本切换为斜体文本。

● 【下划线样式】按钮 **u**：单击该按钮可以将文本切换为下划线文本。

● 【左对齐】按钮 ≣：单击该按钮可以将文本对齐到边界框的左侧。

● 【居中】按钮 ≣：单击该按钮可以将文本对齐到边界框的中心。

● 【右对齐】按钮 ≣：单击该按钮可以将文本对齐到边界框的右侧。

● 【对正】按钮 ≣：分隔所有文本行以填充边界框的范围。

● 大小：设置文本高度，其默认值为100mm。

● 字间距：设置文字间的间距。

● 行间距：调整字行间的间距（只对多行文本起作用）。

● 文本：在此可以输入文本，若要输入多行文本，可以按【Enter】键切换到下一行。

● 更新：单击该按钮可以将文本编辑框中修改的文字显示在视图中。

● 手动更新：启用该选项可以激活上面的 更新 按钮。

技巧提示

剩下的几种样条线类型与线和文本的使用方法基本相同，此处不再阐述。

★ 案例实战——文本制作LOGO

场景文件	无
案例文件	案例文件\Chapter 04\案例实战——文本制作LOGO.max
视频教学	视频文件\Chapter 04\案例实战——文本制作LOGO.flv
难易指数	★★☆☆☆
技术掌握	掌握样条线建模下【文本】工具、【挤出】修改器的运用

实例介绍

三维LOGO是品牌的象征，因此其字体的设计是十分重要的。最终渲染和线框效果如图4-103所示。

图4-103

建模思路

● 使用【文本】工具制作一组文字。

● 为文字添加【倒角】修改器使其变为三维模型。

三维LOGO的建模流程图如图4-104所示。

图4-104

制作步骤

01 单击 、 按钮，选择 样条线 选项，单击 文本 按钮，在前视图中绘制一个文本，如图4-105所示。

02 单击【修改】按钮，并展开【参数】卷展栏，设置【字体类型】为CoventryScriptFLF，【大小】为100mm，【文本】为ERAY STUDIO，如图4-106所示。

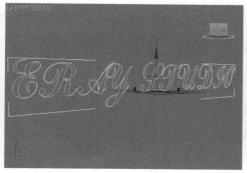 

图4-105　　　　　　　　图4-106

 技巧提示

在本案例中设置【字体类型】为【CoventryScriptFLF】，读者可能会找不到该字体，使用其他的字体代替即可，当然也可以从网络上下载更加合适的字体。下载的字体文件可以直接放到计算机中的【字体】文件夹中，具体位置如图4-107所示。

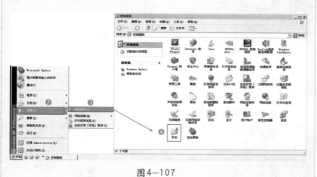

图4-107

03 选择上一步创建的图形，为其加载【倒角】修改器命令，并在【倒角值】卷展栏下设置【级别1】的【高度】为5mm，选中【级别2】复选框，设置【高度】为0.5mm，【轮廓】为-0.1mm，如图4-108所示。

04 最终模型效果如图4-109所示。

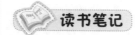

图4-108　　　　　　　　图4-109

 **读书笔记**

4.1.2　扩展样条线

🔘 **技术速查**：扩展样条线相当于是样条线的扩展版，扩展了5种较为常用的图形。

【扩展样条线】有5种类型，分别是【墙矩形】、【通道】、【角度】、【T形】和【宽法兰】，如图4-110所示。

选择相应的扩展样条线工具后，在视图中拖曳光标就可以创建出不同的扩展样条线，如图4-111所示。

图4-110　　　　　　　　图4-111

技巧提示

扩展样条线的创建方法和参数设置比较简单，与样条线的使用方法基本相同，这里不在赘述。

★ 案例实战——通道制作各种通道模型

场景文件	无
案例文件	案例文件\Chapter 04\案例实战——通道制作各种通道模型.max
视频教学	视频文件\Chapter 04\案例实战——通道制作各种通道模型.flv
难易指数	★★☆☆☆
技术掌握	掌握【通道】工具的使用方法

实例介绍

本例将学习使用【通道】工具来完成模型的制作，最终渲染和线框效果如图4-112所示。

图4-112

建模思路

利用【通道】制作各种通道模型。

利用【通道】工具制作各种通道模型的流程如图4-113所示。

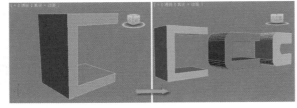

图4-113

制作步骤

01 单击 、 按钮，选择 扩展样条线 ▼ 选项，单击 通道 按钮，在前视图中创建一个通道，进入修改面板修改参数，设置【长度】为150mm，【宽度】为125mm，【厚度】为20mm，如图4-114所示。

图4-114

02 为上一步创建的【通道】加载【挤出】修改器命令，设置【数量】为100mm，如图4-115所示。

03 继续在前视图创建【通道】，设置【长度】为130mm，【宽度】为180mm，【厚度】为30mm，【角半径1】为30mm，如图4-116所示。

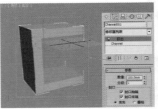

图4-115　　　　　　　　图4-116

04 为上一步创建的【通道】加载【挤出】修改器，设置【数量】为100mm，如图4-117所示。

05 继续创建【通道】，设置【长度】为150mm，【宽度】为150mm，【厚度】为50mm，选中【同步角过滤器】复选框，设置【角半径1】为30mm，【角半径2】为20mm，如图4-118所示。

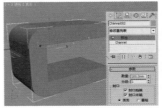
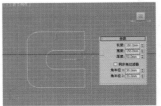

图4-117　　　　　　　　图4-118

06 为上一步创建的【通道】加载【挤出】修改器命令，设置【数量】为100mm，如图4-119所示。

07 最终模型效果如图4-120所示。

图4-119　　　　　　　　图4-120

读书笔记

编辑样条线

虽然3ds Max 2013提供了很多种二维图形，但还是不能满足创建复杂模型的需求，因此就需要对样条线的形状进行修改，并且由于绘制出来的样条线都是参数化物体，只能对参数进行调整，所以这就需要将样条线转换为可编辑样条线。

动手学：转换成可编辑样条线

将样条线转换成可编辑样条线的方法有下面两种。

👀 选择二维图形，然后单击鼠标右键，接着在弹出的快捷菜单中选择【转换为/转换为可编辑样条线】命令，如图4-121所示。

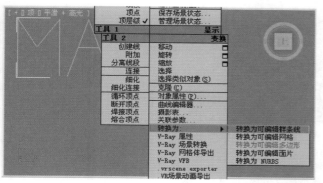

图4-121

 技巧提示

将二维图形转换为可编辑样条线后，在修改面板的修改器堆栈中就只剩下【可编辑样条线】选项，并且没有了【参数】卷展栏，增加了【选择】、【软选择】和【几何体】卷展栏，如图4-122所示。

图4-122

👀 选择二维图形，然后在【修改器列表】中为其加载一个【编辑样条线】修改器命令，如图4-123所示。

图4-123

👀 技巧提示

与第1种方法相比，第2种方法的修改器堆栈中不只包含【编辑样条线】选项，同时还保留了原始的二维图形。当选择【编辑样条线】选项时，其卷展栏包含【选择】、【软选择】和【几何体】卷展栏，如图4-124所示；当选择二维图形选项时，其卷展栏包括【渲染】、【插值】和【参数】卷展栏，如图4-125所示。

图4-124　　图4-125

4.2.1 调节可编辑样条线

将样条线转换为可编辑样条线后，在修改器堆栈中单击【可编辑样条线】前面的◼按钮，可以展开样条线的子对象层次，包括【顶点】、【线段】和【样条线】，如图4-126所示。

通过【顶点】、【线段】和【样条线】子对象层级可以分别对顶点、线段和样条线进行编辑。下面以【顶点】层级为例来讲解可编辑样条线的调节方法，选择【顶点】层级后，在视图中就会出现图形的可控制点，如图4-127所示。

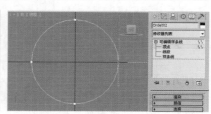

图4-126　　　　　　　图4-127

使用【选择并移动】工具✛、【选择并旋转】工具⟳和【选择并均匀缩放】工具▥可以对顶点进行移动、旋转和缩放调整，如图4-128所示。

图4-128

顶点的类型有4种，分别是【Bezier角点】、
【Bezier】、【角点】和【平滑】，可以通过四元菜单中的
命令来转换顶点类型，其操作方法就是在顶点上单击鼠标右
键，然后在弹出的快捷菜单中选择相应的类型即可，如图
4-129所示，如图4-130所示为这4种不同类型的顶点。

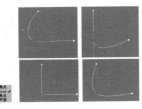

图4-129　　　图4-130

- Bezier角点：带有两个不连续的控制柄，通过这两个控制柄可以调节转角处的角度。
- Bezier：带有两条连续的控制柄，用于创建平滑的曲线，顶点处的曲率由控制柄的方向和量级确定。
- 角点：创建尖锐的转角，角度的大小不可以调节。
- 平滑：创建平滑的圆角，圆角的大小不可以调节。

4.2.2 将二维图形转换成三维模型

要将二维图形转换成三维模型，首先需要创建出需要的
二维图形，如图4-131所示。然后为二维图形加载修改器命
令，如【挤出】、【倒角】或【车削】等，如图4-132所示
是为二维文字加载【倒角】修改器命令后转换为三维文字的
效果。

图4-131　　　　　　　图4-132

★ 案例实战——样条线制作书架

场景文件	无
案例文件	案例文件\Chapter 04\案例实战——样条线制作书架.max
视频教学	视频文件\Chapter 04\案例实战——样条线制作书架.flv
难易指数	★★★☆☆
技术掌握	掌握【线】工具的运用

实例介绍

书架广义上指的是人们用来专门放书的器具。由于
其形态、结构的不同，又有书格、书柜、书橱等其他名
称，是生活中的普遍用具。本例就来学习使用样条线下的
【线】工具来完成书架模型的制作，最终渲染和线框效果
如图4-133所示。

建模思路

使用样条线下的【线】工具制作书架模型。

书架建模流程如图4-134所示。

图4-133

 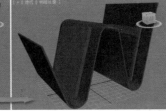

图4-134

制作步骤

01 单击 、 按钮，选择 样条线 选项，单击
线 按钮，在前视图中绘制图形，如图4-135所示。

02 选中上一步绘制的线，进入修改面板，在【渲染】
卷展栏下分别选中【在渲染中显示】和【在视口中显示】复
选框，激活【矩形】选项组，设置【长度】为130mm，【宽
度】为2mm，如图4-136所示。

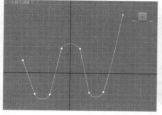
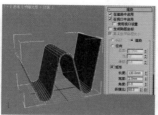

图4—135 图4—136

03 在前视图沿书架位置绘制一条直线，位置如图4-137所示。修改参数，在【渲染】卷展栏下分别选中【在渲染中显示】和【在视口中显示】复选框，激活【矩形】选项组，并设置【长度】为90mm，【宽度】为0.12mm，如图4-138所示。

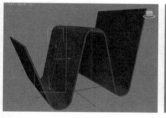
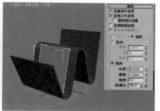

图4—137 图4—138

04 激活前视图，确认上一步创建的线处于被选择的状态，按住【Shift】键，用鼠标左键对其进行移动复制，释放鼠标会弹出【克隆选项】对话框，如图4-139所示。

05 继续使用【选择并移动】工具，移动并按住【Shift】键进行复制，选择【对象】为【实例】，设置【副本数】为7，如图4-140所示。

图4—139 图4—140

06 继续使用【线】工具制作剩余的部分，如图4-141所示。

07 最终模型效果如图4-142所示。

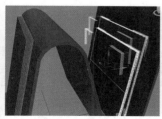

图4—141 图4—142

★ 综合实战——编辑样条线制作顶棚

场景文件	无
案例文件	案例文件\Chapter 04\综合实战——编辑样条线制作顶棚.max
视频教学	视频文件\Chapter 04\综合实战——编辑样条线制作顶棚.flv
难易指数	★★★☆☆
技术掌握	掌握样条线建模下【矩形】工具、【星形】工具、【编辑样条线】修改器和【编辑多边形】修改器的运用

实例介绍

整体框架是由若干梁和柱连接而成的能承受垂直和水平荷载的平面结构或空间结构。最终渲染和线框效果如图4-143所示。

图4—143

建模思路

◉ 使用【矩形】工具、【星形】工具创建整体框架顶棚模型。

◉ 使用【矩形】工具、【编辑样条线】修改器和【编辑多边形】修改器创建整体框架墙壁模型。

整体框架建模流程图如图4-144所示。

图4—144

制作步骤

01 利用【矩形】工具在顶视图中创建一个矩形，如图4-145所示，并设置【长度】为3000mm，【宽度】为3500mm，如图4-146所示。

图4—145 图4—146

02 使用【星形】工具创建一个星形，如图4-147所示，并设置【半径1】为1450mm，【半径2】为400mm，【点】为5，如图4-148所示。

03 保持选择上一步中的星形，为其加载【编辑样条线】修改器命令，单击 附加 按钮，再用鼠标单击矩形，最后再次单击 附加 按钮将其取消，如图4-149所示。附加后的效果如图4-150所示。

图4—147

图4—148

图4—149

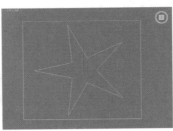
图4—150

在创建线时，有时需要将多条线转换成为一条线，这样不仅选择起来方便，而且为其执行操作也很方便。因此可以使用【附加】工具，将多条线附加为一条。

04 保持选择上一步中的图形，加载【挤出】修改器命令，设置数量为100mm，如图4-151所示。此时模型效果如图4-152所示。

图4—151　　　　　　图4—152

答疑解惑：为什么有时候制作出的镂空效果是相反的？

很多时候读者在使用【线】和【挤出】修改器制作三维模型如顶棚等模型时，会发现有时最终的模型效果不是自己需要的，该镂空的地方却封闭，该封闭的地方却镂空，这是非常常见的一个问题，下面以图为例进行详细的剖析和总结，如图4—153所示。

图4—153

通过观看上面的图，可以得出结论：线是偶数层（如2层、4层、6层等）时，添加【挤出】修改器后出现的效果为模型中间镂空；而假如线是奇数层（如1层、3层、5层等），添加【挤出】修改器后出现的效果为模型中间封闭。

05 利用【矩形】工具在顶视图中创建一个矩形，设置【长度】为3300mm，【宽度】为3800mm，并选中【在渲染中启用】和【在视图中启用】复选框，激活【矩形】选项组，设置【长度】为350mm，【宽度】为100mm，如图4-154所示。此时模型效果如图4-155所示。

图4—154　　　　　　图4—155

06 利用【矩形】工具在顶视图中创建一个矩形，设置【长度】为3700mm，【宽度】为4200mm，并选中【在渲染中启用】和【在视图中启用】复选框，激活【矩形】选项组，设置【长度】为450mm，【宽度】为100mm，如图4-156所示。此时模型效果如图4-157所示。

图4—156　　　　　　图4—157

07 再次利用【矩形】工具在顶视图中创建一个矩形，并设置【长度】为3800mm，【宽度】为4300mm，如图4-158所示。此时模型效果如图4-159所示。

图4-158　　　　　　　图4-159

08 为其加载【挤出】修改器命令，设置数量为100mm，如图4-160所示。最终模型效果如图4-161所示。

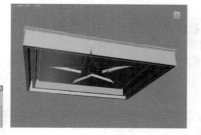

图4-160　　　　　　　图4-161

技术拓展：闭合与不闭合的线对于【挤出】修改器而言，差别很大

一条封闭的线添加【挤出】修改器后的效果会是封闭的三维模型效果，而一条带有缺口的线添加【挤出】修改器后的效果仍然是不封闭的，但是在线的四周出现了一定的厚度，如图4-162所示。

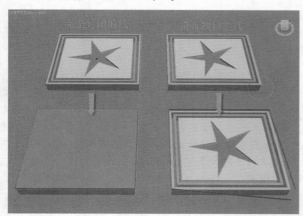

图4-162

如何将带有缺口的线闭合？

非常简单，只需要一个工具，那就是【焊接】工具。如图4-163所示，选择两个点，将 焊接 按钮后面数值框中的数值尽量增大，并单击 焊接 按钮，如

图4-164所示。

图4-163　　　　　　　图4-164

此时即可将两个点焊接为一个点，如图4-165所示。

图4-165

★ 综合实战——线制作欧式吊灯

场景文件	无
案例文件	案例文件\Chapter 04\综合实战——线制作欧式吊灯.max
视频教学	视频文件\Chapter 04\综合实战——线制作欧式吊灯.flv
难易指数	★★☆☆☆
技术掌握	掌握样条线建模下【线】工具、【编辑多边形】修改器和【车削】修改器的运用

实例介绍

欧式吊灯是可以垂吊下来并具有欧式风格的灯具，最终渲染和线框效果如图4-166所示。

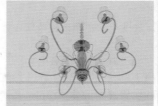
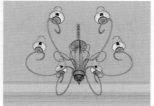

图4-166

建模思路

● 【线】工具、【车削】修改器和【编辑多边形】修改器制作吊灯一侧模型。

● 旋转复制的方法制作吊灯剩余5组模型。

● 【矩形】工具制作吊灯锁链模型。

欧式吊灯建模流程图如图4-167所示。

图4-167

制作步骤

01 单击 🔲、🔲 按钮，选择 [样条线 ▼] 选项，单击 [线] 按钮，在前视图中绘制一个图形，如图4-168所示。

02 选择上一步创建的线，为其加载【车削】修改器命令，如图4-169所示。在【参数】卷展栏下设置【分段】为20，设置【对齐】方式为【最大】，如图4-170所示。

 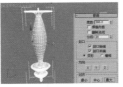

图4-168　　　　图4-169　　　　图4-170

03 利用【线】工具在前视图中绘制一条样条线，如图4-171所示。

04 选择上一步创建的线，在修改面板【渲染】选项组下分别选中【在渲染中启用】和【在视口中启用】复选框，激活【径向】选项组，设置【厚度】为15mm，如图4-172所示。

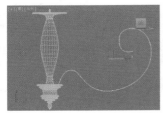 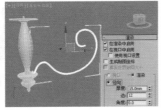

图4-171　　　　　　　　图4-172

05 再利用【线】工具在前视图中绘制两条样条线，如图4-173所示。

06 选择上一步创建的线，在修改面板【渲染】卷展栏下分别选中【在渲染中启用】和【在视口中启用】复选框，激活【径向】选项组，设置【厚度】为3mm，如图4-174所示。

图4-173　　　　　　　　图4-174

07 继续利用【线】工具在前视图中绘制一条样条线，如图4-175所示。

08 选择上一步创建的线，为其加载【车削】修改器命令，在【参数】卷展栏中选中【焊接内核】复选框，设置【分段】为20，设置【对齐】方式为【最大】，如图4-176所示。

 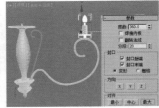

图4-175　　　　　　　　图4-176

09 利用【线】工具在前视图中绘制一条样条线，如图4-177所示。

10 选择上一步创建的线，为其加载【车削】修改器命令，在【参数】卷展栏下，设置【分段】为20，设置【对齐】方式为【最大】，如图4-178所示。

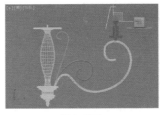 

图4-177　　　　　　　　图4-178

11 选择上一步创建的灯罩模型，为其加载【编辑多边形】修改器命令，如图4-179所示。

图4-179

12 在【边】级别 下，选择如图4-480所示的边。单击 [创建图形] 按钮后面的【设置】按钮 ，在弹出的对话框中设置图形类型为【平滑】。

13 选择上一步创建的模型，在修改面板【渲染】卷展栏中分别选中【在渲染中启用】和【在视口中启用】复选框，激活【径向】选项组，设置【厚度】为5mm，如图4-181所示。

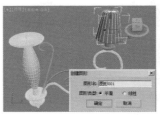 

图4-180　　　　　　　　图4-181

[14] 选择如图4-182所示的模型，并执行【组/成组】命令，如图4-183所示。

[15] 选择上一步成组的模型，进入层次面板 ⬚，单击 仅影响轴 按钮，在顶视图中将线的轴心移动到模型的正中心，最后再次单击 仅影响轴 按钮将其取消，如图4-184所示。至此吊灯的一侧的模型就制作完成了。

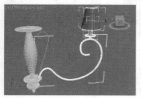 

图4—182　　　　　图4—183　　　　　图4—184

[16] 选择上一步创建的模型，单击【角度捕捉切换】工具 ⬚，再使用【选择并旋转】工具 ⬚，并按【Shift】键，沿Z轴旋转60°复制5份，如图4-185所示。

[17] 选择如图4-186所示的模型，并选择【组/成组】命令，如图4-187所示。

图4—185　　　　　　图4—186　　　　　　图4—187

[18] 选择上一步成组的模型，进入层次面板 ⬚，单击 仅影响轴 按钮，在顶视图中将线的轴心移动到整个灯体模型的正中心，最后再次单击 仅影响轴 按钮将其取消，如图4-188所示。

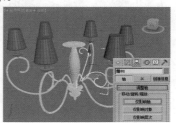

图4—188

技巧提示

使用【仅影响轴】可以将模型的轴心任意更改，在本案例中，将组的中心位置由组的中心移动到了灯体模型的正中心，目的是在旋转复制时，组可以按照灯体的正中心进行复制，如图4-189所示。如图4-190所示为沿组的中心进行复制和沿灯体模型的中心进行复制的对比效果。

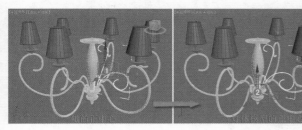  

图4—189　　　　　　　　　　　　图4—190

[19] 选择上一步创建的模型，单击【角度捕捉切换】工具 ⬚，再使用【选择并旋转】工具 ⬚沿Z轴旋转30°，如图4-191所示。

[20] 选择上一步创建的模型，单击【角度捕捉切换】工具 ⬚，再使用【选择并旋转】工具 ⬚，并按【Shift】键，沿Z轴旋转60°复制5份，如图4-192所示。至此吊灯剩余的5组模型就制作完成了。

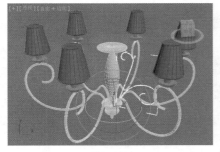

图4—191

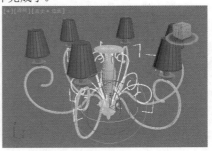

图4—192

[21] 利用【矩形】工具在前视图中绘制一个矩形，如图4-193所示。

[22] 选择上一步创建的模型。在修改面板【渲染】卷展栏下分别选中【在渲染中启用】和【在视口中启用】复选框，激活【径向】选项组，设置【厚度】为4mm，如图4-194所示。

图4-193　　　　　　　　　　　图4-194

[23] 选择上一步创建的模型，使用【选择并移动】📍和【选择并旋转】工具◎复制一份，如图4-195所示。

[24] 选择如图所示的模型，复制5份，如图4-196所示。

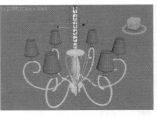

图4-195　　　　　　　　　　　图4-196

[25] 最终模型效果如图4-197所示。

图4-197

课后练习

【课后练习——样条线制作藤椅】

思路解析：

01 使用样条线创建藤椅的框架模型。

02 使用螺旋线和线创建藤椅剩余部分模型。

本章小结

　　通过对本章的学习，可以掌握样条线建模的技巧，包括样条线、扩展样条线、编辑样条线等。熟练掌握本章的知识可以模拟制作出很多线形的模型，并且使用线和修改器结合也可以模拟制作出很多特殊的模型。

 读书笔记

第5章

修改器建模

本章内容简介：

修改器建模是在已有基本模型的基础上，在修改面板中添加相应的修改器，将模型进行塑形或编辑。这种方法可以快速地打造特殊的模型效果，如扭曲、晶格等。修改器不仅可以应用到三维模型上，而且也可以应用到二维图形上，是一种较为特殊的建模方式。

本章学习要点：

- 什么是修改器
- 常用修改器的种类
- 使用修改器制作模型

5.1 修改器

5.1.1 什么是修改器

◉ 技术速查：修改器（或简写为堆栈）是修改面板上的列表，它包含累积历史记录，上面有选定的对象以及应用于它的所有修改器。

　　从创建面板 中添加对象到场景中之后，通常会进入到修改面板 ，来更改对象的原始创建参数，这种方法只可以调整物体的基本参数，如长度、宽度、高度等，但是无法对模型的本身做出大的变化。因此可以使用修改面板 下的修改器堆栈。如图 5-1所示创建一个长方体Box001，并进入修改面板，最后在【修改器列表】中添加【Bend】和【晶格】修改器。

图5-1

◉ 【锁定堆栈】按钮 ：激活该按钮可将堆栈和修改面板的所有控件锁定到选定对象的堆栈中。即使在选择了视图中的另一个对象之后，也可以继续对锁定堆栈的对象进行编辑。

◉ 【显示最终结果】按钮 ：激活该按钮后，会在选定的对象上显示整个堆栈的效果。

◉ 【使唯一】按钮 ：激活该按钮可将关联的对象修改成独立对象，这样可以对选择集中的对象单独进行编辑（只有在场景中拥有选择集时该按钮才可用）。

◉ 【从堆栈中移除修改器】按钮 ：若堆栈中存在修改器，单击该按钮可删除当前修改器，并清除该修改器引发的所有更改。

技巧提示

　　如果想要删除某个修改器，不可以在选中某个修改器后按【Delete】键，那样会删除对象本身。

◉ 【配置修改器集】按钮 ：单击该按钮可弹出一个菜单，该菜单中的命令主要用于配置在修改面板中如何显示和选择修改器。

动手学：为对象加载修改器

　　① 使用修改器之前，一定要有已创建好的基础对象，如几何体、图形、多边形模型等。如图5-2所示，先创建一个圆柱体模型，并设置合适的分段数值。

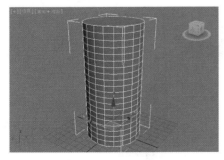

图5-2

　　② 选择创建的长方体，然后进入【修改】面板 ，接着在 修改器列表 下拉列表框中选择【弯曲】选项，如图 5-3 所示。

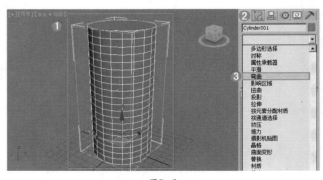

图5-3

　　③ 此时【弯曲】修改器已经添加给了长方体，然后单击【修改】按钮 ，并将其参数进行适当设置，如图 5-4 所示。

　　④ 继续单击【修改】按钮 ，接着选择 修改器列表 下拉列表框中的【晶格】选项，如图 5-5 所示。

⑤ 此时长方体上新增了一个【晶格】修改器，而且最后加载的修改器在最开始加载的修改器的上方。单击【修改】按钮，并将其参数进行适当设置，如图5-6所示。

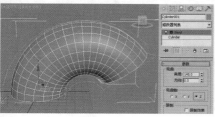 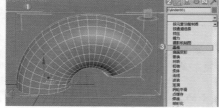 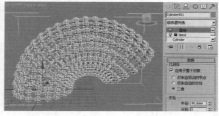

图5-4   图5-5   图5-6

 技巧提示

在添加修改器时一定要注意添加的次序，否则将会出现不同的效果。

动手学：为对象加载多个修改器

① 创建一个模型，如一个茶壶，如图5-7所示。
② 单击 按钮，并添加【晶格】修改器，如图5-8所示。

③ 继续添加【弯曲】修改器，如图5-9所示。
④ 再次添加【扭曲】修改器，如图5-10所示。

   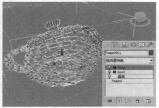

图5-7   图5-8   图5-9   图5-10

动手学：更换修改器的顺序

① 修改器对于次序而言遵循据后原则，即后添加的修改器会在修改器堆栈的顶部，从而作用于它下方的所有修改器和原始模型；而最先添加的修改器，会在修改器堆栈的底部，从而只能作用于它下方的原始模型。如图5-11所示为创建模型，先添加【弯曲】修改器，后添加【晶格】修改器的模型效果。

② 如图5-12所示为创建模型，先添加【晶格】修改器，后添加【弯曲】修改器的模型效果。

③ 不难发现，更改修改器的次序，会对最终的模型产生影响。但这不是绝对的，有些情况下，更改修改器次序，不会产生任何效果。

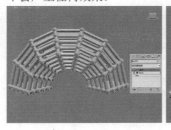 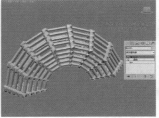

图5-11   图5-12

5.1.2 编辑修改器

在修改器堆栈上单击鼠标右键会弹出一个修改器堆栈菜单，这个菜单中的命令可以用来编辑修改器，如图5-13所示。

图5-13

技巧提示

从修改器堆栈菜单中可以看出修改器可以复制到另外的物体上，其操作方法有以下两种。

① 在修改器上单击鼠标右键，然后在弹出的快捷菜单中选择【复制】命令，接着在另外的物体上单击鼠标右键，并在弹出的快捷菜单中选择【粘贴】命令，如图5-14所示。

② 使用鼠标左键将修改器拖曳到视图中的某一物体上。

按住【Ctrl】键的同时将修改器拖曳到其他对象上时，可以将这个修改器作为实例进行粘贴，也就相当于关联复制；按住【Shift】键的同时将修改器拖曳到其他对象上时，可将源对象中的修改器剪切到其他对象上，如图5-15所示。

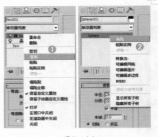

图5-14

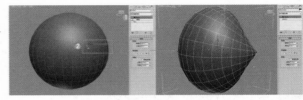

图5-15

5.1.3 塌陷修改器

可以使用【塌陷全部】或【塌陷到】命令来分别将对象堆栈的全部或部分塌陷为可编辑的对象，该对象可以保留基础对象上塌陷的修改器的累加效果。通常塌陷修改器堆栈的原因有以下3种：

⚫ 如果完成修改对象并保持不变。

⚫ 要丢弃对象的动画轨迹。或者，可以通过【Alt+鼠标键】单击选定的对象，然后选择【删除选定的动画】命令。

⚫ 要简化场景并保存内存。

技巧提示

多数情况下，塌陷所有或部分堆栈将保存内存。然而，塌陷一些修改器，如【倒角】将增加文件大小和内存。塌陷对象堆栈之后，不能再以参数方式调整其创建参数或受塌陷影响的单个修改器。指定给这些参数的动画堆栈将随之消失。塌陷堆栈并不影响对象的变换，在使用【塌陷到】命令时影响世界空间绑定。如果堆栈不含有修改器，塌陷堆栈将不保存内存。

🔲 塌陷到

【塌陷到】命令可以将选择的该修改器以下的修改器和基础物体进行塌陷。如图5-16所示为一个【球体】，并依次加载【Bend（弯曲）】修改器、【Noise（噪波）】修改器、【Twist（扭曲）】修改器、【网格平滑】修改器。

此时单击【Noise】修改器，并在该修改器上单击鼠标右键，接着在弹出的快捷菜单中选

图5-16

择【塌陷到】命令，此时会弹出一个警告对话框，提示是否对修改器进行【暂存】、【是】和【否】操作，在这里可以单击【是】按钮，如图5-17所示。

⚫ 暂存/是按钮：单击该按钮可将当前对象的状态保存到【暂存】缓冲区，然后才应用【塌陷到】命令，如果要撤销刚才的操作，执行【编辑/取回】命令即可。

图5-17

⚫ 是按钮：单击该按钮可执行塌陷操作。

⚫ 否按钮：单击该按钮可取消塌陷操作。

当执行塌陷操作后，在修改器堆栈中只剩下位于【Noise】修改器上方的【Twist】修改器、【网格平滑】修改器，而下方的修改器已经全部消失，并且基础物体已经变成了【可编辑网格】物体，如图 5-18 所示。

图5-18

🔲 塌陷全部

【塌陷全部】命令可以将所有的修改器和基础物体全部塌陷。

若要塌陷全部的修改器，可在其中的任意一个修改器上单击鼠标右键，然后在弹出的快捷菜单中选择【塌陷全部】命令，如图5-19所示。

图5-19

当塌陷全部的修改器后，修改器堆栈中就没有任何修改器，只剩下【可编辑多边形】了。因此，这个操作与直接在该模型上单击鼠标右键，在弹出的快捷菜单中选择【转换为可编辑多边形】命令的最终结果是一样的，如图5-20所示。

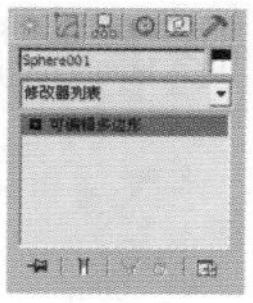

图5-20

5.1.4　修改器的分类

选择三维模型对象，然后单击【修改】按钮，在 修改器列表 下拉列表框中会看到很多种修改器，如图5-21所示。

选择二维图像对象，然后单击【修改】按钮，在 修改器列表 下拉列表框中也会看到很多种修改器，但是会发现这两者是有不同的。这是因为三维物体有相对应的修改器，而二维图像也有其相对应的修改器，如图5-22所示。

修改器类型很多，有几十种，若安装了部分插件，修改器可能会相应地增加。这些修改器被放置在几个不同类型的修改器集合中，分别是【转化修改器】、【世界空间修改器】和【对象空间修改器】，如图5-23所示。

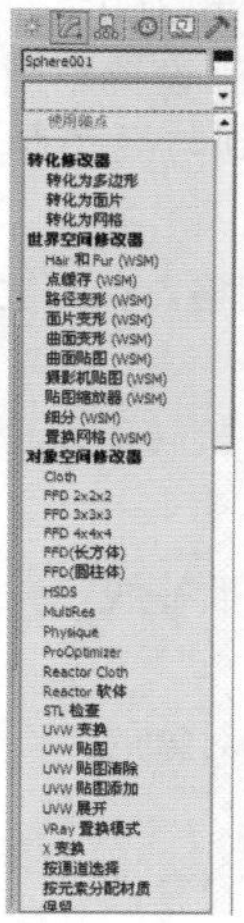

图5-21 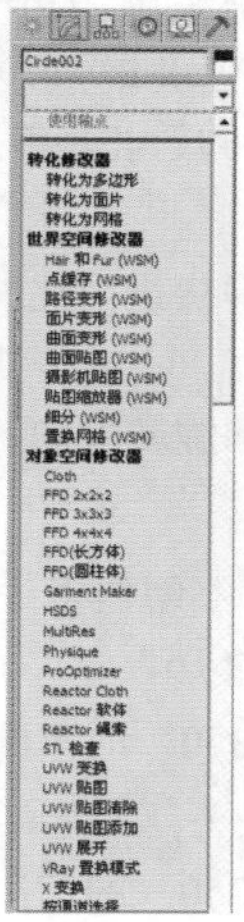　　图5-22 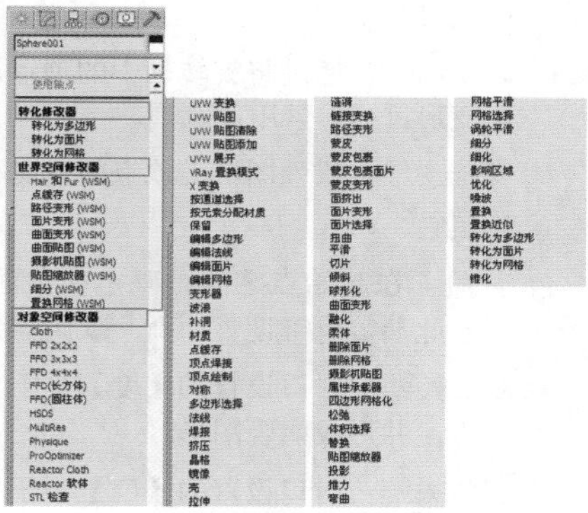　　　　图5-23

01 【转化修改器】选项组

● 转化为多边形：转化为多边形修改器，允许在修改器堆栈中应用对象转化。

● 转化为面片：转化为面片修改器，允许在修改器堆栈中应用对象转化。

● 转化为网格：转化为网格修改器，允许在修改器堆栈中应用对象转化。

02 【世界空间修改器】选项组

● Hair和Fur（WSM）：用于为物体添加毛发。

● 点缓存（WSM）：使用该修改器可将修改器动画存储到磁盘中，然后使用磁盘文件中的信息来播放动画。

● 路径变形（WSM）：可根据图形、样条线或NURBS曲线路径将对象进行变形。

● 面片变形（WSM）：可根据面片将对象进行变形。

● 曲面变形（WSM）：其工作方式与路径变形（WSM）修改器相同，只是它使用NURBS点或CV曲线来进行变形。

● 曲面贴图（WSM）：将贴图指定给NURBS曲面，并将其投射到修改的对象上。

● 摄影机贴图（WSM）：使摄影机将UVW贴图坐标应用于对象。

● 贴图缩放器（WSM）：用于调整贴图的大小并保持贴图的比例。

● 细分（WSM）：提供用于光能传递创建网格的一种算法，光能传递的对象要尽可能接近等边三角形。

● 置换网格（WSM）：用于查看置换贴图的效果。

技巧提示

【对象空间修改器】下面包含的修改器最多，也是应用最广泛的，是应用于单独对象的修改器，在第5.2节中会进行细致的讲解。

5.2 常用的修改器

5.2.1 【车削】修改器

- 技术速查：【车削】修改器可以通过绕轴旋转一个图形或 NURBS 曲线来创建3D对象。

  其参数设置面板如图5-24所示。

  如图5-25所示为使用一条线并加载【车削】修改器制作出的三维模型。

图5-24　　　　　　　　　图5-25

- 度数：确定对象绕轴旋转多少度（范围 为0°～360°，默认值是 360）。可以通过给【度数】设置关键点，来设置车削对象圆环增强的动画。【车削】轴自动将尺寸调整到与要车削图形同样的高度。

- 焊接内核：通过将旋转轴中的顶点焊接来简化网格。如果要创建一个变形目标，禁用此选项。

- 翻转法线：依赖图形上顶点的方向和旋转方向，旋转对象可能会内部外翻。切换选中和取消选中【翻转法线】复选框来修正它。

- 分段：在起始点之间，确定在曲面上创建多少插补线段。此参数也可设置动画，默认值是16。

- 封口始端：封口设置的【度】小于360°的车削对象的始点，并形成闭合图形。

- 封口末端：封口设置的【度】小于360°的车削对象的终点，并形成闭合图形。

- 变形：按照创建变形目标所需的可预见且可重复的模式排列封口面。渐进封口可以产生细长的面，而不像栅格封口需要渲染或变形。如果要车削出多个渐进目标，主要使用渐进封口的方法。

- 栅格：在图形边界上的方形修剪栅格中安排封口面。此方法产生尺寸均匀的曲面，可使用其他修改器方便地将这些曲面变形。

- X/Y/Z：相对对象轴点，设置轴的旋转方向。

- 最小/中心/最大：将旋转轴与图形的最小、中心或最大范围对齐。

- 面片：产生一个可以折叠到面片对象中的对象。

- 网格：产生一个可以折叠到网格对象中的对象。

- NURBS：产生一个可以折叠到 NURBS 对象中的对象。

- 生成贴图坐标：将贴图坐标应用到车削对象中。当【度】的值小于360°并选中【生成贴图坐标】复选框时，将另外的图坐标应用到末端封口中，并在每一封口上放置一个1×1的平铺图案。

- 真实世界贴图大小：控制应用于该对象的纹理贴图材质所使用的缩放方法。缩放值由位于应用材质的【坐标】卷展栏中的【使用真实世界比例】设置控制。默认设置为启用。

- 生成材质 ID：将不同的材质 ID 指定给挤出对象的侧面与封口。具体情况为，侧面接收ID 3，封口（当【度】小于360°且车削图形闭合时）接收ID 1和2。默认设置为启用。

- 使用图形 ID：将材质 ID 指定给挤出产生的样条线中的线段，或指定给在 NURBS挤出产生的曲线子对象。仅当选中【生成材质 ID】复选框时，【使用图形 ID】可用。

- 平滑：给车削图形应用平滑。

★ 案例实战——【车削】修改器制作酒瓶

场景文件	无
案例文件	案例文件\Chapter 05\案例实战——【车削】修改器制作酒瓶.max
视频教学	视频文件\Chapter 05\案例实战——【车削】修改器制作酒瓶.flv
难易指数	★★☆☆☆
技术掌握	掌握【线】工具和【车削】修改器的运用

实例介绍

酒瓶是用来装酒的容器。现代酒瓶内涵丰富，已经超出了仅为盛酒容器的概念，赫然变为一种特有的包装艺术品类和雅俗文化的载体，最终渲染和线框效果如图5-26和图5-27所示。

图5-26　　　　　　　　　图5-27

建模思路

使用【线】工具和【车削】修改器制作酒瓶模型。酒瓶建模流程图如图5-28所示。

图5-28

制作步骤

01 启动3ds Max 2013中文版，选择菜单栏中的【自定义/单位设置】命令，此时将弹出【单位设置】对话框，将【显示单位比例】和【系统单位比例】设置为【毫米】，如图5-29所示。

02 单击 、 按钮，选择 样条线 选项，单击 线 按钮，在前视图中绘制一条样条线，如图5-30所示。

图5-29 　　　　　图5-30

03 选择上一步创建的样条线，为其加载【车削】修改器命令，如图5-31所示。在【参数】卷展栏下选中【焊接内核】复选框，设置【分段】为50，在【对齐】选项组下单击【最大】按钮，如图5-32所示。

图5-31 　　　　图5-32

技巧提示

在使用【车削】修改器制作模型时，一定要注意对齐的方式，设置【对齐】为【最小】时的效果如图5-33所示。
设置【对齐】为【中心】时的效果如图5-34所示。
设置【对齐】为【最大】时的效果如图5-35所示。

图5-33 　　　图5-34 　　　图5-35

04 再次利用【线】工具在前视图绘制一条样条线，如图5-36所示。局部效果图如图5-37所示。

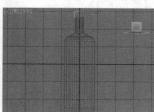

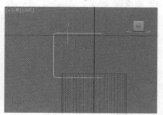

图5-36 　　　　　图5-37

05 选择上一步创建的样条线，为其加载【车削】修改器命令，在【参数】卷展栏下选中【焊接内核】复选框，设置【分段】为50，在【对齐】选项组下单击【最大】按钮，如图5-38所示。

图5-38

技巧提示

当两个顶点在Z轴方向，不处于垂直线上时，加载【车削】修改器命令后的三维模型是有开口效果的，如图5-39所示。

图5-39

当两个顶点在Z轴方向，处于垂直线上时，添加【车削】修改器后的三维模型是没有开口效果的，如图5-40所示。

图5-40

06 最终模型效果如图5-41所示。

图5-41

★ 案例实战——【车削】修改器制作烛台

场景文件	无
案例文件	案例文件\Chapter 05\案例实战——【车削】修改器制作烛台.max
视频教学	视频文件\Chapter 05\案例实战——【车削】修改器制作烛台.flv
难易指数	★★★☆☆
技术掌握	掌握【车削】修改器的运用

实例介绍

烛台是照明器具之一，指带有尖钉或空穴以托住一支蜡烛的无饰或带饰的器具，也可以指烛台上的蜡烛，有些容器同样能够起到烛台的作用。本例将以一组烛台模型来讲解【车削】修改器的使用方法，效果如图5-42所示。

图5-42

建模思路

◉ 绘制多条线。

◉ 使用【车削】修改器制作烛台模型。

烛台建模流程如图5-43所示。

图5-43

制作步骤

01 单击 、 按钮，选择 线 按钮，在前视图中绘制一条如图5-44所示的线。

02 进入修改面板，选择并加载【车削】修改器命令，在【参数】卷展栏下选中【翻转法线】复选框，设置【分段】为50，【方向】为Y轴，在【对齐】选项组下单击 最大 按钮，如图5-45所示。

图5-44　　　　　　　　　　图5-45

03 用同样的方法，继续在前视图中绘制另一种形状的线，如图5-46所示。

04 选择上一步创建的线，进入修改面板，选择并加载【车削】修改器命令，在【参数】卷展栏下选中【翻转法线】复选框，设置【分段】为50，【方向】为Y轴，在【对齐】选项组下单击 最大 按钮，如图5-47所示。

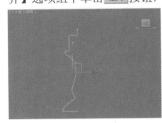

图5-46　　　　　　　　　　图5-47

05 用同样的方法，继续在前视图中绘制另一种形状的线，如图5-48所示。

06 选择上一步创建的线，进入修改面板，选择并加载【车削】修改器命令，在【参数】卷展栏下选中【翻转法线】复选框，设置【分段】为50，【方向】为Y轴，在【对齐】选项组下单击 最大 按钮，如图5-49所示。

图5-48　　　　　　　　　　图5-49

07 将绿色烛台和蓝色烛台进行复制，并重新调整位置，最终模型效果如图5-50所示。

图5-50

5.2.2 【挤出】修改器

⊕ 技术速查：【挤出】修改器将深度添加到图形中，并使
其成为一个参数对象。

其参数设置面板如图5-51所示。

如图5-52所示为使用样条线并加载【挤出】修改器命令
制作的三维模型效果。

图5-51　　　　　　　　　图5-52

⊕ 数量：设置挤出的深度。

⊕ 分段：指定将要在挤出对象中创建线段的数目。

 技巧提示

　　【挤出】修改器和【车削】修改器的参数大部分都
一样，此处不再赘述。

★ 案例实战——【挤出】修改器制作苹果显示器

场景文件	无
案例文件	案例文件\Chapter 05\案例实战——【挤出】修改器制作苹果显示器.max
视频教学	视频文件\Chapter 05\案例实战——【挤出】修改器制作苹果显示器.flv
难易指数	★★☆☆☆
技术掌握	掌握样条线建模下【线】工具、【矩形】工具、【挤出】修改器、【编辑样条线】修改器、【编辑多边形】修改器和【FFD 3×3×3】修改器的运用

实例介绍

苹果显示器是属于苹果电脑的I/O设备，即输入输出设
备。它是一种将一定的电子文件通过特定的传输设备显示
到屏幕上再反射到人眼的显示工具，最终渲染和线框效果如
图5-53和图5-54所示。

图5-53　　　　　　　　　图5-54

建模思路

⊕ 使用【线】工具、【矩形】工具、【挤出】修改器和
【编辑样条线】修改器制作苹果显示器模型。

⊕ 使用【线】工具、【挤出】修改器、【编辑多边形】
修改器和【FFD 3×3×3】修改器制作苹果显示器底座模型。

苹果显示器建模流程图如图5-55所示。

图5-55

制作步骤

01 单击 、 按钮，选
择 样条线 选项，单
击 矩形 按钮，在前视图中
创建一个矩形，并设置【长
度】为350mm，【宽度】为
500mm，【角半径】为35，如
图5-56所示。

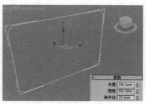

图5-56

02 选择上一步创建的模型，并为其加载【挤出】修改
器命令，如图5-57所示。在【参数】卷展栏下设置【数量】
为25mm，如图5-58所示。

图5-57　　　　　　　　　图5-58

03 利用【矩形】工具在前视图创建一个矩形，并设置
【长度】为350mm，【宽度】为500mm，【角半径】为35，
如图5-59所示。

04 继续利用【矩形】工具在前视图创建一个矩形，并设
置【长度】为280mm，【宽度】为450mm，如图5-60所示。

 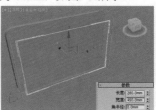

图5-59　　　　　　　　　图5-60

05 选择上一步创建的矩形，为其加载【编辑样条线】
修改器命令，如图5-61所示。

06 单击 附加 按钮，然后单击另外一个矩形，如
图5-62所示。

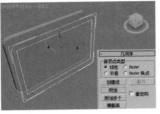

图5-61　　　　　　　　图5-62

07 选择上一步创建的模型，为其加载【挤出】修改器命令，并在【参数】卷展栏下设置【数量】为3mm，如图5-63所示。

08 单击 按钮，选择 样条线 选项，单击 线 按钮，在前视图中绘制一个苹果标志的图形，如图5-64所示。

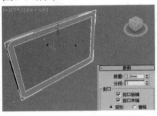
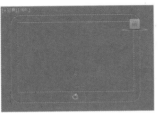

图5-63　　　　　　　　图5-64

09 选择如图5-65所示的模型，单击 按钮，选择 复合对象 选项，单击 图形合并 按钮，再单击 拾取图形 按钮，选中【移动】单选按钮，然后单击苹果标志的图形，如图5-66所示。

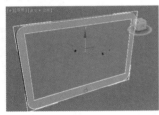
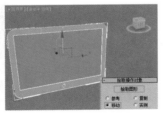

图5-65　　　　　　　　图5-66

10 选择上一步创建的模型，为其加载【编辑多边形】修改器命令，如图5-67所示。

11 在【多边形】级别 下，选择如图5-68所示的多边形。单击 挤出 按钮后面的【设置】按钮 ，并设置【高度】为1mm，如图5-69所示。至此苹果显示器模型就制作完成了。

图5-67

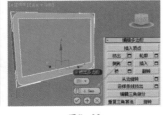

图5-68　　　　　　　　图5-69

12 利用【线】工具在左视图创建一条样条线，如图5-70所示。

13 在修改面板下，进入【line】下的【样条线】级别 ，在 轮廓 按钮后面的数值框中输入4mm，并按【Enter】键结束，如图5-71所示。

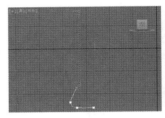
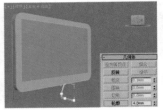

图5-70　　　　　　　　图5-71

14 选择上一步创建的模型，为其加载【挤出】修改器命令，在【参数】卷展栏下设置【数量】为80mm，如图5-72所示。

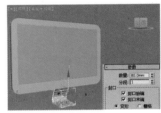

图5-72

15 选择上一步创建的模型，为其加载【FFD3×3×3】修改器命令，如图5-73所示。在修改器下单击【控制点】级别，并调节控制点的位置，效果如图5-74所示。

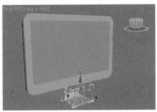

图5-73　　　　　　　　图5-74

16 选择上一步创建的模型，为其加载【编辑多边形】修改器命令，在【边】级别 下，选择如图5-75所示的边。所选边局部效果图如图5-76所示。

图5-75　　　　　　　　图5-76

17 保持选择上一步选择的边，单击 切角 按钮后面的【设置】按钮 ，并设置【数量】为8mm，【分段】为10，如图5-77所示。局部效果图如图5-78所示。

18 选择上一步创建的模型，保持选择上一步选择的边。所选边局部效果图如图5-79和图5-80所示。

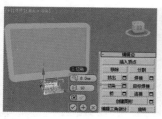

图5-77　　　　　　　　　　　图5-78

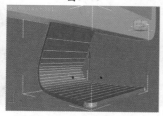

图5-79　　　　　　　　　　　图5-80

[19] 单击 切角 按钮后面的【设置】按钮■，并设置【数量】为1mm，【分段】为5，如图5-81所示。局部效果图如图5-82所示。

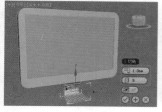

图5-81　　　　　　　　　　　图5-82

[20] 最终模型效果如图5-83所示。

图5-83

★ 案例实战——【挤出】修改器制作书

场景文件	无
案例文件	案例文件\Chapter 05\案例实战——【挤出】修改器制作书.max
视频教学	视频文件\Chapter 05\案例实战——【挤出】修改器制作书.flv
难易指数	★★☆☆☆
技术掌握	掌握【线】工具和【挤出】修改器的运用

实例介绍

书虽是空间的小配角，但它在居家的空间中，往往能够塑造出多姿多彩、生动活泼的氛围，最终渲染和线框效果如图5-84和图5-85所示。

图5-84　　　　　　　　　　　图5-85

建模思路

● 使用【线】工具和【挤出】修改器制作书封面。
● 使用【线】工具和【挤出】修改器制作书内页。
书建模流程图如图5-86所示。

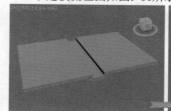

图5-86

制作步骤

[01] 单击 、 按钮，选择 样条线 ▼ 选项，单击 线 按钮，在前视图中绘制一条样条线，如图5-87所示。

[02] 在修改面板下，进入【line】下的【样条线】级别 ，并选择样条线，接着在 轮廓 按钮后面的数值框中输入10mm，并按【Enter】键结束，如图5-88所示。

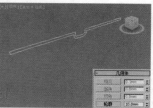

图5-87　　　　　　　　　　　图5-88

[03] 选择上一步创建的样条线，为其加载【挤出】修改器命令，如图5-89所示。在修改面板下展开【参数】卷展栏，设置【数量】为65mm，如图5-90所示。至此书封面就制作完成了。

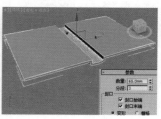

图5-89　　　　　　　　　　　图5-90

[04] 再次利用【线】工具在前视图绘制一条样条线，如图5-91所示。

[05] 在修改面板下，进入【line】下的【样条线】级别 ，在 轮廓 按钮后面的数值框中输入10mm，并按【Enter】键结束，如图5-92所示。

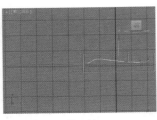

图5-91

图5-92

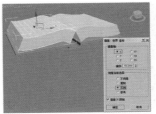

图5-94

图5-95

06 选择上一步创建的样条线，为其加载【挤出】修改器命令，在【参数】卷展栏下设置【数量】为60mm，如图5-93所示。

图5-93

07 选择上一步创建的模型，单击【镜像】工具按钮 ，并设置【镜像轴】为【X】，设置【偏移】为-44mm，在【克隆当前选择】选项组下选中【实例】单选按钮，最后单击【确定】按钮，如图5-94所示。

08 最终模型效果如图5-95所示。

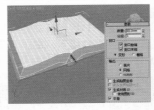

图5-96

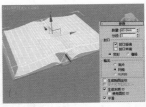

图5-97

5.2.3 【倒角】修改器

● **技术速查**：【倒角】修改器将图形挤出为3D对象并在边缘应用平或圆的倒角。

其参数设置面板如图5-98所示。

与【挤出】修改器类似，【倒角】修改器也可以制作出三维的效果，并且可以模拟出边缘的坡度效果，如图5-99所示。

图5-98

图5-99

● **始端**：用对象的最低局部 Z 值（底部）对末端进行封口。禁用此项后，底部为打开状态。

● **末端**：用对象的最高局部 Z 值（底部）对末端进行封口。禁用此项后，底部不再打开。

● **变形**：为变形创建合适的封口曲面。

● **栅格**：在栅格图案中创建封口曲面。封装类型的变形和渲染要比渐进变形封装效果好。

● **线性侧面**：激活此项后，级别之间会沿着一条直线进行分段插补。

● **曲线侧面**：激活此项后，级别之间会沿着一条 Bezier 曲线进行分段插补。对于可见曲率，使用曲线侧面的多个分段。

● **分段**：在每个级别之间设置中级分段的数量。

● **级间平滑**：选中此复选框后，对侧面应用平滑组，侧面显示为弧状。禁用此项后不应用平滑组，侧面显示为平面倒角。

● **生成贴图坐标**：选中此复选框后，将贴图坐标应用于倒角对象。

● **真实世界贴图大小**：控制应用于该对象的纹理贴图材质所使用的缩放方法。

● **避免线相交**：防止轮廓彼此相交。它通过在轮廓中插入额外的顶点并用一条平直的线段覆盖锐角来实现。

● **起始轮廓**：设置轮廓从原始图形的偏移距离。非零设置会改变原始图形的大小。

● **高度**：设置级别 1 在起始级别之上的距离。

● **轮廓**：设置级别 1 的轮廓到起始轮廓的偏移距离。

★ **案例实战——【倒角】修改器制作装饰物**

场景文件	无
案例文件	案例文件\Chapter 05\案例实战——【倒角】修改器制作装饰物.max
视频教学	视频文件\Chapter 05\案例实战——【倒角】修改器制作装饰物.flv
难易指数	★★★☆☆
技术掌握	掌握【倒角】修改器的使用方法

实例介绍

本例将以一个瓷器装饰物模型为例讲解样条线【倒角】修改器命令的使用方法，效果如图5-100所示。

图5-100

建模思路

- 使用样条线绘制装饰物外轮廓。
- 加载【倒角】修改器命令。

装饰物建模流程如图5-101所示。

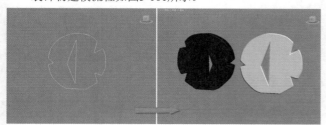

图5-101

制作步骤

01 使用【线】工具，在前视图中绘制一条装饰物外轮廓线，如图5-102所示。

02 继续在前视图中绘制一条线，如图5-103所示。

图5-102　　　　　　　图5-103

03 选择第(一)步中创建的装饰物外轮廓线，并单击【修改】按钮，接着单击 附加 按钮，最后单击第（2）步中创建的线，如图5-104所示。

04 此时刚才的两条线已经被附加成了一条线，如图5-105所示。

图5-104　　　　　　　图5-105

05 选择上一步创建的样条线，然后在修改面板下选择并加载【倒角】修改器命令，展开【倒角值】卷展栏，设置【级别1】的【高度】为2mm，【轮廓】为2mm，选中【级别2】复选框，并设置【级别2】的【高度】为35mm，【轮廓】为0mm，最后选中【级别3】复选框，并设置【级别3】的【高度】为2mm，【轮廓】为-2mm，如图5-106所示。

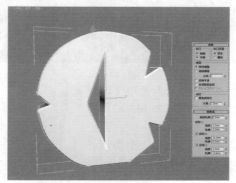

图5-106

> **技巧提示**
>
> 【倒角】修改器命令与【挤出】修改器命令效果类似。【挤出】后的模型边角部分为直角，而【倒角】后的模型边角为切角，这样比前者更加圆滑，如图5-107所示分别为使用【挤出】修改器命令和【倒角】修改器命令的比较。

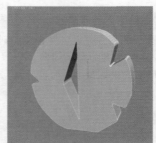

　【挤出】后的效果　　　　　【倒角】后的效果

图5-107

06 选择倒角后的模型，然后单击【镜像】工具，并在弹出的【镜像：屏幕 坐标】对话框的【镜像轴】选项组中选中【X】单选按钮，【偏移】为－225mm，在【克隆当前选择】选项组中选中【实例】单选按钮，如图5-108所示。最终模型效果如图5-109所示。

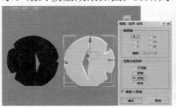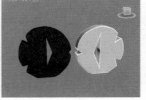

图5-108　　　　　　　图5-109

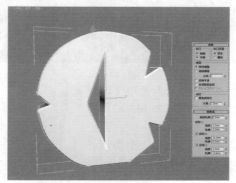

第5章

修改器建模

109

5.2.4 【倒角剖面】修改器

【倒角剖面】修改器使用另一个图形路径作为倒角剖面来挤出一个图形,它是【倒角】修改器的一种变量,如图5-110所示。

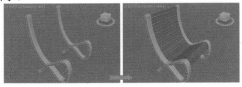

图5-110

如图5-111所示为使用【倒角剖面】修改器制作三维模型的流程图。

- 拾取剖面:选中一个图形或NURBS曲线用于剖面路径。

图5-111

- 生成贴图坐标:指定UV坐标。
- 真实世界贴图大小:控制应用于该对象的纹理贴图材质所使用的缩放方法。缩放值由位于应用材质的【坐标】卷展栏中的【使用真实世界比例】设置控制。默认设置为启用。
- 始端:对挤出图形的底部进行封口。
- 末端:对挤出图形的顶部进行封口。
- 变形:选中一个确定性的封口方法,它为对象间的变形提供相等数量的顶点。
- 栅格:创建更适合封口变形的栅格封口。
- 避免线相交:防止倒角曲面自相交。这需要更多的处理器计算,而且在复杂几何体中很消耗时间。
- 分离:设定侧面为防止相交而分开的距离。

5.2.5 【弯曲】修改器

- 技术速查:【弯曲】修改器可以将物体在任意3个轴上进行弯曲处理,可以调节弯曲的角度和方向,以及限制对象在一定区域内的弯曲程度。

其参数设置面板如图5-112所示。

【弯曲】修改器可以模拟出三维模型的弯曲变化效果,如图5-113所示。

- 角度:设置围绕垂直于坐标轴方向的弯曲量。

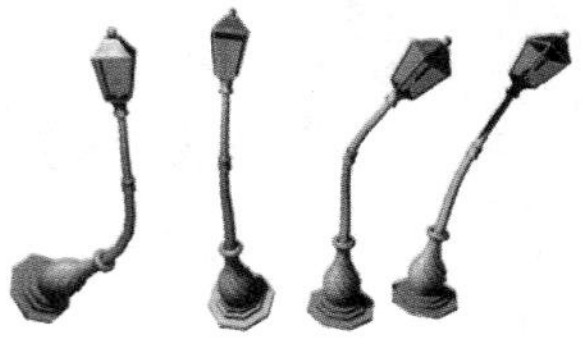

图5-112   图5-113

- 方向:使弯曲物体的任意一端相互靠近。数值为负时,对象弯曲会与Gizmo中心相邻;数值为正时,对象弯曲会远离Gizmo中心;数值为0时,对象将进行均匀弯曲。
- 弯曲轴X/Y/Z:指定弯曲所沿的坐标轴。
- 限制效果:对弯曲效果应用限制约束。
- 上限:设置弯曲效果的上限。
- 下限:设置弯曲效果的下限。

★ 案例实战——【弯曲】修改器制作变形台灯

场景文件	无
案例文件	案例文件\Chapter 05\案例实战——【弯曲】修改器制作变形台灯.max
视频教学	视频文件\Chapter 05\案例实战——【弯曲】修改器制作变形台灯.flv
难易指数	★★☆☆☆
技术掌握	掌握【线】工具、【车削】修改器和【弯曲】修改器的运用

实例介绍

变形台灯是人们生活中用来照明、外形弯曲变形的一种家用电器。最终渲染和线框效果如图5-114和图5-115所示。

建模思路

- 使用【长方体】工具创建变形台灯底座模型。
- 使用【线】工具和【车削】、【弯曲】修改器创建

变形台灯模型。

变形台灯建模流程图如图5-116所示。

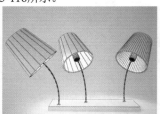

图5-114   图5-115

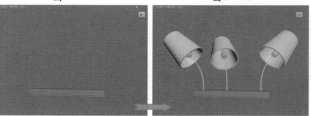

图5-116

制作步骤

01 利用【长方体】工具在顶视图中创建一个长方体，并设置【长度】为150mm，【宽度】为440mm，【高度】为20mm，如图5-117所示。

02 利用【线】工具在前视图中绘制一条线，如图5-118所示。

图5-117　　　　　　　图5-118

03 单击【修改】按钮 ，进入【line】下的【样条线】级别 ，并选择样条线，接着在 轮廓 按钮后面的数值框中输入5mm，并按【Enter】键结束，如图5-119所示。

04 单击【修改】按钮 ，进入【line】下【线段】级别 ，删除如图5-120所示的线段。

图5-119　　　　　　　图5-120

05 选择上一步中的样条线，为其加载【车削】修改器命令，如图5-121所示。

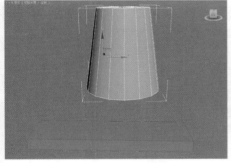

图5-121

06 使用【线】工具在顶视图中绘制如图5-122所示的图形，并加载【车削】修改器命令，如图5-123所示。

07 利用【圆柱体】工具创建一个圆柱体，设置【半径】为2mm，【高度】为150mm，【高度分段】为10mm，并加载【弯曲】修改器命令，设置【角度】为60°，如图5-124所示。

图5-122　　　　　　　图5-123

图5-124

08 在前视图中，使用【选择并旋转】工具 ，旋转灯罩和内部台灯至正确的位置，如图5-125所示。

09 利用【圆柱体】工具在顶视图创建一个圆柱体，并设置【半径】为5mm、【高度】为5mm，如图5-126所示。

图5-125　　　　　　　图5-126

10 复制两个台灯，最终模型效果如图5-127所示。

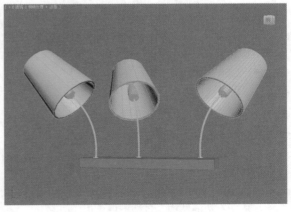

图5-127

5.2.6 【扭曲】修改器

● 技术速查：【扭曲】修改器可在对象的几何体中心进行旋转（就像拧湿抹布），使其产生扭曲的特殊效果。

其参数设置面板与【弯曲】修改器参数设置面板基本相同，如图5-128所示。

为模型加载【扭曲】修改器，制作出的模型扭曲效果如图5-129所示。

图5-128　　　　　图5-129

● 角度：设置围绕垂直于坐标轴方向的扭曲量。

● 偏移：使扭曲物体的任意一端相互靠近。数值为负时，对象扭曲会与Gizmo中心相邻；数值为正时，对象扭曲会远离Gizmo中心；数值为0时，对象将进行均匀扭曲。

● 扭曲轴X/Y/Z：指定扭曲所沿的坐标轴。

● 限制效果：对扭曲效果应用限制约束。

● 上限：设置扭曲效果的上限。

● 下限：设置扭曲效果的下限。

5.2.7 【晶格】修改器

● 技术速查：【晶格】修改器可以将图形的线段或边转化为圆柱形结构，并在顶点上产生可选择的关节多面体，多用来制作水晶灯模型、医用分子结构模型等。

其参数设置面板如图5-130所示。

为模型加载【晶格】修改器，制作出的模型晶格的效果如图5-131所示。

图5-130　　　　　图5-131

● 应用于整个对象：将【晶格】修改器应用到对象的所有边或线段上。

● 仅来自顶点的节点：仅显示由原始网格顶点产生的关节（多面体）。

● 仅来自边的支柱：仅显示由原始网格线段产生的支柱（多面体）。

● 二者：显示支柱和关节。

● 半径：指定结构半径。

● 分段：指定沿结构的分段数目。

● 边数：指定结构边界的边数目。

● 材质ID：指定用于结构的材质ID，使结构和关节具有不同的材质ID。

● 忽略隐藏边：仅生成可视边的结构。如果禁用该选项，将生成所有边的结构，包括不可见边。

● 末端封口：将末端封口应用于结构。

● 平滑：将平滑应用于结构。

● 基点面类型：指定用于关节的多面体类型，包括【四面体】、【八面体】和【二十面体】3种类型。

● 半径：设置关节的半径。

● 分段：指定关节中的分段数目。分段数越多，关节形状越接近球形。

● 材质ID：指定用于结构的材质ID。

● 平滑：将平滑应用于关节。

● 无：不指定贴图。

● 重用现有坐标：将当前贴图指定给对象。

● 新建：将圆柱形贴图应用于每个结构和关节。

★ 案例实战——【晶格】修改器制作现代水晶吊灯

场景文件	无
案例文件	案例文件\Chapter 05\案例实战——【晶格】修改器制作现代水晶吊灯.max
视频教学	视频文件\Chapter 05\案例实战——【晶格】修改器制作现代水晶吊灯.flv
难易指数	★★☆☆☆
技术掌握	掌握修改器建模下【线】工具、【矩形】工具、【车削】修改器、【挤出】修改器、【编辑多边形】修改器和【晶格】修改器的运用

实例介绍

现代水晶吊灯在中国使用较广泛，在世界各国有着悠久的历史，其外表明亮，闪闪发光，晶莹剔透，很受人们的喜爱。最终渲染和线框效果如图5-132和图5-133所示。

图5-132　　　　　图5-133

建模思路

◎ 使用【矩形】工具、【挤出】和【编辑多边形】修改器制作水晶吊灯基本模型。

◎ 【线】工具、【晶格】和【编辑多边形】修改器制作水晶模型。

现代水晶吊灯建模流程图如图5-134所示。

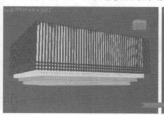

图5-134

制作步骤

01 单击 、 按钮，选择 样条线 选项，单击 矩形 按钮，在前视图中创建4个矩形，并分别设置其【长度】为600mm、550mm、500mm、450mm，【宽度】为600mm、550mm、500mm、450mm，如图5-135所示。

02 选择上一步创建的模型，分别为其加载【挤出】修改器命令，并分别设置【数量】为190mm、210mm、230mm、250mm，如图5-136所示。

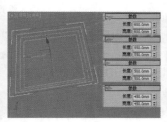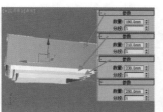

图5-135　　　　　　　　图5-136

03 选择上面建立的模型，为其加载【编辑多边形】修改器命令，如图5-137所示。

04 在【边】级别 下，选择如图5-138所示的边。单击 连接 按钮后面的【设置】按钮 ，并设置【分段】为2，【收缩】为-75，【滑块】为-800，如图5-139所示。

图5-137

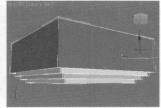

图5-138　　　　　　　　图5-139

05 选择如图5-140所示的边，单击 连接 按钮后面的【设置】按钮 ，并设置【数量】为40，如图5-141所示。

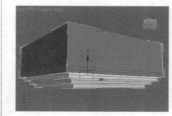

图5-140　　　　　　　　图5-141

> **技巧提示**
>
> 在制作水晶吊灯时，可以考虑使用基础模型+【晶格】修改器的方法进行制作，因此基础模型就显得尤为重要，基础模型表面的分段数直接影响到最终加载【晶格】修改器命令后的模型效果。

06 选择上一步创建的模型，为其加载【晶格】修改器命令，如图5-142所示。

07 在修改面板下，展开【参数】卷展栏，在【支柱】选项组下选中【平滑】复选框，设置【半径】为2mm，【边数】为8，在【节点】选项组下选中【平滑】复选框，设置【基点面类型】为二十面体，【半径】为5mm，【分段】为2，如图5-143所示。

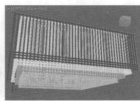

图5-142　　　　　　　　图5-143

08 选择上一步创建的模型，为其加载【编辑多边形】修改器命令，在【多边形】级别 下，选择如图5-144所示的多边形，按下【Delete】键删除，如图5-145所示。

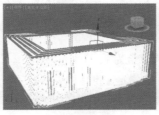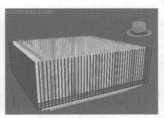

图5-144　　　　　　　　图5-145

09 单击 、 按钮，选择 样条线 选项，单击 线 按钮，在前视图中绘制一条线，并设置【步数】为20，如图5-146所示。

05 选择上一步创建的模型，为其加载【车削】修改器命令，在【参数】卷展栏下设置【分段】为40，设置【对齐】方式为【最大】，如图5-147所示。

图5-146　　　　　　　　图5-147

06 保持选择上一步创建的模型，为其加载【晶格】修改器命令，展开【参数】卷展栏，在【支柱】选项组下选中【平滑】复选框，设置【半径】为1mm，【分段】为5，【边数】为4，在【节点】选项组下选中【平滑】复选框，设置【基点面类型】为【二十面体】，【半径】为5mm，【分段】为2，如图5-148所示。

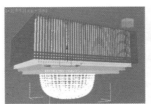 

图5-148

07 最终模型效果如图5-149所示。

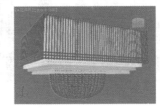

图5-149

5.2.8 【壳】修改器

- 技术速查：【壳】修改器通过添加一组朝向现有面相反方向的额外面而产生厚度，无论曲面在原始对象中的任何地方消失，边将连接内部和外部曲面。可以为内部和外部曲面、边的特性、材质 ID 以及边的贴图类型指定偏移距离。

其参数设置面板如图5-150所示。

为模型加载【壳】修改器前后的对比效果，如图5-151所示。

 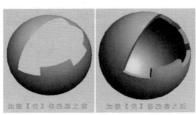

图5-150　　　　　　图5-151

- 内部量/外部量：通过使用 3ds Max Design 通用单位的距离，将内部曲面从原始位置向内移动，将外部曲面从原始位置向外移动。默认设置为 0.0/1.0。

- 分段：每一边的细分值。默认值为 1。

- 倒角边：选中该复选框，并指定【倒角样条线】后，3ds Max Design 会使用样条线定义边的剖面和分辨率。默认设置为禁用状态。

- 倒角样条线：单击此按钮，然后选择打开样条线定义边的形状和分辨率。像【圆形】或【星型】这样闭合的形状将不起作用。

- 覆盖内部材质 ID：选中该复选框，使用【内部材质

ID】参数，为所有的内部曲面多边形指定材质 ID。默认设置为禁用状态。如果没有指定材质 ID，曲面会使用同一材质 ID 或者和原始面一样的 ID。

- 内部材质 ID：为内部面指定材质 ID。只在选中【覆盖内部材质 ID】复选框后可用。

- 覆盖外部材质 ID：选中此复选框，使用【外部材质 ID】参数，为所有的外部曲面多边形指定材质 ID。默认设置为禁用状态。

- 外部材质 ID：为外部面指定材质 ID。只在选中【覆盖外部材质 ID】复选框后可用。

- 覆盖边材质 ID：选中此复选框，使用【边材质 ID】参数，为所有边的多边形指定材质 ID。默认设置为禁用状态。

- 边材质 ID：为边的面指定材质 ID。只在选中【覆盖边材质 ID】复选框后可用。

- 自动平滑边：使用【角度】参数，应用自动、基于角平滑到边面。禁用此选项后，不再应用平滑。默认设置为启用。这不适用于平滑到边面与外部/内部曲面之间的连接。

- 角度：在边面之间指定最大角，该边面由【自动平滑边】平滑。只在选中【自动平滑边】复选框之后可用。默认设置为45.0。

- 覆盖平滑组：选中该复选框后，使用【平滑组】参数，用于为新边多边形指定平滑组。只在禁用【自动平滑边】选项之后可用。默认设置为禁用状态。

- 平滑组：为边多边形设置平滑组。只在选中【覆盖平滑组】复选框后可用。默认值为 0。

- 边贴图：指定应用于新边的纹理贴图类型。从下拉列表

框中选择贴图类型。

- ⊙ TV 偏移：确定边的纹理顶点间隔。只在【边贴图】下拉列表框中选择【剥离】和【插补】选项时才可用。默认设置为 0.05。
- ⊙ 选择边：从其他修改器的堆栈上传递此选择。默认设置为禁用状态。
- ⊙ 选择内部面：从其他修改器的堆栈上传递此选择。默认设置为禁用状态。
- ⊙ 选择外部面：从其他修改器的堆栈上传递此选择。默认设置为禁用状态。
- ⊙ 将角拉直：调整角顶点以维持直线边。

★ 案例实战——【壳】修改器制作睡椅

场景文件	无
案例文件	案例文件\Chapter 05\案例实战——【壳】修改器制作睡椅.max
视频教学	视频文件\Chapter 05\案例实战——【壳】修改器制作睡椅.flv
难易指数	★★☆☆☆
技术掌握	掌握内置几何体建模下【线】工具、【长方体】工具、【ProBoolean】工具、【壳】修改器、【挤出】修改器和【网格平滑】修改器的运用

实例介绍

睡椅是可供主人躺着的休息椅子，最终渲染和线框效果分别如图5-152和图5-153所示。

图5-152

图5-153

建模思路

- ⊙ 使用【线】工具、【挤出】修改器和【网格平滑】修改器制作睡椅扶手模型。
- ⊙ 使用【线】工具、【长方体】工具、【ProBoolean】工具和【挤出】修改器制作睡椅其他部分模型。

睡椅建模流程图如图5-154所示。

图5-154

制作步骤

01 单击 ⊕、🔲 按钮，选择 样条线 ▼ 选项，单击 线 按钮，在左视图中绘制一条线，如图5-155所示。

02 选择上一步创建的模型，并为其加载【挤出】修改器命令，如图5-156左图所示。在【参数】卷展栏下设置【数量】为20mm，如图5-156右图所示。

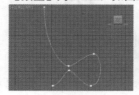
图5-155

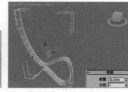
图5-156

03 选择上一步创建的模型，并为其加载【壳】修改器命令，如图5-157左图所示。在【参数】卷展栏下设置【外部量】为8mm，如图5-157右图所示。

04 选择上一步创建的模型，并为其加载【编辑多边形】修改器命令，如图5-158所示。

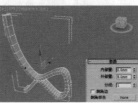
图5-157　　　　　　图5-158

技巧提示

为模型加载【编辑多边形】修改器，相当于将模型转换为可编辑多边形。因此，可以针对模型的顶点、边、边界、多边形、元素进行调整。在本书后面的多边形建模章节中会细致讲解。

05 在【边】级别 ⬦ 下，选择如图5-159所示的边。单击 切角 按钮后面的【设置】按钮 🔳，并设置【数量】为5mm，如图5-160所示。

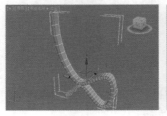
图5-159

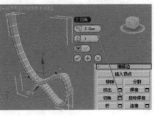
图5-160

06 选择上一步创建的模型，并为其加载【网格平滑】修改器命令，如图5-161所示。在【细分量】卷展栏下设置【迭代次数】为2，如图5-162所示。

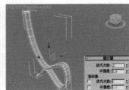
图5-161　　　　　　图5-162

07 选择上一步创建的模型，复制一份，如图5-163所示。至此睡椅扶手模型就制作完成了。

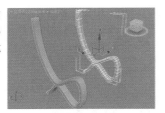

图5-163

08 利用【线】工具在左视图绘制一条线，如图5-164所示。

09 选择上一步创建的模型，并为其加载【挤出】修改器命令，在【参数】卷展栏下设置【数量】为150mm，如图5-165所示。

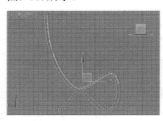

图5-164

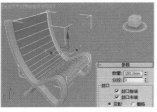

图5-165

10 选择上一步创建的模型，并为其加载【壳】修改器命令，在【参数】卷展栏下设置【外部量】为3mm，如图5-166所示。

11 单击 、 按钮，选择 标准基本体 选项，单击 长方体 按钮，在前视图中创建一个长方体，并设置【长度】为5mm，【宽度】为160mm，【高度】为10mm，如图5-167所示。

图5-166

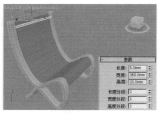

图5-167

12 选择上一步创建的模型，复制多份，并使用【选择并旋转】工具 调节其位置，如图5-168所示。

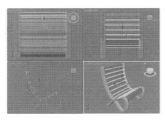

图5-168

13 选择如图5-169所示的模型，单击 、 按钮，选择 复合对象 选项，单击 ProBoolean 按钮，再单击 开始拾取 按钮，最后逐个单击上一步创建的多个长方体，模型效果如图5-170所示。

图5-169

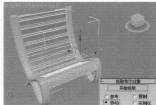

图5-170

14 选择上一步创建的模型，为其加载【编辑多边形】修改器命令，在【边】级别 下，选择如图5-171所示的边。单击 切角 按钮后面的【设置】按钮 ，并设置【数量】为1mm，【分段】为5，如图5-172所示。

图5-171

图5-172

15 最终模型效果如图5-173所示。

图5-173

5.2.9 【FFD】修改器

● 技术速查：【FFD】修改器即自由变形修改器，这种修改器使用晶格框包围住选中的几何体，然后通过调整晶格的控制点来改变封闭几何体的形状。

其参数设置面板如图5-174所示。

图5-174

技巧提示

在修改器列表中共有5个FFD的修改器，分别为FFD2×2×2（自由变形2×2×2）、FFD3×3×3（自由变形3×3×3）、FFD 4×4×4（自由变形4×4×4）、FFD（长方体）和FFD（圆柱体）修改器，这些都是自由变形修改器，都可以通过调节晶格控制点的位置来改变几何体的形状。

为模型加载【FFD】修改器，制作出的模型变化的效果如图5-175所示。

- 晶格尺寸：显示晶格中当前的控制点数目，如4×4×4。
- 设置点数：单击该按钮可打开【设置FFD尺寸】对话框，在其中可以设置晶格中所需控制点的数目。

图5-175

- 晶格：控制是否让连接控制点的线条形成栅格。
- 源体积：选中该复选框可将控制点和晶格以未修改的状态显示出来。
- 仅在体内：只有位于源体积内的顶点会变形。
- 所有顶点：所有顶点都会变形。
- 衰减：决定FFD的效果减为0时离晶格的距离。
- 张力/连续性：调整变形样条线的张力和连续性。
- 全部X/Y/Z：选中由这3个指定的轴向的所有控制点。
- 重置：将所有控制点恢复到原始位置。
- 全部动画化：单击该按钮可将控制器指定给所有的控制点，使它们在轨迹视图中可见。
- 与图形一致：在对象中心控制点位置之间沿直线方向来延长线条，可将每一个FFD控制点移到修改对象的交叉点上。
- 内部点：仅控制受【与图形一致】影响的对象内部的点。
- 外部点：仅控制受【与图形一致】影响的对象外部的点。
- 偏移：设置控制点偏移对象曲面的距离。
- About：显示版权和许可信息。

答疑解惑：为什么有些时候为模型加载了【FFD】等修改器，并调整控制点，但是效果却不正确？

在使用【FFD】修改器、【弯曲】修改器、【扭曲】修改器等时，一定要注意模型的分段数，假如模型的分段数过少，可能会影响到加载修改器后的效

果。假如设置长方体的高度分段为1，当移动控制点时，可以看到长方体中间没有弯曲的效果，如图5-176所示。而假如设置长方体的高度分段为12，当移动控制点时，可以看到长方体中间有弯曲的效果，如图5-177所示。

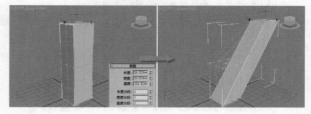

图5-176

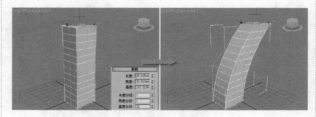

图5-177

★ 案例实战——【FFD】修改器制作波纹墙面

场景文件	无
案例文件	案例文件\Chapter 05\案例实战——【FFD】修改器制作波纹墙面.max
视频教学	视频文件\Chapter 05\案例实战——【FFD】修改器制作波纹墙面.flv
难易指数	★★☆☆☆
技术掌握	掌握【长方体】工具、【编辑多边形】修改器和【FFD】修改器的运用

实例介绍

波纹墙面的墙体表面带有一定的纹理，起到装饰的作用。最终渲染和线框效果分别如图5-178和图5-179所示。

图5-178　　　　　图5-179

建模思路

- 使用【长方体】工具和【编辑多边形】修改器制作出墙面基本模型。
- 使用【FFD4×4×4】修改器制作波纹墙面模型。

波纹墙面建模流程图如图5-180所示。

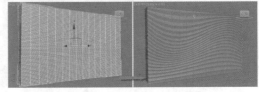

图5-180

第5章 修改器建模

117

制作步骤

01 利用【长方体】工具在顶视图中创建一个长方体，并设置【长度】为500mm，【宽度】为800mm，【高度】为80mm，【长度分段】为60，【宽度分段】为15，如图5-181所示。

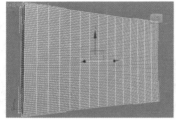

图5-181

02 选择上一步中的长方体，单击【修改】按钮为其添加【编辑多边形】修改器，并进入到【顶点】级别，如图5-182所示。选择如图5-183所示的顶点，并将其沿Y轴进行移动。

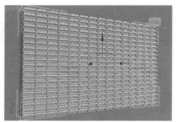

图5-182　　　　　图5-183

03 单击【修改】按钮为长方体添加【FFD4×4×4】修改器，并进入【控制点】级别，如图5-184所示。此时模型的表面已经被包裹了很多控制点，如图5-185所示。

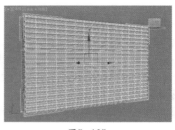

图5-184　　　　　图5-185

04 选择控制点，并将其进行移动，此时模型已经发生了相应的变化，如图5-186所示。最终模型效果如图5-187所示。

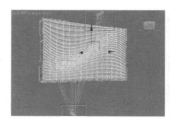

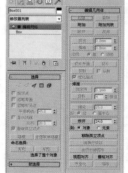

图5-186　　　　　图5-187

> **技巧提示**
>
> 使用【FFD】修改器时，一定要注意模型的分段是否合适，有时加载了【FFD】修改器，并调节控制点后，却出现不了任何变化，那么首先需要考虑的是不是分段太少而导致的。

5.2.10 【编辑多边形】和【编辑网格】修改器

- 技术速查：【编辑多边形】修改器为选定的对象（顶点、边、边界、多边形和元素）提供显式编辑工具。【编辑多边形】修改器包括基础可编辑多边形对象的大多数功能，但【顶点颜色】信息、【细分曲面】卷展栏、【权重和折缝】设置和【细分置换】卷展栏除外。
  其参数设置面板如图5-188所示。

- 技术速查：【编辑网格】修改器为选定的对象（顶点、边和面/多边形/元素）提供显式编辑工具。【编辑网格】修改器与基础可编辑网格对象的所有功能相匹配，只是不能在【编辑网格】时设置子对象动画。
  其参数设置面板如图5-189所示。

图5-188　　　　　图5-189

> **技巧提示**
>
> 由于【编辑多边形】修改器、【编辑网格】修改器的参数与【可编辑多边形】、【可编辑网格】的参数基本一致，因此会在后面的章节中进行重点讲解。

使用【编辑多边形】修改器或【编辑网格】修改器，可以同样达到使用多边形建模或网格建模的作用，而且不会将原始模型破坏，即使模型出现制作错误，也可以及时通过删除该修改器而返回到原始模型的步骤，因此习惯使用多边形建模或网格建模的用户，不妨尝试一下使用【编辑多边形】修改器或【编辑网格】修改器，如图5-190所示。

如图5-191所示为将模型直接执行【转换为可编辑多边形】命令，并进行【挤出】，但是此时会发现原始模型的信息在执行【转换为可编辑多边形】命令后都没有了。

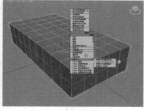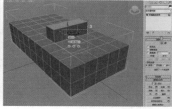

图5-190　　　　　　　　　　图5-191

下面使用另外一个方法。为模型加载【编辑多边形】修改器，并进行【挤出】，此时发现原始的模型信息都没有被破坏，如图5-192所示。而且当发现步骤有错误时可以删除该修改器，原来的模型仍然存在，如图5-193所示。

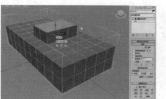

图5-192

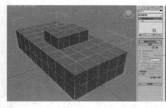

图5-193

技巧提示

在制作模型时，为了避免因为误操作产生制作错误，养成好的习惯很有必要，下面总结了4点供大家参考。

◉ 一定要记得保存正在使用的3ds Max文件。

◉ 当突然遇到停电、3ds Max严重出错等问题时，记得马上找到自动保存的文件，并将该文件复制出来。自动保存的文件路径为【我的文档\3dsMaxDesign\autoback】。

◉ 在制作模型时，注意要养成多复制的好习惯，即确认该步骤之前没有模型错误，最好可以将该文件复制，也可以在该文件中按住Shift键进行复制，这样可以

随时找到对的模型，而不用重新再做。

◉ 可以添加【编辑多边形】修改器，而且要在确认该步骤之前没有模型错误后，再次添加该修改器，然后重复此操作，这样也可以随时找到对的模型，而不用重新再做。

★ **案例实战——【编辑多边形】修改器制作新古典台灯**

场景文件	无
案例文件	案例文件\Chapter 05\案例实战——【编辑多边形】修改器制作新古典台灯.max
视频教学	视频文件\Chapter 05\案例实战——【编辑多边形】修改器制作新古典台灯.flv
难易指数	★★☆☆☆
技术掌握	掌握样条线建模下【长方体】工具、【线】工具、【车削】修改器和【编辑多边形】修改器的运用

实例介绍

新古典台灯虽是人们生活中用来照明的一种具有现代风格的家用电器，但其仍然可以很强烈地感受传统的历史痕迹与浑厚的文化底蕴，同时又摒弃了过于复杂的肌理和装饰，简化了线条，最终渲染和线框效果分别如图5-194和图5-195所示。

图5-194　　　　　　　　　　图5-195

建模思路

◉ 使用【线】工具、【车削】修改器制作新古典台灯灯罩模型。

◉ 使用【长方体】工具、【线】工具、【车削】修改器和【编辑多边形】修改器制作新古典台灯灯柱和底座模型。

新古典台灯建模流程图如图5-196所示。

图5-196

制作步骤

01 单击 、 按钮，选择 样条线 选项，单击 线 按钮，在前视图中绘制一条样条线，如图5-197所示。

02 在修改面板下，进入【line】下的【样条线】级别 ⚡，并选择样条线，然后在 轮廓 按钮后面的数值框中输入3mm，并按【Enter】键结束，如图5-198所示。

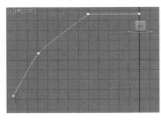 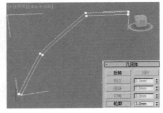

图5-197　　　　　　　　　图5-198

03 选择上一步创建的样条线，为其加载【车削】修改器命令，如图5-199所示。在【参数】卷展栏下设置【分段】为4，在【对齐】选项组中单击【最大】按钮，如图5-200所示。至此新古典台灯灯罩模型就制作完成了。

 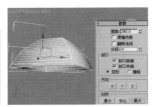

图5-199　　　　　　　　　图5-200

04 再次利用【线】工具在前视图绘制一条样条线，如图5-201所示。

05 选择上一步创建的样条线，为其加载【车削】修改器命令，在【参数】卷展栏下设置【分段】为40，在【对齐】选项组中单击【最大】按钮，如图5-202所示。

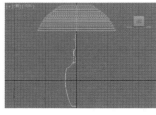 

图5-201　　　　　　　　　图5-202

06 单击 、 按钮，选择 标准基本体 选项，单击 长方体 按钮，在顶视图中创建一个长方体，并设置【长度】为60mm，【宽度】为60mm，【高度】为8mm，如图5-203所示。

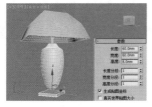

图5-203

07 选择上一步创建的模型，为其加载【编辑多边形】修改器命令，如图5-204所示。在【多边形】级别 █ 下选择

如图5-205所示的多边形。

图5-204　　　　　　　　　图5-205

08 单击 插入 按钮后面的【设置】按钮 □，并设置【数量】为3mm，如图5-206所示。单击 挤出 按钮后面的【设置】按钮 □，并设置【高度】为6mm，如图5-207所示。

图5-206　　　　　　　　　图5-207

09 在【边】级别 下，选择如图5-208所示的边。单击 切角 按钮后面的【设置】按钮 □，并设置【数量】为0.5mm、【分段】为5，如图5-209所示。

图5-208　　　　　　　　　图5-209

10 最终模型效果如图5-210所示。

图5-210

5.2.11 【UVW贴图】修改器

- 技术速查：通过将贴图坐标应用于对象，【UVW贴图】修改器控制在对象曲面上如何显示贴图材质和程序材质。贴图坐标指定如何将位图投影到对象上。UVW坐标系与XYZ坐标系相似。位图的U和V轴分别对应于X和Y轴。对应于Z轴的W轴一般仅用于程序贴图。可在【材质编辑器】中将位图坐标系切换到VW或WU，在这些情况下，位图被旋转和投影，以使其与该曲面垂直。其参数设置面板如图5-211所示。

图5-211

- 贴图方式：确定所使用的贴图坐标的类型。通过贴图在几何上投影到对象上的方式以及投影与对象表面交互的方式，来区分不同种类的贴图。其中包括【平面】、【柱形】、【球形】、【收缩包裹】、【长方体】、【面】、【XYZ到UVW】，如图5-212所示。

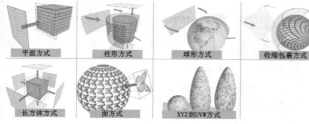

图5-212

- 长度/宽度/高度：指定【UVW 贴图】Gizmo 的尺寸。在应用修改器时，贴图图标的默认缩放由对象的最大尺寸定义。
- U向平铺/V 向平铺/W 向平铺：用于指定 UVW 贴图的尺寸以便平铺图像。这些是浮点值，可设置动画以便随时间移动贴图的平铺。
- 翻转：绕给定轴翻转图像。
- 真实世界贴图大小：选中后，对应用于对象上的纹理贴图材质使用真实世界贴图。
- 贴图通道：设置贴图通道。
- 顶点颜色通道：通过选中此单选按钮，可将通道定义为顶点颜色通道。
- X/Y/Z：选中其中之一，可翻转贴图Gizmo 的对齐。每项指定 Gizmo 的哪个轴与对象的局部 Z 轴对齐。

- 操纵：启用时，Gizmo 出现在能让用户改变视口中的参数的对象上。
- 适配：将Gizmo 适配到对象的范围并使其居中，以使其锁定到对象的范围。
- 中心：移动Gizmo，使其中心与对象的中心一致。
- 位图适配：显示标准的位图文件浏览器，可以拾取图像。在选中【真实世界贴图大小】复选框时不可用。
- 法线对齐：单击并在要应用修改器的对象曲面上拖动。
- 视图对齐：将贴图Gizmo 重定向为面向活动视口，图标大小不变。
- 区域适配：激活一个模式，从中可在视口中拖动以定义贴图 Gizmo 的区域。
- 重置：删除控制Gizmo 的当前控制器，并插入使用【拟合】功能初始化的新控制器。
- 获取：在拾取对象以从中获得 UVW 时，从其他对象有效复制 UVW 坐标，一个对话框会提示选择是以绝对方式还是相对方式完成获得。
- 不显示接缝：视口中不显示贴图边界。这是默认选择。
- 显示薄的接缝：使用相对细的线条，在视口中显示对象曲面上的贴图边界。
- 显示厚的接缝：使用相对粗的线条，在视口中显示对象曲面上的贴图边界。

通过变换【UVW贴图】可以产生不同的贴图效果，如图5-213所示。

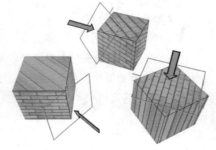

图5-213

未添加【UVW贴图】修改器和正确添加【UVW贴图】修改器的对比效果如图5-214所示。

图5-214

5.2.12 【平滑】、【网格平滑】和【涡轮平滑】修改器

- 技术速查：平滑修改器主要包括【平滑】修改器、【网格平滑】修改器和【涡轮平滑】修改器，这3个修改器都可以用于平滑几何体，但是在平滑效果和可调性上有所差别。对于相同物体来说，【平滑】修改器的参数比较简单，但是平滑的程度不强；【网格平滑】修改器与【涡轮平滑】修改器使用方法比较相似，但是后者能够更快并更有效率地利用内存。

  其参数设置面板如图5-215所示。

  如图5-216所示为模型加载平滑修改器的前后对比效果。

- 【平滑】修改器：基于相邻面的角提供自动平滑，可以将新的平滑效果应用到对象上。

- 【网格平滑】修改器：使用【网格平滑】修改器会使对象的角和边变得圆滑，变圆滑后的角和边就像被锉平或刨平一样。

- 【涡轮平滑】修改器：是一种使用高分辨率模式来提高性能的极端优化平滑算法，可以大大提升高精度模型的平滑效果。

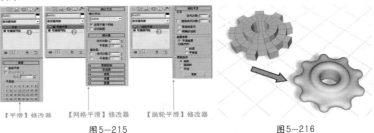

【平滑】修改器　　【网格平滑】修改器　　【涡轮平滑】修改器

图5-215　　　　　　　　图5-216

5.2.13 【对称】修改器

- 技术速查：【对称】修改器可以快速地创建出模型的另外一部分，因此在制作角色模型、人物模型、家具模型等对称模型时，可以制作模型的一半，并使用【对称】修改器制作另外一半。

  其参数设置面板如图5-217所示。

  如图5-218所示为模型加载【对称】修改器的前后对比效果。

- X/Y/Z：指定执行对称所围绕的轴。可以在选中轴的同时在视口中观察效果。

- 翻转：如果想要翻转对称效果的方向则选中【翻转】复选框。默认设置为禁用状态。

- 沿镜像轴切片：选中【沿镜像轴切片】复选框使镜像 Gizmo 在定位

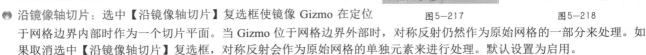

图5-217　　　　　　　　图5-218

  于网格边界内部时作为一个切片平面。当 Gizmo 位于网格边界外部时，对称反射仍然作为原始网格的一部分来处理。如果取消选中【沿镜像轴切片】复选框，对称反射会作为原始网格的单独元素进行处理。默认设置为启用。

- 焊接缝：选中【焊接缝】复选框确保沿镜像轴的顶点在阈值以内时会自动焊接。默认设置为启用。

- 阈值：设置的值代表顶点在自动焊接起来之前的接近程度。默认设置是0.1。

5.2.14 【细化】修改器

- 技术速查：【细化】修改器会对当前选择的曲面进行细分。它在渲染曲面时特别有用，并为其他修改器创建附加的网格分辨率。如果子对象选择拒绝了堆栈，那么整个对象会被细化。

  其参数设置面板如图5-219所示。

  如图5-220所示为模型加载【细化】修改器的前后对比效果。

- 操作于：指定是否将细化操作于三角形面或操作于多边形面（可见边包围的区域）。

- 边：从多边形或曲面的中心到每条边的中点进行细分。

- 面中心：选中此单选按钮对从中心到顶点角的曲面进行细分。

- 张力：决定新曲面在经过边缘细化后是平面、凹面或凸面。

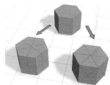

图5-219　　　　　　图5-220

- 迭代次数：指定应用细化的次数，数值越大，模型面数越多，但是占用的内存也越大。

- 始终：无论何时改变了基本几何体都对细化进行更新。

- 渲染时：仅在对象渲染后进行细化的更新。
- 手动：仅在用户单击【更新】按钮时对细化进行更新。
- 更新：单击后进行细化。如果未选中【手动】复选框，该选项无效。

为模型添加【细化】修改器后，也就是为模型增加了网格的面数，使得模型可以进行更加细致的调节，如图5-221所示。

图5-221

5.2.15 【优化】修改器

- 技术速查：【优化】修改器可以减少模型的面和顶点的数目，大大节省了计算机占用的资源，使得操作起来更流畅。

其参数设置面板如图5-222所示。

如图5-223所示为模型加载【优化】修改器前后的对比效果。

图5-222　　　　　　　图5-223

- 渲染器：设置默认扫描线渲染器的显示级别。
- 视口：同时为视口和渲染器设置优化级别。
- 面阈值：设置用于决定哪些面会塌陷的阈值角度。
- 边阈值：为开放边（只绑定了一个面的边）设置不同的阈值角度。
- 偏移：帮助减少优化过程中产生的三角形，从而避免模型产生错误。
- 最大边长度：指定边的最大长度。
- 自动边：控制是否启用任何开放边。
- 材质边界：保留跨越材质边界的面塌陷。
- 平滑边界：优化对象并保持平滑效果。
- 更新：单击该按钮可使用当前优化设置来更新视图。
- 手动更新：选中该复选框后才能使用上面的更新功能。

★ 案例实战——【优化】修改器减少模型面数

场景文件	01 .max
案例文件	案例文件\Chapter 05\案例实战——【优化】修改器减少模型面数 .max
视频教学	视频文件\Chapter 05\案例实战——【优化】修改器减少模型面数 .flv
难易指数	★★☆☆☆
技术掌握	掌握【优化】修改器的使用方法

实例介绍

【优化】修改器可以很好地优化模型的面数，从而大

大节省计算机资源，使3ds Max运行起来非常流畅。本例将通过【超级优化】修改器来讲解如何优化模型的面数。如图5-224所示为优化前后的对比效果。

图5-224

建模思路

使用【超级优化】修改器减少模型的面数。

制作步骤

01 打开本书配套光盘中的【场景文件/Chapter05/01.max】文件，然后按7键可以看到在视图的左上角显示出多边形和顶点的数量，目前的多边形数量为264160个，如图5-225所示。

02 为模型加载一个【优化】修改器，并设置【优化】选项组下的【面阈值】为4，如图5-226所示。

图5-225　　　　　　　图5-226

技巧提示

如果在一个很大的场景中每个物体都有这么多的面，那么系统在运行时将会非常缓慢，因此应在保证模型没有太大更改的情况下适当地将物体进行优化。

03 这时可以从网格中观察到面数已经明显减少了，在视图的左上角显示出多边形和顶点的数量，目前的多边形数量为137910个，模型效果如图5-227所示。

04 优化前后的模型效果对比，如图5-228所示。

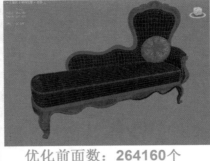

优化前面数：**264160个**   优化后面数：**137910个**

图5-227   图5-228

5.2.16 【噪波】修改器

● 技术速查：【噪波】修改器可以使对象表面的顶点进行随机变动，从而让表面变得起伏不规则，常用于制作复杂的地形、地面和水面效果，并且【噪波】修改器可以应用在任何类型的对象上。

其参数设置面板如图5-229所示。

如图5-230所示为模型加载【噪波】修改器前后的对比效果。

图5-229   图5-230

● 种子：从设置的数值中生成一个随机起始点。该参数在创建地形时非常有用，因为每种设置都可以生成不同的效果。

● 比例：设置噪波影响（不是强度）的大小。较大的值可

产生平滑的噪波，较小的值可产生锯齿现象非常严重的噪波。

● 分形：控制是否产生分形效果。

● 粗糙度：决定分形变化的程度。

● 迭代次数：控制分形功能所使用的迭代数目。

● X/Y/Z：设置噪波在X/Y/Z坐标轴上的强度（至少为其中一个坐标轴输入强度数值）。

● 动画噪波：调节噪波和强度参数的组合效果。

● 频率：调节噪波效果的速度。较高的频率可使噪波振动得更快，较低的频率可产生较为平滑或更温和的噪波。

● 相位：移动基本波形的开始和结束点。

课后练习

【课后练习——使用【弯曲】修改器制作水龙头】

思路解析：

01 使用挤出和弯曲修改器制作水龙头的主体部分模型。

02 使用标准基本体和扩展基本体创建剩余部分的模型。

本章小结

通过对本章的学习，可以掌握修改器的知识。如【车削】修改器、【弯曲】修改器、【倒角】修改器、【晶格】修改器等，这些修改器不仅可以为三维模型添加，而且部分修改器可以为二维图形添加，可以快速地模拟出很多特殊的模型效果。修改器建模是建模中非常方便的建模方式。

第6章

多边形建模

本章内容简介：

多边形建模就是Polygon建模，是目前三维软件两大流行的建模方法之一（另一个是曲面面建模）。用这种方法创建的物体表面由直线组成，在建筑方面用得较多，如室内设计、环境艺术设计等。

本章学习要点：

· 多边形建模的基本工具
· 多边形建模的高级应用技法

6.1 多边形建模概述

6.1.1 将模型转化为多边形对象

在编辑多边形对象之前首先要明确多边形物体不是创建出来的，而是塌陷出来的。将物体塌陷为多边形的方法主要有以下4种：

● 在物体上单击鼠标右键，然后在弹出的快捷菜单中选择【转换为/转换为可编辑多边形】命令，如图6-1所示。

● 选中物体，然后在 Graphite 建模工具 工具栏中单击 多边形建模 按钮，最后在弹出的菜单中选择【转化为多边形】命令，如图6-2所示。

● 为物体加载【编辑多边形】修改器，如图6-3所示。

● 在修改器堆栈中选中物体，然后单击鼠标右键，在弹出的快捷菜单中选择【可编辑多边形】命令，如图6-4所示。

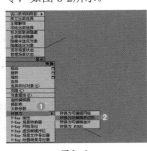
图6-1

图6-2

图6-3   图6-4

6.1.2 编辑多边形对象

当物体变成可编辑多边形对象后，可以观察到可编辑多边形对象有【顶点】、【边】、【边界】、【多边形】和【元素】5种子对象，如图6-5所示。多边形参数设置面板包括6个卷展栏，分别是【选择】卷展栏、【软选择】卷展栏、【编辑几何体】卷展栏、【细分曲面】卷展栏、【细分置换】卷展栏和【绘制变形】卷展栏，如图6-6所示。

各卷展栏的参数如图6-7所示。

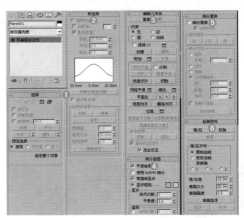
图6-7   图6-8

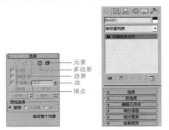
图6-5   图6-6

📌 选择

【选择】卷展栏中的参数主要用来选择对象和子对象，如图6-8所示。

● 次物体级别：包括【顶点】 、【边】 、【边界】 、【多边形】 和【元素】 5种级别。

● 按顶点：除了【顶点】级别外，该选项可以在其他4种级别中使用。选中该复制框后，只有选择所用的顶点才能选择子对象。

● 忽略背面：选中该复选框后，只能选中法线指向当前视图的子对象。

● 按角度：选中该复选框后，可以根据面的转折度数来选择子对象。

- 收缩：单击该按钮可以在当前选择范围中向内减少一圈对象。

- 扩大：与【收缩】按钮相反，单击该按钮可以在当前选择范围中向外增加一圈对象。

- 环形：该按钮只能在【边】和【边界】级别中使用。在选中一部分子对象后，单击该按钮可以自动选择平行于当前对象的其他对象。

- 循环：该按钮只能在【边】和【边界】级别中使用。在选中一部分子对象后，单击该按钮可以自动选择与当前对象在同一曲线上的其他对象。

- 预览选择：选择对象之前，通过这里的选项可以预览光标滑过位置的子对象，有【禁用】、【子对象】和【多个】3个选项可供选择。

软选择

【软选择】是以选中的子对象为中心向四周扩散，可以通过控制【衰减】、【收缩】和【膨胀】的数值来控制所选子对象区域的大小及对子对象控制力的强弱，并且【软选择】卷展栏还包括了绘制软选择的工具，这一部分与【绘制变形】卷展栏的用法很接近，如图6-9所示。

编辑几何体

【编辑几何体】卷展栏中提供了多种用于编辑多边形的工具，这些工具在所有次物体级别下都可用，如图6-10所示。

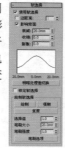

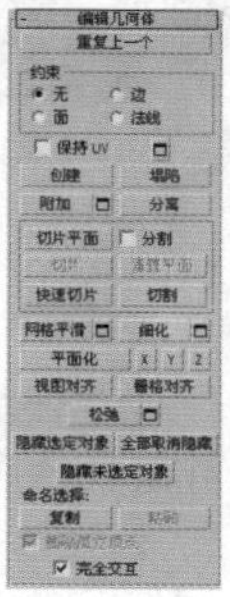

图6-9

图6-10

- 重复上一个：单击该按钮可以重复使用上一次使用的命令。

- 约束：使用现有的几何体来约束子对象的变换效果，共有【无】、【边】、【面】和【法线】4种方式可供选择。

- 保持UV：选中该复选框后，可以在编辑子对象的同时不影响该对象的UV贴图。

- 创建：创建新的几何体。

- 塌陷：这个按钮的功能类似于 焊接 按钮，但是不需要设置【阈值】参数就可以直接塌陷在一起。

- 附加：单击该按钮可以将场景中的其他对象附加到选定的可编辑多边形中。

- 分离：将选定的子对象作为单独的对象或元素分离出来。

- 切片平面：单击该按钮可以沿某一平面分开网格对象。

- 分割：选中该复选框后，可以通过 快速切片 按钮和 切割 按钮在划分边的位置处创建出两个顶点集合。

- 切片：可以在切片平面位置处执行切割操作。

- 重置平面：将执行过【切片】的平面恢复到之前的状态。

- 快速切片：可以将对象进行快速切片，切片线沿着对象表面，所以可以更加准确地进行切片。

- 切割：可以在一个或多个多边形上创建出新的边。

- 网格平滑：使选定的对象产生平滑效果。

- 细化：增加局部网格的密度，从而方便处理对象的细节。

- 平面化：强制所有选定的子对象成为共面。

- 视图对齐：使对象中的所有顶点与活动视图所在的平面对齐。

- 栅格对齐：使选定对象中的所有顶点与活动视图所在的平面对齐。

- 松弛：使当前选定的对象产生松弛现象。

- 隐藏选定对象：隐藏所选定的子对象。

- 全部取消隐藏：将所有的隐藏对象还原为可见对象。

- 隐藏未选定对象：隐藏未选定的任何子对象。

- 命名选择：用于复制和粘贴子对象的命名选择集。

- 删除孤立顶点：选中该复选框后，选择连续子对象时会删除孤立顶点。

- 完全交互：选中该复选框后，如果更改数值，将直接在视图中显示最终的结果。

技巧提示

3ds Max 2013的编辑多边形的部分面板发生了变化。例如，使用【多边形】级别，并进行【挤出】操作，在之前的版本都会弹出长方形的参数面板，而3ds Max 2013版本会弹出更小的菜单，如图6-11所示。

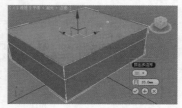

图6-11

细分曲面

【细分曲面】卷展栏中的参数可以将细分效果应用于多边形对象，以便对分辨率较低的【框架】网格进行操作，同时还可以查看更为平滑的细分结果，如图6-12所示。

- 平滑结果：对所有的多边形应用相同的平滑组。

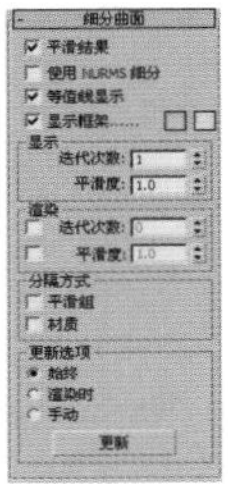

- 使用NURMS细分：通过NURMS方法应用平滑效果。
- 等值线显示：选中该复选框后，只显示等值线。
- 显示框架：在修改或细分之前，切换可编辑多边形对象的两种颜色线框的显示方式。
- 显示：包含【迭代次数】和【平滑度】两个选项。
  - 迭代次数：用于控制平滑多边形对象时所用的迭代次数。
  - 平滑度：用于控制多边形的平滑程度。
- 渲染：用于控制渲染时的迭代次数与平滑度。
- 分隔方式：包括【平滑组】与【材质】两个选项。
- 更新选项：设置手动或渲染时的更新选项。

图6-12

细分置换

【细分置换】卷展栏中的参数主要用于细分可编辑的多边形，其中包括【细分预设】和【细分方法】等，如图6-13所示。

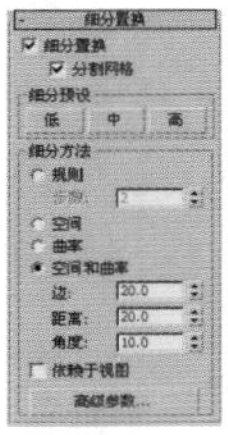

图6-13

绘制变形

【绘制变形】卷展栏可以对物体上的子对象进行推、拉操作，或者在对象曲面上拖曳光标来影响顶点，如图 6-14所示。在对象层级中，【绘制变形】可以影响选定对象中的所有顶点；在子对象层级中，【绘制变形】仅影响所选定的顶点。

图6-14

技巧提示

上面所讲的6个卷展栏在任何子对象级别中都存在，而选择任何一个次物体级别后都会增加相应的卷展栏，如选择【顶点】级别会出现【编辑顶点】和【顶点属性】两个卷展栏，如图6-15所示为切换到【顶点】和【多边形】级别的效果。

图6-15

6.2 多边形建模经典实例

★ 案例实战——多边形建模制作现代风格矮柜

场景文件	无
案例文件	案例文件\Chapter 06\案例实战——多边形建模制作现代风格矮柜.max
视频教学	视频文件\Chapter 06\案例实战——多边形建模制作现代风格矮柜.flv
难易指数	★★☆☆☆
技术掌握	掌握多边形建模下【线】工具、【切角长方体】工具、【管状体】工具、【挤出】修改器和【编辑多边形】修改器的运用

实例介绍

现代风格矮柜虽是空间的小配角，但它在居家的空间中，往往能够塑造出多姿多彩、生动活泼的氛围。最终渲染和线框效果分别如图6-16和图6-17所示。

图6-16

图6-17

建模思路

- 使用【切角长方体】工具和【编辑多边形】修改器制作现代风格矮柜柜体。
- 使用【线】工具、【挤出】修改器、【管状体】工具制作柜腿和把手。

现代风格矮柜建模流程如图6-18所示。

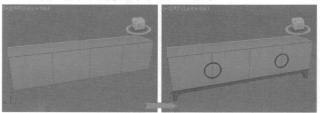

图6-18

制作步骤

01 启动3ds Max 2013中文版，选择菜单栏中的【自定义/单位设置】命令，弹出【单位设置】对话框，将【显示单位比例】和【系统单位比例】设置为【毫米】,如图6-19所示。

02 单击 、 按钮,选择 扩展基本体 选项,单击 切角长方体 按钮,在视图中创建一个切角长方体,设置【长度】为400mm、【宽度】为2000mm、【高度】为450mm、【圆角】为3mm、【宽度分段】为4、【圆角分段】为8,如图6-20所示。

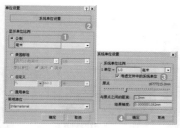

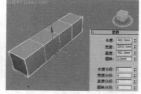

图6-19　　　　　　　　图6-20

03 选择上一步创建的模型,并为其加载【编辑多边形】修改器命令,如图6-21所示。在【边】级别 下,选择如图6-22所示的边。

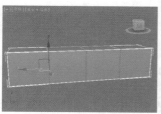

图6-21　　　　　　图6-22

04 单击 切角 按钮后面的【设置】按钮 ,并设置【数量】为3mm,如图6-23所示。

图6-23

05 在【多边形】级别 下,选择如图6-24所示的多边形。单击 挤出 按钮后面的【设置】按钮 ,并设置【数量】为-5mm,如图6-25所示。至此现代风格矮柜柜体就制作完成了。

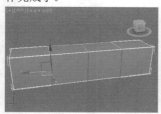

图6-24　　　　　　图6-25

06 单击 、 按钮,选择 样条线 选项,单击 线 按钮,在前视图中绘制一条样条线,并设置【步数】为30,如图6-26所示。

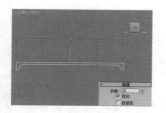

图6-26

07 选择上一步创建的样条线,为其加载【挤出】修改器命令,如图6-27所示。在【参数】卷展栏下设置【数量】为30mm,如图6-28所示。

图6-27　　　　　　图6-28

08 选择上面创建的模型,然后使用【选择并移动】工具 ,并按住【Shift】键将其复制一份,放置到如图6-29所示的位置。

09 单击 、 按钮,选择 标准基本体 选项,单击 管状体 按钮,在前视图创建两个管状体,并设置【半径1】为110mm、【半径2】为100mm、【高度】为10mm、【边数】为40,如图6-30所示。

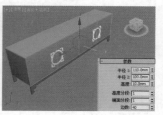

图6-29　　　　　　　图6-30

10 最终模型效果如图6-31所示。

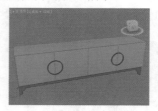

图6-31

★ 案例实战——多边形建模制作布艺沙发

场景文件	无
案例文件	案例文件\Chapter 06\案例实战——多边形建模制作布艺沙发.max
视频教学	视频文件\Chapter 06\案例实战——多边形建模制作布艺沙发.flv
难易指数	★★☆☆☆
技术掌握	掌握多边形建模下【长方体】工具、【切角长方体】工具、【FFD（长方体）】修改器、【编辑多边形】修改器和【网格平滑】修改器的运用

实例介绍

布艺沙发是指主料是布的沙发，经过艺术加工，达到一定的艺术效果，满足人们的生活需求。最终渲染和线框效果分别如图6-32和图6-33所示。

图6-32

图6-33

建模思路

● 使用【长方体】工具、【切角长方体】工具、【FFD（长方体）】修改器、【编辑多边形】修改器和【网格平滑】修改器制作沙发主体模型。

● 使用【切角长方体】工具、【编辑多边形】修改器制作沙发其他部分模型。

布艺沙发建模流程图如图6-34所示。

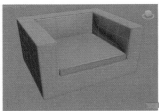
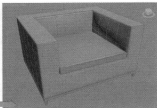
图6-34

制作步骤

01 单击 、 按钮，选择 标准基本体 选项，单击 长方体 按钮，在顶视图中创建一个长方体，并设置【长度】为500mm、【宽度】为600mm、【高度】为120mm、【长度分段】为5、【宽度分段】为5，如图6-35所示。

02 选择上一步创建的模型，并为其加载【编辑多边形】修改器命令，如图6-36所示。

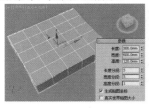

图6-35   图6-36

03 单击修改，并进入【顶点】级别 下，然后调节顶点的位置，如图6-37所示。

04 在【多边形】级别 下，选择如图6-38所示的多边形。单击 挤出 按钮后面的【设置】按钮 ，并设置【高度】为200mm。

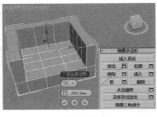
图6-37   图6-38

05 进入【边】级别 下，选择如图6-39所示的边。单击 切角 按钮后面的【设置】按钮 ，并设置【数量】为5mm、【分段】为5，如图6-40所示。

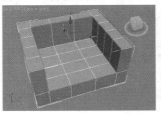

图6-39   图6-40

 答疑解惑：【切角】工具和【连接】工具有什么区别？

很多读者会混淆概念，由于【切角】和【连接】工具都可以增加分段，因此不知道什么时候该使用哪一个，其实非常简单，可以将这个进行简单的总结，即【切角】即平行，【连接】即垂直。也就是说，选择边以后，使用【切角】工具增加的分段与之前选择的边是平行的，如图6-41所示。

图6-41

而选择边以后，使用【连接】工具增加的分段与之前选择的边是垂直的，如图6-42所示。

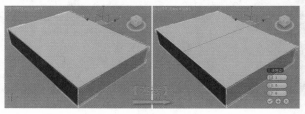
图6-42

06 选择如图6-43所示的边。单击 切角 按钮后面的【设置】按钮◱，并设置【数量】为2mm、【分段】为3，如图6-44所示。

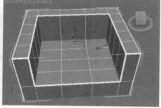 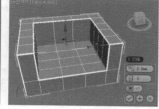

图6—43　　　　　　　图6—44

07 选择如图6-45所示的边。单击 连接 按钮后面的【设置】按钮◱，并设置【分段】为2，如图6-46所示。

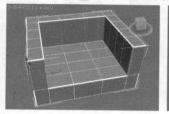 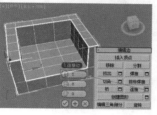

图6—45　　　　　　　图6—46

08 选择上一步创建的模型，为其加载【FFD（长方体）】修改器命令，如图6-47所示。

09 在修改面板下展开【FFD参数】卷展栏，单击 设置点数 按钮，在弹出的对话框中设置【长度】为6、【宽度】为6、【高度】为6，如图6-48所示。

图6—47　　　　　　　图6—48

10 进入【控制点】级别，然后调节控制点的位置，调节后的效果如图6-49所示。

11 选择上一步创建的模型，为其加载【网格平滑】修改器命令，如图6-50所示。

图6—49　　　　　　　图6—50

12 在修改面板下展开【细分量】卷展栏，设置【迭代次数】为1，如图6-51所示。

13 单击✛、◯按钮，选择 扩展基本体 选项，单击 切角长方体 按钮，在顶视图中创建一个切角长方体，并

设置【长度】为410mm、【宽度】为410mm、【高度】为40mm、【圆角】为5mm、【长度分段】为3、【宽度分段】为3、【高度分段】为1、【圆角分段】为5，如图6-52所示。

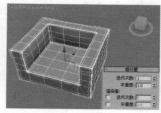 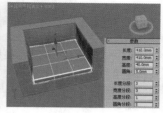

图6—51　　　　　　　图6—52

14 选择上一步创建的模型，为其加载【FFD（长方体）】修改器命令，进入【控制点】级别，调节控制点的位置，调节后的效果如图6-53所示。

15 选择上一步创建的模型，为其加载【网格平滑】修改器命令，在修改面板下展开【细分量】卷展栏，设置【迭代次数】为1，如图6-54所示。至此布艺沙发主体模型就制作完成了。

图6—53　　　　　　　图6—54

技巧提示

在设置【迭代次数】选项时一定要慎重，因为当【迭代次数】数值大于3时，运行3ds Max会感到有卡的现象，因此一般可以将数值设置为1或2或3。若设置该数值为1或2或3，还感觉有卡的现象，可以单击【关闭】按钮⚲，将该修改器暂时关闭应用，这样操作起来就非常流畅了，在需要打开该按钮时，再次单击该按钮即可，如图6-55所示。

图6—55

16 单击✛、◯按钮，选择 扩展基本体 选项，单击 切角长方体 按钮，在顶视图中创建一个切角长方体，并设置【长度】为20mm、【宽度】为600mm、【高度】为20mm、【圆角】为1mm、【圆角分段】为3，如图6-56所示。

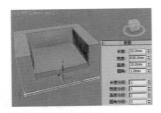

图6-56

17 选择上一步创建的模型，为其加载【编辑多边形】修改器命令，在【边】级别 下选择如图 6-57所示的边。单击 连接 按钮后面的【设置】按钮 ，并设置【分段】为2、【收缩】为93，如图6-58所示。

图6-57   图6-58

18 保持选择上一步中创建的模型，在【多边形】级别 下，选择如图 6-59所示的多边形。单击 挤出 按钮后面的【设置】按钮 ，并设置【高度】为480mm，如图 6-60所示。

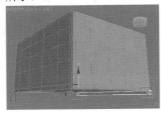

图6-59   图6-60

19 保持选择上一步中创建的模型，在【边】级别 下，选择如图 6-61所示的边。单击 连接 按钮后面的【设置】按钮 ，并设置【分段】为1、【滑块】为92，如图 6-62所示。

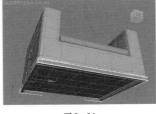
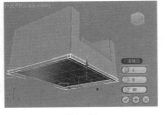

图6-61   图6-62

20 保持选择上一步中创建的模型，在【多边形】级别 下，选择如图6-63所示的多边形。单击 挤出 按钮后面的【设置】按钮 ，并设置【高度】为200mm，如图6-64所示。

21 保持选择上一步选择的多边形不变，按【Delete】键将其删除，如图6-65所示。

22 在【边】级别 下，单击 目标焊接 按钮，对边进行焊接，如图6-66所示。

图6-63   图6-64

图6-65   图6-66

23 在【多边形】级别 下，选择如图6-67所示的多边形。单击 挤出 按钮后面的【设置】按钮 ，并设置【高度】为30mm，如图6-68所示。

图6-67   图6-68

24 保持选择上一步选择的多边形不变，使用【选择并均匀缩放】工具 对其进行均匀缩放，如图6-69所示。

25 最终模型效果如图6-70所示。

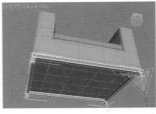

图6-69   图6-70

★ 案例实战——多边形建模制作古典镜子

场景文件	无
案例文件	案例文件\Chapter 06\案例实战——多边形建模制作古典镜子.max
视频教学	视频文件\Chapter 06\案例实战——多边形建模制作古典镜子.flv
难易指数	★★☆☆☆
技术掌握	掌握内置几何体建模下【圆柱体】工具、【圆环】工具、【壳】修改器和【编辑多边形】修改器的运用

实例介绍

古典镜子是一种表面光滑，具有反射光线能力的物品。最常见的镜子是平面镜，常被人们用来整理仪容。最终渲染和线框效果分别如图6-71和图6-72所示。

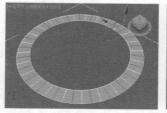

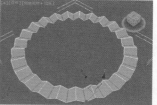

图6-71　　　　　　　　图6-72

建模思路

使用【圆柱体】工具、【圆环】工具、【壳】修改器和【编辑多边形】修改器制作古典镜子模型。

古典镜子建模流程图如图6-73所示。

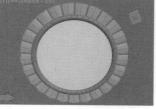

图6-73

制作步骤

01 单击 ◈、○ 按钮，选择 标准基本体 选项，单击 圆柱体 按钮，在顶视图中创建一个圆柱体。设置【半径】为200mm、【高度】为20mm、【端面分段】为5、【边数】为50，如图6-74所示。

02 选择上一步创建的模型，并为其加载【编辑多边形】修改器命令，如图6-75所示。

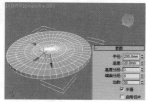

图6-74　　　　　　　图6-75

03 在【多边形】级别 ■ 下，选择如图6-76所示的面，按【Delete】键删除，如图6-77所示。

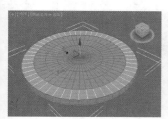

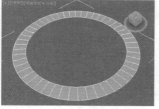

图6-76　　　　　　　图6-77

04 在【边】级别 ☑ 下，选择如图6-78所示的边，沿Z轴调节边的位置，如图6-79所示。

图6-78　　　　　　　图6-79

05 选择上一步创建的模型，为其加载【壳】修改器命令，如图6-80所示。在【参数】卷展栏下设置【内部量】为10mm，如图6-81所示。

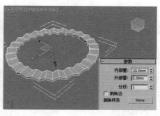

图6-80　　　　　　　图6-81

06 选择上一步创建的模型，为其加载【编辑多边形】修改器命令，进入【顶点】级别 ，在顶视图上调节点的位置，如图6-82所示。

07 在【边】级别 ☑ 下，单击 切角 按钮后面的【设置】按钮 □，并设置【数量】为3mm、【分段】为10，如图6-83所示。

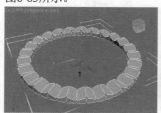

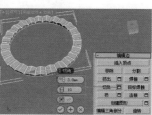

图6-82　　　　　　　图6-83

 读书笔记

133

答疑解惑：如何快速将多个顶点调节到一个水平面上？

01 首先选择需要调节的顶点，如图6-84所示。

02 单击【选择并均匀缩放】按钮，如图6-85所示。

03 沿Z轴方向，单击鼠标左键并多次拖曳，使选择的顶点都处于一个平面上，如图6-86所示。

 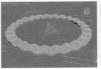 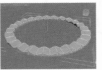

图6-84　　　　　　图6-85　　　　　　图6-86

08 单击 ⬚、◯ 按钮，选择 标准基本体 选项，单击 圆环 按钮，在顶视图中创建一个圆环，并设置【半径1】为150mm、【半径2】为10mm、【边数】为15，如图6-87所示。

09 利用【圆柱体】工具在顶视图创建一个圆柱体，并设置【半径】为150mm、【高度】为5mm、【边数】为50，如图6-88所示。

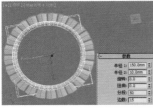 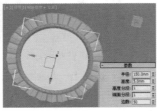

图6-87　　　　　　　　　图6-88

10 最终模型效果如图6-89所示。

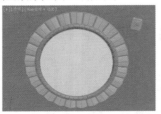

图6-89

★ 案例实战——多边形建模制作镜子

场景文件	无
案例文件	案例文件\Chapter 06\案例实战——多边形建模制作镜子.max
视频教学	视频文件\Chapter 06\案例实战——多边形建模制作镜子.flv
难易指数	★★☆☆☆
技术掌握	掌握多边形建模下【线】工具、【球体】工具和【编辑多边形】修改器的运用

实例介绍

镜子是具有规则反射性能的表面抛光金属器件和镀金属反射膜的玻璃或金属制品，最终渲染和线框效果分别如图6-90和图6-91所示。

 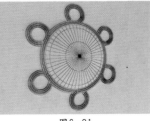

图6-90　　　　　　　图6-91

建模思路

使用【线】工具、【球体】工具、【编辑多边形】修改器制作镜子模型。

镜子建模流程图如图6-92所示。

图6-92

制作步骤

01 单击 ⬚、◯ 按钮，选择 标准基本体 选项，单击 球体 按钮，在前视图中创建一个球体，并设置【半径】为100mm、【分段】为50、【半球】为0.9，并且将其沿着Y轴进行缩放，如图6-93所示。

02 单击 ⬚、◯ 按钮，选择 样条线 选项，单击 线 按钮，在前视图中绘制一个形状，如图6-94所示。

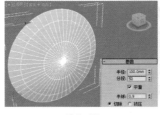 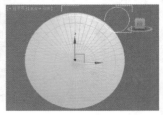

图6-93　　　　　　　图6-94

03 选择上一步创建的样条线，在修改面板的【渲染】卷展栏下分别选中【在渲染中启用】和【在视口中启用】复选框，激活【矩形】选项组，设置【长度】为1mm、【宽度】为4mm，如图6-96所示。

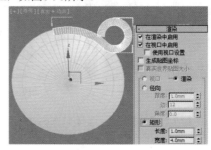

图6-96

04 选择上一步创建的模型，为其加载【编辑多边形】修改器命令，如图6-97所示。

05 在【边】级别下，选择如图6-98所示的边。单击 连接 按钮后面的【设置】按钮，并设置【数量】为2mm，如图6-99所示。

图6-97

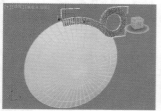

图6-98

图6-99

06 保持选择上一步选择的边，单击 切角 按钮后面的【设置】按钮，并设置【数量】为0.3mm，如图6-100所示。

图6-100

07 在【多边形】级别下，选择如图6-101所示的多边形。单击 挤出 按钮后面的【设置】按钮，并设置【数量】为0.5mm，如图6-102所示。

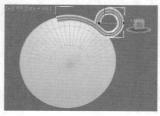

图6-101

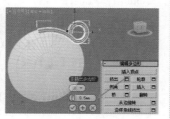

图6-102

08 在【顶点】级别下，调节点的位置，如图6-103所示。

09 选择上一步创建的模型，进入层次面板，单击 仅影响轴 按钮，在顶视图中将线的轴心移动到圆的正中心，最后再次单击 仅影响轴 按钮将其取消，如图6-104所示。

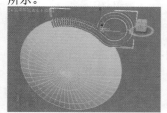

图6-103

图6-104

10 保持选择上一步选择的模型，使用【选择并旋转】工具，并按【Shift】键，沿Y轴旋转复制5条样条线，如图6-105所示。

11 最终模型效果如图6-106所示。

图6-105

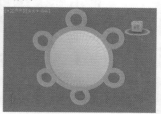

图6-106

★ 案例实战——多边形建模制作马桶

场景文件	无
案例文件	案例文件\Chapter 06\案例实战——多边形建模制作马桶.max
视频教学	视频文件\Chapter 06\案例实战——多边形建模制作马桶.flv
难易指数	★★☆☆☆
技术掌握	掌握多边形建模下【长方体】工具和【编辑多边形】修改器的运用

实例介绍

马桶正式名称为座便器，是大小便用的有盖的桶，最终渲染和线框效果分别如图6-107和图 6-108所示。

图6-107

图6-108

建模思路

● 使用【长方体】工具和【编辑多边形】修改器制作马桶坐便模型。

● 使用【长方体】工具和【编辑多边形】修改器制作马桶水箱模型。

马桶建模流程图如图 6-109所示。

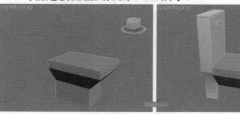

图6-109

制作步骤

01 单击、按钮，选择 标准基本体 选项，单击 长方体 按钮，在顶视图中创建一个长方体，并设置【长度】为400mm、【宽度】为550mm、【高度】为60mm，如图6-110所示。

02 选择上一步创建的模型，并为其加载【编辑多边形】修改器命令，如图6-111所示。

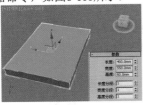

图6-110　　　　　　图6-111

03 在【多边形】级别■下，选择如图6-112所示的多边形。

04 单击 倒角 按钮后面的【设置】按钮■，并设置【高度】为150mm，【轮廓】为－80mm，如图6-113所示。

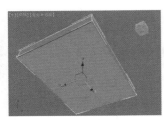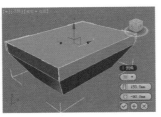

图6-112　　　　　　　　6-113

技巧提示

多边形建模中的【倒角】工具的功能与【挤出】工具非常接近，【倒角】工具相当于【挤出】后进行了缩放的效果。

05 保持选择上一步选择的多边形，并沿X轴调整多边形的位置，如图6-114所示。

06 保持选择上一步选择的多边形，单击 倒角 按钮后面的【设置】按钮■，并设置【高度】为200mm、【轮廓】为5mm，如图6-115所示。

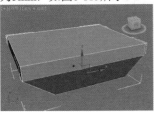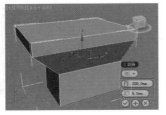

图6-114　　　　　　图6-115

07 在【边】级别◢下，选择所有的边，单击 切角 按钮后面的【设置】按钮■，并设置【数量】为3mm、【分段】为10，如图6-116所示。

08 利用【长方体】工具在顶视图创建一个长方体，并

设置【长度】为400mm、【宽度】为550mm、【高度】为20mm，如图6-117所示。

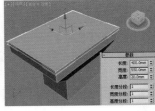

图6-116　　　　　　图6-117

09 选择上一步创建的模型，为其加载【编辑多边形】修改器命令，在【边】级别◢下，选择所有的边，单击 切角 按钮后面的【设置】按钮■，并设置【数量】为2mm、【分段】为10，如图6-118所示。至此马桶坐便模型就制作完成了。

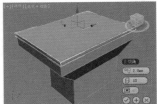

图6-118

10 利用【长方体】工具在左视图创建一个长方体，并设置【长度】为900mm、【宽度】为350mm、【高度】为120mm，如图6-119所示。

图6-119

11 选择上一步创建的模型，为其加载【编辑多边形】修改器命令，在【边】级别◢下调节边的位置，如图6-120所示。

12 选择如图6-120所示的边，单击 挤出 按钮后面的【设置】按钮■，并设置【高度】为－3mm、【宽度】为3mm，如图6-121所示。

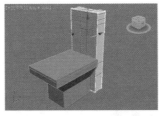

图6-120　　　　　　图6-121

13 在【顶点】级别■下，选择如图6-122所示的点，使用【选择并均匀缩放】工具■沿Y轴调节点的位置，如图6-123所示。

14 在【多边形】级别■下，选择如图6-124所示的多边形，单击 挤出 按钮后面的【设置】按钮■，并设置【高

度】为10mm，如图6-125所示。

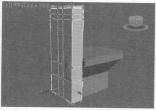

图6-122　　　　　　　　　图6-123

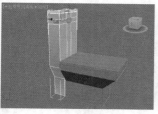　

图6-124　　　　　　　　　图6-125

15 在【边】级别 ✏ 下，选择如图6-126所示的边，所选边局部图如图6-127所示。

图6-126　　　　　　　　　图6-127

16 单击 切角 按钮后面的【设置】按钮 □，并设置【数量】为2mm、【分段】为5，如图6-128所示。

17 在【边】级别 ✏ 下，选择如图6-129所示的边。

图6-128　　　　　　　　　图6-129

18 单击 切角 按钮后面的【设置】按钮 □，并设置【数量】为2mm、【分段】为5，如图6-130所示。

19 最终模型效果如图6-131所示。

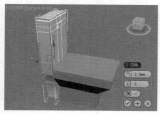　

图6-130　　　　　　　　　图6-131

★ 案例实战——多边形建模制作皮椅子

场景文件	无
案例文件	案例文件\Chapter 06\案例实战——多边形建模制作皮椅子.max
视频教学	视频文件\Chapter 06\案例实战——多边形建模制作皮椅子.flv
难易指数	★★☆☆☆
技术掌握	掌握内置几何体建模下【长方体】工具、【圆柱体】工具、【编辑多边形】修改器和【网格平滑】修改器的运用

实例介绍

皮椅即皮质的椅子，最终渲染和线框效果分别如图6-132和图6-133所示。

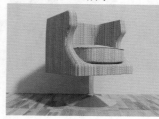　

图6-132　　　　　　　　　图6-133

建模思路

◎ 使用【长方体】工具、【编辑多边形】修改器和【网格平滑】修改器制作皮椅扶手模型。

◎ 使用【圆柱体】工具和【编辑多边形】修改器制作皮椅其他部分模型。

皮椅建模流程图如图6-134所示。

图6-134

制作步骤

01 单击 ⬚、⬡按钮，选择 标准基本体 选项，单击 长方体 按钮，在顶视图创建一个长方体，并设置【长度】为500mm、【宽度】为500mm、【高度】为150mm、【长度分段】为5、【宽度分段】为5、【高度分段】为3，如图6-135所示。

02 选择上一步创建的模型，并为其加载【编辑多边形】修改器命令，如图6-136所示。

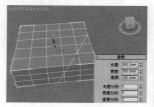

图6-135　　　　　　　　　图6-136

03 在【多边形】级别□下，展开【软选择】卷展栏，选中【使用软选择】复选框，取消选中【影响背面】复选框，【衰减】设置为300mm，选择如图6-137所示的多边形，沿着Z轴移动点的位置，使其产生如图6-137所示的效果。

04 按照同样的方法调节其他多边形的位置，如图6-138所示。

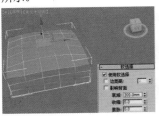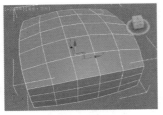

图6-137　　　　　　　图6-138

多边形建模中的【软选择】卷展栏可以快速地将模型调整出平滑的过渡变化，如起伏、凹陷效果。同类效果的工具很多，如【FFD】修改器可以制作出平滑的过渡，多边形建模中的【绘制变形】工具可以制作出如山脉、床单、抱枕等表面的细节。

05 在【边】级别□下，选择如图6-139所示的边。单击切角按钮后面的【设置】按钮□，并设置【数量】为5mm，如图6-140所示。

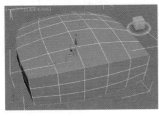

图6-139　　　　　　　图6-140

06 选择上一步创建的模型，并为其加载【网格平滑】修改器命令，如图6-141所示。在【细分量】卷展栏下设置【迭代次数】为2，如图6-142所示。

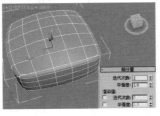

图6-141　　　　　　　图6-142

07 选择上一步创建的模型，为其加载【编辑多边形】修改器命令，在【边】级别□下选择如图6-143所示的边。单击创建图形按钮后面的【设置】按钮□，在弹出的对

话框的【图形类型】选项组中选中【平滑】单选按钮，如图6-144所示。

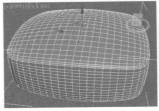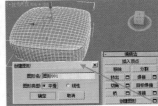

图6-143　　　　　　　图6-144

08 选择如图6-145所示的模型。在修改面板的【渲染】卷展栏下分别选中【在渲染中启用】和【在视口中启用】复选框，激活【径向】选项组，设置【厚度】为10mm，如图6-146所示。

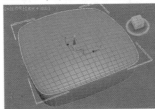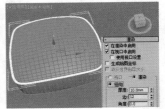

图6-145　　　　　　　图6-146

09 利用【长方体】工具在顶视图创建一个长方体，并设置【长度】为600mm、【宽度】为600mm、【高度】为80mm、【长度分段】为5、【宽度分段】为5、【高度分段】为3，如图6-147所示。

10 选择上一步创建的模型，为其加载【编辑多边形】修改器命令，进入【顶点】级别□，在顶视图下调节点的位置，如图6-148所示。

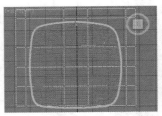

图6-147　　　　　　　图6-148

11 在【多边形】级别□下，选择如图6-149所示的多边形，单击挤出按钮后面的【设置】按钮□，设置【高度】为80mm，如图6-150所示。

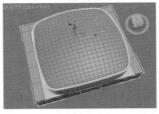

图6-149　　　　　　　图6-150

12 保持选择上一步选择的多边形，单击挤出按钮后面的【设置】按钮□，设置【高度】为80mm，如图6-151所

示。再次单击 挤出 按钮后面的【设置】按钮□，设置【高度】为80mm，如图6-152所示。

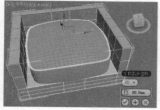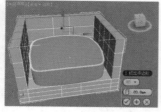

图6-151　　　　　　　　　图6-152

13 在【顶点】级别□下，调节点的位置，如图6-153所示。

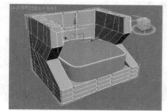

图6-153

14 在【边】级别□下选择如图6-154所示的边。单击 切角 按钮后面的【设置】，按钮□，设置【数量】为1mm，如图6-155所示。

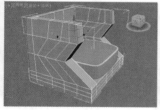

图6-154　　　　　　　　　图6-155

15 选择上一步创建的模型，为其加载【网格平滑】修改器命令，在【细分量】卷展栏设置【迭代次数】为2，如图6-156所示。至此皮椅扶手模型就制作完成了。

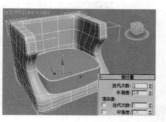

图6-156

16 单击，□按钮，选择 标准基本体 选项，单击 圆柱体 按钮，在顶视图中创建一个圆柱体，并设置【半径】为30mm、【高度】为250mm、【边数】为50，如图6-157所示。

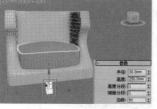

图6-157

17 选择上一步创建的模型，并为其加载【编辑多边形】修改器命令，在【多边形】级别□下，选择如图6-158所示的多边形。单击 倒角 按钮后面的【设置】按钮□，设置【轮廓】为15mm，如图6-159所示。

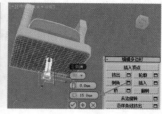

图6-158　　　　　　　　　图6-159

18 保持选择上一步选择的多边形，单击 挤出 按钮后面的【设置】按钮□，设置【高度】为15mm，如图6-160所示。

图6-160

19 保持选择上一步选择的多边形，单击 倒角 按钮后面的【设置】按钮□，设置【高度】为80mm、【轮廓】为250mm，如图6-161所示。单击 挤出 按钮后面的【设置】按钮□，设置【高度】为20mm，如图6-162所示。

图6-161　　　　　　　　　图6-162

20 在【边】级别□下，选择如图6-163所示的边。单击 切角 按钮后面的【设置】按钮□，设置【数量】为3mm、【分段】为5，如图6-164所示。

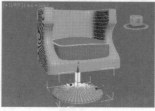

图6-163　　　　　　　　　图6-164

21 最终模型效果如图6-165所示。

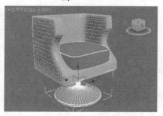

图6-165

技巧提示

通过上面几个案例不难发现，多边形建模中最为常用的工具有很多，如【插入】、【挤出】、【切角】、【连接】等，这几个工具是必须要完全掌握的，而其他的工具也需要较为熟练地掌握。

★ 案例实战——多边形建模制作现代吧椅

场景文件	无
案例文件	案例文件\Chapter 06\案例实战——多边形建模制作现代吧椅.max
视频教学	视频文件\Chapter 06\案例实战——多边形建模制作现代吧椅.flv
难易指数	★★☆☆☆
技术掌握	掌握多边形建模下【圆柱体】工具、【管状体】工具、【线】工具、【圆】工具、【编辑多边形】修改器和【网格平滑】修改器的运用

实例介绍

现代吧椅的形状与普通椅子相似，但座位面离地较高，具有现代感和金属的质感，最终渲染和线框效果分别如图6-166和图6-167所示。

图6-166

图6-166

建模思路

⊙ 使用【圆柱体】工具、【管状体】工具、【编辑多边形】修改器和【网格平滑】修改器制作现代吧椅垫子。

⊙ 使用【圆柱体】工具、【线】工具、【圆】工具、和【编辑多边形】修改器制作现代吧椅支柱。

现代吧椅建模流程图如图6-168所示。

图6-168

制作步骤

01 单击 、 按钮，选择 标准基本体 选项，单击 圆柱体 按钮，在顶视图中创建一个圆柱体，并设置【半径】为400mm、【高度】为300mm、【边数】为50，如图6-169所示。

02 选择上一步创建的模型，并为其加载【编辑多边形】修改器命令，如图6-170所示。

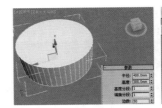
图6-169　　　　图6-170

03 在【边】级别 下，选择如图6-171所示的边。

04 保持选择上一步选择的边，单击 创建图形 按钮后面的【设置】按钮 ，在弹出的对话框的【图形类型】选项组中选中【平滑】单选按钮，如图6-172所示。

图6-171　　　　图6-172

技巧提示

通过 创建图形 按钮，可以快速地将选择的边创建成独立的图形，因此可以使用该方法在模型表面创建一些边缘模型，如沙发、椅子的边缘部分。

05 选择如图6-173所示的边，单击 切角 按钮后面的【设置】按钮 ，并设置【数量】为3mm。

06 选择上一步创建的模型，为其加载【网格平滑】修改器命令，如图6-174所示。

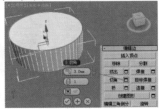
图6-173　　　　图6-174

07 在修改面板下展开【细分量】卷展栏，设置【迭代次数】为2，如图6-175所示。

08 单击 、 按钮，选择 样条线 选项，单击 圆 按钮，并绘制一个圆，如图6-176所示。

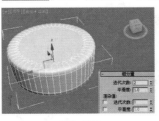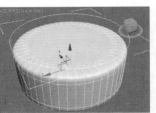
图6-175　　　　图6-176

09 选择上一步创建的圆，在修改面板的【渲染】卷展栏下分别选中【在渲染中启用】和【在视口中启用】复选框，激活【径向】选项组，设置【厚度】为6mm，如图6-177所示。

10 选择上一步创建的圆，按【Shift】键复制一个圆，如图6-178所示。

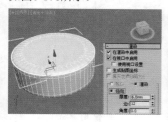

图6-177　　　　　　　　　图6-178

11 单击 、 按钮，选择 标准基本体 选项，单击 管状体 按钮，在顶视图中创建一个管状体，并设置【半径1】为450mm、【半径2】为400mm、【高度】为600mm、【边数】为50，选中【启用切片】复选框，设置【切片结束位置】为180，如图6-179所示。

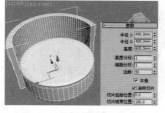

图6-179

12 选择上一步创建的模型，为其加载【编辑多边形】修改器命令，在【边】级别 下，选择如图6-180所示的边。单击 切角 按钮后面的【设置】按钮 ，并设置【数量】为5mm、【分段】为5，如图6-181所示。至此现代吧椅垫子模型就制作完成了。

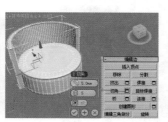

图6-180　　　　　　　　　图6-181

13 利用【圆柱体】工具在顶视图创建一个圆柱体，并设置【半径】为60mm、【高度】为1100mm、【边数】为50，如图6-182所示。

14 选择上一步创建的模型，为其加载【编辑多边形】修改器命令，在【多边形】级别 下选择如图6-183所示的多边形。

15 单击 插入 按钮后面的【设置】按钮 ，并设置【数量】为10mm，如图6-184所示。

16 保持选择上一步选择的多边形，单击 挤出 按钮后面的【设置】按钮 ，并设置【高度】为200mm，如图6-185所示。

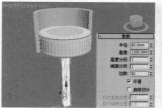

图6-182　　　　　　　　　图6-183

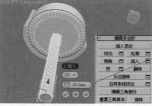
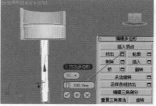

图6-184　　　　　　　　　图6-185

17 保持选择上一步选择的多边形，单击 倒角 按钮后面的【设置】按钮 ，并设置【高度】为100mm、【轮廓】为350mm，如图6-186所示。继续单击 挤出 按钮后面的【设置】按钮 ，并设置【高度】为50mm，如图6-187所示。

图6-186　　　　　　　　　图6-187

18 在【边】级别 下，选择如图6-188所示的边。单击 切角 按钮后面的【设置】按钮 ，并设置【数量】为5mm，【分段】为5，如图6-189所示。

图6-188　　　　　　　　　图6-189

19 单击 、 按钮，选择 样条线 选项，单击 圆 按钮，在顶视图中创建一个圆，如图6-190所示。

20 选择上一步创建的圆，为其加载【编辑样条线】修改器命令，如图6-191所示。

21 在【分段】级别 下，选择如图6-192所示的分段，按【Delete】键删除，如图6-193所示。

图6-190　　　　　　　图6-191

图6-196　　　　　　　6-197

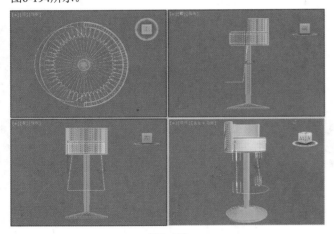

图6-192　　　　　　　图6-193

22 利用【线】工具在前视图中创建两条线，如图6-194所示。

图6-194

23 选择一条线，在修改面板下单击 附加 按钮后面的【设置】按钮□，然后单击其他两条线，此时这3条线被附加成为1条线，如图6-195所示。

图6-195

24 在修改面板下，进入【顶点】级别□，选择如图6-196所示的顶点，在 焊接 按钮后面的数值框中输入100mm，并按【Enter】键结束，如图6-197所示。

技巧提示

该步骤中将【焊接】按钮后面的数值设置为100mm，意思就是说在100mm范围内，被选择的顶点都会被焊接为1个顶点。因此，在选择这些顶点时不要使用单击选择顶点的方法，而需要使用鼠标左键拖曳框选的方法，这样可以选择多个顶点。

25 进入修改面板，展开【渲染】卷展栏，选中【在渲染中启用】和【在视口中启用】复选框，激活【径向】选项组，设置【厚度】为25mm，如图6-198所示。

26 最终模型效果如图6-199所示。

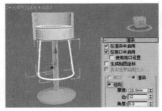

图6-198　　　　　　　图6-199

读书笔记

★ **案例实战——多边形建模制作斗柜**

场景文件	无
案例文件	案例文件\Chapter 06\案例实战——多边形建模制作斗柜.max
视频教学	视频文件\Chapter 06\案例实战——多边形建模制作斗柜.flv
难易指数	★★☆☆☆
技术掌握	掌握【连接】工具、【插入】工具、【倒角】工具、【切角】工具和【挤出】修改器的使用方法

实例介绍

斗柜是一种主要用于存放东西的柜子，其收纳能力很强，由多个抽屉并排组合而成，便于收纳小型物品，但其功能比较单一。现在很流行斗柜，它还分不同风格，好的斗柜能够对房屋内的布局有很好的衬托。本案例主要使用【连接】工具、【插入】工具、【倒角】工具、【切角】工具和【倒角】修改器制作斗柜，效果如图6-200所示。

图6-200

建模思路

⊜ 使用可编辑多边形下的【连接】、【插入】、【倒角】和【切角】工具制作斗柜主体部分。

⊜ 使用可编辑多边形下的【倒角】工具、【切角】工具和【挤出】修改器制作斗柜剩余部分。

斗柜建模流程如图6-201所示。

图6-201

制作步骤

01 单击 ⊙、○ 按钮，选择 标准基本体 选项，单击 长方体 按钮，在顶视图中创建一个长方体，设置【长度】为450mm、【宽度】为700mm、【高度】为780mm、【长度分段】为1、【宽度分段】为1、【高度分段】为1，如图6-202所示。

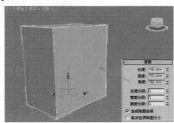

图6-202

02 选择刚创建的长方体，并将其转换为可编辑的多边形，接着进入【边】级别 ，选择如图6-203所示的边。然后单击 连接 按钮后面的【设置】按钮□，并设置【分段】为3，如图6-204所示。

03 进入【多边形】级别□，选择如图6-205所示的多边形。然后单击 插入 按钮后面的【设置】按钮□，并设

置【插入方式】为【按多边形】，【数量】为40mm，如图6-206所示。

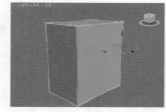

图6-203　　　　　　　　图6-204

图6-205　　　　　　　　图6-206

04 保持选择的多边形不变，然后单击 倒角 按钮后面的【设置】按钮□，并设置【高度】为－5mm，【轮廓】为－3mm，如图6-207所示。

05 再次单击 倒角 按钮后面的【设置】按钮□，并设置【高度】为－5mm，【轮廓】为1mm，如图6-208所示。

图6-207　　　　　　　　图6-208

06 再次单击 倒角 按钮后面的【设置】按钮□，并设置【高度】为－1.5mm，【轮廓】为－3mm，如图6-209所示。

07 执行3次倒角之后的模型效果如图6-210所示。

图6-209　　　　　　　　图6-210

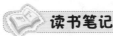 **读书笔记**

08 单击【边】按钮，进入【边】级别，然后选择如图6-211所示的边。单击 切角 按钮后面的【设置】按钮，并设置【数量】为2mm、【分段】为3，如图6-212所示。至此斗柜主体部分就制作完成了。

图6-211

图6-212

09 再次创建一个长方体，并设置【长度】为480mm、【宽度】为720mm、【高度】为5mm，如图6-213所示。

10 选择刚创建的长方体，然后将其转换为可编辑多边形，接着单击【多边形】按钮，进入【多边形】级别，然后选择如图6-214所示的多边形。

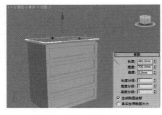

图6-213

图6-214

11 单击 倒角 按钮后面的【设置】按钮，并设置【高度】为15mm、【轮廓】为﹣10mm，如图6-215所示。继续单击 倒角 按钮后面的【设置】按钮，并设置【高度】为5mm、【轮廓】为﹣0.5mm，如图6-216所示。

图6-215

图6-216

12 再次单击 倒角 按钮后面的【设置】按钮，并设置【高度】为2mm、【轮廓】为﹣1.5mm，如图6-217所示。

13 选择如图6-218所示的多边形。

14 再次执行与上面方法相同的3次倒角操作，制作出如图6-219所示的模型。

15 单击【边】按钮，进入【边】级别，选择如图6-220所示的边，然后单击 切角 按钮后面的【设置】按钮，并设置【数量】为1.5mm，【分段】为3。

图6-217

图6-218

图6-219

图6-220

16 选择制作好的长方体，使用【选择并移动】工具，并按住【Shift】键进行复制，如图6-221所示。将其放置到柜子下方，如图6-222所示。

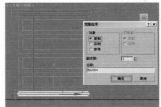

图6-221

图6-222

17 继续创建一个长方体，设置【长度】为450mm、【宽度】为700mm、【高度】为30mm，如图6-223所示。

18 使用 线 工具在前视图绘制如图6-224所示的形状。

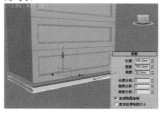

图6-223

图6-224

19 为上一步创建的图形加载【挤出】修改器命令，设置【数量】为10mm，如图6-225所示。

20 下面制作柜子腿。创建一个长方体，设置【长度】为130mm、【宽度】为45mm、【高度】为45mm，使用【选择并移动】工具复制3个柜子腿放置在柜子的下面，如图6-226所示。

图6-225

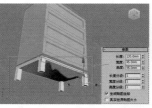

图6-226

21 最终模型效果如图6-227所示。

图6-227

★ 案例实战——多边形建模制作现代风格雕塑

场景文件	无
案例文件	案例文件\Chapter 06\案例实战——多边形建模制作现代风格雕塑.max
视频教学	视频文件\Chapter 06\案例实战——多边形建模制作现代风格雕塑.flv
难易指数	★★☆☆☆
技术掌握	掌握多边形建模下【长方体】工具、【圆环】工具、【壳】修改器和【编辑多边形】修改器的运用

实例介绍

现代风格雕塑表现形式多姿多彩，可净化人们的心灵，陶冶人们的情操，培养人们对美好事物的追求，最终渲染和线框效果分别如图6-228和图6-229所示。

图6-228　　　　6-229

建模思路

使用【长方体】工具、【圆环】工具、【壳】修改器和【编辑多边形】修改器制作现代风格的雕塑模型。

现代风格雕塑建模流程图如图6-230所示。

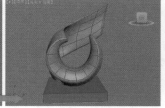

图6-230

制作步骤

01 单击 、 按钮，选择 标准基本体 选项，单击 圆环 按钮，在顶视图中创建一个圆环，并设置【半径1】为180mm、【半径2】为75mm、【分段】为15、【边数】为5，如图6-231所示。

02 选择上一步创建的模型，并为其加载【编辑多边形】修改器命令，如图6-232所示。

03 在【边】级别 下，选择如图6-233所示的多边形，按【Delete】键删除，如图6-234所示。

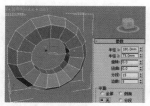

图6-231　　　　　　图6-232

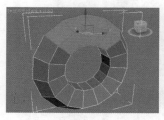
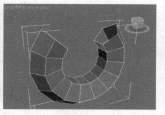

图6-233　　　　　　图6-234

04 在【顶点】级别 下，使用【选择并均匀缩放】工具 和【选择并移动】工具 调节点的位置，如图6-235所示。

05 在【边】级别 下，选择如图6-236所示的多边形。

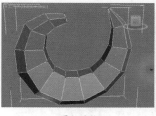
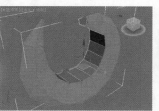

图6-235　　　　　　图6-236

06 按【Delete】键删除，如图6-237所示。

07 选择如图6-238所示的边，按【Shift】键并进行拖曳。

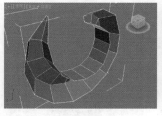
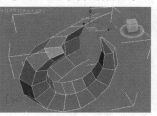

图6-237　　　　　　图6-238

读书笔记

思维点拨：多边形建模中【Shift】键的妙用

对于完全封闭的模型，选择边并按住【Shift】键进行拖曳，会发现没有任何变化，如图6-239所示。

而对于带有缺口的模型，选择边并按住【Shift】键进行拖曳，可以将选择的边拽出来，如图6-240所示。

图6-239

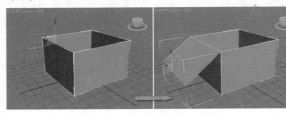

图6-240

选择多边形并按住【Shift】键进行拖曳，可以将选择的多边形单独复制出来，如图6-241所示。

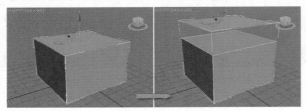

图6-241

08 在【顶点】级别下，调节点的位置，如图6-242所示。

09 在【边】级别下，选择如图6-243所示的边。单击 切角 按钮后面的【设置】按钮，并设置【数量】为0.1mm，如图6-244所示。

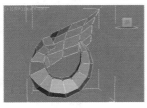

图6-242

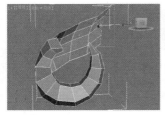

图6-243　　　　　　图6-244

10 选择如图6-245所示的边。单击 切角 按钮后面的【设置】按钮，并设置【数量】为0.1mm，如图6-246所示。

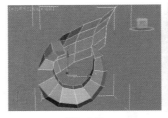

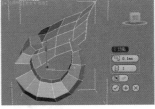

图6-245　　　　　　图6-246

11 选择上一步创建的模型，为其加载【壳】修改器命令，如图6-247所示。在【参数】卷展栏设置【外部量】为5mm，如图6-248所示。

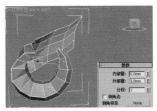

图6-247　　　　　　图6-248

12 选择上一步创建的模型，为其加载【网格平滑】修改器命令。在【细分量】卷展栏设置【迭代次数】为1，如图6-249所示。

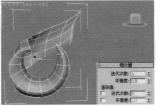

图6-249

13 单击、按钮，选择 标准基本体 选项，单击 长方体 按钮，在顶视图中创建一个长方体，并设置【长度】为400mm、【宽度】为400mm、【高度】为60mm，如图6-250所示。

14 最终模型效果如图6-251所示。

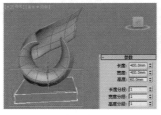

图6-250　　　　　　图6-251

★ 案例实战——多边形建模制作休闲旋转椅

场景文件	无
案例文件	案例文件\Chapter 06\案例实战——多边形建模制作休闲旋转椅.max
视频教学	视频文件\Chapter 06\案例实战——多边形建模制作休闲旋转椅.flv
难易指数	★★★☆☆
技术掌握	掌握多边形建模下【圆柱体】工具、【长方体】工具、【编辑多边形】修改器和【网格平滑】修改器的运用

实例介绍

现代休闲旋转椅上半部分与一般椅子的式样并无多大差异，只有座面下设有一种称为"独梃腿"的转轴部分，人体坐靠时可随意左右转动，最终渲染和线框效果分别如图6-252和图6-253所示。

图6-252

图6-253

建模思路

◉ 使用【长方体】工具、【编辑多边形】修改器和【网格平滑】修改器制作现代休闲旋转椅垫子。

◉ 使用【圆柱体】工具和【编辑多边形】修改器制作现代休闲旋转椅腿。

现代休闲旋转椅建模流程图如图6-254所示。

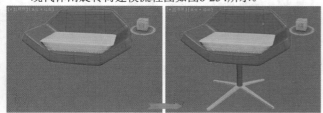
图6-254

制作步骤

01 单击 ▥、◯ 按钮，选择 标准基本体 ▾选项，单击 长方体 按钮，在顶视图中创建一个长方体，并设置【长度】为400mm、【宽度】为800mm、【高度】为100mm、【宽度分段】为4，如图6-255所示。

02 选择上一步创建的模型，并为其加载【编辑多边形】修改器命令，如图6-256所示。

图6-255

图6-256

03 在【顶点】级别 下，选择如图6-257所示的顶点，调节其位置，如图6-258所示。

04 在【多边形】级别 □ 下，选择如图6-259所示的多边形。单击 挤出 按钮后面的【设置】按钮 □，并设置【高度】为100mm，如图6-260所示。

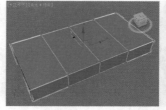
图6-257　　　　　图6-258

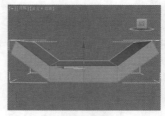
图6-259

图6-260

05 选择如图6-261所示的多边形，单击 挤出 按钮后面的【设置】按钮 □，并设置【高度】为150mm，如图6-262所示。

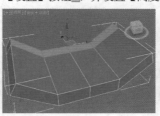
图6-261

图6-262

06 在【顶点】级别 下，调节点的位置，如图6-263所示。

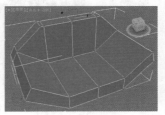
图6-263

07 在【边】级别 下，选择如图6-264所示的边。单击 切角 按钮后面的【设置】按钮 □，并设置【数量】为5mm，如图6-265所示。

图6-264

图6-265

08 选择上一步创建的模型，并为其加载【网格平滑】修改器命令，如图6-266所示。在【细分量】卷展栏下设置【迭代次数】为2，如图6-267所示。

图6-266　　　　　　图6-267

09 利用【长方体】工具在顶视图创建一个长方体，并设置【长度】为400mm、【宽度】为600mm、【高度】为80mm、【高度分段】为2，如图6-268所示。

10 选择上一步创建的模型，为其加载【编辑多边形】修改器命令，在【顶点】级别 下，调节点的位置，如图6-269所示。

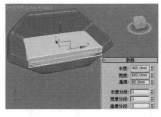 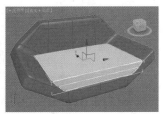

图6-268　　　　　　图6-269

11 在【边】级别 下，选择如图6-270所示的边。单击 切角 按钮后面的【设置】按钮 ，并设置【数量】为5mm，如图6-271所示。

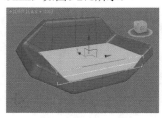 

图6-270　　　　　　图6-271

12 选择上一步创建的模型，为其加载【网格平滑】修改器命令，在【细分量】卷展栏下设置【迭代次数】为2，如图6-272所示。至此现代休闲旋转椅垫子模型就制作完成了。

图6-272

13 单击 、 按钮，选择 标准基本体 选项，单击 圆柱体 按钮，在顶视图中创建一个圆柱体，并设置【半径】为25、【高度】为300mm、【边数】为18，如图6-273所示。

14 继续利用【圆柱体】工具在顶视图创建一个圆柱体，并设置【半径】为35mm、【高度】为10mm、【边数】为28，如图6-274所示。

 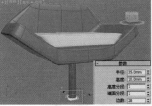

图6-273　　　　　　图6-274

15 选择上一步创建的模型，为其加载【编辑多边形】修改器命令，在【多边形】级别 下，选择如图6-275所示的多边形。所选多边形局部效果图如图6-276所示。

 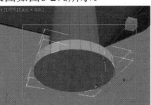

图6-275　　　　　　图6-276

16 单击 挤出 按钮后面的【设置】按钮 ，并设置【高度】为350mm，如图6-277所示。

17 保持选择上一步选择的多边形，沿Z轴调节其位置，如图6-278所示。

图6-277　　　　　　图6-278

18 保持选择上一步选择的多边形，使用【选择并均匀缩放】工具 调节其位置，如图6-279所示。

19 最终模型效果如图6-280所示。

图6-279　　　　　　图6-280

★ 案例实战——多边形建模制作中式圈椅

场景文件	无
案例文件	案例文件\Chapter 06\案例实战——多边形建模制作中式圈椅.max
视频教学	视频教学\Chapter 06\案例实战——多边形建模制作中式圈椅.flv
难易指数	★★★☆☆
技术掌握	掌握多边形建模下【平面】工具、【长方体】工具、【切角长方体】工具、【编辑多边形】修改器、【壳】修改器和【网格平滑】修改器的运用

实例介绍

中式圈椅造型圆婉优美，体态丰满劲健，是中华民族独具特色的椅子样式之一，最终渲染和线框效果分别如图6-281和图6-282所示。

图6-281   图6-282

建模思路

⊙ 使用【平面】工具、【长方体】工具、【切角长方体】工具和【编辑多边形】修改器、【壳】修改器、【网格平滑】修改器制作圈椅坐垫和靠背模型。

⊙ 使用【长方体】工具和【编辑多边形】修改器制作圈椅腿模型。

中式圈椅建模流程图如图6-283所示。

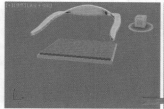

图6-283

制作步骤

01 单击 、 按钮，选择 标准基本体 选项，单击 平面 按钮，在顶视图中创建一个平面，并设置【长度】为500mm、【宽度】为600mm、【长度分段】为11、【宽度分段】为12，如图6-284所示。

02 选择上一步创建的模型，并为其加载【编辑多边形】修改器命令，如图6-285所示。

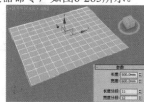

图6-284   图6-285

03 在【多边形】级别 下，选择如图6-286所示的多边形，按【Delete】键删除，如图6-287所示。

04 选择上一步创建的模型，并为其加载【壳】修改器命令，如图6-288所示，并设置【外部量】为25mm，如图6-289所示。

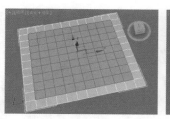

图6-286   图6-287

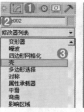

图6-288   图6-289

05 保持选择上一步创建的模型，为其加载【编辑多边形】修改器命令，在【边】级别 下，选择如图6-290所示的边。单击 切角 按钮后面的【设置】按钮 ，并设置【数量】为3mm，【分段】为4，如图6-291所示。

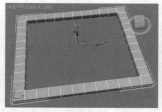

图6-290   图6-291

06 单击 、 按钮，选择 扩展基本体 选项，单击 切角长方体 按钮，在顶视图中创建一个切角长方体，并设置【长度】为475mm、【宽度】为570mm、【高度】为20mm、【圆角】为14mm、【长度分段】为10、【宽度分段】为70、【高度分段】为1，【圆角分段】为5，如图6-292所示。

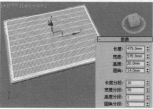

图6-292

07 选择上一步创建的模型，为其加载【编辑多边形】修改器命令，展开【绘制变形】卷展栏，单击 推/拉 按钮，在【推/拉方向】选项组中选中【Z】单选按钮，【推/拉值】为-10mm，【笔刷大小】为0.5mm，【笔刷强度】为1。拖曳鼠标，调节切角长方体，如图6-293所示。

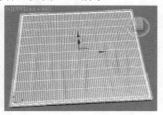

图6-293

08 利用【平面】工具在顶视图创建一个平面，并设置【长度】为550mm，【宽度】为650mm，【长度分段】为7、【宽度分段】为8，如图6-294所示。

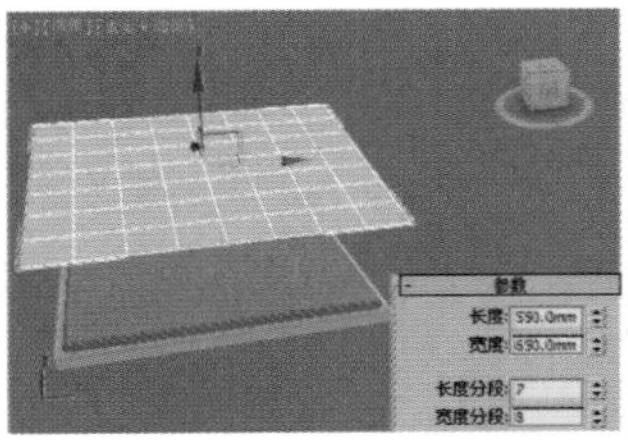

图6-294

09 选择上一步创建的模型，为其加载【编辑多边形】修改器，在【多边形】级别下，选择如图6-295所示的多边形，按【Delete】键删除，如图6-296所示。

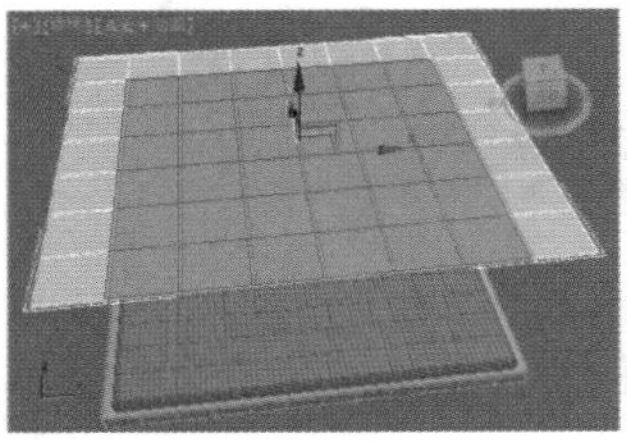

图6-295

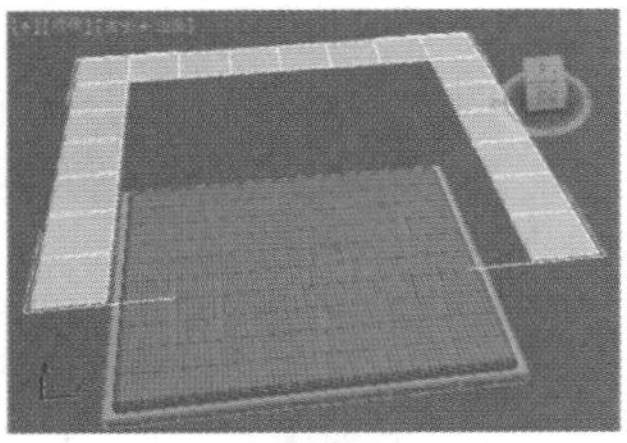

图6-296

10 在【顶点】级别下，调节点的位置，如图6-297所示。

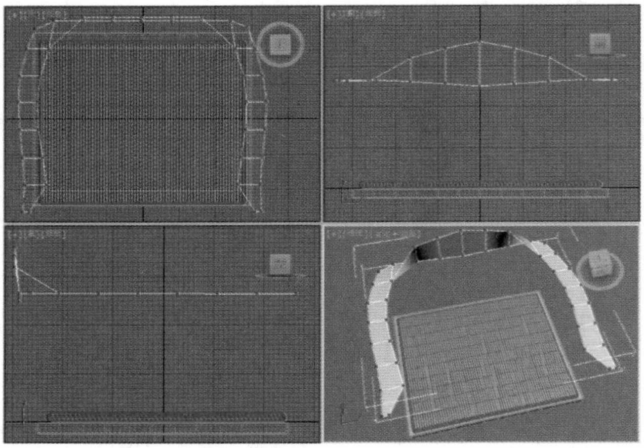

图6-297

11 选择上一步创建的模型，为其加载【壳】修改器命令，并设置【外部量】为25mm，如图6-298所示。

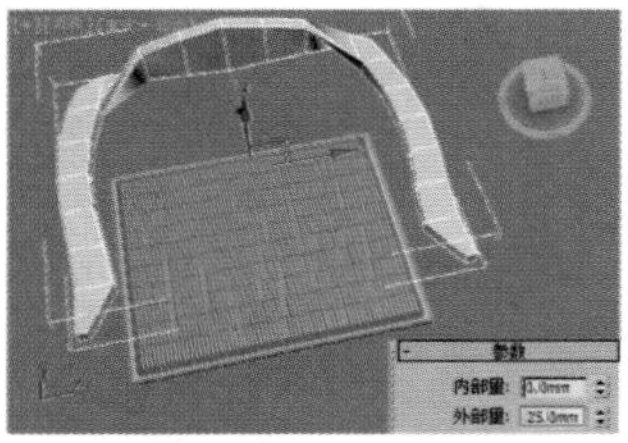

图6-298

12 保持选择上一步创建的模型，在【边】级别下，选择如图6-299所示的边。单击 切角 按钮后面的【设置】按钮，并设置【数量】为1mm，如图6-300所示。

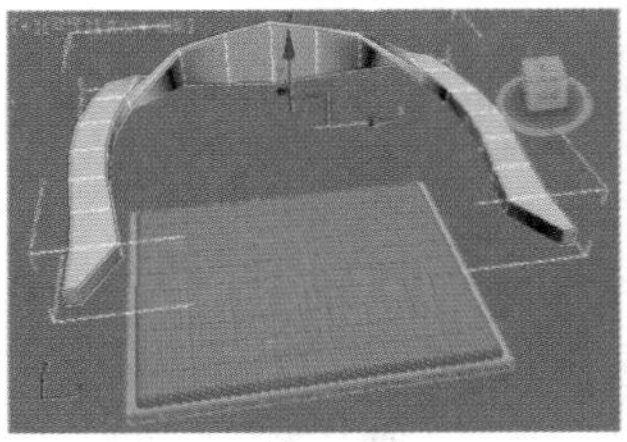

图6-299

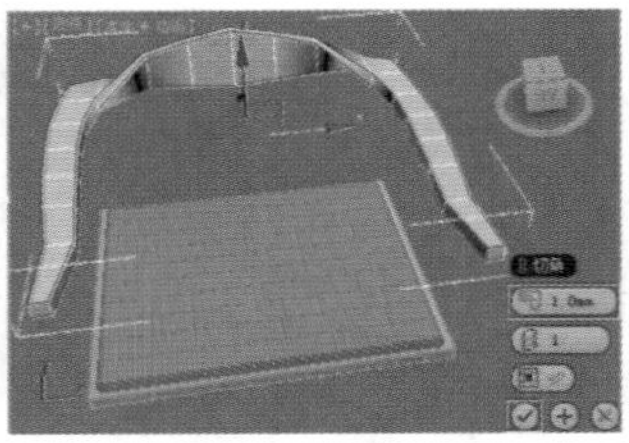

图6-300

技巧提示

不难发现，在使用多边形建模时，很多情况下都会使用【切角】工具，将模型的边缘设置出一个很小的边缘，这样在加载【网格平滑】修改器命令后，会出现一个非常平滑的过渡效果。

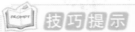

13 选择上一步创建的模型，为其加载【网格平滑】修改器命令，并设置【迭代次数】为2，如图6-301所示。

14 选择上一步创建的模型，使用【选择并旋转】工具在左视图中对其进行旋转，如图6-302所示。至此圈椅坐垫和靠背模型就制作完成了。

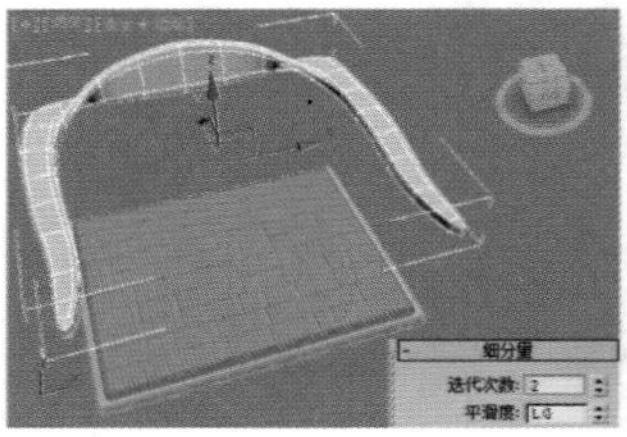

图6-301

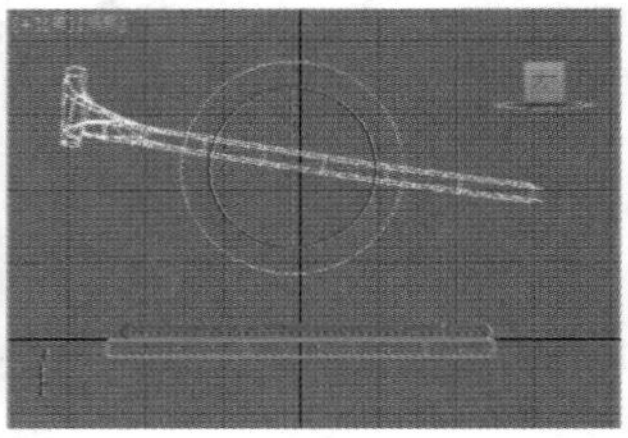

图6-302

15 单击、按钮，选择 标准基本体 选项，单击 长方体 按钮，在顶视图中创建一个长方体，并设置【长度】为30mm、【宽度】为30mm、【高度】为600mm，【高度分段】为2，如图6-303所示。

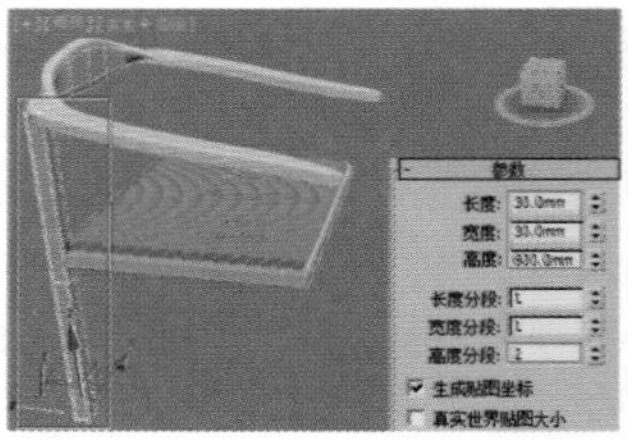

图6-303

16 选择上一步创建的模型，为其加载【编辑多边形】修改器命令，在【顶点】级别下，选择如图6-304所示的顶点。使用【选择并均匀缩放】工具沿X、Y轴对其进行缩放，如图6-305所示。

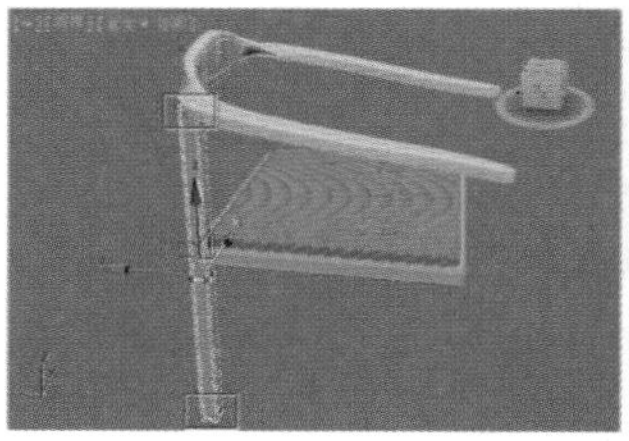

图6-304

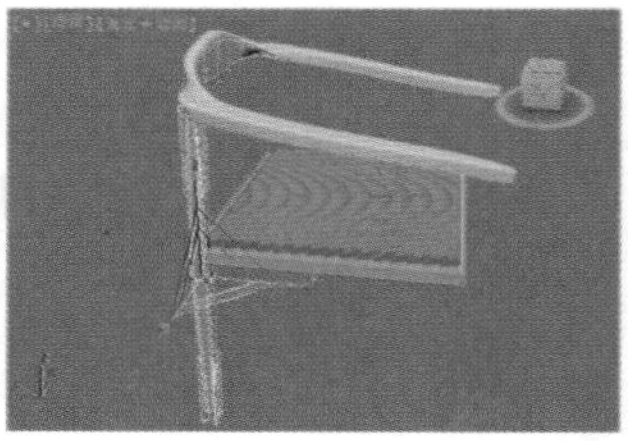

图6-305

17 选择上一步创建的模型，复制3份，如图6-306所示。

18 最终模型效果如图6-307所示。

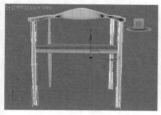

图6-306　　　　　　　　图6-307

★ 综合实战——多边形建模制作简欧风格茶几

场景文件	无
案例文件	案例文件\Chapter 06\综合实战——多边形建模制作简欧风格茶几.max
视频教学	视频文件\Chapter 06\综合实战——多边形建模制作简欧风格茶几.flv
难易指数	★★★☆☆
技术掌握	掌握【线】工具、【编辑多边形】修改器、【车削】修改器和【网格平滑】修改器的运用

实例介绍

简欧风格茶几是具有欧洲家具风格的茶几，会给人以豪华、大气、奢侈的感觉，最终渲染和线框效果分别如图6-308和图6-309所示。

图6-308　　　　　　　　图6-309

建模思路

使用【线】工具、【编辑多边形】修改器、【车削】修改器和【网格平滑】修改器制作简欧风格茶几模型。

简欧风格茶几建模流程图如图6-310所示。

图6-310

制作步骤

01 单击 按钮、 按钮，选择 样条线 选项，单击 线 按钮，在顶视图中绘制一条样条线，并在修改面板下展开【插值】卷展栏，设置【步数】为2，如图6-311所示。

图6-311

02 选择上一步创建的模型，为其加载【车削】修改器命令，如图6-312所示。在【参数】卷展栏下设置【分段】为30，在【对齐】选项组中单击【最大】按钮，如图6-313所示。

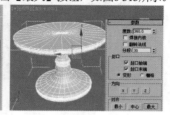

图6-312　　　　　　　　图6-313

03 选择上一步创建的模型，为其加载【编辑多边形】修改器命令，如图6-314所示。在【边】级别下，选择如图6-315所示的边。

图6-314　　　　　　　　图6-315

04 保持选择上一步选择的边。单击 切角 按钮后面的【设置】按钮 ，并设置【数量】为3mm，如图6-316所示。

图6-316

05 在【多边形】级别 下，选择如图6-317所示的多边形。单击 倒角 按钮后面的【设置】按钮 ，并设置【高度】为-3mm、【轮廓】为-3mm，如图6-318所示。

图6-317　　　　　　　　图6-318

06 选择上一步创建的模型，为其加载【网格平滑】修改器命令，如图6-319所示。在修改面板下展开【细分量】卷展栏，设置【迭代次数】为2，如图6-320所示。

图6-319　　　　　　　　图6-320

07 最终模型效果如图6-321所示。

图6-321

技巧提示

本案例制作步骤不算多，但是结合了样条线、修改器、多边形建模等多种建模方式，是非常综合的制作流程。因此，通过该案例要明白，一个模型可以使用多种建模方法进行综合制作，合理的建模方式会节省制作的时间。

6.3 Graphite建模工具

在3ds Max 2010版本以后，Graphite建模工具被整合成为3ds Max内置的工具，不需要设置即可使用，从而使多边形建模变得更加强大。其参数和应用方法与多边形建模基本一致，而Graphite工具相对更加灵活、方便。如图6-322所示为Graphite建模的优秀作品。

图6-322

6.3.1 调出Graphite建模工具

【Graphite建模工具】包含【Graphite建模工具】、【自由形式】、【选择】和【对象绘制】4个选项卡，每个选项卡下都包含许多工具（这些工具的显示与否取决于当前建模的对象及需要），如图6-323所示。

图6-323

在默认情况下，首次启动3ds Max 2013时，【Graphite建模工具】工具栏会自动出现在操作界面中，位于主工具栏的下方。在主工具栏上单击【Graphite建模工具】按钮，即可切换打开和关闭其窗口，如图6-324所示。

图6-324

6.3.2 切换Graphite建模工具的显示状态

Graphite建模工具的界面具有3种不同的状态，切换这3种状态的方法主要有以下两种：

● 在【Graphite建模工具】工具栏中单击【最小化为面板标题】按钮，如图6-325所示，此时该工具栏会变成面板标题工具栏，如图6-326所示。

图6-325   图6-326

● 在【Graphite建模工具】工具栏中单击【最小化为面板标题】按钮后面的按钮，接着在其子菜单中即可选择相应的显示方式，如图6-327所示。

图6-327

6.3.3 Graphite工具界面

【Graphite建模工具】选项卡下包含了大部分多边形建模的常用工具，它被分成若干不同的面板，如图6-328所示。

当切换不同的级别时，【Graphite建模工具】选项卡下的参数面板也会跟着发生相应的变化，图6-329、图6-330、图6-331、图6-332和图6-333分别是【顶点】级别、【边】级别、【边界】级别、【多边形】级别和【元素】级别下的面板。

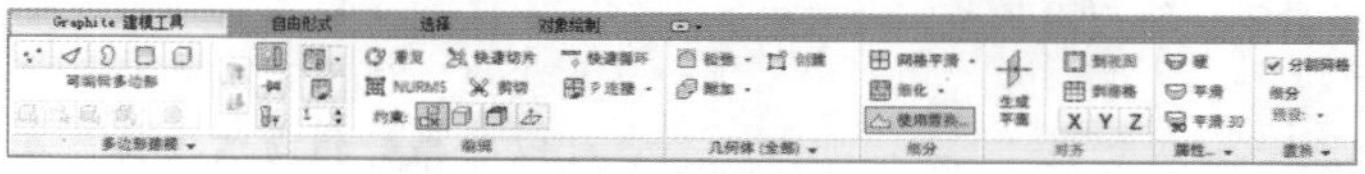

图6-328

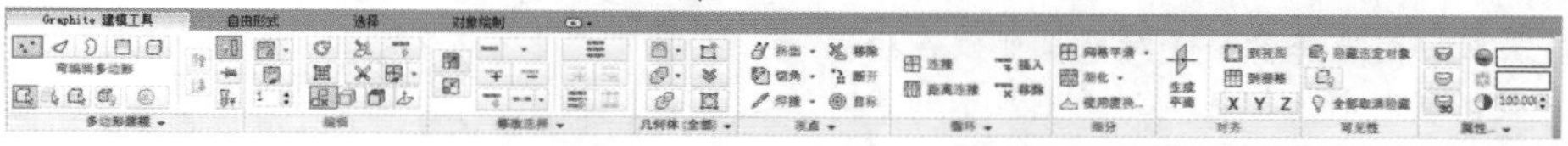

图6-329

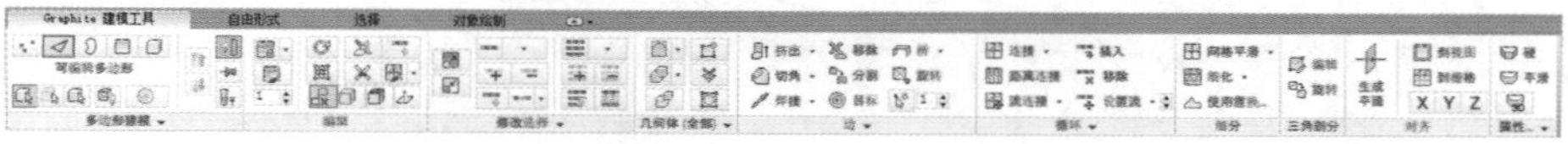

图6-330

图6-331

图6-332

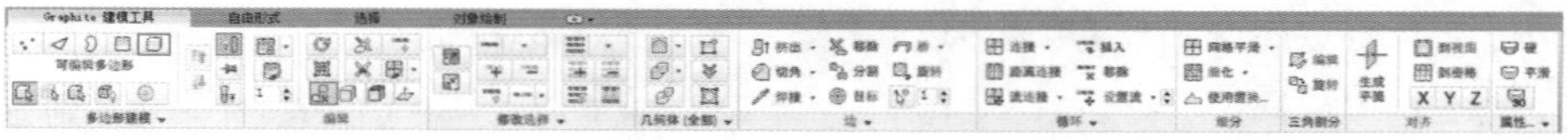

图6-333

6.3.4 【Graphite建模工具】选项卡

多边形建模

【多边形建模】面板中包含了用于切换子对象级别、修改器列表、将对象转化为多边形和编辑多边形的常用工具和命令，如图6-334所示。由于该面板是最常用的面板，因此建议用户将其切换为浮动面板（拖曳该面板即可将其切换为浮动状态），这样使用起来会更加方便一些，如图6-335所示。

图6-334　　图6-335

- 顶点 ：进入多边形的【顶点】级别，在该级别下可以选择对象的顶点。

- 边 ：进入多边形的【边】级别，在该级别下可以选择对象的边。

- 边界 ：进入多边形的【边界】级别，在该级别下可以选择对象的边界。

- 多边形 ：进入多边形的【多边形】级别，在该级别下可以选择对象的多边形。

- 元素 ：进入多边形的【元素】级别，在该级别下可以选择对象中相邻的多边形。

技巧提示

【边】与【边界】级别是兼容的，所以可以在二者之间进行切换，并且切换时会保留现有的选择对象。另外，【多边形】与【元素】级别也是兼容的。

- 切换命令面板 ：控制命令面板的可见性。单击该按钮可以关闭【命令】面板，再次单击该按钮可以显示出【命令】面板。

- 锁定堆栈 ：将修改器列表和【Graphite建模工具】控件锁定到当前选定的对象。

技巧提示

【锁定堆栈】工具非常适用于在保持已修改对象的堆栈不变的情况下变换其他对象。

- 显示最终结果 ：显示在堆栈中所有修改完毕后出现的选定对象。

- 下一个修改器 /上一个修改器 ：通过上移或下移堆栈

以改变修改器的先后顺序。

- 预览关闭：关闭预览功能。
- 预览子对象：仅在当前子对象层级启用预览。

技巧提示

若要在当前层级取消选择多个子对象，可以在按住【Ctrl+Alt】快捷键的同时将光标拖曳到高亮显示的子对象处，然后单击选定的子对象，这样就可以取消选择所有高亮显示的子对象。

- 预览多个：开启预览多个对象。
- 忽略背面：开启忽略对背面对象的选择。
- 使用软选择：在软选择和软选择面板之间切换。
- 塌陷堆栈：将选定对象的整个堆栈塌陷为可编辑多边形。
- 转化为多边形：将对象转换为可编辑多边形格式并进入修改模式。
- 应用编辑多边形模式：为对象加载【编辑多边形】修改器并切换到修改模式。
- 生成拓扑：打开【拓扑】对话框。
- 对称工具：打开【对称工具】对话框。
- 完全交互：切换【快速切片】工具和【切割】工具的反馈层级以及所有的设置对话框。

编辑

【编辑】面板中提供了用于修改多边形对象的各种工具，如图6-336所示。

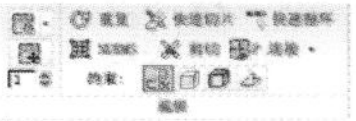

图6-336

- 保留UV：启用该选项后，可以编辑子对象，而不影响对象的UV贴图，如图6-337所示。

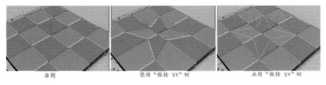

原图
禁用"保持UV"时
启用"保持UV"时

图6-337

- 扭曲：启用该选项后，可以通过鼠标操作来扭曲UV，如图6-338所示。

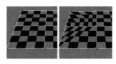

图6-338

- 重复：重复最近使用的命令。

技巧提示

【重复】工具不会重复执行所有操作，如不能重复变换。使用该工具时，若要确定重复执行哪个命令，可以将指针指向该按钮，在弹出的工具提示上会显示可重复执行的操作名称。

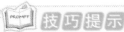

- 快速切片：可以将对象快速切片，单击鼠标右键可以停止切片操作。

技巧提示

在对象层级中，使用【快速切片】工具会影响整个对象。

- 快速循环：通过单击来放置边循环。按住【Shift】键的同时单击可以插入边循环，并调整新循环以匹配周围的曲面流。
- NURMS：通过NURMS方法应用平滑并打开使用NURMS面板。
- 剪切：用于创建一个多边形到另一个多边形的边，或在多边形内创建边。
- 连接：启用该选项后，可以以交互的方式绘制边和顶点之间的连接线。
- 设置流：启用该选项时，可以使用【连接】工具自动重新定位新边，以适合周围网格内的图形。
- 约束：可以使用现有的几何体来约束子对象的变换。

修改选择

【修改选择】面板中提供了用于调整对象的多种工具，如图6-339所示。

图6-339

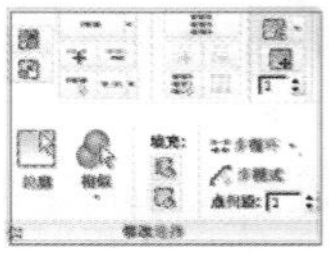

- 增长：朝所有可用方向外侧扩展选择区域。
- 收缩：通过取消选择最外部的子对象来缩小子对象的选择区域。
- 循环：根据当前选择的子对象来选择一个或多个循环。
- 在圆柱体末端循环：沿圆柱体的顶边和底边选择顶点和边循环。
- 增长循环：根据当前选择的子对象来增长循环。
- 收缩循环：通过从末端移除子对象来减小选定循环的范围。
- 循环模式：如果启用该选项，则选择子对象时也会自动选择关联循环。

- 点循环：选择有间距的循环。
- 点循环圆柱体：选择环绕圆柱体顶边和底边的非连续循环中的边或顶点。
- 环：根据当前选择的子对象来选择一个或多个环。
- 增长环：分步扩大一个或多个边环，只能用在【边】和【边界】级别中。
- 收缩环：通过从末端移除边来减小选定边循环的范围，不适用于圆形环，只能用在【边】和【边界】级别中。
- 环模式：启用该选项时，系统会自动选择环。
- 点环：基于当前选择，选择有间距的边环。
- 轮廓：选择当前子对象的边界，并取消选择其余部分。
- 相似：根据选定的子对象特性来选择其他类似的元素。
- 填充：选择两个选定子对象之间的所有子对象。
- 填充孔洞：选择由轮廓选择和轮廓内的独立选择指定的闭合区域中的所有子对象。
- 步循环：在同一循环上的两个选定子对象之间选择循环。
- StepLoop 最长距离按钮：使用最长距离在同一循环中的两个选定子对象之间选择循环。
- 步模式：使用步模式来分步选择循环。
- 点间距：指定用【点循环】选择循环中的子对象之间的间距范围，或用【点环】选择的环中边之间的间距范围。

几何体（全部）

【几何体（全部）】面板中提供了编辑几何体的工具，如图6-340所示。

图6-340

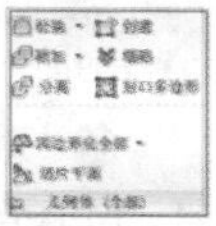

- 松弛：使用该工具可以将松弛效果应用于当前选定的对象。
- 松弛设置：打开【松弛】对话框，在其中可以设置松弛的相关参数。
- 创建：创建新的几何体。
- 附加：用于将场景中的其他对象附加到选定的多边形对象。
- 从列表中附加：打开【附加列表】对话框，在其中可以将场景中的其他对象附加到选定对象。
- 塌陷：通过将其顶点与选择中心的顶点焊接起来，使连续选定的子对象组产生塌陷效果，如图6-341所示。

图6-341

- 分离：将选定的子对象和附加到子对象的多边形作为单独的对象或元素分离出来。
- 封口多边形：从顶点或边选择创建一个多边形并选择该多边形。
- 四边形化：一组用于将三角形转化为四边形的工具。
- 切片平面：为切片平面创建Gizmo，可以定位和旋转它来指定切片位置。

技巧提示

在【多边形】或【元素】级别中，使用【切片平面】工具只能影响选定的多边形。如果要对整个对象执行切片操作，可以在其他子对象级别或对象级别中使用【切片平面】工具。

子对象

在不同的子对象级别中，子对象面板的显示状态也不一样。下面依次讲解各个子对象的面板。

01 【顶点】面板中提供了编辑顶点的相应工具，如图6-342所示。

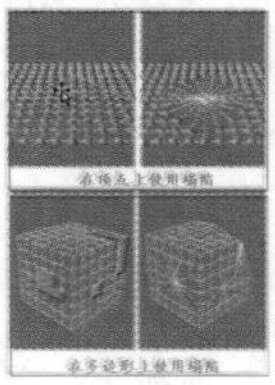

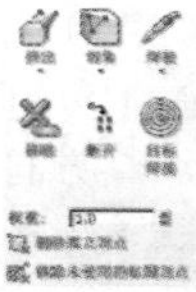

图6-342

- 挤出：使用该工具可以对选中的顶点进行挤出。
- 挤出设置按钮：打开【挤出顶点】对话框，在其中可以设置挤出顶点的相关参数。

技巧提示

按住【Shift】键的同时单击【挤出】按钮也可以打开【挤出顶点】对话框。

- 切角：使用该工具可以对当前所选的顶点进行切角操作。
- 切角设置：打开【切角顶点】对话框，在其中可以设置切角顶点的相关参数。
- 焊接：对阈值范围内选中的顶点进行合并。
- 焊接设置：打开【焊接顶点】对话框，在其中可以设置【焊接预置】参数。
- 移除：删除选中的顶点。
- 断开：在与选定顶点相连的每个多边形上都创建一个新顶点，使多边形的转角相互分开。
- 目标焊接：可以选择一个顶点，并将它焊接到相邻目标顶点。
- 权重：设置选定顶点的权重。
- 删除孤立顶点：删除不属于任何多边形的所有顶点。

⊕ 移除未使用的贴图顶点🗙：自动删除某些建模操作留下的未使用过的孤立贴图顶点。

⑫ 【边】面板中提供了对【边】进行操作的相关工具，如图6-343所示。

⊕ 挤出⬚：对边进行挤出。

⊕ 挤出设置：打开【挤出边】对话框，在其中可以设置挤出边的相关参数。

⊕ 切角⬚：对边进行切角。

⊕ 切角设置：打开切角边对话框，在其中可以设置切角边的相关参数。

⊕ 焊接✐：对阈值范围内选中的边进行合并。

⊕ 焊接设置：打开【焊接边】对话框，在其中可以设置焊接预置的相关参数。

⊕ 桥⬚：连接多边形对象的边。

⊕ 桥接设置：打开【跨越边界】对话框，在其中可以设置桥接边的相关参数。

⊕ 移除🗙：删除选定的边。

⊕ 分割⬚：沿着选定的边分割网格。

⊕ 目标焊接◎：用于选择边并将其焊接到目标边。

⊕ 自旋⬚：旋转多边形中的一个或多个选定边，从而更改方向。

⊕ 插入顶点⬚：在选定的边内插入顶点。

⊕ 利用所选内容创建图形⬚：选择一个或多个边后，单击该按钮可以创建一个新图形。

⊕ 权重：设置选定边的权重，以供NURMS进行细分或供【网格平滑】修改器使用。

⊕ 折缝：对选定的边指定折缝操作量。

⑬ 【边界】面板中提供了对边界进行操作的相关工具，如图6-344所示。

⊕ 挤出⬚：对边界进行挤出操作。

⊕ 挤出设置：打开【挤出边】对话框，在其中可以设置挤出边界的相关参数。

⊕ 桥⬚：连接多边形对象上的边界。

⊕ 桥设置：打开【跨越边界】对话框，在其中可以设置桥接边界的相关参数。

⊕ 切角⬚：对边界进行切角操作。

⊕ 切角设置：打开【切角边】对话框，在其中可以设置切角边的相关参数。

⊕ 连接⬚：在选定的边界之间创建新边。

⊕ 连接设置：打开【连接边】对话框，在其中可以设置连接边界的相关参数。

⊕ 利用所选内容创建图形⬚：选择一个或多个边界后，单击该按钮可以创建一个新图形。

⊕ 权重：设置选定边界的权重。

图6-343

图6-344

⊕ 折缝：对选定的边界指定折缝操作量。

⑭ 【多边形】面板中提供了对多边形进行操作的相关工具，如图6-345所示。

⊕ 挤出⬚：对多边形进行挤出操作。

⊕ 挤出设置：打开【挤出多边形】对话框，在其中可以设置挤出多边形的相关参数。

⊕ 倒角⬚：对多边形进行倒角操作。

⊕ 倒角设置：打开【倒角多边形】对话框，在其中可以设置倒角多边形的相关参数。

⊕ 桥⬚：连接对象上的两个多边形或选定多边形。

⊕ 桥设置：打开【跨越多边形】对话框，在其中可以设置桥接多边形的相关参数。

⊕ 几何体多边形⬚：解开多边形并对顶点进行组织，以形成完美的几何形状。

⊕ 翻转⬚：反转选定多边形的法线方向。

⊕ 转枢⬚：对多边形进行旋转操作。

⊕ 转枢设置：打开【从边旋转多边形】对话框，在其中可以设置从边旋转多边形的相关参数。

⊕ 插入⬚：对多边形进行插入操作。

⊕ 插入设置：打开【插入多边形】对话框，在其中可以设置插入多边形的相关参数。

⊕ 轮廓⬚：用于增加或减小每组连续的选定多边形的外边。

⊕ 轮廓设置：打开【多边形加轮廓】对话框，在其中可以设置【轮廓量】参数。

⊕ 样条线上挤出⬚：沿样条线挤出当前的选定内容。

⊕ 样条线上挤出设置：打开【沿样条线挤出多边形】对话框，在其中可以拾取样条线的路径并设置其他相关参数。

⊕ 插入顶点⬚：手动在多边形上插入顶点，以细分多边形。

⑮ 【元素】面板中提供了对元素进行操作的相关工具，如图6-346所示。

⊕ 翻转⬚：翻转选定多边形的法线方向。

⊕ 插入顶点⬚：手动在多边形元素上插入顶点，以细分多边形。

图6-345

图6-346

⬛循环

【循环】面板的工具和参数主要用于处理边循环，如图6-347所示。

⊕ 连接⬚：在选中的对象之间创建新边。

⊕ 连接设置：打开【连接边】对话框，只有在【边】级别下才可用。

⊕ 距离连接⬚：在跨越一定距离和其他拓扑的顶点和边之间创建边循环。

图6-347

- 流连接▦：跨越一个或多个边环来连接选定边。
- · 自动循环：启用该选项并使用【流连接】工具▦后，系统会自动创建完全边循环。
- 插入循环▦：根据当前子对象选择创建一个或多个边循环。
- 移除循环▦：移除当前子对象层级处的循环，并自动删除所有剩余顶点。
- 设置流▦：调整选定边以适合周围网格的图形。
- · 自动循环：启用该选项后，使用【设置流】工具▦可以自动为选定的边选择循环。
- 构建末端▦：根据选择的顶点或边来构建四边形。
- 构建角点▦：根据选择的顶点或边来构建四边形的角点，以翻转边循环。
- 循环工具▦：打开【循环工具】对话框，其中包含用于调整循环的相关工具。
- 随机连接▦：连接选定的边，并随机定位所创建的边。
- · 自动循环：启用该选项后，应用的随机连接可以使循环尽可能完整。
- 设置流速度：调整选定边的流的速度。

细分

【细分】面板中的工具可以用来增加网格数量，如图6-348所示。

- 网格平滑▦：将对象进行网格平滑处理。
- ▦网格平滑设置▦：打开【网格平滑选择】对话框，在其中可以指定平滑的应用方式。

图6-348

- 细化▦：对所有多边形进行细化操作。
- ▦细化设置▦：打开【细化选择】对话框，在其中可以指定细化的方式。
- 使用置换▦：打开【置换】面板，在面板中可以为置换指定细分网格的方式。

三角剖分

【三角剖分】面板中提供了用于将多边形细分为三角形的一些方式，如图6-349所示。

- 编辑▦：在修改内边或对角线时，将多边形细分为三角形的方式。

图6-349

- 旋转▦：通过单击对角线将多边形细分为三角形。
- 重复三角算法▦：对当前选定的多边形自动执行最佳的三角剖分操作。

对齐

【对齐】面板可以用在对象级别及所有子对象级别中，如图6-350所示。

- 生成平面化▦：强制所有选定的子对象成为共面。

图6-350

- 到视图▦：使对象中的所有顶点与活动视图所在的平面对齐。
- 到栅格▦：使选定对象中的所有顶点与活动视图所在的平面对齐。
- X x/Y y/Z z：平面化选定的所有子对象，并使该平面与对象的局部坐标系中的相应平面对齐。

可见性

使用【可见性】面板中的工具可以隐藏和取消隐藏对象，如图6-351所示。

- 隐藏当前选择▦：隐藏当前选定的对象。
- 隐藏未选定对象▦：隐藏未选定的对象。

图6-351

- 全部取消隐藏▦：将隐藏的对象恢复为可见。

属性

使用【属性】面板中的工具可以调整网格平滑、顶点颜色和材质ID，如图6-352所示。

图6-352

- 硬▦：对整个模型禁用平滑。
- ▦选定硬的▦：对选定的多边形禁用平滑。
- 平滑▦：对整个对象启用平滑。
- ▦平滑选定项▦：对选定的多边形启用平滑。
- 平滑30▦：对整个对象启用适度平滑。
- ▦已选定平滑30▦：对选定的多边形启用适度平滑。
- 颜色▦：设置选定顶点或多边形的颜色。
- 照明▦：设置选定顶点或多边形的照明颜色。
- Alpha▦：为选定的顶点或多边形分配 Alpha 值。
- 平滑组▦：打开用于处理平滑组的对话框。
- 材质ID▦：打开用于设置材质ID、按ID和子材质名称选择的【材质ID】对话框。

读书笔记

【自由形式】选项卡包含在视口中通过绘制创建和修改多边形几何体的工具。另外，【默认】面板还提供了用于保存和加载画笔的设置，其参数面板如图6-353所示。

图6-353

多边形绘制

【多边形绘制】面板提供用于快速地在主栅格上绘制和编辑网格的工具，根据【绘制于】选项的设置，网格将投影到其他对象的曲面或投影到选定对象本身，如图6-354所示。

- 拖动 ：使用【拖动】工具，可以在曲面或网格上移动各个子对象。

图6-354

- 一致 ：通过【一致】笔刷，可以在一致对象的顶点朝着目标对象移动时，将该一致对象塑造为目标对象的图形。

- 步骤构建 ：使用【步骤构建】工具，可以一个顶点一个顶点及一个多边形一个多边形地构建和编辑曲面。

- 扩展 ：使用【扩展】工具，可以处理对象的开放边；那些位于曲面的边界上的开放边仅附有一个多边形。

- 优化 ：通过略掉详细信息来快速优化网格。

- 绘制于 ：从下拉列表框中选择要在以下位置绘制的实体类型，包括 （栅格）、 （曲面）、 （选择）。

- 图形 ：在网格或曲面上绘制多边形图形。

- 拓扑 ：绘制构成四边形栅格的线。在绘制合适的四边形时，【拓扑】会将多边形填充到其中，从而从栅格创建网格，如图6-355所示。

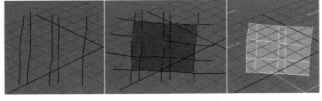

图6-355

- 样条线 ：在曲面或网格上绘制样条线。

- 条带 ：绘制呈曲线沿伸的多边形的条带以与鼠标方向保持一致。

- 曲面 ：拖动以在对象或网格上绘制曲面。

- 分支 ：根据带有可选锥体的多边形绘制多个分段挤出，以形成【分支】。

- 新对象 ：创建新的【空白】可编辑多边形对象，并访问【顶点】子对象层级，同时保持当前的【多边形绘制】工具处于活动状态。

- 解算曲面 ：获取一个多边形（如使用【图形】工具绘制的多边形）并尝试创建一个可用网格，添加边，以生成一个主要由四边形组成的规则图形。

- 解算到四边形 ：如果启动该选项，则使用【解算曲面】生成的图形通常是四边形。

绘制变形

【绘制变形】面板中提供的工具可用于通过在对象曲面上拖动鼠标，以交互方式直观地变形网格几何体，如图6-356所示。

- 偏移 /偏移旋转 /偏移缩放 ：在屏幕空间中移动、旋转或缩放子对象（与查看方向垂直）将会产生可调整的衰减效果。【偏移】工具大致等效于使用【软选择】进行变换，但不需要进行初始选择。

图6-356

- 推/拉 ：拖动笔刷以向外移动顶点；按【Alt】键并拖动可向内移动顶点，如图6-357所示。

- 松弛/柔化 ：拖动笔刷使曲面更加平滑，如去除角，如图6-358所示。

- 涂抹 ：拖动以移动顶点。【涂抹】工具与【偏移】工具大致相同，但在拖动时会连续更新效果区域，而且不会使用衰减，如图6-359所示。

图6-357　　　　图6-358　　　　图6-359

- 展平 ：拖动笔刷以把凸面和凹面区域弄平，如图6-360所示。

- 收缩/扩散 ：通过拖动来移动顶点，使它们彼此相隔更近，或按【Alt】键并拖动将它们分散开来，如图6-361所示。

- 噪波 ：拖动以将凸面噪波添加到曲面中，或者在按【Alt】键的同时拖动来添加凹面噪波，如图6-362所示。

- 放大 ：通过向外移动凸面区域或向内移动凹面区域使绘制曲面特征更加鲜明，如图6-363所示。

- 还原 ：绘制将网格进行还原。

- 约束到样条线 ：该选项可以将绘制变形约束到样条线。

- 拾取 ：单击该按钮可以进行拾取。

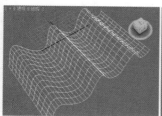
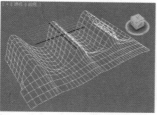

图6-360

图6-361

图6-362

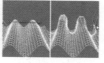

图6-363

【默认】面板

可使用【默认】面板工具保存和加载笔刷设置，如图6-364所示。

- 加载所有笔刷设置：打开一个对话框，以便从现有文件加载笔刷设置。

图6-364

- 保存所有笔刷设置：打开一个对话框，以便将笔刷设置存储在一个文件中。

- 将"当前设置"设置为默认值：将活动笔刷设置保存为默认设置，使其从此始终保持活动状态。提示时确认此操作。

6.3.6 【选择】选项卡

【选择】选项卡提供了专门用于进行子对象选择的各种工具，其参数面板如图6-365所示。

图6-365

常规选择面板

常规选择面板包括【选择】面板（用于根据某些拓扑选择子对象）、【存储选择】面板（用于存储、还原和合并子对象选择）和【集】面板（用于复制并粘贴命名的子对象选择集）。

- 顶部：选择模型挤出部分的顶部。
- 打开：选择所有打开的子对象。
- 图案：增大当前选择并将其变为依赖于初始选择的图案。
- 复制存储 1 /复制存储 2：将当前子对象选择放入存储1或存储2缓冲区。
- 粘贴存储 1 /粘贴存储 2：根据相应存储缓冲区的内容在当前层级选择子对象，会替换当前选择。
- 相加 1+2：合并两个存储的选择并在当前子对象层级应用这些选择，然后清空这两个存储缓冲区。
- 相减 1-2：选择存储 1，除非它与存储 2重叠。清除两个缓冲区。
- 相交：选择存储 1和存储 2中子对象的重叠（如果有）。
- 清除：清除存储的选择，从而清空这两个缓冲区。
- 复制：打开一个对话框，该对话框中可以指定要放在复制缓冲区中的命名选择集。
- 粘贴：从复制缓冲区中粘贴命名选择。

选择方式面板

选择方式面板提供了用于从不同方式出发进行子对象选

择的多种方法。例如，可以使用【按曲面】面板选择模型的凹面或凸面区域，也可以使用【按透视】面板选择模型的外部区域。

01 【按曲面】面板

- 凹面/凸面：从下拉菜单中选择相应命令以选择凹面或凸面区域中的子对象。

02 【按法线】面板

- 角度：子对象的法线方向可以偏离指定轴且仍旧被选定的量。此值越大，选定的子对象越多。
- X/Y/Z：要选择的子对象的法线必须在世界坐标系中指向的方向。
- 反转：反转选定法线的方向。

03 【按透视】面板

- 角度：子对象的法线方向偏离视图轴（视点与子对象之间的虚线）时达到的数量，并且仍被选择。此值越大，选择的子对象越多。
- 轮廓：启用该选项后，【按透视】将仅选择角度设置定义的最外面的子对象。
- 选择：根据当前设置进行选择。

04 【按随机】面板

- 数量#：启用按数量的随机选择。
- 百分比%：启用按百分比的随机选择。
- 选择：基于当前设置从所有子对象中选择。
- 从当前选择中选择：位于【选择】下拉菜单中。
- 随机增长：通过取消选择随机子对象来扩大选择。
- 随机收缩：通过取消选择随机子对象来收缩选择。

05 【按一半】面板

- X/Y/Z：选择要在其上选择半个网格的轴。

- 反转轴：切换还原【按一半选择】选择，并进行选择。

- 选择：根据当前设置进行选择。

⑥【按轴距离】面板

- % 从轴：在该范围之外（表示为对象大小的百分比）选择子对象。

⑦【按视图】面板

- 从透视图增长：选择子对象的距离范围，从最靠近相应对象的部分开始到视图。

⑧【按对称】面板

- X/Y/Z：选择镜像当前子对象选择时要使用的局部轴。

⑨【按颜色】面板

- 颜色 /照明：从下拉菜单中选择此选项以按颜色或

照明选择顶点。

- R/G/B [范围]：指定颜色匹配的范围。

选择：根据当前设置进行选择。

⑩【按数值】面板

- =/</>：选择此选项可根据限定子对象是等于（=）、小于（<）还是大于（>）指定值来进行选择。

- 边：选择具有（等于、少于、多于）【边】指定的连接边数的顶点。只有在【顶点】子对象层级时，才能使用该选项。

- 边数：选择具有（等于、少于、多于）【边】所指定的边数的多边形。仅在【多边形】子对象层级可用。

- 选择：根据当前设置进行选择。

6.3.7 【对象绘制】选项卡

通过【对象绘制】选项卡，可以在场景中的任何位置或特定对象曲面上徒手绘制对象，其参数面板如图6-366所示。

图6-366

绘制对象

使用这些工具可以徒手或沿着选定的边圈在场景中或特定对象上绘制对象。通过绘制添加到场景中的对象称为绘制对象，如图6-367所示。

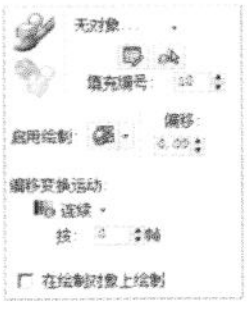

- 绘制：指定一个或多个绘制对象以及要在其上进行绘制的曲面后，单击此按钮，然后在视口中拖动以绘制对象。

- 填充：仅在可编辑多边形或【编辑多边形】对象上沿连续循环中的选定边放置绘制对象。

图6-367

- 拾取对象：指定一个绘制对象。要单击该按钮，然后再选择一个对象。

- 填充编号：当单击【填充】按钮时在选定边上绘制的对象数。

- 绘制于：选择接收绘制对象的曲面。

- 栅格：仅将对象绘制到活动栅格，而与场景中的任何对象无关，如图6-368所示。

- 选定对象：仅在选定对象上绘制，如图6-369所示。

- 场景：在对象曲面上的鼠标光标下方绘制对象，如果鼠标光标不在对象上，则在栅格上绘制对象，如图6-370所示。

- 偏移：与其上放置有绘制对象的已绘制曲面之间的距离。

- 偏移变换运动：使用动画变换对象进行绘制时，绘制对象将继承该运动。

图6-368 　　　　　图6-369　　　　　图6-370

- 在绘制对象上绘制：将绘制笔划放在层上，而不是并置对象。

笔刷设置

笔刷设置将在当前会话期间持续保留，并在软件重置后继续存在。重新启动 3ds Max 后将还原默认设置，如图6-371所示。

- 提交：将当前设置烘焙到活动绘制对象。

- 取消：删除活动绘制对象，即自上一次使用提交或取消后创建的对象或自开始绘制后创建的对象。

- 对齐到法线：启用时，系统将每个已绘制对象的指定轴与已绘制曲面的法线对齐。

图6-371

- 跟随笔划：启用时，系统将每个已绘制对象的指定轴与绘制笔划的方向对齐。

- X/Y/Z：选择已绘制对象用于对齐的轴。

- 翻转轴：启用时，系统将翻转对齐轴。

- 间距：笔划中的对象之间以世界单位表示的距离。间距值越高，绘制对象的数量越少。

- 散布：对每个绘制对象应用已绘制笔划的随机偏移。

- 旋转：围绕每个绘制对象的各个局部轴的旋转。

- 缩放图：设置绘制对象的缩放选项。
- X/Y/Z：绘制对象在每个轴上的缩放。
- 对象绘制笔刷设置：使用这些按钮可加载和保存笔刷设置。

★ 综合实战——Graphite建模工具制作床头柜

场景文件	无
案例文件	案例文件\Chapter 06\综合实战——Graphite建模工具制作床头柜.max
视频教学	视频文件\Chapter 06\案例实战——Graphite建模工具制作床头柜.flv
难易指数	★★★★☆
技术掌握	掌握【倒角】工具、【插入】工具、【挤出】工具、【切角】工具的使用方法

实例介绍

本例是一个欧式床头柜模型，主要使用Graphite建模工具中的【倒角】工具、【插入】工具、【挤出】工具、【切角】、【放样】工具和【车削】修改器来进行制作，效果如图6-372所示。

图6-372

建模思路

- 使用Graphite建模工具下的【挤出】、【倒角】、【插入】和【切角】工具制作床头柜主体模型。
- 使用【放样】工具和【车削】修改器制作床头柜腿部模型。

欧式床头柜建模流程如图6-373所示。

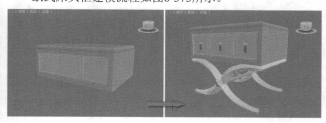
图6-373

制作步骤

01 创建床头柜模型。使用【长方体】工具在场景中创建一个长方体，设置【长度】为450mm、【宽度】为650mm、【高度】为220mm，并命名为【Box001】，如图6-374所示。

02 在上一步创建的长方体上方继续创建长方体，设置【长宽】为450mm、【宽度】为650mm、【高度】为30mm，并命名为【Box002】，如图6-375所示。

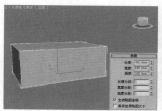
图6-374　　　　　　　　　图6-375

03 将Box002转化为多边形，单击【边】按钮，进入【边】级别，然后选择如图6-376所示的边，接着在【边】面板中单击【切角】按钮下面的切角设置按钮，最后在弹出的对话框中设置【边切角量】为18mm、【连接边分段】为8，如图6-377所示。

图6-376　　　　　　　　　图6-377

04 选择如图6-378所示的边，接着在【边】面板中单击按钮下面的切角设置按钮，最后在弹出的对话框中设置【边切角量】为1.5mm、【连接边分段】为3，如图6-379所示。

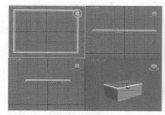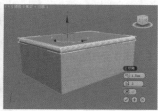
图6-378　　　　　　　　　图6-379

05 将Box001转化为多边形，单击【多边形】按钮，进入【多边形】级别，然后选择如图6-380所示的多边形，接着在【多边形】面板中单击按钮下面的插入设置按钮，最后在弹出的对话框中设置【数量】为25mm，如图6-381所示。

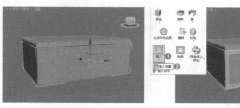
图6-380　　　　　　　　　图6-381

度】为70mm，如图6-389所示。

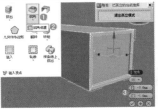

图6-386　　　　　　　　　　图6-387

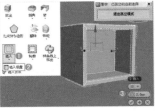

图6-388　　　　　　　　　　图6-389

可以发现在【挤出】、【插入】、【切角】等工具的对话框中都有3个按钮，分别是【确定】按钮、【应用并继续】按钮、【取消】按钮。当单击【确定】按钮时，表示完成该操作；当单击【应用并继续】按钮时，表示应用该次操作，但是并没有关闭窗口，继续多次单击【应用并继续】按钮即可多次重复相同的操作；当单击【取消】按钮时，表示放弃该次操作。

06 保持对多边形的选择，在【多边形】面板中单击按钮下面的 挤出设置 按钮，然后在弹出的对话框中设置【高度】为 - 430mm，如图6-382所示。

07 再次创建长方体，作为床头柜的抽屉，设置【长度】为165mm、【宽度】为185mm、【高度】为430mm，按如图6-383所示将其摆放在合适的位置。

13 单击【边】按钮，进入【边】级别，然后选择如图6-390所示的边，接着在【边】面板中单击按钮下面的 切角设置 按钮，并设置【边切角量】为2mm、【连接边分段】为4，如图6-391所示。

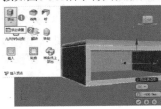
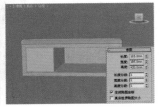

图6-382　　　　　　　　　　图6-383

08 在视图中单击鼠标右键，单击【孤立当前选择】按钮，单独编辑上一步创建的长方体。将长方体转化为多边形，单击【多边形】按钮，进入【多边形】级别，然后选择如图6-384所示的多边形，接着在【多边形】面板中单击按钮下面的 插入设置 按钮，最后在弹出的对话框中设置【数量】为10mm，如图6-385所示。

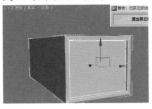

图6-390　　　　　　　　　　图6-391

14 单击【边】按钮，进入【边】级别，然后选择如图6-392所示的边，接着在【边】面板中单击按钮下面的 切角设置 按钮，并设置【边切角量】为2mm、【连接边分段】为4，如图6-393所示。

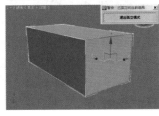
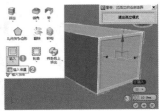

图6-384　　　　　　　　　　图6-385

09 保持对多边形的选择，在【多边形】面板中单击按钮下面的 倒角设置 按钮，然后在弹出的对话框中设置【高度】为 - 7mm，【轮廓】为 - 1mm，如图6-386所示。

10 保持对多边形的选择，在【多边形】面板中 单击按钮下面的 挤出设置 按钮，然后在弹出的对话框中设置【高度】为 - 70mm，如图6-387所示。

11 保持对多边形的选择，在【多边形】面板中单击按钮下面的 插入设置 按钮，然后在弹出的对话框中设置【数量】为2mm，如图6-388所示。

12 保持对多边形的选择，在【多边形】面板中单击按钮下面的 挤出设置 按钮，然后在弹出的对话框中设置【高

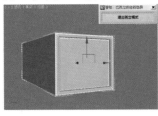
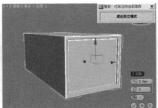

图6-392　　　　　　　　　　图6-393

15 将长方体移动复制2个，使用【选择并移动】工具将其摆放在合适的位置，如图6-394所示。单击【顶点】按钮，进入【顶点】级别，调节顶点的位置，如图6-395所示。至此床头柜主体模型就制作完成了。

图6-394　　　　　　　　　　图6-395

16　创建腿部模型。使用【样条线】下的【线】工具在场景中创建两个图形，并分别命名为【截面】和【路径】，如图6-396所示，并在各个视图调整成如图6-397所示的效果。

 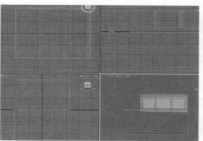

图6-396　　　　　　　　　图6-397

17　选择路径图形，然后单击复合对象下的 放样 按钮，接着单击 获取图形 按钮，最后在视图中单击拾取截面图形，这样就完成了放样操作，如图6-398所示。放样后的模型效果，如图6-399所示。

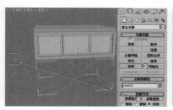 

图6-398　　　　　　　　　图6-399

18　进入修改面板，展开【变形】卷展栏，然后单击【缩放】按钮，弹出【缩放变形】对话框，单击【插入角点】按钮，并按照图中数字的顺序依次插入角点，并单击【移动控制点】按钮移动控制点的位置，将曲线调节成如图6-400所示的形态。随着曲线的变化，模型的形状也随之变化，如图6-401所示。

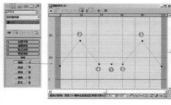 

图6-400　　　　　　　　　图6-401

19　选择床头柜腿部模型，并单击【镜像】工具，设置【镜像轴】为X，【偏移】为-36.52mm，在【克隆当前选择】选项组中选中【实例】单选按钮，如图6-402所示。

20　在前视图床头柜腿部模型交叉处创建一个【扩展基本体】下的 异面体 ，进入修改面板，设置【系列】为四面体、【半径】为40mm，最后使用【选择并均匀缩放】工具将创建的异面体沿Y轴缩放一定的距离，如图6-403所示。

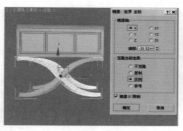 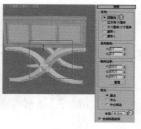

图6-402　　　　　　　　　图6-403

21　使用【线】工具，在顶视图中绘制如图6-404所示的线。进入修改面板，为线加载【车削】修改器命令，在【方向】选项组中单击【Y】按钮，在【对齐】选项组中单击【最小】按钮，如图6-405所示。

 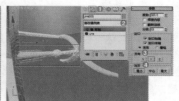

图6-404　　　　　　　　　图6-405

22　创建把手。在抽屉正前方分别创建一个圆锥体和一个球体，进入修改面板，修改圆锥体参数，设置【半径1】为10mm、【半径2】为0mm、【高度】为10mm；修改球体参数，设置【半径】为8mm，如图6-406所示。

23　使用【选择并移动】工具将球体和圆锥体移动到如图6-407所示的位置。

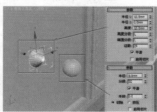 

图6-406　　　　　　　　　图6-407

24　接着在球体的下方创建一个几何球体，并设置【半径】为8mm，【基点面类型】为【二十面体】，如图6-408所示。然后在修改面板中，为其加载【FFD2×2×2】修改器命令，进入【控制点】级别，调节控制点到如图6-409所示位置。

 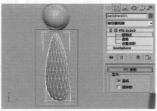

图6-408　　　　　　　　　图6-409

25　将制作好的把手移动复制两个，分别放置在适当的位置，如图6-410所示。

26　最终模型效果如图6-411所示。

图6—410

图6—411

课后练习

【课后练习——多边形建模制作布艺沙发】

思路解析：

① 使用【长方体】工具、【编辑多边形】修改器制作布艺沙发扶手模型。

② 使用【长方体】工具、【切角长方体】工具、【编辑多边形】修改器制作布艺沙发其他部分模型。

本章小结

通过本章的学习，可以掌握多边形建模工具和Graphite建模工具的使用方法，可以使用多边形建模制作出几乎所有能想象到的模型，因此该建模方式是最为强大的，熟练掌握该工具下的一些常用小工具是非常有必要的。

读书笔记

3ds Max 2013 自学视频教程

第7章

网格建模 和NURBS建模

■ **本章内容简介：**

网格建模是3ds Max高级建模中非常重要的一种，与多边形建模的制作思路比较类似。使用网格建模可以进入到网格对象的【顶点】、【边】、【面】、【多边形】和【元素】级别下编辑对象。

本章学习要点：

· 使用网格建模制作模型
· 使用NURBS建模制作模型

7.1 网格建模

7.1.1 动手学：转换网格对象

与多边形对象一样，网格对象也不是创建出来的，而是经过转换而成的。将物体转换为网格对象的方法主要有以下4种：

○ 在物体上单击鼠标右键，然后在弹出的快捷菜单中选择【转换为/转换为可编辑网格】命令，如图7-1所示。转换为可编辑网格对象后，在修改器列表中可以观察到物体已经变成了可编辑网格对象，如图7-2所示。通过这种方法转换成的可编辑网格对象的创建参数将全部丢失。

图7-1　　　　　　　图7-2

○ 选中对象，然后进入修改面板，接着在修改器列表中的对象上单击鼠标右键，最后在弹出的快捷菜单中选择【可编辑网格】命令，如图7-3所示。这种方法与第1种方法一样，转换成的可编辑网格对象的创建参数将全部丢失。

○ 选中对象，然后为其加载【编辑网格】修改器命令，如图7-4所示。通过这种方法转换成的可编辑网格对象的创建参数不会丢失，仍然可以调整。

图7-3　　　　　图7-4

○ 单击创建面板中的【实用程序】按钮，然后单击【塌陷】按钮，接着在【塌陷】卷展栏下的【输出类型】选项组中选中【网格】单选按钮，再选择需要塌陷的物体，最后单击【塌陷选定对象】按钮，如图7-5所示。

图7-5

7.1.2 编辑网格对象

○ 技术速查：网格建模是一种能够基于子对象进行编辑的建模方法，网格子对象包含顶点、边、面、多边形和元素5种。网格对象的参数设置面板共有4个卷展栏，分别是【选择】、【软选择】、【编辑几何体】和【曲面属性】。

参数面板如图7-6所示。

图7-6

图7-7

建模思路

○ 使用【长方体】工具、【编辑网格】修改器制作床头柜模型。

○ 使用【长方体】工具、【编辑网格】修改器制作床头柜把手模型。

床头柜建模流程图如图7-8所示。

★ 案例实战——网格建模制作床头柜

场景文件	无
案例文件	案例文件\Chapter 07\案例实战——网格建模制作床头柜.max
视频教学	视频教学\Chapter 07\案例实战——网格建模制作床头柜.flv
难易指数	★★★☆☆
技术掌握	掌握网格建模下【长方体】工具、【编辑网格】修改器的运用

实例介绍

床头柜是置于床头用于存放零物的柜子，最终渲染和线框效果如图7-7所示。

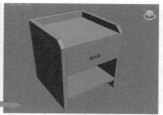

图7-8

制作步骤

01 启动3ds Max 2013中文版，选择菜单栏中的【自定义/单位设置】命令，此时将弹出【单位设置】对话框，将【显示单位比例】和【系统单位比例】设置为【毫米】，如图7-9所示。

图7-9

02 利用【长方体】工具在顶视图中创建一个长方体，并设置【长度】为500mm、【宽度】为500mm、【高度】为500mm、【长度分段】为2、【宽度分段】为3、【高度分段】为2，如图7-10所示。

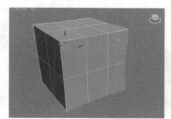

图7-10

03 选择上一步创建的长方体，为其加载【编辑网格】修改器命令，接着在【顶点】级别 下，调节顶点的位置，如图7-11所示。

04 进入【多边形】级别 下，选择如图7-12所示的多边形。

图7-11   图7-12

05 在 挤出 按钮后面的数值框中输入－470mm，并按【Enter】键结束，此时的效果如图7-13所示。

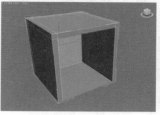

图7-13

06 选择如图7-14所示的多边形，按【Delete】键删除，如图7-15所示。

图7-14   图7-15

07 选择如图7-16所示的多边形。

图7-16

08 在 挤出 按钮后面的数值框中输入50mm，并按【Enter】键结束，此时的效果如图7-17所示。

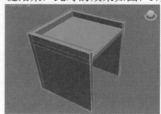

图7-17

09 进入【边】级别 下，选择如图7-18所示的边。

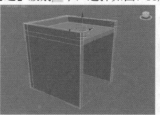

图7-18

10 在 切角 按钮后面的数值框中的数值框中输入50mm，并按【Enter】键结束，此时的效果如图7-19所示。

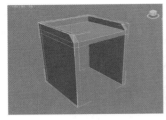

图7-19

11 选择如图7-20所示的边。

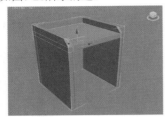

图7-20

12 在 切角 按钮后面的数值框中输入1mm，并按【Enter】键结束，此时的效果如图7-21所示。

图7-21

13 再次在 切角 按钮后面的数值框中输入1mm，并按【Enter】键结束，此时的效果如图7-22所示。

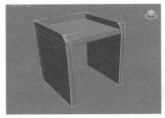

图7-22

14 利用【长方体】工具在创建一个长方体，并设置【长度】为170mm、【宽度】为440mm、【高度】为470mm，如图7-23所示。

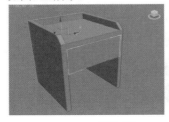

图7-23

15 利用【长方体】工具在前视图再次创建一个长方

体，并设置【长度】为20mm、【宽度】为440mm、【高度】为470mm，如图7-24所示。

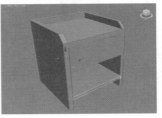

图7-24

16 利用【长方体】工具在前视图再次创建一个长方体，并设置【长度】为20mm、【宽度】为5mm、【高度】为80mm、【高度分段】为3，如图7-25所示。

图7-25

17 为其加载【编辑网格】修改器命令，在【边】级别下，调节边的位置，如图7-26所示。

18 在【多边形】级别下，选择如图7-27所示的多边形。

图7-26　　　　　　　　　图7-27

19 在 挤出 按钮后面的数值框中输入15mm，并按【Enter】键结束，此时的效果如图7-28所示。

图7-28

20 选择上一步创建的模型，在【顶点】级别下，选择如图7-29所示的顶点，使用【选择并均匀缩放】工具沿X轴对其进行缩放，如图7-29所示。

21 最终模型效果如图7-30所示。

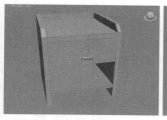

图7-29

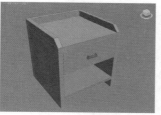

图7-30

7.2 NURBS建模

技术速查：NURBS建模是一种高级建模方法，所谓NURBS就是Non-Uniform Rational B-Spline（非均匀有理B样条曲线），适合于创建一些复杂的弯曲曲面。

如图7-31所示为一些比较优秀的NURBS建模作品。

图7-31

7.2.1 NURBS对象类型

NURBS对象包含NURBS曲面和NURBS曲线两种，如图7-32所示。

图7-32

NURBS曲面

NURBS曲面包含【点曲面】和【CV曲面】两种，如图7-33所示。

图7-33

点曲面由点来控制模型的形状，每个点始终位于曲面的表面上，如图7-34所示。

CV曲面由控制顶点（CV）来控制模型的形状，CV形成围绕曲面的控制晶格，而不是位于曲面上，如图7-35所示。

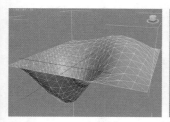

图7-34

图7-35

NURBS曲线

NURBS曲线包含【点曲线】和【CV曲线】两种，如图7-36所示。

图7-36

点曲线由点来控制曲线的形状，每个点始终位于曲线上，如图7-37所示。

CV曲线由控制顶点（CV）来控制曲线的形状，这些控制顶点不必位于曲线上，如图7-38所示。

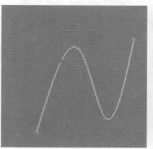

图7-37

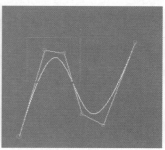

图7-38

7.2.2　创建NURBS对象

创建NURBS对象的方法很简单，如果要创建NURBS曲面，将几何体类型切换为【NURBS曲面】，然后使用 点曲面 工具和 CV曲面 工具即可创建出相应的曲面对象；如果要创建NURBS曲线，将图形类型切换为【NURBS曲线】，然后使用 点曲线 工具和 CV曲线 工具即可创建出相应的曲线对象。

7.2.3　转换NURBS对象

NURBS对象可以直接创建出来，也可以通过转换的方法将对象转换为NURBS对象。将对象转换为NURBS对象的方法主要有以下3种：

　　◉　选择对象，然后单击鼠标右键，接着在弹出的快捷菜单中选择【转换为/转换为NURBS】命令，如图7-39所示。

　　◉　选择对象，然后进入修改面板，接着在修改器列表中的对象上单击鼠标右键，最后在弹出的快捷菜单中选择【NURBS】命令，如图7-40所示。

　　◉　为对象加载【挤出】或【车削】修改器命令，然后设置【输出】为NURBS，如图7-41所示。

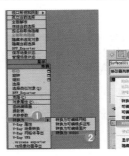

图7-39　　　　　图7-40　　　　　图7-41

7.2.4　编辑NURBS对象

在NURBS对象的参数设置面板中共有7个卷展栏（以NURBS曲面对象为例），分别是【常规】、【显示线参数】、【曲面近似】、【曲线近似】、【创建点】、【创建曲线】和【创建曲面】，如图7-42所示。

图7-42

🔲 常规

【常规】卷展栏中包含附加工具、导入工具、显示方式以及NURBS工具箱，如图7-43所示。

图7-43

🔲 显示线参数

【显示线参数】卷展栏下的参数主要用来指定显示NURBS曲面所用的U向线数和V向线数数值，如图7-44所示。

图7-44

🔲 曲面近似

【曲面近似】卷展栏下的参数主要用于控制视图和渲染器的曲面细分，可以根据不同的需要来选择高、中、低3种不同的细分预设，如图7-45所示。

图7-45

🔲 曲线近似

【曲线近似】卷展栏与【曲面近似】卷展栏相似，主要用于控制曲线的步数及曲线细分的级别，如图7-46所示。

图7-46

🔲 创建点/曲线/曲面

【创建点】、【创建曲线】和【创建曲面】卷展栏中的工具与NURBS工具箱中的工具相对应，主要用来创建点、曲线和曲面对象，如图7-47所示。

图7-47

📖 读书笔记

7.2.5　NURBS工具箱

在【常规】卷展栏下单击【NURBS创建工具箱】按钮 打开NURBS工具箱，如图7-48所示。NURBS工具箱中包含用于创建NURBS对象的所有工具，主要分为3个功能区，分别是【点】功能区、【曲线】功能区和【曲面】功能区。

图7-48

点

- 创建点 ：创建单独的点。
- 创建偏移点 ：根据一个偏移量创建一个点。
- 创建曲线点 ：创建从属曲线上的点。
- 创建曲线-曲线点 ：创建从属于【曲线-曲线】的相交点。
- 创建曲面点 ：创建从属于曲面上的点。
- 创建曲面-曲线点 ：创建从属于【曲面-曲线】的相交点。

曲线

- 创建CV曲线 ：创建一条独立的CV曲线子对象。
- 创建点曲线 ：创建一条独立点曲线子对象。
- 创建拟合曲线 ：创建一条从属的拟合曲线。
- 创建变换曲线 ：创建一条从属的变换曲线。
- 创建混合曲线 ：创建一条从属的混合曲线。
- 创建偏移曲线 ：创建一条从属的偏移曲线。
- 创建镜像曲线 ：创建一条从属的镜像曲线。
- 创建切角曲线 ：创建一条从属的切角曲线。
- 创建圆角曲线 ：创建一条从属的圆角曲线。
- 创建曲面-曲面相交曲线 ：创建一条从属于【曲面-曲面】的相交曲线。
- 创建U向等参曲线 ：创建一条从属的U向等参曲线。
- 创建V向等参曲线 ：创建一条从属的V向等参曲线。
- 创建法线投影曲线 ：创建一条从属于法线方向的投影曲线。
- 创建向量投影曲线 ：创建一条从属于向量方向的投影曲线。
- 创建曲面上的CV曲线 ：创建一条从属于曲面上的CV曲线。
- 创建曲面上的点曲线 ：创建一条从属于曲面上的点曲线。
- 创建曲面偏移曲线 ：创建一条从属于曲面上的偏移曲线。

- 创建曲面边曲线 ：创建一条从属于曲面上的边曲线。

曲面

- 创建CV曲线 ：创建独立的CV曲面子对象。
- 创建点曲面 ：创建独立的点曲面子对象。
- 创建变换曲面 ：创建从属的变换曲面。
- 创建混合曲面 ：创建从属的混合曲面。
- 创建偏移曲面 ：创建从属的偏移曲面。
- 创建镜像曲面 ：创建从属的镜像曲面。
- 创建挤出曲面 ：创建从属的挤出曲面。
- 创建车削曲面 ：创建从属的车削曲面。
- 创建规则曲面 ：创建从属的规则曲面。
- 创建封口曲面 ：创建从属的封口曲面。
- 创建U向放样曲面 ：创建从属的U向放样曲面。
- 创建UV向放样曲面 ：创建从属的UV向放样曲面。
- 创建单轨扫描 ：创建从属的单轨扫描曲面。
- 创建双轨扫描 ：创建从属的双轨扫描曲面。
- 创建多边混合曲面 ：创建从属的多边混合曲面。
- 创建多重曲线修剪曲面 ：创建从属的多重曲线修剪曲面。
- 创建圆角曲面 ：创建从属的圆角曲面。

★ 案例实战——NURBS建模制作抱枕

场景文件	无
案例文件	案例文件\Chapter 07\案例实战——NURBS建模制作抱枕.max
视频教学	视频文件\Chapter 07\案例实战——NURBS建模制作抱枕.flv
难易指数	★★☆☆☆
技术掌握	掌握NURBS建模下【CV曲面】工具、【对称】修改器的运用

实例介绍

抱枕是家居生活中的常见用品，类似枕头，常见的仅有枕头的一半大小，抱在怀中可以保暖，也有一定的保护作用，同时给人温馨的感觉，如今已慢慢成为家居装饰的常见饰物，最终渲染和线框效果如图7-49所示。

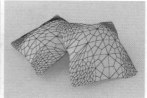

图7-49

建模思路

使用【CV曲面】工具、【对称】修改器制作精致抱枕模型。

精致抱枕建模流程图如图7-50所示。

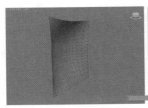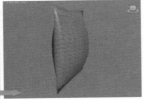

图7-50

制作步骤

01 创建一个平面，然后单击 、 ⊙ 按钮，选择 `NURBS 曲面` 选项，单击 `CV 曲面` 按钮，在前视图中创建一个CV曲面，如图7-51所示。

02 在修改面板上设置【长度】为350mm、【宽度】为350mm、【长度CV数】和【宽CV数】均为5，如图7-52所示。

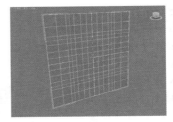

图7-51　　　　　　　　　　　图7-52

03 进入修改面板，进入【NURBS曲面】的【曲面CV】级别下，如图7-53所示，调节CV控制点的位置，如图7-54所示。

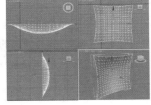

图7-53　　　　　　　　　　图7-54

SPECIAL　技术拓展：使用【FFD】修改器制作抱枕

制作抱枕的方法很多，也可以使用为长方体加载【FFD】修改器进行制作。

01 创建一个长方体，并设置【长度】为80mm、【宽度】为1mm、【高度】为80mm、【长度分段】为5、【宽度分段】为1、【高度分段】为5，如图7-55所示。

02 为长方体添加【FFD4×4×4】修改器，并进入【控制点】级别，拖动鼠标选择模型中间的8个控制点，如图7-56所示。

03 使用【选择并均匀缩放】工具 沿X轴进行缩放，可以看到出现了抱枕的模型效果，如图7-57所示。

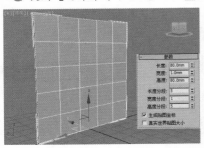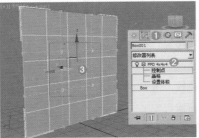

图7-55　　　　　　　　　　　图7-56　　　　　　　　　　　图7-57

---

04 选择上一步创建的模型，为其加载【对称】修改器命令，并设置【镜像轴】为Z轴，取消选中【沿镜像轴切片】复选框，设置【阈值】为0.1，如图7-58所示。此时的模型效果如图7-59所示。

05 最终模型效果如图7-60所示。

图7-58　　　　　　　图7-59

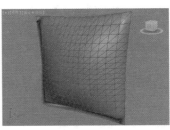

图7-60

★ 案例实战——NURBS建模制作陶瓷花瓶

场景文件	无
案例文件	案例文件\Chapter 07\案例实战——NURBS建模制作陶瓷花瓶.max
视频教学	视频文件\Chapter 07\案例实战——NURBS建模制作陶瓷花瓶.flv
难易指数	★★☆☆☆
技术掌握	掌握NURBS建模下【创建车削曲面】工具的运用

实例介绍

陶瓷花瓶是利用陶瓷材料制作的花瓶，用于盛放鲜花的室内装饰品，最终渲染和线框效果如图7-61所示。

图7-61

建模思路

使用【创建车削曲面】工具制作陶瓷花瓶模型。
陶瓷花瓶建模流程图如图7-62所示。

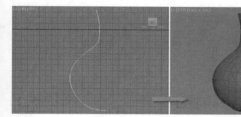

图7-62

制作步骤

01 单击 、 按钮，选择 NURBS 曲面 选项，单击 点曲线 按钮，如图7-63所示。在前视图中创建一个点曲线，如图7-64所示。

02 进入修改面板，然后在【常规】卷展栏下单击【NURBS创建工具箱】按钮 ，打开NURBS工具箱，如图7-65所示。

图7-63　　　　　图7-64　　　　　图7-65

03 在NURBS工具箱中单击【创建车削曲面】按钮 ，然后在视图中从上到下依次单击点曲线，然后单击 最大 按钮，选中【翻转法线】复选框，如图7-66所示。此时的效果如图7-67所示。

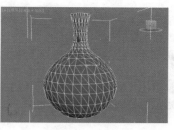

图7-66　　　　　　　图7-67

技巧提示

NURBS工具箱中的【创建车削曲面】工具 ，与【车削】修改器的原理基本是一致的，因此参数也较为相似。

04 选择模型，并单击【修改】按钮为其加载【壳】修改器命令，并设置【外部量】为1mm，如图7-68所示。此时的模型效果如图7-69所示。

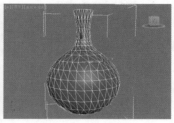

图7-68　　　　　　　图7-69

05 选择模型，并单击【修改】按钮并为其加载【网格平滑】修改器命令，设置【迭代次数】为1，如图7-70所示。最终模型效果如图7-71所示。

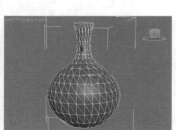

图7-70　　　　　　　图7-71

读书笔记

课后练习

【课后练习——NURBS建模制作藤艺灯】

思路解析：

①创建一个球体，并执行【转换为/转换为NUBRS】命令。

②单击【创建曲面上的点曲线】按钮，并在球体表面多次单击，将创建的线分离出来。

本章小结

通过本章的学习，可以掌握网格建模和NURBS建模的相关知识；可以使用网格建模制作很多模型，如桌子、沙发等；可以使用NURBS建模制作很多有趣的模型，如花瓶、抱枕、藤艺灯等。

 读书笔记

第8章

灯光技术

■ **本章内容简介：**

光是我们能看见绚丽世界的前提条件，假若没有光的存在，一切将不再美好。室内设计中，室内照明对造型有较大的影响，照明的光线可以减弱和加强造型的装饰效果，同时还可以利用光影效果对室内空间进行光影造型，用光影去创造室内的层次感和韵律感。

■ **本章学习要点：**

· 常用灯光的类型
· 常用灯光的使用方法
· 灯光的高级综合运用

8.1 初识灯光

8.1.1 什么是灯光

灯光主要分为两种，分别为直接灯光和间接灯光。

直接灯光泛指那些直射式的光线，如太阳光等，光线直接散落在指定的位置上并产生投射，直接、简单，如图8-1所示。

间接灯光在气氛营造上则能发挥独特的功能性，营造出不同的意境。它的光线不会直射至地面，而是被置于灯罩、天花板后，光线被投射至墙上再反射至沙发和地面，柔和的灯光仿佛轻轻地洗刷整个空间，温柔而浪漫，如图8-2所示。

这两种灯光的适当配合才能缔造出完美的空间意境。有一些明亮活泼，有一些柔和蕴藉，才能透过当中的对比表现出灯光的特殊魅力，散发出不凡的意韵，如图8-3所示。

 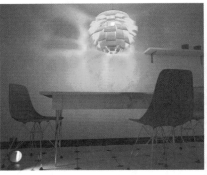 

图8-1　　　　　　　　　　　　图8-2　　　　　　　　　　　　图8-3

所有的光，无论是自然光或人工室内光，都有其共同特点。

- 强度：强度表示光的强弱。它随光源能量和距离的变化而变化。
- 方向：光的方向决定物体的受光、背光和阴影的效果。
- 色彩：灯光有不同的颜色组成，多种灯光搭配到一起会产生多种变化和气氛。

8.1.2 为什么要使用灯光

- 用光渲染环境气氛：在3ds Max中使用灯光不仅仅是为了照明，更多的是为了渲染环境气氛，如图8-4所示。
- 刻画主体物形象：使用合理的灯光搭配和设置可以将灯光锁定到某个主体物上，起到凸显主体物的作用，如图8-5所示。
- 表达作品的情感：作品的最高境界不是技术多么娴熟，而是可以通过技术和手法传达作品的情感，如图8-6所示。

图8-4　　　　　　　　　　　　图8-5　　　　　　　　　　　　图8-6

动手学：灯光的常用思路

3ds Max灯光的设置需要有合理的步骤，这样才会节省时间、提高效率。经验告诉我们灯光的设置步骤主要分为以下3步：

① 先定主体光的位置与强度，如图8-7所示。

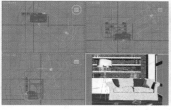

图8-7

② 决定辅助光的强度与角度，如图8-8所示。

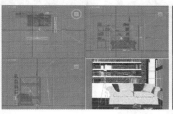

图8-8

③ 分配背景光与装饰光。这样产生的布光效果应该能起到主次分明、互相补充的作用，如图8-9所示。

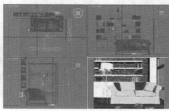

图8-9

 读书笔记

动手学：创建一盏灯光

① 创建一组模型，如图8-10所示。

② 单击 、 按钮，选择 标准 选项，单击 目标聚光灯 按钮，创建一盏目标聚光灯，如图8-11所示。

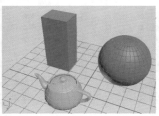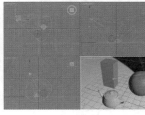

图8-10　　　　　　　图8-11

③ 单击【修改】按钮，并选中【阴影】选项组下的【启用】复选框，即可开启阴影效果，如图8-12所示。

④ 此时的光照效果如图8-13所示。

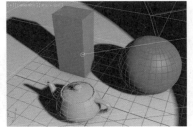

图8-12　　　　　　　图8-13

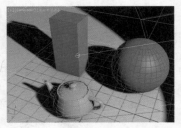

答疑解惑：如何在视图中开启和关闭阴影？

有时需要在视图中开启阴影效果，这样可以方便查看最基本的光影感觉。但是有时不需要在视图中开启阴影效果，因为可能会遮挡场景中的模型，影响操作，所以这时需要关闭。

① 默认情况下，在使用3ds Max 2013创建灯光后，视图中会自动显示阴影效果，但是效果并不好，只能显示最基本的效果，如图8-14所示。

② 需要将阴影关闭时，只需要在视图左上角的 位置单击鼠标右键，在弹出的快捷菜单中选择【照明和阴影】命令，并取消选中【阴影】命令即可，如图8-15所示。

图8-14

图8-15

177

⑩ 此时可以看到视图中物体的阴影已经没有了，如图8-16所示。

⑭ 再次在视图左上角的 █████ 位置单击鼠标右键，在弹出的快捷菜单中选择【照明和阴影】命令，并取消选中【环境光阻挡】命令，如图8-17所示。

⑮ 此时可以看到视图中物体的阴影也已经没有了，如图8-18所示。

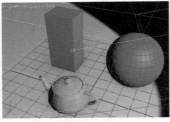
图8-16

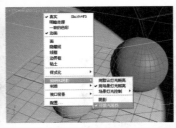
图8-17

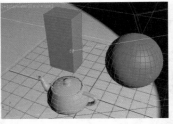
图8-18

8.2 光度学灯光

在创建面板中单击【灯光】按钮，在其下拉列表框中可以选择灯光的类型。3ds Max 2013包含3种灯光类型，分别是【标准】灯光、【光度学】灯光和【VRay】灯光，如图8-19所示。

图8-19

【光度学】灯光是系统默认的灯光，共有3种类型，分别是目标灯光、自由灯光和mr天空门户，如图8-20所示。

图8-20

 技巧提示

若没有安装VRay渲染器，3ds Max中只有【光度学】灯光和【标准】灯光两种灯光类型。

★ **本节知识导读**

工具名称	工具用途	掌握级别
目标灯光	常用来模拟射灯、筒灯效果，俗称光域网	★★★★★
自由灯光	与目标灯光基本一样，可用制作射灯、筒灯	★★★★☆
mr天空门户	只有在mr渲染器下才可用，使用次数很少	★★☆☆☆

8.2.1 目标灯光

🌐 技术速查：目标灯光可以用于指向灯光的目标子对象，常用来模拟制作射灯效果。

如图8-21所示为目标灯光制作的作品。

图8-21

 技巧提示

目标灯光在3ds Max灯光中是最为常用的灯光类型之一，主要用来模拟室内外的光照效果。我们常会听到很多的名词，如光域网、射灯就是描述该灯光的。

单击 目标灯光 按钮，在视图中创建一盏目标灯光，其参数设置面板如图8-22所示。

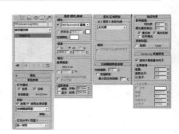
图8-22

　　【光度学】灯光在第一次使用时，会自动弹出【创建光度学灯光】对话框，如图8-23所示，此时直接单击【否】按钮即可。因为在效果图制作中使用最多的是VRay渲染器，所以不需要设置关于mr渲染器的选项。

图8-23

　　当将【阴影】选项组和【灯光分布（类型）】选项组进行修改时，会发现参数面板发生了相应的变化，如图8-24所示。

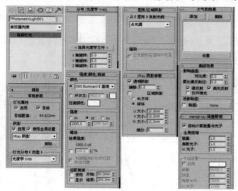

图8-24

常规参数

　　展开【常规参数】卷展栏，如图8-25所示。

- 启用（灯光属性）：控制是否开启灯光。
- 目标：选中该复选框后，目标灯光才有目标点，如图8-26所示。如果取消选中该复选框，目标灯光将变成自由灯光，如图8-27所示。

图8-25

图8-26　　　　　　　图8-27

- 目标距离：用来显示目标的距离。
- 启用（阴影）：控制是否开启灯光的阴影效果。

- 使用全局设置：如果选中该复选框后，该灯光投射的阴影将影响整个场景的阴影效果；如果取消选中该复选框，则必须选择渲染器使用哪种方式来生成特定的灯光阴影。
- 阴影类型：设置渲染器渲染场景时使用的阴影类型，包括mental ray阴影贴图、高级光线跟踪、区域阴影、阴影贴图、光线跟踪阴影、VRay阴影和VRay阴影贴图，如图8-28所示。
- 排除... 按钮：将选定的对象排除于灯光效果之外。
- 灯光分布（类型）：设置灯光的分布类型，包含光度学Web、聚光灯、统一漫反射和统一球形4种类型。

图8-28

强度/颜色/衰减

　　展开【强度/颜色/衰减】卷展栏，如图8-29所示。

- 灯光：挑选公用灯光，以近似灯光的光谱特征。
- 开尔文：通过调整色温微调器来设置灯光的颜色。
- 过滤颜色：使用颜色过滤器来模拟置于光源上的过滤色效果。
- 强度：控制灯光的强弱程度。
- 结果强度：用于显示暗淡所产生的强度。

图8-29

- 暗淡百分比：启用该选项后，该值会指定用于降低灯光强度的【倍增】。
- 光线暗淡时白炽灯颜色会切换：选中该复选框之后，灯光可以在暗淡时通过产生更多的黄色来模拟白炽灯。
- 使用：启用灯光的远距衰减。
- 显示：在视口中显示远距衰减的范围设置。
- 开始：设置灯光开始淡出的距离。
- 结束：设置灯光减为0时的距离。

图形/区域阴影

　　展开【图形/区域阴影】卷展栏，如图8-30所示。

- 从（图形）发射光线：选择阴影生成的图形类型，包括点光源、线、矩形、圆形、球体和圆柱体6种类型。

图8-30

- 灯光图形在渲染中可见：选中该复选框后，如果灯光对象位于视野之内，那么灯光图形在渲染中会显示为自供照明（发光）的图形。

阴影贴图参数

展开【阴影贴图参数】卷展栏，如图8-31所示。

● 偏移：将阴影移向或移离投射阴影的对象。

● 大小：设置用于计算灯光的阴影贴图的大小。

● 采样范围：决定阴影内平均有多少个区域。

图8-31

● 绝对贴图偏移：选中该复选框后，阴影贴图的偏移是不标准化的，但是该偏移在固定比例的基础上会以3ds Max为单位来表示。

● 双面阴影：选中该复选框后，计算阴影时物体的背面也将产生阴影。

VRay阴影参数

展开【VRay阴影参数】卷展栏，如图8-32所示。

● 透明阴影：控制透明物体的阴影，必须使用VRay材质并选择材质中的【影响阴影】才能产生效果。

● 偏移：控制阴影与物体的偏移距离，一般可保持默认值。

图8-32

● 区域阴影：控制物体的阴影效果，使用时会降低渲染速度，有长方体和球体两种模式。

● 长方体/球体：用来控制阴影的方式，一般默认设置为球体即可。

● U/V/W大小：值越大阴影越模糊，并且还会产生杂点，降低渲染速度。

● 细分：该数值越大，阴影越细腻，噪点越少，渲染速度越慢。

技巧提示：光域网（射灯或筒灯）的高级设置方法

① 创建灯光，并调节灯光的位置，如图8-33所示。

② 选择灯光，并单击【修改】按钮，设置【阴影】方式为【VRay阴影】，设置【灯光分布（类型）】为【光度学Web】方式，最后在【分布（光度学）Web】下面添加一个.ies光域网文件，如图8-34所示。

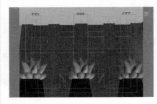

图8-33

图8-34

③ 设置【过滤颜色】选项，并设置【强度】选项组，然后选中【区域阴影】复选框，最后设置【U/V/

W大小】和【细分】选项，如图8-35所示。

④ 此时得到最终效果如图8-36所示。

图8-35

图8-36

★ 案例实战——目标灯光制作地灯

场景文件	01.max
案例文件	案例文件\Chapter 08\案例实战——目标灯光制作地灯.max
视频教学	视频文件\Chapter 08\案例实战——目标灯光制作地灯.flv
难易指数	★★☆☆☆
技术掌握	掌握目标灯光制作射灯和VR灯光制作辅助光源的运用

实例介绍

地灯又称地埋灯或藏地灯，是镶嵌在地面上的照明设施。地灯对地面、地上植被等进行照明，能使景观更美丽。在这个场景中，主要使用目标灯光制作地灯的效果，场景的最终渲染效果如图8-37所示。

图8-37

制作步骤

01 打开本书配套光盘中的【场景文件/Chapter08/01.max】文件，如图8-38所示。

02 单击 、 按钮，选择 VRay 选项，单击 VR灯光 按钮，如图8-39所示。

图8-38

图8-39

03 在顶视图中拖曳并创建1盏VR灯光，并使用【选择并移动】工具 调整位置，如图8-40所示。

04 选择上一步创建的VR灯光，然后在修改面板下设置其具体的参数，如图8-41所示。

图8-40　　　　　　　　　　图8-41

在【常规】选项组下设置【类型】为【平面】，在【强度】选项组下设置【倍增】为3，设置【颜色】为黄色（红：254，绿：190，蓝：133），在【大小】选项组下设置【1/2长】为2665.908mm、【1/2宽】为143.543mm，在【选项】选项组下选中【不可见】复选框，设置【细分】为20。

05 在前视图中拖曳并创建1盏VR灯光，并使用【选择并移动】工具调整位置，如图8-42所示。

06 选择上一步创建的VR灯光，然后在修改面板下设置其具体的参数，如图8-43所示。

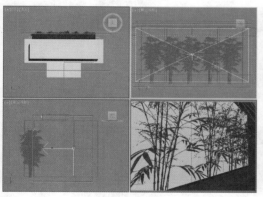

图8-42　　　　　　　　　　图8-43

在【常规】选项组下设置【类型】为【平面】，在【强度】选项组下设置【倍增】为4，设置【颜色】为蓝色（红：133，绿：156，蓝：255），在【大小】选项组下设置【1/2长】为2665.908mm、【1/2宽】为1304.934mm，在【选项】选项组下选中【不可见】复选框，设置【细分】为20。

07 按【Shift+Q】快捷键快速渲染摄影机视图，其渲染的效果如图8-44所示。

图8-44

08 单击 、 按钮，选择【光度学】选项，单击【目标灯光】按钮，如图8-45所示。

图8-45

09 使用【目标灯光】在前视图中创建1盏灯，使用【选择并移动】工具复制5盏灯，如图8-46所示。选择上一步创建的目标灯光，然后在修改面板下设置其具体的参数，如图8-47所示。

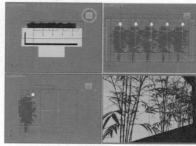
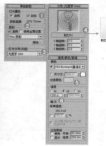

图8-46　　　　　　　　　　图8-47

展开【常规参数】卷展栏，在【灯光属性】选项组下选中【目标】复选框，在【阴影】选项组下选中【启用】复选框，并设置【阴影类型】为【VRay阴影】，设置【灯光分布（类型）】为【光度学Web】。展开【分布（光度学Web）】卷展栏，并在通道上加载【射灯01.ies】文件。展开【强度/颜色/衰减】卷展栏，调节颜色为黄色（红：255，绿：193，蓝：126），设置【强度】为200。

技巧提示

在【分布（光度学Web）】卷展栏的通道上需要加载光域网文件，不同的光域网文件默认的强度是不同的，效果也是不同的，因此都需要重新设置其强度以匹配当前的场景。

10 再次使用【目标灯光】在前视图中创建1盏灯，使用【选择并移动】工具复制5盏灯，如图8-48所示。选择上一步创建的目标灯光，然后在修改面板下设置其具体的参数，如图8-49所示。

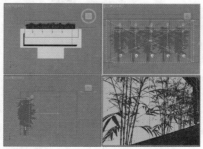
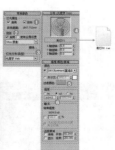

图8-48　　　　　　　　　　图8-49

展开【常规参数】卷展栏，在【灯光属性】选项组下选中【目标】复选框，在【阴影】选项组下选中【启用】复选框，并设置【阴影类型】为【VRay阴影】，设置【灯光分布（类型）】为【光度学Web】，接着展开【分布（光度学Web）】卷展栏，并在通道上加载【射灯01.ies】文件。然后展开【强度/颜色/衰减】卷展栏，调节颜色为蓝色（红：112，绿：161，蓝：251），设置【强度】为1654。

11 最终的渲染效果如图8-50所示。

图8-50

技术拓展：什么是光域网？

光域网是一种关于光源亮度分布的三维表现形式，存储于IES文件当中。这种文件通常可以从灯光的制造厂商那里获得，格式主要有IES、LTLI或CIBSE。光域网是灯光的一种物理性质，确定光在空气中发散的方式，不同的灯在空气中的发散方式是不一样的，如手电筒会发一个光束，还有一些壁灯、台灯等不同形状图案就是光域网造成的。之所以会有不同的图案，是因为每个灯在出厂时，厂家对它们都指定了不同的光域网。

在三维软件里，如果给灯光指定一个特殊的文件，就可以产生与现实生活相同的发散效果，这种特殊的文件标准格式是.IES，很多网站都可以下载。光域网分布(Web Distribution)方式通过指定光域网文件来描述灯光亮度的分布状况。光域网是室内灯光设计的专业名词，表示光线在一定的空间范围内所形成的特殊效果。光域网类型有模仿灯带的和模仿筒灯、射灯、壁灯、台灯等的。

最常用的是模仿筒灯、壁灯、台灯的光域网，模仿灯带的不常用。每种光域网的形状都不太一样，根据情况选择调用，如图8-51所示。

图8-51

★ 案例实战——目标灯光制作射灯

场景文件	02.max
案例文件	案例文件\Chapter 08\案例实战——目标灯光制作射灯.max
视频教学	视频文件\Chapter 08\案例实战——目标灯光制作射灯.flv
难易指数	★★★☆☆
技术掌握	掌握VR灯光、目标灯光的综合运用

实例介绍

筒灯是一种嵌入到天花板内光线下的射式的照明灯具。

它的最大特点就是能保持建筑装饰的整体统一与完美，不会因为灯具的设置而破坏吊顶艺术的完美统一，一般在酒店、家庭、咖啡厅使用较多。在这个场景中，主要使用目标灯光制作射灯的效果，最终渲染效果如图8-52所示。

图8-52

制作步骤

01 打开本书配套光盘中的【场景文件/Chapter08/02.max】文件，如图8-53所示。

02 单击、按钮，选择 VRay 选项，单击 VR灯光 按钮，如图8-54所示。

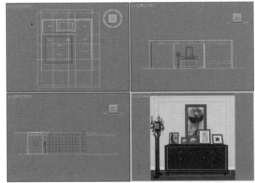

图8-53　　　　　　　　图8-54

03 在顶视图中拖曳创建1盏VR灯光，并使用【选择并移动】工具复制5盏，如图8-55所示。

04 选择上一步创建的VR灯光，然后在修改面板下设置其具体的参数，如图8-56所示。

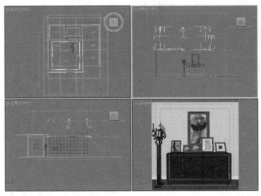

图8-55　　　　　　　　图8-56

在【常规】选项组下设置【类型】为【平面】，在【强度】选项组下设置【倍增】为5，设置【颜色】为黄色（红：253，绿：143，蓝：70），在【大小】选项组下设置【1/2长】为5700mm、【1/2宽】为60mm，在【选项】选项组下选中【不可见】复选框，设置【细分】为20。

05 按【Shift+Q】快捷键快速渲染摄影机视图，其渲染的效果如图8-57所示。

图8-57

在为场景设置灯光时，一定要注意分好类别，如该案例中大致分为使用VR灯光创建环境灯光和使用目标灯光制作射灯两大部分，然后逐次进行创建，这样的好处是可以做到灯光的层次不会乱，思维较为清晰。

06 单击 、 按钮，选择 [光度学] 选项，单击 [目标灯光] 按钮，如图8-58所示。

图8-58

07 使用 [目标灯光] 在前视图中创建1盏，使用【选择并移动】工具 复制9盏，如图8-59所示。选择上一步创建的目标灯光，然后在修改面板下设置其具体的参数，如图8-60所示。

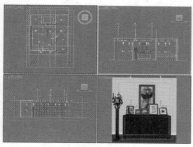

图8-59　　　　　　图8-60

展开【常规参数】卷展栏，在【灯光属性】选项组下选中【目标】复选框，在【阴影】选项组下选中【启用】复选框，并设置【阴影类型】为【VRay阴影】，设置【灯光分布（类型）】为【光度学Web】。展开【分布（光度学Web）】卷展栏，并在通道上加载【风的效果灯.IES】文件。展开【强度/颜色/衰减】卷展栏，设置【强度】为15000。展开【VR阴影参数】卷展栏，设置【细分】为20。

08 使用 [目标灯光] 在前视图中创建1盏灯，使用【选择并移动】工具 复制1盏，如图8-61所示。选择上一步创建的目标灯光，然后在修改面板下设置其具体的参数，如图8-62所示。

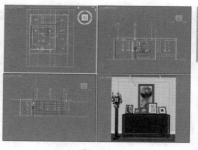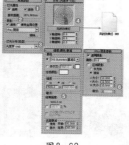

图8-61　　　　　　图8-62

展开【常规参数】卷展栏，在【灯光属性】选项组下选中【目标】复选框，在【阴影】选项组下选中【启用】复选框，并设置【阴影类型】为【VRay阴影】，设置【灯光分布（类型）】为【光度学Web】，接着展开【分布（光度学Web）】卷展栏，并在通道上加载【风的效果灯.IES】文件。然后展开【强度/颜色/衰减】卷展栏，设置【强度】为4000，展开【VR阴影参数】卷展栏，设置【细分】为20。

09 使用 [目标灯光] 在前视图中创建1盏，使用【选择并移动】工具 复制5盏，如图8-63所示。选择上一步创建的目标灯光，然后在修改面板下设置其具体的参数，如图8-64所示。

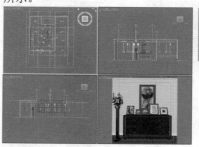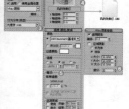

图8-63　　　　　　图8-64

展开【常规参数】卷展栏，在【灯光属性】选项组下选中【目标】复选框，在【阴影】选项栏下选中【启用】复选框，并设置【阴影类型】为【VR阴影】，设置【灯光分布（类型）】为【光度学Web】，接着展开【分布（光度学Web）】卷展栏，并在通道上加载【风的效果灯.IES】文件。展开【强度/颜色/衰减】卷展栏，设置【强度】为16000。展开【VR阴影参数】卷展栏，设置【细分】为20。

10 使用 [目标灯光] 在前视图中创建1盏灯，使用【选择并移动】工具 复制1盏，如图8-65所示。选择上一步创建的目标灯光，然后在修改面板下设置其具体的参数，如图8-66所示。

展开【常规参数】卷展栏，在【灯光属性】选项组下选中【目标】复选框，在【阴影】选项组下选中【启用】复选框，并设置【阴影类型】为【VRay阴影】，设置【灯光分布（类型）】为【光度学Web】。展开【分布（光度学Web）】卷展栏，并在通道上加载【风的效果灯.IES】文件。展开【强度/颜色/衰减】卷展栏，设置【强度】为10000。

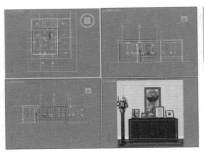
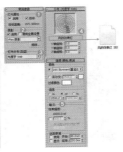

图8—65　　　　　　　图8—66

11 最终的渲染效果如图8-67所示

图8—67

8.2.2　自由灯光

技术速查：自由灯光没有目标对象，参数与目标灯光基本一致。

自由灯光的参数面板如图8-68所示。

图8—68

技巧提示

默认创建的自由灯光没有照明方向，但是可以指定照明方向，其操作方法就是在修改面板的【常规参数】卷展栏下选中【目标】复选框，开启照明方向后，可以通过目标点来调节灯光的照明方向，如图8-69所示。

图8—69

如果自由灯光没有目标点，可以使用【选择并移动】工具和【选择并旋转】工具将其进行任意移动或旋转，如图8-70所示。

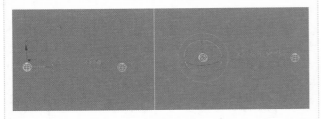

图8—70

★ 案例实战——自由灯光制作射灯

场景文件	03.max
案例文件	案例文件\Chapter 08\案例实战——自由灯光制作射灯.max
视频教学	案例文件\Chapter 08\案例实战——自由灯光制作射灯.flv
难易指数	★★★☆☆
技术掌握	掌握自由灯光模拟射灯的运用

实例介绍

射灯是典型的无主灯、无定规模的现代流派照明，能营造室内照明气氛。若将一排小射灯组合起来，光线能变换奇妙的图案。在这个场景中，主要使用自由灯光制作射灯的效果，场景的最终渲染效果如图8-71所示。

图8—71

制作步骤

01 打开本书配套光盘中的【场景文件/Chapter08/03.max】文件，如图8-72所示。

02 单击 、 按钮，选择 VRay 选项，单击 VR灯光 按钮，如图8-73所示。

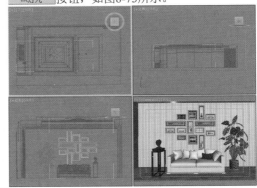

图8—72

图8—73

3ds Max 2013 自学视频教程

03 在顶视图中拖曳并创建1盏VR灯光，并使用【选择并移动】工具 ✛ 调整位置，如图8-74所示。

04 选择上一步创建的VR灯光，然后在修改面板下设置其具体的参数，如图8-75所示。

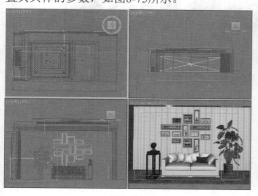

图8-74　　　　　　　　　　　　图8-75

在【常规】选项组下设置【类型】为【平面】，在【强度】选项组下设置【倍增】为3，设置【颜色】为蓝色（红：91，绿：122，蓝：255），在【大小】选项组下设置【1/2长】为6000mm、【1/2宽】为1411.856mm，在【选项】选项组下选中【不可见】复选框。

技巧提示 PROMPT

VR灯光可以模拟出非常柔和的光照效果，因此VR灯光不仅可以制作整体的柔和光照，也可以作为场景的辅助光源。

05 在前视图中拖曳并创建1盏VR灯光，并使用【选择并移动】工具 ✛ 复制4盏，如图8-76所示。

06 选择上一步创建的VR灯光，然后在修改面板下设置其具体的参数，如图8-77所示。

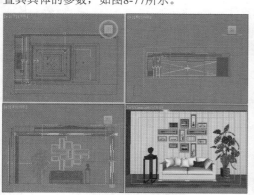

图8-76　　　　　　　　　　　　图8-77

在【常规】选项组下设置【类型】为【平面】，在【强度】选项组下设置【倍增】为15，设置【颜色】为黄色（红：255，绿：193，蓝：143），在【大小】选项组下设置【1/2长】为3800mm、【1/2宽】为50mm，在【选项】选

项组下选中【不可见】复选框。

07 在左视图中拖曳并创建1盏VR灯光，并使用【选择并移动】工具 ✛ 调整位置，如图8-78所示。

08 选择上一步创建的VR灯光，然后在修改面板下设置其具体的参数，如图8-79所示。

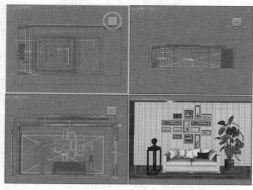

图8-78　　　　　　　　　　　　图8-79

在【常规】选项组下设置【类型】为【平面】，在【强度】选项组下设置【倍增】为1，设置【颜色】为白色（红：255，绿：255，蓝：255），在【大小】选项组下设置【1/2长】为3000mm、【1/2宽】为1411.856mm，在【选项】选项组下选中【不可见】复选框。

09 按【Shift+Q】快捷键快速渲染摄影机视图，其渲染的效果如图8-80所示。

图8-80

10 单击 ⬚ 、 ◁ 按钮，选择 光度学 选项，单击 自由灯光 按钮，如图8-81所示。

图8-81

11 使用 自由灯光 在前视图中创建1盏灯，使用【选择并移动】工具 ✛ 复制9盏，如图8-82所示。选择上一步创建的目标灯光，然后在修改面板下设置其具体的参数，如图8-83所示。

展开【常规参数】卷展栏，在【阴影】选项组下选中【启用】复选框，并设置【阴影类型】为【VRay阴影】，设置【灯光分布（类型）】为【光度学Web】。展开【分布（光度学Web）】卷展栏，并在通道上加载【0.IES】文件。展开【强度/颜色/衰减】卷展栏，设置【颜色】为黄色（红：253，绿：208，蓝：136），设置【强度】为10000。

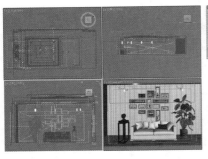

图8-82

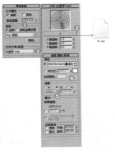

图8-83

12 最终的渲染效果如图8-84所示

图8-84

8.2.3 mr天空门户

● 技术速查： mr天空门户是需要设置渲染器为mental ray渲染器后才可以使用的灯光。

mr天空门户的参数面板如图8-85所示。

图8-85

读书笔记

8.3 标准灯光

将【灯光类型】切换为标准灯光，可以观察到标准灯光共有8种类型，分别是目标聚光灯、Free Spot、目标平行光、自由平行光、泛光、天光、mr Area Omni和mr Area Spot，如图8-86所示。

图8-86

★ 本节知识导读：

工具名称	工具用途	掌握级别
目标聚光灯	模拟聚光灯效果，如射灯、手电筒等	★★★★★
目标平行光	模拟太阳光效果，比较常用	★★★★★
泛光	模拟点光源效果，如烛光、点光	★★★★★
Free Spot	与自由聚光灯类似	★★★★☆
自由平行光	与目标平行光类似	★★★☆☆
天光	模拟制作柔和的天光效果	★★★☆☆
mr Area Omni	需要mr渲染器才可以使用	★★☆☆☆
mr Area Spot	需要mr渲染器才可以使用	★★☆☆☆

8.3.1 目标聚光灯

● 技术速查：目标聚光灯可以产生一个锥形的照射区域，区域以外的对象不会受到灯光的影响。目标聚光灯由透射点和目标点组成，其方向性非常好，对阴影的塑造能力也很强，是标准灯光中最为常用的一种。

目标聚光灯产生的效果如图8-87所示。

图8-87

常规参数

【常规参数】卷展栏的参数如图8-88所示。

● 灯光类型：设置灯光的类型，共有3种类型可供选择，分别是聚光灯、平行光和泛光灯，如图8-89所示。

图8-88   图8-89

技巧提示

切换不同的灯光类型可以很直接地观察到灯光外观的变化，但是切换灯光类型后，场景中的灯光就会变成当前所选择的灯光。

- 启用：是否开启灯光。
- 目标：选中该复选框后，灯光将成为目标灯光，否则成为自由灯光。

技巧提示

当选中【目标】复选框后，灯光为目标聚光灯，而取消选中该复选框后，原来创建的目标聚光灯会变成自由聚光灯。

- 阴影：控制是否开启灯光阴影并设置阴影的相关参数。
- 使用全局设置：选中该复制框后，可以使用灯光投射阴影的全局设置。如果未使用全局设置，则必须选择渲染器使用哪种方式来生成特定的灯光阴影。
- 阴影贴图：切换阴影的方式来得到不同的阴影效果。
- 排除 按钮：可以将选定的对象排除于灯光效果之外。

强度/颜色/衰减

【强度/颜色/衰减】卷展栏中的参数如图8-90所示。

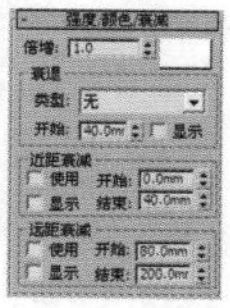

- 倍增：控制灯光的强弱程度。
- 颜色：用来设置灯光的颜色。
- 衰退：该选项组中的参数用来设置灯光衰退的类型和起始距离。
- 类型：指定灯光的衰退方式。【无】为不衰退；【倒数】为反向衰退；【平方反比】以平方反比的方式进行衰退。

图8-90

技巧提示

如果【平方反比】衰退方式使场景太暗，可以尝试使用【环境和效果】对话框来增加【全局照明级别】数值。

- 开始：设置灯光开始衰减的距离。
- 显示：在视图中显示灯光衰减的效果。
- 近距衰减：该选项组用来设置灯光近距离衰减的参数。
- 使用：启用灯光近距离衰减。

- 显示：在视图中显示近距离衰减的范围。
- 开始：设置灯光开始淡出的距离。
- 结束：设置灯光达到衰减最远处的距离。
- 远距衰减：该选项组用来设置灯光远距离衰减的参数。
- 使用：启用灯光远距离衰减。
- 显示：在视图中显示远距离衰减的范围。
- 开始：设置灯光开始淡出的距离。
- 结束：设置灯光衰减为0时的距离。

聚光灯参数

【聚光灯参数】卷展栏中的参数如图8-91所示。

- 显示光锥：是否开启圆锥体显示效果。
- 泛光化：选中该复选框时，灯光将在各个方向投射光线。
- 聚光区/光束：用来调整圆锥体灯光的角度。
- 衰减区/区域：设置灯光衰减区的角度。
- 圆/矩形：指定聚光区和衰减区的形状。
- 纵横比：设置矩形光束的纵横比。
- 位图拟合 按钮：若灯光阴影的纵横比为矩形，可以用该按钮来设置纵横比，以匹配特定的位图。

图8-91

高级效果

【高级效果】卷展栏中的参数如图8-92所示。

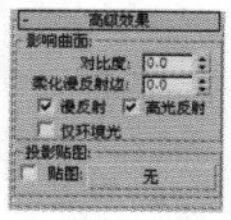

- 对比度：调整漫反射区域和环境光区域的对比度。
- 柔化漫反射边：增加该数值可以柔化曲面的漫反射区域和环境光区域的边缘。
- 漫反射：选中该复选框后，灯光将影响曲面的漫反射属性。

图8-92

- 高光反射：选中该复选框后，灯光将影响曲面的高光属性。
- 仅环境光：选中该复选框后，灯光只影响照明的环境光。
- 贴图：为阴影添加贴图。

阴影参数

【阴影参数】卷展栏中的参数如图8-93所示。

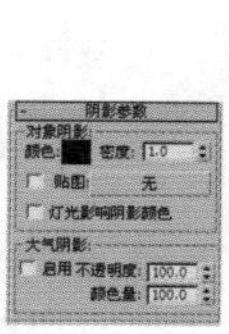

- 颜色：设置阴影的颜色，默认为黑色。
- 密度：设置阴影的密度。
- 贴图：为阴影指定贴图。
- 灯光影响阴影颜色：选中该复选框后，灯光颜色将与阴影颜色混合在一起。
- 启用：启用该选项后，大气可以穿过灯光投射阴影。

图8-93

● 不透明度：调节阴影的不透明度。

● 颜色量：调整颜色和阴影颜色的混合量。

VRay阴影参数

【VRay阴影参数】卷展栏中的参数如图8-94所示。

图8-94

● 透明阴影：控制透明物体的阴影，必须使用VRay材质并选择材质中的【影响阴影】才能产生效果。

● 偏移：控制阴影与物体的偏移距离，一般可保持默认值。

● 区域阴影：控制物体阴影效果，使用时会降低渲染速度，有长方体和球体两种模式。

● 长方体/球体：用来控制阴影的方式，一般默认设置为球体即可。

● U/V/W大小：值越大阴影越模糊，并且还会产生杂点，降低渲染速度。

● 细分：该数值越大，阴影越细腻，噪点越少，渲染速度越慢。

大气和效果

【大气和效果】卷展栏中的参数如图8-95所示。

● 添加 按钮：为场景加载体积光或镜头效果。

图8-95

● 删除 按钮：删除加载的特效。

● 设置 按钮：创建特效后，单击该按钮可以在弹出的对话框中设置特效的特性。

 技巧提示

体积光和镜头效果也可以在【环境和效果】对话框中添加，按【8】键可以打开【环境和效果】对话框。

★ 综合实战——目标聚光灯制作舞台灯光

场景文件	04.max
案例文件	案例文件\Chapter 08\综合实战——目标聚光灯制作舞台灯光.max
视频教学	视频文件\Chapter 08\综合实战——目标聚光灯制作舞台灯光.flv
难易指数	★★★☆☆
技术掌握	掌握光度学下的目标聚光灯的运用体积光的制作方法

实例介绍

舞台灯光是美术造型手段之一。随着剧情的发展，运用舞台灯光设备（如照明灯具、幻灯、控制系统等）和技术手段，以光色及其变化显示环境，渲染气氛，突出中心人物，创造舞台空间感、

图8-96

时间感。在这个场景中，主要使用目标聚光灯制作舞台灯光的效果，最终渲染效果如图8-96所示。

制作步骤

01 打开本书配套光盘中的【场景文件/Chapter08/04.max】文件，如图8-97所示。

02 单击 、 按钮，选择 标准 选项，单击 目标聚光灯 按钮，在前视图中拖曳并创建1盏灯，使用【选择并移动】工具 复制3盏，如图8-98所示。

图8-97　　　　　图8-98

03 选择上一步创建的目标聚光灯，然后在修改面板下设置其具体的参数，如图8-99所示。

设置方式为【阴影贴图】，然后在【强度/颜色/衰减】卷展栏下设置【倍增】为40，调节颜色为红色（红：250，绿：18，蓝：0），选中【远距衰减】选项组下的【使用】和【显示】复选框，并设置【开始】为130mm、【结束】为200mm。在【聚光灯参数】卷展栏下设置【聚光区/光束】为10、【衰减区/光束】为20。

04 按【Shift+Q】快捷键快速渲染摄影机视图，其渲染的效果如图8-100所示。

图8-99　　　　　图8-100

05 单击 、 按钮，选择 标准 选项，单击 目标聚光灯 按钮，在前视图中拖曳并创建1盏，如图8-101所示。

06 选择上一步创建的目标聚光灯，然后在修改面板下设置其具体的参数，如图8-102所示。

设置方式为【阴影贴图】，然后在【强度/颜色/衰减】卷展栏下设置【倍增】为0.5，调节颜色为红色（红：250，绿：18，蓝：0），选中【远距衰减】选项组下的【使用】和【显示】复选框，并设置【开始】为130mm、【结束】为200mm。在【聚光灯参数】卷展栏下设置【聚光区/光束】为10、【衰减区/光束】为30。

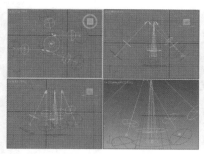

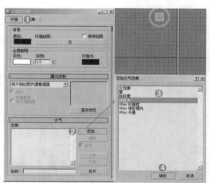

图8-101　　　　　　　　图8-102

 技巧提示

在本案例中为了模拟制作出真实的体积光效果，需要在【环境】选项卡中添加【体积光】，并拾取相应的灯光，这样在渲染时，这些灯光不仅产生照明的作用，而且会产生体积光的效果。

08 接着单击  按钮，并依次拾取场景中所有的灯光，如图8-104所示。

09 最终的渲染效果如图8-105所示。

07 按【8】键打开【环境和效果】对话框，单击 添加... 按钮，并选择【体积光】选项，如图8-103所示。

图8-103

图8-104　　　　　　　　图8-105

8.3.2　Free Spot（自由聚光灯）

● **技术速查**：自由聚光灯与目标聚光灯基本一样，只是它无法对发射点和目标点分别进行调节。

自由聚光灯特别适合于模仿一些动画灯光，如舞台上的射灯等，如图8-106所示。

图8-106

 技巧提示

自由聚光灯的参数和目标聚光灯的参数差不多，只是自由聚光灯没有目标点，如图8-107所示。

可以使用【选择并移动】工具和【选择并旋转】工具对自由聚光灯进行移动和旋转操作，如图8-108所示。

图8-107

图8-108

8.3.3　目标平行光

● **技术速查**：目标平行光可以产生一个照射区域，主要用来模拟自然光线的照射效果，常用该灯光模拟室内外日光效果。

目标平行光产生的效果如图8-109所示。

虽然目标平行光可以用来模拟太阳光，但它与目标聚光灯的灯光类型却不相同。目标聚光灯的灯光类型是聚光灯，而目标平行光的灯光类型是平行光，从外形上看，目标聚光灯更像锥形，目标平行光更像筒形，如图8-110所示。

目标平行光的参数面板如图8-111所示。

图8-109　　　　　　　　　　　　图8-110　　　　　　　　　　图8-111

8.3.4　自由平行光

● 技术速查：自由平行光
没有目标点，其参数与
目标平行光的参数基本
一致。

自由平行光的参数面板
如图8-112所示。

图8-112

技巧提示

当选中【目标】复选框时，自由平行光会自动由自由平行光类型切换为目标平行光，因此这两种灯光之间是相关联的。

★ **案例实战——阴影灯光制作阴影效果**

场景文件	05.max
案例文件	案例文件\Chapter 08\案例实战——阴影灯光制作阴影效果.max
视频教学	视频文件\Chapter 08\案例实战——阴影灯光制作阴影效果.flv
难易指数	★★★☆☆
技术掌握	掌握光度学下的目标平行光的运用和阴影的特殊制作方法

实例介绍

阴影灯光效果可以模拟出真实的光线与投影的关系，能烘托出物体处于阴影下的特殊效果。在这个场景中，主要使用阴影灯光制作阴影效果，最终渲染效果如图8-113所示。

图8-113

制作步骤

01 打开本书配套光盘中的【场景文件/Chapter08/05.max】文件，如图8-114所示。

02 单击 按钮，选择 标准 选项，单击
目标平行光 按钮，如图8-115所示。

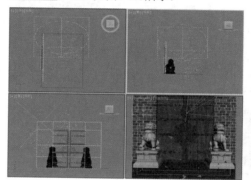

图8-114　　　　　　　　　　图8-115

03 在前视图中拖曳并创建1盏目标平行光，灯光的位置如图8-116所示。

04 选择上一步创建的目标平行光，然后在修改面板下设置其具体的参数，如图8-117所示。

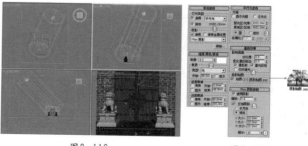

图8-116　　　　　　　　　　图8-117

展开【常规参数】卷展栏，然后在【阴影】选项组下选中【启用】复选框，接着设置阴影类型为【VRay阴影】。展开【强度/颜色/衰减】卷展栏，然后设置【倍增】为5。展开【平行光参数】卷展栏，然后设置【聚光区/光束】为3000mm、【衰减区/区域】为4000mm，选中【圆】单选按钮。展开【高级效果】卷展栏，然后在【投影贴图】选项组下选中【贴图】复选框，在贴图后面的通道上加载【阴影贴图.jpg】贴图文件。展开【VRay阴影参数】卷展栏，选中

【区域阴影】复选框，然后选中【球体】单选按钮，接着设置【细分】为20。

图8-118

05 最终的渲染效果如图8-118所示。

8.3.5　泛光

● 技术速查：泛光灯可以向周围发散光线，它的光线可以到达场景中无限远的地方。泛光灯比较容易创建和调节，能够均匀地照射场景，但是在一个场景中如果使用太多泛光灯可能会导致场景明暗层次变暗，缺乏对比。

泛光的参数面板如图8-119所示。

图8-119

如图8-120所示为泛光灯产生的画面效果。

图8-120

★ **案例实战——泛光灯、目标聚光灯制作烛光**

场景文件	06.max
案例文件	案例文件\Chapter 08\案例实战——泛光灯、目标聚光灯制作烛光.max
视频教学	视频文件\Chapter 08\案例实战——泛光灯、目标聚光灯制作烛光.flv
难易指数	★★★☆☆
技术掌握	掌握泛光灯、目标聚光灯的运用和灯光模糊的效果

实例介绍

　　烛光是为了烘托气氛而产生的灯光类型，不具备太强的照明性，而其新颖性、装饰性、观赏性、功能性是最为重要的。在这个室内场景中，主要使用泛光灯模拟蜡烛的光源，然后使用目标聚光灯模拟辅助光源，灯光效果如图8-121所示。

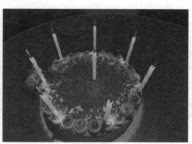

图8-121

制作步骤

01 打开本书配套光盘中的【场景文件/Chapter08/06.max】文件，如图8-122所示。

02 单击 、 按钮，选择 标准 选项，单击 泛光灯 按钮，如图8-123所示。

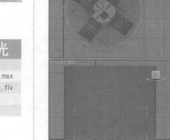

图8-122　　　　　　图8-123

03 在顶视图中拖曳创建1盏泛光灯，并使用【选择并移动】工具 复制15盏，如图8-124所示。

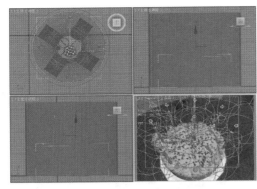

图8-124

答疑解惑：如何隐藏和显示灯光？

很多时候由于场景较为复杂或灯光层次比较多，场景中的灯光个数也会非常多，可能会遮挡部分模型，那么如何快速隐藏和显示灯光呢？非常简单，只需要按【Shift+L】快捷键即可，如图8-125所示。

隐藏灯光　　　　　　　显示灯光

图8-125

04 选择上一步创建的泛光灯，然后在修改面板下设置其具体的参数，如图8-126所示。

在【阴影】选项组下选中【启用】复选框，设置【阴影】为【VRayShadow】，在【衰退】选项组下设置【类型】为【平方反比】、【开始】为6mm。在【强度/颜色/衰减】卷展栏下设置【倍增】为15，设置【颜色】为橘黄色（红：255，绿：163，蓝：81），在【远距衰减】选项组下选中【使用】和【显示】复选框，设置【开始】为70mm、【结束】为150mm。

05 按【Shift+Q】快捷键快速渲染摄影机视图，其渲染的效果如图8-127所示。

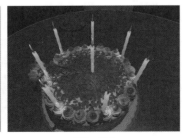

图8-126　　　　　图8-127

06 按【M】键打开【材质编辑器】对话框，选择第1个材质球，单击 Standard （标准）按钮，在弹出的【材质/贴图浏览器】对话框中选择【标准】材质，如图8-128所示。

07 将材质命名为【火焰】，修改材质ID通道◎为ID通道◎，如图8-129所示。

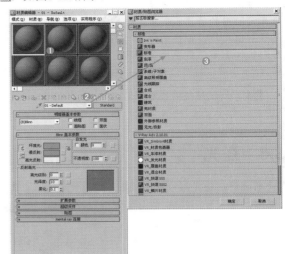

图8-128

图8-129

技巧提示

此处将材质ID通道设置为◎，目的是在后面添加【模糊】特效时，场景中被赋予了ID通道为◎的材质将都会被模糊，因此火焰才会出现模糊的真实恍惚效果。

08 展开【明暗器基本参数】卷展栏，选中【双面】复选框。展开【Blinn基本参数】卷展栏，在【漫反射】文本下后面的通道上加载【混合】程序贴图，在【颜色#1】后边的通道下加载【渐变坡度】程序贴图，设置【角度W】为90，并设置6个黄色和白色的渐变颜色，设置【颜色#2】颜色为橘黄色（红：220，绿：105，蓝：65），在【混合量】后边的通道下加载【衰减】程序贴图，在第2个颜色后面的通道上加载【渐变坡度】程序贴图，并设置6个黑色、灰色和白色的渐变颜色，然后设置【衰减类型】为【垂直/平行】，最后展开【混合曲线】卷展栏并调节曲线，如图8-130所示。

09 展开【贴图】卷展栏，并在【自发光】后面的通道上加载【自发光（Mix）】程序贴图，如图8-131所示。

10 在【漫反射颜色】后面的通道上单击鼠标右键，在弹出的快捷菜单中选择【复制】命令，然后进入【自发光】后面的通道，并且在【颜色#1】后面的通道上单击鼠标右键，在弹出的快捷菜单中选择【粘贴（复制）】命令，最后设置【颜色#2】为紫色（红：130，绿：110，蓝：195），如图8-132所示。

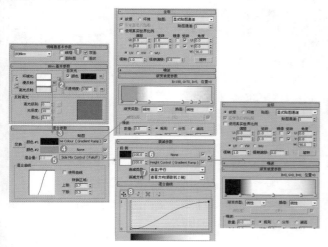

图8-130

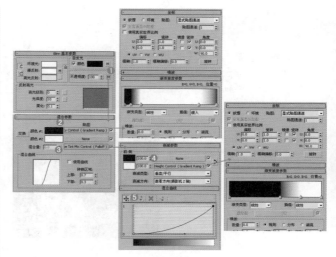

图8-134

13 最后在【反射高光】选项组下设置【高光级别】为0、【光泽度】为10，如图8-135所示。

14 将调节好的火焰材质赋给场景中所有的烛光模型，如图8-136所示。

图8-131   图8-132

11 在【混合量】后面的通道上加载【衰减】程序贴图，并在第2个颜色后面的通道上加载【渐变坡度】程序贴图，并设置4个黑色、灰色和白色的渐变颜色，如图8-133所示。

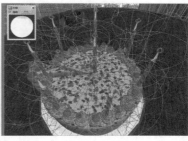

图8-135   图8-136

15 按【8】键打开【环境和效果】对话框，在【效果】选项卡下单击 添加... 按钮，选择【模糊】选项，为其添加模糊效果，如图8-137所示。

16 在【效果】选项卡下选择【模糊】选项，展开【模糊参数】卷展栏，在【像素选择】选项卡下选中【材质ID】复选框，并添加8ID，设置【最小亮度(%)】为60、【加亮(%)】为300、【混合(%)】为60、【羽化半径(%)】为6，如图8-138所示。

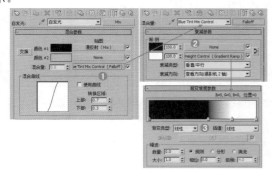

图8-133

12 在【不透明度】后面的通道上加载【混合】程序贴图，在【颜色#1】后面的通道上加载【渐变坡度】程序贴图，设置【角度W】为90，并设置5个黑色、灰色和白色的渐变颜色，在【混合量】后面的通道上加载【衰减】程序贴图，在第2个颜色后面的通道上加载【渐变坡度】程序贴图，并设置4个黑色、灰色和白色的渐变颜色，然后设置【衰减类型】为【垂直/平行】，最后展开【混合曲线】卷展栏并调节曲线，如图8-134所示。

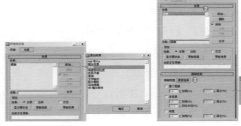

图8-137   图8-138

在该步骤中，在效果中添加了模糊，并设置了相应的参数，目的是使场景中带有蜡烛火焰的材质产生模糊效果，这样会更加真实。

17 按【Shift+Q】快捷键快速渲染摄影机视图，其渲染的效果如图8-139所示。

图8-139

18 单击 、 按钮，选择 标准 选项，单击 目标聚光灯 按钮，如图8-140所示。

19 在前视图中拖曳创建1盏目标聚光灯，用来照亮蛋糕，具体位置如图8-141所示。

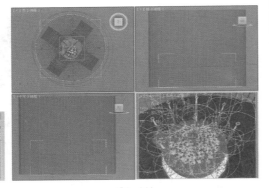

图8-140　　　　　图8-141

20 选择上一步创建的目标聚光灯，然后在修改面板下设置其具体的参数，如图8-142所示。

展开【常规参数】卷展栏，然后在【阴影】选项组下选中【启用】复选框，最后设置阴影类型为【VRayShadow】。展开【强度/颜色/衰减】卷展栏，然后设置【倍增】为0.3，设置【颜色】为蓝色（红：227，绿：158，蓝：170）。展开【聚光灯参数】卷展栏，设置【聚光区/光束】为34、【衰减区/区域】为100。

图8-142

21 按【Shift+Q】快捷键快速渲染摄影机视图，其最终渲染的效果如图8-143所示。

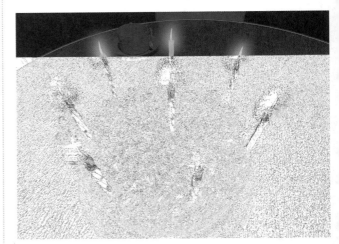

图8-143

8.3.6　天光

● 技术速查：天光不是基于物理学，可以用于所有需要基于物理数值的场景。天光可以作为场景唯一的光源，也可以与其他灯光配合使用，实现高光和投射锐边阴影。

天光用于模拟天空光，它以穹顶方式发光，如图8-144所示。

天光的参数比较简单，只有一个【天光参数】卷展栏，如图8-145所示。

● 启用：是否开启天光。

● 倍增：控制天光的强弱程度。

● 使用场景环境：使用【环境与特效】对话框中设置的灯光颜色。

● 天空颜色：设置天光的颜色。

● 贴图：指定贴图来影响天光颜色。

● 投影阴影：控制天光是否投影阴影。

● 每采样光线数：计算落在场景中每个点的光子数目。

● 光线偏移：设置光线产生的偏移距离。

图8-144　　　　　图8-145

8.3.7　mr Area Omin（mr区域泛光灯）

使用mental ray渲染器渲染场景时，区域泛光灯从球体或圆柱体而不是从点光源发射光线。使用默认的扫描线渲染器，区域泛光灯像其他标准的泛光灯一样发射光线，如图8-146所示。

8.3.8　mr Area Spot（mr区域聚光灯）

使用 mental ray 渲染器渲染场景时，区域聚光灯从矩形或圆盘形区域发射灯光，而不是从点光源发射。使用默认的扫描线渲染器，区域聚光灯像其他标准的聚光灯一样发射光线，如图8-147所示。

图8-146

图8-147

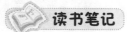
读书笔记

8.4 VRay灯光

安装好VRay渲染器后，在创建面板中就可以选择VR灯光了。VR灯光包含4种类型，分别是VR灯光、VRayIES、VR环境灯光和VR太阳，如图8-148所示。

- VR灯光：主要用来模拟室内光源。
- VRayIES：VRayIES是一个V型的射线光源插件，可以用来加载IES灯光，能使现实中的灯光分布更加逼真。
- VR环境灯光：主要用来模拟周围环境的光源。
- VR太阳：主要用来模拟真实的室外太阳光。

图8-148

技巧提示

要想正常使用VR灯光，则需要设置渲染器为VRay渲染器，具体设置方法如图8-149所示。

具体参数会在第11章中详细进行讲解，在这里不做过多介绍。

图8-149

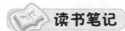
★ 本节知识导读

工具名称	工具用途	掌握级别
VR灯光	可以模拟制作主光源、辅助光源，效果比较柔和，是最为常用的灯光之一	★★★★★
VR太阳	可以模拟真实的太阳光效果	★★★★★
VRayIES	可以模拟类似射灯的效果	★★★☆☆
VR环境灯光	可以模拟环境灯光效果	★★★☆☆

读书笔记

8.4.1 VR灯光

● 技术速查：VR灯光是最常用的灯光之一，参数比较简单，但是效果非常真实。一般常用来模拟柔和的灯光、灯带、台灯灯光、补光灯。
具体参数如图8-150所示。

图8-150

● 开：控制是否开启VR灯光。

● ■排除■按钮：用来排除灯光对物体的影响。

● 类型：指定VR灯光的类型，共有平面、穹顶、球体和网格体4种类型，如图8-151所示。

图8-151

● 平面：将VR灯光设置成平面形状。

● 穹顶：将VR灯光设置成穹顶状，类似于3ds Max的天光物体，光线来自位于光源Z轴的半球体状圆顶。

● 球体：将VR灯光设置成球体形状。

● 网格体：是一种以网格为基础的灯光。

● 启用视口着色：选中此复选框，可以控制在视口中灯光的显示情况。

技巧提示

设置【类型】为【平面】比较适合于室内灯带等光照效果，设置【类型】为【球体】比较适合于灯罩内的光照效果，如图8-152所示。

图8-152

● 单位：指定VR灯光的发光单位，共有默认(图像)、发光率(lm)、亮度(lm/ m²/sr)、辐射功率(W)和辐射(W/m²/sr)5种，如图8-153所示。

图8-153

● 默认(图像)：VRay默认单位，依靠灯光的颜色和亮度来控制灯光的最后强弱，如果忽略曝光类型的因素，灯光色彩将是物体表面受光的最终色彩。

● 发光率(lm)：当选择这个单位时，灯光的亮度将和灯光的大小无关（100W的亮度大约等于1500LM）。

● 亮度(lm/ m²/sr)：当选择这个单位时，灯光的亮度和它

的大小有关系。

● 辐射功率(W)：当选择这个单位时，灯光的亮度和灯光的大小无关。注意，这里的瓦特和物理上的瓦特不一样，如这里的100W大约等于物理上的2~3瓦特。

● 辐射(W/m²/sr)：当选择这个单位时，灯光的亮度和它的大小有关系。

● 颜色：指定灯光的颜色。

● 倍增：设置灯光的强度。

● 1/2长：设置灯光的长度。

● 1/2宽：设置灯光的宽度。

● U/V/W向尺寸：当前这个参数还没有被激活。

● 投射阴影：控制是否对物体的光照产生阴影，如图8-154所示。

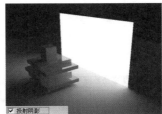

图8-154

● 双面：用来控制灯光的双面都产生照明效果，对比效果如图8-155所示。

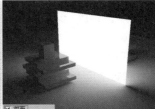

图8-155

● 不可见：这个选项用来控制最终渲染时是否显示VR灯光的形状，对比效果如图8-156所示。

图8-156

- **忽略灯光法线**：这个选项控制灯光的发射是否按照光源的法线进行发射。
- **不衰减**：在物理世界中，所有的光线都是有衰减的。如果选中该复选框，VRay将不计算灯光的衰减效果，对比效果如图8-157所示。

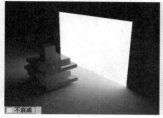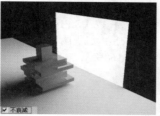

图8-157

- **天光入口**：这个选项是把VRay灯转换为天光，这时的VR灯光就变成了【间接照明(GI)】，失去了直接照明。当选中这个复选框时，【投射阴影】、【双面】、【不可见】等复选框将不可用，这些参数将被VRay的天光参数所取代。
- **存储发光图**：选中这个复选框，同时在【间接照明（GI）】里的【首次反弹】引擎选择【发光贴图】，VR灯光的光照信息将保存在【发光贴图】中。在渲染光子时将变得更慢，但是在渲染出图时，渲染速度会提高很多。当渲染完光子时，可以关闭或删除这个VR灯光，它对最后的渲染效果没有影响，因为它的光照信息已经保存在【发光贴图】中了。
- **影响漫反射**：该复选框决定灯光是否影响物体材质属性的漫反射。
- **影响高光**：该复选框决定灯光是否影响物体材质属性的高光。
- **影响反射**：选中该复选框时，灯光将对物体的反射区进行光照，物体可以将光源进行反射，如图8-158所示。

图8-158

- **细分**：该参数控制VR灯光的采样细分。数值越小，渲染杂点越多，渲染速度越快；数值越大，渲染杂点越少，渲染速度越慢，如图8-159所示。
- **阴影偏移**：这个参数用来控制物体与阴影的偏移距离，较高的值会使阴影向灯光的方向偏移，对比效果如图8-160所示。

图8-159

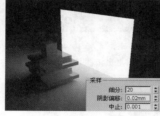

图8-160

- **阈值**：设置采样的最小阈值。
- **中止**：控制灯光中止的数值，一般情况下不用修改该参数。
- **使用纹理**：控制是否用纹理贴图作为半球光源。
- **None**：选择贴图通道。
- **分辨率**：设置纹理贴图的分辨率，最高为2048。
- **自适应**：控制纹理的自适应数值，一般情况下数值默认即可。

★ 案例实战——VR灯光制作灯带

场景文件	07.max
案例文件	案例文件\Chapter 08\案例实战——VR灯光制作灯带.max
视频教学	视频文件\Chapter 08\案例实战——VR灯光制作灯带.flv
难易指数	★★★☆☆
技术掌握	掌握VR灯光模拟灯带的运用、目标灯光制作射灯的方法

实例介绍

灯带是指把LED灯用特殊的加工工艺焊接在铜线或者带状柔性线路板上面，再连接上电源发光，因其发光时形状如一条光带而得名。在这个场景中，主要使用VR灯光制作灯带效果，场景的最终渲染效果如图8-161所示。

图8-161

制作步骤

01 打开本书配套光盘中的【场景文件/Chapter08/07.max】文件，如图8-162所示。

02 单击 、 按钮，选择 VRay 选项，单击 VR灯光 按钮，如图8-163所示。

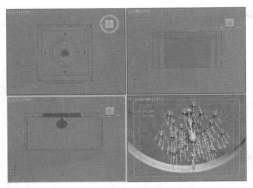

图8-162　　　　　　　　　图8-163

03 在左视图中拖曳并创建1盏VR灯光，如图8-164所示。

04 选择上一步创建的VR灯光，然后在修改面板下设置其具体的参数，如图8-165所示。

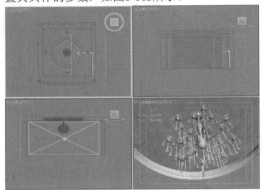

图8-164　　　　　　　　　图8-165

在【常规】选项组下设置【类型】为【平面】，在【强度】选项组下设置【倍增】为7，设置【颜色】为蓝色（红：195，绿：226，蓝：255），在【大小】选项组下设置【1/2长】为2634mm、【1/2宽】为1286mm，在【选项】选项组下选中【不可见】复选框，在【采样】选项组下设置【细分】为20。

05 在前视图中拖曳并创建1盏VR灯光，并使用【选择并移动】工具调整位置，如图8-166所示。

06 选择上一步创建的VR灯光，然后在修改面板下设置其具体的参数，如图8-167所示。

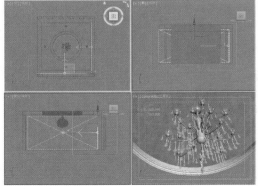

图8-166　　　　　　　　　图8-167

在【常规】选项组下设置【类型】为【平面】，在【强度】选项组下设置【倍增】为7，设置【颜色】为黄色（红：255，绿：232，蓝：193），在【大小】选项组下设置【1/2长】为2634mm，【1/2宽】为1286mm，在【选项】选项组下选中【不可见】复选框，在【采样】选项组下设置【细分】为20。

07 按【Shift+Q】快捷键快速渲染摄影机视图，其渲染的效果如图8-168所示。

图8-168

08 单击 、 按钮，选择 【光度学】选项，单击 目标灯光 按钮，如图8-169所示。

图8-169

09 使用【目标灯光】工具在左视图中创建1盏灯，使用【选择并移动】工具复制7盏，如图8-170所示。选择上一步创建的目标灯光，然后在修改面板下设置其具体的参数，如图8-171所示。

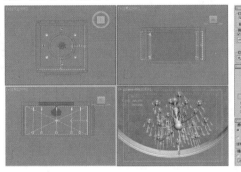

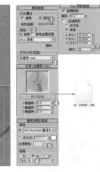

图8-170　　　　　　　　　图8-171

展开【常规参数】卷展栏，在【灯光属性】选项组下选中【目标】复选框，在【阴影】选项组下选中【启用】复选框，并设置【阴影类型】为【VRay阴影】，设置【灯光分布(类型)】为【光度学Web】。展开【分布(光度学Web)】卷展栏，并在通道上加载【18(15000).IES】文件。展开【强度/颜色/衰减】卷展栏，设置【颜色】为黄色（红：254，绿：205，蓝：141），设置【强度】为2695。展开【VRay阴影参数】卷展栏，在【采样】选项组下设置【细分】为20。

10 按【Shift+Q】快捷键快速渲染摄影机视图，其渲染的效果如图8-172所示。

图8-172

11 单击 🔲、📐 按钮，选择 `VRay` 选项，单击 `VR灯光` 按钮，在顶视图中拖曳并创建1盏灯，并使用【选择并移动】工具 ✛ 复制16盏，如图8-173所示。

12 选择上一步创建的VR灯光，然后在修改面板下设置其具体的参数，如图8-174所示。

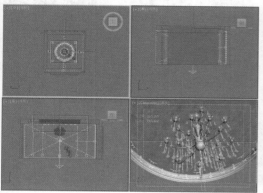

图8-173　　　　　　　　　图8-174

在【常规】选项组下设置【类型】为【平面】，在【强度】选项组下设置【倍增】为8，设置【颜色】为黄色（红：253，绿：194，蓝：141），在【大小】选项组下设置【1/2长】为250mm、【1/2宽】为60mm，在【选项】选项组下选中【不可见】复选框，在【采样】选项组下设置【细分】为20。

技巧提示

对于带有形状的灯光分布，需要考虑一些特殊的方法进行复制，否则既麻烦又不准确。在这里给读者提供两个非常好的方法。

方法1：

01 在顶视图中创建一盏VR灯光，并使用 `圆` 工具绘制一个圆，如图8-175所示。

02 选择【VR灯光】，单击【修改】按钮，接着单击 `仅影响轴` 按钮，如图8-176所示。

图8-175　　　　　　　　　图8-176

03 使用【选择并移动】工具 ✛ 将轴移动到吊灯的中心位置，并再次单击 `仅影响轴` 按钮，如图8-177所示。

04 单击【选择并旋转】工具 🔄，单击【角度捕捉切换】工具 🔒，接着按住【Shift】键进行复制，选中【实例】单选按钮，设置合适的副本数，最后单击【确定】按钮，如图8-178所示。复制完成的效果如图8-179所示。

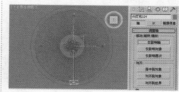

图8-177　　　　　　　　　图8-178

方法2：

01 同样在顶视图中创建一盏【VR灯光】，并使用 `圆` 工具绘制一个圆，接着在主工具栏空白处单击鼠标右键，在弹出的快捷菜单中选择【附加】命令，如图8-180所示。

图8-179　　　　　　　　　图8-180

02 选择【VR灯光】，并单击【间隔】工具按钮 🔳，如图8-181所示。

03 单击 `拾取路径` 按钮，拾取场景中的圆，并设置【计数】为30，选中【跟随】复选框，最后单击 `应用` 按钮，再单击 `关闭` 按钮，如图8-182所示。

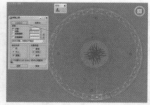

图8-181　　　　　　　　　图8-182

13 最终的渲染效果如图8-183所示。

图8-183

★ 案例实战——VR灯光制作壁灯灯光

场景文件	08.max
案例文件	案例文件\Chapter 08\案例实战——VR灯光制作壁灯灯光.max
视频教学	视频文件\Chapter 08\案例实战——VR灯光制作壁灯灯光.flv
难易指数	★★☆☆☆
技术掌握	掌握VR灯光（平面）和VR灯光（球体）制作壁灯灯光的方法

实例介绍

壁灯是安装在室内墙壁上的辅助照明装饰灯具，光线淡雅和谐，可把环境点缀得优雅、富丽。在这个场景中，主要使用VR灯光（平面）和VR灯光（球体）模拟壁灯灯光，最终渲染效果如图8-184所示。

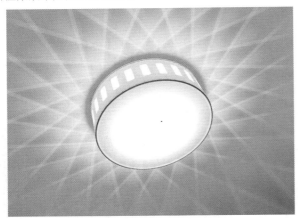

图8-184

制作步骤

01 打开本书配套光盘中的【场景文件/Chapter08/08.max】文件，如图8-185所示。

02 单击 、 按钮，选择 VRay 选项，单击 VR灯光 按钮，在顶视图中拖曳创建1盏VR灯光，如图8-186所示。

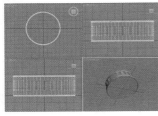 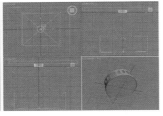

图8-185   图8-186

03 选择上一步创建的VR灯光，然后在修改面板下设置其具体的参数，如图8-187所示。

在【常规】选项组下设置【类型】为【平面】，在【强度】选项组下设置【倍增】为1，设置【颜色】为白色，在【大小】选项组下设置【1/2长】为224mm、【1/2宽】为203mm，在【选项】选项组下选中【不可见】复选框，在【采样】选项组下设置【细分】为50。

04 按【Shift+Q】快捷键快速渲染摄影机视图，其渲染的效果如图8-188所示。

图8-187   图8-188

05 使用【VR灯光】工具在顶视图中拖曳创建1盏VR灯光，并将其进行适当的缩放，具体位置如图8-189所示。

06 选择上一步创建的VR灯光，然后在修改面板下设置其具体的参数，如图8-190所示。

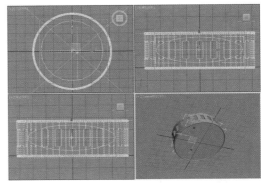 

图8-189   图8-190

在【常规】选项组下设置【类型】为【球体】，在【强度】选项组下设置【倍增】为30，设置【颜色】为浅黄色（红：253，绿213，蓝：178），在【大小】选项组下设置【半径】为10mm，在【选项】选项组下选中【不可见】复选框，在【采样】选项组下设置【细分】为50。

07 再次创建24个VR灯光，并将其放置在壁灯内部，灯光的方向调整为向外照射，如图8-191所示。

08 选择上一步创建的VR灯光，然后在修改面板下设置其具体的参数，如图8-192所示。

在【常规】选项组下设置【类型】为【平面】，在【强度】选项组下设置【倍增】为1.4，设置【颜色】为浅黄色（红：253，绿213，蓝：178），在【大小】选项组下设置【1/2长】为3mm、【1/2宽】为8mm，在【选项】选项组下选中【不可见】复选框，在【采样】选项组下设置【细分】为50。

 读书笔记

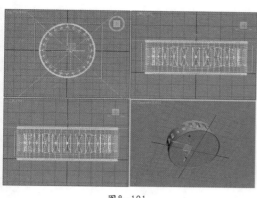

图8-191

图8-192

图8-194

技巧提示

由于该案例的灯光个数非常多，而且灯光亮度较亮，因此为了渲染的效果更加细致、噪点更少，将灯光的【细分】数值增大，这样会大大提高渲染的精度，但是渲染的速度也会相应变慢。

09 按【Shift+Q】快捷键快速渲染摄影机视图，最终的渲染效果如图8-193所示。

制作步骤

01 打开本书配套光盘中的【场景文件/Chapter08/09. max】文件，如图8-195所示。

02 单击 、 按钮，选择 VRay 选项，单击 VR灯光 按钮，如图8-196所示。

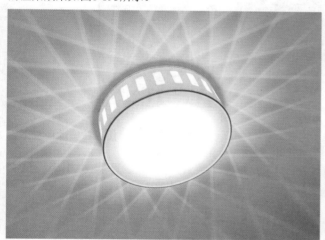

图8-193

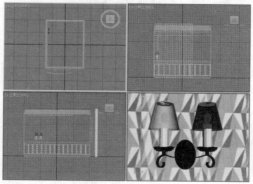

图8-195

图8-196

★ 案例实战——VR灯光制作灯罩灯光

场景文件	09.max
案例文件	案例文件\Chapter 08\案例实战——VR灯光制作灯罩灯光.max
视频教学	视频文件\Chapter 08\案例实战——VR灯光制作灯罩灯光.flv
难易指数	★★☆☆☆
技术掌握	掌握VR灯光（平面）和VR灯光（球体）的综合运用

03 在前视图中拖曳并创建1盏VR灯光，如图8-197所示。

04 选择上一步创建的VR灯光，然后在修改面板下设置其具体的参数，如图8-198所示。

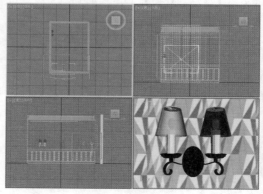

图8-197

图8-198

实例介绍

灯罩灯光指的是带有灯罩的灯光产生的光照效果，一般光照效果较为柔和。在这个场景中，主要使用VR灯光制作灯罩灯光的效果，场景的最终渲染效果如图8-194所示。

在【常规】选项组下设置【类型】为【平面】，在【强度】选项组下设置【倍增】为20，设置【颜色】为蓝色（红：233，绿：239，蓝：252），在【大小】选项组下设置【1/2长】为871mm，【1/2宽】为719mm，在【选项】选项组下选中【不可见】复选框，在【采样】选项组下设置【细分】为15。

05　在左视图中拖曳并创建1盏VR灯光，如图8-199所示。

06　选择上一步创建的VR灯光，然后在修改面板下设置其具体的参数，如图8-200所示。

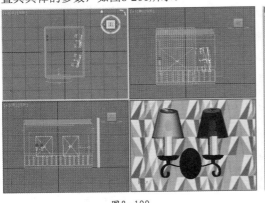

图8-199　　　　　　　　　图8-200

在【常规】选项组下设置【类型】为【平面】，在【强度】选项组下调节【倍增】为5，调节【颜色】为蓝色（红：233，绿：239，蓝：252），在【大小】选项组下设置【1/2长】为480mm、【1/2宽】为620mm，在【选项】选项组下选中【不可见】复选框，在【采样】选项组下设置【细分】为15。

07　按【Shift+Q】快速渲染摄影机视图，其渲染的效果如图8-201所示。

图8-201

08　单击 、 按钮，选择VRay选项，单击 VR灯光 按钮，如图8-202所示。在顶视图中拖曳并创建1盏灯，并使用【选择并移动】工具 复制1盏灯调整位置，如图8-202所示。

09　选择上一步创建的VR灯光，然后在修改面板下设置其具体的参数，如图8-203所示。

图8-202 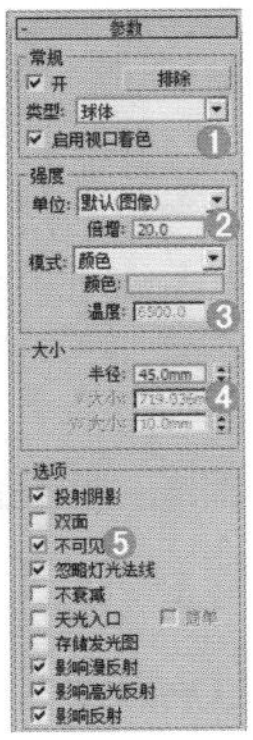　　　　　　　　　图8-203

在【常规】选项组下设置【类型】为【球体】，在【强度】选项组下设置【倍增】为20，设置【颜色】为黄色（红：229，绿：192，蓝：145），在【大小】选项组下设置【半径】为45mm，在【选项】选项组下选中【不可见】复选框。

10　按【Shift+Q】快捷键快速渲染摄影机视图，其渲染的效果如图8-204所示。

11　单击 、 按钮，选择VRay选项，单击 VR太阳 按钮，如图8-205所示。

图8-204 　　　　　　　　　图8-205

12　在顶视图中拖曳并创建1盏VR太阳，位置如图8-206所示，在拖曳时会弹出一个窗口如图8-207所示，单击【是】按钮。

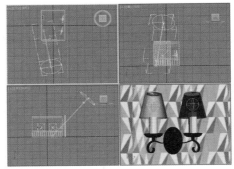

图8-206 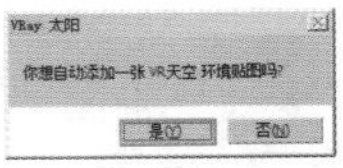　　　　　　　　　图8-207

13　选择上一步创建的VR太阳，然后在修改面板下设置其具体的参数，如图8-208所示。

在【VRay太阳参数】选项组下设置【浊度】为3、【臭氧】为0.35、【强度倍增】为0.03、【大小倍增】为4、【阴影细分】为3。

14　最终的渲染效果如图8-209所示。

图8-208　　　　　　　　　图8-209

★ 案例实战——VR灯光制作台灯

场景文件	10.max
案例文件	案例文件\Chapter 08\案例实战——VR灯光制作台灯.max
视频教学	视频文件\Chapter 08\案例实战——VR灯光制作台灯.flv
难易指数	★★☆☆☆
技术掌握	掌握目标灯光制作射灯、VR灯光（球体）模拟台灯的运用

实例介绍

台灯，根据使用功能分为阅读台灯、装饰台灯。装饰台灯外观豪华，材质与款式多样，灯体结构复杂，用于点缀空间，装饰功能与照明功能同等重要。居室的台灯已经远远超越了台灯本身的价值，已经变成了一个不可

图8-210

多得的艺术品。在这个场景中，主要使用VR灯光制作台灯的效果，场景的最终渲染效果如图8-210所示。

制作步骤

01 打开本书配套光盘中的【场景文件/Chapter08/10.max】文件，如图8-211所示。

02 单击 、 按钮，选择 [光度学] 选项，单击 [目标灯光] 按钮，如图8-212所示。

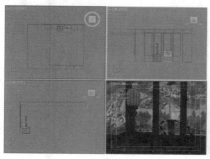

图8-211　　　　　　　　　图8-212

03 使用 [目标灯光] 在前视图中创建1盏灯，使用【选择并移动】工具 复制9盏，如图8-213所示。选择上一步创建的目标灯光，然后在修改面板下设置其具体的参数，如图8-214所示。

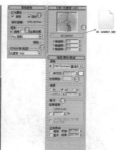

图8-213　　　　　　　　　图8-214

展开【常规参数】卷展栏，在【灯光属性】选项组下，选中【目标】复选框，在【阴影】选项组下选中【启用】复选框，并设置【阴影类型】为【VRay阴影】，设置【灯光分布(类型)】为【光度学Web】展开【分布(光度学Web)】卷展栏，并在通道上加载【18(15000).IES】文件。展开【强度/颜色/衰减】卷展栏，设置【颜色】为黄色（红：253，绿：190，蓝：156），设置【强度】为11000。

04 按【Shift+Q】快捷键快速渲染摄影机视图，其渲染的效果如图8-215所示。

图8-215

05 单击 、 按钮，选择 [VRay] 选项，单击 [VR灯光] 按钮，在顶视图中拖曳并创建1盏灯，并使用【选择并移动】工具 调整位置，如图8-216所示。

06 选择上一步创建的VR灯光，然后在修改面板下设置其具体的参数，如图8-217所示。

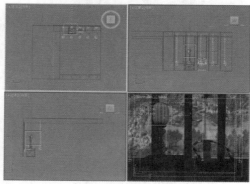

图8-216　　　　　　　　　图8-217

在【常规】选项组下设置【类型】为【球体】，在【强度】选项组下设置【倍增】为80，设置【颜色】为黄色（红：226，绿：124，蓝：119），在【大小】选项组下设置【半径】为80mm，在【选项】选项组下选中【不可见】复选框。

07 最终的渲染效果如图8-218所示。

图8-218

★ 案例实战——VR灯光制作柔和光照

场景文件	11.max
案例文件	案例文件\Chapter 08\案例实战——VR灯光制作柔和光照.max
视频教学	视频文件\Chapter 08\案例实战——VR灯光制作柔和光照.flv
难易指数	★★☆☆☆
技术掌握	掌握VR灯光的运用、灯光的冷暖颜色产生的效果

实例介绍

柔和光照一般指场景中的光线非常柔和，阴影也没有强烈的效果。在这个场景中，主要使用VR灯光制作柔和光照的效果，场景的最终渲染效果如图8-219所示。

图8-219

制作步骤

01 打开本书配套光盘中的【场景文件/Chapter08/11.max】文件，如图8-220所示。

02 单击 、 按钮，选择 VRay 选项，单击 VR灯光 按钮，如图8-221所示。

图8-220　　　　　　　　　图8-221

03 在前视图中拖曳并创建1盏VR灯光，如图8-222所示。

04 选择上一步创建的VR灯光，然后在修改面板下设置其具体的参数，如图8-223所示。

图8-222　　　　　　　　　图8-223

在【常规】选项组下设置【类型】为【平面】，在【强度】选项组下设置【倍增】为10，设置【颜色】为蓝色（红：95，绿：147，蓝：251），在【大小】选项组下设置【1/2长】为1445mm、【1/2宽】为1219mm，在【选项】选项组下选中【不可见】复选框。

05 在前视图中拖曳并创建1盏VR灯光，如图8-224所示。

06 选择上一步创建的VR灯光，然后在修改面板下设置其具体的参数，如图8-225所示。

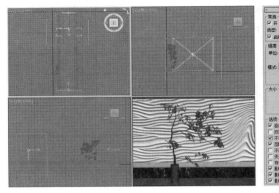

图8-224　　　　　　　　　图8-225

在【常规】选项组下设置【类型】为【平面】，在【强度】选项组下设置【倍增】为8，设置【颜色】为黄色（红：254，绿：190，蓝：148），在【大小】选项组下设置【1/2长】为1445mm【1/2宽】为1219mm，在【选项】选项组下选中【不可见】复选框。

07 最终的渲染效果如图8-226所示。

图8-226

技术拓展：效果图中的色彩心理学

不同的颜色会给人不同的视觉感受，这种感受称为色彩心理学，如火色体现热情，黑色代表稳重。蓝色代表永恒，具有深远而纯洁的意味，给人以强烈的纯在感，是最冷的色彩，能够令人联想到安静、畅想。室内装修中运用蓝色能够达到冷静沉稳的效果，营造深沉而纯净的视觉效果，给人以开阔的视觉印象，同时具有干净而清凉的视觉效果，如图8-227所示。

图8-227

8.4.2 VRayIES

- 技术速查：VRayIES是一个V型射线特定光源插件，可用来加载IES灯光，能使现实世界的光分布更加逼真（IES文件）。VRayIES和MAX的光度学中的灯光类似，而专门优化的V-射线渲染比通常的要快。

  其参数面板如图8-228示。

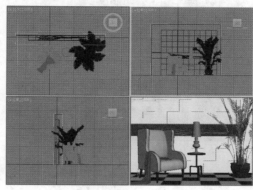

图8-228

- 激活：打开和关闭VRayIES光。
- 目标：使VRayIES有针对性。
- None 按钮：IES文件（按钮），指定定义的光分布。
- 中止：这个参数指定了一个光的强度数值，低于该数值的灯光将无法进行计算。
- 阴影偏移：将 阴影移向或移离投射阴影的对象。
- 投射阴影：光投射阴影。取消选中该复选框将用的光线阴影投射。
- 使用灯光图形：选中此复制框在IES光指定的光的形状将被考虑在计算阴影内。
- 图形细分：这个值控制的VRay需要计算照明的样本数量。
- 颜色模式：允许选择将取决于光色的模式。
- 颜色：色彩模式设置，它决定了光的颜色。
- 色温：当色彩模式设置温度参数决定了光的颜色温度（开尔文）。
- 功率：确定流明光的强度。
- 区域高光：当取消选中该复选框时，特定的光将呈现为一个点光源在镜面反射。
- 排除... ：允许用户排除从照明和阴影投射的对象。

★ 案例实战——VRayIES灯光制作射灯

场景文件	12.max
案例文件	案例文件\Chapter 08\案例实战——VRayIES灯光制作射灯.max
视频教学	视频文件\Chapter 08\案例实战——VRayIES灯光制作射灯.flv
难易指数	★★★☆☆
技术掌握	掌握VRayIES灯光的制作射灯的运用

实例介绍

射灯是非常能突出场景气氛的灯光，可以很好地拉开场景中灯光的层次效果。在这个场景中，主要使用VRayIES灯光制作射灯效果，场景的最终渲染效果如图8-229示。

图8-229

制作步骤

01 打开本书配套光盘中的【场景文件/Chapter08/12.max】文件，如图8-230所示。

02 单击 、 按钮，选择 VRay 选项，单击 VR灯光 按钮，如图8-231所示。

图8-230   图8-231

03 在顶视图中拖曳并创建1盏VR灯光，并使用【选择并移动】工具 放置到凹槽内，如图8-232所示。

04 选择上一步创建的VR灯光，然后在修改面板下设置其具体的参数，如图8-233所示。

图8-232   图8-233

在【常规】选项组下设置【类型】为【平面】，在【强度】选项组下设置【倍增】为10，设置【颜色】为黄色（红：239，绿：195，蓝：139），在【大小】选项组下设置【1/2长】为1350mm、【1/2宽】为110mm，在【选项】选项组下选中【不可见】复选框。

05 按【Shift+Q】快捷键快速渲染摄影机视图，其渲染的效果如图8-234所示。

图8-234

06 单击 ⊕、✦按钮，选择 VRay ▾选项，单击 VR灯光 按钮，在顶视图中拖曳并创建1盏灯光，如图8-235 所示。

07 选择上一步创建的VR灯光，然后在修改面板下设置其具体的参数，如图8-236所示。

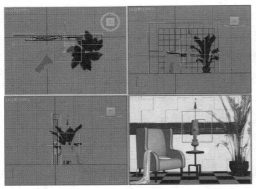

图8-235 图8-236

在【常规】选项组下设置【类型】为【球体】，在【强度】选项组下设置【倍增】为100，设置【颜色】为黄色（红：239，绿：195，蓝：139），在【大小】选项组下设置【半径】为50mm，在【选项】选项组下选中【不可见】复选框。

08 按【Shift+Q】快捷键快速渲染摄影机视图，其渲染的效果如图8-237所示。

图8-237

09 单击 ⊕、✦按钮，选择 VRay ▾选项，单击 VRayIES 按钮，在前视图中拖曳并创建1盏灯光，然后使用【选择并移动】工具 ✛ 复制5盏，如图8-238所示。

10 选择上一步创建的VRayIES，然后在修改面板下设置其具体的参数，如图8-239所示。

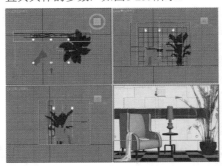

图8-238 图8-239

在【VRayIES参数】选项组下加载【灯光.IES】文件，设置【图形细分】为20、【功率】为7000，取消选中【区域高光】复选框。

11 最终的渲染效果如图8-240所示。

图8-240

 **读书笔记**

8.4.3　VR环境灯光

- 技术速查：VR环境灯光与标准灯光下的天光类似，主要用来控制整体环境的效果。其参数面板如图8-241所示。

图8-241

- 激活：打开和关闭VR环境灯光。
- 颜色：指定哪些射线是由VR环境灯光影响。
- 倍增：控制VR环境灯光的强度。
- 灯光贴图：指定VR环境灯光的贴图。
- 补偿曝光：VR环境灯光和VR物理摄影机一起使用时，此选项生效。

8.4.4　VR太阳

- 技术速查：VR太阳是VR灯光中非常重要的灯光类型，主要用来模拟日光的效果，参数较少、调节方便，但是效果非常逼真。

在单击【VR太阳】按钮时会弹出【VRay太阳】对话框，此时单击【是】按钮即可，如图8-242所示。

图8-242

具体参数如图8-243所示。

- 启用：控制灯光开启与关闭的开关。
- 不可见：控制灯光的可见与不可见的开关。对比效果如图8-244所示。
- 影响漫反射：用来控制是否影响漫反射。
- 影响高光：用来控制是否影响高光。

图8-243

- 投射大气阴影：用来控制是否投射大气阴影效果。

图8-244

- 浊度：控制空气中的清洁度，数值越大阳光就越暖。一般情况下，白天正午的时候数值为3～5，下午的时候为6～9，傍晚的时候可以为15。当然，阳光的冷暖也和自身与地面的角度有关，角度越垂直越冷，角度越小越暖。对比效果如图8-245所示。

浊度为2时效果　　　　浊度为20时效果

图8-245

- 臭氧：用来控制大气臭氧层的厚度，数值越大，颜色越浅；数值越小，颜色越深。对比效果如图8-246所示。

臭氧为0时效果　　　　臭氧为1时效果

图8-246

- 强度倍增：该数值用来控制灯光的强度，数值越大，灯光越亮；数值越小，灯光越暗。对比效果如图8-247所示。

强度倍增为0.04　　　　强度倍增为0.08

图8-247

- 大小倍增：该数值控制太阳的大小，数值越大，太阳就越大，就会产生越虚的阴影效果。对比效果如图8-248所示。

大小倍增为0　　　　大小倍增为30

图8-248

- 过滤颜色：用来控制灯光的颜色，这也是VRay 2.30版本的一个新增功能。如图8-249所示可以任意设置灯光的颜色。

过滤颜色为白色　　　　过滤颜色为黄色

图8-249

- 阴影细分：该数值控制阴影的细腻程度，数值越大，阴影噪点越少；数值越小，阴影噪点越多。对比效果如图8-250所示。

阴影细分为3　　　　阴影细分为30

图8-250

- 阴影偏移：该数值用来控制阴影的偏移位置。对比效果如图8-251所示。

阴影偏移为0.02　　　　阴影偏移为50

图8-251

- 光子发射半径：用来控制光子发射的半径大小。
- 天空模型：该选项控制天空模型的方式，包括Preetham

et al.、CIE清晰和CIE阴天3种方式。

- 间接水平照明：该选项只有在【天空模型】设置为【CIE清晰】、【CIE阴天】时才可以用。

在VR太阳中会涉及一个知识点——VR天空贴图。在第一次创建VR太阳时，会提醒是否添加VR天空环境贴图，如图8-252所示。

当单击【是】按钮时，在改变VR太阳中的参数时，VR天空的参数会自动跟随发生变化。此时按【8】键可以打开【环境和效果】对话框，然后单击【DefaultRaySky(VR天空)】按钮将贴图拖曳到一个空白材质球上，并选中【实例】单选按钮，最后单击【确定】按钮，如图8-253所示。

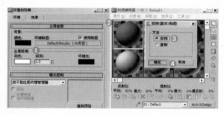

图8-252　　　　　　　图8-253

此时可以选中【手动太阳节点】复选框，并设置相应的参数，此时可以单独控制VR天空的效果，如图8-254所示。

图8-254

★ 案例实战——VR太阳制作阳光

场景文件	13.max
案例文件	案例文件\Chapter 08\案例实战——VR太阳制作阳光.max
视频教学	视频文件\Chapter 08\案例实战——VR太阳制作阳光.flv
难易指数	★★☆☆☆
技术掌握	掌握VR太阳模拟制作强烈日光效果的运用

实例介绍

正午阳光光线一般非常强烈，阴影效果也较为明显。在这个场景中，主要使用VR太阳制作阳光的效果，场景的最终渲染效果如图8-255所示。

图8-255

制作步骤

01 打开本书配套光盘中的【场景文件/Chapter08/13.max】文件，如图8-256所示。

02 单击 、 按钮，选择 VRay 选项，单击 VR太阳 按钮，如图8-257所示。

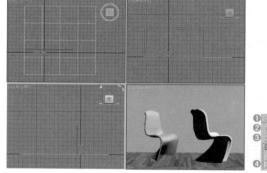

图8-256　　　　　　　　　　图8-257

03 在视图中拖曳并创建1盏VR太阳，如图8-258所示，并在弹出的【VRay太阳】对话框中单击【是】按钮，如图8-259所示。

04 选择上一步创建的VR太阳灯光，然后在修改面板下设置【浊度】为3、【臭氧】为0.35、【强度倍增】为0.05、【大小倍增】为10、【阴影细分】为10，如图8-260所示。

图8-258　　　　　　　　　　图8-259

05 最终的渲染效果如图8-261所示。

3ds Max 2013 自学视频教程

图8-260　　　　　　　图8-261

思维点拨：VR太阳的位置对效果的影响

　　VR太阳是一种非常真实的灯光，它的真实体现在方方面面，该灯光就是模拟了真实的太阳。因此，灯光的位置也会直接决定灯光的效果，灯光与水平面越垂直，效果越接近正午阳光；灯光与水平面越平行，效果越接近黄昏的效果。简言之，可以把VR太阳想象成一个太阳，当太阳落山时，肯定会出现黄昏的效果。如图8-262（a）所示为不同的VR太阳位置出现的不同的效果。

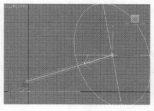

(a)

　　如图8-262（b）所示为不同的VR太阳位置出现的不同的效果。

(b)

图8-262

★ **案例实战——VR太阳制作黄昏效果**

场景文件	14.max
案例文件	案例文件\Chapter 08\案例实战——VR太阳制作黄昏效果.max
视频教学	视频文件\Chapter 08\案例实战——VR太阳制作黄昏效果.flv
难易指数	★★★☆☆
技术掌握	掌握VR太阳、VR灯光模拟黄昏效果的运用

实例介绍

　　黄昏指日落以后到天还没有完全黑的这段时间，光色较暗，一般光线偏橙色。在这个休息室场景中，主要使用VR太阳灯光进行制作，其次使用VR灯光创建辅助光源，灯光效果如图8-263所示。

图8-263

制作步骤

01 打开本书配套光盘中的【场景文件/Chapter08/14.max】文件，如图8-264所示。

02 单击 、 按钮，选择 VRay 选项，单击 VR太阳 按钮，如图8-265所示。

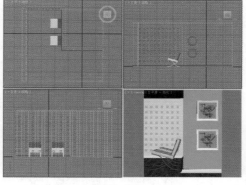

图8-264　　　　　　　图8-265

03 在视图中拖曳并创建1盏VR太阳，如图8-266所示，并在弹出的【VRay太阳】对话框中单击【是】按钮，如图8-267所示。

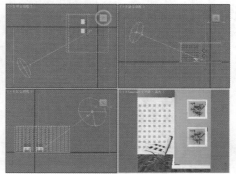

图8-266　　　　　　　图8-267

04 选择上一步创建的VR太阳灯光，然后在修改面板下设置【浊度】为4、【强度倍增】为0.08、【大小倍增】为3、【阴影细分】为15，如图8-268所示。

05 按【Shift+Q】快捷键快速渲染摄影机视图，其渲染的效果如图8-269所示。此时的VR太阳效果基本可以，但是渲染图像偏灰、缺乏色彩和氛围。

图8-268　　　　　　　　图8-269

06 单击 ■、■ 按钮，选择 VRay 选项，单击 VR灯光 按钮，如图8-270所示，在左视图中拖曳创建VR灯光，如图8-271所示。

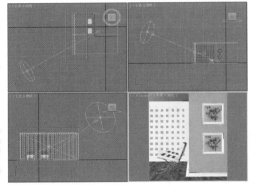

图8-270　　　　　　　图8-271

07 选择上一步创建的VR灯光，然后在修改面板下设置其具体的参数，如图8-272所示。

在【常规】选项组下设置【类型】为【平面】，在【强度】选项组下设置【倍增】为6，设置【颜色】为橙色（红：238，绿：137，蓝：61），在【大小】选项组下设置【1/2长】为1300mm、【1/2宽】为2800mm，在【选项】选项组下选中【不可见】复选框，在【采样】选项组下设置【细分】为15。

08 继续使用【VR灯光】在前视图中创建，具体的位置如图8-273所示。

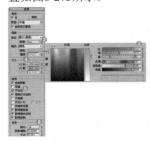
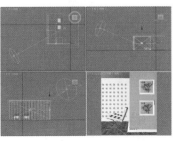

图8-272　　　　　　　图8-273

09 选择上一步创建的VR灯光，然后在修改面板下设置其具体的参数，如图8-274所示。

在【常规】选项组下设置【类型】为【平面】，在【强度】选项组下设置【倍增】为3，设置【颜色】为橙色（红：235，绿：152，蓝：107），在【大小】选项组下设置【1/2长】为1300mm、【1/2宽】为1650mm、在【选项】选项组下选中【不可见】复选框，取消选中【影响高光反射】和【影响反射】复选框，在【采样】选项组下设置【细分】为15。

10 按【Shift+Q】快捷键快速渲染摄影机视图，其渲染的效果如图8-275所示。

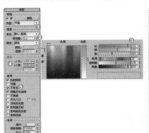

图8-274　　　　　　　图8-275

11 最终的渲染效果如图8-276所示。

图8-276

★ **综合实战——制作休息室灯光**

场景文件	15.max
案例文件	案例文件\Chapter 08\综合实战——制作休息室灯光.max
视频教学	视频文件\Chapter 08\综合实战——制作休息室灯光.flv
难易指数	★★★★★
技术掌握	掌握综合使用目标灯光、VR灯光制作休息室灯光的运用

实例介绍

休息室灯光较为柔和，一般以明亮、舒适的灯光照明为主。在这个场景中，主要使用目标灯光制作射灯的效果，场景的最终渲染效果如图8-277所示。

图8-277

制作步骤

01 打开本书配套光盘中的【场景文件/Chapter08/15.max】文件，如图8-278所示。

02 单击 、 按钮，选择 VRay 选项，单击 VR灯光 按钮，如图8-279所示。

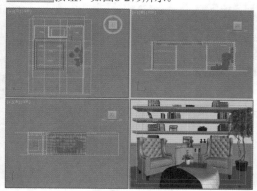

图8-278　　　　　　　　　　　图8-279

03 在左视图中拖曳并创建1盏VR灯光，如图8-280所示。

04 选择上一步创建的VR灯光，然后在修改面板下设置其具体的参数，如图8-281所示。

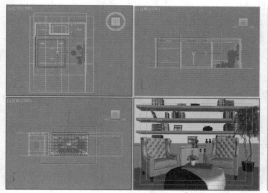

图8-280　　　　　　　　　　　图8-281

在【常规】选项组下设置【类型】为【平面】，在【强度】选项组下设置【倍增】为0.6，在【大小】选项组下设置【1/2长】为3000mm、【1/2宽】为1500mm，在【选项】选项组下选中【不可见】复选框，在【采样】选项组下设置【细分】为20。

05 在顶视图中拖曳并创建1盏VR灯光，并使用【选择并移动】工具 复制3盏，如图8-282所示。

06 选择上一步创建的VR灯光，然后在修改面板下设置其具体的参数，如图8-283所示。

在【常规】选项组下设置【类型】为【平面】，在【强度】选项组下设置【倍增】为7，设置【颜色】为黄色（红：253，绿：143，蓝：70），在【大小】选项组下设置【1/2长】为2700mm、【1/2宽】为18mm，在【选项】选项组下选中【不可见】复选框，在【采样】选项组下设置【细分】为20。

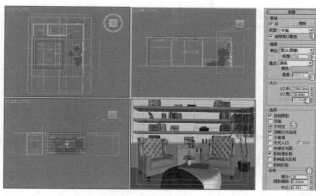
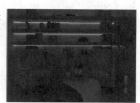

图8-282　　　　　　　　　　　图8-283

07 按【Shift+Q】快捷键快速渲染摄影机视图，其渲染的效果如图8-284所示。

图8-284

08 单击 、 按钮，选择 光度学 选项，单击 目标灯光 按钮，如图8-285所示。

图8-285

09 使用 目标灯光 在前视图中创建1盏灯光，使用【选择并移动】工具 复制9盏，如图8-286所示。选择上一步创建的目标灯光，然后在修改面板下设置其具体的参数，如图8-287所示。

展开【常规参数】卷展栏，在【灯光属性】选项组下选中【目标】复选框，在【阴影】选项组下选中【启用】复选框，并设置【阴影类型】为【VRay阴影】，设置【灯光分布(类型)】为【光度学Web】。展开【分布(光度学Web)】卷展栏，并在通道上加载【风的效果灯.IES】文件。展开【强度/颜色/衰减】卷展栏，设置【强度】为15000。展开【VR阴影参数】卷展栏，设置【细分】为20。

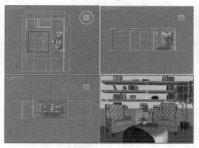
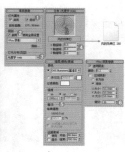

图8-286　　　　　　　　　　　图8-287

10 最终的渲染效果如图8-288所示。

图8-288

★ 综合实战——目标平行光和VR灯光综合制作书房夜景效果

场景文件	16.max
案例文件	案例文件\Chapter 08\案例实战——目标平行光和VR灯光综合制作书房夜景效果.max
视频教学	视频文件\Chapter 08\案例实战——目标平行光和VR灯光综合制作书房夜景效果.flv
难易指数	★★★★★
技术掌握	掌握目标平行光、VR灯光的运用模拟室外蓝色、室内黄色的效果

实例介绍

夜景灯光的特点非常明显，窗外、窗口处一般为蓝色，而室内一般为黄色灯光，冷暖颜色的对比产生了夜晚的效果。在这个休息室场景中，主要使用目标平行光灯光模拟夜晚的环境光，然后使用VR灯光制作室内的灯光，灯光效果如图8-289所示。

图8-289

制作步骤

01 打开本书配套光盘中的【场景文件/Chapter08/16.max】文件，如图8-290所示。

02 单击 、 按钮，选择 标准 选项，单击 目标平行光 按钮，如图8-291所示。

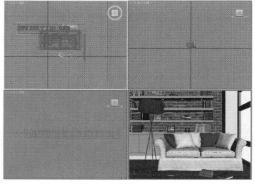

图8-290

图8-291

03 在前视图中拖曳并创建1盏目标平行光，如图8-292所示。

04 选择上一步创建的目标平行光，然后在修改面板下设置其具体的参数，如图8-293所示。

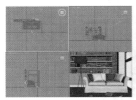

图8-292

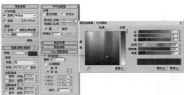

图8-293

在【常规参数】卷展栏下选中【阴影】选项组下的【启用】复选框，并设置【阴影模型】为【VRay阴影】。

在【强度/颜色/衰减】卷展栏下设置【倍增】为5，设置【颜色】为深蓝色（红：0，绿：12，蓝：65），选中【远距衰减】选项组下的【使用】复选框，并设置【开始】为80mm、【结束】为6200mm。在【平行光参数】卷展栏下设置【聚光区/光束】为1060mm、【衰减区/区域】为2000mm。在【VRay阴影参数】卷展栏下选中【区域阴影】复选框，设置【U/V/W大小】均为10mm，设置【细分】为8。

05 接着在左视图创建1盏VR灯光，并放置到到窗户外面，方向为从窗外向窗内照射，如图8-294所示。

06 选择上一步创建的VR灯光，在修改面板下设置其具体参数，如图8-295所示。

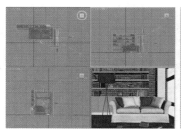

图8-294

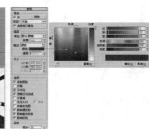

图8-295

在【常规】选项组下设置【类型】为【平面】，在【强度】选项组下设置【倍增】为4，设置【颜色】为深蓝色（红：0，绿：12，蓝：65），在【大小】选项组下设置【1/2长】为970mm、【1/2宽】为680mm，在【选项】选项组下选中【不可见】复选框，在【采样】选项组下设置【细分】为20。

07 按【Shift+Q】快捷键快速渲染摄影机视图，其渲染的效果如图8-296所示。

图8-296

08 在前视图创建1盏VR灯光，如图8-297所示。在修改面板下设置其具体参数，如图8-298所示。

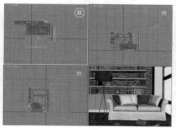

图8-297 图8-298

在【常规】选项组下设置【类型】为【平面】，在【强度】选项组下设置【倍增】为1.6，设置【颜色】为浅蓝色（红：213，绿：223，蓝：243），在【大小】选项组下设置【1/2长】为970mm、【1/2宽】为920mm，在【选项】选项组下选中【不可见】复选框，在【采样】选项组下设置【细分】为15。

09 接着在前视图创建1盏VR灯光，并放置到灯罩里面，如图8-299所示。

10 选择上一步创建的VR灯光，然后在修改面板下设置其具体的参数，如图8-300所示。

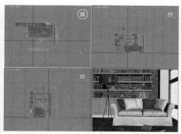
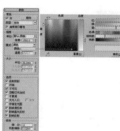

图8-299 图8-300

在【常规】选项组下设置【类型】为【球体】，在【强度】选项组下设置【倍增】为1500，设置【颜色】为浅黄色（红：241，绿：210，蓝：169），在【大小】选项组下设置【半径】为38m，在【选项】选项组下选中【不可见】复选框，在【采样】选项组下设置【细分】为15。

11 按【Shift+Q】快捷键快速渲染摄影机视图，其渲染的效果如图8-301所示。

图8-301

技巧提示

在制作夜晚场景时，室外的颜色一般要设置为蓝色（偏冷色调），而室内要设置为黄色（偏暖色调），这样画面的层次就拉开了，同时在制作射灯或灯罩灯光时可以设置的强度稍微大一些，这样更加突出了夜晚室内的明亮。

12 单击 按钮，选择 VRay 选项，单击 VR灯光 按钮，并在书架位置拖曳进行创建，最后使用【选择并移动】工具，并按住【Shift】键，复制11盏VR灯光（复制时需要选中【实例】单选按钮），如图8-302所示。

13 选择上一步创建的VR灯光，然后在修改面板下设置其具体的参数，如图8-303所示。

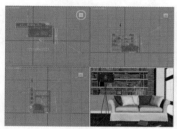

图8-302 图8-303

在【常规】选项组下设置【类型】为【平面】，在【强度】选项组下设置【倍增】为15，设置【颜色】为浅黄色（红：241，绿：210，蓝：169），在【大小】选项组下设置【1/2长】为20mm、【1/2宽】为20mm，在【选项】选项组下选中【不可见】复选框，在【采样】选项组下设置【细分】为15。

14 按【Shift+Q】快捷键快速渲染摄影机视图，其渲染的效果如图8-304所示。最终渲染效果如图8-305所示。

图8-304 图8-305

读书笔记

课后练习

【课后练习——VR灯光制作灯带】

思路解析：

① 使用VR灯光制作外侧灯带效果。

② 使用VR灯光制作内侧灯带效果。

③ 使用VR灯光（球体）制作灯泡灯光，使用目标平行光制作吊灯向下照射的光源。

本章小结

　　通过本章的学习，可以掌握灯光的知识，包括光度学灯光、标准灯光、VRay灯光等。熟练掌握本章知识，可以模拟室内外的灯光效果，也可以模拟CG动画等场景的动画效果。合理的灯光设置对于作品来说是至关重要的，因此本章需要读者仔细学习，认真剖析。

读书笔记

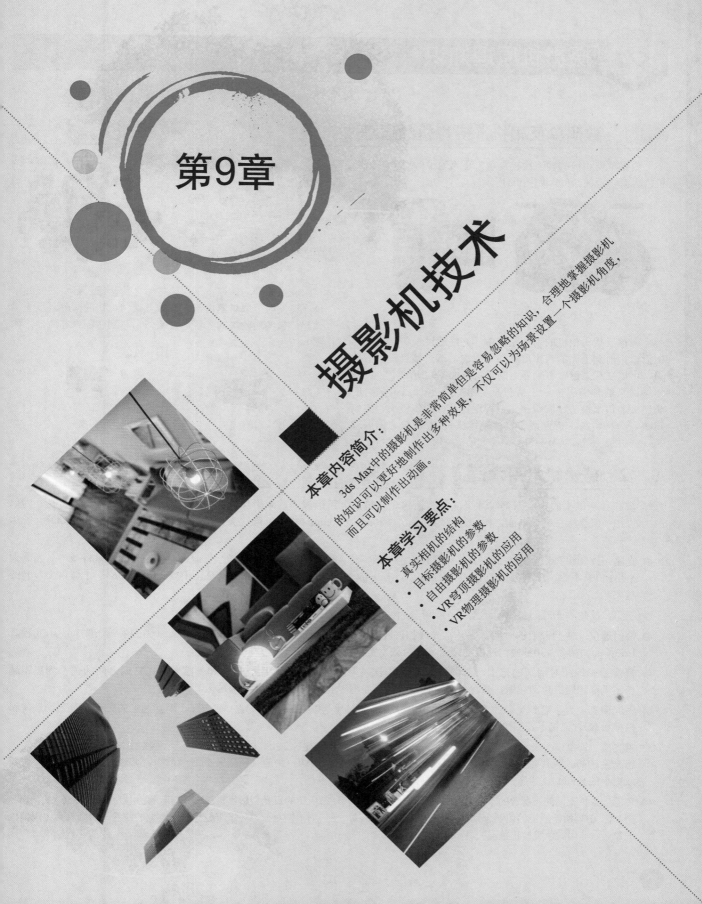

第9章

摄影机技术

本章内容简介：

3ds Max中的摄影机是非常简单但是容易忽略的知识，合理地学握摄影机角度，的知识可以更好地制作出多种效果，不仅可以为场景设置一个摄影机，而且可以制作出动画。

本章学习要点：

- 真实相机的结构
- 目标摄影机的参数
- 自由摄影机的参数
- VR穹顶摄影机的应用
- VR物理摄影机的应用

9.1 摄影机原理知识

9.1.1 数码单反相机、摄影机的原理

数码单反相机的构造比较复杂，适当地了解对学习摄影机内容有一定的帮助，如图9-1所示。

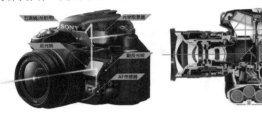

图9—1

在单反数码相机的工作系统中，光线透过镜头到达反光镜后，折射到上面的对焦屏并结成影像，透过接目镜和五棱镜，可以在观景窗中看到外面的景物，如图9-2所示。

镜头的种类很多，主要包括标准镜头、长焦镜头、广角镜头、鱼眼镜头、微距镜头、增距镜头、变焦镜头、柔焦镜头、防抖镜头、折返镜头、移轴镜头、UV镜头、偏振镜头、滤色镜头等，如图9-3所示。

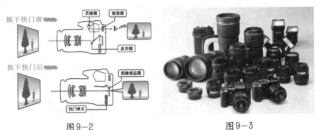

图9—2　　　　　　　　　　图9—3

成像原理为：在按下快门按钮之前，通过镜头的光线由反光镜反射至取景器内部。在按下快门按钮的同时，反光镜弹起，镜头所收集的光线通过快门帘幕到达图像感应器，如图9-4所示。

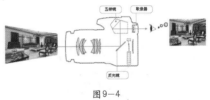

图9—4

9.1.2 摄影机常用术语

- 焦距：从镜头的中心点到胶片平面（其他感光材料）上所形成的清晰影像之间的距离。焦距通常以毫米（mm）为单位，一般会标在镜头前面，例如最常用的是27～30mm、50mm（也是标准镜头，指对于35mm的胶片）、70mm等（长焦镜头）。

- 光圈：控制镜头通光量大小的装置。开大一档光圈，进入相机的光量就会增加一倍，缩小一档光圈光量将减半。光圈大小用F值来表示，序列为：f/1、f/1.4、f/2、f/2.8、f/4、f/5.6、f/8、f/11、f/16、f/22、f/32、f/44、f/64（f值越小，光圈越大）。

- 快门：控制曝光时间长短的装置。一般可分为镜间快门和点焦平面快门。

- 快门速度：快门开启的时间。它是指光线扫过胶片（CCD）的时间（曝光时间）。例如，1/30是指曝光时间为1/30秒。1/60秒的快门是1/30秒快门速度的两倍，其余依次类推。

- 景深：影像相对清晰的范围。景深的长短取决于3个因素，分别为焦距、摄距和光圈大小。它们之间的关系为焦距越长，景深越短；焦距越短，景深越长；摄距越长，景深越长；光圈越大，景深越短。

- 景深预览：为了看到实际的景深，有的相机提供了景深预览按钮，按下按钮，把光圈收缩到选定的大小，看到场景就和拍摄后胶片(记忆卡)记录的场景一样。

- 感光度（ISO）：表示感光材料感光的快慢程度。单位用度或定来表示，如ISO100/21表示感光度为100度/21定的胶卷。感光度越高，胶片越灵敏（就是在同样的拍摄环境下正常拍摄同一张照片所需要的光线越少，其表现为能用更高的快门或更小的光圈）。

- 色温：各种不同的光所含的不同色素称为色温，单位为K。通常所用的日光型彩色负片所能适应的色温为5400K～5600K；灯光型A型、B型所能适应的色温分别为3400K和3200K。所以，要根据拍摄对象、环境来选择不同类型的胶卷，否则就会出现偏色现象（除非用滤色镜校正色温）。

- 白平衡：由于不同的光照条件的光谱特性不同，拍出的照片常常会偏色，例如，在日光灯下会偏蓝、在白炽灯下会偏黄等。为了消除或减轻这种色偏，数码相机可根据不同的光线条件调节色彩设置，使照片颜色尽量不失真。因为这种调节常常以白色为基准，故称白平衡。
- 曝光：光到达胶片表面使胶片感光的过程。需注意的是，我们说的曝光是指胶片感光，这是我们要得到照片所必须经过的一个过程。它常取决于光圈和快门的组合，因此又有曝光组合一词。例如，用测光表测得快门为1/30秒时，光圈应用5.6，所以F5.6、1/30秒就是一个曝光组合。
- 曝光补偿：用于调节曝光不足或曝光过度。

9.1.3 为什么需要使用摄影机

现实中的照相机、摄像机都是为了将一些画面以当时的视角记录下来，方便以后观看。当然3ds Max中的摄影机也是一样的，创建摄影机后，可以快速切换到摄影机角度进行渲染，而不必每次渲染时都很难找到与上次渲染重合的角度，如图9-5所示。

❶【透视图】效果　　❷【摄影机视图】效果　　❸【最终渲染】效果

图9-5

9.1.4 经典构图技巧

与摄影最相关的就是构图知识，如何将画面的构图做好是一副作品成败的关键因素。构图是作品的重要元素，巧用构图会让画面更精彩。常用的画面构图主要分为以下几种。

- 平衡式构图：画面结构完美无缺，安排巧妙，对应而平衡，常用于月夜、水面，如图9-6所示。
- 对角线构图：把主体安排在对角线上，可以吸引人的视线，达到突出主体的效果。如图9-7所示。

 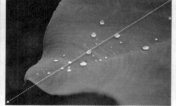

图9-6　　　　　　　图9-7

- 九宫格构图：把主体放在九宫格交叉点的位置上，使主体自然成为视觉中心，具有突出主体，并使画面趋向均衡的特点，如图9-8所示。

图9-8

- 垂直式构图：能够体现物体的高大和深度，常用于表现高楼大厦、参天大树等，如图9-9所示。
- 曲线构图：画面整体以S形曲线进行构图，可以体现出延长、优美的画面效果，使人看上去有韵律感，常用于河流、溪水、曲径、小路等，如图9-10所示。

图9-9　　　　　　　图9-10

- 三角形构图：以三角形进行构图，形成一个稳定的三角形，三角形构图具有安定、均衡、灵活等特点，如图9-11所示。
- 斜线式构图：可分为立式斜垂线和平式斜横线两种，常用于表现运动、流动、倾斜、动荡、失衡、紧张、危险、一泻千里等场面，如图9-12所示。

图9—11

图9—12

◎ 放射式构图：以主体为核心重点，并向外四周形成放射性形状，极具画面冲击力，可使人的注意力集中到被摄主体，如图9-13所示。

图9-13

动手学：创建摄影机

摄影机的创建大致有两种思路：

◎ 在创建面板下单击【摄影机】按钮 ⬛，然后单击 目标 按钮，最后在视图中拖曳进行创建，如图9-14所示。

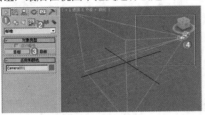

图9—14

◎ 透视图中选择好角度（可以按住Alt+鼠标中键进行旋转视图选择合适的角度），然后在该角度按【Ctrl+C】快捷键创建该角度的摄影机，如图9-15所示。

在透视图中按下快捷键【Ctrl+C】创建该角度的摄影机

图9—15

使用以上两种方法都可以创建摄影机，此时在视图中按下【C】键即可切换到摄影机视图，按【P】键即可切换到透视图，如图9-16所示。

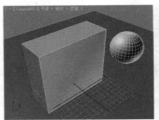

在视图中按下快捷键【C】即可切换到【摄影机视图】　　在视图中按下快捷键【P】即可切换到【透视图】

图9—16

在摄影机视图的状态下，可以使用3ds Max界面右下方的6个按钮，进行推拉摄影机、透视、侧滚摄影机、视野、平移摄影机、环游摄影机等调节，如图9-17所示。

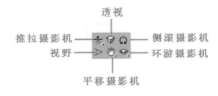

透视

推拉摄影机 ← → 侧滚摄影机

视野 → → 环游摄影机

平移摄影机

图9—17

9.2 3ds Max中的摄影机

★ 本节知识导读

工具名称	工具用途	掌握级别
目标	固定画面角度、景深效果	★★★★★
VR物理摄影机	固定画面角度、调整亮度、白平衡等	★★★★★
自由	固定画面角度	★★★☆☆
VR穹顶摄影机	固定画面角度、透视效果	★★★☆☆

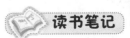

读书笔记

9.2.1 目标摄影机

◎ 技术速查：目标摄影机是3ds Max最常用的摄影机，常用来固定画面的视角，创建起来非常方便。

单击 ⬛、⬛ 按钮，选择 标准 ▾ 选项，单击 目标 按钮，在场景中拖曳光标可以创建一台目标摄影机，可以观察到目标摄影机包含目标点和摄影机两个部件，如图9-18所示。

目标摄影机可以通过调节目标点和摄影机来控制角度，非常方便，如图9-19所示。

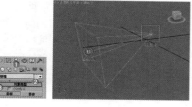
图9-18

可以通过调节【目标点】和【摄影机】控制角度
图9-19

下面讲解目标摄影机的相关参数。

参数

展开【参数】卷展栏，如图9-20所示。

- 镜头：以mm为单位来设置摄影机的焦距。
- 视野：设置摄影机查看区域的宽度视野，有【水平】↔、【垂直】↕和【对角线】↗3种方式。
- 正交投影：选中该复选框后，摄影机视图为用户视图；取消选中该复选框后，摄影机视图为标准的透视图。

图9-20

- 备用镜头：系统预置的摄影机镜头包含有15mm、20mm、24mm、28mm、35mm、50mm、85mm、135mm和200mm共9种。如图9-21所示为设置35mm和15mm的对比效果。

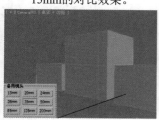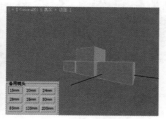
图9-21

- 类型：切换摄影机的类型，包含目标摄影机和自由摄影机两种。
- 显示圆锥体：显示摄影机视野定义的锥形光线（实际上是一个四棱锥）。锥形光线出现在其他视口，但是显示在摄影机视口中。
- 显示地平线：在摄影机视图中的地平线上显示一条深灰色的线条。
- 显示：显示出在摄影机锥形光线内的矩形。
- 近距/远距范围：设置大气效果的近距范围和远距范围。
- 手动剪切：选中该复选框可定义剪切的平面。

- 近距/远距剪切：设置近距和远距平面。
- 多过程效果：该选项组中的参数主要用来设置摄影机的景深和运动模糊效果。
- 启用：选中该复选框后，可以预览渲染效果。
- 多过程效果类型：共有【景深（mental ray）】、【景深】和【运动模糊】3个选项，系统默认为【景深】。
- 渲染每过程效果：选中该复选框后，系统会将渲染效果应用于多重过滤效果的每个过程（景深或运动模糊）。
- 目标距离：当使用目标摄影机时，该选项用来设置摄影机与其目标之间的距离。

景深参数

景深是摄影机的一个非常重要的功能，在实际工作中的使用频率也非常高，常用于表现画面的中心点，如图9-22所示。

图9-22

当设置【多过程效果】类型为【景深】方式时，系统会自动显示出【景深参数】卷展栏，如图9-23所示。

- 使用目标距离：选中该复选框后，系统会将摄影机的目标距离用作每个过程偏移摄影机的点。
- 焦点深度：当取消选中【使用目标距离】复选框时，该选项可以用来设置摄影机的偏移深度，其取值范围为0~100mm。

图9-23

- 显示过程：选中该复选框后，【渲染帧窗口】对话框中将显示多个渲染通道。
- 使用初始位置：选中该复选框后，第1个渲染过程将位于摄影机的初始位置。
- 过程总数：设置生成景深效果的过程数。增大该值可以提高效果的真实度，但是会增加渲染时间。
- 采样半径：设置场景生成的模糊半径。数值越大，模糊效果越明显。
- 采样偏移：设置模糊靠近或远离采样半径的权重。增加该值将增加景深模糊的数量级，从而得到更均匀的景深效果。
- 规格化权重：选中该复选框后可以将权重规格化，以获得平滑的结果；当取消选中该复选框后，效果会变得更加清晰，但颗粒效果也更明显。

- 抖动强度：设置应用于渲染通道的抖动程度。增大该值会增加抖动量，并且会生成颗粒状效果，尤其在对象的边缘上最为明显。

- 平铺大小：设置图案的大小。0表示以最小的方式进行平铺；100表示以最大的方式进行平铺。

- 禁用过滤：选中该复选框后，系统将禁用过滤的整个过程。

- 禁用抗锯齿：选中该复选框后，可以禁用抗锯齿功能。

运动模糊参数

运动模糊一般运用在动画中，常用于表现运动对象高速运动时产生的模糊效果，如图9-24所示。

图9-24

当设置【多过程效果】类型为【运动模糊】方式时，系统会自动显示出【运动模糊参数】卷展栏，如图9-25所示。

- 显示过程：选中该复选框后，【渲染帧窗口】对话框中将显示多个渲染通道。

- 过程总数：设置生成效果的过程数。增大该值可以提高效果的真实度，但是会增加渲染时间。

- 持续时间（帧）：在制作动画时，该选项用来设置应用运动模糊的帧数。

图9-25

- 偏移：设置模糊的偏移距离。

- 规格化权重：选中该复选框后，可以将权重规格化，以获得平滑的结果；当取消选中该复选框后，效果会变得更加清晰，但颗粒效果也更明显。

- 抖动强度：设置应用于渲染通道的抖动程度。增大该值会增加抖动量，并且会生成颗粒状的效果，尤其在对象的边缘上最为明显。

- 瓷砖大小：设置图案的大小。0表示以最小的方式进行平铺；100表示以最大的方式进行平铺。

- 禁用过滤：选中该复选框后，系统将禁用过滤的整个过程。

- 禁用抗锯齿：选中该复选框后，系统将禁用过滤的整个过程。

剪切平面参数

使用剪切平面可以排除场景的一些几何体，以只查看或

渲染场景的某些部分。每部摄影机都具有近端和远端剪切平面。对于摄影机，比近距剪切平面近或比远距剪切平面远的对象是不可视的。

如果场景中拥有许多复杂几何体，那么剪切平面对于渲染其中所选的部分场景非常有用。它们还可以帮助用户创建剖面视图。剪切平面设置是摄影机创建参数的一部分。每个剪切平面的位置是以场景的当前单位，沿着摄影机的视线（其局部 Z 轴）测量的。剪切平面是摄影机常规参数的一部分，如图9-26所示。

图9-26

摄影机校正

选择目标摄影机，然后单击鼠标右键并在弹出的快捷菜单选择【应用摄影机校正修改器】命令，可以打开摄影机校正的参数选项进行设置，如图9-27、图9-28和图9-29所示。

图9-27　　　图9-28　　　　图9-29

- 数量：设置两点透视的校正数量，默认设置是 0。

- 方向：偏移方向。默认值为 90，大于 90 则设置方向向左偏移校正；小于 90 则设置方向向右偏移校正。

- 推测：单击该按钮使【摄影机校正】修改器设置第1次推测数量值。

★ **案例实战——目标摄影机修改透视角度**

场景文件	01.max
案例文件	案例文件\Chapter 09\案例实战——目标摄影机修改透视角度.max
视频教学	视频文件\Chapter 09\案例实战——目标摄影机修改透视角度.flv
难易指数	★★★☆☆
技术掌握	掌握摄影机的摄影机校正修改器功能

实例介绍

摄影机透视效果对于场景物体的表现非常重要，可以改变空间、方位等效果，如图9-30所示。

图9-30

制作步骤

01 打开本书配套光盘中的【场景文件/Chapter 09/01.max】文件，如图9-31所示。

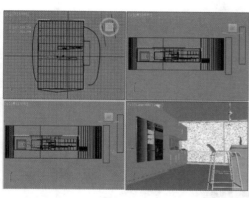

图9-31

02 单击 、 按钮，选择 标准 选项，单击 **目标** 按钮，如图9-32所示。单击并在视图中拖曳创建一台目标摄影机，如图9-33所示。

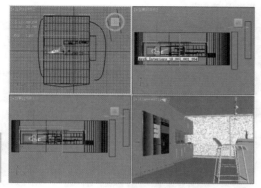

图9-32　　　　　　　　　图9-33

03 在透视图中按【C】键，此时会自动切换到摄影机视图，如图9-34所示。接着单击【修改】按钮，并展开【参数】卷展栏，并设置【镜头】为48、【视野】为41，如图9-35所示。

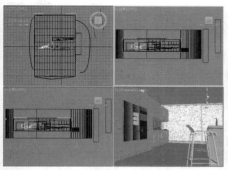

图9-34　　　　　　　　　图9-35

04 按【F9】键渲染当前场景，渲染效果如图9-36所示。

05 选择摄影机，然后单击鼠标右键，并在弹出的快捷菜单中选择【应用摄影机校正修改器】命令，如图9-37所示。此时发现透视图中发生了很大的变化，如图9-38所示。

图9-36

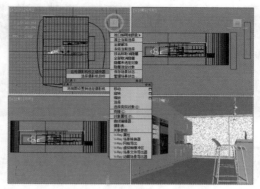

图9-37

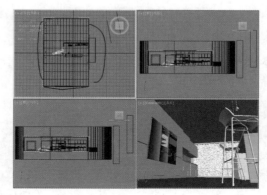

图9-38

06 选择摄影机，然后在修改面板下设置【数量】为-12，如图9-39所示。此时效果如图9-40所示。

图9-39　　　　　　　　　图9-40

07 按【F9】键渲染当前场景，渲染效果如图9-41所示。

图9-41

08 将渲染出来的图像合并到一起，可以清晰地看出使用摄影机校正对场景角度的影响，如图9-42所示。

图9-42

★ 案例实战——目标摄影机制作运动模糊效果

场景文件	02.max
案例文件	案例文件\Chapter 09\案例实战——目标摄影机制作运动模糊效果.max
视频教学	视频文件\Chapter 09\案例实战——目标摄影机制作运动模糊效果.flv
难易指数	★★☆☆☆
技术掌握	掌握目标摄影机和VRay渲染器的调节

实例介绍

本例将使用目标摄影机配合VRay渲染器来制作运动模糊效果，如图9-43所示。

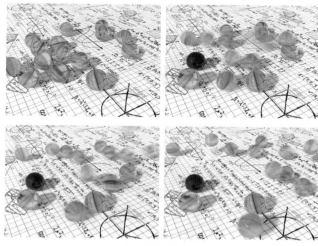
图9-43

制作步骤

01 打开本书配套光盘中的【场景文件/Chapter 09/02.max】文件，如图9-44所示。

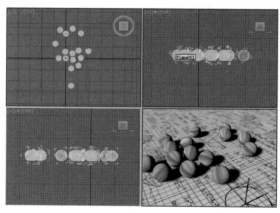
图9-44

02 选中如图9-45所示的球体，然后单击 自动关键点 按钮，此时拖动时间线滑块到第0帧，然后设置球体为如图9-45所示的位置。

03 选中如图9-46所示的球体，然后单击 自动关键点 按钮，此时拖动时间线滑块到第25帧，然后设置球体为如图9-46所示的位置。

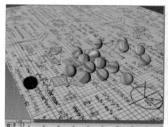 
图9-45　　　　　　　　　　图9-46

04 单击 自动关键点 按钮，然后在主工具栏空白处单击鼠标右键，弹出如图9-47所示快捷菜单，最后选择【MassFX 工具栏】命令。

图9-47

05 选中如图9-48所示的球体，在弹出的【MassFX 工具栏】中单击【将选定项设置为动力学刚体】按钮 ，再选择【将选定项设置为动力学刚体】选项。

06 选择如图9-49所示的球体，在弹出的【MassFX 工具栏】中单击【将选定项设置为动力学刚体】按钮 ，再选择【将选定项设置为运动学刚体】选项。

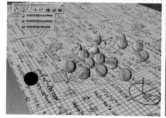 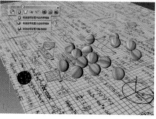
图9-48　　　　　　　　　　图9-49

07 在弹出的【MassFX 工具栏】中单击【世界参数】按钮，再在弹出的对话框中单击【模拟工具】按钮，最后单击【烘焙所有】按钮，如图9-50所示。

图9-50

08 单击、按钮，选择 标准 选项，单击 目标 按钮，如图9-51所示。在场景中拖曳并创建一台目标摄影机，按【C】键切换到摄影机视图，如图9-52所示。

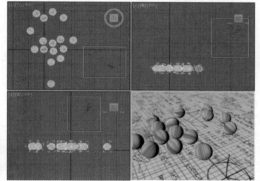

图9-51　　　　　　　图9-52

09 选择刚才创建的目标摄影机，然后在【参数】卷展栏下设置【镜头】为43mm、【视野】为45度，最后设置【目标距离】为219892mm，具体参数设置如图9-53所示。

10 按【F10】键打开【渲染设置】对话框，设置渲染器为VRay渲染器，然后选择【V-Ray】选项卡，接着展开【V-Ray摄像机】卷展栏，在【运动模糊】选项组下选中【开】复选框，并设置【持续时间(帧数)】为10、【间隔中心】为0.5、【细分】为8，如图9-54所示。

图9-53　　　　　　　图9-54

11 按【C】键切换到摄影机视图，然后按【F9】键分别渲染当前场景，此时渲染出来的图像就产生了运动模糊效果，如图9-55所示。

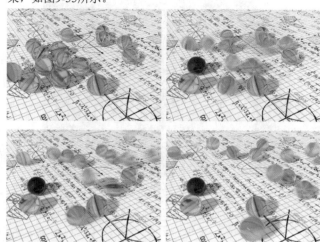

图9-55

★ **案例实战——目标摄影机制作景深效果**

场景文件	03.max
案例文件	案例文件\Chapter 09\案例实战——目标摄影机制作景深效果.max
视频教学	视频文件\Chapter 09\案例实战——目标摄影机制作景深效果.flv
难易指数	★★★☆☆
技术掌握	掌握目标摄影机的景深功能

实例介绍

利用目标摄影机可以制作出非常真实的景深效果。最终渲染效果如图9-56所示。

图9-56

制作步骤

01 打开本书配套光盘中的【场景文件/Chapter 09/03.max】文件，如图9-57所示。

02 单击、按钮，选择 标准 按钮，单击 目标 按钮，如图9-58所示。

图9-57　　　　　　　图9-58

03 使用【目标摄像机】在顶视图中拖曳创建,具体放置位置如图9-59所示。

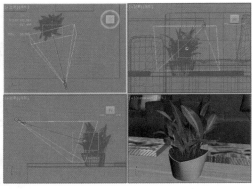

图9-59

04 进入修改面板,在【参数】卷展栏下设置【镜头】为43.456mm、【视野】为45度、【目标距离】为400.875,在【景深参数】卷展栏下设置【采样半径】为1mm,如图9-60所示。

图9-60

05 需要特别注意的是,为了最终的景深效果较好,需要将摄影机的目标点落在植物上面,也就是说目标点落的地方就是最清晰的,远离目标点的地方会出现不同程度的景深,如图9-61所示。

读书笔记

....

....

....

....

....

....

图9-61

技巧提示

摄影机目标点的位置直接决定了最终景深的效果,越接近摄影机目标点的位置将越清晰,而越远离目标的的位置将越模糊。因此,摄影机的目标点一定要落到需要渲染结果最清晰的物体上。

06 按【C】键切换到摄影机视图,如图9-62所示。

图9-62

07 按【F10】键弹出【渲染设置】对话框,选择【VRay】选项卡,展开【V-Ray摄像机】卷展栏,在【景深】选项组下选中【开】复选框,并设置【光圈】为5mm,设置【焦距】为200mm,最后选中【从摄影机获取】复选框,如图9-63所示。

08 按【F9】键渲染当前场景,最终渲染效果如图9-64所示。

图9-63　　　　　　　　　　图9-64

9.2.2 自由摄影机

技术速查：自由摄影机与目标摄影机类似，但是自由摄影机没有目标点。

单击 [图标]、[图标] 按钮，选择 `标准` 选项，单击 `自由` 按钮，在场景中拖曳光标创建一台自由摄影机，可以观察到自由摄影机只包含【摄影机】一个部件，如图9-65所示。

其具体的参数与目标摄影机一致，如图9-66所示。

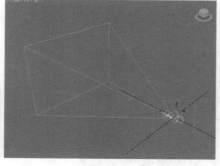

图9-65

图9-66

 技巧提示

可以在【类型】下拉列表框中选择需要的摄影机类型，如图9-67所示。

图9-67

9.2.3 VR穹顶摄影机

技术速查：VR穹顶摄影机不仅可以为场景固定视角，而且可以制作出类似鱼眼的特殊镜头效果。

VR穹顶摄影机常用于渲染半球圆顶效果，其参数面板如图9-68所示。

- 翻转 X：让渲染的图像在X轴上反转，如图9-69所示。

- 翻转 Y：让渲染的图像在Y轴上反转，如图9-70所示。

- fov：设置视角的大小。

图9-68

图9-69

图9-70

★ 案例实战——为场景创建VR穹顶摄影机

场景文件	04.max
案例文件	案例文件\Chapter 09\案例实战——为场景创建VR穹顶摄影机.max
视频教学	视频文件\Chapter 09\案例实战——为场景创建VR穹顶摄影机.flv
难易指数	★★☆☆☆
技术掌握	掌握VR穹顶摄影机的创建和视野的调整

实例介绍

在这个场景中，主要掌握VR穹顶摄影机的创建和视野的调整，最终渲染效果如图9-71所示。

图9-71

制作步骤

01 打开本书配套光盘中的【场景文件/Chapter 09/04.max】文件，此时场景效果如图9-72所示。

图9-72

02 单击 、 按钮，选择 VRay 选项，单击 VR穹顶摄影机 按钮，如图9-73所示。

图9-73

03 在场景中拖创建一盏VR穹顶摄影机，位置如图9-74所示。

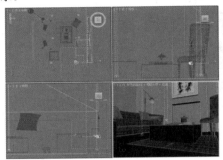

图9-74

04 单击进入修改面板，并设置【视野】为60，如图9-75所示。此时的场景效果如图9-76所示。

图9-75　　　　　图9-76

技巧提示

为了看起来更加准确，可以在摄影机视图中按【Shift+F】快捷键打开安全框，安全框以内的部分为最终渲染的部分，而安全框以外的部分将不会被渲染出来。

05 按【F9】键进行渲染，此时的效果如图9-77所示。

图9-77

06 单击进入修改面板，并设置【视野】为50，如图9-78所示。此时的场景效果如图9-79所示。

图9-78　　　　　图9-79

07 按【F9】键进行渲染，此时的效果如图9-80所示。

图9-80

08 单击进入修改面板，并设置【视野】为30，如图9-81所示。此时的场景效果如图9-82所示。

图9-81　　　　　图9-82

09 按【F9】键进行渲染，此时的效果如图9-83所示。

图9-83

读书笔记

9.2.4　VR物理摄影机

● 技术速查：VR物理摄影机不仅可以固定场景视角，并且可以调节最终渲染的曝光度、明暗、光晕等效果，是一种非常强大的摄影机。

单击 、 按钮，选择 VRay 选项，单击 VR物理摄影机 按钮，如图9-84所示。VR物理摄影机的功能与现实中的相机功能相似，都有光圈、快门、曝光、ISO等调节功能，用户通过VR物理摄影机能制作出更真实的效果图，其参数面板如图9-85所示。

图9-84　　　　　图9-85

基本参数

- **类型**：VR物理摄影机内置了以下3种类型的摄影机。
  - **照相机**：用来模拟一台常规快门的静态画面照相机。
  - **摄影机（电影）**：用来模拟一台圆形快门的电影摄影机。
  - **摄像机（DV）**：用来模拟带CCD矩阵的快门摄像机。
- **目标**：当选中该复选框时，摄影机的目标点将放在焦平面上；当取消选中该复选框时，可以通过下面的【目标距离】选项来控制摄影机到目标点的位置。
- **胶片规格（mm）**：控制摄影机所看到的景色范围。值越大，看到的景越多。
- **焦距（mm）**：控制摄影机的焦长。
- **视野**：该参数控制视野的数值。
- **缩放因子**：控制摄影机视图的缩放。值越大，摄影机视图拉得越近。
- **横向/纵向偏移**：该选项控制摄影机产生横向/纵向的偏移效果。
- **光圈数**：设置摄影机的光圈大小，主要用来控制最终渲染的亮度。数值越小，图像越亮；数值越大，图像越暗。对比效果如图9-86所示。

图9-86

- **目标距离**：摄影机到目标点的距离，默认情况下是关闭的。当关闭摄影机的【目标】选项时，就可以用【目标距离】来控制摄影机的目标点的距离。
- **纵向/横向移动**：控制摄影机的扭曲变形系数。
- **指定焦点**：选中该复选框后，可以手动控制焦点。
- **焦点距离**：控制焦距的大小。
- **曝光**：当选中该复选框后，【利用VR物理摄影机】中的【光圈】、【快门速度】和【胶片感光度】设置才

会起作用。

- **光晕**：模拟真实摄影机里的光晕效果，选中【光晕】复选框可以模拟图像四周黑色光晕效果。对比效果如图9-87所示。

图9-87

- **白平衡**：和真实摄影机的功能一样，控制图像的色偏。
- **自定义平衡**：该选项控制自定义摄影机的白平衡颜色。
- **温度**：该选项只有在设置白平衡为温度方式时才可以使用，控制温度的数值。
- **快门速度（s^-1）**：控制光的进光时间，值越小，进光时间越长，图像就越亮；值越大，进光时间就越短。
- **快门角度（度）**：当选择在【类型】下拉列表框中【摄影机(电影)】选项时，该选项才被激活，其作用和【快门速度】选项一样，主要用来控制图像的亮暗。
- **快门偏移（度）**：当在【类型】下拉列表框中选择【摄影机(电影)】选项时，该选项才被激活，主要用来控制快门角度的偏移。
- **延迟（秒）**：当在【类型】下拉列表框中选择【摄像机(DV)】选项时，该选项才被激活，作用和【快门速度】选项一样，主要用来控制图像的亮暗，值越大，表示光越充足，图像也越亮。
- **胶片速度（ISO）**：该选项控制摄影机ISO的数值。

散景特效

【散景特效】卷展栏下的参数主要用于控制散景效果，当渲染景深时，或多或少都会产生一些散景效果，这主要和散景到摄影机的距离有关。如图9-88所示是使用真实摄影机拍摄的散景效果。

图9-88

- **叶片数**：控制散景产生的小圆圈的边，默认值为5，表示散景的小圆圈为正五边形。
- **旋转（度）**：散景小圆圈的旋转角度。

● 中心偏移：散景偏移源物体的距离。

● 各向异性：控制散景的各向异性，值越大，散景的小圆圈拉得越长，即变成椭圆。

采样

● 景深：控制是否产生景深。如果想要得到景深，就需要选中该复选框。

● 运动模糊：控制是否产生动态模糊效果。

● 细分：控制景深和动态模糊的采样细分，值越高，杂点越大，图的品质就越高，但是会减慢渲染时间。

失真

● 失真类型：该选项控制失真的类型，包括【二次方】、【三次方】、【镜头文件】、【纹理】4种方式。

● 失真数量：该选项可以控制摄影机产生失真的强度。对比效果如图9-89所示。

图9-89

● 镜头文件：当在【失真类型】下拉列表框中选择【镜头文件】选项时，该选项可用。可以在此处添加镜头的文件。

● 距离贴图：当在【失真类型】下拉列表框中选择【纹理】选项时，该选项可用。

其他

● 地平线：选中该复选框后，可以使用地平线功能。

● 剪切：选中该复选框后，可以使用摄影机剪切功能，可以解决摄影机由于位置原因而无法正常显示的问题。

● 近端/远裁剪平面：可以设置近端/远端裁剪平面的数值，控制近端/远端的数值。

● 近端/远端环境范围：可以设置近端/远端环境范围的数值，控制近端/远端的数值，多用来模拟雾效。

● 显示圆锥体：该选项控制显示圆锥体的方式，包括【选定】、【始终】、【从不】3个选项。

★ 案例实战——VR物理摄影机调整光圈

场景文件	05.max
案例文件	案例文件\Chapter 09\案例实战——VR物理摄影机调整光圈.max
视频教学	视频文件\Chapter 09\案例实战——VR物理摄影机调整光圈.flv
难易指数	★★☆☆☆
技术掌握	掌握VR物理摄影机调整光圈改变明暗效果

实例介绍

本例主要掌握VR物理摄影机调整光圈改变明暗效果，渲染效果如图9-90所示。

图9-90

制作步骤

01 打开本书配套光盘中的【场景文件/Chapter 09/05.max】文件，如图9-91所示。

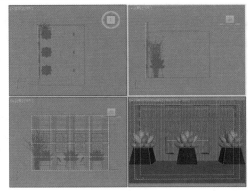

图9-91

02 单击 、 按钮，选择 VRay 选项，单击 VR物理摄影机 按钮，如图9-92所示。在场景中拖曳并创建一台VR物理摄影机，其位置如图9-93所示。

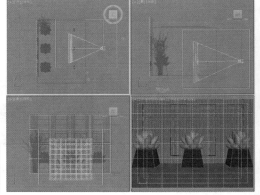

图9-92   图9-93

03 选择上一步创建的VR物理摄影机，然后单击【修改】按钮，并设置【基本参数】卷展栏下的【胶片规格(mm)】为36、【焦距】为40、【缩放因子】为1，【光圈数】为1.2，如图9-94所示。

04 按【C】键切换到摄影机视图，然后按【F9】键测试渲染当前场景，效果如图9-95所示。

图9-94　　　　　　　图9-95

05 选择VR物理摄影机，然后单击【修改】按钮，并在【基本参数】卷展栏下设置【光圈数】为4，如图9-96所示。

06 按【F9】键测试渲染当前场景，效果如图9-97所示。

图9-96　　　　　　　图9-97

07 将渲染出的图像合成，可以清晰地看到光圈数值越大图像画面越暗，如图9-98所示。

图9-98

★ 案例实战——VR物理摄影机制作光晕效果

场景文件	06.max
案例文件	案例文件\Chapter 09\案例实战——VR物理摄影机制作光晕效果.max
视频教学	视频文件\Chapter 09\案例实战——VR物理摄影机制作光晕效果.flv
难易指数	★★☆☆☆
技术掌握	掌握VR物理摄影机的光晕功能

实例介绍

本案例主要讲解使用VR物理摄影机对一个花灯制作光晕效果，最终渲染效果如图9-99所示。

图9-99

制作步骤

01 打开本书配套光盘中的【场景文件/Chapter 09/06.max】文件，如图9-100所示。

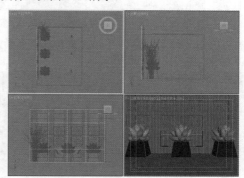

图9-100

02 单击 、 按钮，选择 VRay 选项，单击 VR物理摄影机 按钮，如图9-101所示。在场景中拖曳并创建一台VR物理摄影机，其位置如图9-102所示。

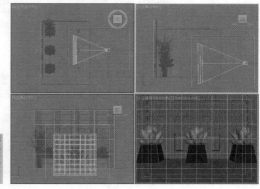

图9-101　　　　　　　图9-102

03 选择上一步创建的VR物理摄影机，然后单击【修改】按钮，并设置【基本参数】卷展栏下的【胶片规格(mm)】为36、【焦距】为40、【缩放因子】为1、【光圈数】为1.2、【光晕】为1，如图9-103所示。

04 按【C】键切换到摄影机视图，然后按【F9】键测试渲染当前场景，效果如图9-104所示。

05 选择VR物理摄影机，然后单击【修改】按钮，并在【基本参数】卷展栏下选中【光晕】复选框，并设置为2，如图9-105所示。

06 按【F9】键测试渲染当前场景，效果如图9-106所示。

图9-103　　　　　　　　图9-104

图9-105　　　　　　　　图9-106

07 将渲染出的图像合成，可以清晰地看到光晕数值越大则图像四周越黑，如图9-107所示。

图9-107

读书笔记

课后练习

【课后练习——目标摄影机制作飞机运动模糊效果】

思路解析：

① 为螺旋桨设置关键帧动画。

② 创建摄影机，并设置参数。

③ 在【渲染设置】中选中【运动模糊】复选框，并设置其他参数。

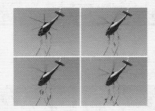

本章小结

通过本章的学习，可以掌握摄影机的相关知识，包括目标摄影机、自由摄影机、VR穹顶摄影机、VR物理摄影机等。不仅可以使用摄影机为场景设置渲染角度，而且可以设置运动模糊、景深等效果，也可以控制最终渲染画面的明暗、光晕等。

第10章

材质与贴图技术

本章内容简介：

材质简单地说就是物体看起来是什么质地。材质可以看成是材料和质感的结合，它是表面各可视属性的结合，这些可视属性是指表面的色彩、纹理、光滑度、透明度、反射率、折射率、发光度等。正是有了这些属性，才能使得模型更加真实，也正是有了这些属性，三维的虚拟世界才会和真实世界一样缤纷多彩。

本章学习要点：

- 各类材质的参数详解
- 常用材质的设置方法
- 各类贴图的参数详解
- 常用贴图的设置方法

10.1 认识材质

10.1.1 什么是材质

⊙ 技术速查：在3ds Max制作效果图的过程中，常会需要制作很多种材质，如玻璃材质、金属材质、地砖材质、木纹材质等。

通过设置这些材质，可以完美地诠释空间的设计感、色彩感和质感，如图10-1所示。

图10—1

10.1.2 材质的设置思路

3ds Max材质的设置需要有合理的步骤，这样才会节省时间、提高效率。

通常，在制作新材质并将其应用于对象时，应该遵循以下步骤：

① 指定材质的名称。
② 选择材质的类型。
③ 对于标准或光线追踪材质，应选择着色类型。
④ 设置漫反射颜色、光泽度和不透明度等各种参数。
⑤ 将贴图指定给要设置贴图的材质通道，并调整参数。
⑥ 将材质应用于对象。
⑦ 如有必要，应调整UV贴图坐标，以便正确定位对象的贴图。
⑧ 保存材质。

如图10-2所示为从模型制作到赋予材质到渲染的过程示意图。

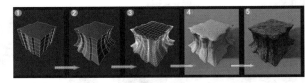

图10—2

10.2 材质编辑器

3ds Max中设置材质的过程都是在材质编辑器中进行的。材质编辑器是用于创建、改变和应用场景中的材质的对话框。

10.2.1 精简材质编辑器

⊙ 技术速查：精简材质编辑器是3ds Max最原始的材质编辑器，是以层级为主要模式的编辑器，对于3ds Max的老用户而言是非常熟悉的。后来3ds Max推出了Slate材质的节点式编辑器。

📖 菜单栏

菜单栏可以控制模式、材质、导航、选项、实用程序的相关参数，如图10-3所示。

① 【模式】菜单

【模式】菜单主要用于切换材质编辑器的方式，包括【精简材质编辑器】和【Slate 材质编辑器】两种，并且可以来回切换，如图10-4和图10-5所示。

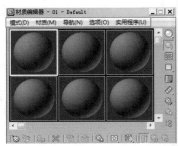

图10—3

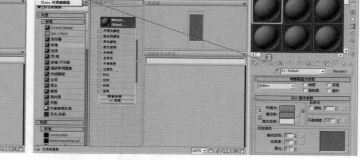

图10-4　　　　　　　　　　　　　　　　　　图10-5

技巧提示

  Slate材质编辑器是新增的一个材质编辑器工具，对于3ds Max的老用户来说，该工具不太方便，因为Slate材质编辑器是一种节点式的调节方式，而之前版本中的材质编辑器都是层级式的调节方式。但是对于习惯节点式软件的用户来说非常方便，而且节点式调节速度较快，设置较为灵活。

02 【材质】菜单

  展开【材质】菜单，如图10-6所示。

- **获取材质**：选择该命令可打开【材质/贴图浏览器】面板，在该面板中可以选择材质或贴图。
- **从对象选取**：选择该命令可以从场景对象中选择材质。
- **按材质选择**：选择该命令可以基于【材质编辑器】对话框中的活动材质来选择对象。
- **在ATS对话框中高亮显示资源**：如果材质使用的是已跟踪资源的贴图，选择该命令可以打开【跟踪资源】对话框，同时资源会高亮显示。

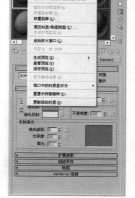

图10-6

- **指定给当前选择**：选择该命令可将活动示例窗中的材质应用于场景中的选定对象。
- **放置到场景**：在编辑完成材质后，选择该命令更新场景中的材质。
- **放置到库**：选择该命令可将选定的材质添加到当前的库中。
- **更改材质/贴图类型**：选择该命令将更改材质/贴图的类型。
- **生成材质副本**：通过复制自身的材质来生成材质副本。
- **启动放大窗口**：将材质示例窗口放大并在一个单独的窗口中进行显示（双击材质球也可以放大窗口）。

- **另存为.FX文件**：将材质另外存为.FX文件。
- **生成预览**：使用动画贴图为场景添加运动，并生成预览。
- **查看预览**：使用动画贴图为场景添加运动，并查看预览。
- **保存预览**：使用动画贴图为场景添加运动，并保存预览。
- **显示最终结果**：查看所在级别的材质。
- **视口中的材质显示为**：选择该命令可在视图中显示物体表面的材质效果。
- **重置示例窗旋转**：使活动的示例窗对象恢复到默认方向。
- **更新活动材质**：更新示例窗中的活动材质。

03 【导航】菜单

  展开【导航】菜单，如图10-7所示。

- **转到父对象（P）向上键**：在当前材质中向上移动一个层级。
- **前进到同级（F）向右键**：移动到当前材质中相同层级的下一个贴图或材质。
- **后退到同级（B）向左键**：与【前进到同级(F)向右键】命令类似，只是导航到前一个同级贴图，而不是导航到后一个同级贴图。

图10-7

04 【选项】菜单

展开【选项】菜单，如图10-8所示。

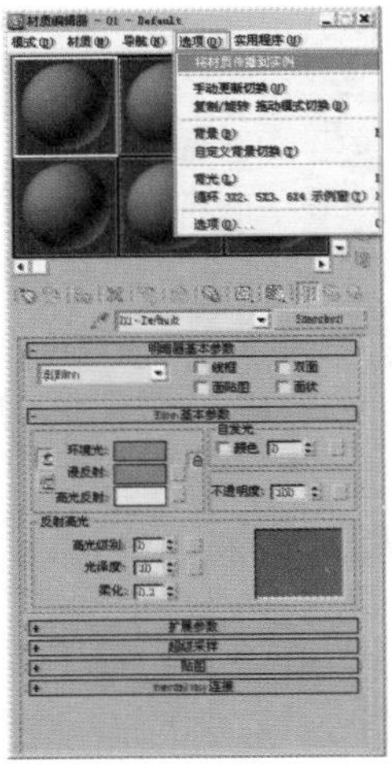

- 将材质传播到实例：将指定的任何材质传播到场景对象中的所有实例。
- 手动更新切换：使用手动的方式进行更新切换。
- 复制/旋转 拖动模式切换：切换复制/旋转拖动的模式。
- 背景：将多颜色的方格背景添加到活动示例窗中。
- 自定义背景切换：如果已指定了自定义背景，该命令可切换背景的显示效果。
- 背光：将背光添加到活动示例窗中。
- 循环3×2、5×3、6×4示例窗：切换材质球显示的3种方式。
- 选项：打开【材质编辑器选项】对话框。

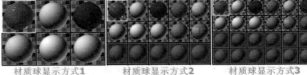

图10-8

05 【实用程序】菜单

展开【实用程序】菜单，如图10-9所示。

- 渲染贴图：对贴图进行渲染。
- 按材质选择对象：可以基于【材质编辑器】对话框中的活动材质来选择对象。
- 清理多维材质：对【多维/子对象】材质进行分析，然后在场景中显示所有包含未分配任何材质ID的材质。
- 实例化重复的贴图：在整个场景中查找具有重复位图贴图的材质，并提供将它们关联化的选项。
- 重置材质编辑器窗口：用默认的材质类型替换【材质编辑器】对话框中的所有材质。
- 精简材质编辑器窗口：将【材质编辑器】对话框中所有未使用的材质设置为默认类型。
- 还原材质编辑器窗口：利用缓冲区的内容还原编辑器的状态。

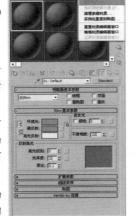

图10-9

材质球示例窗

材质球示例窗用来显示材质效果，它可以很直观地显示出材质的基本属性，如反光、纹理和凹凸等，如图10-10所示。

图10-10

双击材质球后会弹出一个独立的材质球显示窗口，可以将该窗口进行放大或缩小来观察当前设置的材质，如图10-11所示，同时也可以在材质球上单击鼠标右键，然后在弹出的快捷菜单中选择【放大】命令。

图10-11

材质球示例窗中共有24个材质球，可以设置3种显示方式，但是无论哪种显示方式，材质球总数都为24个，如图10-12所示。

材质球显示方式1　　材质球显示方式2　　材质球显示方式3

图10-12

用鼠标右键单击材质球，可以调节多种参数，如图10-13所示。

图10-13

使用鼠标左键可以将材质球中的材质拖曳到场景中的物体上。当材质赋予物体后，材质球上会显示出4个缺角的符号，如图10-14所示。

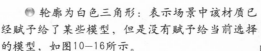

图10-14

材质球示例窗的4个角位置，表明材质是否是当前选中的模型。

- 没有三角形：场景中没有使用的材质，如图10-15所示。

图10-15

- 轮廓为白色三角形：表示场景中该材质已经赋予给了某些模型，但是没有赋予给当前选择的模型，如图10-16所示。

图10-16

- 实心白色三角形：表示场景中该材质已经赋予给了某些模型，而且赋予给当前选择的模型，如图10-17所示。

图10-17

工具按钮栏

下面讲解【材质编辑器】对话框中的两排材质工具按钮，如图10-18所示。

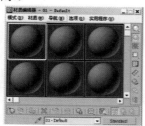

图10-18

- 获取材质：为选定的材质打开【材质/贴图浏览器】面板。

- 将材质放入场景：在编辑好材质后，单击该按钮可更新已应用于对象的材质。

- 将材质指定给选定对象：将材质赋予选定的对象。

- 重置贴图/材质为默认设置：删除修改的所有属性，将材质属性恢复到默认值。

- 生成材质副本：在选定的示例图中创建当前材质的副本。

- 使唯一：将实例化的材质设置为独立的材质。

- 放入库：重新命名材质并将其保存到当前打开的库中。

- 材质ID通道：为应用后期制作效果设置唯一的通道ID。

- 在视口中显示标准贴图：在视口的对象上显示2D材质贴图。

- 显示最终结果：在实例图中显示材质以及应用的所有层次。

- 转到父对象：将当前材质上移一级。

- 转到下一个同级项：选定同一层级的下一贴图或材质。

- 采样类型：控制示例窗显示的对象类型，默认为球体类型，还有圆柱体和立方体类型。

- 背光：打开或关闭选定示例窗中的背景灯光。

- 背景：在材质后面显示方格背景图像，在观察透明材质时非常有用。

- 采样UV平铺：为示例窗中的贴图设置UV平铺显示。

- 视频颜色检查：检查当前材质中NTSC和PAL制式不支持的颜色。

- 生成预览：用于产生、浏览和保存材质预览渲染。

- 选项：打开【材质编辑器选项】对话框，其中包含启用材质动画、加载自定义背景、定义灯光亮度或颜色以及设置示例窗数目的一些参数。

- 按材质选择：选定使用当前材质的所有对象。

- 材质/贴图导航器：单击该按钮可以打开【材质/贴图导航器】对话框，在其中会显示当前材质的所有层级。

参数控制区

① 明暗器基本参数

展开【明暗器基本参数】卷展栏，共有8种明暗器类型可以选择，还可以设置线框、双面、面贴图和面状等参数，如图10-19所示。

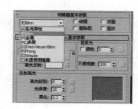

图10-19

- 明暗器列表：明暗器包含8种类型。

- （A）各向异性：用于产生磨沙金属或头发的效果。可创建拉伸并成角的高光，而不是标准的圆形高光。

- （B）Blinn：这种明暗器以光滑的方式渲染物体表面，它是最常用的一种明暗器。

- （M）金属：这种明暗器适用于金属表面，能提供金属所需的强烈反光。

- （ML）多层：(ML)多层明暗器与(A)各向异性明暗器很相似，但(ML)多层明暗器可以控制两个高亮区，因此(ML)多层明暗器拥有对材质更多的控制，第1高光反射层和第2高光反射层具有相同的参数控制，可以对这些参数使用不同的设置。

- （O）Oren-Nayar-Blinn：这种明暗器适用于无光表面（如纤维或陶土），与(B)Blinn明暗器几乎相同，通过它附加的【漫反射级别】和【粗糙度】两个参数可以实现无光效果。

- （P）Phong：这种明暗器可以平滑面与面之间的边缘，适用于具有强度很高的表面和具有圆形高光的表面。

- （S）Strauss：这种明暗器适用于金属和非金属表面，与【(M)金属】明暗器十分相似。

- （T）半透明明暗器：这种明暗器与(B)Blinn明暗器类似，它与(B)Blinn明暗器相比较，最大的区别在于它能够设置半透明效果，使光线能够穿透这些半透明的物体，并且在穿过物体内部时离散。

- 线框：以线框模式渲染材质，用户可以在扩展参数上设置线框的大小。

- 双面：将材质应用到选定的面，使材质成为双面。

- 面贴图：将材质应用到几何体的各个面。如果材质是贴图材质，则不需要贴图坐标，因为贴图会自动应用到对象的每一个面。

● 面状：使对象产生不光滑的明暗效果，把对象的每个面作为平面来渲染，可以用于制作加工过的钻石、宝石或任何带有硬边的表面。

⑫ Blinn基本参数

下面以（B）Blinn明暗器来讲解明暗器的基本参数。展开【Blinn基本参数】卷展栏，在这里可以设置【环境光】、【漫反射】、【高光反射】、【自发光】、【不透明度】、【高光级别】、【光泽度】和【柔化】等参数，如图10-20所示。

图10-20

● 环境光：环境光用于模拟间接光，如室外场景的大气光线，也可以用来模拟光能传递。

● 漫反射：是在光照条件较好的情况下，物体反射出来的颜色，又被称做物体的固有色，也就是物体本身的颜色。

● 高光反射：物体发光表面高亮显示部分的颜色。

● 自发光：使用漫反射颜色替换曲面上的任何阴影，从而创建出白炽效果。

● 不透明度：控制材质的不透明度。

● 高光级别：控制反射高光的强度。数值越大，反射强度越高。

● 光泽度：控制镜面高亮区域的大小，即反光区域的尺寸。数值越大，反光区域越小。

● 柔化：影响反光区和不反光区衔接的柔和度。0表示没有柔化；1表示应用最大量的柔化效果。

⑬ 扩展参数

【扩展参数】卷展栏对于标准材质的所有明暗处理类型都是相同的。它具有与透明度和反射相关的控件，还有【线框】模式的选项，如图10-21所示。

图10-21

● 衰减：选择在内部还是在外部进行衰减，以及衰减的程度。

• 内：向着对象的内部增加不透明度，就像在玻璃瓶中一样。

• 外：向着对象的外部增加不透明度，就像在烟雾云中一样。

• 数量：指定最外或最内的不透明度的数量。

● 类型：选择如何应用不透明度，有过滤、相减和相加多种类型。

● 折射率：设置折射贴图和光线跟踪所使用的折射率(IOR)。

● 大小：设置线框模式中线框的大小，可以按像素或当前单位进行设置。

● 按：选择度量线框的方式，有像素和单位两种。

● 应用：选中该复选框以使用反射暗淡。取消选中该复选框后，反射贴图材质就不会因为直接灯光的存在或不存在而受到影响。

● 暗淡级别：阴影中的暗淡量。该值为0时，反射贴图在阴影中为全黑。

● 反射级别：影响不在阴影中的反射的强度。

⑭ 超级采样

【超级采样】卷展栏可用于建筑、光线跟踪、标准和Ink 'n Paint 材质。该卷展栏用于选择超级采样方法。超级采样在材质上执行一个附加的抗锯齿过滤。此操作虽然花费更多时间，却可以提高图像的质量。【超级采样】卷展栏如图10-22所示。

图10-22

● 使用全局设置：选中此复选框后，对材质使用【默认扫描线渲染器】卷展栏中设置的超级采样选项。默认设置为启用。

● 启用局部超级采样器：选中此复选框后，对材质使用超级采样。默认设置为禁用状态。

● 超级采样贴图：选中此复选框后，也将对应用于材质的贴图进行超级采样。

● Max 2.5星：设置应用何种超级采样方法。除非取消选中【使用全局设置】复选框，否则此选项为禁用状态。

⑮ 贴图

【贴图】卷展栏能够将贴图或明暗器指定给许多标准材质参数。【数量】数值框确定该贴图影响材质的数量，用完全强度的百分比表示。例如，处在100%的漫反射贴图是完全不透光的，会遮住基础材质；为 50% 时，它为半透明，将显示基础材质（漫反射、环境光和其他无贴图的材质颜色）。参数面板如图10-23所示。

图10-23

10.2.2　Slate材质编辑器

◎ 技术速查：Slate材质编辑器是一个材质编辑器界面，它在设计和编辑材质时使用节点和关联以图形方式显示材质的结构。

　　Slate材质编辑器界面是具有多个元素的图形界面。最突出的特点包括材质/贴图浏览器，可以在其中浏览材质、贴图和基础材质与贴图类型；还包括当前活动视图，可以在其中组合材质和贴图，以及参数编辑器，可以在其中更改材质和贴图设置。如图10-24所示为参数面板。

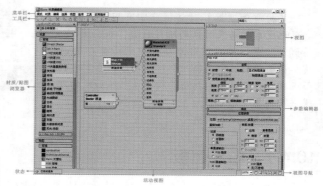

图10-24

　　Slate材质编辑器的参数不再详细进行讲解，其参数与精简材质编辑器基本一致。

10.3 材质/贴图浏览器

◎ 技术速查：【材质/贴图浏览器】菜单提供用于管理库、组和浏览器自身的多数选项。通过单击 ▼ （【材质/贴图浏览器选项】）或右击【材质/贴图浏览器选项】的一个空部分，即可访问【材质/贴图浏览器选项】主菜单。

　　如图10-25和图10-26所示，在浏览器中右击组的标题栏时，即会显示该特定类型组的选项。

图10-25　　　　　　　　　　　图10-26

10.4 材质管理器

◎ 技术速查：【材质资源管理器】是从3ds Max 2010版本后新增的一个功能，主要用来浏览和管理场景中的所有材质。

　　选择【材质资源管理器】命令即可打开【材质管理器】对话框，如图10-27所示。

　　【材质管理器】对话框分为场景面板和材质面板两大部分，如图10-28所示。场景面板主要用来显示场景对象的材质，而材质面板主要用来显示当前材质的属性和纹理大小。

图10-27　　　　　　　　　　　图10-28

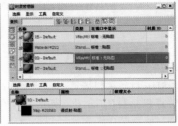

【材质管理器】对话框非常有用，使用它可以直观地观察到场景对象的所有材质，如在图10－29和图10－30中，可以观察到场景中的对象包含两个材质。在场景面板中选择一个材质以后，在下面的材质面板中就会显示出该材质的相关属性和加载的外部纹理（即贴图）的大小。

图10－29

图10－30

10.4.1 场景面板

场景面板包括菜单栏、工具栏、显示按钮和列4大部分，如图10-31所示。

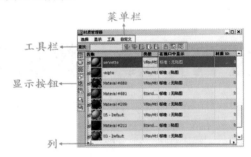

图10－31

菜单栏

01 【选择】菜单

展开【选择】菜单，如图10-32所示。

图10－32

- 全部选择：选择场景中的所有材质和贴图。
- 选定所有材质：选择场景中的所有材质。
- 选定所有贴图：选择场景中的所有贴图。
- 全部不选：取消选择所有材质和贴图。
- 反选：颠倒当前选择，即取消当前选择的所有对象，而选择前面未选择的对象。
- 选择子对象：该命令只起到切换的作用。
- 查找区分大小写：通过搜索字符串的大小写来查处对象，如house与House。
- 使用通配符查找：通过搜索字符串中的字符来查找对象，如"*"和"?"等。

- 使用正则表达式查找：通过搜索正则表达式的方式来查找对象。

02 【显示】菜单

展开【显示】菜单，如图10-33所示。

- 显示缩略图：选择该命令之后，场景面板中将显示出每个材质和贴图的缩略图。
- 显示材质：选择该命令之后，场景面板中将显示出每个对象的材质。
- 显示贴图：选择该命令之后，每个材质的层次下面都包括该材质所使用到的所有贴图。

图10－33

- 显示对象：选择该命令之后，每个材质的层次下面都会显示出该材质所应用到的对象。
- 显示子材质/贴图：选择该命令之后，每个材质的层次下面都会显示用于材质通道的子材质和贴图。
- 显示未使用的贴图通道：选择该命令之后，每个材质的层次下面会显示出未使用的贴图通道。
- 按材质排序：选择该命令之后，层次将按材质名称进行排序。
- 按对象排序：选择该命令之后，层次将按对象进行排序。
- 展开全部：展开层次以显示出所有的条目。
- 扩展选定对象：展开包含所选条目的层次。
- 展开对象：展开包含所有对象的层次。
- 塌陷全部：折叠整个层次。
- 塌陷选定项：折叠包含所选条目的层次。
- 塌陷材质：折叠包含所有材质的层次。
- 塌陷对象：折叠包含所有对象的层次。

03 【工具】菜单

展开【工具】菜单，如图10-34所示。

- 将材质另存为材质库：将材质另存为材质库（即.mat文件）文件的文件对话框。

图10－34

- 按材质选择对象：根据材质来选择场景中的对象。
- 位图/光度学路径：打开【位图/光度学路径编辑器】对话框，在其中可以管理场景对象的位图的路径。
- 代理设置：打开【全局设置和位图代理的默认】对话框，可以使用该对话框来管理3ds Max如何创建和并入到材质中的位图的代理版本。
- 删除子材质/贴图：删除所选材质的子材质或贴图。
- 锁定单元编辑：选择该命令之后，可以禁止在【资源管理器】中编辑单元。

04【自定义】菜单

展开【自定义】菜单，如图10-35所示。

图10-35

- 配置行：打开【配置行】对话框，在其中可以为场景面板添加队列。
- 工具栏：选择要显示的工具栏。
- 将当前布局保存为默认设置：保存当前【资源管理器】对话框中的布局方式，并将其设置为默认设置。

工具栏

工具栏中主要是一些对材质进行基本操作的工具，如图10-36所示。

图10-36

- 查找：输入文本来查找对象。
- 选择所有材质：选择场景中的所有材质。
- 选择所有贴图：选择场景中的所有贴图。
- 全选：选择场景中的所有材质和贴图。
- 全部不选：取消选择场景中的所有材质和贴图。
- 反选：颠倒当前选择。
- 锁定单元编辑：单击该按钮之后，可以禁止在资源管理器中编辑单元。

- 同步到材质资源管理器：单击该按钮之后，材质面板中的所有材质操作将与场景面板保持同步。
- 同步到材质级别：单击该按钮之后，材质面板中的所有子材质操作将与场景面板保持同步。

显示按钮

显示按钮主要用来控制材质和贴图的显示方法，如图10-37所示。

图10-37

- 显示缩略图：单击该按钮后，场景面板中将显示出每个材质和贴图的缩略图。
- 显示材质：场景面板中将显示出每个对象的材质。
- 显示贴图：单击该按钮后，每个材质的层次下面都包括该材质所使用到的所有贴图。
- 显示对象：单击该按钮后，每个材质的层次下面都会显示出该材质所应用到的对象。
- 显示子材质/贴图：单击该按钮后，每个材质的层次下面都会显示用于材质通道的子材质和贴图。
- 显示未使用的贴图通道：单击该按钮后，每个材质的层次下面还会显示出未使用的贴图通道。
- 按对象排序/按材质排序：让层次以对象或材质的方式来进行排序。

列

列主要用来显示场景材质的名称、类型、在视口中的显示方式和材质的ID号，如图10-38所示。

图10-38

- 名称：显示材质、对象、贴图和子材质的名称。
- 类型：显示材质、贴图或子材质的类型。
- 在视口中显示：注明材质和贴图在视口中的显示方式。
- 材质ID：显示材质的ID号。

10.4.2 材质面板

材质面板包括菜单栏和列两大部分，如图10-39所示。

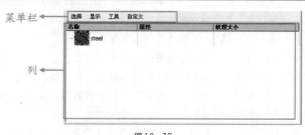

图10-39

10.5 常用材质类型

　　材质将使场景更加具有真实感，材质详细描述对象如何反射或透射灯光，可以将材质指定给单独的对象或者选择集，单独场景也能够包含很多不同材质，不同的材质有不同的用途。安装VRay渲染器后，单击【材质类型】按钮 Arch & Design ，然后在弹出的【材质/贴图浏览器】对话框中可以看到这不同的材质类型，如图10-40所示。

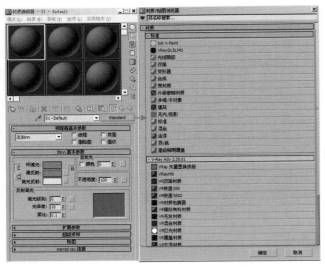

图10-40

- Ink´n Paint：通常用于制作卡通效果。
- VR灯光材质：可以制作发光物体的材质效果。
- VR快速SSS：可以制作半透明的SSS物体材质效果，如玉石。
- VR快速SSS2：可以制作半透明的SSS物体材质效果，如皮肤。
- VRay矢量置换烘焙：可以制作矢量的材质效果。
- 变形器：配合【变形器】修改器一起使用，能产生材质融合的变形动画效果。
- 标准：系统默认的材质。
- 虫漆：用来控制两种材质混合的数量比例。
- 顶/底：为一个物体指定不同的材质，一个在顶端，一个在底端，中间交互处可以产生过渡效果，并且可以调节这两种材质的比例。
- 多维/子对象：将多个子材质应用到单个对象的子对象。

- 高级照明覆盖：配合光能传递使用的一种材质，能很好地控制光能传递和物体之间的反射比。
- 光线跟踪：可以创建真实的反射和折射效果，并且支持雾、颜色浓度、半透明和荧光等效果。
- 合成：将多个不同的材质叠加在一起，包括一个基本材质和10个附加材质，通过添加排除和混合能够创造出复杂多样的物体材质，常用来制作动物和人体皮肤、生锈的金属以及复杂的岩石等物体。
- 混合：将两个不同的材质融合在一起，根据融合度的不同来控制两种材质的显示程度，可以利用这种特性来制作材质变形动画，也可以用来制作一些质感要求较高的物体，如打磨的大理石、上腊的地板。
- 建筑：主要用于表现建筑外观的材质。
- 壳材质：专门配合【渲染到贴图】命令一起使用，其作用是将【渲染到贴图】命令产生的贴图再贴回物体造型中。
- 双面：可以为物体内外或正反表面分别指定两种不同的材质，如纸牌和杯子等。
- 外部参照材质：参考外部对象或参考场景相关运用资料。
- 无光/投影：主要作用是隐藏场景中的物体，渲染时也观察不到，不会对背景进行遮挡，但可遮挡其他物体，并且能产生自身投影和接受投影的效果。
- VR模拟有机材质：该材质可以呈现出V-Ray程序的DarkTree着色器效果。
- VR材质包裹器：该材质可以有效地避免色溢现象。
- VR车漆材质：它是一种模拟金属汽车漆的材质，是四层的复合材料，包括基地扩散层、基地光泽层、金属薄片层和清漆层。
- VR覆盖材质：可以让用户更广泛地去控制场景的色彩融合、反射、折射等。
- VR混合材质：常用来制作两种材质混合在一起的效果，如带有花纹的玻璃。
- VR双面材质：可以模拟带有双面属性的材质效果。
- VRayMtl：该材质是使用范围最广泛的一种材质，常用于制作室内外效果图。该材质适合制作带有反射和折射的材质。
- VRayGLSLMtl：该材质可以设置OpenGL着色语言材质。
- VR毛发材质：该材质可以设置出毛发效果。

★ 本节知识导读：

工具名称	工具用途	掌握级别
标准	可以模拟较为简单的材质，是最常用的材质	★★★★★
VRayMtl	适合模拟带有强烈反射、折射质感的材质	★★★★★
混合	可以模拟带有两种不同材质构成的花纹材质	★★★★★
VR灯光材质	可以模拟物体发光的材质，如霓虹灯	★★★★★
多维/子对象	可以模拟一个材质包含很多子材质，如汽车	★★★★★
虫漆	可以用来模拟汽车材质	★★★★☆
光线跟踪	可以模拟表面较为光滑的材质	★★★★☆
双面	可以模拟带有双面属性的材质	★★★☆☆
VR覆盖材质	可以模拟材质被包裹的效果	★★★☆☆
顶/底	可以模拟顶底不同效果，如雪山	★★★☆☆
合成	可以将多种材质进行合作，模拟混合效果	★★★☆☆
无光/投影	可以制作一个物体在地面投射阴影，而本身不被渲染的效果	★★☆☆☆

10.5.1 标准材质

🌐 **技术速查**：标准材质是材质类型中比较基础的一种，在3ds Max 2009版本之前是作为默认的材质类型出现的。

单击【材质类型】按钮 Standard ，然后选择【标准】选项，最后单击【确定】按钮即可选择标准材质，如图10-41所示。

切换到标准材质，会发现该材质球发生了变化，其参数也相应发生了变化，如图10-42所示。

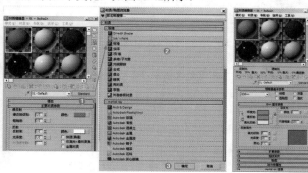

图10-41　　　　　　　图10-42

★ 案例实战——标准材质制作乳胶漆

场景文件	01.max
案例文件	案例文件\Chapter 10\案例实战——标准材质制作乳胶漆.max
视频教学	视频教学\Chapter 10\案例实战——标准材质制作乳胶漆.flv
难易指数	★★☆☆☆
技术掌握	掌握标准材质的应用

实例介绍

乳胶漆又称为合成树脂乳液涂料，是有机涂料的一种，是以合成树脂乳液为基料加入颜料、填料及各种助剂配制而成的一类水性涂料。根据生产原料的不同，乳胶漆主要有聚醋酸乙烯乳胶漆、乙丙乳胶漆、纯丙烯酸乳胶漆、苯丙乳胶漆等品种；根据产品适用环境的不同，分为内墙乳胶漆和外墙乳胶漆两种；根据装饰的光泽效果又可分为无光、哑光、半光、丝光和有光等类型。在这个天花场景中，主要是使用标准材质制作乳胶漆光材质，最终渲染效果如图10-43所示。

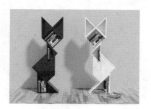

图10-43

其基本属性主要有一点，即漫反射颜色是绿色。

制作步骤

01 打开本书配套光盘中的【场景文件/Chapter10/01.max】文件，此时场景效果如图10-44和图10-45所示。

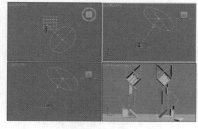

图10-44　　　　　　　图10-45

02 按【M】键打开【材质编辑器】对话框，选择第1个材质球，命名为【乳胶漆】，在【环境光】选项组下调节颜色为绿色（红：88，绿：227，蓝：45），在【漫反射】选项组下调节颜色为绿色（红：88，绿：227，蓝：45）。

🎨 **思维点拨**：标准材质很重要

标准材质是3ds Max最原始、最经典的材质，即使不安装VRay渲染器，也可以使用，并且在所有的渲染器下都可以使用该材质，由此可见标准材质的重要性。但是有些用户在使用了VRay渲染器后，发现VRayMtl材质使用更方便，却忽略了标准材质。但是使用标准材质仍然可以制作出很多漂亮的材质效果，要记住学习3ds Max材质，一定要从标准材质开始学起，这样才会更好地理解材质。

03 将制作完毕的乳胶漆材质赋给场景中的模型，如图10-46所示。

04 将剩余的材质制作完成，并赋予相应的物体，如图10-47所示。

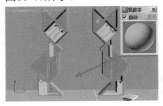 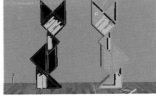

图10-46　　　　　　　　图10-47

05 最终渲染效果如图10-48所示。

图10-48

 技巧提示

在材质制作过程中，有时需要将制作好的材质保存出来，等下一次用到该材质时，直接调用就可以了，这在3ds Max 2013中完全可以实现。

保存材质的步骤如下：

01 单击制作好的材质球，并命名为【红漆】，如图10-49所示。

02 在菜单栏中选择【材质/获取材质】命令，此时会弹出【材质/贴图浏览器】对话框，如图10-50所示。

图10-49　　　　　　　　图10-50

03 单击▼图标，然后选择【新材质库】命令，并将其命名为【新库.mat】，最后单击【保存】按钮，如图10-51所示。

04 单击该材质球，并使用鼠标左键将其拖曳到【新库】下方，如图10-52所示。

05 此时【新库】下方出现了【红漆】材质，如图10-53所示。

06 在【新库】上单击鼠标右键，在弹出的快捷菜单中选择【保存】命令，如图10-54所示。

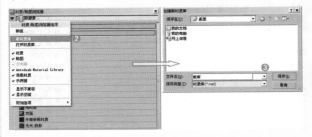

图10-51

图10-52

图10-53　　　　　　　　图10-54

07 此时材质球的文件被保存成功，如图10-55所示。

图10-55

调用材质的步骤如下：

01 当需要使用刚才保存的材质文件时，单击一个空白的材质球，如图10-56所示。

02 在菜单栏中选择【材质/获取材质】命令，如图10-57所示。

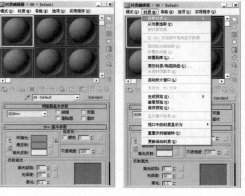

图10-56　　　　　　　　图10-57

03 单击▼图标，然后选择【打开材质库】命令，并选择刚才保存的【新库.mat】文件，最后单击【打开】按钮，如图10-58所示。

⑭ 此时【新库】中出现了【红漆】选项，接着单击鼠标左键并拖曳到一个空白的材质球上，图10-59所示。

⑮ 此时该材质球变成了调用的材质，如图10-60所示。

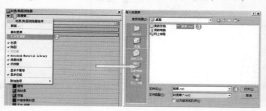

图10-58

图10-59

图10-60

10.5.2　Ink'n Paint材质

Ink'n Paint（墨水油漆）材质可以用来制作卡通效果，其参数包含【基本材质扩展】卷展栏、【绘制控制】卷展栏和【墨水控制】卷展栏，如图10-61所示。

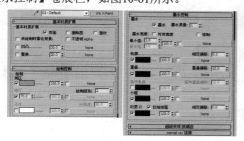

图10-61

- 亮区：用来调节材质的固有颜色，可以在后面的贴图通道中加载贴图。
- 暗区：控制材质的明暗度，可以在后面的贴图通道中加载贴图。
- 绘制级别：用来调整颜色的色阶。
- 高光：控制材质的高光区域。
- 光泽度：控制反光的程度。
- 墨水：控制是否开启描边效果。
- 墨水质量：控制边缘形状和采样值。
- 最小值：设置墨水宽度的最小像素值。
- 最大值：设置墨水宽度的最大像素值。
- 可变宽度：选中该复选框后，可以使描边的宽度在最大值和最小值之间变化。
- 钳制：选中该复选框后，可以使描边宽度的变化范围限制在最大值与最小值之间。
- 轮廓：选中该复选框后可以使物体外侧产生轮廓线。
- 重叠：当物体与自身的一部分相交迭时使用。
- 延伸重叠：与【重叠】类似，但多用在较远的表面上。

- 小组：用于勾画物体表面光滑组部分的边缘。
- 材质ID：用于勾画不同材质ID之间的边界。

★ 案例实战——Ink'n Paint材质制作卡通效果

场景文件	02.max
案例文件	案例文件\Chapter 10\案例实战——Ink'n Paint材质制作卡通效果.max
视频教学	视频文件\Chapter 10\案例实战——Ink'n Paint材质制作卡通效果.flv
难易指数	★★☆☆☆
技术掌握	掌握Ink'n Paint材质的运用

实例介绍

卡通材质是制作动画片常用的效果。在这个场景中，主要讲解利用Ink'n Paint材质制作卡通效果，最终渲染效果如图10-62所示。

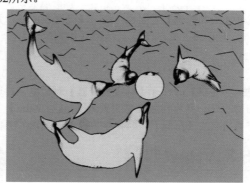

图10-62

其基本属性主要有以下两点：
- 带有单色颜色。
- 带有边缘描边效果。

制作步骤

【大海】材质的制作

01 打开本书配套光盘中的【场景文件/Chapter10/02.max】文件，如图10-63所示。

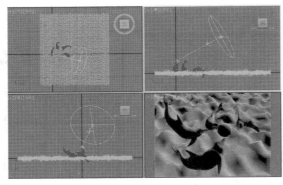

图10—63

02 按【M】键打开【材质编辑器】对话框，然后选择一个空白材质球，并将材质类型设置为【Ink'n Paint】材质，然后将其命名为【大海】，具体参数设置如图10-64所示。

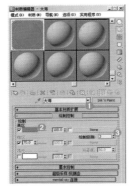

图10—64

展开【绘制控制】卷展栏，调节【亮区】的颜色为蓝色（红：0，绿：53，蓝：161），设置【绘制级别】为3。

【海豚】材质的制作

01 按【M】键打开【材质编辑器】对话框，再选择一个空白材质球，并将材质类型设置为【Ink'n Paint】材质，然后将其命名为【海豚】，具体参数设置如图10-65所示。

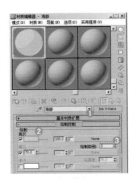

图10—65

展开【绘制控制】卷展栏，调节【亮区】的颜色为浅蓝色（红：92，绿：150，蓝：255），设置【绘制级别】为3。

02 将制作好的材质分别赋予场景中的大海、海豚模型，如图10-66所示。

03 将剩余的材质制作完成，并赋予相应的物体，如图10-67所示。

图10—66　　　　　　　　图10—67

04 最终渲染效果如图10-68所示。

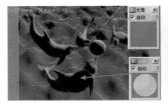

图10—68

10.5.3 VRayMtl

技术速查：VRayMtl是使用范围最广泛的一种材质，常用于制作室内外效果图，由于该材质参数调节简单、容易掌握，并且效果逼真，所以深受用户喜欢。

VRayMtl除了能完成一些反射和折射效果外，还能出色地表现出SSS及BRDF等效果，其参数设置面板如图10-69所示。

图10—69

基本参数

展开【基本参数】卷展栏，如图10-70所示。

图10—70

- 漫反射：物体的漫反射用来决定物体的表面颜色。通过单击它的色块，可以调整自身的颜色。单击右边的▇按钮可以选择不同的贴图类型。

- 粗糙度：数值越大，粗糙效果越明显，可以用该选项来模拟绒布的效果。

技巧提示

漫反射被称为固有色，用来控制物体的基本的颜色，当单击【漫反射】右边的▇按钮添加贴图时，漫反射颜色将不再起作用。

- 反射：这里的反射是靠颜色的灰度来控制的，颜色越白反射越亮，越黑反射越弱；而这里选择的颜色则是反射出来的颜色，和反射的强度是分开计算的。单击右边的▇按钮，可以使用贴图的灰度来控制反射的强弱。

- 菲涅耳反射：选中该复选框后，反射强度会与物体的入射角度有关系，入射角度越小，反射越强烈。当垂直入射时，反射强度最弱。同时，菲涅耳反射的效果也和下面的菲涅耳折射率有关。当菲涅耳折射率为0或100时，将产生完全反射；而当菲涅耳折射率从1变化到0时，反射越来越强烈；同样，当菲涅耳折射率从1变化到100时，反射也越来越强烈。

技巧提示

菲涅耳反射是模拟真实世界中的一种反射现象，反射的强度与摄影机的视点和具有反射功能的物体的角度有关。当角度值接近0时，反射最强；当光线垂直于表面时，反射功能最弱，这也是物理世界中的现象。

- 菲涅耳折射率：在菲涅耳反射中，菲涅耳现象的强弱衰减率可以用该选项来调节。

- 高光光泽度：控制材质的高光大小，默认情况下和反射光泽度一起关联控制，可以通过单击旁边的▇按钮来解除锁定，从而可以单独调整高光的大小。

- 反射光泽度：通常也被称为反射模糊。物理世界中所有的物体都有反射光泽度，只是有多有少而已。默认值为1表示没有模糊效果，而比较小的值表示模糊效果较强烈。单击右边的▇按钮，可以通过贴图的灰度来控制反射模糊的强弱。

- 细分：用来控制反射光泽度的品质，较高的值可以取得较平滑的效果，而较低的值可以让模糊区域产生颗粒效果。注意，细分值越大，渲染速度越慢。

- 使用插值：当选中该复选框时，VRay能够使用类似于发光贴图的缓存方式来加快反射模糊的计算。

- 最大深度：指反射的次数，数值越高效果越真实，但渲染时间也越长。

- 退出颜色：当物体的反射次数达到最大次数时就会停止计算反射，这时由于反射次数不够造成的反射区域的颜色就用退出色来代替。

- 暗淡距离：该选项用来控制暗淡距离的数值。

- 暗淡衰减：该选项用来控制暗淡衰减的数值。

- 影响通道：该选项用来控制是否影响通道。

- 折射：和反射的原理一样，颜色越白，物体越透明，进入物体内部产生折射的光线就越多；颜色越黑，物体越不透明，产生折射的光线就越少。单击右边的▇按钮，可以通过贴图的灰度来控制折射的强弱。

- 折射率：设置透明物体的折射率。

技巧提示

真空的折射率是1，水的折射率是1.33，玻璃的折射率是1.5，水晶的折射率是2，钻石的折射率是2.4，这些都是制作效果图时常用的折射率。

- 光泽度：用来控制物体的折射模糊程度。值越小，模糊程度越明显；默认值1不产生折射模糊。单击右边的▇按钮，可以通过贴图的灰度来控制折射模糊的强弱。

- 细分：用来控制折射模糊的品质，较高的值可以得到比较光滑的效果，但是渲染速度会变慢；而较低的值可以使模糊区域产生杂点，但是渲染速度会变快。

- 使用插值：当选中该复选框时，VRay能够使用类似于发光贴图的缓存方式来加快光泽度的计算。

- 影响阴影：这个选项用来控制透明物体产生的阴影。选中该复选框时，透明物体将产生真实的阴影。注意，这个选项仅对VRay光源和VRay阴影有效。

- 烟雾颜色：这个选项可以让光线通过透明物体后变少，就好像和物理世界中的半透明物体一样。这个颜色值和物体的尺寸有关，厚的物体颜色需要设置淡一点才有效果。

- 烟雾倍增：可以理解为烟雾的浓度。值越大，雾越浓，光线穿透物体的能力越差。不推荐使用大于1的值。

- 烟雾偏移：控制烟雾的偏移，较低的值会使烟雾向摄影机的方向偏移。

- 类型：半透明效果（也叫3S效果）的类型有3种，一种是硬（腊）模型，如蜡烛；另一种是软（水）模型，如海水；还有一种是混合模型。

- 背面颜色：用来控制半透明效果的颜色。
- 厚度：用来控制光线在物体内部被追踪的深度，也可以理解为光线的最大穿透能力。较大的值，会让整个物体都被光线穿透；较小的值，可以让物体比较薄的地方产生半透明现象。
- 散射系数：物体内部的散射总量。0表示光线在所有方向被物体内部散射；1表示光线在一个方向被物体内部散射，而不考虑物体内部的曲面。
- 前/后分配比：控制光线在物体内部的散射方向。0表示光线沿着灯光发射的方向向前散射；1表示光线沿着灯光发射的方向向后散射；0.5表示这两种情况各占一半。
- 灯光倍增：设置光线穿透能力的倍增值。值越大，散射效果越强。

双向反射分布函数

图10-71

展开【双向反射分布函数】卷展栏，如图10-71所示。

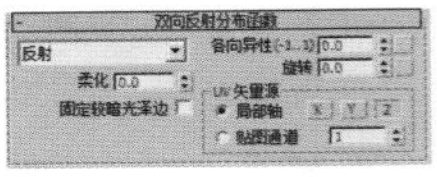

- 明暗器列表：包含3种明暗器类型，分别是多面、反射和沃德。多面适合硬度很高的物体，高光区很小；反射适合大多数物体，高光区适中；沃德适合表面柔软或粗糙的物体，高光区较大。
- 各向异性：控制高光区域的形状，可以用该参数来设置拉丝效果。
- 旋转：控制高光区的旋转方向。
- UV矢量源：控制高光形状的轴向，也可以通过贴图通道来设置。
- 局部轴：有X、Y、Z共3个轴共可供选择。
- 贴图通道：可以使用不同的贴图通道与UVW贴图进行关联，从而实现一个物体在多个贴图通道中使用不同的UVW贴图，这样可以得到各自相对应的贴图坐标。

技巧提示

关于双向反射分布现象，在物理世界中随处可见。双向反射主要可以控制高光的形状和方向，常在金属、玻璃、陶瓷等制品中看到。如图10-72所示为默认双向反射分布函数和更改双向反射分布函数的材质球对比效果。

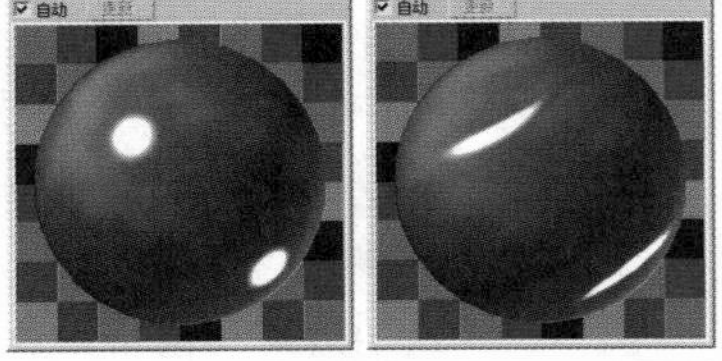

图10-72

选项

展开【选项】卷展栏，如图10-73所示。

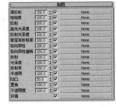

图10-73

- 跟踪反射：控制光线是否追踪反射。如果取消选中该复选框，VRay将不渲染反射效果。
- 跟踪折射：控制光线是否追踪折射。如果取消选中该复选框，VRay将不渲染折射效果。
- 中止：中止选定材质的反射和折射的最小阈值。
- 环境优先：控制【环境优先】的数值。
- 效果ID：该选项控制设置效果的ID。
- 双面：控制VRay渲染的面是否为双面。
- 背面反射：选中该复选框时，将强制VRay计算反射物体的背面产生反射效果。
- 使用发光图：控制选定的材质是否使用发光图。
- 雾系统单位比例：该选项控制是否启用雾系统的单位比例。
- 覆盖材质效果ID：该选项控制是否启用覆盖材质效果的ID。
- 视有光泽光线为全局照明光线：该选项在效果图制作中一般都默认设置为【仅全局光线】。
- 能量保存模式：该选项在效果图制作中一般都默认设置为RGB模型，因为这样可以得到彩色效果。

贴图

展开【贴图】卷展栏，如图10-74所示。

- 凹凸：主要用于制作物体的凹凸效果，在后面的通道中可以加载凹凸贴图。

图10-74

- 置换：主要用于制作物体的置换效果，在后面的通道中可以加载置换贴图。
- 不透明度：主要用于制作透明物体，如窗帘、灯罩等。
- 环境：主要是针对上面的一些贴图而设定的，如反射、折射等，只是在其贴图的效果上加入了环境贴图效果。

反射插值和折射插值

展开【反射插值】和【折射插值】卷展栏，分别如图10-75和图10-76所示。它们的参数只有在【基本参数】卷展栏中的【反射】或【折射】选项组下选中【使用插值】复选框时才可以设置。

图10-75　　　　　图10-76

- 最小比率：在反射对象不丰富（颜色单一）的区域使用该参数所设置的数值进行插补。数值越高，精度就越高；反之，精度就越低。
- 最大比率：在反射对象比较丰富（图像复杂）的区域使用该参数所设置的数值进行插补。数值越高，精度就越高；反之，精度就越低。
- 颜色阈值：插值算法的颜色敏感度。值越大，敏感度就越低。
- 法线阈值：物体的交接面或细小的表面的敏感度。值越大，敏感度就越低。
- 插值采样：用于设置反射插值时所用的样本数量。值越大，效果越平滑、模糊。

 **技巧提示**

　　由于【折射插值】卷展栏中的参数与【反射插值】卷展栏中的参数相似，因此这里不再进行讲解。

★ 案例实战——VRayMtl材质制作塑料

场景文件	03.max
案例文件	案例文件\Chapter 10\案例实战——VRayMtl材质制作塑料.max
视频教学	视频文件\Chapter 10\案例实战——VRayMtl材质制作塑料.flv
难易指数	★★★☆☆
技术掌握	掌握VRayMtl材质的应用

实例介绍

　　塑料为合成的高分子化合物，表面比较光滑。在这个场景中，主要讲解利用VRayMtl材质制作塑料材质。最终渲染效果如图10-77所示。

图10-77

其基本属性主要有以下两点：

- 带有两个颜色。
- 带有菲涅耳反射。

制作步骤

　　01 打开本书配套光盘中的【场景文件/Chapter10/03.max】文件，此时场景效果如图10-78所示。

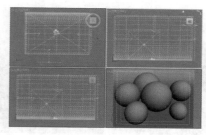

图10-78

　　02 按【M】键打开【材质编辑器】对话框，选择第1个材质球，单击 Standard 按钮，在弹出的【材质/贴图浏览器】对话框中选择【VRayMtl】材质，如图10-79所示。

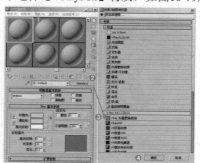

图10-79

　　03 将材质命名为【2.jpg】，然后设置具体的参数，如图10-80所示。

图10-80

　　在【漫反射】后面的通道上加载【贴图.jpg】贴图文件，在【坐标】卷展栏下设置【瓷砖】的【U】和【V】分别为1和4。在【反射】选项组下调节颜色为白色（红：255，绿：255，蓝：255），选中【菲涅耳反射】复选框，设置【反射光泽度】为0.88。

 技巧提示

　　VRayMtl材质中的反射和折射颜色控制了反射和折射的强度，颜色越深越弱，颜色越浅越强，并且在选中【菲涅耳反射】复选框后强度会减弱。

　　04 将制作完毕的塑料材质赋给场景中的模型，如图10-81所示。

05 将剩余的材质制作完成，并赋给相应的物体，如图10-82所示。

图10-81　　　　　　　　图10-82

06 最终渲染效果如图10-83所示。

图10-83

★ 案例实战——VRayMtl材质制作陶瓷

场景文件	04.max
案例文件	案例文件\Chapter 10\案例实战——VRayMtl材质制作陶瓷.max
视频教学	视频文件\Chapter 10\案例实战——VRayMtl材质制作陶瓷.flv
难易指数	★★★☆☆
技术掌握	掌握VRayMtl材质的应用

实例介绍

陶瓷是以粘土为主要原料以及各种天然矿物经过粉碎混炼、成型和煅烧制得的材料。在这个场景中，主要讲解利用VRayMtl材质制作陶瓷材质的方法。最终渲染效果如图10-84所示。

图10-84

其基本属性主要有一点，即有一定的反射光泽度效果。

制作步骤

01 打开本书配套光盘中的【场景文件/Chapter10/04.max】文件，此时场景效果如图10-85所示。

02 按【M】键打开【材质编辑器】对话框，选择第1个材质球，单击 Standard 按钮，在弹出的【材质/贴图浏览器】对话框中选择【VRayMtl】材质，如图10-86所示。

图10-85

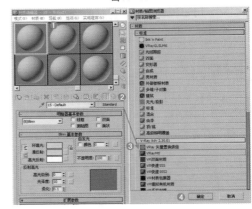

图10-86

03 将材质命名为【陶瓷】，在【漫反射】选项组下调节颜色为白色（红：255，绿：255，蓝：255），在【反射】选项组下调节颜色为白色（红：69，绿：69，蓝：69），设置【高光光泽度】为0.9，如图10-87所示。

04 将制作完毕的【陶瓷】材质赋给场景中的模型，如图10-88所示。

图10-87　　　　　　　　图10-88

05 将剩余的材质制作完成，并赋予相应的物体，如图10-89所示。

06 最终渲染效果如图10-90所示。

图10-89　　　　　　　　图10-90

★ 案例实战——VRayMtl材质制作吊灯

场景文件	05.max
案例文件	案例文件\Chapter 10\案例实战——VRayMtl材质制作吊灯.max
视频教学	视频文件\Chapter 10\案例实战——VRayMtl材质制作吊灯.flv
难易指数	★★★☆☆
技术掌握	掌握VRayMtl材质的应用

实例介绍

吊灯包括吊灯金属和吊灯灯罩两个部分，金属有强烈的质感，而灯罩具有透光性。在这个场景中，主要讲解利用VRayMtl材质制作吊灯材质。最终渲染效果如图10-91所示。

图10-91

其基本属性主要有以下两点：
- 金属带有反射模糊效果。
- 灯罩带有透光性。

制作步骤

01 打开本书配套光盘中的【场景文件/Chapter10/05.max】文件，此时场景效果如图10-92所示。

02 按【M】键，打开【材质编辑器】对话框，选择第1个材质球，单击 Standard 按钮，在弹出的【材质/贴图浏览器】对话框中选择【VRayMtl】材质，如图10-93所示。

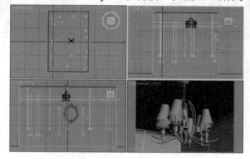

图10-92

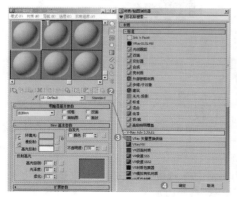

图10-93

03 将材质命名为【金属】，在【漫反射】选项组下调节颜色为橘黄色（红：195，绿：131，蓝：56），在【反射】选项组下调节颜色为浅灰色（红：145，绿：145，蓝：145），设置【反射光泽度】为0.95、【细分】为15，如图10-94所示。

04 选择一个空白材质球，然后将【材质类型】设置为【VRayMtl】材质，并命名为【灯罩】。在【漫反射】选项组下调节颜色为浅灰色（红：241，绿：238，蓝：230），在【折射】选项组下调节颜色为深灰色（红：25，绿：25，蓝：25），如图10-95所示。

图10-94　　　　　　图10-95

05 将制作完毕的材质赋给场景中的模型，如图10-96所示。

06 将剩余的材质制作完成，并赋给相应的物体，如图10-97所示。

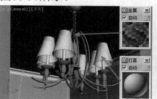 

图10-96　　　　　　图10-97

07 最终渲染效果如图10-98所示。

图10-98

★ 案例实战——VRayMtl材质制作金属

场景文件	06.max
案例文件	案例文件\Chapter 10\案例实战——VRayMtl材质制作金属.max
视频教学	视频文件\Chapter 10\案例实战——VRayMtl材质制作金属.flv
难易指数	★★★★☆
技术掌握	掌握VRayMtl材质的应用

实例介绍

金属是一种具有光泽（即对可见光强烈反射）、富有延展性、容易导电、导热等性质的物质。在这个场景中，主要讲解利用VRayMtl材质制作金属材质。最终渲染效果如图10-99所示。

图10-99

其基本属性主要有以下两点：

◉ 强烈的反射效果。

◉ 带有模糊反射。

制作步骤

01 打开本书配套光盘中的【场景文件/Chapter10/06.max】文件，此时场景效果如图10-100所示。

02 按【M】键打开【材质编辑器】对话框，选择第1个材质球，单击 Standard 按钮，在弹出的【材质/贴图浏览器】对话框中选择【VRayMtl】材质，如图10-101所示。

图10-100

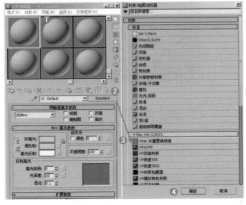

图10-101

03 将材质命名为【磨砂金属】，然后设置具体的参数，如图10-102所示。

图10-102

在【漫反射】选项组下调节颜色为黑色（红：0，绿：0，蓝：0），在【反射】选项组下调节颜色为浅灰色（红：188，绿：188，蓝：188），设置【反射光泽度】为0.75，【细分】为50。

技巧提示

VRayMtl材质中的【反射光泽度】用来控制反射的模糊程度，数值越大模糊程度越弱，数值越小模糊程度越强。一般来说，表面反射质感光滑的材质可以将【反射光泽度】数值增大。

04 将制作完毕的材质赋给场景中的模型，如图10-103所示。

05 将剩余的材质制作完成，并赋给相应的物体，如图10-104所示。

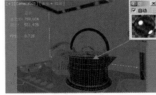

图10-103　　　　　　　　图10-104

06 最终渲染效果如图10-105所示。

图10-105

★ 案例实战——VRayMtl材质制作木地板

场景文件	07.max
案例文件	案例文件\Chapter 10\案例实战——VRayMtl材质制作木地板.max
视频教学	视频文件\Chapter 10\案例实战——VRayMtl材质制作木地板.flv
难易指数	★★★☆☆
技术掌握	掌握VRayMtl材质的应用

实例介绍

中国生产的木地板主要分为实木地板、强化木地板、实木复合地板、自然山水风水地板、竹材地板和软木地板6大类。在这个场景中，主要讲解利用VRayMtl材质制作木地板材质。最终渲染效果如图10-106所示。

图10-106

其基本属性主要有以下两点：

◉ 带有木纹纹理。

◉ 带有模糊反射。

制作步骤

01 打开本书配套光盘中的【场景文件/Chapter10/07.max】文件，此时场景效果如图10-107所示。

02 按【M】键打开【材质编辑器】对话框，选择第1个材质球，单击 Standard 按钮，在弹出的【材质/贴图浏览器】对话框中选择【VRayMtl】材质，如图10-108所示。

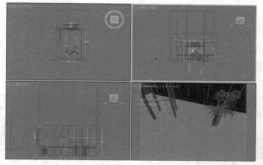

图10-107

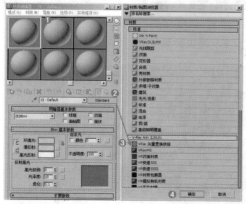

图10-108

03 将材质命名为【木地板】，然后设置具体的参数，如图10-109所示。

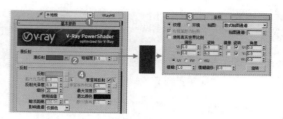

图10-109

在【漫反射】后面的通道上加载【250木地板.jpg】贴图文件，在【坐标】卷展栏下设置【瓷砖】的【U】和【V】均为6。

在【反射】选项组下调节颜色为灰色（红：170，绿：170，蓝：170），选中【菲涅耳反射】复选框，设置【反射光泽度】为0.9，【细分】为20。

04 展开【贴图】卷展栏，并在【凹凸】后面的通道上加载【250木地板.jpg】贴图文件，最后设置【凹凸】为30，在【坐标】卷展栏下设置【瓷砖】的【U】和【V】均为6，如图10-110所示。

图10-110

05 将制作完毕的【木地板】材质赋给场景中的模型，如图10-111所示。

06 将剩余的材质制作完成，并赋给相应的物体，如图10-112所示。

图10-111　　　　图10-112

07 最终渲染效果如图10-113所示。

图10-113

★ 案例实战——VRayMtl材质制作皮革

场景文件	08.max
案例文件	案例文件\Chapter 10\案例实战——VRayMtl材质制作皮革.max
视频教学	视频文件\Chapter 10\案例实战——VRayMtl材质制作皮革.flv
难易指数	★★★☆☆
技术掌握	掌握VRayMtl材质的应用

实例介绍

皮革是经脱毛和鞣制等物理、化学加工所得到的已经变性不易腐烂的动物皮。革是由天然蛋白质纤维在三维空间紧密编织构成的，其表面有一种特殊的粒面层，具有自然的粒纹和光泽，手感舒适。在这个场景中，主要讲解利用VRayMtl材质制作皮革材质。最终渲染效果如图10-114所示。

图10-114

其基本属性主要有以下两点：
- 带有皮革纹理。
- 带有一定的反射。

制作步骤

01 打开本书配套光盘中的【场景文件/Chapter10/08.max】文件，此时场景效果如图10-115所示。

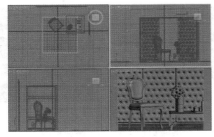

图10-115

02 按【M】键打开【材质编辑器】对话框，选择第1个材质球，单击 Standard 按钮，在弹出的【材质/贴图浏览器】对话框中选择【VRayMtl】材质，如图10-116所示。

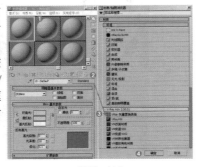

图10-116

03 将材质命名为【软包皮革】，然后设置具体的参数，如图10-117所示。

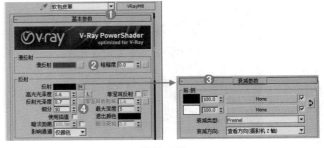

图10-117

在【漫反射】选项组下调节颜色为墨绿色（红：62，绿：77，蓝：80），在【反射】选项组下加载【衰减】程序贴图，设置【高光光泽度】为0.6、【反射光泽度】为0.7、【细分】为50，在【衰减参数】卷展栏下设置【衰减类型】为【Fresnel】。

技巧提示

在【反射】通道上加载【衰减】程序贴图，可以产生过渡非常真实的反射效果。

04 将制作完毕的【软包皮革】材质赋给场景中的模型，如图10-118所示。

05 将剩余的材质制作完成，并赋给相应的物体，如图10-119所示。

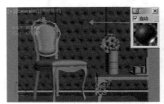

图10-118   图10-119

06 最终渲染效果如图10-120所示。

图10-120

★ 案例实战——VRayMtl材质制作玻璃

场景文件	09.max
案例文件	案例文件\Chapter 10\案例实战——VRayMtl材质制作玻璃.max
视频教学	视频文件\Chapter 10\案例实战——VRayMtl材质制作玻璃.flv
难易指数	★★★☆☆
技术掌握	掌握VRayMtl材质的应用

实例介绍

玻璃是一种较为透明的固体物质，在熔融时形成连续网络结构，冷却过程中粘度逐渐增大并硬化而不结晶的硅酸盐类非金属材料，隔风透光。在这个场景中，主要讲解利用VRayMtl材质制作玻璃材质。最终渲染效果如图10-121所示。

图10-121

其基本属性主要有以下两点：
- 带有一定的反射。
- 带有强烈的折射。

制作步骤

01 打开本书配套光盘中的【场景文件/Chapter10/09.max】文件，此时场景效果如图10-122所示。

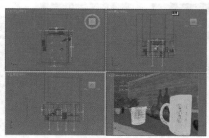

图10-122

02 按【M】键打开【材质编辑器】对话框，选择第1个材质球，单击 Standard 按钮，在弹出的【材质/贴图浏览器】对话框中选择【VRayMtl】材质，如图10-123所示。

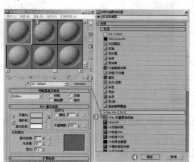

图10-123

03 将材质命名为【玻璃杯子】，然后设置具体的参数，如图10-124所示。在【漫反射】选项组下调节颜色为黑色（红：3，绿：3，蓝：3）。

图10-124

在【反射】选项组下调节颜色为白色（红：250，绿：250，蓝：250），选中【菲涅耳反射】复选框，设置【菲涅耳折射率】为1.8。在【折射】选项组下调节颜色为白色（红：246，绿：246，蓝：246），设置【折射率】为1.517。

技巧提示

使用VRayMtl材质制作玻璃时，需要特别注意的是反射和折射的颜色。一般来说，制作水、玻璃等材质时，折射的强度一定要高于反射的强度，因此需要设置的折射颜色更浅。

04 将制作完毕的【玻璃杯子】材质赋给场景中的模型，如图10-125所示。

05 将剩余的材质制作完成，并赋给相应的物体，如图10-126所示。

图10-125   图10-126

06 最终渲染效果如图10-127所示。

图10-127

★ 综合实战——VRayMtl材质制作美食

场景文件	10.max
案例文件	案例文件\Chapter 10\综合实战——VRayMtl材质制作美食.max
视频教学	视频文件\Chapter 10\综合实战——VRayMtl材质制作美食.flv
难易指数	★★★★☆
技术掌握	掌握VRayMtl材质的运用

实例介绍

美食不仅味道美，而且颜色诱人。在这个场景中，主要讲解使用VRayMtl材质制作甜饼、水果和汤食材质。最终渲染的效果如图10-128所示。

图10-128

其基本属性主要有以下两点：

- 多种材质。
- 带有一定的透明属性。

制作步骤

【甜饼】材质的制作

01 打开本书配套光盘中的【场景文件/Chapter10/10.max】文件，此时场景效果如图10-129所示。

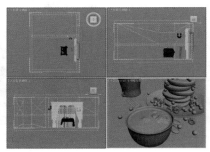

图10-129

02 按【M】键打开【材质编辑器】对话框，选择第1个材质球，单击 Standard 按钮，在弹出的【材质/贴图浏览器】对话框中选择【VRayMtl】材质，如图10-130所示。

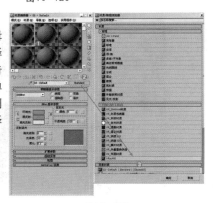

图10-130

03 将材质命名为【甜饼】，然后设置具体的参数，如图10-131和图10-132所示。

图10-131

在【漫反射】后面的通道上加载【archmodels76_003_pancake2-diff.jpg】贴图文件。在【反射】后面的通道上加载【archmodels76_003_pancake2-diff.jpg】贴图文件，选中【菲涅耳反射】复选框，设置【反射光泽度】为0.75、【细分】为7。展开【贴图】卷展栏，在【凹凸】后面的通道上加载【法线凹凸】程序贴图，并设置【凹凸】为30，在【法线】后面的通道上加载【archmodels76_003_pancake-nrm.jpg】贴图文件，设置数值为4。

图10-132

04 将调节好的【甜饼】材质赋给场景中的模型，如图10-133所示。

图10-133

【水果1】材质的制作

01 选择一个空白材质球，然后将【材质类型】设置【VRayMtl】材质，接着将材质命名为【水果1】，下面设置具体的参数，如图10-134、图10-135和图10-136所示。

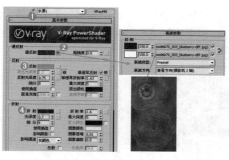

图10-134

在【漫反射】选项组下加载【衰减】程序贴图，展开【衰减参数】卷展栏，分别在两个颜色后面的通道上加载【archmodels76_003_blueberry-diff.jpg】贴图文件，设置【衰减类型】为【Fresnel】，选中【菲涅耳反射】复选框，设置【反射光泽度】为0.75。

在【折射】选项组下调节颜色为深灰色（红：22，绿：22，蓝：22），设置【光泽度】为0.7，调节【烟雾颜色】为浅蓝色（红：224，绿：230，蓝：255），设置【烟雾倍增】为0.01。

技巧提示

设置【烟雾颜色】可以用来控制材质折射的颜色，如制作红酒、饮料、有色玻璃等。

在【半透明】选项组下，设置【类型】为【混合模型】，调节背面颜色为蓝色（红：28，绿：58，蓝：185）。

展开【贴图】卷展栏，在【凹凸】后面的通道上加载【archmodels76_003_blueberry-bump.jpg】贴图文件，并设置【凹凸】为30。

图10-135　　　　　图10-136

02 将调节制作完毕的【水果1】材质赋给场景中的水果模型，如图10-137所示。

图10-137

【汤食】材质的制作

01 选择一个空白材质球，然后将【材质类型】设置【VRayMtl】材质，接着将材质命名为【汤食】。下面设置具体的参数，如图10-138和图10-139所示。

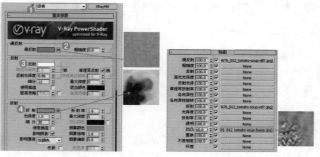

图10-138　　　　　　　　图10-139

在【漫反射】选项组下加载【archmodels76_012_tomato-soup-diff.jpg】贴图文件。在【反射】选项组下调节颜色为白色（红：255，绿：255，蓝：255），选中【菲涅耳反射】复选框，设置【反射光泽度】为0.86、【细分】为12。在【折射】选项组下加载【archmodels76_012_tomato-soup-refr】贴图文件，设置【光泽度】为1、【细分】为30、【折射率】为1.6，选中【影响阴影】复选框，调节【烟雾颜色】为红色（红：277，绿：30，蓝：0），设置【烟雾倍增】为2。展开【贴图】卷展栏，在【凹凸】后面的通道上加载【archmodels76_012_tomato-soup-bump.jpg】贴图文件，并设置【凹凸】为60。

02 将调节制作完毕的【汤食】材质赋给场景中的汤食模型，接着制作出剩余部分模型的材质，最终场景效果如图10-140和图10-141所示。

图10-140　　　　　　　图10-141

03 最终的渲染效果如图10-142所示。

图10-142

场景文件	11.max
案例文件	案例文件\Chapter 10\案例实战——VRayMtl材质和多维/子对象材质制作窗帘.max
视频教学	视频文件\Chapter 10\案例实战——VRayMtl材质和多维/子对象材质制作窗帘.flv
难易指数	★★★★☆
技术掌握	掌握VRayMtl材质、多维/子对象材质的运用

实例介绍

窗帘是用布、竹、苇、麻、纱、塑料、金属材料等制作的遮蔽或调节室内光照的挂在窗上的帘子。随着窗帘的发展，它已成为居室不可缺少的、功能性和装饰性完美结合的室内装饰品。窗帘种类繁多，包括布窗帘、纱窗帘、无缝纱帘、遮光窗帘、隔音窗帘、直立帘、罗马帘、木竹帘、铝百叶、卷帘、窗纱、立式移帘。在这个室内空间中，主要讲解了使用VRayMtl材质制作遮光窗帘和使用多维/子对象材质制作透光窗帘的材质，最终渲染的效果如图10-143所示。

图10-143

其基本属性主要有以下两点：
- 带有花纹。
- 很小的凹凸效果。

制作步骤

【遮光窗帘】材质的制作

01 打开本书配套光盘中的【场景文件/Chapter10/11.max】文件，此时场景效果如图10-144所示。

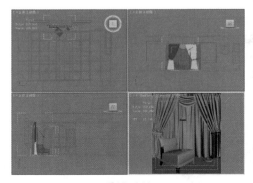

图10-144

02 按【M】键打开【材质编辑器】对话框，选择第1个材质球，单击 Standard 按钮，在弹出的【材质/贴图浏览器】对话框中选择【VRayMtl】材质，如图10-145所示。

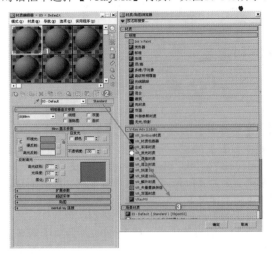

图10-145

03 将材质命名为【遮光窗帘】，然后设置其具体的参数，如图10-146所示。

图10-146

在【漫反射】选项组下后面的通道上加载【衰减】程序贴图，并调节其颜色为红色（红：140，绿：0，蓝：0）和粉色（红：223，绿：166，蓝：163），在第1个颜色通道上加载【1214228249_96155-ilonka.jpg】贴图，设置【衰减类型】为【垂直/平行】。在【反射】选项组下调节颜色为褐色（红：64，绿：55，蓝：50），设置【反射光泽度】为0.48、【细分】为8。

04 展开【贴图】卷展栏，在【凹凸】后面的通道上加载【窗帘凹凸.jpg】贴图文件，最后设置【凹凸】为44，然后设置【瓷砖】的【U】和【V】都为6，如图10-147所示。

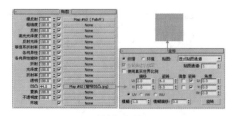

图10-147

05 将调节好的【遮光窗帘】材质赋给场景中的遮光窗帘的模型，如图10-148所示。

图10-148

【透光窗帘】材质的制作

01　选择一个空白材质球，然后将【材质类型】设置为【多维/子对象】材质，接着将材质命名为【透光窗帘】，然后设置其具体的参数，如图10-149所示。

图10-149

展开【多维/子对象基本参数】卷展栏，并设置【设置数量】为2，然后在ID1、ID2通道上分别加载【VRayMtl】材质。

02　单击进入ID1的通道，并进行详细的调节，具体的调节参数如图10-150和图10-151所示。

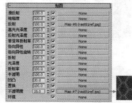

图10-150　　　　　图10-151

在【漫反射】选项组下调节颜色为浅黄色（红：245，绿：239，蓝：226）。在【反射】选项组下后面的通道上加载【rast81ref.jpg】贴图文件，选中【菲涅耳反射】复选框，设置【高光光泽度】为0.86、【反射光泽度】为0.76、【细

分】为18。展开【贴图】卷展栏，设置【不透明度】为35，并且在其通道上加载【rast81ref.jpg】贴图文件。

03　单击进入ID2的通道，并进行详细的调节，具体的调节参数如图10-152所示。

图10-152

在【漫反射】选项组下调节颜色为浅黄色（红：245，绿：239，蓝：226）。在【反射】选项组下后面的通道上加载【衰减】程序贴图，设置【衰减类型】为【Fresnel】，选中【菲涅耳反射】复选框，设置【高光光泽度】为0.86，【反射光泽度】为0.87、【细分】为18。

04　将调节好的【透光窗帘】材质赋给场景中的透光窗帘的模型，接着制作出剩余部分模型的材质，最终场景效果如图10-153和图10-154所示。

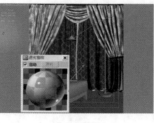

图10-153 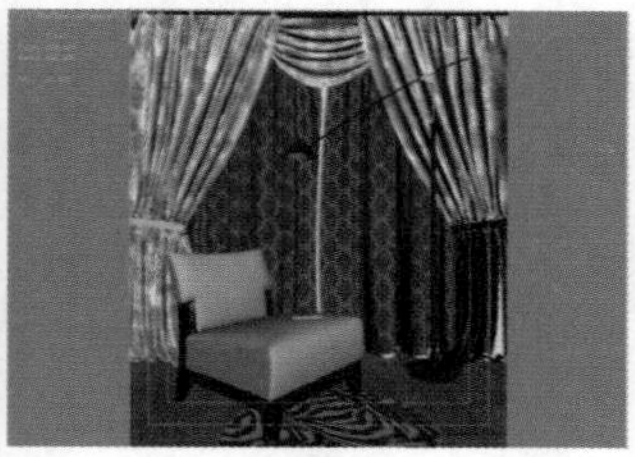　　　　　图10-154

05　最终的渲染效果如图10-155所示。

图10-155

10.5.4　VR灯光材质

🔵 技术速查：VR灯光材质是一种特殊的材质类型，可以模拟制作出物体发光发亮的效果，常用来制作霓虹灯、灯带等。如图10-156所示为使用VR灯光材质制作的材质效果。

图10-156

当设置渲染器为VRay渲染器后，在【材质/贴图浏览器】对话框中可以找到【VR灯光材质】，其参数设置面板如图10-157所示。

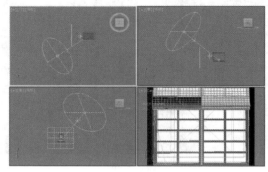

图10-157

- ⊙ 颜色：设置对象自发光的颜色，后面的数值框用于设置自发光的强度。

- ⊙ 不透明度：可以在后面的通道中加载贴图。

- ⊙ 背面发光：选中该复选框后，物体会双面发光。

- ⊙ 补偿摄影机曝光：控制相机曝光补偿的数值。

- ⊙ 按不透明度倍增颜色：选中该复选框，将按照控制不透明度与颜色相乘。

- ⊙ 置换：控制置换的参数。

- ⊙ 直接照明：控制间接照明的参数，包括开启、细分和中止。

★ 案例实战——VR灯光材质制作室外背景

场景文件	12.max
案例文件	案例文件\Chapter 10\案例实战——VR灯光材质制作室外背景.max
视频教学	视频文件\Chapter 10\案例实战——VR灯光材质制作室外背景.flv
难易指数	★★☆☆☆
技术掌握	掌握VR灯光材质制作室外背景

实例介绍

室外的背景环境是场景中很重要的一个部分，可以通过调节VR灯光的参数调整背景的亮度。在这个场景中，主要讲解利用VR灯光材质制作室外背景，最终渲染效果如图10-158所示。

图10-158

其基本属性主要有一点，即自发光效果。

制作步骤

01 打开本书配套光盘中的【场景文件/Chapter10/12.max】文件，如图10-159所示。

02 按【M】键打开【材质编辑器】对话框，然后选择一个空白材质球，并将材质球类型设置为【VR灯光材质】，然后命名为【03-Defaultq】，具体参数设置如图10-160所示。

展开【参数】卷展栏，在【颜色】后面的数值框中设置数值为4，并在后面的通道上加载【环境.jpg】贴图文件。展开【坐标】卷展栏，选中【使用真实世界比例】复选框。

图10-159

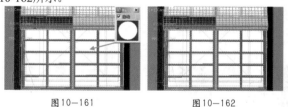

图10-160

03 将制作好的材质赋予场景中的模型，如图10-161所示。

04 将剩余的材质制作完成，并赋给相应的物体，如图10-162所示。

图10-161　　　　图10-162

05 最终渲染效果如图10-163所示。

图10-163

10.5.5　VR覆盖材质

⊙ 技术速查：VR覆盖材质可以让用户更广泛地去控制场景的色彩融合、反射、折射等。

VR覆盖材质主要包括5种材质，分别是基本材质、全局照明材质、反射材质、折射材质和阴影材质，其参数面板如图10-164所示。

图10-164

⊙ 基本材质：是物体的基础材质。

⊙ 全局照明材质：是物体的全局光材质，当使用这个参数

时，灯光的反弹将依照这个材质的灰度来进行控制，而不是基础材质。

⊙ 反射材质：物体的反射材质，即在反射里看到的物体的材质。

⊙ 折射材质：物体的折射材质，即在折射里看到的物体的材质。

⊙ 阴影材质：基本材质的阴影将用该参数中的材质来进行控制，而基本材质的阴影将无效。

10.5.6　VR混合材质

⊙ 技术速查：VR混合材质可以让多个材质以层的方式混合来模拟物理世界中的复杂材质。

VR混合材质和3ds Max里的混合材质的效果比较类似，但是其渲染速度比3ds Max快很多，其参数面板如图10-165所示。

⊙ 基本材质：可以理解为最基层的材质。

⊙ 镀膜材质：表面材质，可以理解为基本材质上面的材质。

图10-165

⊙ 混合数量：表示镀膜材质混合多少到基本材质上面，如果颜色给白色，那么这个镀膜材质将全部混合上去，而下面的基本材质将不起作用；如果颜色给黑色，那么这个镀膜材质自身就没什么效果。混合数量也可以由后面的贴图通道来代替。

★ 案例实战——VR混合材质制作酒瓶

场景文件	13.max
案例文件	案例文件\Chapter 10\案例实战——VR混合材质制作酒瓶.max
视频教学	视频文件\Chapter 10\案例实战——VR混合材质制作酒瓶.flv
难易指数	★★★★☆
技术掌握	掌握VR混合材质、VRayMtl材质的应用

实例介绍

酒瓶是用来装酒的容器，主要由玻璃、金属、标签构成。在这个场景中，主要讲解利用VR混合材质制作酒瓶。最终渲染效果如图10-166所示。

图10-166

其基本属性主要有以下3点：

⊙ 由多种材质组成。

⊙ 玻璃带有反射和折射。

⊙ 金属带有反射。

制作步骤

01 打开本书配套光盘中的【场景文件/Chapter10/13.max】文件，如图10-167所示。

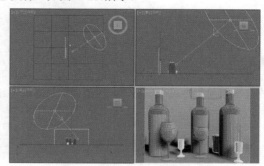

图10-167

02 按【M】键打开【材质编辑器】对话框，然后选择一个空白材质球，在弹出的【材质/贴图浏览器】对话框中设置为【多维/子对象】材质，然后命名为【vodka1-5】，如图10-168所示。

图10-168

03 展开【多维/子对象基本参数】卷展栏，设置【设置数量】为4，在前3个通道上加载VRayMtl瓷砖，如图10-169所示。

图10-169

04 单击进入ID1通道，并调节其材质，调节的具体参数如图10-170所示。

在【漫反射】选项组下调节颜色为深灰色（红：3，绿：3，蓝：3）。在【反射】选项组下调节颜色为灰色（红：25，绿：25，蓝：25），在【折射】后面的通道上加载【渐变坡度】程序贴图，设置【折射率】为1.517，展开

【坐标】卷展栏，设置【贴图】类型为【对象XYZ平面】，展开【渐变坡度参数】卷展栏，设置3个色块为【橙色到白色渐变色】。在【折射】选项组的【光泽度】后面的通道上加载【渐变坡度】程序贴图，展开【坐标】卷展栏，设置【贴图】类型为【对象XYZ】，展开【渐变坡度参数】卷展栏，设置4个色块为【浅灰色到白色渐变色】。

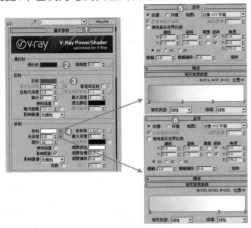

图10-170

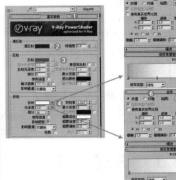

图10-173　　　　　　　图10-174

05 单击进入ID2通道中，并调节其材质，调节的具体参数如图10-171所示。

在【漫反射】选项组下调节颜色为浅灰色（红：200，绿：200，蓝：200），在【反射】选项组下调节颜色为白色（红：250，绿：250，蓝：250），选中【菲涅耳反射】复选框，在【折射】选项组下调节颜色为浅灰色（红：230，绿：230，蓝：230），设置【折射率】为1.36。

06 单击进入ID3通道中，并调节其材质，调节的具体参数如图10-172所示。

图10-171　　　　　　图10-172

在【漫反射】选项组下调节颜色为浅灰色（红：141，绿：141，蓝：141），在【反射】选项组下调节颜色为浅灰色（红：144，绿：144，蓝：144），设置【反射光泽度】为0.85、【细分】为20。

07 单击进入ID4的通道，在其后面的通道上加载【VR混合材质】，命名为【4】，调节具体参数如图10-173和图10-174所示。

展开【参数】卷展栏，在【基本材质】后面的通道上加载【VRayMtl】材质。

在【漫反射】选项组下调节颜色为深灰色（红：3，绿：3，蓝：3）。在【反射】选项组下调节颜色为深灰色（红：25，绿：25，蓝：25），在【折射】后面的通道上加载【渐变坡度】程序贴图，设置【折射率】为1.517，展开【坐标】卷展栏，设置【贴图】类型为【对象ZYZ平面】，展开【渐变坡度参数】卷展栏，设置3个色块为【橙色到白色渐变色】；在【光泽度】后面的通道上加载【渐变坡度】程序贴图，展开【坐标】卷展栏，设置贴图类型为【对象ZYZ平面】，展开【渐变坡度参数】卷展栏，设置4个色块为【浅灰色到白色渐变色】。

08 单击进入【镀膜材质】选项组下【1】的通道，在其后面的通道上加载【VR双面】材质，在正面材质后面的通道上加载【VRayMtl】材质，如图10-175、图10-176和图10-177所示。

图10-175　　　　　图10-176　　　　　图10-177

在【漫反射】选项组下调节颜色为浅灰色（红：250，绿：250，蓝：250），在【反射】选项组下调节颜色为深灰色（红：10，绿：10，蓝：10），设置【反射光泽度】为0.7。

09 将制作完毕的材质赋给场景中的模型，如图10-178所示。

10 将剩余的材质制作完成，并赋给相应的物体，如图10-179所示。

图10-178　　　　　　图10-179

11 最终渲染效果如图10-180所示。

图10-180

10.5.7 顶/底材质

◉ 技术速查：顶/底材质可以为对象的顶部和底部指定两个不同的材质，常用来制作带有上下两种不同效果的材质。

顶/底材质的工作原理非常简单，如图10-181所示。

顶/底材质的参数设置面板如图10-182所示。

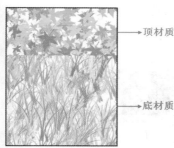

图10-181　　　　　　图10-182

◉ 顶材质/底材质：设置顶部与底部材质。

◉ 交换：交换顶材质与底材质的位置。

◉ 世界：按照场景的世界坐标让各个面朝上或朝下。旋转对象时，顶面和底面之间的边界仍然保持不变。

◉ 局部：按照场景的局部坐标让各个面朝上或朝下。旋转对象时，材质将随着对象旋转。

◉ 混合：混合顶部子材质和底部子材质之间的边缘。

◉ 位置：设置两种材质在对象上划分的位置。

如图10-183所示为使用顶/底材质制作的效果。

图10-183

★ **案例实战——顶/底材质制作雪材质**

场景文件	14.max
案例文件	案例文件\Chapter 10\案例实战——顶/底材质制作雪材质.max
视频教学	视频文件\Chapter 10\案例实战——顶/底材质制作雪材质.flv
难易指数	★★★☆☆
技术掌握	掌握顶/底材质、标准材质制作雪材质

实例介绍

雪，白色、表面带有凹凸效果。在这个场景中，主要讲解利用顶/底材质制作雪材质，最终渲染效果如图10-184所示。

图10-184

本例的雪材质模拟效果如图10-185所示。其基本属性主要有以下两点：

◉ 材质分为顶和底两部分。

◉ 带有一定的凹凸。

图10-185

制作步骤

01 打开本书配套光盘中的【场景文件/Chapter10/14.max】文件，如图10-186所示。

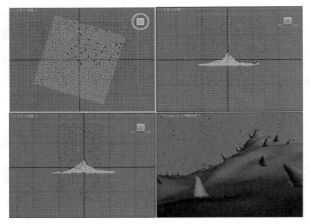

图10-186

02 按【M】键打开【材质编辑器】对话框，选择第1个材质球，单击 Standard 按钮，在弹出的【材质/贴图浏览器】对话框中选择【顶/底】材质，如图10-187所示。

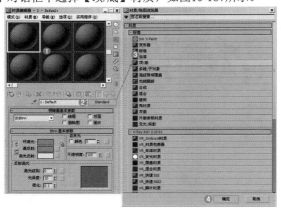

图10-187

03 将材质命名为【Mountain】，展开【顶/底基本参数】卷展栏，分别在【顶材质】和【底材质】后面的通道上加载材质，并设置【混合】为10、【位置】为88，如图10-188所示。

图10-188

04 单击进入【顶材质】的通道中，并调节【雪材质】材质，调节的具体参数如图10-189所示。

在【Blinn基本参数】卷展栏下，调节【漫反射】颜色为白色（红：255，绿：255，蓝：255）。在【贴图】卷展栏下，选中【凹凸】复选框，设置数量为50，在【凹凸】后面的通道上加载【噪波】程序贴图。单击进入【凹凸】的通道中，在【噪波参数】卷展栏下设置【噪波类型】为【规则】、【大小】为6。

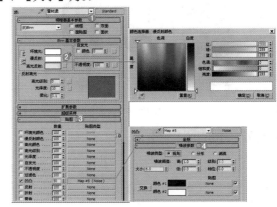

图10-189

05 单击进入【底材质】的通道中，并调节【山石材质】材质，调节的具体参数如图10-190所示。

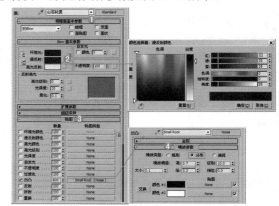

图10-190

在【Blinn基本参数】卷展栏下，调节【漫反射】颜色为深灰色（红：35，绿：35，蓝：35）。在【贴图】卷展栏，选中【凹凸】复选框，设置数量为600，并在【凹凸】后面的通道上加载【噪波】程序贴图。单击进入【凹凸】的通道中，在【噪波参数】卷展栏下设置【噪波类型】为【分形】、【大小】为0.1、【噪波阈值】的【高】和【低】分别为0.7和0.3、【级别】为10。

06 将制作好的材质赋给场景中雪山的模型，如图10-191所示。

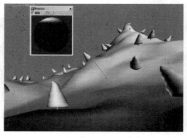

图10-191

07 最终渲染效果如图10-192所示。

图10-192

10.5.8 混合材质

● 技术速查：混合材质可以在模型的单个面上将两种材质通过一定的百分比进行混合。

混合材质的材质参数设置面板如图10-193所示。

图10-193

● 材质1/材质2：可在其后面的材质通道中对两种材质分别进行设置。

● 遮罩：可以选择一张贴图作为遮罩。利用贴图的灰度值可以决定材质1和材质2的混合情况。

● 混合量：控制两种材质混合百分比。如果使用遮罩，则该选项将不起作用。

● 交互式：用来选择哪种材质在视图中以实体着色方式显示在物体的表面。

● 混合曲线：对遮罩贴图中的黑白色过渡区进行调节。

● 使用曲线：控制是否使用混合曲线来调节混合效果。

● 上部：用于调节混合曲线的上部。

● 下部：用于调节混合曲线的下部。

图10-194

● 表面带有两种颜色。
● 表面带有衰减效果。
● 带有一定的凹凸纹理。

制作步骤

01 打开本书配套光盘中的【场景文件/Chapter10/15.max】文件，此时场景效果如图10-195所示。

★ **案例实战——混合材质制作布纹**

场景文件	15.max
案例文件	案例文件\Chapter 10\案例实战——混合材质制作布纹.max
视频教学	视频文件\Chapter 10\案例实战——混合材质制作布纹.flv
难易指数	★★★★☆
技术掌握	掌握混合材质、VRayMtl材质的应用

实例介绍

被单，床上用的纺织品之一，一般采用阔幅手感柔软、保暖性好的织物。在这个场景中，主要讲解利用混合材质制作布纹材质。最终渲染效果如图10-194所示。

其基本属性主要有以下3点：

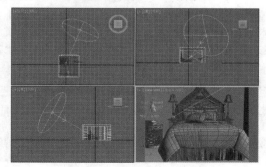

图10-195

02 按【M】键打开【材质编辑器】对话框，选择第1个材质球，单击 Standard 按钮，在弹出的【材质/贴图浏览器】对话框中选择【混合】材质，如图10-196所示。

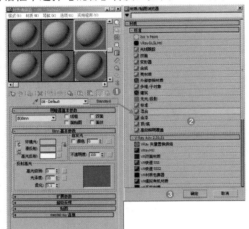

图10-196

03 将材质命名为【布纹】，下面调节其具体的参数，如图10-197所示。在【混合基本参数】卷展栏，单击进入【材质1】，命名为【Material #158】，并设置材质为【VRayMtl】。

04 在【基本参数】卷展栏下的【漫反射】后面的通道上加载【衰减】程序贴图，在第1个颜色后面的通道上加载【sa14.jpg】贴图文件，在第2个颜色后面的通道上加载【sa14.jpg】贴图文件，如图10-198所示。

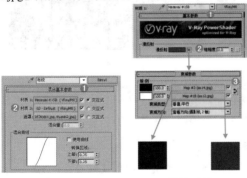

图10-197　　　　　　图10-198

05 单击进入【材质2】，命名为【02-Default】，并设置材质为【VRayMtl】。在【漫反射】后面的通道上加载【s385AAF】贴图文件，在【反射】后面的通道上加载【s385AAF】贴图文件，设置【高光光泽度】为0.5、【反射光泽度】为0.6、【细分】为50，展开【双向反射分布函数】卷展栏，设置类型为【沃德】、【各向异性】为0.7，如图10-199所示。

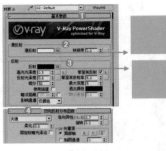
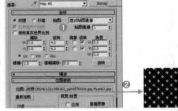

图10-199

06 单击进入【遮罩】，并在其后面的通道上加载【200421321358162_jqIX0f7KXlcd.jpg.thumb2.jpg】贴图文件，设置【瓷砖】的【U】和【V】均为4，如图10-200所示。

图10-200

07 将制作完毕的【布纹】材质赋给场景中的模型，如图10-201所示。

08 将剩余的材质制作完成，并赋给相应的物体，如图10-202所示。

图10-201　　　　　　图10-202

09 最终渲染效果如图10-203所示。

图10-203

10.5.9 双面材质

⊙ 技术速查：双面材质可以使对象的外表面和内表面同时被渲染，并且可以使内外表面有不同的纹理贴图。

使用双面材质可以模拟物体的双面效果，如扑克牌等，如图10-204所示。

图10-204

双面材质的参数设置面板如图10-205所示。

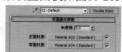

图10-205

⊖ 半透明：用来设置正面材质和背面材质的混合程度。值

为0时，正面材质在外表面，背面材质在内表面；值在0～100之间时，两面材质可以相互混合；值为100时，背面材质在外表面，正面材质在内表面。

⊖ 正面材质：用来设置物体外表面的材质。

⊖ 背面材质：用来设置物体内表面的材质。

10.5.10　VR材质包裹器

⊖ 技术速查：　VR材质包裹器主要用来控制材质的全局光照、焦散和物体的不可见等特殊属性。通过材质包裹器的设定，就可以控制所有赋有该材质物体的全局光照、焦散和不可见等属性。

VR材质包裹器的参数面板如图10-206所示。

⊖ 基本材质：用来设置VR材质包裹器中使用的基础材质参数，此材质必须是VRay渲染器支持的材质类型。

⊖ 附加曲面属性：这里的参数主要用来控制赋有材质包裹器物体的接受、产生GI属性以及接受、产生焦散属性。

图10-206

• 生成全局照明：控制当前赋予材质包裹器的物体是否计算GI光照的产生，后面的数值框用来控制GI的倍增数量。

• 接收全局照明：控制当前赋予材质包裹器的物体是否计算GI光照的接受，后面的数值框用来控制GI的倍增数量。

• 生成焦散：控制当前赋予材质包裹器的物体是否产生焦散。

• 接收焦散：控制当前赋予材质包裹器的物体是否接受焦散，后面的数值框用于控制当前赋予材质包裹器的物体的焦散倍增值。

⊖ 无光属性：目前VRay还没有独立的不可见/阴影材质，但VR材质包裹器里的这个不可见选项可以模拟不可见/阴影材质效果。

• 无光曲面：控制当前赋予材质包裹器的物体是否可见，选中该复选框后，物体将不可见。

• Alpha基值：控制当前赋予材质包裹器的物体在Alpha通道的状态。1表示物体产生Alpha通道；0表示物体不产生Alpha通道；－1表示会影响其他物体的Alpha通道。

• 无光反射/折射：该选项需要在选中【无光曲面】复选框后才可以使用。

• 阴影：控制当前赋予材质包裹器的物体是否产生阴影效果。选中该复选框后，物体将产生阴影。

• 影响Alpha：选中该复选框后，渲染出来的阴影将带Alpha通道。

• 颜色：用来设置赋予材质包裹器的物体产生的阴影颜色。

• 亮度：控制阴影的亮度。

• 反射量：控制当前赋予材质包裹器的物体的反射数量。

• 折射量：控制当前赋予材质包裹器的物体的折射数量。

• 全局照明量：控制当前赋予材质包裹器的物体的间接照明总量。

• 在其他无光面禁用全局照明：该选项用来控制是否在无光面禁止使用全局照明。

⊖ 全局照明曲面ID：用来设置全局照明的曲面ID。

10.5.11　多维/子对象材质

⊖ 技术速查：多维子/对象材质可以采用几何体的子对象级别分配不同的材质。

多维/子对象材质的参数面板如图10-207所示。

图10-207

10.5.12 VR快速SSS2

技术速查：VR快速SSS2是用来计算次表面散射效果的材质，这是一个内部计算简化了的材质，它比用VRayMtl材质里的半透明参数的渲染速度更快。

VR快速SSS2材质的参数面板如图10-208所示。

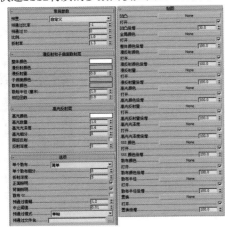

图10-208

常规参数：控制该材质的综合参数，如预设、预处理等。

漫反射和子曲面散射层：控制该材质的基本参数，如主体颜色、漫反射颜色等。

高光反射层：控制该材质的关于高光的参数。

选项：控制该材质的散射、折射等参数。

贴图：可以在该卷展栏下的通道上加载贴图。

如图10-209所示为使用VR快速SSS2材质制作的效果。

图10-209

10.5.13 虫漆材质

虫漆材质可以通过叠加将两种材质混合。叠加材质中的颜色称为虫漆材质，被添加到基础材质的颜色中。虫漆参数控制颜色混合的量。其参数面板如图10-210所示。

基础材质：单击可选择或编辑基础材质。默认情况下，基础材质是带有 Blinn 明暗处理的标准材质。

虫漆材质：单击可选择或编辑虫漆材质。默认情况下，虫漆材质是带有 Blinn 明暗处理的标准材质。

图10-210

虫漆颜色混合：控制颜色混合的量。值为0时，虫漆材质没有效果。增加虫漆颜色混合值将增加混合到基础材质颜色中的虫漆材质颜色量。该参数没有上限，较大的值将使虫漆材质颜色过饱和。

10.6 初识贴图

10.6.1 什么是贴图

技术速查：在3ds Max制作效果图的过程中，常会需要制作很多种贴图，如木纹、花纹、壁纸等，这些贴图可以用来呈现物体的纹理效果。贴图在3ds Max制作效果图中应用非常广泛，合理的应用贴图技术可以制作出真实的贴图，使得材质质感更加突出。

如图10-211所示为未使用贴图和使用贴图的对比效果。

图10-211

10.6.2　贴图与材质的区别

贴图和材质是密不可分的，虽然是不同的概念，但却息息相关。

贴图是在某一个材质中的【漫反射】通道上用了哪些贴图，如位图、噪波、衰减、平铺等，或是【凹凸】通道上用了哪些贴图。材质在3ds Max中代表某个物体应用了什么类型的质地，如标准材质、VRayMtl、混合材质等。

可以通俗地理解为材质的级别要比贴图大，也就是说先有材质，才会出现贴图。例如，我们设置一个木纹材质，需要首先设置材质类型为【VRayMtl】，并设置其反射等参数，最后在【漫反射】通道上加载位图贴图，如图10-211所示。

因此可以得到一个概念：贴图需要在材质下面的某一个通道上加载。

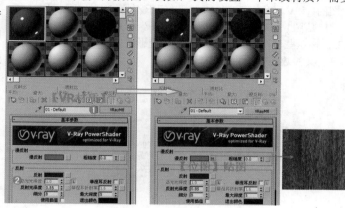

图10-212

10.6.3　贴图的设置思路

贴图的设置思路相对材质要简单一些，具体的设置思路如下：

01 在确认设置哪种材质，并设置完成材质类型的情况下，考虑【漫反射】通道是否需要加载贴图。

02 考虑【反射】、【折射】等通道是否需要加载贴图，常用的如衰减、位图等。

03 考虑【凹凸】通道上是否需要加载贴图，常用的如位图、噪波、凹痕等。

10.6.4　贴图面板

对于2D和3D贴图，此列中的单元显示贴图通道值，可以编辑此列中的单元，方法是：单击一个单元，然后将其拖过相应的值，此值高亮显示时，可以输入新的贴图通道值，也可以单击此单元中显示的微调器箭头来更改贴图通道值。贴图通道面板如图10-213所示。

当需要为模型制作凹凸纹理效果时，可以在【凹凸】通道上添加贴图。如图10-214所示为平静水面材质的制作。如图10-215所示为波纹水面材质的制作。

  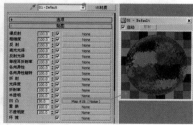

图10-213　　　　　　　　图10-214　　　　　　　　图10-215

对于通道知识理解不完全，在这里是非常容易出错的。如误把【噪波】贴图加载到【漫反射】通道上，会发现制作出来的并没有凹凸效果，如图10-216所示。

图10-216

10.6.5　UVW贴图修改器

通过将贴图坐标应用于对象，UVW 贴图修改器控制在对象曲面上如何显示贴图材质和程序材质。贴图坐标指定如何将位图投影到对象上。UVW 坐标系与 XYZ 坐标系相似。位图的U和V轴对应于X和Y轴。对应于Z轴的W轴一般仅用于程序贴图。可在材质编辑器中将位图坐标系切换到 VW 或 WU，在这些情况下，位图被旋转和投影，以使其与该曲面垂直。其参数面板如图10-217所示。

图10-217

- 贴图方式：用于确定所使用的贴图坐标的类型。通过贴图在几何上投影到对象上的方式以及投影与对象表面交互的方式，来区分不同种类的贴图。其中包括平面、柱形、球形、收缩包裹、长方体、面和XYZ到UVW几种类型，效果如图10-218所示。

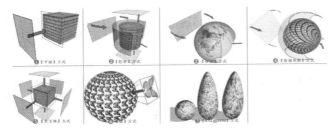

图10-218

- 长度、宽度、高度：指定【UVW 贴图】Gizmo 的尺寸。在应用修改器时，贴图图标的默认缩放由对象的最大尺寸定义。
- U向平铺、V向平铺、W向平铺：用于指定 UVW 贴图的尺寸以便平铺图像。这些是浮点值，可设置动画以便随时间移动贴图的平铺。
- 翻转：绕给定轴反转图像。
- 真实世界贴图大小：启用后，对应用于对象上的纹理贴图材质使用真实世界贴图。
- 贴图通道：设置贴图通道。
- 顶点颜色通道：通过选中此单选按钮，可将通道定义为顶点颜色通道。

- X/Y/Z：选择其中之一，可翻转贴图 Gizmo 的对齐。每项指定 Gizmo 的哪个轴与对象的局部 Z 轴对齐。
- 操纵：启用时，Gizmo 出现在能让用户改变视口中的参数的对象上。
- 适配：将 Gizmo 适配到对象的范围并使其居中，以使其锁定到对象的范围。
- 中心：移动 Gizmo，使其中心与对象的中心一致。
- 位图适配：显示标准的位图文件浏览器，可以拾取图像。在选中【真实世界贴图大小】复选框时不可用。
- 法线对齐：单击并在要应用修改器的对象曲面上拖动。
- 视图对齐：将贴图 Gizmo 重定向为面向活动视口，图标大小不变。
- 区域适配：激活一个模式，从中可在视口中拖动以定义贴图 Gizmo 的区域。
- 重置：删除控制 Gizmo 的当前控制器，并插入使用【拟合】功能初始化的新控制器。
- 获取：在拾取对象以从中获得 UVW 时，从其他对象有效复制 UVW 坐标，一个对话框会提示选择是以绝对方式还是相对方式完成获得。
- 不显示接缝：视口中不显示贴图边界，这是默认选择。
- 显示薄的接缝：使用相对细的线条，在视口中显示对象曲面上的贴图边界。
- 显示厚的接缝：使用相对粗的线条，在视口中显示对象曲面上的贴图边界。

通过变换UVW贴图Gizmo可以产生不同的贴图效果，如图10-219所示。

图10-219

未添加【UVW贴图】修改器和正确添加【UVW贴图】修改器的对比效果如图10-220所示。

有时材质和贴图设置完成后，会遇到一个问题，那就是贴图贴到物体上后感觉很奇怪，可能会出现拉伸等错误现象，如图10-221所示。

出现上面问题的原因就是贴图的方式出现了错误，此时只需要为模型加载【UVW贴图】修改器并选择正确的方式即可恢复正常，如图10-222所示。

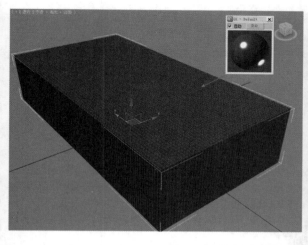
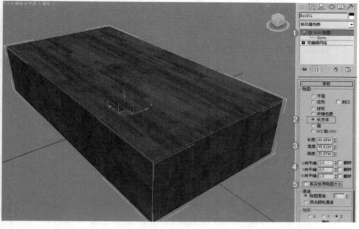

图10-220

图10-221

图10-222

10.7 常用贴图类型

展开【贴图】卷展栏,这里有很多贴图通道,在这些通道中可以添加贴图来表现物体的属性,如图10-223所示。

随意单击一个通道,在弹出的【材质/贴图浏览器】对话框中可以观察到很多贴图类型,主要包括2D贴图、3D贴图、合成器贴图、颜色修改器贴图及其他贴图。【材质/贴图浏览器】对话框如图10-224所示。

- 位图:通常在这里加载位图贴图。
- 合成:将多个贴图组合在一起。
- 大理石:产生岩石断层效果。
- 棋盘格:产生黑白交错的棋盘格图案。
- 渐变:使用3种颜色创建渐变图像。
- 渐变坡度:可以产生多色渐变效果。
- 漩涡:可以创建两种颜色的漩涡形图形。
- 细胞:可以模拟细胞形状的图案。

图10-223

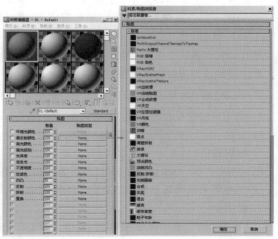

图10-224

- 凹痕：可以作为凹凸贴图，产生一种风化和腐蚀的效果。
- 衰减：产生两色过渡效果。
- 噪波：通过两种颜色或贴图的随机混合，产生一种无序的杂点效果。
- 粒子年龄：专用于粒子系统，通常用来制作彩色粒子流动的效果。
- 粒子运动模糊：根据粒子速度产生模糊效果。
- Prelim大理石：通过两种颜色混合，产生类似于珍珠岩纹理的效果。
- 行星：产生类似于地球的效果。
- 烟雾：产生丝状、雾状或絮状等无序的纹理效果。
- 斑点：产生两色杂斑纹理效果。
- 泼溅：产生类似于油彩飞溅的效果。
- 灰泥：用于制作腐蚀生锈的金属和物体破败的效果。
- 波浪：可创建波状的、类似于水纹的贴图效果。
- 木材：用于制作木头效果。
- 合成：可以将两个或两个以上的子材质叠加在一起。
- 遮罩：使用一张贴图作为遮罩。
- 混合：将两种贴图混合在一起，通常用来制作一些多个材质渐变融合或覆盖的效果。
- RGB相乘：主要配合凹凸贴图一起使用，允许将两种颜色或贴图的颜色进行相乘处理，从而增加图像的对比度。
- 输出：专门用来弥补某些无输出设置的贴图类型。
- 颜色修正：可以调节材质的色调、饱和度、亮度和对比度。
- RGB染色：通过3个颜色通道来调整贴图的色调。
- 顶点颜色：根据材质或原始顶点颜色来调整RGB或RGBA纹理。
- 每像素的摄影机贴图：将渲染后的图像作为物体的纹理贴图，以当前摄影机的方向贴在物体上，可以进行快速渲染。
- 平面镜：使共平面的表面产生类似于镜面反射的效果。
- 法线凹凸：可以改变曲面上的细节和外观。
- 光线跟踪：可模拟真实的完全反射与折射效果。
- 反射/折射：可产生反射与折射效果。
- 薄壁折射：配合折射贴图一起使用，能产生透镜变形的折射效果。
- VRayHDRI：VRayHDRI可以翻译为高动态范围贴图，主要用来设置场景的环境贴图，即把HDRI当作光源来使用。
- VR边纹理：是一种非常简单的材质，效果和3ds Max里的线框材质类似。

- VR合成纹理：可以通过两个通道里贴图色度、灰度的不同来进行减、乘、除等操作。
- VR天空：可以调节出场景背景环境天空的贴图效果。
- VR位图过滤器：是一个非常简单的程序贴图，它可以编辑贴图纹理的X、Y轴向。
- VR污垢：贴图可以用来模拟真实物理世界中的物体上的污垢效果。
- VR颜色：可以用来设定任何颜色。
- VR贴图：因为VRay不支持3ds Max里的光线追踪贴图类型，所以在使用3ds Max标准材质时的反射和折射就用VR贴图来代替。

答疑解惑：位图和程序贴图的区别是什么？

3ds max材质编辑器包括两类贴图，即位图和程序贴图，两者有着一定的区别。

- 位图：位图相当于照片，单个图像由水平和垂直方向的像素组成。图像的像素越多，它就变得越大。因此尺寸较小的位图用在对象上时，不要离摄像机太近，可能会造成渲染效果差。但是，较大的位图需要更多的内存，因此渲染时会花费更长的时间。
- 程序贴图：原理是利用简单或复杂的数学方程进行运算形成贴图。使用程序贴图的优点是，当对它们放大时，不会降低分辨率，可以看到更多的细节。

★ 本节知识导读

工具名称	工具用途	掌握级别
位图	为材质添加图片贴图，是贴图中最常用的类型	★★★★★
衰减	制作衰减的效果，如绒布、金属	★★★★★
噪波	制作类似噪波的凹凸效果，如水面、沙发纹理	★★★★☆
平铺	制作平铺的贴图效果，如瓷砖、大理石墙面	★★★★☆
VR天空	制作蓝色的天空	★★★★☆
棋盘格	制作两种颜色相间的贴图，如马赛克	★★★★☆
渐变	制作颜色的渐变效果	★★★★☆
混合	制作两种贴图混合到一起的效果，如花纹	★★★★☆
渐变坡度	制作多种颜色的渐变效果	★★★☆☆
VRayHDRI	制作HDRI的真实环境效果，如模拟环境	★★★☆☆
输出	使用输出贴图，可以将输出设置应用于没有这些设置的程序贴图，如棋盘格或大理石	★★★☆☆
VR边纹理	制作物体的线框效果，常用来起到测试模型的作用	★★★☆☆
VR污垢	制作物体表面的污垢效果，如青铜器、旧金属	★★☆☆☆
细胞	制作物体表面的凹凸效果，如墙面质感漆	★★☆☆☆
遮罩	使用遮罩贴图通过一种材质查看另一种材质	★★☆☆☆

读书笔记

10.7.1 【位图】贴图

- 技术速查：位图是由彩色像素的固定矩阵生成的图像，如马赛克，是最常用的贴图，可以添加图片。可以使用一张位图图像来作为贴图，【位图】贴图支持很多种格式，包括FLC、AVI、BMP、GIF、JPEG、PNG、PSD和TIFF等主流图像格式。

如图10-225所示为效果图制作中经常使用到的几种【位图】贴图。

位图的参数面板如图10-226所示。

- 偏移：用来控制贴图的偏移效果，如图10-227所示。

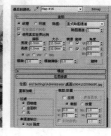

图10-225　　　　　　　　　　图10-226

图10-227

- 大小：用来控制贴图平铺重复的程度，如图10-228所示。

图10-228

- 角度：用来控制贴图的角度旋转效果，如图10-229所示。

图10-229

- 模糊：用来控制贴图的模糊程度，数值越大，贴图越模糊，渲染速度越快。

- 剪裁/放置：在【位图参数】卷展栏下选中【应用】复选框，然后单击后面的 查看图像 按钮，接着在弹出的对话框中可以框选出一个区域，该区域表示贴图只应用框选的这部分区域，如图10-230所示。

位图的输出参数面板如图10-231所示。

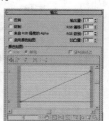

图10-230　　　　　　　　　图10-231

- 反转：反转贴图的色调，使之类似于彩色照片的底片。

- 输出量：控制要混合为合成材质的贴图数量。对贴图中的饱和度和Alpha值产生影响。

- 钳制：选中该复选框之后，此参数限制比1.0小的颜色值。

- RGB偏移：根据微调器所设置的量增加贴图颜色的RGB值，此项对色调的值产生影响。

- 来自RGB强度的Alpha：选中该复选框后，会根据在贴图中RGB通道的强度生成一个Alpha通道。

- RGB级别：根据微调器所设置的量使贴图颜色的RGB值加倍，此项对颜色的饱和度产生影响。

- 启用颜色贴图：选中该复选框来使用颜色贴图。

- 凹凸量：调整凹凸的量。这个值仅在贴图用于凹凸贴图时产生效果。

- RGB/单色：将贴图曲线分别指定给每个RGB过滤通道（RGB）或合成通道（单色）。

- 复制曲线点：选中该复选框后，当切换到RGB图时，将复制添加到单色图的点。

10.7.2 【不透明度】贴图

- 技术速查：【不透明度】贴图通道主要用于控制材质的透明属性，并根据黑白贴图（黑透白不透原理）来计算具体的透明、半透明、不透明效果。

如图10-232所示为使用【不透明度】贴图的方法制作场景的步骤图。

图10-232

技术专题——【不透明度】贴图的原理

　　【不透明度】贴图通道，利用图像的明暗度在物体表面产生透明效果，纯黑色的区域完全透明，纯白色的区域完全不透明，这是一种非常重要的贴图方式，如果配合漫反射颜色贴图，可以产生镂空的纹理，这种技巧常被用来制作一些遮挡物体。例如，将一个人物的彩色图转化为黑白剪影图，将彩色图作用漫反射颜色通道贴图，而剪影图用作不透明度贴图，在三维空间中将它指定给一个薄片物体，从而产生一个立体的镂空的人像，将其放置于室内外建筑的地面上，可以产生真实的反射与投影效果，这种方法在建筑效果图中应用非常广泛，如图10-233所示。

图10-233

　　下面详细讲解使用【不透明度】贴图制作树叶的流程：

　　01 在场景中创建一个平面，如图10-234所示。

　　02 打开【材质编辑器】对话框，然后设置材质类型为标准材质，接着在【贴图】卷展栏下的【漫反射颜色】贴图通道中加载一张树叶的彩色贴图，最后在【不透明度】贴图通道中加载一张树叶的黑白贴图，如图10-235所示。

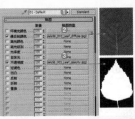

图10-234　　　　　　　　　图10-235

　　03 将制作好的材质赋予平面，如图10-236所示。

　　04 将制作好的树叶进行复制，如图10-237所示。

图10-236　　　　　　　　　图10-237

　　05 最终渲染效果如图10-238所示。

图10-238

10.7.3 【凹凸】贴图

　　为了模拟的材质更加真实，很多时候需要为材质设置凹凸效果，可以展开【贴图】卷展栏，并在【凹凸】通道上加载贴图。在【凹凸】通道上加载【噪波】程序贴图，可以用来模拟水的凹凸效果，如图10-239所示，渲染效果如图10-240所示。在【凹凸】通道上加载一张黑白的位图，可以用来模拟饼干的凹凸效果，如图10-241所示，渲染效果如图10-242所示。

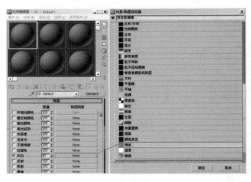

图10-239

图10-240   图10-241

图10-242

★ 案例实战——【凹凸】贴图制作墙体

场景文件	16.max
案例文件	案例文件\Chapter 10\案例实战——【凹凸】贴图制作墙体.max
视频教学	视频文件\Chapter 10\案例实战——【凹凸】贴图制作墙体.flv
难易指数	★★☆☆☆
技术掌握	掌握在【凹凸】贴图上添加位图制作凹凸纹理效果的方法

实例介绍

用砖块砌筑的墙，具有较好的承重、保温、隔热、隔声、防火、耐久等性能，为低层和多层房屋所广泛采用。砖墙可作承重墙、外围护墙和内分隔墙。在这个场景中，主要讲解利用VRayMtl材质制作墙体材质。最终渲染效果如图10-243所示。

图10-243

其基本属性主要有一点，即带有强烈的凹凸纹理。

制作步骤

01 打开本书配套光盘中的【场景文件/Chapter10/16.max】文件，此时场景效果如图10-244所示。

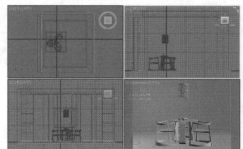

图10-244

02 按【M】键打开【材质编辑器】对话框，选择第1个材质球，单击 Standard 按钮，在弹出的【材质/贴图浏览器】对话框中选择【VRayMtl】材质，如图10-245所示。

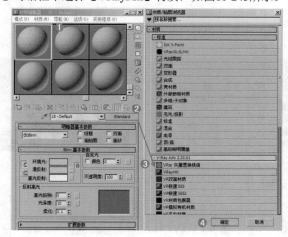

图10-245

03 将材质命名为【墙】，然后设置其具体的参数，如图10-246所示。

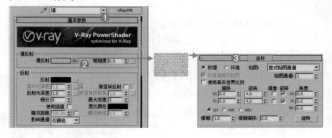

图10-246

在【漫反射】后面的通道上加载【墙.jpg】贴图文件，在【坐标】卷展栏下设置【瓷砖】的【U】和【V】均为4。

04 展开【贴图】卷展栏，并在【凹凸】后面的通道上加载【墙-黑白.jpg】贴图文件，最后设置【凹凸数量】为80，在【坐标】卷展栏下设置【瓷砖】的【U】和【V】均为4，设置【模糊】为0.8，如图10-247所示。

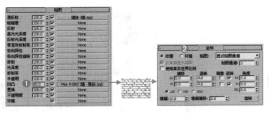

图10-247

图10-250

【模糊】数值用来控制贴图在渲染时的清晰程度，数值越小，越清晰。一般情况保持默认为1即可。

05 将制作完毕的【墙】材质赋给场景中的模型，如图10-248所示。

06 将剩余的材质制作完成，并赋给相应的物体，如图10-249所示。

图10-248

图10-249

07 最终渲染效果如图10-250所示。

 答疑解惑：凹凸和置换的区别是什么？

凹凸贴图通道是一种灰度图，用表面上灰度的变化来描述目标表面的凹凸，通过图像的明暗强度来影响材质表面的平滑程度，产生凹凸的表面效果。因此，这种贴图是黑白的，图像中的白色部分产生凸起的效果，图像中的黑色部分产生凹陷效果。不过，这种凹凸材质的凹凸部分不会产生阴影投影，在物体边界上也看不到真正的凹凸。

置换贴图通道是根据贴图图案灰度分布情况对几何表面进行置换，较浅的颜色向内凹进，较深的颜色向外凸出，置换贴图是一种真正改变物体表面的方式。

置换贴图通道与凹凸贴图通道比较，有着很大的区别。置换贴图效果更为真实，但是渲染速度非常慢。凹凸贴图效果真实度一般，但是渲染速度非常快。因此，可以根据实际情况自行选择。

10.7.4 【VRayHDRI】贴图

- 技术速查：VRayHDRI可以翻译为高动态范围贴图，主要用来设置场景的环境贴图，即把HDRI当作光源来使用。

  其参数面板如图10-251所示。

- 位图：单击后面的 浏览 按钮可以指定一张HDR贴图。

- 贴图类型：控制HDRI的贴图方式，主要分为以下5类。

- 角度：主要用于使用了对角拉伸坐标方式的HDRI。

- 立方环境：主要用于使用了立方体坐标方式的HDRI。

- 球形：主要用于使用了球形坐标方式的HDRI。

图10-251

- 球体反射：主要用于使用了镜像球形坐标方式的HDRI。

- 直接贴图通道：主要用于对单个物体指定环境贴图。

- 水平旋转：控制HDRI在水平方向的旋转角度。

- 水平翻转：让HDRI在水平方向上反转。

- 垂直旋转：控制HDRI在垂直方向的旋转角度。

- 垂直翻转：让HDRI在垂直方向上反转。

- 全局倍增：用来控制HDRI的亮度。

- 渲染倍增：设置渲染时的光强度倍增。

- 伽玛值：设置贴图的伽玛值。

- 插值：可以选择插值的方式，包括双线性、双立体、四次幂、默认。

★ **案例实战——【VRayHDRI】贴图制作真实环境**

场景文件	17.max
案例文件	案例文件\Chapter 10\案例实战——【VRayHDRI】贴图制作真实环境.max
视频教学	视频文件\Chapter 10\案例实战——【VRayHDRI】贴图制作真实环境.flv
难易指数	★★★☆☆
技术掌握	掌握【VRayHDRI】贴图制作真实环境的方法

实例介绍

真实环境效果一般表现在带有强烈反射、折射的场景，这类场景可以在物体表面形成真实的环境效果，使其材质非常逼真。在这个场景空间中，主要讲解了使用【VRayMtl】材质制作金属材质和使用【VRayHDRI】贴图制作真实环境。最终渲染的效果如图10-252所示。

图10-252

其基本属性主要有以下两点：
- 金属带有强烈的反射。
- VRayHDRI可以表现出真实的环境效果。

制作步骤

金属材质的制作

01 打开本书配套光盘中的【场景文件/Chapter 10/17.max】文件，此时场景效果如图10-253所示。

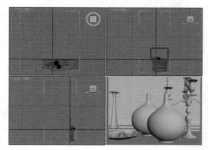

图10-253

02 按【M】键打开【材质编辑器】对话框，选择第1个材质球，单击 Standard 按钮，在弹出的【材质/贴图浏览器】对话框中选择【VRayMtl】材质，如图10-254所示。

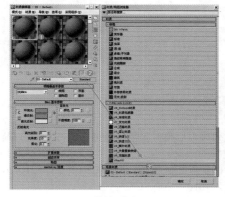

图10-254

03 将材质命名为【金属】，在【漫反射】选项组下调节颜色为灰色（红：114，绿：114，蓝：114）。接着在【反射】选项组下调节颜色为浅灰色（红：198，绿：198，蓝：198），最后设置【高光光泽度】为0.77、【反射光泽度】为0.9、【细分】为14，如图10-255所示。

04 双击查看此时的材质球效果，如图10-256所示。

图10-255　　　　图10-256

05 将调节好的【金属】材质赋给场景中的瓶子模型，如图10-257所示。

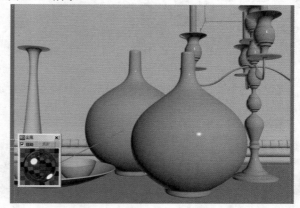

图10-257

【VRayHDRI】贴图的制作

01 按【F10】键打开【渲染设置】窗口，选择【V-Ray】选项卡，展开【V-Ray::环境】卷展栏，开启【全局照明环境(天光)覆盖】，在【全局照明环境(天光)覆盖】选项组下后边的通道上加载【VRayHDRI】程序贴图。按【M】键打开【材质编辑器】对话框，单击【全局照明环境(天光)覆盖】后面通道上的程序贴图，并将其拖曳到第2个材质球上，在弹出的【实例(副本)贴图】对话框中选中【实例】单选按钮，如图10-258所示。

图10-258

02 打开【材质编辑器】对话框，将上一步拖曳的材质命名为【HDRI环境】，单击【浏览】按钮，加载【环境.HDR】贴图文件，并设置【贴图类型】为【球形】，选中【水平翻转】复选框，如图10-259所示。

03 按【F10】键打开【渲染设置】窗口，展开【V-Ray】下的【V-Ray::环境】卷展栏，开启【反射/折射环境覆盖】，单击【全局照明环境(天光)覆盖】后面通道上的程序贴图，并将其拖曳到【反射/折射环境覆盖】后面通道上，在弹出的【实例(副本)贴图】对话框中选中【实例】单选按钮，如图10-260所示。

04 双击查看此时的材质球效果，如图10-261所示。

图10-259　　　　图10-260　　　　图10-261

05 接着制作出剩余部分模型的材质，最终场景效果如图10-262所示。

06 最终的渲染效果如图10-263所示。

图10-262　　　　　　图10-263

思维点拨：HDRI贴图的原理

High-Dynamic Range image的缩写就是HDRI。HDRI是一种亮度范围非常广的图像，它比其他格式的图像有着更大亮度的数据储存，而且它记录亮度的方式与传统的图片不同，不是用非线性的方式将亮度信息压缩到8bit或16bit的颜色空间内，而是用直接对应的方式记录亮度信息，可以说它记录了图片环境中的照明信息，因此可以使用这种图像来照亮场景。有很多HDRI文件是以全景图的形式提供的，也可以用它做环境背景来产生反射与折射，如图10-264所示。

图10-264

读书笔记

10.7.5 【VR边纹理】贴图

● **技术速查**：【VR边纹理】贴图是一个非常简单的材质，效果和3ds Max里的线框材质类似。其参数面板如图10-265所示。

● **颜色**：设置边线的颜色。

● **隐藏边**：当选中该复选框时，物体背面的边线也将被渲染出来。

● **厚度**：决定边线的厚度，主要有以下两个单位。

· **世界单位**：厚度单位为场景尺寸单位。

· **像素**：厚度单位为像素。

图10-265

★ 案例实战——【VR边纹理】贴图制作线框效果

场景文件	18.max
案例文件	案例文件\Chapter 10\案例实战——【VR边纹理】贴图制作线框效果.max
视频教学	视频文件\Chapter 10\案例实战——【VR边纹理】贴图制作线框效果.flv
难易指数	★★☆☆☆
技术掌握	掌握【VR边纹理】贴图的应用

实例介绍

线框效果可以模拟出物体表面带有线框的效果，主要用于测试模型的效果。在这个场景中，主要讲解利用【VR边纹理】贴图制作线框效果。最终渲染效果如图10-266所示。

其基本属性主要有以下两点：

● 颜色为单色。

● 边缘带有线框。

图10-266

制作步骤

01 打开本书配套光盘中的【场景文件/Chapter10/18.max】文件，如图10-267所示。

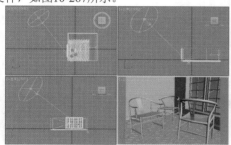

图10-267

02 按【M】键打开【材质编辑器】对话框，然后选择一个空白材质球，将其命名为【线框】，在【漫反射】通道下加载【VR边纹理】贴图，然后设置相关参数，如图10-268和图10-269所示。

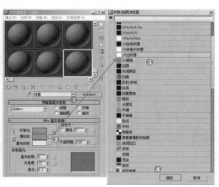

图10-268

图10-269

展开【VR边纹理参数】卷展栏，调节【颜色】为蓝色（红：87，绿：119，蓝：178），设置【像素】为0.8。

03 将制作完毕的材质赋给场景中的模型，如图10-270所示。

04 最终渲染效果如图10-271所示。

图10-270

图10-271

答疑解惑：【VR边纹理】贴图的特殊性是什么？

一般来说，在【漫反射】通道后面添加贴图后，漫反射的颜色将会失去作用，如在【漫反射】通道上加载【棋盘格】程序贴图，并设置棋盘格为红色和白色，此时会发现【漫反射】的蓝色已经失去作用，如图10-272所示。

但是有一个特例，那就是【VR边纹理】贴图。在【漫反射】通道上加载【VR边纹理】贴图后，【漫反射】的颜色仍然会起作用，并且直接控制物体本身的固有色。

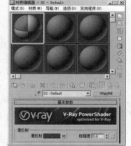

图10-272

读书笔记

10.7.6 【VR天空】贴图

○ 技术速查：【VR天空】贴图用来控制场景背景的天空贴图效果，用来模拟真实的天空效果。其参数面板如图10-273所示。

○ 指定太阳节点：当取消选中该复选框时，【VR天空】的参数将从场景中的【VR太阳】的参数里自动匹配；当选中该复选框时，用户就可以从场景中选择不同的光源，在这种情况下，【VR太阳】将不

图10-273

再控制【VR天空】的效果，【VR天空】将用它自身的参数来改变天光的效果。

- 太阳光：单击后面的按钮可以选择太阳光源，这里除了可以选择【VR太阳】之外，还可以选择其他的光源。

★ 案例实战——【VR天空】贴图制作天空

场景文件	19.max
案例文件	案例文件\Chapter 10\案例实战——【VR天空】贴图制作天空.max
视频教学	视频文件\Chapter 10\案例实战——【VR天空】贴图制作天空.flv
难易指数	★★☆☆☆
技术掌握	掌握【VR天空】贴图的应用

实例介绍

天空是室外场景中常制作的材质，主要起到背景的作用。在这个场景中，主要讲解利用【VR天空】贴图制作天空材质。最终渲染效果如图10-274所示。

图10-274

其基本属性主要有一点，即天空带有浅蓝色的渐变效果。

制作步骤

01 打开本书配套光盘中的【场景文件/Chapter10/19.max】文件，此时场景效果如图10-275所示。

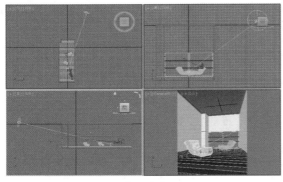

图10-275

02 按【8】键打开【环境和效果】对话框，选择【环境】选项卡，展开【公用参数】卷展栏，在【颜色】后面的通道上加载【VR天空】贴图，如图10-276所示。

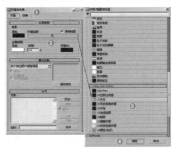

图10-276

03 按【M】键打开【材质编辑器】对话框，选择一个材质球，将环境下的【VR天空】贴图拖曳到新的材质球上，选中【实例】单选按钮，如图10-277和图10-278所示。

图10-277　　　　6图10-278

04 将制作完毕的材质赋给场景中的模型，如图10-279所示。

05 将剩余的材质制作完成，并赋给相应的物体，如图10-280所示。

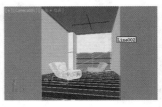

图10-279　　　　　　图10-280

06 最终渲染效果如图10-281所示。

图10-281

 读书笔记

10.7.7 【衰减】贴图

● 技术速查：【衰减】贴图基于几何体曲面上面法线的角度衰减来生成从白到黑的值。
其参数设置面板如图10-282所示。

● 前:侧：用来设置【衰减】贴图的【前】和【侧】通道参数。

● 衰减类型：设置衰减的方式，共有以下5个选项。

· 垂直/平行：在与衰减方向相垂直的面法线和与衰减方向相平行的法线之间设置角度衰减的范围。

· 朝向/背离：在面向衰减方向的面法线和背离衰减方向的法线之间设置角度衰减的范围。

· Fresnel：基于折射率在面向视图的曲面上产生暗淡反射，而在有角的面上产生较明亮的反射。

· 阴影/灯光：基于落在对象上的灯光，在两个子纹理之间进行调节。

图10-282

· 距离混合：基于【近端距离】值和【远端距离】值，在两个子纹理之间进行调节。

● 衰减方向：设置衰减的方向，包括查看方向（摄影机Z轴）、摄影机 X/Y轴、对象、局部 X/Y/Z轴和世界 X/Y/Z轴。

★ 综合实战——【衰减】贴图制作绒布

场景文件	20.max
案例文件	案例文件\Chapter 10\综合实战——【衰减】贴图制作绒布.max
视频教学	视频文件\Chapter 10\综合实战——【衰减】贴图制作绒布.flv
难易指数	★★★★☆
技术掌握	掌握【(O) Oren-Nayar-Blinn】明暗器的运用、【衰减】贴图的应用

实例介绍

绒布是经过拉绒后表面呈现丰润绒毛状的棉织物，分单面绒和双面绒两种。单面绒组织以斜纹为主，也称哔叽绒；双面绒以平纹为主。在这个室内场景中，主要讲解使用【衰减】贴图制作绒布。最终渲染效果如图10-283所示。

图10-283

其基本属性主要有以下两点：
● 带有一定的自发光的白色绒毛质感。
● 带有一定的凹凸纹理。

制作步骤

01 打开本书配套光盘中的【场景文件/Chapter 10/20.max】文件，此时场景效果如图10-284所示。

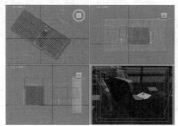

图10-284

02 按【M】键打开【材质编辑器】对话框，选择第1个材质球，单击 Standard 按钮，在打开的【材质/贴图浏览器】对话框中选择【标准】材质，如图10-285所示。

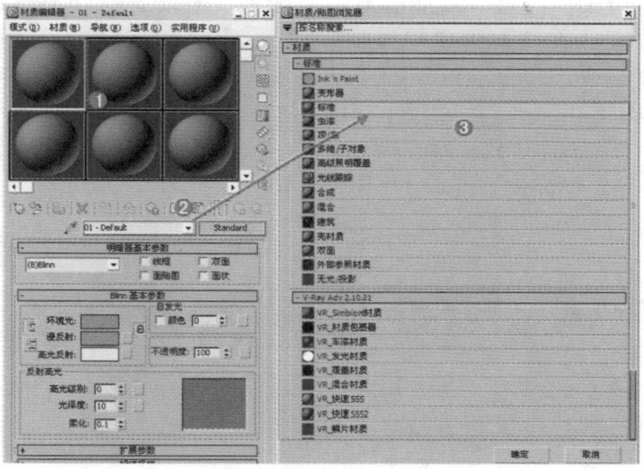

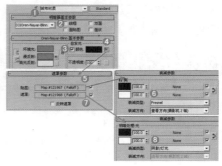

图10-285

03 将材质命名为【绒布材质】，并进行详细的调节，调节的具体参数如图10-286、图10-287和图10-288所示。

图10-286

在【明暗器基本参数】选项组下修改【Blinn】为【(O) Oren-Nayar-Blinn】。在【自发光】选项组下选中【颜色】复选框，并在后面的通道上加载【遮罩】贴图，然后在【贴图】后面的通道上加载【衰减】贴图，设置【衰减类型】为【Fresnel】，在【遮罩】后面的通道上加载【衰减】贴图，设置【衰减类型】为【阴影/灯光】。

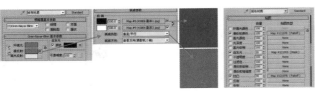

图10—287　　　　　　　　　图10—288

在使用标准材质时，首先需要设置明暗器的类型，设置类型为【（O）Oren—Nayar—Blinn】时，材质在渲染时更接近布的质感。

在【漫反射】后面的通道上加载【衰减】程序贴图，设置【衰减类型】为【垂直/平行】，分别在第1个和第2个颜色通道上加载【43806 副本1.jpg】贴图文件和【43806 副本2.jpg】贴图文件。展开【贴图】卷展栏，并拖曳【漫反射颜色】后面的通道到【凹凸】通道上，设置【自发光】为50。

04 将制作完毕的材质赋给场景中绒布的模型，接着制作出剩余部分模型的材质，如图10-289所示。最终场景效果如图10-290所示。

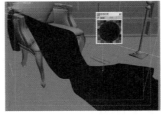

图10—289　　　　　　　　　图10—290

05 最终的渲染效果如图10-291所示。

图10—291

10.7.8 【混合】贴图

- 技术速查：【混合】贴图可以用来制作材质之间的混合效果。
  其参数设置面板如图10-292所示。
- 交换：交换两个颜色或贴图的位置。
- 颜色 1/颜色 2：设置混合的两种颜色。
- 混合量：设置混合的比例。
- 混合曲线：调整曲线可以控制混合的效果。
- 转换区域：调整【上部】和【下部】的级别。

图10—292

10.7.9 【渐变】贴图

- 技术速查：使用【渐变】贴图可以设置3种颜色的渐变效果。
  其参数设置面板如图10-293所示。
  渐变颜色可以任意修改，修改后的物体的材质颜色也会随之而发生改变，如图10-294所示。

图10—293　　　　　　　　　图10—294

10.7.10 【渐变坡度】贴图

- 技术速查：【渐变坡度】贴图是与【渐变】贴图相似的2D贴图，它从一种颜色到另一种进行着色。在这个贴图中，可以为渐变指定任何数量的颜色或贴图。

其参数面板设置如图10-295所示。

图10-295

- 渐变栏：展示正被创建的渐变的可编辑表示。渐变的效果从左（始点）移到右（终点）。
- 渐变类型：选择渐变的类型。这些类型影响整个渐变。
- 插值：选择插值的类型。这些类型影响整个渐变。
- 数量：当数量为非零时，将基于渐变坡度颜色（还有贴图，如果果出现的话）的交互，将随机噪波效果应用于渐变。该数值越大，效果越明显。范围从 0 到 1。
- 规则：生成普通噪波。基本上与禁用级别的分形噪波相同（因为【规则】不是一个分形函数）。
- 分形：使用分形算法生成噪波。【层级】选项设置分形噪波的迭代数。
- 湍流：生成应用绝对值函数来制作故障线条的分形噪波。注意，要查看湍流效果，噪波量必须要大于 0。
- 大小：设置噪波功能的比例。此值越小，噪波碎片也就越小。
- 相位：控制噪波函数的动画速度。对噪波使用 3D 噪波函数；第1个和第2个参数是 U 和 V，而第3个参数是相位。
- 级别：设置湍流（作为一个连续函数）的分形迭代次数。
- 高：设置高阈值。
- 低：设置低阈值。
- 平滑：用以生成从阈值到噪波值较为平滑的变换。当【平滑】为 0 时，没有应用平滑；当【平滑】为 1 时，应用了最大数量的平滑。

10.7.11　【平铺】贴图

- 技术速查：使用【平铺】程序贴图，可以创建砖、彩色瓷砖或材质贴图。通常，有很多定义的建筑砖块图案可以使用，但也可以设计一些自定义的图案。

其参数面板设置如图10-296所示。

图10-296

【标准控制】卷展栏

- 预设类型：列出定义的建筑瓷砖砌合、图案、自定义图案，这样可以通过选择【高级控制】和【堆垛布局】卷展栏中的选项来设计自定义的图案。图12-297列出了几种不同的砌合。

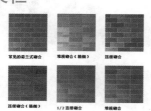

图10-297

【高级控制】卷展栏

- 显示纹理样例：更新并显示贴图指定给【瓷砖】或【砖缝】的纹理。
- 平铺设置：该选项组控制平铺的参数设置。

- 纹理：控制用于瓷砖的当前纹理贴图的显示。
- None：充当一个目标，可以为瓷砖拖放贴图。
- 水平数：控制行的瓷砖数。
- 垂直数：控制列的瓷砖数。
- 颜色变化：控制瓷砖的颜色变化。
- 淡出变化：控制瓷砖的淡出变化。
- 砖缝设置：该选项组控制砖缝的参数设置。
- 纹理：控制砖缝的当前纹理贴图的显示。
- None：充当一个目标，可以为砖缝拖放贴图。
- 水平间距：控制瓷砖间的水平砖缝的大小。
- 垂直间距：控制瓷砖间的垂直砖缝的大小。
- % 孔：设置由丢失的瓷砖所形成的孔占瓷砖表面的百分比。
- 粗糙度：控制砖缝边缘的粗糙度。
- 杂项：该选项组控制随机种子和交换纹理条目的参数。
- 随机种子：对瓷砖应用颜色变化的随机图案。不用进行其他设置就能创建完全不同的图案。
- 交换纹理条目：在瓷砖间和砖缝间交换纹理贴图或颜色。
- 堆垛布局：该选项控制线性移动和随机移动的参数。
- 线性移动：每隔两行将瓷砖移动一个单位。
- 随机移动：将瓷砖的所有行随机移动一个单位。
- 行和列编辑：该选项控制行和列的参数。

- 行修改：选中该复选框后，将根据每行的值和改变值，为行创建一个自定义的图案。
- 列修改：选中该复选框后，将根据每列的值和更改值，为列创建一个自定义的图案。

★ 案例实战——【平铺】贴图制作瓷砖

场景文件	21.max
案例文件	案例文件\Chapter 10\案例实战——【平铺】贴图制作瓷砖.max
视频教学	视频文件\Chapter 10\案例实战——【平铺】贴图制作瓷砖.flv
难易指数	★★★☆☆
技术掌握	掌握【平铺】贴图制作带有缝隙的瓷砖效果的方法

实例介绍

瓷砖是以耐火的金属氧化物及半金属氧化物，经由研磨、混合、压制、施釉、烧结的过程，而形成的一种耐酸碱的瓷质或石质等建筑或装饰材料。其原材料多由粘土、石英沙等混合而成。瓷砖材质模拟效果如图10-298所示。

其基本属性主要有以下两点：
- 一定的漫反射和反射效果。
- 地砖图案贴图。

在这个场景中，主要讲解利用【平铺】贴图制作地砖效果，最终渲染效果如图10-299所示。

图10-298

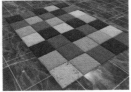
图10-299

制作步骤

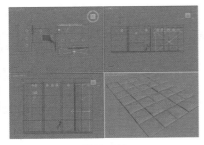

[01] 打开本书配套光盘中的【场景文件/Chapter10/21.max】文件，此时场景效果如图10-300所示。

图10-300

[02] 按【M】键打开【材质编辑器】对话框，选择第1个材质球，单击 Standard 按钮，在弹出的【材质/贴图浏览器】对话框中选择【VRayMtl】材质，如图10-301所示。

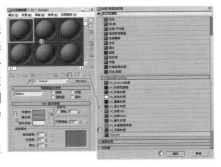
图10-301

[03] 将材质命名为【瓷砖】，然后设置其具体的参数，如图10-302和图10-303所示。

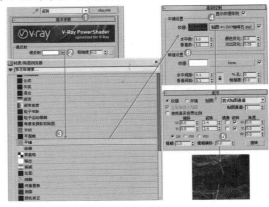
图10-302

在【漫反射】选项组下后面的通道上加载【平铺】贴图，接着在【高级控制】卷展栏下的【纹理】后面通道上加载【07咖啡石.jpg】贴图文件，并设置【瓷砖】的【U】和【V】均为2.4。

图10-303

接着在【平铺设置】选项组下设置【水平数】和【垂直数】均为5，在【砖缝设置】选项组下设置【水平间距】和【垂直间距】为0.1，设置【纹理】颜色为白色（红：255，绿：255，蓝：255）。

单击【转到父对象】按钮，并在【基本参数】卷展栏的【反射】选项组下调节颜色为深灰色（红：75，绿：75，蓝：75）。

[04] 将制作完毕的【瓷砖】材质赋给场景中的地面的模型，如图10-304所示。

图10-304

读书笔记

10.7.12 【棋盘格】贴图

◎ 技术速查：【棋盘格】贴图将两色的棋盘图案应用于材质。默认【棋盘格】贴图是黑白方块图案。【棋盘格】贴图是2D程序贴图。组件棋盘格既可以是颜色，也可以是贴图。

其参数设置面板如图10-305所示。

图10-305

★ 案例实战——【棋盘格】贴图制作地砖

场景文件	22.max
案例文件	案例文件\Chapter 10\案例实战——【棋盘格】贴图制作地砖.max
视频教学	视频文件\Chapter 10\案例实战——【棋盘格】贴图制作地砖.flv
难易指数	★★☆☆☆
技术掌握	掌握【棋盘格】贴图制作地砖效果的方法

实例介绍

地砖是室内地面最常用的材质，棋盘格地面是指两种颜色相间的材质效果。在这个场景中，主要讲解利用【棋盘格】贴图制作地砖效果。最终渲染效果如图10-306所示。

地砖材质模拟效果如图10-307所示。

图10-306　　　　　　　　图10-307

其基本属性主要有以下两点：
◎ 带有棋盘格相间的纹理。
◎ 带有一定的反射。

制作步骤

01 打开本书配套光盘中的【场景文件/Chapter10/22.max】文件，如图10-308所示。

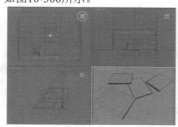

图10-308

02 选择一个空白材质球，将材质类型设置为【VRayMtl】，将其命名为【地砖】，具体参数设置如图10-309所示。

在【漫反射】通道上加载【棋盘格】程序贴图，设置【瓷砖】的【U】为10、【V】为7.5，展开【棋盘格参数】卷展栏，调节【颜色#1】为黑色（红：0，绿：0，蓝：0）、【颜色#2】为白色（红：255，绿：255，蓝：255）。

在【反射】选项组下调节【反射】颜色为白色（红：255，绿：255，蓝：255），选中【菲涅耳反射】复选框，设置【细分】为18。

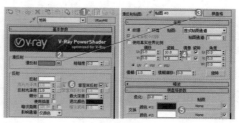

图10-309

03 将制作好的材质赋予场景中地砖的模型，如图10-310所示。

图10-310

读书笔记

10.7.13 【噪波】贴图

◎ 技术速查：【噪波】贴图基于两种颜色或材质的交互创建曲面的随机扰动，常用来制作如海面凹凸、沙发凹凸等。
其参数设置面板如图10-311所示。

- 噪波类型：共有3种类型，分别是规则、分形和湍流。
- 大小：以3ds Max为单位设置噪波函数的比例。
- 噪波阈值：控制噪波的效果，取值范围为0~1。
- 级别：决定有多少分形能量用于【分形】和【湍流】噪波函数。
- 相位：控制噪波函数的动画速度。
- 交换：交换两个颜色或贴图的位置。
- 颜色#1/颜色#2：可以从这两个主要噪波颜色中进行选择，并通过所选的两种颜色来生成中间颜色值。

图10-311

★ 案例实战——【噪波】贴图制作拉丝金属

场景文件	23.max
案例文件	案例文件\Chapter 10\案例实战——【噪波】贴图制作拉丝金属.max
视频教学	视频文件\Chapter 10\案例实战——【噪波】贴图制作拉丝金属.flv
难易指数	★★★☆☆
技术掌握	掌握【噪波】贴图的使用方法

实例介绍

在这个音乐厅场景中，主要使用了【噪波】贴图制作拉丝金属材质，最终渲染效果如图10-312所示。

图10-312

金属拉丝是反复用砂纸将铝板刮出线条的制造过程，其工艺主要流程分为脱酯、沙磨机、水洗3个部分。在拉丝制程中，阳极处理之后的特殊的皮膜技术，可以使金属表面生成一种含有该金属成分的皮膜层，清晰显现每一根细微丝痕，从而使金属哑光中泛出细密的发丝光泽。近年来，越来越多的产品的金属外壳都使用了金属拉丝工艺，以起到美观、抗侵蚀的作用，使产品兼备时尚和科技的元素，这也是该工艺倍受欢迎的原因之一。如图10-313所示为拉丝金属的模拟效果。

图10-313

其基本属性主要有以下两点：
- 较强的反射。
- 带有拉丝的凹凸纹理。

制作步骤

01 打开本书配套光盘中的【场景文件/Chapter10/23.max】文件，此时场景效果如图10-314所示。

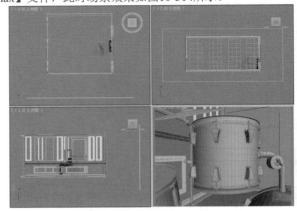

图10-314

02 按【M】键打开【材质编辑器】对话框，选择第1个材质球，单击 Standard 按钮，在弹出的【材质/贴图浏览器】对话框中选择【VRayMtl】材质，如图10-315所示。

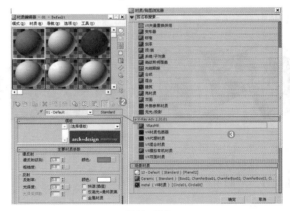

图10-315

03 将材质命名为【拉丝金属】，然后设置其具体的参数，如图10-316和图10-317所示。

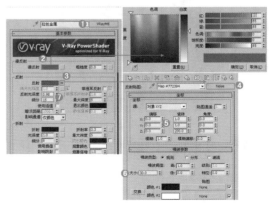

图10-316

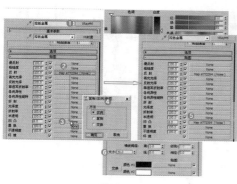

图10-317

设置【漫反射】颜色为灰色（红：85，绿：85，蓝：85），在【反射】后面的通道上加载【噪波】贴图，并设置【瓷砖】的【X】为1、【Y】为1、【Z】为200，设置噪波的【大小】为30，最后设置【反射光泽度】为0.98、【细分】为15。

展开【贴图】卷展栏，拖曳【反射】后面的通道到【凹凸】后面的通道上，并在【复制(实例)贴图】对话框中选中【实例】单选按钮，最后设置【凹凸】为8。

技巧提示

拉丝金属的设置方法很多，这里采用了使用【噪波】贴图的方法。很多读者会不理解为什么看起来很随机的【噪波】贴图会出现拉丝的效果，其重点是在【瓷砖】X轴和Y轴不变的情况下，只增大了【瓷砖】的Z轴数值，这样就会出现拉丝的效果了。因此，读者一定要重视程序贴图部分的应用。程序贴图是3ds Max非常强大的一个部分，通过它可以完成很多复杂、随机、真实的材质的制作。

对于这个案例也可以使用其他的思路进行制作。调节方法如图10-318和图10-319所示。

图10-318

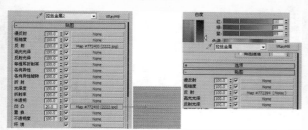

图10-319

04 将制作完毕的【拉丝金属】材质赋给场景中的乐器模型，如图10-320所示。

05 最终渲染效果如图10-321所示。

图10-320

图10-321

★ 案例实战——【噪波】贴图制作水波纹

场景文件	24.max
案例文件	案例文件\Chapter 10\案例实战——【噪波】贴图制作水波纹.max
视频教学	视频文件\Chapter 10\案例实战——【噪波】贴图制作水波纹.flv
难易指数	★★★☆☆
技术掌握	掌握【噪波】贴图的应用

实例介绍

水是带有强烈折射的液体，室外的水由于风的作用，会产生特有的波纹。在这个场景中，主要讲解利用【噪波】贴图制作水波纹材质。最终渲染效果如图10-322所示。

图10-322

其基本属性主要有以下3点：
- 带有一定的反射效果。
- 很强的折射效果。
- 有凹凸波纹。

制作步骤

01 打开本书配套光盘中的【场景文件/Chapter10/24.max】文件，此时场景效果如图10-323所示。

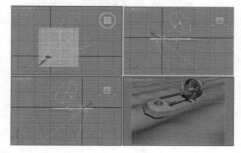

图10-323

02 按【M】键打开【材质编辑器】对话框，选择第1个材质球，单击 [Standard] 按钮，在弹出的【材质/贴图浏览器】对话框中选择【VRayMtl】材质，如图10-324所示。

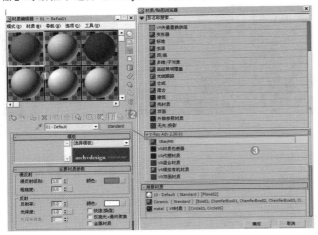

图10-324

03 将材质命名为【01-Default】，下面调节其具体的参数，如图10-325所示。

在【漫反射】选项组下调节颜色为蓝色（红：0，绿：93，蓝：164）。在【反射】选项组下调节颜色为深灰色（红：32，绿：32，蓝：32）。

图10-325

在【折射】选项组下调节颜色为灰色（红：92，绿：92，蓝：92），调节【烟雾颜色】为浅蓝色（红：193，绿：213，蓝：255）。

04 展开【贴图】卷展栏，在【凹凸】后面的通道上加载【噪波】程序贴图，设置【凹凸】为30。展开【坐标】卷展栏，设置【瓷砖】的【U】、【V】、【W】分别为1、6、1，如图10-326所示。

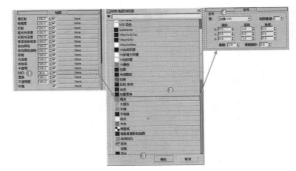

图10-326

技巧提示

为水材质设置凹凸纹理效果的方法很多，如可以在【凹凸】通道上加载水波纹的贴图，也可以使用程序贴图的方法，如在凹凸通道上加载【噪波】贴图，并设置合适的瓷砖数值。

05 将制作完毕的【01-Default】材质赋给场景中的模型，如图10-327所示。

06 将剩余的材质制作完成，并赋予相应的物体，如图10-328所示。

图10-327   图10-328

07 最终渲染效果如图10-329所示。

图10-329

10.7.14 【细胞】贴图

● 技术速查：【细胞】贴图是一种程序贴图，主要用于生成各种视觉效果的细胞图案，包括马赛克、瓷砖、鹅卵石和海洋表面等。

其参数设置面板如图10-330所示。

● 细胞颜色：该选项组中的参数主要用来设置细胞的颜色。

• 颜色：为细胞选择一种颜色。

• [None] 按钮：将贴图指定给细胞，而不使用实心颜色。

• 变化：通过随机改变红、绿、蓝颜色值来更改细胞的颜色。值越大，随机效果越明显。

图10-330

- ⊖ 分类颜色：显示【颜色选择器】对话框，选择一种细胞分界颜色，也可以利用贴图来设置分界的颜色。
- ⊖ 细胞特征：该选项组中的参数主要用来设置细胞的一些特征属性。
  - · 圆形/碎片：用于选择细胞边缘的外观。
  - · 大小：更改贴图的总体尺寸。
  - · 扩散：更改单个细胞的大小。
  - · 凹凸平滑：将【细胞】贴图用作【凹凸】贴图时，在细胞边界处可能会出现锯齿效果。如果发生这种情况，可以适当增大该值。
  - · 分形：将细胞图案定义为不规则的碎片图案。
  - · 迭代次数：设置应用分形函数的次数。
  - · 自适应：选中该复选框后，分形【迭代次数】将自适应地进行设置。
  - · 粗糙度：将【细胞】贴图用作【凹凸】贴图时，该参数用来控制凹凸的粗糙程度。
- ⊖ 阈值：该选项组中的参数用来限制细胞和分解颜色的大小。
  - · 低：调整细胞最低大小。
  - · 中：相对于第2分界颜色，调整最初分界颜色的大小。
  - · 高：调整分界的总体大小。

10.7.15 【凹痕】贴图

- ⊖ 技术速查：【凹痕】贴图是 3D 程序贴图。在扫描线渲染过程中，【凹痕】贴图根据分形噪波产生随机图案，图案的效果取决于贴图类型。

  其参数设置面板如图10-331所示。

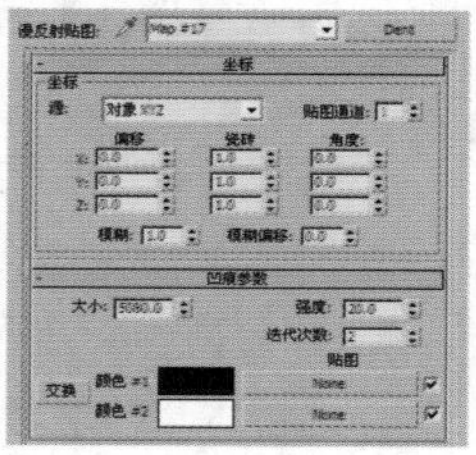

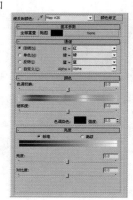

- ⊖ 大小：设置凹痕的相对大小。随着大小的增大，其他设置不变时凹痕的数量将减少。
- ⊖ 强度：决定两种颜色的相对覆盖范围。值越大，【颜色 #2 】的覆盖范围越大；而值越小，【颜色 #1 】的覆盖范围越大。
- ⊖ 迭代次数：设置用来创建凹痕的计算次数。默认设置为 2。
- ⊖ 交换：反转颜色或贴图的位置。

图10-331

- ⊖ 颜色#1/颜色 #2：在相应的颜色组件（如漫反射）中允许选择两种颜色。
- ⊖ 贴图：在凹痕图案中用贴图替换颜色。选中该复选框可启用或禁用相关贴图。

10.7.16 【颜色修正】贴图

　　【颜色修正】贴图可以用来调节贴图的色调、饱和度、亮度和对比度等，其参数设置面板如图10-332所示。

- ⊖ 法线：将未经改变的颜色通道传递到【颜色】卷展栏下的参数中。
- ⊖ 单色：将所有的颜色通道转换为灰度图。
- ⊖ 反转：使用红、绿、蓝颜色通道的反向通道来替换各个通道。
- ⊖ 自定义：使用其他选项将不同的设置应用到每一个通道中。
- ⊖ 色调切换：使用标准色调谱更改颜色。
- ⊖ 饱和度：调整贴图颜色的强度或纯度。
- ⊖ 色调染色：根据色样值来色化所有非白色的贴图像素（对灰度图无效）。
- ⊖ 强度：调整色调染色对贴图像素的影响程度。

图10-332

10.7.17 【法线凹凸】贴图

【法线凹凸】贴图多用于表现高精度模型的材质效果，其参数设置面板如图10-333所示。

- 法线：可以在其后面的通道中加载法线贴图。

- 附加凹凸：包含其他用于修改凹凸或位移的贴图。

- 翻转红色（X）：翻转红色通道。

- 翻转绿色（Y）：翻转绿色通道。

- 红色&绿色交换：交换红色和绿色通道，这样可使法线贴图旋转90°。

- 切线：从切线方向投射到目标对象的曲面上。

- 局部XYZ：使用对象局部坐标进行投影。

- 屏幕：使用屏幕坐标进行投影，即在Z轴方向上的平面进行投影。

- 世界：使用世界坐标进行投影。

图10-333

课后练习

【课后练习——VRay材质制作水纹理效果】

思路解析：

① 设置为VRay材质，并设置漫反射、反射、折射的相关参数。

② 在【凹凸】通道上加载【噪波】贴图，制作出凹凸的纹理效果。

本章小结

通过本章的学习，可以掌握材质与贴图的相关技术。由于材质类型和贴图类型非常多，这里挑选了最为常用的进行讲解，其他没有讲解到的类型可以通过知识的延伸来掌握。熟练掌握这些知识，可以模拟出现实中存在或不存在的任何材质和贴图效果，因此材质与贴图章节是非常有趣味性的。

 读书笔记

第11章

灯光/材质/渲染综合运用

本章内容简介：

在3ds Max中，灯光、材质和渲染是非常重要的内容。建模完成后，需要给模型赋予一定的材质，并添加适当的灯光，经过渲染后才能做出逼真的效果。本章将介绍各渲染器的应用方法，并通过具体的实例介绍灯光、材质和渲染的综合运用。

本章学习要点：

- 默认扫描线渲染器
- NVIDIA iray渲染器
- NVIDIA mental ray渲染器
- Quicksilver硬件渲染器
- VRay渲染器
- VRay渲染综合应用

11.1 认识渲染

11.1.1 什么是渲染

⊙ 技术速查：渲染，英文为Render，也称为着色，通过渲染这个步骤，可以将在3ds Max中制作的作品真实地呈现出来，其中就需要使用到渲染器，而且不同的渲染器的渲染质量不同、效果不同、渲染速度不同。因此，根据自己的要求合理地选择合适的渲染器十分重要。

★ 本节知识导读：

工具名称	工具用途	掌握级别
默认扫描线渲染器	渲染速度最快，用于快速模拟效果，效果较差	★★★★★
VRay渲染器	渲染质量超高，用于效果图、CG等制作，渲染慢	★★★★★
NVIDIA mental ray渲染器	渲染质量较高，用于CG、动画的制作	★★★☆☆
NVIDIA iray渲染器	新的渲染器，能很好地控制时间，不需要参数设置	★★★☆☆

📖 读书笔记

11.1.2 渲染器类型

渲染场景的引擎有很多种，如 VRay渲染器、Renderman渲染器、NVIDIA mental ray渲染器、Brazil渲染器、FinalRender渲染器、Maxwell渲染器和Lightscape渲染器等。

3ds Max 2013默认的渲染器有NVIDIA iray渲染器、NVIDIA mental ray渲染器、Quicksilver硬件渲染器、默认扫描线渲染器和VUE文件渲染器，在安装好VRay渲染器之后也可以使用VRay渲染器来渲染场景。当然也可以安装一些其他的渲染插件，如Renderman、Brazil、FinalRender、Maxwell和Lightscape等。

11.1.3 渲染工具

在主工具栏右侧提供了多个渲染工具，如图11-1所示。

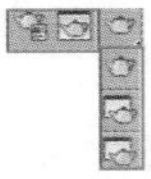

⊙ 渲染设置：单击该按钮可以打开【渲染设置】对话框，基本上所有的渲染参数都在该对话框中完成。

⊙ 渲染帧窗口：单击该按钮可以打开【渲染帧窗口】对话框，在其中可以选择渲染区域、切换通道和储存渲染图像等任务。

⊙ 渲染产品：单击该按钮可以使用当前的产品级渲染设置来渲染场景。

⊙ 渲染迭代：单击该按钮可以在迭代模式下渲染场景。

⊙ ActiveShade（动态着色）：单击该按钮可以在浮动的窗口中执行【动态着色】渲染。

图11-1

11.2 默认扫描线渲染器

默认扫描线渲染器的渲染速度特别快，但是渲染功能不强。按【F10】键打开【渲染设置】对话框，然后设置渲染器类型为【默认扫描线渲染器】，如图11-2所示。

技巧提示

　　默认扫描线渲染器的参数有【公用】、【渲染器】、【Render Elements（渲染元素）】、【光线跟踪器】和【高级照明】5个选项卡。一般情况下，都不会使用默认的扫描线渲染器，因为其渲染质量不高，并且渲染参数也特别复杂，因此这里不讲解其参数。

图11-2

11.3　NVIDIA iray渲染器

技术速查：mental images的 NVIDIA iray渲染器通过追踪灯光路径创建物理精确的渲染。与其他渲染器相比，它几乎不需要进行设置。NVIDIA iray 渲染器的主要处理方法是基于时间的：可以指定要渲染的时间长度、要计算的迭代次数，或者只需启动渲染一段不确定的时间后，在对结果外观满意时将渲染停止。

与其他渲染器的结果相比，NVIDIA iray 渲染器的头几次迭代渲染看上去颗粒更多一些。颗粒越不明显，渲染的遍数就越多。NVIDIA iray 渲染器特别擅长渲染反射，包括光泽反射；它也擅长渲染在其他渲染器中无法精确渲染的自发光对象和图形。如图11-3所示为花费不同时间对图像的渲染效果。

iray 渲染器渲染的场景，默认时间为1分钟　　　iray 渲染器渲染的场景，默认时间为10分钟　　　iray 渲染器渲染的场景，默认时间为60分钟

图11-3

【渲染器】选项卡参数如图11-4所示。

- **时间**：以小时、分钟和秒为单位设置渲染持续时间。默认设置为 1 分钟。
- **迭代（通过的数量）**：设置要运行的迭代次数。默认设置为 500。
- **无限制**：选中此单选按钮可以使渲染器不限时间地运行。如果对结果满意，可以在【渲染进度】对话框中单击【取消】按钮。
- **物理校正(无限制)**：默认设置该选项。选中此单选按钮后，灯光反弹无限制，只要渲染器继续运行，就会计算灯光反弹。
- **最大灯光反弹次数**：选中此单选按钮后，会将灯光反弹数限制为用户设置的值。默认设置为 4。
- **类型**：控制图像过滤（抗锯齿）的类型。

图11-4

- **长方体**：将过滤区域中权重相等的所有采样进行求和。这是最快速的采样方法。
- **高斯**：采用位于像素中心的高斯（贝尔）曲线对采样进行加权默认选择该选项。
- **三角形**：采用位于像素中心的四棱锥对采样进行加权。
- **宽度**：指定采样区域的宽度。增加宽度值会软化图像，但是会增加渲染时间。默认设置为 3。
- **视图**：定义置换的空间。选中【视图】复选框之后，【边长】将以像素为单位指定长度。
- **平滑**：取消选中该复选框，可以使 NVIDIA iray 渲染器正确渲染高度贴图。高度贴图可以由法线凹凸贴图生成。
- **边长**：定义由于细分可能生成的最小边长。NVIDIA iray 渲染器一旦达到此大小后，就会停止细分边。
- **最大置换**：控制在置换顶点时向其指定的最大偏移，采用世界单位。该值可以影响对象的边界框。
- **最大细分**：控制 NVIDIA iray 渲染器可以对要置换的每个原始网格三角形进行递归细分的范围。
- **启用**：选中该复选框后，渲染对所有曲面使用覆盖材质。取消选中该复选框后，使用应用到曲面上的材质渲染场景中的曲面。
- **无**：单击此按钮可显示材质/贴图浏览器并选择要用作覆盖材质的材质。选定覆盖材质后，此按钮显示材质名称。

图11-5

图11-6

11.4 NVIDIA mental ray渲染器

技术速查：NVIDIA mental ray渲染器是早期出现的两个重量级的渲染器之一（另外一个是Renderman），为德国Mental Images公司的产品。在刚推出的时候，集成在著名的3D动画软件Softimage3D中作为其内置的渲染引擎。正是凭借着NVIDIA mental ray高效的速度和质量，Softimage3D一直是好莱坞电影制作中的首选制作软件。

相对于Renderman而言，NVIDIA mental ray的操作更加简便，效率也更高，因为Renderman渲染系统需要使用编程技术来渲染场景，而NVIDIA mental ray只需要在程序中设定好参数，然后就会智能地对需要渲染的场景自动进行计算，所以NVIDIA mental ray渲染器也叫智能渲染器。

自NVIDIA mental ray渲染器诞生以来，CG艺术家就利用它制作出了很多令人惊讶的作品，如图11-7所示为其中比较优秀的作品。

按【F10】键打开【渲染设置】对话框，然后在【公用】选项卡下展开【指定渲染器】卷展栏，接着单击【产品级】后面的【选择渲染器】按钮，最后在弹出的对话框中选择【NVIDIA mental ray】渲染器，如图11-8所示。

图11-7

图11-8

将渲染器设置为NVIDIA mental ray渲染器后，在【渲染设置】对话框中将会出现【处理】、【Render Elements（渲染元素）】、【公用】、【渲染器】和【间接照明】5个选项卡。下面将对【间接照明】和【渲染器】两个选项卡中的参数进行讲解。

11.4.1　间接照明

【间接照明】选项卡下的参数可以用来控制最终聚焦、焦散和全局照明等，如图11-9所示。

图11-9

■ 最终聚焦

展开【最终聚焦】卷展栏，如图11-10所示。

- 启用最终聚焦：选中该复选框后，NVIDIA mental ray渲染器会使用最终聚焦来创建全局照明或提高渲染质量。

- 倍增：控制累积的间接光的强度和颜色。

- 最终聚焦精度预设：为最终聚焦提供快速、轻松的解决方案，包括【草图级】、【低】、【中】、【高】及【很高】5个选项。

- 初始最终聚焦点密度：最终聚焦点密度的倍增。增加该值会增加图像中最终聚焦点的密度。

图11-10

- 每最终聚焦点光线数目：设置使用多少光线来计算最终聚焦中的间接照明。

- 插值的最终聚焦点数：控制用于图像采样的最终聚焦点数。

- 漫反射反弹次数：设置NVIDIA mental ray为单个漫反射光线计算的漫反射光反弹的次数。

- 权重：控制漫反射反弹有多少间接光照影响最终聚焦的解决方案。

- 噪波过滤（减少斑点）：使用从同一点发射的相邻最终聚焦光线的中间过滤器。

- 草图模式（无预先计算）：选中该复选框后，最终聚焦将跳过预先计算阶段。

- 最大深度/最大反射/最大折射：设置光线的最大深度、反射和折射。

- 使用衰减（限制光线距离）：选中该复选框后，利用【开始】和【停止】参数可以限制使用环境颜色前用于重新聚集的光线的长度。

- 使用半径插值法（不使用最终聚集点数）：选中该复选框后，其下面的选项才可用。

■ 焦散和全局照明（GI）

展开【焦散和全局照明（GI）】卷展栏，如图11-11所示。

- 焦散：该选项组下的参数主要用于设置焦散效果。

- 启用：选中该复选框后，NVIDIA mental ray渲染器会计算焦散效果。

- 每采样最大光子数：设置用于计算焦散强度的光子个数。增大该值可以使焦散产生较少的噪点，但图像会变得模糊。

- 最大采样半径：选中该复选框后，可以使用后面的数值框来设置光子大小。

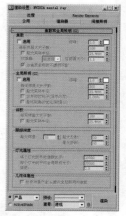

图11-11

- 过滤器：指定锐化焦散的过滤器，包括【长方体】、【圆锥体】和【Gauss（高斯）】3种过滤器。

- 过滤器大小：选择【圆锥体】作为焦散过滤器时，该选项用来控制焦散的锐化程度。

- 当焦散启用时不透明阴影：选中该复选框后，阴影为不透明。

- 全局照明（GI）：该选项组下的参数主要用于设置全局照明效果。

- 启用：选中该复选框后，NVIDIA mental ray渲染器会计算全局照明。

- 合并附近光子（保存内存）：选中该复选框后，可以减少光子贴图的内存使用量。

- 最终聚焦的优化（较慢GI）：如果在渲染场景之前启用该选项，那么NVIDIA mental ray渲染器将计算信息，以加速重新聚集的进程。

- 灯光属性：该选项组下的参数主要用于设置灯光与焦散和全局照明的关系。

- 每个灯光的平均焦散光子：设置用于焦散的每束光线所产生的光子数量。

- 每个灯光的平均全局照明光子：设置用于全局照明的每束光线产生的光子数量。

- 衰退：当光子移离光源时，该选项用于设置光子能量的衰减方式。

● 几何体属性：该选项组下只有一个【所有对象产生&接收全局照明和焦散】复选框，选中该复选框后，在渲染场景时，场景中的所有对象都会产生并接收焦散和全局照明。

11.4.2　渲染器

【渲染器】选项卡下的参数可以用来设置采样质量、渲染算法、摄影机效果、阴影与置换等，在这里将重点讲解【采样质量】卷展栏下的参数，如图11-12所示。

● 最小值：设置最小采样率。该值代表每个像素的采样数量，大于或等于1时表示对每个像素进行一次或多次采样；分数值代表对n个像素进行一次采样（例如，对于每4个像素，1/4就是最小的采样数）。

● 最大值：设置最大采样率。

● 类型：指定采样器的类型。

● 宽度/高度：设置过滤区域的大小。

● 锁定采样：选中该复选框后，NVIDIA mental ray渲染器对于动画的每一帧都使用同样的采样模式。

● 抖动：选中该复选框后可以避免出现锯齿现象。

● 渲染块宽度/渲染块顺序：设置每个渲染块的大小和顺序。

● 帧缓冲区类型：选择输出帧缓冲区的位深的类型。

图11-12

11.5　Quicksilver 硬件渲染器

Quicksilver 硬件渲染器使用图形硬件生成渲染。该渲染器的一个优点是它的速度，默认设置提供快速渲染。 如图11-13所示为使用Quicksilver 硬件渲染器和使用NVIDIA mental ray渲染器的对比效果。

图11-14

图11-13

Quicksilver 硬件渲染器同时使用CPU（中央处理器）和图形处理器 （GPU） 加速渲染。这有点像是在 3ds Max 内具有游戏引擎渲染器。CPU 的主要作用是转换场景数据以进行渲染，包括为使用中的特定图形卡编译明暗器。因此，渲染第一帧要花费一段时间，直到明暗器编译完成。这在每个明暗器上只发生一次，越频繁使用 Quicksilver 渲染器，其速度将越快。

在Autodesk 3ds Max 2013 中，现在可以渲染多个透明曲面。如图11-14所示为将汽车渲染为透明实体以显示内部零件，而且阴影也显示为透明的。

Quicksilver 硬件渲染器的主卷展栏与 NVIDIA iray 渲染器的主卷展栏类似，可以用于通过设置渲染时要花费的时间或要执行的迭代次数来调整渲染质量。【渲染器】选项卡如图11-15所示。

● 每帧的渲染时间：允许用户指定如何控制渲染过程。

• 时间：以分钟和秒为单位设置渲染持续时间。默认值为 10 秒。

• 迭代（通过的数量）：设置要运行的迭代次数。默认设置为 256。

图11-15

◎ **渲染级别**：选择渲染的样式。选项包括非照片级真实感选项。如图11-16所示分别为设置为真实、墨水、彩色墨水、压克力、Tech、Graphite、彩色铅笔、彩色蜡笔的效果。

图11—16

◎ **边面**：选中该复选框时，渲染会显示面边。默认设置为取消选中。

◎ **纹理**：选中该复选框时，渲染会显示纹理贴图。默认设置为取消选中。

◎ **透明度**：选中该复选框时，具有透明材质的对象被渲染为透明。默认设置为选中。

◎ **照亮方法**：选择照亮渲染的方式，使用场景灯光或默认灯光。默认值为场景灯光。

◎ **高光**：选中该复选框时，渲染将包含来自照明的高光。默认设置为取消选中。

◎ **间接照明**：选中该复选框时，启用间接照明。间接照明通过将反射光线计算在内，提高照明的质量。当间接照明启用时，它的控件变为可用。默认设置为取消选中状态。包括倍增、采样分布区域、衰退、启用间接照明阴影。

◎ **阴影**：选中该复选框时，将使用阴影渲染场景。默认设置为选中。

· **强度/衰减**：控制阴影的强度。值越大，阴影越暗。

· **软阴影精度**：缩放场景中区域灯光的采样值。

◎ **Ambient Occlusion**：当选中该复选框时，启用 Ambient Occlusion（AO）。AO 通过将对象的接近度计算在内，提高阴影质量。当 AO 启用时，它的控件变为可用。默认设置为取消选中状态。

· **强度/衰减**：控制 AO 效果的强度。值越大，阴影越暗。

· **半径**：以 3ds Max 单位定义半径，Quicksilver 渲染器在该半径中查找阻挡对象。值越大，覆盖的区域越大。

11.6 VRay渲染器

　　VRay渲染器是由chaosgroup和asgvis公司出品，在中国由曼恒公司负责推广的一款高质量渲染软件。VRay是目前业界最受欢迎的渲染引擎，由于VRay渲染器的高质量渲染，无论图像的质感、光照、细致度都是最优秀的，在效果图、建筑、CG、影视方面都应用广泛，缺点就是渲染速度略微有些慢。如图11-17所示为VRay渲染器制作的优秀作品。

图11—17

安装好VRay渲染器之后，若想使用该渲染器来渲染场景，按【F10】键打开【渲染设置】对话框，然后在【公用】选项卡下展开【指定渲染器】卷展栏，接着单击【产品级】选项后面的【选择渲染器】按钮，最后在弹出的【选择渲染器】对话框中选择VRay渲染器即可，如图11-18所示。

VRay渲染器参数主要包括【公用】、【V-Ray】、【间接照明】、【设置】和【Render Elements（渲染元素）】5个选项卡，如图11-19所示。

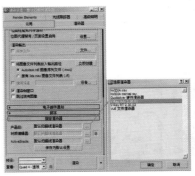

图11-18

图11-19

11.6.1 公用

公用参数

【公用参数】卷展栏用来设置所有渲染器的公用参数。其参数面板如图11-20所示。

图11-20

01 时间输出

在这里可以选择要渲染的帧。其参数面板如图11-21所示。

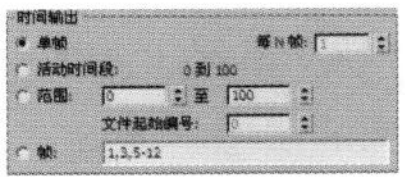

- 单帧：仅当前帧。
- 活动时间段：为显示在时间滑块内的当前帧范围。

图11-21

- 范围：指定两个数字之间（包括这两个数）的所有帧。
- 帧：可以指定非连续帧，帧与帧之间用逗号隔开（如2,5），或连续的帧范围，用连字符相连（如0-5）。

02 要渲染的区域

控制渲染的区域部分，其参数面板如图11-22所示。

- 要渲染的区域：分为视图、选定对象、区域、裁剪、放大5个选项。

图11-22

- 选择的自动区域：该选项控制选择的自动渲染区域。

03 输出大小

选择一个预定义的大小或在【宽度】和【高度】数值框（像素为单位）中输入另一个大小，这些控件影响图像的纵横比。其参数面板如图11-23所示。

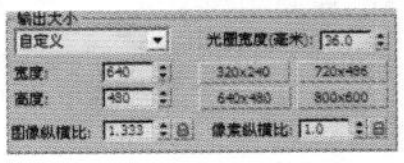

图11-23

- 自定义：可以选择几个标准的电影、视频分辨率及纵横比。
- 光圈宽度（毫米）：指定用于创建渲染输出的摄影机光圈宽度。
- 宽度/高度：以像素为单位指定图像的宽度和高度，从而设置输出图像的分辨率。
- 预设分辨率按钮（320×240、640×480 等）：单击这些按钮之一，可以选择一个预设分辨率。
- 图像纵横比：设置图像的纵横比。
- 像素纵横比：设置显示在其他设备上的像素纵横比。
- 按钮：可以锁定像素纵横比。

04 选项

选项控制渲染的9种选项的开关。其参数面板如图11-24所示。

- 大气：选中该复选框后，渲染任何应用的大气效果，如体积雾。
- 效果：选中该复选框后，渲染任何应用的渲染效果，如模糊。

图11-24

- 置换：渲染任何应用的置换贴图。
- 视频颜色检查：检查超出 NTSC 或 PAL 安全阈值的像素颜色，标记这些像素颜色并将其改为可接受的值。

- **渲染为场**：为视频创建动画时，将视频渲染为场，而不是渲染为帧。
- **渲染隐藏几何体**：渲染场景中所有的几何体对象，包括隐藏的对象。
- **区域光源/阴影视作点光源**：将所有的区域光源或阴影当作从点对象发出的进行渲染，这样可以加快渲染速度。
- **强制双面**：双面材质渲染可渲染所有曲面的两个面。
- **超级黑**：限制用于视频组合的渲染几何体的暗度。除非确实需要此选项，否则将其取消选中。

⑤ **高级照明**

高级照明控制是否使用高级照明。其参数面板如图11-25所示。

图11-25

- **使用高级照明**：选中该复选框后，3ds Max 在渲染过程中提供光能传递解决方案或光跟踪。
- **需要时计算高级照明**：选中该复选框后，当需要逐帧处理时，3ds Max 计算光能传递。

⑥ **位图性能和内存选项**

位图性能和内存选项控制全局设置和位图代理的数值。其参数面板如图11-26所示。

图11-26

- **设置**：单击以打开【位图代理】对话框的全局设置和默认值。

⑦ **渲染输出**

渲染输出控制最终渲染输出的参数。其参数面板如图11-27所示。

图11-27

- **保存文件**：选中该复选框后，进行渲染时 3ds Max 会将渲染后的图像或动画保存到磁盘。
- **文件**：打开【渲染输出文件】对话框，指定输出文件名、格式及路径。
- **将图像文件列表放入输出路径**：选中该复选框可创建图像序列（IMSQ）文件，并将其保存在与渲染相同的目录中。
- **立即创建**：单击以手动创建图像序列文件。首先必须为渲染自身选择一个输出文件。
- **Autodesk ME 图像序列文件 (.imsq)**：选中该单选按钮之后（默认值），创建图像序列（MSQ）文件。
- **原有3ds max 图像文件列表 (.ifl)**：选中该单选按钮之后，可创建由 3ds Max 的旧版本创建的各种 图像文件列表（IFL）文件。
- **使用设备**：将渲染的输出发送到像录像机这样的设备上。首先单击【设备】按钮指定设备，设备上必须安装相应的驱动程序。
- **渲染帧窗口**：在渲染帧窗口中显示渲染输出。
- **网络渲染**：启用网络渲染。如果选中该复选框，在渲染时将看到【网络作业分配】对话框。
- **跳过现有图像**：选中该复选框且选中【保存文件】复选框后，渲染器将跳过序列中已经渲染到磁盘中的图像。

📧 电子邮件通知

使用此卷展栏可使渲染作业发送电子邮件通知，如网络渲染那样。如果启动冗长的渲染（如动画），并且不需要在系统上花费所有时间，这种通知非常有用。其参数面板如图11-28所示。

图11-28

📜 脚本

使用【脚本】卷展栏可以指定在渲染之前和之后要运行的脚本。其参数面板如图11-29所示。

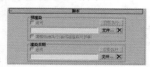

图11-29

📋 指定渲染器

对于每个渲染类别，该卷展栏显示当前指定的渲染器名称和可以更改该指定的按钮。其参数面板如图11-30所示。

图11-30

- **按钮**：单击此按钮会显示【选择渲染器】对话框可更改渲染器指定。如图11-31所示为指定渲染器为VRay渲染器的方法。
- **产品级**：选择用于渲染图形输出的渲染器。
- **材质编辑器**：选择用于渲染材质编辑器中示例的渲染器。
- **按钮**：默认情况下，示例窗渲染器被锁定为与产品级渲染器相同的渲染器。

图11-31

- ActiveShade：选择用于预览场景中照明和材质更改效果的 ActiveShade 渲染器。
- 保存为默认设置：单击该按钮可将当前渲染器指定保存为默认设置，以便下次重新启动 3ds Max 时它们处于活动状态。

11.6.2　V-Ray

◼ 授权

【授权】卷展栏下主要呈现的是V-Ray的注册信息，注册文件一般都放置在【C:\Program Files\Common Files\ChaosGroup\vrlclient.xml】中，如果以前装过低版本的V-Ray，在安装V-Ray 2.30.01的过程中出现问题，可以把这个文件删除以后再进行安装，其参数面板如图11-32所示。

图11-32

◼ 关于V-Ray

在【关于V-Ray】卷展栏下，用户可以看到关于V-Ray的官方网站地址，以及当前渲染器的版本号、Logo等，如图11-33所示。

图11-33

◼ 帧缓冲区

【帧缓冲区】卷展栏下的参数可以代替3ds Max自身的帧缓冲窗口，这里可以设置渲染图像的大小及保存渲染图像等。其参数设置面板如图11-34所示。

- 启用内置帧缓冲区：选中该复选框后，用户就可以使用V-Ray自身的渲染窗口。同时需要注意，应该关闭3ds Max默认的渲染窗口，这样可以节约一些内存资源。

图11-34

- 渲染到内存帧缓冲区：当选中该复选框时，可以将图像渲染到内存中，然后再由帧缓存窗口显示出来，这样可以方便用户观察渲染的过程；当取消选中该复选框时，不会出现渲染框，而直接保存到指定的硬盘文件夹中，这样的好处是可以节约内存资源。
- 从Max获取分辨率：当选中该复选框时，将从3ds Max的【渲染设置】对话框的【公用】选项卡的【输出大小】选项组中获取渲染尺寸；当取消选中该复选框

时，将从V-Ray渲染器的【输出分辨率】选项组中获取渲染尺寸。
- 像素纵横比：控制渲染图像的长宽比。
- 宽度：设置像素的宽度。
- 长度：设置像素的长度。
- 渲染为V-Ray Raw格式图像：控制是否将渲染后的文件保存到所指定的路径中，后渲染的图像将以.vrimg的文件格式进行保存。

- 保存单独的渲染通道：控制是否单独保存渲染通道。
- 保存RGB：控制是否保存RGB色彩。
- 保存Alpha：控制是否保存Alpha通道。
- 浏览... 按钮：单击该按钮可以保存RGB和Alpha文件。

◼ 全局开关

【全局开关】卷展栏下的参数主要用来对场景中的灯光、材质、置换等进行全局设置，如是否使用默认灯光、是否开启阴影、是否开启模糊等，其参数面板如图11-36所示。

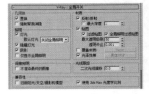

图11-36

① 几何体

- 置换：控制是否开启场景中的置换效果。在V-Ray的置换系统中，共有两种置换方式，分别是材质置换方式和VRay置换修改器方式，如图11-37所示。当取消选中该复选框时，场景中的两种置换都不会有其作用。

图11-37

- 强制背面消隐：选择3ds Max中的【自定义/首选项】菜

单命令，在弹出的对话框中的【视口】选项卡下有一个【创建对象时背面消隐】复选框，如图11-38所示。【强制背面消隐】与【创建对象时背面消隐】复选框相似，但【创建对象时背面消隐】只用于视图，对渲染没有影响，而【强制背面消隐】复选框是针对渲染而言的，选中该复选框后反法线的物体将不可见。

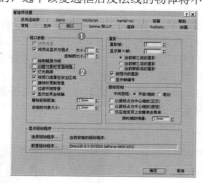

图11-38

⑫ 照明

○ 灯光：控制是否开启场景中的光照效果。当取消该复选框时，场景中放置的灯光将不起作用。

○ 默认灯光：控制场景是否使用3ds Max系统中的默认光照，一般情况下都不选中它。

○ 隐藏灯光：控制场景是否让隐藏的灯光产生光照。这个选项对于调节场景中的光照非常方便。

○ 阴影：控制场景是否产生阴影。

○ 仅显示全局照明：当选中该复选框时，场景渲染结果只显示全局照明的光照效果。

⑬ 间接照明

○ 不渲染最终的图像：控制是否渲染最终图像。如果选中该复选框，V-Ray将在计算完光子以后，不再渲染最终图像，这种方法非常适合于渲染光子图，并使用光子图渲染大尺寸图。

⑭ 材质

○ 反射/折射：控制是否开启场景中的材质的反射和折射效果。

○ 最大深度：控制整个场景中的反射、折射的最大深度，后面的数值框用来设置反射、折射的次数。

○ 贴图：控制是否让场景中的物体的程序贴图和纹理贴图渲染出来。如果取消选中该复选框，那么渲染出来的图像就不会显示贴图，取而代之的是漫反射通道里的颜色。

○ 过滤贴图：这个选项用来控制V-Ray渲染时是否使用贴图纹理过滤。如果选中该复选框，V-Ray将用自身的【抗锯齿过滤器】来对贴图纹理进行过滤，如图11-39所示；如果取消选中该复选框，将以原始图像进行渲染。

图11-39

○ 全局照明过滤贴图：控制是否在全局照明中过滤贴图。

○ 最大透明级别：控制透明材质被光线追踪的最大深度。值越高，被光线追踪的深度越深，效果越好，但渲染速度会越慢。

○ 透明中止：控制V-Ray渲染器对透明材质的追踪终止值。当光线透明度的累计比当前设定的阀值低时，将停止光线透明追踪。

○ 覆盖材质：是否给场景赋予一个全局材质。当在后面的通道中设置了一个材质后，那么场景中所有的物体都将使用该材质进行渲染，这在测试阳光的方向时非常有用。如图11-40所示可以在【覆盖材质】的通道上加载一个【标准材质】，并在其【漫反射】通道上加载一个【VR边纹理】贴图。渲染效果如图11-41所示。

图11-40

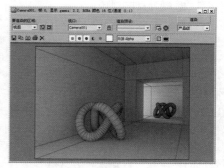

图11-41

○ 光泽效果：用于控制是否开启反射或折射模糊效果。当取消选中该复选框时，场景中带模糊的材质将不会渲染出反射或折射模糊效果。

⑮ 光线跟踪

○ 二次光线偏移：设置光线发生二次反弹时的偏移距离，主要用于检查建模时有无重面，并且纠正其反射出现的错误，在默认的情况下将产生黑斑，一般设为0.001。如在图11-42中，地面上放了一个长方体，它的位置刚好和地面重合，当【二次光线偏移】数值为0时，渲染结果不正确，出现黑块；当【二次光线偏移】数值为0.001时，渲染结果正常，没有黑斑，如图11-43所示。

图11-42

图11-43

⑥ 兼容性

- 旧版阳光/天空/摄影机模式：由于3ds Max存在版本问题，因此该选项可以选择是否启用旧版阳光/天空/摄影机的模式。

- 使用3ds Max光度学比例：默认情况下是选中该复选框的，也就是默认是使用3ds Max光度学比例的。

📷 图像采样器（反锯齿）

抗锯齿在渲染设置中是一个必须调整的参数，其数值的大小决定了图像的渲染精度和渲染时间，但抗锯齿与全局照明精度的高低没有关系，只作用于场景物体的图像和物体的边缘精度，其参数设置面板如图11-44所示。

图11-44

- **类型**：用来设置图像采样器的类型，包括固定、自适应DMC和自适应细分3种类型。

  • **固定**：对每个像素使用一个固定的细分值。该采样方式适合拥有大量的模糊效果（如运动模糊、景深模糊、反射模糊、折射模糊等）或者具有高细节纹理贴图的场景，渲染速度比较快。其参数面板如图11-45所示，细分值越高，采样品质越高，渲染时间也越长。

  • **自适应DMC**：这种采样方式可以根据每个像素及与它相邻像素的明暗差异，来使不同像素使用不同的样本数量。在角落部分使用较高的样本数量，在平坦部分使用较低的样本数量。该采样方式适合拥有少量的模糊效果或者具有高细节的纹理贴图以及具有大量几何体面的场景，其参数面板如图11-46所示。

图11-45

图11-46

  • **自适应细分**：这个采样器具有负值采样的高级抗锯齿功能，适用于没有或者有少量的模糊效果的场景中，在这种情况下，它的渲染速度最快，但是在具有大量细节和模糊效果的场景中，它的渲染速度会非常慢，渲染品质也不高。这是因为它需要去优化模糊和大量的细节，这样就需要对模糊和大量细节进行预计算，从而把渲染速度降低。同时该采样方式是3种采样类型中最占内存资源的一种，而【固定】采样器占的内存资

源最少，其参数面板如图11-47所示。

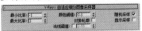
图11-47

一般情况下，【固定】方式由于其速度较快而用于测试，细分值保持默认，在最终出图时选用【自适应DMC】或者【自适应细分】。对于具有大量模糊特效（如运动模糊、景深模糊、反射模糊、折射模糊）或高细节的纹理贴图场景，使用【固定】方式是兼顾图像品质与渲染时间的最好选择。

- **开**：关闭抗锯齿过滤器，常用于测试渲染，渲染速度非常快、质量较差，如图11-48所示。

图11-48

- **抗锯齿方式**：设置渲染场景的抗锯齿过滤器。当选中【开】复选框以后，可以从后面的下拉列表框中选择一个抗锯齿方式来对场景进行抗锯齿处理；如果取消选中【开】复选框，那么渲染时将使用纹理抗锯齿过滤型。

  • **区域**：用区域大小来计算抗锯齿，如图11-49所示。

  • **清晰四方形**：来自Neslon Max算法的清晰九像素重组过滤器，如图11-50所示。

图11-49

图11-50

  • **Catmull-Rom**：一种具有边缘增强的过滤器，可以产生较清晰的图像效果，如图11-51所示。

  • **图版匹配/MAX R2**：使用3ds Max R2的方法（无贴图过滤）将摄影机和场景或【无光/投影】元素与未过滤的背景图像相匹配，如图11-52所示。

图11-51

图11-52

- **四方形**：和【清晰四方形】相似，能产生一定的模糊效果，如图11-53所示。
- **立方体**：基于立方体的25像素过滤器，能产生一定的模糊效果，如图11-54所示。

图11-53　　　　　　　　图11-54

- **视频**：适合于制作视频动画的一种抗锯齿过滤器，如图11-55所示。
- **柔化**：用于程度模糊效果的一种抗锯齿过滤器，如图11-56所示。

图11-55　　　　　　　　图11-56

- **Cook变量**：一种通用过滤器，较小的数值可以得到清晰的图像效果，如图11-57所示。
- **混合**：一种用混合值来确定图像清晰或模糊的抗锯齿过滤器，如图11-58所示。

图11-57　　　　　　　　图11-58

- **Blackman**：一种没有边缘增强效果的抗锯齿过滤器，如图11-59所示。
- **Mitchell-Netravali**：一种常用的过滤器，能产生微量模糊的图像效果，如图11-60所示。

图11-59　　　　　　　　图11-60

- **VRayLanczos/VRaySincFilter**：V-Ray新版本中的两个新抗锯齿过滤器，可以很好地平衡渲染速度和渲染质量，如图11-61所示。
- **VRayBox/VRayTriangleFilter**：这也是V-Ray新版本中的抗锯齿过滤器，以【盒子】和【三角形】的方式进行抗锯齿，如图11-62所示。

图11-61　　　　　　　　图11-62

- **大小**：设置过滤器的大小。

技巧提示

考虑到渲染的质量和速度，通常是测试渲染时关闭抗锯齿过滤器，而最终渲染选用Mitchell-Netravali 或Catmull Rom。

自适应DMC采样器

自适应DMC采样器是一种高级抗锯齿采样器。在【图像采样器】选项组下设置【类型】为【自适应DMC】，此时系统会增加一个【自适应DMC图像采样器】卷展栏，如图11-63所示。

- **最小细分**：定义每个像素使用样本的最小数量。
- **最大细分**：定义每个像素使用样本的最大数量。
- **颜色阈值**：色彩的最小判断值，当色彩的判断达到这个值以后，就停止对色彩的判断。具体一点就是分辨哪些是平坦区域，哪些是角落区域。这里的色彩应该理解为色彩的灰度。
- **使用确定性蒙特卡洛采样器阈值**：如果选中该复选框，【颜色阈值】选项将不起作用，取而代之的是采用【DMC采样器】里的阈值。
- **显示采样**：选中该复选框后，可以看到【自适应DMC】的样本分布情况。

当设置图像采样器类型为【自适应细分】时，会出现【自适应细分图像采样器】卷展栏，如图11-64所示。

图11-63　　　　　　　　图11-64

- **对象轮廓**：选中该复选框时，使得采样器强制在物体的边进行超级采样而不管它是否需要进行超级采样。
- **法线阈值**：选中该复选框时，将使超级采样沿法线方向急剧变化。
- **随机采样**：该选项默认为选中，可以控制随机的采样。

环境

【环境】卷展栏分为【全局照明环境(天光)覆盖】、【反射/折射环境覆盖】和【折射环境覆盖】3个选项组，如图11-65所示。

图11-65

01 全局照明环境（天光）覆盖

◎ 开：控制是否开启V-Ray的天光。当选中该复选框后，3ds Max默认的天光效果将不起光照作用。如图11-66所示为取消选中【开】复选框和选中【开】复选框，并设置倍增为1.5的对比效果。

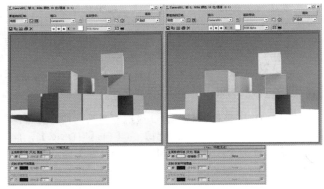

图11-66

◎ 颜色：设置天光的颜色。

◎ 倍增器：设置天光亮度的倍增。值越高，天光的亮度越高。

◎ None 按钮：选择贴图来作为天光的光照。

02 反射/折射环境覆盖

◎ 开：当选中该复选框后，当前场景中的反射/折射环境将由它来控制。

◎ 颜色：设置反射/折射环境的颜色。

◎ 倍增器：设置反射环境/折射亮度的倍增。值越高，反射折/射环境的亮度越高。

◎ None 按钮：选择贴图来作为反射/折射环境。

03 折射环境覆盖

◎ 开：当选中该复选框后，当前场景中的折射环境由它来控制。

◎ 颜色：设置折射环境的颜色。

◎ 倍增器：设置反射环境亮度的倍增。值越高，折射环境的亮度越高。

◎ None 按钮：选择贴图来作为折射环境。

颜色贴图

【颜色贴图】卷展栏下的参数用来控制整个场景的色彩和曝光方式，其参数设置面板如图11-67所示。

图11-67

◎ 类型：提供不同的曝光模式，包括线性倍增、指数、HSV指数、强度指数、伽玛校正、强度伽玛和莱因哈德7种模式。

• 线性倍增：这种模式将基于最终色彩亮度来进行线性的倍增，这种模式可能会导致靠近光源的点过分明亮，容易产生曝光效果，如图11-68所示。

• 指数：这种曝光采用指数模式，它可以降低靠近光源处表面的曝光效果，同时场景颜色的饱和度会降低，易产生柔和效果，如图11-69所示。

图11-68　　　　　图11-69

• HSV指数：与【指数】曝光比较相似，不同点在于可以保持场景物体的颜色饱和度，但是这种方式会取消高光的计算，如图11-70所示。

• 强度指数：这种方式是对上面两种指数曝光的结合，既抑制了光源附近的曝光效果，又保持了场景物体的颜色饱和度，如图11-71所示。

图11-70　　　　　图11-71

• 伽玛校正：采用伽玛来修正场景中的灯光衰减和贴图色彩，其效果和【线性倍增】曝光模式类似，如图11-72所示。

• 强度伽玛：这种曝光模式不仅拥有【伽玛校正】的优点，同时还可以修正场景灯光的亮度，如图11-73所示。

图11-72

图11-73

- 莱因哈德：这种曝光方式可以把【线性倍增】和【指数】曝光混合起来，如图11-74所示。

图11-74

- ◎ 子像素映射：在实际渲染时，物体的高光区与非高光区的界限处会有明显的黑边，而选中该复选框后就可以缓解这种现象。

- ◎ 钳制输出：当选中该复选框后，在渲染图中有些无法表现出来的色彩会通过限制来自动纠正，但是当使用HDRI（高动态范围贴图）时，如果限制了色彩的输出会出现一些问题。

- ◎ 影响背景：控制是否让曝光模式影响背景。当取消选中该复选框时，背景不受曝光模式的影响，如图11-75所示。

图11-75

- ◎ 不影响颜色（仅自适应）：在使用HDRI（高动态范围贴图）和【VR灯光材质】时，若取消选中该复选框，【颜色映射】卷展栏下的参数将对这些具有发光功能的材质或贴图产生影响。

- ◎ 线性工作流：通过调整图像的灰度值，使得图像得到线性化显示的技术流程，而线性化的本意就是让图像得到正确的显示结果。

摄像机

摄像机是V-Ray系统里的一个摄像机特效功能，可以制作景深和运动模糊等效果，其参数面板如图11-76所示。

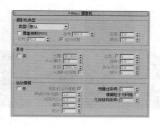
图11-76

01 摄像机类型

【摄影机类型】选项组主要用来定义三维场景投射到平面的不同方式，其具体参数如图11-77所示。

图11-77

- ◎ 类型：VRay支持7种摄影机类型，分别是默认、球形、圆柱(点)、圆柱(正交)、盒、鱼眼、变形球(旧式)。

- 默认：这个是标准摄影机类型，和3ds Max里默认的摄影机效果一样，把三维场景投射到一个平面上，如图11-78所示。

- 球形：将三维场景投射到一个球面上，如图11-79所示。

图11-78

图11-79

- 圆柱（点）：由【默认】摄影机和【球形】摄影机叠加而成的效果，在水平方向上采用【球形】摄影机的计算方式，而在垂直方向上采用【默认】摄影机的计算方式，如图11-80所示。

- 圆柱（正交）：这种摄影机也是个混合模式，在水平方向上采用【球形】摄影机的计算方式，而在垂直方向上采用视线平行排列，如图11-81所示。

图11-80

图11-81

- 盒：这种方式是把场景按照盒子的方式进行展开，如图11-82所示。

- 鱼眼：这种方式就是常说的环境球拍摄方式，如图11-83所示。

图11-82　　　　　　　　　图11-83

- **变形球（旧式）**：是一种非完全球面摄影机类型，如图11-84所示。

图11-84

- **覆盖视野（FOV）**：用来替代3ds Max默认摄影机的视角，3ds Max默认摄影机的最大视角为180°，而这里的视角最大可以设定为360°。

- **视野**：这个值可以替换3ds Max默认的视角值，最大值为360°。

- **高度**：当仅使用【圆柱(正交)】摄影机时，该选项才可用，用于设定摄影机高度。

- **自动调整**：当使用【鱼眼】和【变形球(旧式)】摄影机时，该选项才可用。当选中该复选框时，系统会自动匹配歪曲直径到渲染图像的宽度上。

- **距离**：当使用【鱼眼】摄影机时，该选项才可用。在关闭【自适应】选项的情况下，【距离】选项用来控制摄影机到反射球之间的距离，值越大，表示摄影机到反射球之间的距离越大。

- **曲线**：当使用【鱼眼】摄影机时，该选项才可用，主要用来控制渲染图形的扭曲程度。值越小，扭曲程度越大。

02 景深

【景深】选项组主要用来模拟摄影中的景深效果，其参数面板如图11-85所示。

图11-85

- **开**：控制是否开启景深。

- **光圈**：【光圈】值越小，景深越大；【光圈】值越大，景深越小，模糊程度越高。如图11-86所示为【光圈】值为20mm和40mm时的渲染效果。

- **中心偏移**：这个参数主要用来控制模糊效果的中心位置，值为0表示以物体边缘均匀向两边模糊；正值表示

模糊中心向物体内部偏移；负值则表示模糊中心向物体外部偏移。如图11-87所示为【中心偏移】值为 - 6和6时的渲染效果。

图11-86

图11-87

- **焦距**：摄影机到焦点的距离，焦点处的物体最清晰。如图11-88所示为【焦距】值为50mm和100mm时的渲染效果。

图11-88

- **从摄影机获取**：当选中该复选框时，焦点由摄影机的目标点确定。

- **边数**：这个选项用来模拟物理世界中的摄影机光圈的多边形形状，如5就代表五边形。

- **旋转**：光圈多边形形状的旋转。

- **各向异性**：控制多边形形状的各向异性，值越大，形状越扁。

- **细分**：用于控制景深效果的品质。

03 运动模糊

【运动模糊】选项组中的参数用来模拟真实摄影机拍摄运动物体所产生的模糊效果，它仅对运动的物体有效，其参数面板如图11-89所示。

图11-89

- 开：选中该复选框后，可以开启运动模糊特效。
- 持续时间（帧数）：控制运动模糊每一帧的持续时间，值越大，模糊程度越强。
- 间隔中心：用来控制运动模糊的时间间隔中心，0表示间隔中心位于运动方向的后面；0.5表示间隔中心位于模糊的中心；1表示间隔中心位于运动方向的前面。

- 偏移：用来控制运动模糊的偏移，0表示不偏移；负值表示沿着运动方向的反方向偏移；正值表示沿着运动方向偏移。
- 细分：控制模糊的细分，较小的值容易产生杂点，较大的值模糊效果的品质较高。
- 预通过采样：控制在不同时间段上的模糊样本数量。
- 模糊粒子为网格：当选中该复选框后，系统会把模糊粒子转换为网格物体来计算。
- 几何结构采样：这个值常用在制作物体的旋转动画上。如果使用默认值2，那么模糊的边将是一条直线；如果取值为8，那么模糊的边将是一个8段细分的弧形。通常为了得到比较精确的效果，需要把这个值设定在5以上。

11.6.3 间接照明

从字面意思可以知道，间接照明的照明不是直接进行的。例如，一个房间内有一盏吊灯，吊灯为什么会照射出真实的光感，那是因为通过间接照明，吊灯照射到地面和墙面，而地面和墙面互相反弹光，包括房间内的所有物体都会进行多次反弹，这样所有的物体看起来都是受光的，只是受光的多少不同。这也就是为什么我们在使用3ds Max制作作品时，开启了【间接照明】后会看起来更加真实的原因。原理示意图如图11-90所示。

图11-90

间接照明

在V-Ray渲染器中，没有开启V-Ray间接照明时的效果就是直接照明效果，开启后就可以得到间接照明效果。开启V-Ray间接照明后，光线会在物体与物体间互相反弹，因此光线计算得会更准确，图像也更加真实，其参数设置面板如图11-91所示。

图11-91

- 开：选中该复选框后，将开启间接照明效果。一般来说，为了模拟真实的效果，都需要选中【开】复选框，如图11-92所示为选中【开】复选框和取消选中

【开】复选框的对比效果。

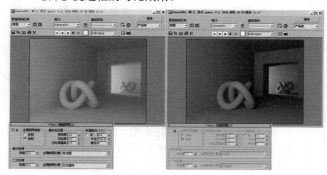

图11-92

- 全局照明焦散：只有在【焦散】卷展栏下选中【开】复选框后该功能才可用。
  - 反射：控制是否开启反射焦散效果。
  - 折射：控制是否开启折射焦散效果。
- 渲染后处理：控制场景中的饱和度和对比度。
  - 饱和度：可以用来控制色溢，降低该数值可以降低色溢效果。如图11-93所示为设置【饱和度】为1和0的对比效果。

图11-93

- 对比度：控制色彩的对比度。数值越高，色彩对比越强；数值越低，色彩对比越弱。如图11-94所示为设置

【对比度】为1和5时的对比效果。

图11—94

- 对比度基数：控制【饱和度】和【对比度】的基数。数值越高，【饱和度】和【对比度】效果越明显。

◉ 环境阻光：该选项组可以控制AO贴图的效果。

- 开：控制是否开启环境阻光（AO）。
- 半径：控制环境阻光（AO）的半径。
- 细分：环境阻光（AO）的细分。

◉ 首次反弹/二次反弹：在真实世界中，光线的反弹一次比一次减弱。V-Ray渲染器中的全局照明有【首次反弹】和【二次反弹】，但并不是说光线只反射两次，【首次反弹】可以理解为直接照明的反弹，光线照射到A物体后反射到B物体，B物体所接收到的光就是【首次反弹】，B物体再将光线反射到D物体，D物体再将光线反射到E物体……，D物体以后的物体所得到的光的反射就是【二次反弹】。

- 倍增：控制【首次反弹】和【二次反弹】的光的倍增值。值越高，【首次反弹】和【二次反弹】的光的能量越强，渲染场景越亮，默认情况下为1。如图11-95所示为设置【首次反弹】为1和2时的对比效果。

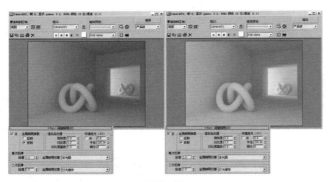

图11—95

◉ 全局照明引擎：设置【首次反弹】和【二次反弹】的全局照明引擎。一般最常用的搭配是设置【首次反弹】为【发光图】，设置【二次反弹】为【灯光缓存】。如图11-96所示为设置【首次反弹】为【发光图】、【二次反弹】为【灯光缓存】和设置【首次反弹】为【BF算法】、【二次反弹】为【BF算法】的对比效果。

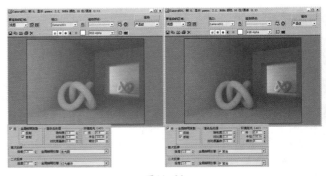

图11—96

发光图

在V-Ray渲染器中，发光图这个术语是计算场景中物体的漫反射表面发光时采取的一种有效的方法。因此，在计算间接照明时，并不是场景的每一个部分都需要同样的细节表现，它会自动判断在重要的部分进行更加准确的计算，而在不重要的部分进行粗略的计算。发光图是计算3D空间点的集合的间接照明光。当光线发射到物体表面时，VRay会在发光图中寻找是否具有当前点类似的方向和位置的点，从这些被计算过的点中提取信息。

发光图是一种常用的全局照明引擎，它只存在于【首次反弹】引擎中，其参数设置面板如图11-97所示。

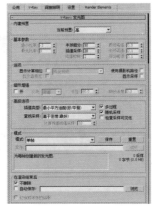

图11—97

① 内建预置

在【内建预置】选项组下，主要用来选择当前预置的类型，其具体参数如图11-98所示。

◉ 当前预置：设置发光图的预设类型，共有以下8种，如图11-99所示。

图11—98   图11—99

- 自定义：选择该模式时，可以手动调节参数。
- 非常低：这是一种非常低的精度模式，主要用于测试阶段。如图11-100所示需要在该步骤渲染两次。

图11-100

- 低：一种比较低的精度模式，不适合用于保存光子贴图。
- 中：是一种中级品质的预设模式。
- 中-动画：用于渲染动画效果，可以解决动画闪烁的问题。
- 高：一种高精度模式，一般用在光子贴图中。如图11-101所示需要在该步骤渲染4次。

图11-101

- 高-动画：比中等品质效果更好的一种动画渲染预设模式。
- 非常高：预设模式中精度最高的一种，可以用来渲染高品质的效果图。

⓶ 基本参数

【基本参数】选项组下的参数主要用来控制样本的数量、采样的分布及物体边缘的查找精度，其具体参数如图11-102所示。

图11-102

- ◉ 最小比率：主要控制场景中比较平坦、面积比较大的面的质量受光，这个参数确定 GI 首次传递的分辨率。当【最小比率】比较小时，样本在平坦区域的数量也比较小，当然渲染时间也比较少；当【最小比率】比较大时，样本在平坦区域的样本数量比较多，同时渲染时间会增加。如图11-103所示为设置【最小比率】为 - 2和 - 5的对比效果。
- ◉ 最大比率：主要控制场景中细节比较多、弯曲较大的物体表面或物体交汇处的质量。测试时可以给到 - 5或 - 4，

最终出图时可以给到 - 2或 - 1或 0，光子图可设为 - 1。【最大比率】越大，转折部分的样本数量越多，渲染时间越长；【最大比率】越小，转折部分的样本数量越少，渲染时间越快。对比效果如图11-104所示。

图11-103　　　　　　　图11-104

- ◉ 半球细分：为VRay采用的是几何光学，它可以模拟光线的条数。这个参数就是用来模拟光线的数量，半球细分数值越高，表现光线越多，那么样本精度也就越高，渲染的品质也越好，同时渲染时间也会增加。如图11-105所示为设置【半球细分】为5和50时的对比效果。

图11-105

- ◉ 插值采样：这个参数是对样本进行模糊处理，较大的值可以得到比较模糊的效果，较小的值可以得到比较锐利的效果。如图11-106所示为设置【半球细分】为50、【插值采样】为20和设置【半球细分】为20、【插值采样】为10的对比效果。可以发现设置为【半球细分】和【插值采样】的数值越大，渲染越精细，速度越慢。

图11-106

- ◉ 颜色阈值：这个值主要是让渲染器分辨哪些是平坦区域，哪些不是平坦区域，它是按照颜色的灰度来区分的。值越小，对灰度的敏感度越高，区分能力越强。
- ◉ 法线阈值：这个值主要是让渲染器分辨哪些是交叉区域，哪些不是交叉区域，它是按照法线的方向来区分的。值越小，对法线方向的敏感度越高，区分能力越强。

⊙ **间距阈值**：这个值主要是让渲染器分辨哪些是弯曲表面区域，哪些不是弯曲表面区域，它是按照表面距离和表面弧度的比较来区分的。值越高，表示弯曲表面的样本越多，区分能力越强。

⊙ **插值帧数**：该数值用于控制插补的帧数。默认数值为2。

03 选项

【选项】选项组下的参数主要用来控制渲染过程的显示方式和样本是否可见，其参数面板如图11-107所示。

图11-107

⊙ **显示计算相位**：选中该复选框后，用户可以看到渲染帧里的GI预计算过程，同时会占用一定的内存资源，如图11-108所示。

图11-108

⊙ **显示直接光**：在预计算时显示直接光，以方便用户观察直接光照的位置。

⊙ **显示采样**：显示采样的分布及分布的密度，帮助用户分析GI的精度够不够。

⊙ **使用摄影机路径**：选中该复选框将会使用摄影机的路径。

04 细节增强

【细节增强】使用高蒙特卡洛积分计算方式来单独计算场景物体的边线、角落等细节，这样在平坦区域就不需要很高的GI，总体来说节约了渲染时间，并且提高了图像的品质，其参数面板如图11-109所示。

图11-109

⊙ **开**：是否开启【细部增强】功能。如图11-110所示为开启和关闭该选项的对比效果。

图11-110

⊙ **比例**：细分半径的单位依据，有【屏幕】和【世界】两个单位选项。【屏幕】是指用渲染图的最后尺寸来作为单位；【世界】是用3ds Max系统中的单位来定义的。

⊙ **半径**：表示细节部分有多大区域使用【细节增强】功能。【半径】值越大，使用【细部增强】功能的区域也就越大，同时渲染时间也越长。

⊙ **细分倍增**：控制细部的细分，但是这个值和发光图中的【半球细分】有关，0.3代表细分是【半球细分】的30%；1代表和【半球细分】的值一样。值越低，细部就越会产生杂点，渲染速度越快；值越高，细部就可以避免产生杂点，同时渲染速度会越慢。

05 高级选项

【高级选项】选项组下的参数主要是对样本的相似点进行插值、查找，其参数面板如图11-111所示。

图11-111

⊙ **插值类型**：V-Ray提供了4种样本插补方式，为发光图的样本的相似点进行插补。

• **权重平均值（好/强）**：这个插值方式是V-Ray早期采用的方式，它根据采样点到插值点的距离和法线差异进行简单的混合而得到最后的样本，从而进行渲染。这个方式渲染出来的结果是4种插值方式中最差的一个。

• **最小平方适配（好/光滑）**：这个插值方式和【Delone三角剖分(好/精确)】比较类似，但是它的算法会比【Delone三角剖分(好/精确)】在物理边缘上要模糊。它的主要优势在于更适合计算物体表面过渡区的插值，效果不是最好的。

• **Delone三角剖分（好/精确）**：这个方式与上面两种的不同之处在于，它尽量避免采用模糊方式去计算物体的边缘，所以计算的结果相当精确，主要体现在阴影比较实，其效果也是比较好的。

• **最小平方权重/泰森多边形权重（测试）**：它采用类似于【最小平方适配(好/光滑)】的计算方式，但同时又结合【Delone三角剖分(好/精确)】的一些算法，让物体的表面过渡区域和阴影双方都得到比较好的控制，是4种方式中最好的一种，但是速度也是最慢的。

⊙ **查找采样**：它主要控制哪些位置的采样点适合用来作为基础插补的采样点。VRay内部提供了以下4种样本查找方式。

• **平衡嵌块（好）**：它将插值点的空间划分为4个区域，然后尽量在它们中寻找相等数量的样本，它的渲染效果比【最近(草稿)】效果好，但是渲染速度比最近(草稿)慢。

• **最近（草稿）**：这种方式是一种草图方式，它简单地使用【发光图】的最靠近的插值点样本来渲染图形，渲染速度比较快。

- **重叠（很好/快速）**：这种查找方式需要对发光图进行预处理，然后对每个样本半径进行计算。低密度区域样本半径比较大，而高密度区域样本半径比较小。渲染速度比其他3种都快。

- **基于密度（最好）**：它基于总体密度来进行样本查找，不但物体边缘处理非常好，而且在物体表面也处理得十分均匀。它的效果比【重叠(很好/快速)】更好，其速度也是4种查找方式中最慢的一个。

- ○ **计算传递差值采样**：用在计算发光图过程中，主要计算已经被查找后的插补样本的使用数量。较低的数值可以加速计算过程，但是会导致信息不足；较高的值计算速度会减慢，但是所利用的样本数量比较多，所以渲染质量也比较好。官方推荐使用10~25之间的数值。

- ○ **多过程**：当选中该复选框时，VRay会根据【最大比率】和【最小比率】进行多次计算。如果取消选中该复选框，那么就强制一次性计算完。一般根据多次计算以后的样本分布会均匀合理一些。

- ○ **随机采样**：控制发光图的样本是否随机分配。如图11-112所示为取消选中和选中该复选框的对比效果。

图11-112

- ○ **检查采样可见性**：在灯光通过比较薄的物体时，很有可能会产生漏光现象，选中该复选框可以解决这个问题，但是渲染时间就会长一些。通常在比较高的GI情况下，也不会漏光，所以一般情况下取消选中该复选框。如图11-113所示为取消选中和选中该复选框的对比效果。

图11-113

○6 **模式**

　　【模式】选项组下的参数主要是提供发光图的使用模式，其参数面板如图11-114所示。

- ○ **模式**：共有以下8种模式，如图11-115所示。
- • **单帧**：一般用来渲染静帧图像。在渲染完图像后，可以

　　单击 保存 按钮，将光子保存到硬盘中，如图11-116所示。

图11-114　　　　　　　图11-115

图11-116

- • **多帧增量**：这个模式用于渲染仅有摄影机移动的动画。当V-Ray计算完第1帧的光子以后，在后面的帧里根据第1帧里没有的光子信息进行新计算，这样就节约了渲染时间。

- • **从文件**：当渲染完光子以后，可以将其保存起来，这个选项就是调用保存的光子图进行动画计算（静帧同样也可以这样）。将【模式】切换到【从文件】，然后单击浏览按钮，就可以从硬盘中调用需要的光子图进行渲染，如图11-117所示。这种方法非常适合渲染大尺寸图像。

图11-117

- • **添加到当前贴图**：当渲染完一个角度时，可以把摄影机转一个角度再全新计算新角度的光子，最后把这两次的光子叠加起来，这样的光子信息更丰富、更准确，同时也可以进行多次叠加。

- • **增量添加到当前贴图**：这个模式和【添加到当前贴图】相似，只不过它不是全新计算新角度的光子，而是只对没有计算过的区域进行新的计算。

- • **块模式**：把整个图分成块来计算，渲染完一个块再进行下一个块的计算，但是在低GI的情况下，渲染出来的块会出现错位的情况。它主要用于网络渲染，速度比其他方式快。

- • **动画（预通过）**：适合动画预览，使用这种模式要预先保存好光子贴图。

- 动画（渲染）：适合最终动画渲染，这种模式要预先保存好光子贴图。
- 保存 按钮：将光子图保存到硬盘。
- 重置 按钮：将光子图从内存中清除。
- 文件：设置光子图所保存的路径。
- 浏览 按钮：从硬盘中调用需要的光子图进行渲染。

07 在渲染结束后

　　【在渲染结束后】选项组下的参数主要用来控制光子图在渲染完以后如何处理，其参数面板如图11-118所示。

图11-118

- 不删除：当光子渲染完以后，不把光子从内存中删掉。
- 自动保存：当光子渲染完以后，自动保存在硬盘中，单击 浏览 按钮就可以选择保存位置。
- 切换到保存的贴图：当选中【自动保存】复选框后，在渲染结束时会自动进入【从文件】模式并调用光子贴图。

BF 强算全局光

　　【BF 强算全局光】计算方式是由蒙特卡罗积分方式演变过来的，它和蒙特卡罗不同的是多了细分和反弹控制，并且内部计算方式采用了一些优化方式。虽然它的计算精度是相当精确的，但是渲染速度比较慢，在细分比较小时，会有杂点产生。其参数面板如图11-119所示。

图11-119

- 细分：定义【强算全局照明】的样本数量，值越大，效果越好，速度越慢；值越小，产生的杂点越多，渲染速度越快。
- 二次反弹：当【二次反弹】也选择【强算全局照明】以后，这个选项才被激活。它控制【二次反弹】的次数，值越小，【二次反弹】越不充分，场景越暗。通常在值达到8以后，更高值的渲染效果区别不是很大，同时值越高，渲染速度越慢。

 技巧提示

　　【BF强算全局光】卷展栏只有在设置【全局光引擎】为【BF算法】时才会出现，如图11-120所示。

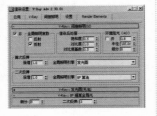

图11-120

灯光缓存

　　灯光缓存与发光图比较相似，都是将最后的光发散到摄影机后得到最终图像，只是灯光缓存与发光图的光线路径是相反的，发光图的光线追踪方向是从光源发射到场景的模型中，最后再反弹到摄影机，而灯光缓存是从摄影机开始追踪光线到光源，摄影机追踪光线的数量就是灯光缓存的最后精度。由于灯光缓存是从摄影机方向开始追踪光线的，所以最后的渲染时间与渲染图像的像素没有关系，只与其中的参数有关，一般适用于二次反弹。其参数设置面板如图11-121所示。

图11-121

01 计算参数

　　【计算参数】选项组用来设置灯光缓存的基本参数，如细分、采样大小、单位依据等，其参数面板如图11-122所示。

图11-122

- 细分：用来决定灯光缓存的样本数量。值越高，样本总量越多，渲染效果越好，渲染时间越慢。
- 采样大小：用来控制灯光缓存的样本大小，比较小的样本可以得到更多的细节，但是同时需要更多的样本。
- 比例：主要用来确定样本的大小依靠什么单位，这里提供了以下两种单位。一般在效果图中使用【屏幕】选项，在动画中使用【世界】选项。
- 进程数：这个参数由CPU的个数来确定，如果是单CUP单核单线程，那么就可以设定为1；如果是双核，就可以设定为2。注意，这个值设定得太大会让渲染的图像有点模糊。
- 储存直接光：选中该复选框以后，灯光缓存将储存直接光照信息。当场景中有很多灯光时，使用这个选项提高渲染速度。因为它已经把直接光照信息保存到灯光缓存里，在渲染出图时，不需要对直接光照再进行采样计算。
- 显示计算相位：选中该复选框以后，可以显示灯光缓存的计算过程，方便观察。
- 自适应跟踪：这个选项的作用在于记录场景中的灯光位

置，并在光的位置上采用更多的样本，同时模糊特效也会处理得更快，但是会占用更多的内存资源。

- 仅使用方向：当选中【自适应跟踪】复选框以后，该选项才被激活。它的作用在于只记录直接光照的信息，而不考虑间接照明，可以加快渲染速度。

⑫ 重建参数

【重建参数】选项组主要是对灯光缓存的样本以不同的方式进行模糊处理，其参数面板如图11-123所示。

图11-123

- 预滤器：当选中该复选框以后，可以对灯光缓存样本进行提前过滤，它主要是查找样本边界，然后对其进行模糊处理。后面的值越高，对样本进行模糊处理的程度越深。

- 使用光泽光线的灯光缓存：控制是否使用平滑的灯光缓存，开启该功能后会使渲染效果更加平滑，但会影响到细节效果。

- 过滤器：该选项是在渲染最后成图时，对样本进行过滤，其下拉列表框中共有以下3个选项。

- 无：对样本不进行过滤。

- 最近：当使用这个过滤方式时，过滤器会对样本的边界进行查找，然后对色彩进行均化处理，从而得到一个模糊效果。

- 固定：这个方式和【最近】方式的不同点在于，它采用距离的判断来对样本进行模糊处理。

- 插值采样：这个参数是对样本进行模糊处理，较大的值可以得到比较模糊的效果，较小的值可以得到比较锐利的效果。

- 折回阈值：控制折回的阈值数值。

⑬ 模式

【模式】选项组与发光图中的光子图使用模式基本一致，其参数面板如图11-124所示。

图11-124

- 模式：设置光子图的使用模式，共有以下4种类型。

- 单帧：一般用来渲染静帧图像。

- 穿行：这个模式用在动画方面，它把第1帧到最后1帧的所有样本都融合在一起。

- 从文件：使用这种模式，V-Ray要导入一个预先渲染好的光子贴图，该功能只渲染光影追踪。

- 渐进路径跟踪：这个模式就是常说的PPT，它是一种新的计算方式，和【自适应DMC】一样是精确的计算方式。不同的是，它不停地去计算样本，不对任何样本进行优化，直到样本计算完毕为止。

- 保存到文件 按钮：将保存在内存中的光子贴图再次进行保存。

- 浏览 按钮：从硬盘中浏览保存好的光子图。

⑭ 在渲染结束后

【在渲染结束后】选项组主要用来控制光子图在渲染完以后如何处理，其参数面板如图11-125所示。

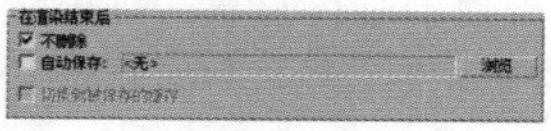

图11-125

- 不删除：当光子渲染完以后，不把光子从内存中删掉。

- 自动保存：当光子渲染完以后，自动保存在硬盘中，单击 浏览 按钮可以选择保存位置。

- 切换到被保存的缓存：当选中【自动保存】复选框以后，这个选项才被激活。当选中该复选框以后，系统会自动使用最新渲染的光子图来进行大图渲染。

11.6.4 设置

DMC采样器

【DMC采样器】卷展栏下的参数可以用来控制整体的渲染质量和速度，其参数设置面板如图11-126所示。

图11-126

- 适应数量：主要用来控制自适应的百分比。

- 噪波阈值：控制渲染中所有产生噪点的极限值，包括灯光细分、抗锯齿等。数值越小，渲染品质越高，渲染速度越慢。

- 时间独立：控制是否在渲染动画时对每一帧都使用相同的【DMC采样器】参数设置。

- 最小采样值：设置样本及样本插补中使用的最少样本数量。数值越小，渲染品质越低，速度就越快。

- **全局细分倍增**：V-Ray渲染器有很多细分选项，该选项用来控制所有细分的百分比。
- **路径采样器**：设置样本路径的选择方式，每种方式都会影响渲染速度和品质，在一般情况下选择默认方式即可。

默认置换

【默认置换】卷展栏下的参数是用灰度贴图来实现物体表面的凹凸效果，它对材质中的置换起作用，而不作用于物体表面，其参数设置面板如图11-127所示。

图11-127

- **覆盖Max设置**：控制是否用【默认置换】卷展栏下的参数来替代3ds Max中的置换参数。
- **边长**：设置3D置换中产生最小的三角面长度。数值越小，精度越高，渲染速度越慢。
- **依赖于视图**：控制是否将渲染图像中的像素长度设置为边长度的单位。若取消选中该复选框，系统将以3ds Max中的单位为准。
- **最大细分**：设置物体表面置换后可产生的最大细分值。
- **数量**：设置置换的强度总量。数值越大，置换效果越明显。
- **相对于边界框**：控制是否在置换时关联（缝合）边界。若取消选中该复选框，在物体的转角处可能会产生裂面现象。
- **紧密边界**：控制是否对置换进行预先计算。

系统

【系统】卷展栏下的参数不仅对渲染速度有影响，而且还会影响渲染的显示和提示功能，同时还可以完成联机渲染，其参数设置面板如图11-128所示。

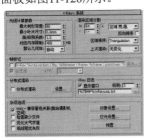

图11-128

01 光线计算参数

- **最大树形深度**：控制根节点的最大分支数量。较高的值会加快渲染速度，同时会占用较多的内存。
- **最小叶片尺寸**：控制叶节点的最小尺寸，当达到叶节点尺寸以后，系统停止计算场景。0表示考虑计算所有的叶节点，这个参数对速度的影响不大。
- **面/级别系数**：控制一个节点中的最大三角面数量，当未超过临近点时，计算速度较快；当超过临近点以后，渲染速度会减慢。所以，这个值要根据不同的场景来设定，进而提高渲染速度。
- **动态内存限制**：控制动态内存的总量。注意，这里的动态内存被分配给每个线程，如果是双线程，那么每个线程各占一半的动态内存。如果这个值较小，那么系统经常在内存中加载并释放一些信息，这样就减慢了渲染速度。用户应该根据自己的内存情况来确定该值。
- **默认几何体**：控制内存的使用方式，共有以下3种方式。
  - **自动**：V-Ray会根据使用内存的情况自动调整使用静态或动态的方式。
  - **静态**：在渲染过程中采用静态内存会加快渲染速度，同时在复杂场景中，由于需要的内存资源较多，经常会出现3ds Max跳出的情况。这是因为系统需要更多的内存资源，这时应该选择动态内存。
  - **动态**：使用内存资源交换技术，当渲染完一个块后就会释放占用的内存资源，同时开始下个块的计算。这样就有效地扩展了内存的使用。注意，动态内存的渲染速度比静态内存慢。

02 渲染区域分割

- **X**：当在在后面的下拉列表框在里选择【区域宽/高】时，它表示渲染块的像素宽度；当在后面的下拉列表框里选择【区域数量】时，它表示水平方向一共有多少个渲染块。
- **Y**：当在后面的下拉列表框里选择【区域 宽/高】时，它表示渲染块的像素高度；当在后面的下拉列表框里选择【区域数量】时，它表示垂直方向一共有多少个渲染块。
- **L按钮**：当单击该按钮使其凹陷后，将强制X和Y的值相同。
- **反向排序**：当选中该复选框以后，渲染顺序将和设定的顺序相反。
- **区域排序**：控制渲染块的渲染顺序，共有以下6种方式。
  - **从上→下**：渲染块将按照从上到下的渲染顺序渲染。
  - **左→右**：渲染块将按照从左到右的渲染顺序渲染。
  - **棋盘格**：渲染块将按照棋格方式的渲染顺序渲染。
  - **螺旋**：渲染块将按照从里到外的渲染顺序渲染。
  - **三角剖分**：这是V-Ray默认的渲染方式，它将图形分为两个三角形依次进行渲染。
  - **稀耳伯特曲线**：渲染块将按照希耳伯特曲线方式的渲染顺序渲染。
- **上次渲染**：这个参数确定在渲染开始的时候，在3ds

Max默认的帧缓存框中以什么样的方式处理先前的渲染图像。这些参数的设置不会影响最终渲染效果，系统提供了以下5种方式。

- 无变化：与前一次渲染的图像保持一致。
- 交叉：每隔两个像素图像被设置为黑色。
- 区域：每隔一条线设置为黑色。
- 暗色：图像的颜色设置为黑色。
- 蓝色：图像的颜色设置为蓝色。

③ 帧标记

- ☑ V-Ray %vrayversion 文件：%filename 帧：%frame 基面数：%hdri ：当选中该复选框后，就可以显示水印。
- 字体 按钮：修改水印里的字体属性。
- 全宽度：水印的最大宽度。当选中该复选框后，它的宽度和渲染图像的宽度相当。
- 对齐：控制水印里的字体排列位置，有【左】、【中】、【右】3个选项。

④ 分布式渲染

- 分布式渲染：当选中该复选框后，可以开启【分布式渲染】功能。
- 设置... 按钮：控制网络中计算机的添加、删除等。

⑤ VRay日志

- 显示窗口：当选中该复选框后，可以显示VRay日志的窗口。
- 级别：控制VRay日志的显示内容，共分为4个级别。1

表示仅显示错误信息；2表示显示错误和警告信息；3表示显示错误、警告和情报信息；4表示显示错误、警告、情报和调试信息。

- c:\VRayLog.txt ...：可以选择保存VRay日志文件的位置。

⑥ 杂项选项

- MAX-兼容着色关联（配合摄影机空间）：有些3ds Max插件（如大气等）是采用摄影机空间来进行计算的，因为它们都是针对默认的扫描线渲染器而开发的。为了保持与这些插件的兼容性，VRay通过转换来自这些插件的点或向量的数据，模拟在摄影机空间计算。
- 检查缺少文件：当选中该复选框时，VRay会自己寻找场景中丢失的文件，并将它们进行列表，然后保存到C:\VRayLog.txt中。
- 优化大气求值：当场景中拥有大气效果，并且大气比较稀薄时，选中该复选框可以得到比较优秀的大气效果。
- 低线程优先权：当选中该复选框时，V-Ray将使用低线程进行渲染。
- 对象设置... 按钮：单击该按钮会弹出【V-Ray对象属性】对话框，其中可以设置场景物体的局部参数。
- 灯光设置... 按钮：单击该按钮会弹出【VR灯光属性】对话框，其中可以设置场景灯光的一些参数。
- 预设 按钮：单击该按钮会打开【V-Ray预置】对话框，其中可以保持当前VRay渲染参数的各种属性，方便以后调用。

11.6.5 Render Elements（渲染元素）

通过添加渲染元素，可以针对某一级别单独进行渲染，并在后期进行调节、合成、处理，非常方便，如图11-129所示。

- 添加：单击可将新元素添加到列表中。单击此按钮会显示【渲染元素】对话框。
- 合并：单击可合并来自其他 3ds Max Design 场景中的渲染元素。【合并】会显示一个【文件】对话框，可以从中选择要获取元素的场景文件。选定文件中的渲染元素列表将添加到当前的列表中。
- 删除：单击可从列表中删除选定对象。

图11-129

- 激活元素：选中该复选框后，单击【渲染】按钮可分别对元素进行渲染。默认设置为启用。
- 显示元素：选中该复选框后，每个渲染元素会显示在各自的窗口中，并且其中的每个窗口都是渲染帧窗口的精简版。
- 元素渲染列表：这个可滚动的列表显示要单独进行渲染的元素以及它们的状态。要重新调整列表中列的大小，可拖动两列之间的边框。
- 选定元素参数：这些控制用来编辑列表中选定的元素。
- 启用：选中该复选框可启用对选定元素的渲染。
- 启用过滤：选中该复选框后，将活动抗锯齿过滤器应用于渲染元素。
- 名称：显示当前选定元素的名称。可以输入元素的自定义名称。
- ■■■（浏览）按钮：在文本框中输入元素的路径和文件名称。

● 输出到 Combustion：启用该选项组后，会生成包含正进行渲染元素的 Combustion 工作区（CWS）文件。

· 启用：选中该复选框后，创建包含已渲染元素的 CWS 文件。

· ▦（浏览）按钮：在文本框中输入 CWS 文件的路径和文件名称。

动手学：设置测试渲染参数

01 按【F10】键，在打开的【渲染设置】对话框中。选择【公用】选项卡，设置输出的尺寸小一些，如图11-130所示。

02 选择【V-Ray】选项卡，展开【图形采样器(反锯齿)】卷展栏，设置【类型】为【固定】，接着设置【抗锯齿过滤器】类型为【区域】。展开【颜色贴图】卷展栏，设置【类型】为【指数】，选中【子像素映射】和【钳制输出】复选框，如图11-131所示。

图11-130

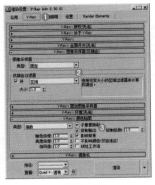

图11-131

03 选择【间接照明】选项卡，设置【首次反弹】为【发光图】，设置【二次反弹】为【灯光缓存】。展开【发光贴图】卷展栏，设置【当前预置】为【非常低】，设置【半球细分】为30、【插值采样】为20，选中【显示计算相位】和【显示直接光】复选框，展开【灯光缓存】卷展栏，设置【细分】为300，选中【存储直接光】和【显示计算相位】复选框，如图11-132所示。

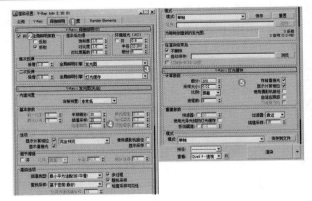

图11-132

04 选择【设置】选项卡，展开【DMC采样器】卷展栏，设置【适应数量】为0.95、【噪波阈值】为0.05，最后取消选中【显示信息窗口】复选框，如图11-133所示。

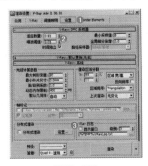

图11-133

动手学：设置最终渲染参数

01 选择【公用】选项卡，设置输出的尺寸大一些，如图11-134所示。

02 选择【V-Ray】选项卡，展开【图形采样器(反锯齿)】卷展栏，设置【类型】为【自适应确定性蒙特卡洛】，接着在【抗锯齿过滤器】选项组下选中【开】复选框，并选择【Catmull-Rom】选项，展开【颜色贴图】卷展栏，设置【类型】为【指数】，选中【子像素映射】和【钳制输出】复选框，如图11-135所示。

图11-134

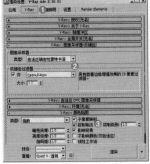

图11-135

03 选择【间接照明】选项卡，设置【首次反弹】为【发光图】，设置【二次反弹】为【灯光缓存】。展开【发光图】卷展栏，设置【当前预置】为【低】，设置【半球细分】为60、【插值采样】为30，选中【显示计算相位】和【显示直接光】复选框，展开【灯光缓存】卷展栏，设置【细分】为1000，选中【存储直接光】和【显示计算相位】复选框，如图11-136所示。

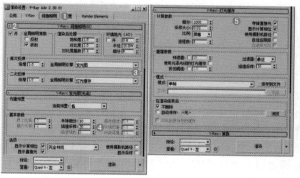

图11-136

04 选择【设置】选项卡，设置【适应数量】为0.85、【噪波阈值】为0.005，最后取消选中【显示窗口】复选框，如图11-137所示。

图11-137

11.7　VRay渲染器综合——西餐厅局部

场景文件	01.max
案例文件	案例文件\Chapter 11\VRay渲染器综合——西餐厅局部.max
视频教学	视频文件\Chapter 11\VRay渲染器综合——西餐厅局部.flv
难易指数	★★★★★
灯光类型	VR太阳、VR灯光
材质类型	VRayMtl材质、VR灯光材质、多维子/对象材质、VR混合材质、VR双面材质
程序贴图	【衰减】贴图、【颜色修正】贴图
技术掌握	掌握各种复杂材质的制作，掌握景深效果的制作

实例介绍

本例是一个西餐厅的局部场景。材质主要使用VRayMtl材质、VR灯光材质、多维子/对象材质、VR混合材质、VR双面材质制作；灯光主要使用VR太阳、VR灯光。本案例的重点在于复杂材质的制作方法，景深效果的模拟。最终效果如图11-138所示。

图11-138

制作步骤

设置VRay渲染器

01 打开本书配套光盘中的【场景文件/Chapter11/01.max】文件，此时场景效果如图11-139所示。

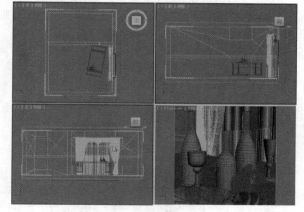

图11-139

02 按【F10】键打开【渲染设置】对话框，选择【公用】选项卡，在【指定渲染器】卷展栏下单击——按钮，在弹出的【选择渲染器】对话框中选择【V-Ray Adv 2.30.01】，如图11-140所示。

315

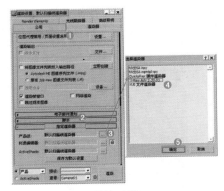

图11—140

03 此时在【指定渲染器】卷展栏下，【产品级】后面显示了【V-Ray Adv 2.30.01】，【渲染设置】对话框中出现了【V-Ray】、【间接照明】、【设置】选项卡，如图11-141所示。

图11—141

材质的制作

下面就来讲述场景中的主要材质的调节，包括酒瓶1、酒瓶2、酒瓶3、餐桌、窗纱、绿色遮光窗帘、环境、高脚杯、面包材质等，效果如图11-142所示。

图11—142

01【酒瓶1】材质的制作

01 按【M】键打开【材质编辑器】对话框，选择1个空白材质球，然后将材质类型设置为【多维/子对象】材质，并命名为【酒瓶1】，具体的调节参数如图11-143所示。

图11—143

在【多维/子对象基本参数】卷展栏下单击【设置数量】按钮，并设置数量为4。在ID1后面的通道上加载【VRayMtl】材质，并将其命名为【1】。在ID2后面的通道上加载【VRayMtl】材质，并将其命名为【2】。在ID3后面的通道上加载【VRayMtl】材质，并将其命名为【3】。在ID4后面的通道上加载【VR-混合材质】，并将其命名为【标签】。

02 单击进入ID1后面的通道并进行设置，如图11-144所示。

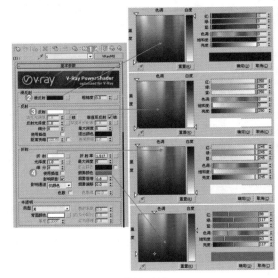

图11—144

设置【漫反射】颜色为深灰色（红：3，绿：3，蓝：3）。设置【反射】颜色为浅灰色（红：250，绿：250，蓝：250），选中【菲涅耳反射】复选框。设置【折射】颜色为浅灰色（红：245，绿：245，蓝：245），选中【影响阴影】复选框，设置【折射率】为1.517，设置【烟雾颜色】为绿色（红：88，绿：117，蓝：88），设置【烟雾倍增】为0.8。

03 单击进入ID2后面的通道并进行设置，如图11-145所示。

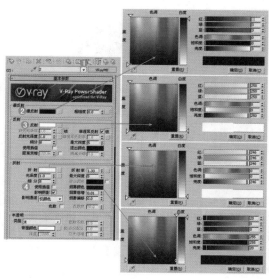

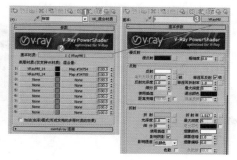

图11-147

在【表层材质】下面的【1】的材质通道上加载【VR双面材质】，并在【正面材质】和【背面材质】后面的通道上分别加载【VRayMtl】材质。单击进入【正面材质】后面的通道，并在【漫反射】后面的通道上加载【标签01.jpg】贴图文件，接着展开【坐标】卷展栏，并选中【在背面显示贴图】复选框，设置【贴图通道】为1，设置【瓷砖】的【U】为3.5，设置【模糊】为0.4。最后设置【反射】颜色为深灰色（红：5，绿：5，蓝：5），设置【反射光泽度】为0.7。单击进入【背面材质】后面的通道，并设置【漫反射】颜色为浅黄色（红：233，绿：209，蓝：191），如图11-148所示。

图11-145

设置【漫反射】颜色为深灰色（红：3，绿：3，蓝：3）。设置【反射】颜色为浅灰色（红：250，绿：250，蓝：250），选中【菲涅耳反射】复选框。设置【折射】颜色为浅灰色（红：246，绿：246，蓝：246），选中【影响阴影】复选框，设置【折射率】为1.33，设置【烟雾颜色】为深红色（红：20，绿：0，蓝：0），设置【烟雾倍增】为0.01。

04 单击进ID3后面的通道并进行设置如图11-146所示。

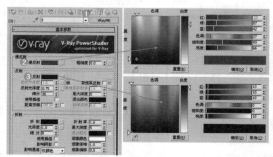

图11-146

设置【漫反射】颜色为咖啡色（红：66，绿：57，蓝：42）。设置【反射】颜色为深灰色（红：10，绿：10，蓝：10），设置【反射光泽度】为0.75，设置【细分】为30。

05 单击进入ID4后面的通道，设置材质为【VR混合材质】，并进行以下设置。

在【基本材质】通道上加载【VRayMtl】材质。单击进入【VRayMtl】材质，设置【漫反射】颜色为深灰色（红：3，绿：3，蓝：3）。设置【反射】颜色为浅灰色（红：250，绿：250，蓝：250），选中【菲涅耳反射】复选框，设置【菲涅耳折射率】为1.8。设置【折射】颜色为浅绿色（红：174，绿：204，蓝：103），设置【折射率】为1.517，选中【影响阴影】复选框，如图11-147所示。

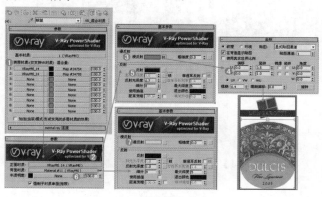

图11-148

在【表层材质】下面的【1】的贴图通道上加载【颜色修正】程序贴图，并在下面的通道上加载【标签01.jpg】贴图文件。接着展开【坐标】卷展栏，并选中【在背面显示贴图】复选框，设置【贴图通道】为1，设置【瓷砖】的【U】为3.5，设置【模糊】为0.4，如图11-149所示。

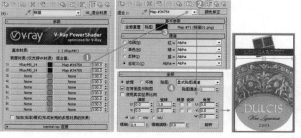

图11-149

继续用同样的方法在【表层材质】下面的【2】的材质通道和贴图通道制作完成，不同的是需要添加贴图的另外一部分区域。由于制作方法完全一样，因此不重复进行讲解，如图11-150所示。

图11-150

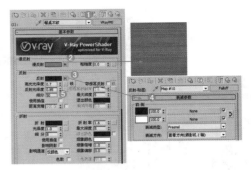

图11-153

06 将调节完毕的【酒瓶1】材质赋给场景中的酒瓶1模型，如图11-151所示。

图11-151

02【餐桌】材质的制作

01 按【M】键打开【材质编辑器】对话框，选择1个空白材质球，然后将材质类型设置为【多维/子对象】材质，并命名为【餐桌】，具体的调节参数如图11-152所示。

图11-152

在【多维/子对象基本参数】卷展栏下单击【设置数量】按钮，并设置数量为2。在ID1后面的通道上加载【VRayMtl】材质，并将其命名为【餐桌木纹】。在ID2后面的通道上加载【VRayMtl】材质，并将其命名为【餐桌黑镜】。

02 单击进入ID1后面的通道并进行设置，如图11-153所示。

在【漫反射】选项组下的通道上加载【黑檀木.jpg】贴图文件。在【反射】选项组下的通道上加载【衰减】程序贴图，并设置【衰减类型】为【Fresnel】。设置【高光光泽度】为0.7，设置【反射光泽度】为0.85，设置【细分】为50。

03 单击进入ID2后面的通道并进行设置，如图11-154所示。

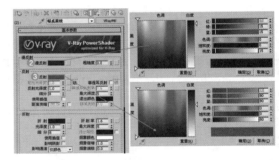

图11-154

在【漫反射】选项组下调节颜色为深灰色（红：15，绿：15，蓝：15）。在【反射】选项组下调节颜色为深灰色（红：80，绿：80，蓝：80）。

04 将调节完毕的【餐桌】材质赋给场景中的餐桌模型，如图11-155所示。

图11-155

03【窗纱】材质的制作

01 按【M】键打开【材质编辑器】对话框，选择1个空白材质球，然后将材质类型设置为【VRayMtl】，并命名为【窗纱】，具体的调节参数如图11-156和图11-157所示。

在【漫反射】选项组下的通道上加载【衰减】程序贴图，并设置颜色为浅灰色（红：250，绿：250，蓝：250）和浅灰色（红：237，绿：237，蓝：237）。

在【漫反射】选项组下设置颜色为深灰色（红：13，绿：13，蓝：13），设置【反射光泽度】为0.65、【细分】为12，选中【菲涅耳反射】复选框。

在【折射】选项组下设置颜色为深灰色（红：81，绿：81，蓝：81），选中【影响阴影】复选框。

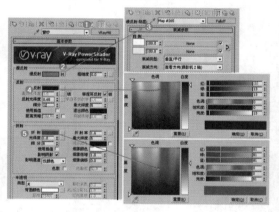

图11-156

展开【贴图】卷展栏，在【不透明度】通道上加载【窗纱.jpg】贴图文件，并设置【瓷砖】的【U】为2、【V】为3。

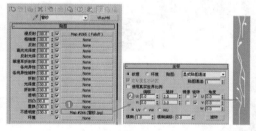

图11-157

02 将调节完毕的【窗纱】材质赋给场景中的透明窗帘模型，如图11-158所示。

图11-158

04【绿色遮光窗帘】材质的制作

01 按【M】键打开【材质编辑器】对话框，选择1个空白材质球，然后将材质类型设置为【VRayMtl】，并命名为【绿色遮光窗帘】，具体的调节参数如图11-159所示。

在【漫反射】选项组下的通道上加载【衰减】程序贴图，并在两个颜色后面的通道上分别加载【复件arch60_043_text04.jpg】贴图文件，最后设置【瓷砖】的【U】和【V】为10。

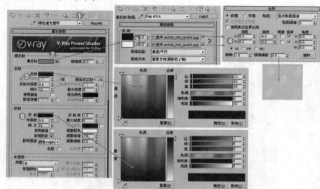

图11-159

在【反射】选项组下设置颜色为深灰色（红：10，绿：10，蓝：10），设置【反射光泽度】为0.6、【细分】为12。

在【折射】选项组下设置颜色为深灰色（红：5，绿：5，蓝：5），设置【光泽度】为0.9、【细分】为12，选中【影响阴影】复选框，并设置【影响通道】为【颜色+alpha】。

02 将调节完毕的绿色遮光窗帘材质赋给场景中的绿色遮光窗帘模型，如图11-160所示。

图11-160

05【环境】材质的制作

01 按【M】键打开【材质编辑器】对话框，选择1个空白材质球，然后将材质类型设置为【VR灯光材质】，并命名为【环境】，展开【参数】卷展栏，设置颜色强度为4，在颜色后的通道上加载【环境.jpg】贴图文件，如图11-161所示。

图11-161

02 将调节完毕的【环境】材质赋给场景中的环境模型，如图11-162所示。

图11-162

06【面包】材质的制作

01 按【M】键打开【材质编辑器】对话框，选择1个空白材质球，然后将材质类型设置为【VRayMtl】，并命名为【面包】，具体的调节参数如图11-163和图11-164所示。

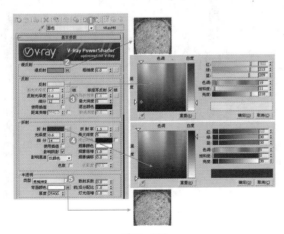

图11-163

在【漫反射】选项组下的通道上加载【面包.jpg】贴图文件。

在【反射】选项组下设置颜色为浅褐色（红：218，绿：213，蓝：209），设置【反射光泽度】为0.6、【细

分】为12，选中【菲涅耳反射】复选框。

在【折射】选项组下设置颜色为深灰色（红：30，绿：30，蓝：30），设置【光泽度】为0.6、【细分】为14，选中【影响阴影】复选框，并设置【折射率】为1.3。

在【半透明】选项组下将【类型】设置为【硬(蜡)模型】，并在【背面颜色】后面的通道上加载【面包.jpg】贴图文件。

展开【贴图】卷展栏，并在【凹凸】后面的通道上加载【面包-黑白.jpg】贴图文件，并设置【模糊】为0.1。

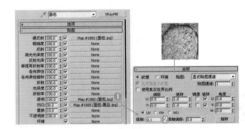

图11-164

02 将调节完毕的【面包】材质赋给场景中的面包模型，如图11-165所示。

图11-165

03 继续创建出其他部分的材质，如图11-166所示。

图11-166

创建摄影机和环境

01 单击 🔲、🔲 按钮，选择 [标准 ▼] 选项，单击 [目标] 按钮，在视图中拖曳创建1台摄影机，具体的位置如图11-167所示。

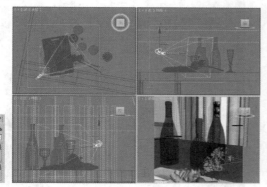

图11-167

02 选择创建的摄影机，然后单击【修改】按钮，并设置【镜头】为43.456，【视野】为45，如图11-168所示。

03 按【C】键切换到摄影机视图，如图11-169所示。

图11-168 　　　　图11-169

设置灯光并进行测试渲染

01 按【F10】键，在打开的【渲染设置】对话框中选择【公用】选项卡，设置输出的尺寸为500×450，如图11-170所示。

图11-170

02 选择【V-Ray】选项卡，展开【图像采样器(反锯齿)】卷展栏，设置【类型】为【固定】，接着取消选中【抗锯齿过滤器】选项组中的【开】复选框。展开【颜色贴图】卷展栏，设置【类型】为【指数】，选中【子像素映射】和【钳制输出】复选框，如图11-171所示。

图11-171

03 选择【V-Ray】选项卡，展开【环境】卷展栏，并选中【全局照明环境(天光)覆盖】选项组下的【开】复选框，设置【倍增】为2。展开【摄像机】卷展栏，并选中【景深】选项组下的【开】复选框，设置【光圈】为5mm，选中【从摄影机获取】复选框，设置【细分】为8，如图11-172所示。

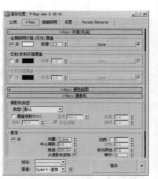

图11-172

技巧提示

使用3ds Max制作景深效果，操作非常简单，只需要选中【景深】选项组下的【开】复选框，并设置合适的数值即可，但是如何得到非常好的景深效果，就需要进行多次测试。当然，为了快速地得到好的效果，一定要非常注意摄影机的目标点的位置。当选中【从摄影机获取】复选框后，那么在渲染时，3ds Max的摄影机目标点所在的位置是图像中最清晰的位置，而偏离目标点越远，渲染出的景深效果越强烈，因此会呈现出真实的景深效果。如图11-173所示为本例中摄影机目标点的位置。

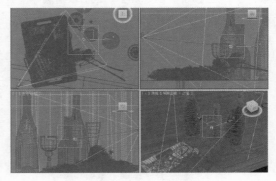

图11-173

如图11-174所示为摄影机目标点落到不同的位置渲染出的景深对比效果。

图11-174

04 选择【间接照明】选项卡，设置【首次反弹】选项组下的【全局照明引擎】为【发光图】，设置【二次反弹】选项组下的【全局照明引擎】为【灯光缓存】。展开【发光图】卷展栏，设置【当前预置】为【非常低】，设置【半球细分】为40，【插值采样】为10，选中【显示计算相位】和【显示直接光】复选框，如图11-175所示。

05 展开【灯光缓存】卷展栏，设置【细分】为400，取消选中【存储直接光】复选框，如图11-176所示。

图11-175   图11-176

06 选择【设置】选项卡，展开【DMC采样器】卷展栏，设置【适应数量】为0.95，展开【系统】卷展栏，设置【区域排序】为【Top→Bottom】，最后取消选中【显示窗口】复选框，如图11-177所示。

图11-177

创建阳光

01 单击 、 按钮，选择 VRay 选项，单击 VR太阳 按钮，在前视图中创建1盏灯光，如图11-178所示。

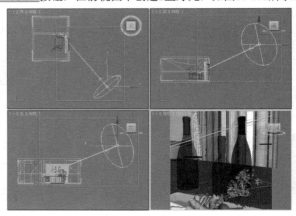

图11-178

02 选择上一步创建的VR太阳，打开修改面板，在【VR-太阳参数】下设置【强度 倍增】为0.2、【尺寸 倍增】为5、【阴影 细分】为15，如图11-179所示。

图11-179

03 按【Shift+Q】快捷键快速渲染摄影机视图，其渲染的效果如图11-180所示。

图11-180

创建窗口处灯光

01 单击 、 按钮，选择 VRay 选项，单击 VR灯光 按钮，在前视图中创建1盏灯光，大小与左侧的玻璃窗户基本一致，将它移动到玻璃窗户的外面，具体位置如图11-181所示。

02 选择上一步创建的VR灯光，打开修改面板，设置【类型】为【平面】，设置【倍增器】为20，设置【1/2长度】为1128.521mm、【1/2宽度】为1006.798mm，选中【不可见】复选框，设置【细分】为15，如图11-182所示。

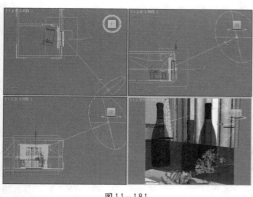

图11-181　　　　　　　　　　　　图11-182

03 按【Shift+Q】快捷键快速渲染摄影机视图，其渲染的效果如图11-183所示。

图11-183

 创建室内辅助灯光

01 单击、按钮，选择 VRay 选项，单击 VR灯光 按钮，在前视图中创建1盏灯光，放置到场景右侧，如图11-184所示。

02 选择上一步创建的VR灯光，并在修改面板下调节其参数，具体的调节参数如图11-185所示。

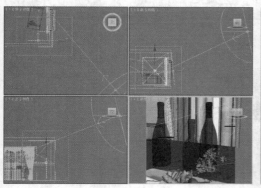

图11-184　　　　　　　　　　　　图11-185

设置【类型】为【平面】，设置【倍增器】为5，设置【半长度】为1128.521mm、【半宽度】为1006.798mm，选中【不可见】复选框。

03 按【Shift+Q】快捷键快速渲染摄影机视图，其渲染的效果如图11-186所示。

图11-186

04 单击、按钮，选择 VRay 选项，单击 VR灯光 按钮，在前视图中创建1盏灯光，放置到场景左侧，如图11-187所示。

05 选择上一步创建的VR灯光，并在修改面板下调节其参数，具体的调节参数，如图11-188所示。

图11-187　　　　　　　　　　　　图11-188

设置【类型】为【平面】，设置【倍增器】为2，设置【半长度】为1128.521mm、【半宽度】为1006.798mm，选中【不可见】复选框。

06 按【Shift+Q】快捷键快速渲染摄影机视图，其渲染的效果如图11-189所示。

图11-189

设置成图渲染参数

经过了前面的操作，已经将大量烦琐的工作做完了，下面需要做的就是把渲染的参数设置高一些，再进行渲染输出。

01 选择【公用】选项卡，设置输出的尺寸为1500×1349，如图11-190所示。

02 选择【V-Ray】选项卡，展开【图像采样器(反锯齿)】卷展栏，设置【类型】为【自适应确定性蒙特卡洛】，接着在【抗锯齿过滤器】选项组下选中【开】复选框，并选择【Catmull-Rom】选项，如图11-191所示。

图11-190

图11-191

03 选择【间接照明】选项卡，展开【发光图】卷展栏，设置【当前预置】为【低】，设置【半球细分】为50、【插值采样】为20，如图11-192所示。

04 展开【灯光缓存】卷展栏，设置【细分】为1000，选中【存储直接光】和【显示计算相位】复选框，如

图11-193所示。

图11-192

图11-193

05 选择【设置】选项卡，设置【适应数量】为0.8、【噪波阈值】为0.005，如图11-194所示。

06 等待一段时间后渲染就完成了，最终的效果如图11-195所示。

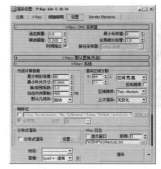
图11-194

图11-195

11.8 VRay渲染器综合——现代风格休息室

场景文件	02.max
案例文件	案例文件\Chapter 11\VRay渲染器综合——现代风格休息室.max
视频教学	视频文件\Chapter 11\VRay渲染器综合——现代风格休息室.flv
难易指数	★★★★★
灯光类型	VR灯光、目标灯光、目标聚光灯
材质类型	VRayMtl材质
程序贴图	【衰减】程序贴图
技术掌握	掌握家装场景材质和灯光的设置

实例介绍

本例是一个现代风格的休息室，室内明亮灯光表现主要使用了VR灯光来制作，使用VRayMtl制作本案例的主要材质，制作完毕之后渲染的效果如图11-196所示。

图11-196

制作步骤

设置VRay渲染器

01 打开本书配套光盘中的【场景文件/Chapter 11/02.max】文件，此时场景效果如图11-197所示。

图11-197

02 按【F10】键打开【渲染设置】对话框，选择【公用】选项卡，在【指定渲染器】卷展栏下单击■按钮，在弹出的【选择渲染器】对话框中选择【V-Ray Adv 2.30.01】，如图11-198所示。

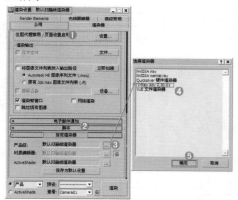

图11-198

03 此时在【指定渲染器】卷展栏的【产品级】后面显示了【V-Ray Adv 2.30.01】，【渲染设置】对话框中出现了【V-Ray】、【间接照明】、【设置】选项卡，如图11-199所示。

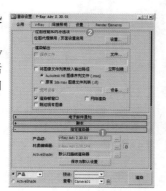

图11-199

材质的制作

下面就来讲述场景中主要材质的调节方法，包括地面、地毯、沙发皮质、金属、墙面、灯罩、花瓶材质等，效果如图11-200所示。

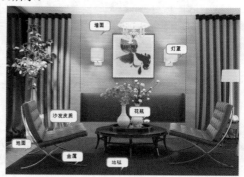

图11-200

技术专题——色彩的理论

色彩设计是研究色彩科学规律和色彩创作规律的一门课程，探索和研究色彩在物理学、生理学、心理学及化学方面的规律，以及对人的心理、生理产生的影响。

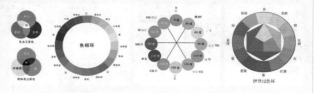

光可分出红、橙、黄、绿、青、蓝、紫等色光，各种色光的波长不相同。

红	780nm～610nm	
橙	610nm～590hm	
黄	590nm～570nm	
绿	570nm～490nm	
青	490nm～480nm	
蓝	480nm～450nm	
紫	450nm～380nm	

01 【地面】材质的制作

01 按【M】键打开【材质编辑器】对话框，选择第1个材质球，单击 Standard 按钮，在弹出的【材质/贴图浏览

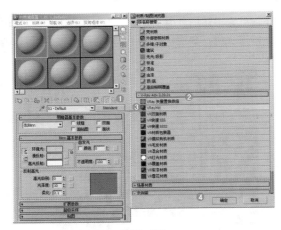

图11-201

02 将其命名为【地面】，具体的调节参数如图11-202和图11-203所示。

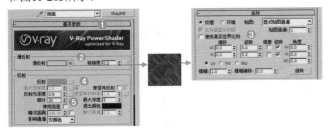

图11-202

在【漫反射】选项组下后面的通道上加载【WW-116副本.jpg】贴图文件，展开【坐标】卷展栏，设置【瓷砖】的【U】为5、【V】为5.2。

在【反射】选项组下调节颜色为灰色（红：67绿：67蓝：67），设置【反射光泽度】为0.8、【细分】为20。

展开【贴图】卷展栏，在【凹凸】后面通道上加载【WW-116副本.jpg】贴图文件，展开【坐标】卷展栏，设置【瓷砖】【U】为5.0、【V】为5.2，最后设置【凹凸】为30。

图11-203

03 将制作完毕的【地面】材质赋给场景中的地面部分的模型，如图11-204所示。

图11-204

02 【地毯】材质的制作

01 按【M】键打开【材质编辑器】对话框，选择1个材质球，单击 Standard 按钮，在弹出的【材质/贴图浏览器】对话框中选择【VRayMtl】，如图11-205所示。

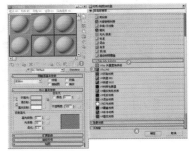

图11-205

02 将其命名为【地毯】，具体的调节参数如图11-206和图11-207所示。

图11-206

图11-207

在【漫反射】选项组下后面的通道上加载【衰减】程序贴图，展开【衰减参数】卷展栏，在【黑色】通道后面加载【43892 副本.jpg】贴图文件，在【白色】通道后面加载【43892 副本.jpg】贴图文件。

展开【贴图】卷展栏，在【凹凸】后面通道上加载【43892 副本.jpg】贴图文件，展开【坐标】卷展栏，设置【角度】的【W】为45，最后设置【凹凸】为44。

03 将制作完毕的【地毯】材质赋给场景中的地面部分的模型，如图11-208所示。

③【沙发皮质】材质的制作

01 按【M】键打开【材质编辑器】对话框，选择1个空白材质球，然后将【材质类型】设置为【VRayMtl】，并命名为【沙发皮质】，调节的具体参数如图11-209所示。

图11-208

图11-209

在【漫反射】选项组下调节颜色为深灰色（红：5，绿：5，蓝：5）。

在【反射】选项组下后面的通道上加载【衰减】贴图，设置【衰减类型】为Fresnel，设置【折射率】为2.2，设置【高光光泽度】为0.7、【反射光泽度】为0.7，设置【细分】为50。

02 将制作完毕的【沙发皮质】材质赋给场景中的地面部分的模型，如图11-210所示。

图11-210

④【金属】材质的制作

01 按【M】键打开【材质编辑器】对话框，选择1个空白材质球，然后将【材质类型】设置为【VRayMtl】，并命名为【金属】，调节的具体参数如图11-211所示。

在【漫反射】选项组下调节颜色为灰色（红：86，绿：86，蓝：86）。

在【反射】选项组下调节颜色为白色（红：255，绿：255，蓝：255），设置【反射光泽度】为0.96，【细分】为30、【最大深度】为25。

在【折射】选项组下调节颜色为黑色（红：0，绿：0，蓝：0），设置【光泽度】为0.9，【细分】为20，【折射率】为1.3，【最大深度】为25。

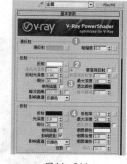

图11-211

02 将制作完毕的【金属】材质赋给场景中的地面部分的模型，如图11-212所示。

图11-212

⑤【墙面】材质的制作

01 按【M】键打开【材质编辑器】对话框，选择1个空白材质球，然后将【材质类型】设置为【VRayMtl】，并命名为【墙面】，调节的具体参数如图11-213所示。

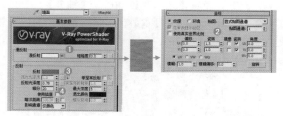

图11-213

在【漫反射】选项组下后面的通道上加载【007a.jpg】贴图文件，展开【坐标】卷展栏，设置【瓷砖】的【U】为1.5。

在【反射】选项组下调节颜色为灰色（红：37，绿：37，蓝：37），设置【反射光泽度】为0.78、【细分】为20。

02 将制作完毕的墙面材质赋给场景中的地面部分的模型，如图11-214所示。

⑥【灯罩】材质的制作

01 选择一个空白材质球，然后将【材质类型】设置为【VRayMtl】，并命名为【灯罩】，调节的具体参数如图11-215所示。

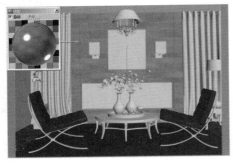

图11-214

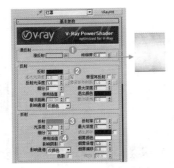

图11-215

在【漫反射】选项组下后面的通道上加载【台灯图.jpg】贴图文件。

在【反射】选项组下调节颜色为黑色（红：0，绿：0，蓝：0）。

在【折射】选项组下调节颜色为灰色（红：55，绿：55，蓝：55），设置【光泽度】为0.7、【细分】为20。

02 将制作完毕的【灯罩】材质赋给场景中的地面部分的模型，如图11-216所示。

图11-216

⑦ 【花瓶】材质的制作

01 按【M】键打开【材质编辑器】对话框，选择1个空白材质球，然后将【材质类型】设置为【VRayMtl】，并命名为【花瓶】，调节的具体参数如图11-217所示。

图11-217

在【漫反射】选项组下调节颜色为浅灰色（红：198，绿：194，蓝：188）。

在【反射】选项组下调节颜色为白色（红：255，绿：255，蓝：255），选中【菲涅耳反射】复选框，设置【菲涅耳折射率】为2.2、【反射光泽度】为0.9、【细分】为50。

03 将制作完毕的【花瓶】材质赋给场景中的地面部分的模型，如图11-218所示。

图11-218

至此场景中主要模型的材质已经制作完毕，其他材质的制作方法就不再详述了。

设置摄影机

01 单击 、 按钮和 目标 按钮，如图11-219所示。单击在视图中拖曳创建，如图11-220所示。

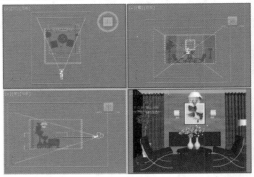

图11-219　　　　　　图11-220

02 选择刚创建的摄影机，进入修改面板，并设置【镜头】为43.456、【视野】为45，最后设置【目标距离】为458.27mm，如图11-221所示。

03 此时的摄影机视图效果如图11-222所示。

图11-221　　　　　　　　　图11-222

设置灯光并进行测试渲染

01 设置环境光

01　单击 、按钮，选择 VRay ▼ 选项，单击 VR灯光 按钮，如图11-223所示。

02　在前视图中拖曳并创建1盏VR灯光，如图11-224所示。

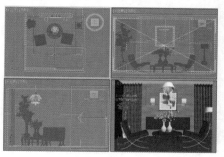

图11-223　　　　　　　图11-224

03　选择上一步创建的VR灯光，然后在修改面板下设置其具体的参数，如图11-225所示。

在【常规】选项组下设置【类型】为【平面】，在【强度】选项组下调节【倍增】为0.6，调节【颜色】为浅蓝色（红：131，绿：169，蓝：239），在【大小】选项组下设置【1/2长】为269.732mm、【1/2宽】为148.659mm，在【选项】选项组下选中【不可见】复选框，在【采样】选项组下设置【细分】为20。

图11-225

04　在左视图中拖曳并创建1盏VR灯光，如图11-226所示。

05　选择上一步创建的VR灯光，然后在【修改面板】下设置其具体的参数，如图11-227所示。

在【常规】选项组下设置【类型】为【平面】，在【强度】选项组下调节【倍增】为1，调节【颜色】为浅黄色（红：250，绿：204，蓝：164），在【大小】选项组下设置【1/2长】为269.732mm、【1/2宽】为148.659mm，在【选项】选项组下选中【不可见】复选框，在【采样】选项组下设置【细分】为20。

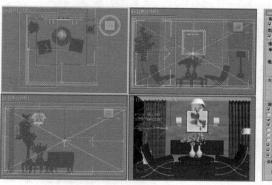

图11-226　　　　　　　　图11-227

06　在左视图中拖曳并创建1盏VR灯光，如图11-228所示。

07　选择上一步创建的VR灯光，然后在修改面板下设置其具体的参数，如图11-229所示。

在【常规】选项组下设置【类型】为【平面】，在【强度】选项组下调节【倍增】为2，调节【颜色】为浅蓝色（红：131，绿：169，蓝：239），在【大小】选项组下设置【1/2长】为269.732mm、【1/2宽】为148.659mm，在【选项】选项组下选中【不可见】复选框，设置【细分】为20。

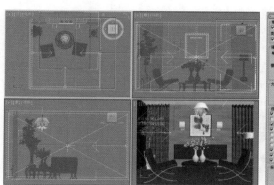

图11-228　　　　　　　　图11-229

08 按【F10】键打开【渲染设置】对话框。首先设置【V-Ray】和【间接照明】选项卡下的参数，刚开始设置的是一个草图，目的是进行快速渲染来观看整体的效果，参数设置如图11-230所示。

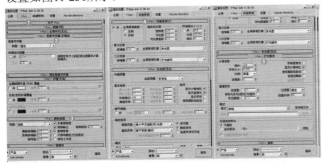

图11-230

09 按【Shift+Q】键快速渲染摄影机视图，其渲染的效果如图11-231所示。

图11-231

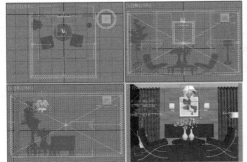

技巧提示

测试渲染时，建议读者将渲染器的参数设置的比较低一些，这样可以快速地进行渲染，若出现效果不满意的情况，可以及时暂停渲染，并及时调整。在最终渲染时，可以将渲染器参数、灯光参数、材质参数都设置得相对高一些，这样可以花费大量时间而得到非常精细的作品。

② 设置吊灯

01 在顶视图中拖曳并创建1盏VR灯光，如图11-232所示。

02 选择上一步创建的VR灯光，然后在修改面板下设置其具体的参数，如图11-233所示。

在【常规】选项组下设置【类型】为【球体】，在【强度】选项组下调节【倍增】为10，调节【颜色】为黄色（红：255，绿：172，蓝：131），在【大小】选项组下设置【半径】为10mm，在【选项】选项组下选中【不可见】复选框。

03 单击 、 、 目标聚光灯 按钮，如图11-234所示。

04 在前图中拖曳并创建1盏目标聚光灯，如图11-235所示。

05 选择上一步创建的目标聚光灯，然后在修改面板下设置其具体的参数，如图11-236所示。

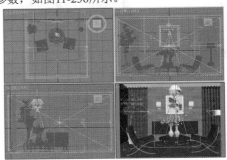

图11-234　　　　　图11-235

展开【常规参数】卷展栏，选中【启用】复选框，设置阴影类型为【VRay阴影】。

展开【强度/颜色/衰减】卷展栏，调节颜色为黄色（红：255，绿：200，蓝：164）、【倍增】为2。展开【聚光灯参数】卷展栏【聚光区/光束】为30、【衰减区/区域】为50。展开【VRay阴影参数】卷展栏，选中【区域阴影】复选框。

06 按【Shift+Q】快捷键快速渲染摄影机视图，其渲染的效果如图11-237所示。

图11-236　　　　　图11-237

③ 设置灯罩灯光

01 单击 、 按钮，选择 光度学 选项，单击 目标灯光 按钮，如图11-238所示。

图11-238

02 使用 目标灯光 按钮在前视图中创建1盏，使用【选择并移动】工具 复制3盏，并将其放置在合适的位置，如图11-239所示。选择上一步创建的目标灯光，然后在修改面板下设置其具体的参数，如图11-240所示。

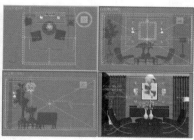
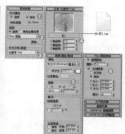

图11-239　　　　　图11-240

展开【常规参数】卷展栏，在【灯光属性】选项组下选中【目标】复选框，在【阴影】选项组下选中【启用】复选框，并设置阴影类型为【VRay阴影】，设置【灯光分布(类型)】为【光度学Web】，接着展开【分布(光度学Web)】卷展栏，并在通道上加载【灯1.ies】文件。

展开【强度/颜色/衰减】卷展栏，调节【颜色】为黄色（红：217，绿：145，蓝：87），设置【强度】为35，展开【VRay阴影参数】卷展栏，选中【区域阴影】复选框，设置【细分】为20。

03 在前视图中拖曳并创建1盏VR灯光，如图11-241所示。

04 选择上一步创建的VR灯光，然后在修改面板下设置其具体的参数，如图11-242所示。

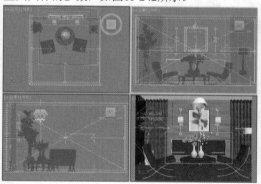

图11-241　　　　　图11-242

在【常规】选项组下设置【类型】为【平面】，在【强度】选项组下调节【倍增】为20，调节【颜色】为黄色（红：253，绿：174，蓝：131），在【大小】选项组下设置【1/2长】为130mm、【1/2宽】为12mm，在【选项】选项组下选中【不可见】复选框，在【采样】选项组下设置【细分】为20。

05 按【Shift+Q】快捷键快速渲染摄影机视图，其渲染的效果如图11-243所示。

图11-243

04 设置辅助灯光

01 单击 、 按钮，选择【光度学】选项，单击 目标灯光 按钮，如图11-244所示。

图11-244

02 使用 目标灯光 按钮在前视图中创建1盏灯光，如图11-245所示。选择上一步创建的目标灯光，然后在修改面板下设置其具体的参数，如图11-246所示。

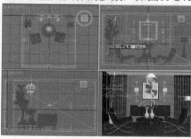
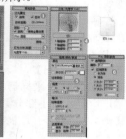

图11-245　　　　　图11-246

展开【常规参数】卷展栏，在【灯光属性】选项组下选中【目标】复选框，在【阴影】选项组下选中【启用】复选框，并设置阴影类型为【VRay阴影】，设置【灯光分布(类型)】为【光度学Web】，接着展开【分布(光度学Web)】卷展栏，并在通道上加载【灯2.ies】文件。

展开【强度/颜色/衰减】卷展栏，调节【颜色】为黄色（红：217，绿：145，蓝：87），设置【强度】为10000，展开【VRay阴影参数】卷展栏，选中【区域阴影】复选框，设置【细分】为20。

03 按【Shift+Q】快捷键快速渲染摄影机视图，其渲染的效果如图11-247所示。

图11-247

技巧提示

射灯在现实中应用最为普遍，一般起到照亮空间和装饰照明的作用。在这里使用【目标灯光】可以模拟真实的射灯效果，当然也可以使用【自由灯光】进行模拟，读者朋友可以自己模拟对比一下。

设置成图渲染参数

经过了前面的操作，已经将大量烦琐的工作做完了，下面需要做的就是把渲染的参数设置高一些，再进行渲染输出。

01 重新设置渲染参数，按【F10】键，在打开的【渲染设置】对话框中进行如下设置，如图11-248所示。

选择【V-Ray】选项卡，展开【图像采样器(反锯齿)】卷展栏，设置【类型】为【自适应确定性蒙特卡罗】，接着在【抗锯齿过滤器】选项组下选中【开】复选框，并选择【Catmull-Rom】，展开【自适应DMC图像采样器】卷展栏，设置【最小细分】为1、【最大细分】为4，展开【颜色贴图】卷展栏，设置【类型】为【指数】，选中【子像素映射】和【钳制输出】复选框。

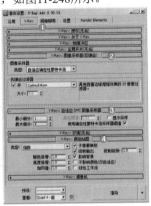

图11-248

02 选择【间接照明】选项卡，并进行调节，具体的调节参数如图11-249所示。

展开【发光图】卷展栏，设置【当前预置】为【低】，设置【半球细分】为50、【插值采样】为20，选中【显示计算相位】和【显示直接光】复选框，展开【灯光缓存】卷展栏，设置【细分】为1000，选中【存储直接光】和【显示计算相位】复选框。

03 选择【设置】选项卡，并进行调节，具体的调节参数如图11-250所示。

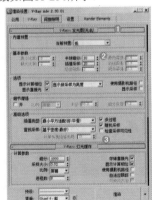

图11-249

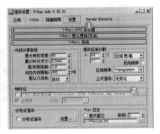

图11-250

展开【系统】卷展栏，设置【区域排序】为【Triangulation】，最后取消选中【显示窗口】复选框。

04 选择【Render Elements】选项卡，单击【添加】按钮并在弹出的【渲染元素】面板中选择【VRay线框颜色】选项，如图11-251所示。

05 选择【公用】选项卡，展开【公用参数】卷展栏，设置输出的尺寸为1333×1000，如图11-252所示。

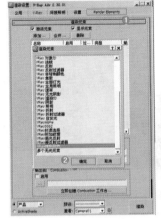

图11-251

图11-252

06 等待一段时间后渲染就完成了，最终的效果如图11-253所示。

图11-253

读书笔记

技术提示：室内色彩搭配对心理的影响

赤橙黄绿青蓝紫不仅构成生活的绚丽画面，而且与人的情绪、心理和健康密切相关。在居室中，人们对家居色彩的选择，往往只注意营造室内的和谐情调，而很少把家居色彩与身心健康联系起来，其实色彩对身心健康的影响是很大的。在整个的世界中，色彩给我们的生活带来很多情趣。自古以来，色彩就对人类的健康、生存和文化起到了重要的作用。人们根据自己的本能采用某种特定色彩来平衡体内的精力。如果不是这样就容易患上生理、心理或精神疾病。通过饮食、服饰和从某种特定方式装饰周围环境的色彩可以使病体痊愈。各种室内色彩搭配如图11-254所示。

图11-254

11.9 VRay渲染器综合——现代风格厨房

场景文件	03.max
案例文件	案例文件\Chapter 11\VRay渲染器综合——现代风格厨房.max
视频教学	视频文件\Chapter 11\VRay渲染器综合——现代风格厨房.flv
难易指数	★★★★★
灯光类型	VR灯光、目标灯光
材质类型	VRayMtl材质、多维/子对象材质、VR灯光材质
程序贴图	【衰减】贴图
技术掌握	掌握现代风格厨房的材质设置、颜色搭配、灯光的层次把握

实例介绍

本例是一个现代风格厨房，简约而不简单。室内明亮灯光表现主要使用了VR灯光来制作，本案例的主要材质使用VRayMtl制作，制作完毕之后渲染的效果如图11-255所示。

图11-255

制作步骤

设置VRay渲染器

01 打开本书配套光盘中的【场景文件/Chapter 11/03.max】文件，此时场景效果如图11-256所示。

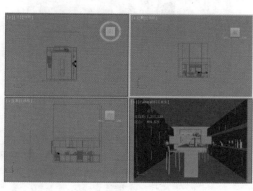

图11-256

02 按【F10】键打开【渲染设置】对话框，选择【公用】选项卡，在【指定渲染器】卷展栏下单击 按钮，在弹出的【选择渲染器】对话框中选择【V-Ray Adv 2.30.01】选项，如图11-257所示。

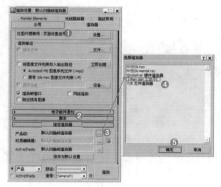

图11-257

03 此时在【指定渲染器】卷展栏下，【产品级】后面显示了【V-Ray Adv 2.30.01】，【渲染设置】对话框中出现了【V-Ray】、【间接照明】、【设置】选项卡，如图11-258所示。

图11-258

材质的制作

下面就来讲述场景中的主要材质的调节方法，包括地面、壁橱、顶棚、桌子、椅子、窗帘、天空材质等，效果如图11-259所示。

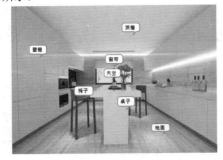

图11-259

① 【地面】材质的制作

01 按【M】键打开【材质编辑器】对话框，选择第1个材质球，单击 Standard 按钮，在弹出的【材质/贴图浏览器】对话框中选择【VRayMtl】，如图11-260所示。

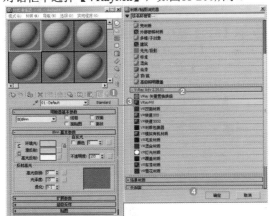

图11-260

02 将其命名为【地面】，具体的调节参数如图11-261所示。

在【漫反射】选项组下后面的通道上加载【d1.jpg】贴

图文件。在【反射】选项组下调节颜色为灰色（红：170，绿：170，蓝：170），选中【菲涅耳反射】复选框，设置【细分】为25。

图11-261

03 将制作完毕的【地面】材质赋给场景中的地面部分的模型，如图11-262所示。

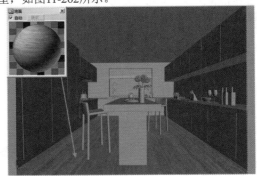

图11-262

② 【壁橱】材质的制作

01 按【M】键打开【材质编辑器】对话框，选择1个材质球，单击 Standard 按钮，在弹出的【材质/贴图浏览器】对话框中选择【多维/子对象】选项，如图11-263所示。

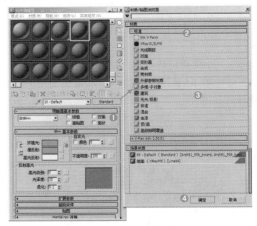

图11-263

02 展开【多维/子对象基本参数】卷展栏，将其命名为【壁橱】，设置【设置数量】为2，分别在通道上加载【VRayMtl】，如图11-264所示。

图11-264

03 单击进入ID1通道中，并调节【24-Default】材质，调节的具体参数如图11-265所示。

在【漫反射】选项组下调节颜色为浅灰色（红：240，绿：240，蓝：240）。在【反射】选项组下调节颜色为灰色（红：150，绿：150，蓝：150），选中【菲涅耳反射】复选框，设置【高光光泽度】为0.8、【细分】为20。

04 单击进入ID号为2的通道中，并调节【03-Default】材质，调节的具体参数如图11-266所示。

图11-265　　　　　图11-266

在【漫反射】选项组下调节颜色为灰色（红：70，绿：70，蓝：70）。在【反射】选项组下调节颜色为灰色（红：77，绿：77，蓝：77）、【反射光泽度】为0.9，设置【细分】为30。

05 将制作完毕的【壁橱】材质赋给场景中的壁橱模型，如图11-267所示。

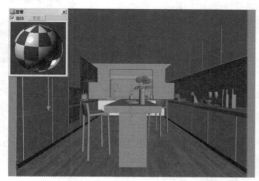

图11-267

③ 【顶棚】材质的制作

01 按【M】键打开【材质编辑器】对话框，选择1个空白材质球，然后将【材质类型】设置为【VRayMtl】，并命名为【顶棚】，调节的具体参数如图11-268所示。

在【漫反射】选项组下调节颜色为浅灰色（红：240，绿：240，蓝：240）。在【反射】选项组下调节颜色为深灰色（红：20，绿：20，蓝：20），选中【菲涅耳反射】复选框、【高光光泽度】为0.65，设置【细分】为20。

02 展开【选项】卷展栏，取消选中【跟踪反射】和【雾系统单位比例】复选框，如图11-269所示。

03 将制作完毕的【顶棚】材质赋给场景中的顶棚部分的模型，如图11-270所示。

图11-268　　　　　图11-269

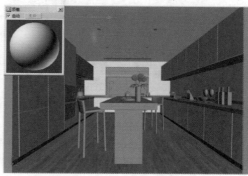

图11-270

④ 【桌子】材质的制作

01 按【M】键打开【材质编辑器】对话框，选择一个空白材质球，单击 Standard 按钮，在弹出的【材质/贴图浏览器】对话框中选择【多维/子对象】选项，如图11-271所示。

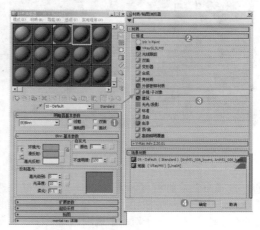

图11-271

02 展开【多维/子对象基本参数】卷展栏，将其命名为【桌子】，设置【设置数量】为2，分别在通道上加载【VRayMtl】，如图11-272所示。

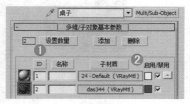

图11-272

03 单击进入ID1通道中，并调节【24-Default】材质，调节的具体参数如图11-273所示。

在【漫反射】选项组下调节颜色为浅灰色（红：240，绿：240，蓝：240）。在【反射】选项组下调节颜色为灰色（红：150，绿：150，蓝：150），选中【菲涅耳反射】复选框，设置【高光光泽度】为0.8，设置【细分】为20。

04 单击进入ID2通道中，并调节【03- Default】材质，调节的具体参数如图11-274所示。

图11-273　　　　　　　图11-274

在【漫反射】选项组下调节颜色为灰色（红：70，绿：70，蓝：70）。在【反射】选项组下调节颜色为灰色（红：77，绿：77，蓝：77），设置【反射光泽度】为0.9，设置【细分】为50。

05 将制作完毕的【桌子】材质赋给场景中的桌子模型，如图11-275所示。

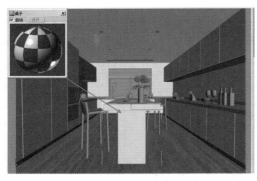

图11-275

⑤ 【椅子】材质的制作

01 按【M】键打开【材质编辑器】对话框，选择1个材质球，单击 Standard 按钮，在弹出的【材质/贴图浏览器】对话框中选择【多维/子对象】选项，如图11-276所示。

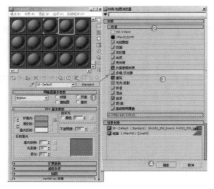

图11-276

02 展开【多维/子对象基本参数】卷展栏，将其命名为【椅子】，设置【设置数量】为2，分别在通道上加载【VRayMtl】，如图11-277所示。

图11-277

03 单击进入ID1通道中，并调节【01-Default】材质，调节的具体参数如图11-278所示。

在【漫反射】选项组下后面的通道上加载【衰减】程序贴图，调节两个颜色为深红色（红：110，绿：14，蓝：16）和深红色（红：86，绿：11，蓝：13）。在【反射】选项组下后面的通道上加载【衰减】程序贴图，设置【衰减类型】为【Fresnel】，设置【Fresnel参数】为2.2，设置【反射光泽度】为0.75，设置【细分】为20。

04 单击进入ID2通道中，并调节【02-Default】材质，调节的具体参数如图11-279所示。

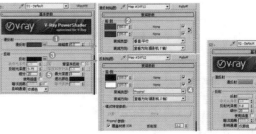

图11-278　　　　　　　图11-279

在【漫反射】选项组下调节颜色为灰色（红：128，绿：128，蓝：128）。在【反射】选项组下调节颜色为浅灰色（红：200，绿：200，蓝：200），选中【菲涅耳反射】复选框，设置【反射光泽度】为0.8，设置【细分】为20。

技巧提示

　　设置反射颜色，并选中【菲涅耳反射】复选框后，反射的强度会大大减弱，产生过度柔和的反射效果。

05 将制作完毕的【椅子】材质赋给场景中的椅子模型，如图11-280所示。

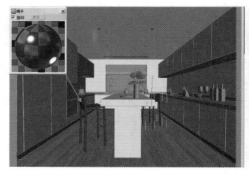

图11-280

3ds Max 2013 自学视频教程

⑥ 【窗帘】材质的制作

01 按【M】键打开【材质编辑器】对话框，选择1个空白材质球，然后将【材质类型】设置为 Standard ，并命名为【窗帘】，调节的具体参数如图11-281所示。

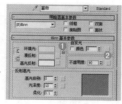

图11-281

在【环境光】选项组下调节颜色为浅灰色（红：205，绿：205，蓝：205）。在【漫反射】选项组下调节颜色为浅灰色（红：205，绿：205，蓝：205），设置【不透明度】为90。

02 将制作完毕的【窗帘】材质赋给场景中的窗帘模型，如图11-282所示。

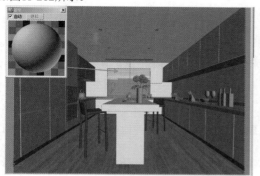

图11-282

⑦ 【天空】材质的制作

01 按【M】键，打开【材质编辑器】对话框，选择1个材质球，单击 Standard 按钮，在弹出的【材质/贴图浏览器】对话框中选择【VR灯光材质】选项，如图11-283所示。

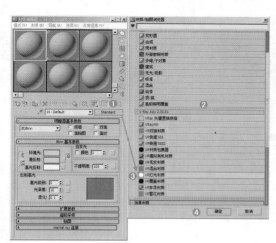

图11-283

02 将其命名为【天空】，具体的调节参数如图11-284所示。

展开【参数】卷展栏，在【颜色】后面的通道上加载【20080826_10f29949d4b5c9407210hg1QsDWUWfrQ.jpg】贴

图文件，设置【颜色】为2.5。

图11-284

03 将制作完毕的【天空】材质赋给场景中的天空模型，如图11-285所示。

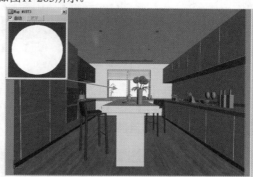

图11-285

至此场景中主要模型的材质已经制作完毕，其他材质的制作方法不再详述。

🖤 设置摄影机

01 单击 、 、 目标 按钮，如图11-286所示。单击在视图中拖曳创建，如图11-287所示。

图11-286

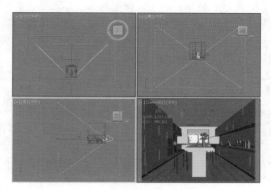

图11-287

02 选择刚创建的摄影机，进入修改面板，并设置【镜头】为18、【视野】为90，最后设置【目标距离】为15022mm，如图11-288所示。

第11章
灯光,材质,渲染综合运用

337

03 此时选择刚创建的摄影机，并单击鼠标右键，在弹出的快捷菜单中选择【应用摄影机校正修改器】命令，如图11-289所示。

图11-288　　　　　　　图11-289

04 此时看到摄影机校正修改器被加载到了摄影机上，最后设置【数量】为 - 0.741、【角度】为90，如图11-290所示。

05 此时的摄影机视图效果如图11-291所示。

图11-290　　　　　　　图11-291

设置灯光并进行草图渲染

在这个现代风格厨房中，使用两部分灯光照明来表现，一是环境光效果；二是室内灯光的照明。也就是说，想得到好的效果，必须配合室内的一些照明，最后设置一下辅助光源就可以了。

01 设置阳光

01 单击 、 、 VR灯光 按钮，在前视图中窗户的位置创建一盏VR灯光，大小与窗户差不多，将它移动到窗户的外面，如图11-292所示。

02 选择上一步创建的VR灯光，并在修改面板下调节具体参数，如图11-293所示。

设置【类型】为【平面】，设置【倍增】为8，调节【颜色】为蓝色（红：72，绿：158，蓝：255），设置【1/2长】为1040mm、【1/2宽】为686mm，选中【不可见】复选框，最后设置【细分】为20。

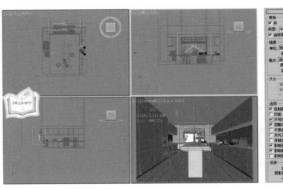

图11-292　　　　　　　图11-293

03 在顶视图中拖曳并创建1盏VR灯光，如图11-294所示。

04 选择上一步创建的VR灯光，然后在修改面板下设置其具体的参数，如图11-295所示。

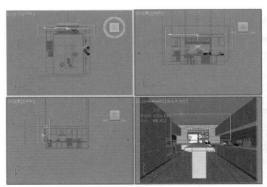

图11-294　　　　　　　图11-295

在【常规】选项组下设置【类型】为【平面】，在【强度】选项组下调节【倍增】为20，调节【颜色】为浅黄色（红：253，绿：243，蓝：226），在【大小】选项组下设置【1/2长】为30mm、【1/2宽】为2400mm，在【选项】选项组下选中【不可见】复选框，设置【细分】为20。

05 按【F10】键打开【渲染设置】对话框。首先设置【VRay】和【间接照明】选项卡下的参数，刚开始设置的是一个草图，目的是进行快速渲染以观看整体的效果，参数设置如图11-296所示。

06 按【Shift+Q】快捷键快速渲染摄影机视图，其渲染的效果如图11-297所示。

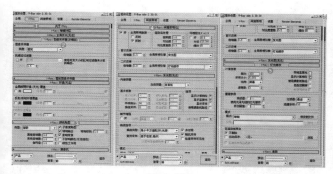

图11-296

图11-297

② 设置室内射灯

01 在前视图中拖曳创建1盏目标灯光,接着使用【选择并移动】工具 ⊕ 复制7盏目标灯光(复制时需要选中【实例】方式),具体的位置如图11-298所示。

02 选择上一步创建的目标灯光,然后在修改面板下设置其具体的参数,如图11-299所示。

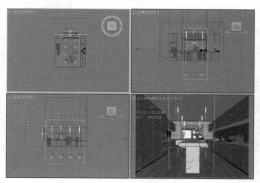

图11-298

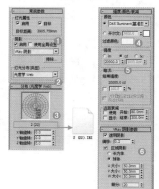

图11-299

展开【常规参数】卷展栏,选中【启用】复选框,设置阴影类型为【VRay阴影】,设置【灯光分布(类型)】为【光度学Web】,接着展开【分布(光度学Web)】卷展栏,并在通道上加载【2(22).ies】。

展开【强度/颜色/衰减】卷展栏,调节颜色为浅黄色(红:253,绿:243,蓝:226),设置【强度】为20000,展开【VRay阴影参数】卷展栏,选中【区域阴影】复选框,设置【U大小】、【V大小】和【W大小】均为50mm,设置【细分】为20。

03 按【Shift+Q】快捷键快速渲染摄影机视图,其渲染的效果如图11-300所示。

图11-300

 技巧提示

当选中【区域阴影】复选框时,该灯光的阴影会变得比较柔和,而将【U大小】、【V大小】和【W大小】数值增大时,该灯光的阴影会更加柔和。

③ 设置环境光

01 单击 、 按钮,选择 VRay 选项,单击 VR灯光 按钮,如图11-301所示。

图11-301

02 在前视图中拖曳并创建1盏VR灯光,如图11-302所示。

03 选择上一步创建的VR灯光,然后在修改面板下设置其具体的参数,如图11-303所示。

在【常规】选项组下设置【类型】为【平面】,在【强度】选项组下调节【倍增】为20,调节【颜色】为浅黄色(红:253,绿:243,蓝:226),在【大小】选项组下设置【1/2长】为30mm、【1/2宽】为2400mm,在【选项】选项组下选中【不可见】复选框,设置【细分】为20。

读书笔记

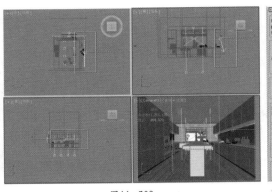

图11-302

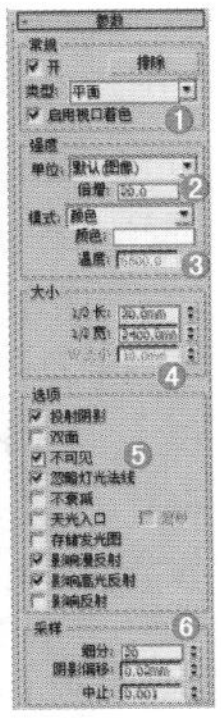

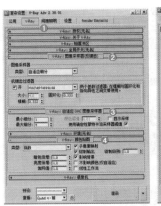

图11-306

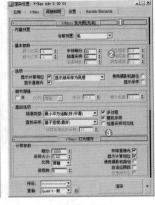

图11-307

04 在前视图中拖曳并创建1盏VR灯光，如图11-304所示。

05 选择上一步创建的VR灯光，然后在修改面板下设置其具体的参数，如图11-305所示。

设置【类型】为【平面】，设置【倍增】为3，调节【颜色】为蓝色（红：174，绿：212，蓝：255）、【1/2长】为1100mm、【1/2宽】为1200mm，选中【不可见】复选框，最后设置【细分】为20。

展开【发光图】卷展栏，设置【当前预置】为【低】，设置【半球细分】为50、【插值采样】为20，选中【显示计算机相位】和【显示直接光】复选框，展开【灯光缓存】卷展栏，选中【存储直接光】和【显示计算相位】复选框。

03 选择【设置】选项卡，并进行调节，具体的调节参数如图11-308所示。展开【系统】卷展栏，设置【区域排序】为【Triangulation】，最后取消选中【显示窗口】复选框。

04 选择【Render Elements】选项卡，单击【添加】按钮并在弹出的【渲染元素】面板中选择【VRay线框颜色】选项，如图11-309所示。

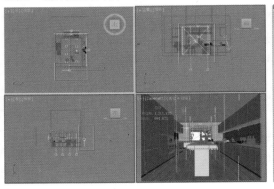

图11-304

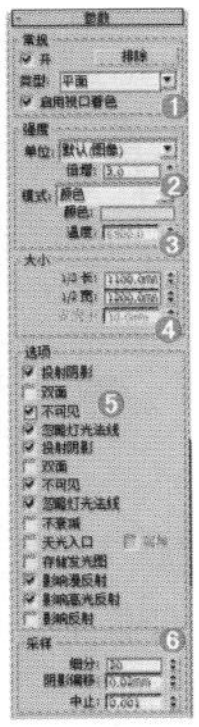

图11-305

🖱 **设置成图渲染参数**

经过了前面的操作，已经将大量烦琐的工作做完了，下面需要做的就是把渲染的参数设置高一些，再进行渲染输出。

01 重新设置一下渲染参数，按【F10】键，在打开的【渲染设置】对话框中进行设置，如图11-306所示。

选择【V-Ray】选项卡，展开【图像采样(反锯齿)】卷展栏，设置【类型】为【自适应细分】，接着在【抗锯齿过滤器】选项组下选中【开】复选框，并选择【Mitchell-Netravali】选项，展开【自适应DMC图像采样器】卷展栏，设置【最小细分】为1、【最大细分】为4，展开【颜色贴图】卷展栏，设置【类型】为【指数】，选中【子像素映射】和【钳制输出】复选框。

02 选择【间接照明】选项卡，并进行调节，具体的调节参数如图11-307所示。

图11-308

图11-309

05 选择【公用】选项卡，展开【公用参数】卷展栏，设置输出的尺寸为1500×1125，如图11-310所示。

图11-310

06 等待一段时间后渲染就完成了，最终的效果如图11-311所示。

图11-311

11.10 VRay渲染器综合——汽车展厅发布会

场景文件	04.max
案例文件	案例文件\Chapter 11\VRay渲染器综合——汽车展厅发布会.max
视频教学	视频文件\Chapter 11\VRay渲染器综合——汽车展厅发布会.flv
难易指数	★★★★★
灯光类型	VR灯光、目标平行光
材质类型	VRayMtl、VR混合材质、VR灯光材质、虫漆、多维/子对象
程序贴图	【VR污垢】贴图、【衰减】贴图
技术掌握	掌握工装大型场景材质质感的把握、灯光气氛的烘托

实例介绍

本例是一个汽车展厅发布会场景，室内明亮灯光表现主要使用了VR灯光、目标平行光来制作，使用VRayMtl、VR混合材质、VR灯光材质、虫漆、多维/子对象制作本案例的主要材质。具有金属质感、现代感的材质模拟是本例的难点，效果如图11-312所示。

图11-312

制作步骤

设置VRay渲染器

01 打开本书配套光盘中的【场景文件/Chapter 11/04.max】文件，此时场景效果如图11-313所示。

02 按【F10】键打开【渲染设置】对话框，选择【公用】选项卡，在【指定渲染器】卷展栏下单击■按钮，在弹

出的【选择渲染器】对话框中选择【V-Ray Adv 2.30.01】选项，如图11-314所示。

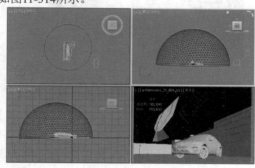

图11-313

图11-314

03 此时在【指定渲染器】卷展栏，【产品级】后面显示了【V-Ray Adv 2.30.01】，【渲染设置】对话框中出现了【V-Ray】、【间接照明】、【设置】选项卡，如图11-315所示。

图11-315

材质的制作

下面就来讲述场景中的主要材质的调节方法，包括磨砂顶棚、墙面、地面、屏幕、车漆、车玻璃、轮胎等，效果如图11-316所示。

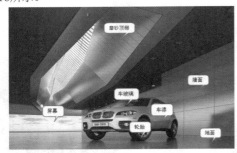

图11-316

01 【磨砂顶棚】材质的制作

01 按【M】键，打开【材质编辑器】对话框，选择第1个材质球，单击 Standard 按钮，在弹出的【材质/贴图浏览器】对话框中选择【VR混合材质】选项，如图11-317所示。

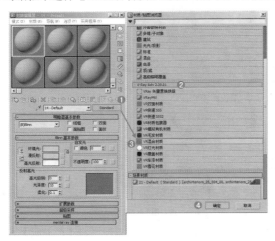

图11-317

02 将其命名为【磨砂顶棚】，展开【参数】卷展栏，在【基本材质】选项组下后面的通道上选择【VRayMtl】，

单击进入【VRayMtl】，具体的调节参数如图11-318、图11-319、图11-320、图11-321、图11-322、图11-323和图11-324所示。

在【漫反射】选项组下调节颜色为灰色（红：102，绿：103，蓝：111）。在【反射】选项组下调节颜色为白色（红：203，绿：203，蓝：203），选中【菲涅耳反射】复选框，设置【高光光泽度】为0.9、【反射光泽度】为0.94，设置【细分】为54。在【折射】选项组下设置【折射率】为12。

图11-318　　　　　　　　图11-319

展开【双向反射分布函数】卷展栏，选择【沃德】选项，设置【各向异性(-1..1)】为0.2。返回【混合材质】，展开【参数】卷展栏，在【镀膜材质1】后面的通道上加载【VRayMtl】材质。

图11-320　　　　　　　　图11-321

在【漫反射】选项组下调节颜色为灰色（红：37，绿：37，蓝：37）。

返回【混合材质】，展开【参数】卷展栏，在【混合数量1】后面的通道上加载【VR污垢】程序贴图。

图11-322　　　　　　　　图11-323

展开【VRay污垢参数】卷展栏，设置【半径】为1cm，调节【阻光颜色】颜色为白色（红：255，绿：255，蓝：255），调节【非阻光颜色】为黑色（红：0，绿：0，蓝：0），设置【细分】为24，取消选中【忽略全局照明】复选框，选中【反转法线】复选框。

03 将制作完毕的【磨砂顶棚】材质赋给场景中的磨砂顶棚模型，如图11-325所示。

图11-324　　　　　图11-325

☎ **答疑解惑：【VR污垢】程序贴图是为了把材质变脏吗？**

【VR污垢】程序贴图不是为了将材质变脏，而是使得模型的细节更加精致、丰富，模型复杂的部分更加突出。

02 【墙面】材质的制作

01 按【M】键，打开【材质编辑器】对话框，选择一个材质球，单击 Standard 按钮，在弹出的【材质/贴图浏览器】对话框中选择【VRayMtl】选项，如图11-326所示。

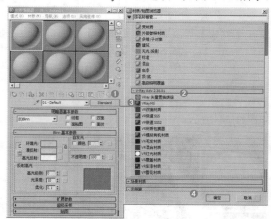

图11-326

02 将其命名为【墙面】，具体的调节参数如图11-327、图11-328和图11-329所示。

在【漫反射】选项组下后面的通道上加载【Archinteriors_25_004_Plaster.jpg】贴图文件。

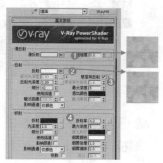

图11-327

在【反射】选项组下后面的通道上加载【Archinteriors_25_004_Plaster.jpg】贴图文件，选中【菲涅耳反射】复选框，设置【反射光泽度】为0.89，设置【细分】为42。

在【折射】选项组下设置【折射率】为4。

展开【双向反射分布函数】卷展栏，选择【反射】选项，设置【各向异性(-1.1)】为0.2，【旋转】为90。

展开【贴图】卷展栏，设置【凹凸】数量为10，并在后面的通道上加载【Archinteriors_25_004_panel_bump.jpg】贴图文件。

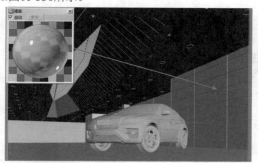

图11-328　　　　　图11-329

03 将制作完毕的【墙面】材质赋给场景中的墙面模型，如图11-330所示。

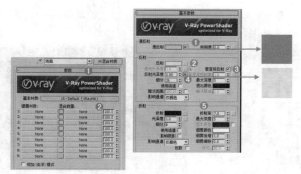

图11-330

03 【地面】材质的制作

01 按【M】键，打开【材质编辑器】对话框，选择1个空白材质球，然后将【材质类型】设置为【VR混合材质】，并命名为【地面】，在【基本材质】后面的通道上加载【VRayMtl】材质，单击进入【VRayMtl】，调节的具体参数如图11-331、图11-332、图11-333、图11-334、

图11-331　　　　　图11-332

图11-335、图11-336和图11-337所示。

在【漫反射】选项组下后面的通道上加载【Archinteriors_25_004_concrete.jpg】贴图文件。在【反射】选项组下调节颜色为白色（红：173，绿：173，蓝：173），选中【菲涅耳反射】复选框，设置【反射光泽度】为0.95，并在其后面的通道上加载【Archinteriors_25_004_Plaster.jpg】贴图文件，设置【细分】为36。在【折射】选项组下设置【折射率】为7。

展开【双向反射分布函数】卷展栏，选择【反射】选项，设置【各向异性(-1..1)】为0.2，【旋转】为90。

展开【贴图】卷展栏，设置【凹凸】数量为6，并在后面的通道上加载【Archinteriors_25_004_Plaster.jpg】贴图文件。

图11-333　　　　　　　图11-334

返回【混合材质】，展开【参数】卷展栏，在【镀膜材质1】后面的通道上加载【VRayMtl】材质。

在【漫反射】选项组下调节颜色为灰色（红：17，绿：17，蓝：17）。

图11-335　　　　　　　图11-336

返回【混合材质】，展开【参数】卷展栏，在【混合数量1】后面的通道上选择【VR污垢】材质。展开【VRay污垢参数】卷展栏，设置【半径】为5cm,调节【阻光颜色】颜色为白色（红：255，绿：255，蓝：255），调节【非阻光颜色】颜色为黑色（红：0，绿：0，蓝：0）。

04　将制作完毕的【地面】材质赋给场景中的地面模型，如图11-338所示。

图11-337　　　　　　　图11-338

04　【屏幕】材质的制作

01　按【M】键，打开【材质编辑器】对话框，选择1个材质球，单击 Standard 按钮，在弹出的【材质/贴图浏览器】对话框中选择【VR灯光材质】选项，如图11-339所示。

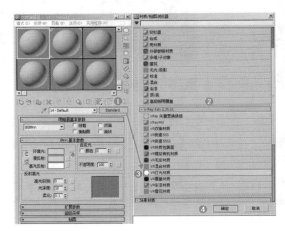

图11-339

02　将其命名为【屏幕】，具体的调节参数如图11-340所示。

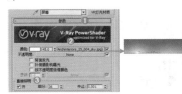

图11-340

展开【参数】卷展栏，在【颜色】后面的通道上加载【Archinteriors_25_004_Sky.jpg】贴图文件，设置【颜色】为45，选中【直接照明】选项组下的【开】复选框，设置【细分】为36。

03　将制作完毕的【屏幕】材质赋给场景中的屏幕模型，如图11-341所示。

图11-341

05　【车漆】材质的制作

01　按【M】键打开【材质编辑器】对话框，选择1个材质球，单击 Standard 按钮，在弹出的【材质/贴图浏览器】对话框中选择【虫漆】选项，如图11-342所示。

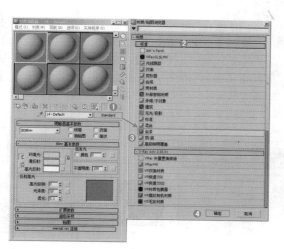

图11-342

02 将其命名为【车漆】，展开【虫漆基本参数】卷展栏，在【基础材质】后面的通道上加载【VRayMtl】材质，单击进入【VRayMtl】，具体的调节参数如图11-343和图11-344所示。

图11-343　　　　　　图11-344

在【漫反射】选项组下面的通道上加载【衰减】程序贴图，展开【衰减参数】卷展栏，调节两个颜色分别为白色（红：185，绿：185，蓝：185）和灰色（红：112，绿：112，蓝：112），设置【高光光泽度】为0.96、【反射光泽度】为0.7、【细分】为32。

03 展开【虫漆基本参数】卷展栏，在【虫漆材质】选项组下后面的通道上加载【VRayMtl】材质，单击进入【VRayMtl】，具体的调节参数如图11-345、图11-346和图11-347所示。

图11-345　　　　　　图11-346

在【漫反射】选项组下调节颜色为黑色（红：0，绿：0，蓝：0）。在【反射】选项组下后面的通道上加载【衰减】程序贴图，展开【衰减参数】卷展栏，调节两个颜色分别为白色（红：201，绿：201，蓝：201）和灰色（红：74，绿：74，蓝：74），设置【衰减类型】为【Fresnel】，选中【菲涅耳反射】复选框，设置【菲涅耳反射率】为1.7。

在【虫漆基本参数】卷展栏下。设置【虫漆颜色混合】为50。

图11-347

04 将制作完毕的【车漆】材质赋给场景中的车漆模型，如图11-348所示。

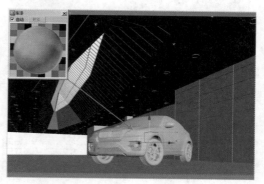

图11-348

⑥ 【车玻璃】材质的制作

01 按【M】键打开【材质编辑器】对话框，选择1个空白材质球，然后将【材质类型】设置为【VRayMtl】，并命名为【车玻璃】，调节的具体参数如 图11-349所示。

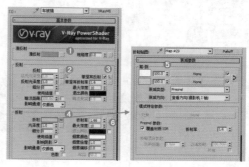

图11-349

在【漫反射】选项组下调节颜色为灰色（红：75，绿：75，蓝：75）。在【反射】选项组下调节颜色为白色（红：255，绿：255，蓝：255），选中【菲涅耳反射】复选框，设置【最大深度】为10。在【折射】选项组下后面的通道上加载【衰减】程序贴图，展开【衰减参数】卷展栏，调节两个颜色分别为白色（红：235，绿：235，蓝：235）和灰色（红：150，绿：150，蓝：150），设置【衰减类型】为【Fresnel】、【折射率】为1.66、【最大深度】为10。

02 将制作完毕的【车玻璃】材质赋给场景中的车玻璃模型，如图11-350所示。

图11-350

01 选择一个空白材质球，然后将【材质类型】设置为【多维/子对象】材质，并命名为【轮胎】，如图11-351所示。

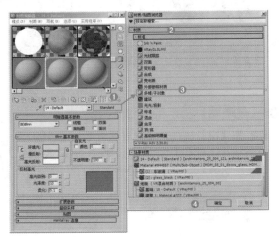

图11-351

02 展开【多维/子对象基本参数】卷展栏，设置【设置数量】为2，分别在通道上加载【VRayMtl】材质，如图11-352所示。

图11-352

【多维/子对象】材质可以模拟出一个物体多种材质的效果，通常用于制作复杂的模型材质，如汽车、计算机等。

03 单击进入ID1的通道中，并进行调节【Tyre】材质。

在【漫反射】选项组下调节颜色为灰色（红：20，绿：20，蓝：20）。在【反射】选项组下后面的通道上加

载【HDM_03_tyre_sidewall.jpg】贴图文件，展开【坐标】卷展栏，设置【角度】下的【U】为180、【模糊】为0.5、【反射光泽度】为0.7、【细分】为12，如图11-353所示。

展开【贴图】卷展栏，单击【反射】后面通道上的贴图并将其拖曳到【凹凸】后面的通道上，最后设置【凹凸】为10。

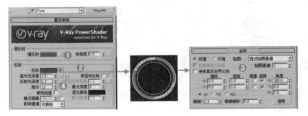

图11-353

04 单击进入ID2通道中，并调节【Tyre_dirt】材质，调节的具体参数如图11-355所示。

在【漫反射】选项组下调节颜色为灰色（红：20，绿：20，蓝：20）。在【反射】选项组下调节颜色为灰色（红：10，绿：10，蓝：10），设置【反射光泽度】为0.7、【细分】为10。

图11-354　　　图11-355

05 将制作完毕的【轮胎】材质赋给场景中的轮胎模型，如图11-356所示。

图11-356

至此场景中主要模型的材质已经制作完毕，其他材质的制作方法不再详述。

设置摄影机

01 单击 ✦、▨、**VR物理摄影机** 按钮，单击在视图中拖曳创

346

建，如图11-357所示。

02 选择刚创建的VR物理摄影机，进入修改面板，并设置【焦距】为34、【纵向移动】为0.268、【横向移动】为－0.02，选中【指定焦点】复选框，设置【焦点距离】为635.8cm、【白平衡】为【自定义】、【快门速度】为120，如图11-358所示。

图11-357　　图11-358

技巧提示

VR物理摄影机不仅可以为场景固定一个角度，而且可以通过设置参数控制最终渲染画面的明暗、光晕、白平衡等特殊效果，与现实中使用的单反相机的参数有些类似。

03 此时的VR物理摄影机视图效果如图11-359所示。

图11-359

设置灯光并进行测试渲染

在这个车场景中，使用两部分灯光照明来表现，一是自然光效果；二是室内灯光的照明。也就是说，想得到好的效果，必须配合室内的一些照明，最后设置一下辅助光源就可以了。

01 设置环境光

01 单击、按钮，选择VRay选项，单击 VR灯光 按钮，如图11-360所示。

图11-360

02 在顶视图中拖曳并创建1盏VR灯光，如图11-361所示。

03 选择上一步创建的VR灯光，然后在修改面板下设置其具体的参数，如图11-362所示。

在【常规】选项组下设置【类型】为【平面】，在【强

度】选项组下设置【倍增】为20，调节【颜色】为浅蓝色（红：194，绿：234，蓝：253），在【大小】选项组下设置【1/2长】为318cm、【1/2宽】为2326cm、设置【细分】为20。

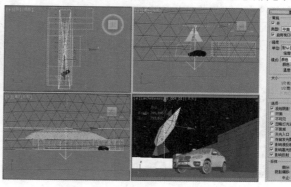

图11-361　　图11-362

04 在顶视图中拖曳并创建1盏VR灯光，如图11-363所示。

05 选择上一步创建的VR灯光，然后在【修改面板】下设置其具体的参数，如图11-364所示。

在【常规】选项组下设置【类型】为【平面】，在【强度】选项组下设置【倍增】为200，调节【颜色】为蓝色（红：65，绿：107，蓝：194），在【大小】选项组下设置【1/2长】为1267cm，【1/2宽】为453cm，在【选项】选项组下选中【不可见】复选框，在【采样】选项组下设置【细分】为20。

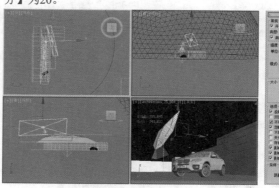

图11-363　　图11-364

06 单击、按钮，选择标准选项，单击 目标平行光 按钮，如图11-365所示。

图11-365

07 在顶视图中拖曳并创建1盏目标平行光灯光，如图11-366所示。

08 选择上一步创建的目标平行灯光，然后在修改面板下设置其具体的参数，如图11-367所示。

展开【常规参数】卷展栏，在【阴影】选项组下选中【启用】复选框，设置【阴影类型】为【VRay阴影】。展开【强度/颜色/衰减】卷展栏，调节颜色为黄色（红：252，

绿: 175, 蓝: 107), 设置【强度】为1000, 展开【平行光参数】卷展栏, 设置【聚光区/光束】为1969、【衰减区/区域】为1971, 展开【VRay阴影参数】卷展栏, 选中【区域阴影】复选框, 设置【U大小】、【V大小】和【W大小】分别为500cm、50cm、500cm、最后设置【细分】为36。

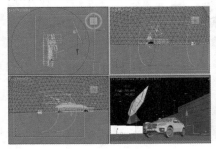 

图11-366　　　　　　　　图11-367

09 按【F10】键打开【渲染设置】对话框。首先设置【VRay】和【间接照明】选项卡下的参数, 刚开始设置的是一个草图, 目的是进行快速渲染来观看整体的效果, 参数设置如图11-368所示。

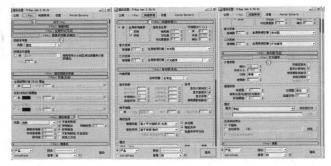

图11-368

10 按【Shift+Q】快捷键快速渲染摄影机视图, 其渲染的效果如图11-369所示。

图11-369

⦿ 设置室内灯光

01 在前视图中拖曳并创建1盏VR灯光, 如图11-370所示。

02 选择上一步创建的VR灯光, 然后在修改面板下设置其具体的参数, 如图11-371所示。

在【常规】选项组下设置【类型】为【平面】, 在【强度】选项组下调节【倍增】为20, 调节【颜色】为浅蓝色(红: 136, 绿: 158, 蓝: 253), 在【大小】选项组下设置【1/2长】为151cm、【1/2宽】为245cm, 在【选项】选项组下选中【不可见】复选框, 在【采样】选项组下设置【细分】为20。

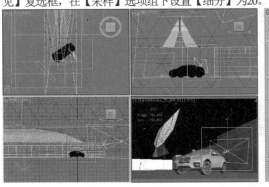

图11-370　　　　　　　　图11-371

03 在左视图中拖曳并创建1盏VR灯光, 如图11-372所示。

04 选择上一步创建的VR灯光, 然后在【修改面板】下设置其具体的参数, 如图11-373所示。

在【常规】选项组下设置【类型】为【平面】, 在【强度】选项组下设置【倍增】为55, 调节【颜色】为蓝色(红: 45, 绿: 47, 蓝: 85), 在【大小】选项组下设置【1/2长】为1270cm、【1/2宽】为453cm, 在【选项】选项组下选中【不可见】复选框, 在【采样】选项组下设置【细分】为16。

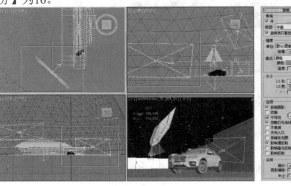

图11-372　　　　　　　　图11-373

05 在前视图中拖曳并创建1盏VR灯光, 如图11-374所示。

06 选择上一步创建的VR灯光, 然后在修改面板下设置其具体的参数, 如图11-375所示。

在【常规】选项组下设置【类型】为【平面】, 在【强度】选项组下设置【倍增】为20, 调节【颜色】为白色(红: 239, 绿: 237, 蓝: 255), 在【大小】选项组下设置【1/2长】为83cm、【1/2宽】为143cm, 在【选项】组下选中【不可见】复选框, 在【采样】选项组下设置【细分】为20。

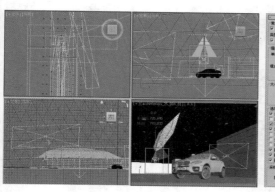

图11-374　　　　　　　　　图11-375

07 按【Shift+Q】快捷键快速渲染摄影机视图，其渲染的效果如图11-376所示。

图11-376

◎3 设置辅助光源

01 在顶视图中拖曳并创建1盏VR灯光，并使用【选择并移动】工具 ✛ 复制5盏，如图11-377所示。

02 选择上一步创建的VR灯光，然后在修改面板下设置其具体的参数，如图11-378所示。

在【常规】选项组下设置【类型】为【球体】，在【强度】选项组下设置【倍增】为2000，调节【颜色】为黄色（红：247，绿：184，蓝：102），在【大小】选项组下设置【半径】为2.4cm，在【选项】选项组下选中【不可见】复选框。

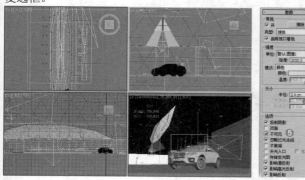

图11-377　　　　　　　　　图11-378

03 在前视图中拖曳并创建1盏VR灯光，如图11-379所示。

04 选择上一步创建的VR灯光，然后在修改面板下设

置其具体的参数，如图11-380所示。

在【常规】选项组下设置【类型】为【平面】，在【强度】选项组下设置【倍增】为5，调节【颜色】为浅黄色（红：254，绿：229，蓝：202），在【大小】选项组下设置【1/2长】为75cm、【1/2宽】为811cm，在【选项】选项组下选中【不可见】复选框。

图11-379　　　　　　　　　图11-380

05 按【Shift+Q】快捷键快速渲染摄影机视图，其渲染的效果如图11-381所示。

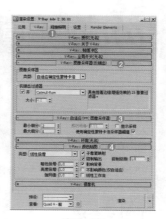

图11-381

◙ 设置成图渲染参数

经过了前面的操作，已经将大量烦琐的工作做完了，下面需要做的就是把渲染的参数设置高一些，再进行渲染输出。

01 重新设置一下渲染参数，按【F10】键，在打开的【渲染设置】对话框中进行设置，如图11-382所示。

图11-382

选择【V-Ray】选项卡，展开【图像采样器(反锯齿)】卷展栏，设置【类型】为【自适应确定性蒙特卡洛】，接着在【抗锯齿过滤器】选项组下选中【开】复选框，并选择【Catmull-Rom】选项。展开【自适应DMC图像采样器】卷

展栏，设置【最小细分】为2、【最大细分】为8。展开【颜色贴图】卷展栏，设置【类型】为【线性倍增】，选中【子像素映射】和【钳制输出】复选框。

02 选择【间接照明】选项卡，并进行调节，具体的调节参数如图11-383所示。

展开【发光图】卷展栏，设置【当前预置】为【中】，设置【半球细分】为60、【插值采样】为30，选中【显示计算相位】复选框。展开【灯光缓存】卷展栏，设置【细分】为1400，选中【存储直接光】和【显示计算相位】复选框。

03 选择【设置】选项卡，并进行调节，具体的调节参数如图11-384所示。

展开【系统】卷展栏，设置【区域排序】为【Triangulation】，最后取消选中【显示窗口】复选框。

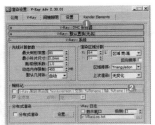

图11-383　　　　　　　　图11-384

04 选择【Render Elements】选项卡，单击【添加】按钮并在弹出的【渲染元素】面板中选择【VRayAlpha】、【Vray 反射】、【Vray Raw 反射】、【VR Z深度】、【Vray Raw 全局照明】、【Vray 折射】选项，如图11-385所示。

05 选择【公用】选项卡，展开【公用参数】卷展栏，设置输出的尺寸为1350×900，如图11-386所示。

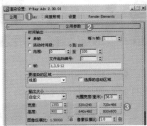

图11-385　　　　　　　　图11-386

06 等待一段时间后渲染就完成了，最终的效果如图11-387所示。

图11-387

VRay渲染器综合——体育场日景效果

11.11

场景文件	05.max
案例文件	案例文件\Chapter 11\VRay渲染器综合——体育场日景效果.max
视频教学	视频文件\Chapter 11\VRay渲染器综合——体育场日景效果.flv
难易指数	★★★★★
灯光类型	VR太阳
材质类型	标准材质、VR灯光材质、VRayMtl材质
程序贴图	无
技术掌握	掌握大型场景材质和灯光的制作

实例介绍

本例是一个体育场日景效果，室外明亮灯光表现主要使用了VR太阳来制作，使用标准材质、VR灯光材质、VRayMtl材质制作本案例的主要材质，制作完毕之后渲染的效果如图11-388所示。

图11-388

制作步骤

设置VRay渲染器

01 打开本书配套光盘中的【场景文件/Chapter 11/05.max】文件,此时场景效果如图11-389所示。

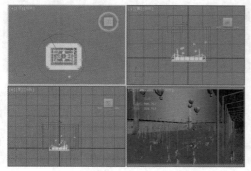

图11-389

02 按【F10】键,打开【渲染设置】对话框,选择【公用】选项卡,在【指定渲染器】卷展栏下单击 按钮,在弹出的【选择渲染器】对话框中选择【V-Ray Adv 2.30.01】选项,如图11-390所示。

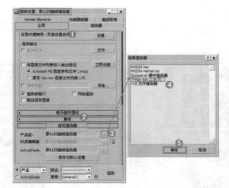

图11-390

03 此时在【指定渲染器】卷展栏,【产品级】后面显示了【V-Ray Adv 2.30.01】,【渲染设置】对话框中出现了【V-Ray】、【间接照明】、【设置】选项卡,如图11-391所示。

图11-391

材质的制作

下面就来讲述场景中的主要材质的调节方法,包括操场、草地、观众席、高柱子、条幅、热气球、天空材质等,效果如图11-392所示。

图11-392

01 【操场】材质的制作

01 按【M】键打开【材质编辑器】对话框,选择第1个材质球,单击 Standard 按钮,在弹出的【材质/贴图浏览器】对话框中选择【VRayMtl】选项,如图11-393所示。

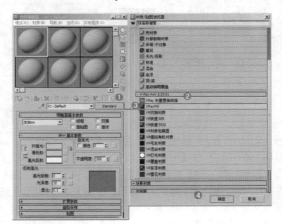

图11-393

02 将其命名为【操场】,具体的调节参数如图11-394和图11-395所示。

在【漫反射】选项组下后面的通道上加载【archmodels81_005_001.jpg】贴图文件。

展开【贴图】卷展栏,在【凹凸】后面通道上加载【archmodels81_005_001_bump.jpg】贴图文件,最后设置【凹凸】数量为3。

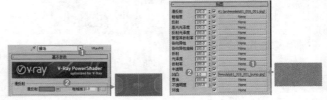

图11-394　　　　　　　图11-395

03 将制作完毕的【操场】材质赋给场景中操场部分的模型,如图11-396所示。

图11-396

02 【草地】材质的制作

01 按【M】键打开【材质编辑器】对话框，选择1个材质球，将其命名为【草地】，具体的调节参数如图11-397和图11-398所示。

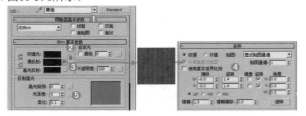

图11-397

在【环境光】选项组下调节颜色为黑色（红：0，绿：0，蓝：0）。在【漫反射】选项组下后面的通道上加载【travaKosena.jpg】贴图文件，展开【坐标】卷展栏，设置【偏移】的【U】和【V】为 - 0.0，设置【瓷砖】的【U】和【V】为1.4。在【高光反射】选项组下调节颜色为黑色（红：0，绿：0，蓝：0）。在【反射高光】选项组下设置【光泽度】为0。

展开【贴图】卷展栏，在【凹凸】后面通道上加载【草地.jpg】贴图文件，展开【坐标】卷展栏，设置【瓷砖】的【U】和【V】为10，最后设置【凹凸】为30。

图11-398

02 将制作完毕的【草地】材质赋给场景中草地部分的模型，如图11-399所示。

图11-399

03 【观众席】材质的制作

01 按【M】键打开【材质编辑器】对话框，选择1个空白材质球，然后将【材质类型】设置为【VRayMtl】，并命名为【观众席】，调节的具体参数如图11-400所示。

图11-400

在【漫反射】选项组下后面的通道上加载【红色.jpg】贴图文件。

02 将制作完毕的【观众席】材质赋给场景中观众席部分的模型，如图11-401所示。

图11-401

04 【条幅】材质的制作

01 按【M】键打开【材质编辑器】对话框，选择1个空白材质球，然后将【材质类型】设置为【VRayMtl】，并命名为【条幅】，调节的具体参数如图11-402所示。

图11-402

在【漫反射】选项组下后面的通道上加载【蓝色.jpg】贴图文件。在【反射】选项组下调节颜色为深灰色（红：49，绿：49，蓝：49），设置【反射光泽度】为0.8。

02 将制作完毕的【条幅】材质赋给场景中的条幅部分的模型，如图11-403所示。

图11-403

05 【热气球】材质的制作

01 按【M】键打开【材质编辑器】对话框，选择1个空白材质球，然后将【材质类型】设置为【VRayMtl】，并命名为【热气球】，调节的具体参数如图11-404所示。

图11-404

在【漫反射】选项组下后面的通道上加载【彩带.jpg】贴图文件。在【反射】选项组下调节颜色为灰色（红：97，绿：97，蓝：97），选中【菲涅耳反射】复选框。

02 将制作完毕的【热气球】材质赋给场景中热气球部分的模型，如图11-405所示。

图11-405

06 【高柱子】材质的制作

01 按【M】键打开【材质编辑器】对话框，选择1个空白材质球，然后将【材质类型】设置为【VRayMtl】，并命名为【高柱子】，调节的具体参数如图11-406所示。

在【漫反射】选项组下调节颜色为灰色（红：64，绿：69，蓝：75）。

在【反射】选项组下调节颜色为深灰色（红：47，绿：47，蓝：47），设置【反射光泽度】为0.6、【细分】为24。

图11-406

02 将制作完毕的【高柱子】材质赋给场景中高柱子部分的模型，如图11-407所示。

图11-407

07 【天空】材质的制作

01 按【M】键打开【材质编辑器】对话框，选择1个材质球，单击 Standard 按钮，在弹出的【材质/贴图浏览器】对话框中选择【VR灯光材质】，如图11-408所示。

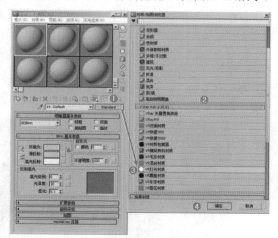

图11-408

02 将其命名为【天空】，具体的调节参数如图11-409所示。

展开【参数】卷展栏，在【颜色】选项组下后面的通道上加载【360度天空贴图.jpg】贴图文件，设置【颜色】为2.5。

03 将制作完毕的【天空】材质赋给场景中的天空模型，如图11-410所示。

图11-409

图11-413　　　　　　　图11-414

图11-410

设置灯光

在这个体育场日景场景中使用太阳灯光照明来表现。

01 单击 、 按钮，选择 vRay ▼ 选项，单击 VR太阳 按钮，如图11-415所示。

02 在前视图中拖曳并创建1盏VR太阳，如图11-416所示。

至此场景中主要模型的材质已经制作完毕，其他材质的制作方法不再详述。

设置摄影机

01 单击 、 、 目标 按钮，如图11-411所示。单击在视图中拖曳创建，如图11-412所示。

图11-415　　　　　　　图11-416

03 选择上一步创建的VR太阳，然后在修改面板下设置其具体的参数，如图11-417所示。

展开【VR太阳参数】卷展栏，设置【强度倍增】为0.055、【大小倍增】为10、【阴影细分】为20。

04 按【Shift+Q】快捷键快速渲染摄影机视图，其渲染的效果如图11-418所示。

图11-417　　　　　　　图11-418

设置成图渲染参数

经过了前面的操作，已经将大量烦琐的工作做完了，下面需要做的就是把渲染的参数设置高一些，再进行渲染输出。

01 重新设置一下渲染参数，按【F10】键，在打开的【渲染设置】对话框中进行如下设置，如图11-419所示。

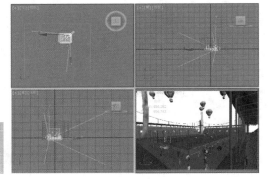

图11-411　　　　　　　图11-412

02 选择刚创建的摄影机，进入修改面板，并设置【镜头】为18、【视野】为90，最后设置【目标距离】为727mm，如图11-413所示。

03 此时的摄影机视图效果如图11-414所示。

选择【V-Ray】选项卡，展开【图像采样器(反锯齿)】卷展栏，设置【类型】为【自适应确定性蒙特卡洛】，接着在【抗锯齿过滤器】选项组下选中【开】复选框，并选择【Mitchell-Netravali】选项，展开【自适应DMC图像采样器】卷展栏，设置【最小细分】为1、【最大细分】为4，展开【颜色贴图】卷展栏，设置【类型】为【指数】，选中【子像素贴图】和【钳制输出】复选框。

02 选择【间接照明】选项卡，并进行调节，具体的调节参数如图11-420所示。

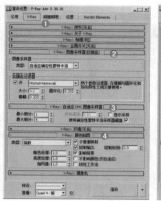

图11-419　　　　　　　图11-420

展开【发光图】卷展栏，设置【当前预置】为【低】，设置【半球细分】为50、【插值采样】为20，选中【显示计算机相位】和【显示直接光】复选框，展开【灯光缓存】卷展栏，设置【细分】为1000，选中【存储直接光】和【显示计算相位】复选框。

03 选择【设置】选项卡，并进行调节，具体的调节参数如图11-421所示。

展开【系统】卷展栏，设置【区域排序】为【Top->Bottom】，最后取消选中【显示窗口】复选框。

04 选择【Render Elements】选项卡，单击【添加】按钮并在弹出的【渲染元素】面板中选择【VRay线框颜色】选项，如图11-422所示。

图11-421　　　　　　　图11-422

05 选择【公用】选项卡，展开【公用参数】卷展栏，设置输出的尺寸为1800×1200，如图11-423所示。

图11-423

06 等待一段时间后渲染就完成了，最终的效果如图11-424所示。

图11-424

本章小结

通过本章的学习，读者可以掌握多种渲染的参数设置和使用方法，可以将制作的场景渲染出带有色彩的真实效果，并且可以模拟制作出效果图、产品展示、CG动画场景等。本章是在3ds Max中制作作品的最后一个步骤，因此是非常重要的，需要认真、全面地进行学习。

第12章

环境与效果

本章内容简介：

在现实世界中，所有物体都不是孤立存在的，环境对场景的氛围起到了至关重要的作用，环境可以将物体与物体之间很好地连接起来。我们身边最常见的环境有闪电、大风、沙尘、雾、光束等。

本章学习要点：

· 掌握环境系统的应用
· 掌握效果系统的应用

12.1 环境

12.1.1 公用参数

在【环境和效果】对话框中可以设置【背景】和【全局照明】，如图12-1所示。

★ 本节知识导读：

工具名称	工具用途	掌握级别
火效果	制作火焰效果，但是效果不是很逼真	★★★★☆
雾	制作雾的效果，用来融合场最前景和背景的过渡	★★★★☆
体积雾	制作体积雾效果，如模拟高山之间云雾缭绕	★★★★☆
体积光	制作体积光效果，如模拟手电筒一束光、森林光斑	★★★★☆
VRay 环境雾	制作环境雾效果，不常用	★★★☆☆
VRay 球形褪光	制作球形形状的褪光效果，不常用	★★☆☆☆
VRay 卡通	制作卡通的效果，不常用	★★☆☆☆

图12-1

动手学：打开【环境和效果】对话框

打开【环境和效果】对话框的方法有以下3种。
- 选择【渲染/环境】菜单命令，如图12-2所示。

图12-2

- 选择【渲染/效果】菜单命令，如图12-3所示。

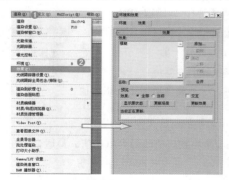

图12-3

- 按下大键盘上的【8】键，如图12-4所示。

图12-4

背景

- **颜色：**设置环境的背景颜色。
- **环境贴图：**在其贴图通道中加载一张环境贴图来作为背景。
- **使用贴图：**使用一张贴图作为背景。

★ 案例实战——为背景加载贴图

场景文件	01.max
案例文件	案例文件\Chapter 12\案例实战——为背景加载贴图.max
视频教学	视频文件\Chapter 12\案例实战——为背景加载贴图.flv
难易指数	★★☆☆☆
技术掌握	掌握设置环境贴图的功能

实例介绍

本案例是一个树的场景，主要讲解为背景加载贴图的方法，最终效果如图12-5所示。

图12-5

制作步骤

01 打开本书配套光盘中的【场景文件/Chapter12/01. max】文件，如图12-6所示。

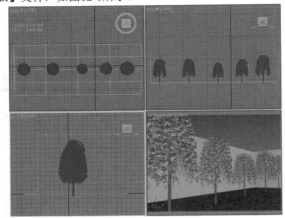

图12-6

02 按下大键盘上的【8】键，打开【环境和效果】对话框，单击【环境贴图】下的【无】按钮，并选中【VR天空】复选框，如图12-7所示。

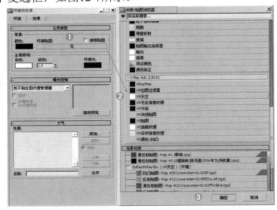

图12-7

03 此时【环境和效果】对话框中环境贴图通道上显示了加载的图像名称，如图12-8所示。

04 按【F9】键渲染当前场景，效果如图12-9所示。

图12-8　　　　　　　　　　　　　图12-9

全局照明

- **染色**：如果该颜色不是白色，那么场景中的所有灯光（环境光除外）都将被染色。
- **级别**：增强或减弱场景中所有灯光的亮度。值为1时，所有灯光保持原始设置；增加该值可以加强场景的整体照明；减小该值可以减弱场景的整体照明。
- **环境光**：设置环境光的颜色。

12.1.2　曝光控制

展开【曝光控制】卷展栏，可以观察到3ds Max 2013的曝光控制类型共有6种，如图12-10所示。

- **mr摄影曝光控制**：可以提供像摄影机一样的控制，包括快门速度、光圈和胶片速度以及对高光、中间调和阴影的图像控制。
- **VR_曝光控制**：用来控制V-Ray的曝光效果，可调节曝光值、快门速度、光圈等数值。

图12-10

- **对数曝光控制**：用于亮度、对比度，以及在有天光照明的室外场景中。这种类型适用于动态阈值非常高的场景。
- **伪彩色曝光控制**：实际上是一个照明分析工具，可以将亮度映射为显示转换的值的亮度的伪彩色。
- **线性曝光控制**：可以从渲染中进行采样，并且可以使用场景的平均亮度来将物理值映射为RGB值。最适合用在动态范围很低的场景中。
- **自动曝光控制**：可以从渲染图像中进行采样，并生成一个直方图，以便在渲染的整个动态范围中提供良好的颜色分离。

自动曝光控制

在【曝光控制】卷展栏下设置曝光控制类型为【自动曝光控制】，其参数设置面板如图12-11所示。

图12-11

- 活动：控制是否在渲染中开启曝光控制。

- 处理背景与环境贴图：选中该复选框时，场景背景贴图和场景环境贴图将受曝光控制的影响。

- 渲染预览：单击该按钮可以预览要渲染的缩略图。

- 亮度：调整转换颜色的亮度，范围为0～200，默认值为50。

- 对比度：调整转换颜色的对比度，范围为0～100，默认值为50。

- 曝光值：调整渲染的总体亮度，范围从－5～5。负值可以使图像变暗，正值可使图像变亮。

- 物理比例：设置曝光控制的物理比例，主要用在非物理灯光中。

- 颜色修正：选中该复选框后，会改变所有颜色，使色样中的颜色显示为白色。

- 降低暗区饱和度级别：选中该复选框后，渲染出来的颜色会变暗。

★ 案例实战——测试自动曝光控制效果

场景文件	02.max
案例文件	案例文件\Chapter 12\案例实战——测试自动曝光控制效果.max
视频教学	视频文件\Chapter 12\案例实战——测试自动曝光控制效果.flv
难易指数	★★★☆☆
技术掌握	掌握自动曝光控制的功能

实例介绍

本案例是一个壁纸场景，主要讲解环境和效果下的自动曝光控制效果，最终渲染的效果如图12-12所示。

图12-12

制作步骤

01 打开本书配套光盘中的【场景文件/Chapter12/02.max】文件，此时场景效果如图12-13所示。

02 按下大键盘上的【8】键，打开【环境和效果】对话框，设置【曝光控制】为默认，如图12-14所示。按【F9】键渲染当前场景，渲染效果如图12-15所示。

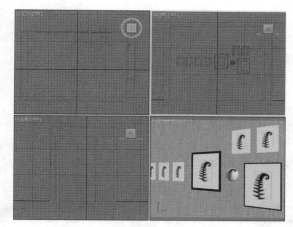
图12-13

图12-14

图12-15

03 按下大键盘上的【8】键，打开【环境和效果】对话框，设置【曝光控制】类型为【自动曝光控制】，并设置【亮度】为60、【对比度】为60，如图12-16所示。

04 此时的渲染效果如图12-17所示。

图12-16

图12-17

对数曝光控制

在【曝光控制】卷展栏下设置曝光控制类型为【对数曝光控制】，其参数设置面板如图12-18所示。

读书笔记

图12-18

图12-21　　　　　　　图12-22

技巧提示

　　【对数曝光控制】的参数与【自动曝光控制】的参数完全一致，因此这里不再进行讲解。

03 按下大键盘上的【8】键，打开【环境和效果】对话框，接着设置【曝光控制】类型为【对数曝光控制】，并设置【亮度】为65、【对比度】为50，如图12-23所示。按【F9】键渲染当前场景，效果如图12-24所示。

图12-23　　　　　　　图12-24

★ 案例实战——测试对数曝光控制效果

场景文件	03.max
案例文件	案例文件\Chapter 12\案例实战——测试对数曝光控制效果.max
视频教学	视频文件\Chapter 12\案例实战——测试对数曝光控制效果.flv
难易指数	★★☆☆☆
技术掌握	掌握对数曝光控制的功能

实例介绍

　　本案例是一个壁纸场景，主要讲解环境和效果下对数曝光控制的功能，最终渲染效果如图12-19所示。

图12-19

制作步骤

01 打开本书配套光盘中的【场景文件/Chapter12/03.max】文件，此时场景效果如图12-20所示。

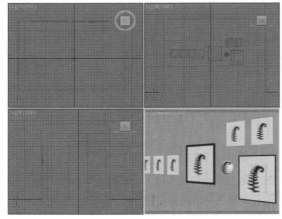

图12-20

02 按下大键盘上的【8】键，打开【环境和效果】对话框，设置【曝光控制】为默认，如图12-21所示。按【F9】键渲染当前场景，渲染效果如图12-22所示。

伪彩色曝光控制

　　在【曝光控制】卷展栏下设置曝光控制类型为【伪彩色曝光控制】，其参数设置面板如图12-25所示。

　　● 数量：设置所测量的值。

　　● 样式：选择显示值的方式。

　　● 比例：选择用于映射值的方法。

　　● 最小值：设置在渲染中要测量和表示的最小值。

　　● 最大值：设置在渲染中要测量和表示的最大值。

图12-25

　　● 物理比例：设置曝光控制的物理比例，主要用于非物理灯光。

　　● 光谱条：显示光谱与强度的映射关系。

线性曝光控制

　　【线性曝光控制】从渲染图像中采样，使用场景的平均亮度将物理值映射为 RGB 值，最适合用于动态范围很低的场景，如图12-26所示。

　　其参数面板如图12-27所示。

图12-26

图12-27

- 亮度：调整转换的颜色的亮度。范围为 0～100，默认值为 50，此参数可设置动画。

- 对比度：调整转换的颜色的对比度。范围为 0～100，默认值为 50。

- 曝光值：调整渲染的总体亮度。范围从 -5.0～5.0。负值使图像更暗，正值使图像更亮。默认设置是 0。可以将曝光值看做具有自动曝光控制功能的摄影机中的曝光补偿设置。此参数可设置动画。

- 物理比例：设置曝光控制的物理比例，用于非物理灯光。结果是调整渲染，使其与眼睛对场景的反应相同。每个标准灯光的倍增值乘以该值，得出灯光强度值（单位为坎迪拉）。例如，默认的【物理比例】为 1500，渲染器和光能传递将标准的泛光灯当作 1500 坎迪拉的光度学等向灯光。【物理比例】还用于影响反射、折射和自发光。范围为 0.001～200000 坎迪拉。默认设置为 1500。

- 颜色修正：如果选中该复选框，颜色修正会改变所有颜色，使色样中显示的颜色显示为白色。默认设置为禁用状态。

- 降低暗区饱和度级别：会模拟眼睛对暗淡照明的反应。在暗淡的照明下，眼睛不会感知颜色，而是看到灰色色调。

★ 案例实战——测试线性曝光控制效果

场景文件	04.max
案例文件	案例文件\Chapter 12\案例实战——测试线性曝光控制效果.max
视频教学	视频文件\Chapter 12\案例实战——测试线性曝光控制效果.flv
难易指数	★★☆☆☆
技术掌握	掌握线性曝光控制的功能

实例介绍

本案例是一个壁纸场景，主要讲解环境和效果下【线性曝光控制】的功能，最终效果如图12-28所示。

图12-28

制作步骤

01 打开本书配套光盘中的【场景文件/Chapter12/04.max】文件，如图12-29所示。

02 按下大键盘上的【8】键，打开【环境和效果】对话框，【曝光控制】保持为默认，如图12-30所示。按【F9】键渲染当前场景，渲染效果如图12-31所示。

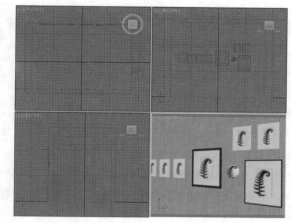
图12-29

图12-30

图12-31

03 按下大键盘上的【8】键，打开【环境和效果】对话框，然后将【曝光控制】类型设置为【线性曝光控制】，设置【亮度】为50，【对比度】为50，【物理比例】为1500，如图12-32所示。按【F9】键渲染当前场景，效果如图12-33所示。

图12-32

图12-33

VRay曝光控制

【VRay曝光控制】可以用来设置VRay的曝光控制效果，如图12-34所示。

其参数面板如图12-35所示。

- 模式：该选项控制VRay曝光控制的模式，包括从VRay摄影机、从曝光值参数、摄影。

- 摄影机节点：该选项可以拾取摄影机节点。

图12-34   图12-35

● 曝光值（EV）：该选项控制曝光的数值大小。

● 快门速度：该选项控制快门速度大小。

● 光圈数：该选项控制光圈的数值。

● ISO：该选项控制数码相机感光度量化规定数值。

● 白平衡预置：该选项为选择白平衡方式，包括自定义、中性、日光、D75、D65、D55、D50、温度。

● 白平衡：该选项控制白平衡的颜色。

● 温度：该选项控制温度参数的强度。

★ 案例实战——测试VRay曝光控制效果

场景文件	05.max
案例文件	案例文件\Chapter 12\案例实战——测试VRay曝光控制效果.max
视频教学	视频文件\Chapter 12\案例实战——测试VRay曝光控制效果.flv
难易指数	★★★☆☆
技术掌握	掌握VRay曝光控制功能

实例介绍

本案例是壁纸场景，主要讲解使用VRay曝光控制的效果，最终效果如图12-36所示。

图12-36

制作步骤

01 打开本书配套光盘中的【场景文件/Chapter12/05.max】文件，此时场景效果如图12-37所示。

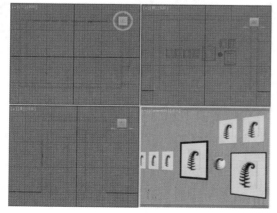

图12-37

02 按下大键盘上的【8】键，打开【环境和效果】对话框，设置【曝光控制】为默认，如图12-38所示。按【F9】键渲染当前场景，效果如图12-39所示。

图12-38   图12-39

03 按下大键盘上的【8】键，打开【环境和效果】对话框，接着设置【曝光控制】类型为【VRay曝光控制】，并设置【光圈数】为1，如图12-40所示。按【F9】键渲染当前场景，渲染效果如图12-41所示。

图12-40   图12-41

读书笔记

12.1.3 大气

- **技术速查**：3ds Max中的大气环境效果可以用来模拟自然界中的云、雾、火和体积光等效果。使用这些特殊效果可以逼真地模拟出自然界的各种气候，同时还可以增强场景的景深感，使场景显得更为广阔，有时还能起到烘托场景气氛的作用。

  其参数设置面板，如图12-42所示。
- **效果**：显示已添加的效果名称。
- **名称**：为列表中的效果自定义名称。
- **添加**：单击该按钮可以打开【添加大气效果】对话框，在其中可以添加大气效果，如图12-43所示。

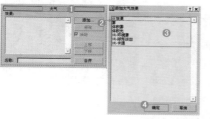

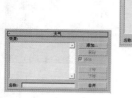

图12-42　　　　　图12-43

- **删除**：单击该按钮可以删除选中的大气效果。
- **活动**：选中该复选框可以启用添加的大气效果。
- **上移/下移**：更改大气效果的应用顺序。
- **合并**：合并其他3ds Max场景文件中的效果。

火效果

使用【火效果】可以制作出火焰、烟雾和爆炸等效果，如图12-44所示。【火效果】不产生任何照明效果，若要模拟产生的灯光效果，可以使用灯光来实现，其参数设置面板如图12-45所示。

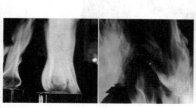

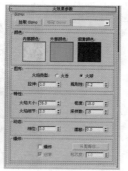

图12-44　　　　　图12-45

- **拾取Gizmo**：单击该按钮可以拾取场景中要产生火效果的Gizmo对象。
- **移除Gizmo**：单击该按钮可以移除列表中所选的Gizmo。移除Gizmo后，Gizmo仍在场景中，但是不再产生火效果。
- **内部颜色**：设置火焰中最密集部分的颜色。

- **外部颜色**：设置火焰中最稀薄部分的颜色。
- **烟雾颜色**：当选中【爆炸】复选框时，该选项才可用，主要用来设置爆炸的烟雾颜色。
- **火焰类型**：共有【火舌】和【火球】两种类型。【火舌】是沿着中心使用纹理创建带方向的火焰，这种火焰类似于篝火，其方向沿着火焰装置的局部Z轴；【火球】是创建圆形的爆炸火焰。
- **拉伸**：将火焰沿着装置的Z轴进行缩放，该选项最适合创建【火舌】火焰。
- **规则性**：修改火焰填充装置的方式，范围为0～1。
- **火焰大小**：设置装置中各个火焰的大小。装置越大，需要的火焰也越大，使用15～30范围内的值可以获得最佳的火效果。
- **火焰细节**：控制每个火焰中显示的颜色更改量和边缘的尖锐度，范围为0～10。
- **密度**：设置火焰效果的不透明度和亮度。
- **采样数**：设置火焰效果的采样率。值越高，生成的火焰效果越细腻，但是会增加渲染时间。
- **相位**：控制火焰效果的速率。
- **漂移**：设置火焰沿着火焰装置的Z轴的渲染方式。
- **爆炸**：选中该复选框后，火焰将产生爆炸效果。
- **烟雾**：控制爆炸是否产生烟雾。
- **剧烈度**：改变【相位】参数的涡流效果。
- **设置爆炸**：单击该按钮可以打开【设置爆炸相位曲线】对话框，在其中可以调整爆炸的开始时间和结束时间。

★ 案例实战——火效果制作火焰

场景文件	06.max
案例文件	案例文件\Chapter 12\案例实战——火效果制作火焰.max
视频教学	视频文件\Chapter 12\案例实战——火效果制作火焰.flv
难易指数	★★★☆☆
技术掌握	掌握火效果的功能

实例介绍

本案例是一个火焰场景，主要讲解环境和效果下的火效果，最终的效果如图12-46所示。

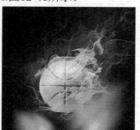

图12-46

制作步骤

01 打开本书配套光盘中的【场景文件/Chapter12/06.max】文件，如图12-47所示。

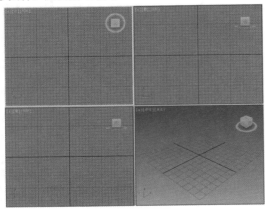

图12-47

打开场景文件，看到场景中什么也没有，此时可以按【8】键，打开【环境和效果】对话框，可以看到在【环境贴图】通道中已经添加了【1.jpg】文件，如图12-48所示。

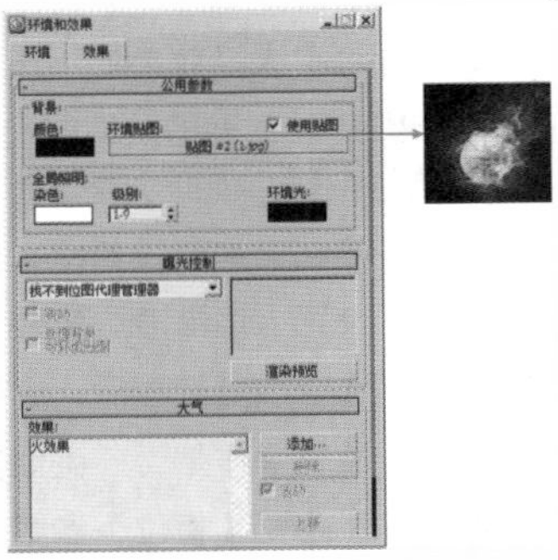

图12-48

02 在创建面板下单击【辅助对象】按钮，设置【辅助对象类型】为【大气装置】，接着单击 球体Gizmo 按钮，如图12-49所示。

图12-49

03 在视图中拖曳并创建1个球体Gizmo，接着选择球体Gizmo，单击【修改】按钮并展开【球体Gizmo参数】卷展栏，设置【半径】为40mm，选中【半球】复选框，如图12-50所示。接着使用【选择并均匀缩放】工具 将球体Gizmo缩放，使用【选择并移动】工具 移动并复制出一个球体Gizmo，如图12-51所示。

04 按下大键盘上的【8】键打开【环境和效果】对话框，展开【大气】卷展栏，单击 添加... 按钮，并添加【火效果】，如图12-52所示。

05 单击【火效果】，然后展开【火效果参数】卷展栏，单击 拾取 Gizmo 按钮并拾取场景中的球体Gizmo，接着在【图形】选项组下选中【火球】复选框，并设置【拉伸】为1、【规则性】为0.2，在【特性】选项组下设置【火焰大小】为50、【火焰细节】为10、【密度】为15、【采样数】为15，如图12-53所示。

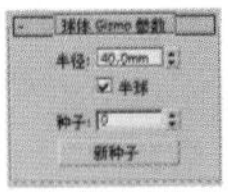

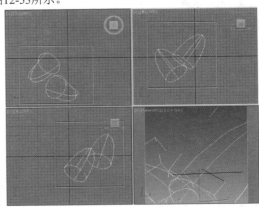

图12-50　　　　　　　　图12-51

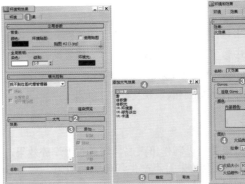

图12-52 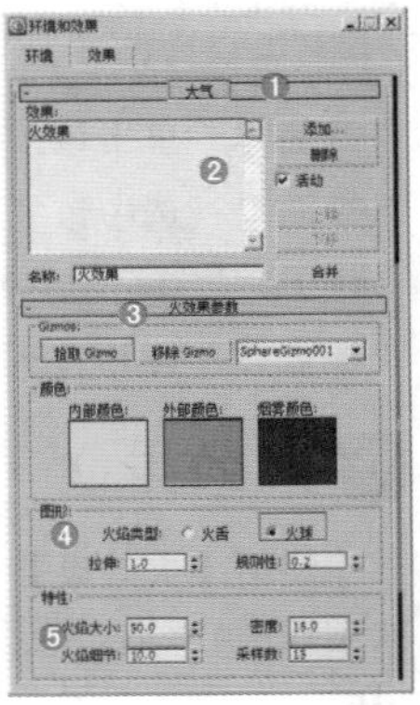　　　　　　　　图12-53

06 按【F9】键渲染当前场景，效果如图12-54所示。

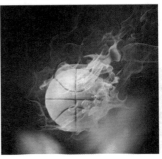

图12-54

读书笔记

技巧提示

在这里再次创建一个【球体Gizmo】的目的是让火焰看起来更加真实,产生丰富的内焰和外焰的火焰效果,如图12-55所示为真实火焰效果,如图12-56所示为火焰分区示意图。

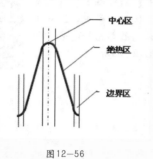

中心区
绝热区
边界区

图12-55　　　　　　图12-56

雾

使用3ds Max的【雾】可以创建出雾、烟雾和蒸汽等特殊天气效果,如图12-57所示。

图12-57

【雾】的类型分为【标准】和【分层】两种,其参数设置面板如图12-58所示。

- 颜色:设置雾的颜色。
- 环境颜色贴图:从贴图导出雾的颜色。
- 使用贴图:使用贴图来产生雾效果。
- 环境不透明度贴图:使用贴图来更改雾的密度。

图12-58

- 雾化背景:将雾应用于场景的背景。
- 标准:使用标准雾。
- 分层:使用分层雾。
- 指数:随距离按指数增大密度。
- 近端%:设置雾在近距范围的密度。
- 远端%:设置雾在远距范围的密度。
- 顶:设置雾层的上限(使用世界单位)。

- 底:设置雾层的下限(使用世界单位)。
- 密度:设置雾的总体密度。
- 衰减顶/底/无:添加指数衰减效果。
- 地平线噪波:启用【地平线噪波】系统。【地平线噪波】系统仅影响雾层的地平线,用来增强雾的真实感。
- 大小:应用于噪波的缩放系数。
- 角度:确定受影响的雾与地平线的角度。
- 相位:用来设置噪波动画。

★ 案例实战——制作雪山雾

场景文件	07.max
案例文件	案例文件\Chapter 12\案例实战——制作雪山雾.max
视频教学	视频文件\Chapter 12\案例实战——制作雪山雾.flv
难易指数	★★☆☆☆
技术掌握	掌握雾的使用方法和功能

实例介绍

本案例是一个雪地场景,主要讲解雾的使用方法,最终效果如图12-59所示。

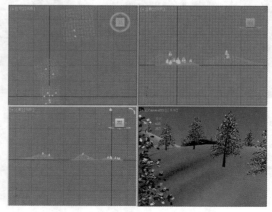

图12-59

制作步骤

01 打开本书配套光盘中的【场景文件/Chapter12/07.max】文件,如图12-60所示。按【F9】键渲染当前场景,效果如图12-61所示。

图12-60

图12-61

02 按下大键盘上的【8】键，然后弹出【环境和效果】对话框，选择【环境】选项卡，然后展开【大气】卷展栏，单击 添加... 按钮，并添加【雾】效果，如图12-62所示。

03 展开【雾参数】卷展栏，在【标准】选项组下设置【远端%】为40，如图12-63所示。

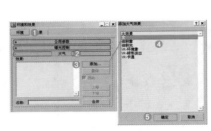

图12-62　　　　　图12-63

04 此时需要选择摄影机，然后单击【修改】按钮，并在【环境范围】选项组下选中【显示】复选框，设置【近距范围】为120mm、【远距范围】为5500mm，如图12-64所示。

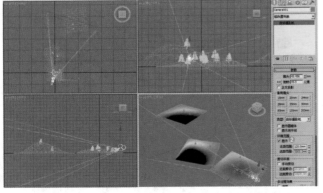

图12-64

 读书笔记

 技巧提示

在使用【雾】效果时，需要修改摄影机的参数，为了设置雾效果更加合理和真实，需要设置【近距范围】和【远距范围】的数值，使得两个数值将场景中最近和最远范围都包括进来，如图12-65所示。

图12-65

05 按【F9】键渲染当前场景，效果如图12-66所示。

图12-66

体积雾

【体积雾】允许在一个限定的范围内设置和编辑雾效果。【体积雾】和【雾】最大的一个区别在于【体积雾】是三维的雾，是有体积的。【体积雾】多用来模拟烟云等有体积的气体，其参数设置面板如图12-67所示。

- 拾取Gizmo：单击该按钮可以拾取场景中要产生体积雾效果的Gizmo对象。

- 移除Gizmo：单击该按钮可以移除列表中所选的Gizmo。移除Gizmo后，Gizmo仍在场景中，但是不再产生体积雾效果。

图12-67

- 柔化Gizmo边缘：羽化体积雾效果的边缘。值越大，边缘越柔滑。

- 颜色：设置雾的颜色。

- 指数：随距离按指数增大密度。

- 密度：控制雾的密度，范围为0～20。

- 步长大小：确定雾采样的粒度，即雾的细度。

- 最大步数：限制采样量，以便雾的计算不会永远执行。该选项适合于雾密度较小的场景。

- 雾化背景：将体积雾应用于场景的背景。

- 类型：有【规则】、【分形】、【湍流】和【反转】4种类型可供选择。
- 噪波阈值：限制噪波效果，范围为0~1。
- 级别：设置噪波迭代应用的次数，范围为1~6。
- 大小：设置烟卷或雾卷的大小。
- 相位：控制风的种子。如果【风力强度】大于0，雾体积会根据风向来产生动画。
- 风力强度：控制烟雾远离风向（相对于相位）的速度。
- 风力来源：定义风来自哪个方向。

体积光

　　【体积光】可以用来制作带有光束的光线，可以指定给灯光（部分灯光除外，如VRay太阳）。这种体积光可以被物体遮挡，从而形成光芒透过缝隙的效果，常用来模拟树与树之间的缝隙中透过的光束，如图12-68所示。其参数设置面板如图12-69所示。

图12-68　　　　　　　图12-69

- 拾取灯光：拾取要产生体积光的光源。
- 移除灯光：将灯光从列表中移除。
- 雾颜色：设置体积光产生的雾的颜色。
- 衰减颜色：体积光随距离而衰减。
- 使用衰减颜色：控制是否开启【衰减颜色】功能。
- 指数：随距离按指数增大密度。
- 密度：设置雾的密度。
- 最大亮度%/最小亮度%：设置可以达到的最大和最小的光晕效果。
- 衰减倍增：设置【衰减颜色】的强度。
- 过滤阴影：通过提高采样率（以增加渲染时间为代价）来获得更高质量的体积光效果，包括低、中、高3个级别。
- 使用灯光采样范围：根据灯光阴影参数中的【采样范围】值来使体积光中投射的阴影变模糊。
- 采样体积%：控制体积的采样率。

- 自动：自动控制【采样体积%】的参数。
- 开始%/结束%：设置灯光效果开始和结束衰减的百分比。
- 启用噪波：控制是否启用噪波效果。
- 数量：应用于雾的噪波的百分比。
- 链接到灯光：将噪波效果链接到灯光对象。

★ 案例实战——体积光制作丛林光束

场景文件	08.max
案例文件	案例文件\Chapter 12\案例实战——体积光制作丛林光束.max
视频教学	视频文件\Chapter 12\案例实战——体积光制作丛林光束.flv
难易指数	★★★☆☆
技术掌握	掌握体积光的功能

实例介绍

　　本案例是一个丛林场景，主要讲解环境和效果下的体积光效果，最终的效果如图12-70所示。

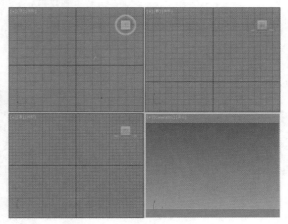

图12-70

制作步骤

　　01 打开本书配套光盘中的【场景文件/Chapter12/08.max】文件，如图12-71所示。

图12-71

打开场景文件，看到场景中什么也没有，此时可以按下大键盘上的【8】键，打开【环境和效果】对话框，可以看到在【环境贴图】通道中已经添加了【Autumn forest (2).jpg】文件，如图12-72所示。

图12-72

图12-75

02 使用 目标平行光 工具，在前视图中拖曳并创建1盏目标平行光，如图12-73所示。然后展开【常规参数】卷展栏，选中【阴影】选项组下的【启用】复选框，并设置方式为【区域阴影】，接着展开【强度/颜色/衰减】卷展栏，设置【倍增】为8，调节【颜色】为浅粉色（红：255，绿：199，蓝：190），展开【平行光参数】卷展栏，设置【聚光区/光束】为5000mm，【衰减区/区域】为8255mm，设置方式为【圆】，然后在【高级效果】卷展栏下的【投影贴图】通道上加载【黑白.jpg】贴图文件，并设置【瓷砖】的【U】和【V】为4，如图12-74所示。

04 按下大键盘上的【8】键，打开【环境和效果】对话框，展开【大气】卷展栏，单击 添加... 按钮，最后在弹出的【添加大气效果】对话框中选择【体积光】选项，如图12-76所示。

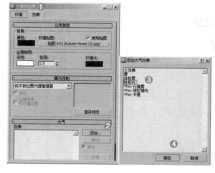

图12-76

05 在【体积光参数】卷展栏下单击 拾取灯光 按钮，并在场景中拾取刚才创建的目标平行光，接着选中【指数】复选框，并设置【密度】为1.0，如图12-77所示。

06 按【F9】键渲染当前场景，最终效果如图12-78所示。

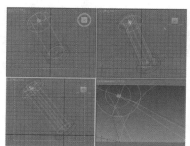 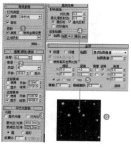

图12-73　　　　　图12-74

03 按【F9】键渲染当前场景，效果如图12-75所示。

图12-77　　　　　图12-78

12.2 效果

在【效果】选项卡中可以为场景添加【Hair和Fur（头发和毛发）】、【镜头效果】、【模糊】、【亮度和对比度】、【色彩平衡】、【景深】、【文件输出】、【胶片颗粒】、【VR-镜头特效】和【运动模糊】效果，如图12-79所示。

图12-79

技巧提示

本节仅对【镜头效果】、【模糊】、【亮度和对比度】、【色彩平衡】、【文件输出】和【胶片颗粒】效果进行讲解，【Hair和Fur】、【景深】和【运动模糊】特效将在后面的章节中进行讲解。

★ 本节知识导读

工具名称	工具用途	掌握级别
Hair 和 Fur	制作毛发效果，添加毛发修改器后会自动添加该特效	★★★☆☆
镜头效果	制作镜头效果，如镜头光斑	★★★★☆
模糊	制作模糊效果，可以模糊整体，也可以模糊某个材质	★★★★☆
亮度和对比度	制作亮度对比度的画面效果	★★★★☆
色彩平衡	为画面效果进行调色，与Photoshop的该工具类似	★★★★☆
景深	制作景深模糊的画面效果	★★★★☆
文件输出	该功能和直接渲染出的文件输出功能一样	★★★☆☆
胶片颗粒	制作画面的胶片效果，模拟老电影画面	★★★☆☆
运动模糊	制作运动模糊的画面效果	★★★☆☆
VR-镜头特效	制作镜头效果	★★☆☆☆
Ky_Trail Pro	制作拖尾的光效效果，如光线涂鸦等	★★☆☆☆

12.2.1 镜头效果

使用【镜头效果】特效可以模拟出照相机拍照时镜头所产生的光晕效果，如图12-80所示。

图12-80

这些效果包括Glow（光晕）、Ring（光环）、Ray（射线）、Auto Secondary（自动二级光斑）、Manual Secondary（手动二级光斑）、Star（星形）和Streak（条纹），其参数设置面板如图12-81所示。

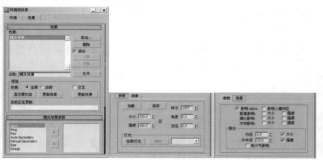

图12-81

- 加载：单击该按钮可以打开【加载镜头效果文件】对话框，在其中可选择要加载的LZV文件。
- 保存：单击该按钮可以打开【保存镜头效果文件】对话框，在其中可以保存LZV文件。
- 大小：设置镜头效果的总体大小。

- 强度：设置镜头效果的总体亮度和不透明度。值越大，效果越亮越不透明；值越小，效果越暗越透明。
- 种子：为【镜头效果】中的随机数生成器提供不同的起点，并创建略有不同的镜头效果。
- 角度：当效果与摄影机的相对位置发生改变时，该选项用来设置镜头效果从默认位置的旋转量。
- 挤压：在水平方向或垂直方向挤压镜头效果的总体大小。
- 拾取灯光：单击该按钮可以在场景中拾取灯光。
- 移除：单击该按钮可以移除所选择的灯光。
- 影响Alpha：如果图像以32位文件格式来渲染，那么该选项用来控制镜头效果是否影响图像的Alpha通道。
- 影响Z缓冲区：存储对象与摄影机的距离。Z缓冲区用于光学效果。
- 距离影响：控制摄影机或视口的距离对光晕效果的大小或强度的影响。
- 偏心影响：产生摄影机或视口偏心的效果，影响其大小或强度。
- 方向影响：聚光灯相对于摄影机的方向，影响其大小或强度。
- 内径：设置效果周围的内径，另一个场景对象必须与内径相交才能完全阻挡效果。
- 外半径：设置效果周围的外径，另一个场景对象必须与外径相交才能开始阻挡效果。
- 大小：减小所阻挡的效果的大小。
- 强度：减小所阻挡的效果的强度。
- 受大气影响：控制是否允许大气效果阻挡镜头效果。

12.2.2 模糊

- 技术速查：使用【模糊】效果可以通过3种不同的方法使图像变得模糊，分别是【均匀型】、【方向型】和【放射型】。【模糊】效果根据【像素选择】选项卡下所选择的对象来应用各个像素，使整个图像变得模糊。

其参数设置面板如图12-82所示。

图12-82

使用【模糊】效果产生的效果如图12-83所示。

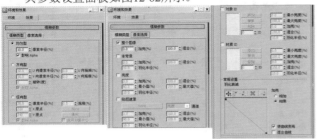

图12-83

模糊类型

- 均匀型：将模糊效果均匀地应用在整个渲染图像中。
- 像素半径：设置模糊效果的半径。
- 影响Alpha：选中该复选框时，可以将【均匀型】模糊效果应用于Alpha通道。
- 方向型：按照【方向型】参数指定的任意方向应用模糊效果。
- U/V向像素半径（%）：设置模糊效果的水平/垂直强度。
- U/V向拖痕（%）：通过为U/V轴的某一侧分配更大的模糊权重来为模糊效果添加方向。
- 旋转：通过【U向像素半径(%)】和【V向像素半径(%)】来应用模糊效果的U向像素和V向像素的轴。
- 影响Alpha：选中该复选框时，可以将【方向型】模糊效果应用于Alpha通道。
- 径向型：以径向的方式应用模糊效果。

- 像素半径（%）：设置模糊效果的半径。
- 拖痕（%）：通过为模糊效果的中心分配更大或更小的模糊权重来为模糊效果添加方向。
- X/Y 原点：以像素为单位，对渲染输出的尺寸指定模糊的中心。
- None：指定以中心作为模糊效果中心的对象。
- 清除：移除对象名称。
- 使用对象中心：选中该复选框后，  按钮指定的对象将作为模糊效果的中心。

像素选择

- 整个图像：选中该复选框后，模糊效果将影响整个渲染图像。
- 加亮（%）：加亮整个图像。
- 混合（%）：将模糊效果和【整个图像】参数与原始的渲染图像进行混合。
- 非背景：选中该复选框后，模糊效果将影响除背景图像或动画以外的所有元素。
- 羽化半径（%）：设置应用于场景的非背景元素的羽化模糊效果的百分比。
- 亮度：影响亮度值介于【最小值(%)】和【最大值(%)】微调器之间的所有像素。
- 最小/大值（%）：设置每个像素要应用模糊效果所需的最小和最大亮度值。
- 贴图遮罩：通过在【材质/贴图浏览器】对话框选择的通道和应用的遮罩来应用模糊效果。
- 对象ID：如果对象匹配过滤器设置，会将模糊效果用于对象或对象中具有特定对象ID的部分（在G缓冲区中）。
- 材质ID：如果材质匹配过滤器设置，会将模糊效果应用于该材质或材质中具有特定材质效果通道的部分。
- 常规设置羽化衰减：使用【羽化衰减】曲线来确定基于图形的模糊效果的羽化衰减区域。

12.2.3 亮度和对比度

使用【亮度和对比度】效果可以调整图像的亮度和对比度，其参数设置面板如图12-84所示。

图12-84

使用【亮度和对比度】效果产生的效果如图12-85

图12-85

所示。

- 亮度：增加或减少所有色元（红色、绿色和蓝色）的亮度，取值范围为0～1。
- 对比度：压缩或扩展最大黑色和最大白色之间的范围，其取值范围为0～1。
- 忽略背景：是否将效果应用于除背景以外的所有元素。

★ 案例实战——测试亮度和对比度效果

场景文件	09.max
案例文件	案例文件\Chapter 12\案例实战——测试亮度和对比度效果.max
视频教学	视频文件\Chapter 12\案例实战——测试亮度和对比度效果.flv
难易指数	★★★☆☆
技术掌握	掌握亮度和对比度的功能

实例介绍

本案例是一个大厅场景，主要讲解环境和效果下的亮度和对比度效果，最终效果如图12-86所示。

图12-86

制作步骤

01 打开本书配套光盘中的【场景文件/Chapter12/09.max】文件，如图12-87所示。

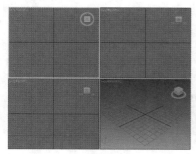

图12-87

技巧提示

打开场景文件，看到场景中什么也没有，此时可以按下大键盘的【8】键，打开【环境和效果】对话框，可以看到在【环境

图12-88

贴图】通道中已经添加了【背景.jpg】文件，如图12-88所示。

02 渲染后的效果如图12-89所示。

图12-89

03 按下大键盘上的【8】键，打开【环境和效果】对话框，接着选择【效果】选项卡，在【效果】卷展栏中单击 **添加...** 按钮，最后选择【亮度和对比度】选项并单击【确定】按钮，如图12-90所示。

图12-90

04 展开【亮度和对比度参数】卷展栏，设置【亮度】为0.6、【对比度】为0.7，如图12-91所示。

05 按【F9】键，渲染效果如图12-92所示。

图12-91   图12-92

读书笔记

12.2.4 色彩平衡

使用【色彩平衡】效果可以通过调节红、绿、蓝3个通道来改变场景或图像的色调，其参数设置面板如图12-93所示。

图12-93

使用【色彩平衡】效果产生的效果如图12-94所示。

- 青/红：调整红色通道。
- 洋红/绿：调整绿色通道。
- 黄/蓝：调整蓝色通道。

图12-94

- 保持发光度：选中该复选框后，在修正颜色的同时将保留图像的发光度。
- 忽略背景：选中该复选框后，可以在修正图像时不影响背景。

★ 案例实战——色彩平衡效果调整场景的色调

场景文件	10.max
案例文件	案例文件\Chapter 12\案例实战——色彩平衡效果调整场景的色调.max
视频教学	视频文件\Chapter 12\案例实战——色彩平衡效果调整场景的色调.flv
难易指数	★★★☆☆
技术掌握	掌握色彩平衡效果的功能

实例介绍

本案例是夜景场景，主要讲解使用色彩平衡效果模拟各种色调的场景感觉，最终效果如图12-95所示。

图12-95

制作步骤

01 打开本书配套光盘中的【场景文件/Chapter12/10.max】文件，如图12-96所示。

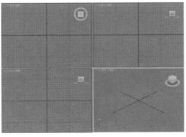

图12-96

打开场景文件，看到场景中什么也没有，此时可以按下大键盘上的【8】键，打开【环境和效果】对话框，可以看到在【环境贴图】通道中已经添加了【背景.jpg】文件，如图12-97所示。

图12-97

02 按【F9】键，渲染效果如图12-98所示。

图12-98

03 按大键盘上的【8】键，打开【环境和效果】对话框，接着选择【效果】选项卡，并单击 添加... 按钮，接着选择【色彩平衡】选项，最后单击【确定】按钮，如图12-99所示。

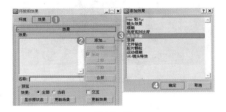

图12-99

04 接着设置【色彩平衡参数】卷展栏下的【青/红】、【洋红/绿】、【黄/蓝】分别为 - 10、10、100，如图12-100所示。渲染后的效果如图12-101所示。

图12-100　　　　　　图12-101

12.2.5　文件输出

使用【文件输出】效果可以输出所选择格式的图像，在应用其他效果前将当前中间时段的渲染效果以指定的文件格式进行输出，类似于渲染中途的一个快照。该功能和直接渲染出的文件输出功能是一样的，支持相同类型的文件格式，其参数设置面板如图12-102所示。

图12-102

- 文件：单击该按钮可以打开【保存图像】对话框，在其中可将渲染出来的图像保存为AVI、BMP、EPS、PS、JPG、CIN、MOV、PNG、RLA、RPF、RGB、TGA、VDA、ICB、UST和TIF格式。
- 设备：单击该按钮可以打开【选择图像输出设备】对话框。
- 清除：单击该按钮可以清除所选择的任何文件或设备。
- 关于：单击该按钮可以显示出图像的相关信息。
- 设置：单击该按钮可以在弹出的对话框中调整图像的质量、文件大小和平滑度。
- 通道：选择要保存或发送回【渲染效果】堆栈的通道。
- 活动：是否启用【文件输出】功能。

12.2.6　胶片颗粒

【胶片颗粒】效果主要用于在渲染场景中重新创建胶片颗粒效果，同时还可以作为背景的源材质与在软件中创建的渲染场景相匹配，其参数设置面板如图12-103所示。

图12-103

使用【胶片颗粒】效果产生的效果如图12-104所示。

图12-104

- 颗粒：设置添加到图像中的颗粒数，其取值范围为0～1。
- 忽略背景：屏蔽背景，使颗粒仅应用于场景中的几何体对象。

图12-105

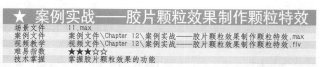

★ **案例实战——胶片颗粒效果制作颗粒特效**

场景文件	11.max
案例文件	案例文件\Chapter 12\案例实战——胶片颗粒效果制作颗粒特效.max
视频教学	视频\Chapter 12\案例实战——胶片颗粒效果制作颗粒特效.flv
难易指数	★★★☆☆
技术掌握	掌握胶片颗粒效果的功能

实例介绍

本案例是室外场景，主要讲解使用【胶片颗粒】效果模拟复古的感觉，最终效果如图12-105所示。

制作步骤

01 打开本书配套光盘中的【场景文件/Chapter12/11.max】文件，如图12-106所示。

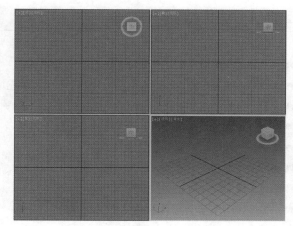

图12-106

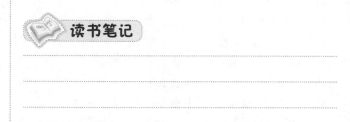

读书笔记

　　打开场景文件，看到场景中什么也没有，此时可以按大键盘上的【8】键，打开【环境和效果】对话框，可以看到在【环境贴图】通道中已经添加了【背景.jpg】文件，如图12-107所示。

图12-107

03 按大键盘上的【8】键，打开【环境和效果】对话框，选择【效果】选项卡，并单击 添加... 按钮，然后选择【胶片颗粒】选项，最后单击【确定】按钮，如图12-109所示。

04 设置【颗粒】为1.0，渲染后的效果如图12-110所示。

图12-109

图12-110

02 渲染后的效果如图12-108所示。

图12-108

12.2.7　V-Ray镜头效果

　　V-Ray镜头效果可以模拟带有光芒或眩光的特殊效果。其参数面板如图12-111所示。

- 开：该选项可以控制是否开启【光芒】或【眩光】。
- 填充边：该选项可以控制在渲染时，是否渲染出填充边的效果。
- 模式：包括仅图像、图像及渲染元素、仅渲染元素3种。
- 权重：该数值控制【光芒】或【眩光】的程度。
- 大小：该数值控制特效的尺寸大小。
- 图形：该数值控制特效的形状。
- 强度：该选项控制遮罩的强度。
- 对象ID/材质ID：该参数控制对象/材质的ID。
- 位图：该选项可以添加位图贴图。
- 开启衍射：选中该复选框即可开启衍射效果。
- 使用障碍图像：选中该复选框即可开启阴光图像效果。
- 障碍：该选项可以添加阻光的贴图。
- 光圈数：该选项用来控制摄影机光圈数值。
- 叶片数：该选项用来控制摄影机叶片数数值。
- 叶片旋转：该选项用来控制像机叶片旋转数值。

　　如图12-112所示为使用V-Ray镜头效果和不使用V-Ray镜头效果的对比效果。

图12-111

图12-112

12.2.8　Ky_Trail Pro（拖尾插件）效果

Ky_Trail Pro是3ds Max的外挂插件，需要安装才可以使用，主要用来模拟制作真实的拖尾效果。其参数面板如图12-113所示。

读书笔记

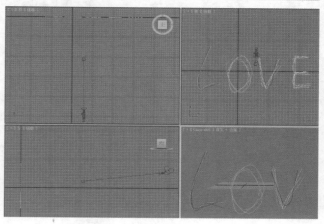

图12-115

图12-113

★ 案例实战——Ky_Trail Pro效果制作光线涂鸦

场景文件	12.max
案例文件	案例文件\Chapter 12\案例实战——Ky_Trail Pro效果制作光线涂鸦.max
视频教学	视频文件\Chapter 12\案例实战——Ky_Trail Pro效果制作光线涂鸦.flv
难易指数	★★★☆☆
技术掌握	掌握Ky_Trail Pro效果模拟制作光线涂鸦效果

实例介绍

本例使用Ky_Trail Pro效果模拟制作光线涂鸦的画面效果，非常奇幻，如图12-114所示。

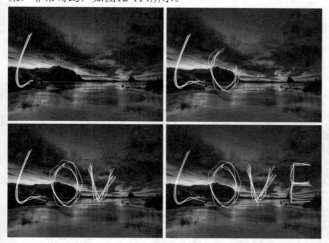

图12-114

制作步骤

01 打开本书配套光盘中的【场景文件/Chapter12/12.max】文件，如图12-115所示。

技巧提示

打开场景文件，看到场景中什么也没有，此时可以按大键盘上的【8】键，打开【环境和效果】对话框，可以看到在【环境贴图】通道中已经添加了【1.jpg】文件，如图12-116所示。

图12-116

02 渲后的效果如图12-117所示。

图12-117

03 选择球体，选择【动画/约束/路径约束】命令，然后单击拾取场景中的线，如图12-118所示。

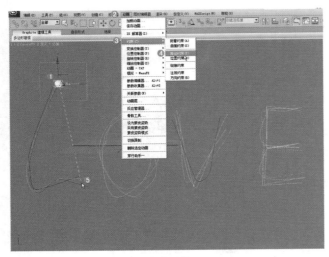

图12-118

04 用同样的方法制作出另外几个球体的动画，设置这几组球体动画的起始时间为0帧、结束时间为25帧，如图12-119所示。

图12-119

05 用同样的方法再制作出几个球体的动画，设置这几组球体动画的起始时间为25帧、结束时间为50帧，如图12-120所示。

06 用同样的方法再制作出几个球体的动画，设置这几组球体动画的起始时间为50帧、结束时间为75帧，如图12-121所示。

图12-120　　　　图12-121

07 用同样的方法再制作出几个球体的动画，设置这几组球体动画的起始时间为75帧、结束时间为100帧，如图12-122所示。

图12-122

08 按大键盘上的【8】键，打开【环境和效果】对话框，接着选择【效果】选项卡，并单击 添加... 按钮，在

【添加效果】对话框中选择【Ky_Trail Pro】选项，最后单击【确定】按钮，如图12-123所示。

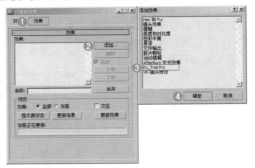

图12-123

> **技巧提示**
>
> 默认情况下，在3ds Max的【环境和效果】对话框中找不到【Ky_Trail Pro】效果，这是因为该效果是外置插件，需要成功安装后才可以使用。

09 单击【Emitters（发射器）】卷展栏下的 Add 按钮，并依次拾取场景中所有的球体。展开【Trail Parameters（Trail参数）】卷展栏，并设置【Trail Life Duration（Trail长短）】为150、【Particles Quantity（粒子数量）】为10000，如图12-124所示。

10 展开【Trail Particles Geometry（Trail粒子几何）】卷展栏，并设置【Radius（半径）】的【Initial（初始）】为3mm、【Final（结束）】为2mm。展开【Trail Particles Visualization（Trail粒子可视化）】卷展栏，并设置【Intensity（强度）】的【Initial（初始）】为1000、【Final（结束）】为1000，如图12-125所示。

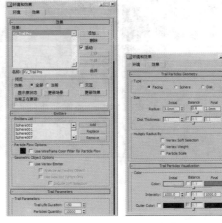

图12-124　　　　图12-125

11 按【F9】键，渲染效果如图12-126所示。

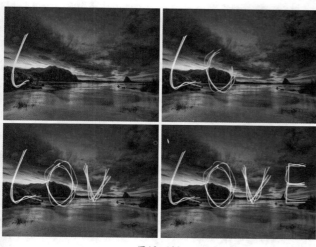

图12—126

课后练习

【课后练习——体积光制作丛林光束】

思路解析：

① 创建目标平行光，并设置参数。

② 在【环境和效果】对话框中添加【体积光】效果。

③ 设置体积光参数，并拾取灯光。

本章小结

通过本章的学习，可以掌握环境和效果的相关知识，如曝光控制、大气效果、镜头效果、模糊、色彩平衡等，并且了解Ky_Trail Pro插件的使用方法。环境和效果起到了烘托气氛的作用，让作品更具情感。

第13章

视频后期处理

本章内容简介：

视频后期处理是3ds Max 2013中一个非常有趣的功能，可以模拟制作出后期处理的效果，如制作镜头光斑、镜头光晕、射线等。

本章学习要点：

· 视频后期处理的基本参数
· 使用视频后期处理制作效果

在3ds Max中选择【渲染/视频后期处理】命令，可以打开【视频后期处理】对话框，如图13-1所示。

可以使用该功能合并（合成）并渲染输出不同类型事件，包括当前场景、位图图像、图像处理功能等，如图13-2所示。

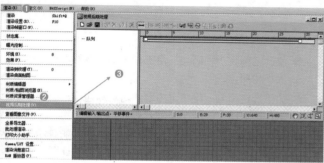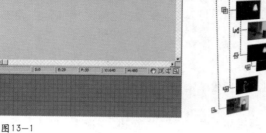

图13-1

图13-2

13.1 视频后期处理队列

 技术速查：视频后期处理队列是提供要合成的图像、场景和事件的层级列表。在视频后期处理中，列表项为图像、场景、动画或一起构成队列的外部过程。这些队列中的项目被称为事件。队列中始终至少有一项（标为【队列】的占位符），它是队列的父事件。

队列可以是线性的，但是某些类型的事件（如图像层）会合并其他事件并成为其父事件，如图13-3所示。

图13-3

13.2 【视频后期处理】状态栏/视图控件

【视频后期处理】状态栏包含提供提示和状态信息的区域，以及用于控制事件轨迹区域中轨迹显示的按钮，如图13-4所示。

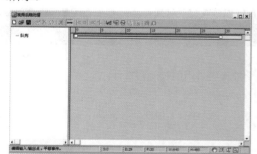

图13-4

 编辑输入/输出点，平移事件：显示使用当前选定功能的指令。

 S:0 E:201 F:202 W:720 H:486：显示当前事件的开始帧和结束帧、帧总数以及整个队列的输出分辨率。

- 开始/结束：显示选定轨迹的开始和结束帧。如果没有选择任何轨迹，则显示整个队列的开始和结束帧。

- F：显示选定轨迹中或整个队列的帧总数。

- 宽度/高度：显示队列中所有事件渲染形成的图像的宽度和高度。

- 平移：用于在事件轨迹区域中水平拖动以将视图从左移至右。

- 最大化显示：水平调整事件轨迹区域的大小，以使最长轨迹栏的所有帧都可见。使用【最大化显示】来快速重置显示，以使用【缩放时间】按钮在放大选择的帧后显示所有帧。

- 缩放时间：在事件轨迹区域中显示较多或较少数量的帧，可缩放显示。时间标尺显示当前时间显示单位。在事件轨迹区域中水平拖动以缩放时间。向右拖动以在轨迹区域中显示较少帧（放大）；向左拖动以在轨迹区域中显示较多帧（缩小）。

- 缩放区域：通过在事件轨迹区域中拖动矩形来放大定义的区域。

13.3 【视频后期处理】工具栏

【视频后期处理】工具栏包含的工具用于处理视频后期处理文件（VPX 文件）、管理显示在视频后期处理队列和事件轨迹区域中的单个事件，如图13-5所示。

图 13-5

- ● 新建序列 □：通过清除队列中的现有事件，【新建序列】按钮可创建新视频后期处理序列。

- ● 打开序列 ☞：可打开存储在磁盘上的视频后期处理序列。

- ● 保存序列 🖫：可将当前视频后期处理序列保存到磁盘。

- ● 编辑当前事件 ☜：会显示一个对话框，用于编辑选定事件的属性。该对话框取决于选定事件的类型。编辑对话框中的控件与用于添加事件类型的对话框中的控件相同。

- ● 删除当前事件 ✖：会删除视频后期处理队列中的选定事件。

- ● 交换事件 ⟳：可切换队列中两个选定事件的位置。

- ● 执行序列 ✗：执行视频后期处理队列作为创建后期制作视频的最后一步。执行与渲染有所不同，因为渲染只用于场景，但是可以使用视频后期处理合成图像和动画而无须包括当前的3ds Max场景。

- ● 编辑范围栏 ⊟：为显示在事件轨迹区域的范围栏提供编辑功能。

- ● 将选定项靠左对齐 ⊫：向左对齐两个或多个选定范围栏。

- ● 将选定项靠右对齐 ⊣：向右对齐两个或多个选定范围栏。

- ● 使选定项大小相同 ⊞：使所有选定的事件与当前的事件大小相同。

- ● 关于选定项 ⊩：将选定的事件端对端连接，这样，一个事件结束时，下一个事件开始。

- ● 添加场景事件 🖾：将选定摄影机视口中的场景添加至队列。【场景】事件是当前3ds Max场景的视图。可选择显示哪个视图，以及如何同步最终视频与场景。

- ● 添加图像输入事件 🖽：将静止或移动的图像添加至场景。【图像输入】事件将图像放置到队列中，但不同于【场景】事件，该图像是一个事先保存过的文件或设备生成的图像。

- ● 添加图像过滤器事件 🖾：提供图像和场景的图像处理。以下列出了几种类型的图像过滤器。例如，【底片】过滤器反转图像的颜色；【淡入淡出】过滤器随时间淡入淡出图像。

- ● 添加图像层事件 🖽：添加合成插件来分层队列中选定的图像。

- ● 添加图像输出事件 🖪：提供用于编辑输出图像事件的控件。

- ● 添加外部事件 🖴：【外部】事件通常是执行图像处理的程序。它还可以是希望在队列中特定点处运行的批处理文件或工具，也可以是从 Windows 剪贴板传输图像或将图像传输到 Windows 剪贴板的方法。

- ● 添加循环事件 ⟳：循环事件导致其他事件随时间在视频输出中重复。它们控制排序，但是不执行图像处理。

13.4 过滤器事件

过滤器事件可提供图像和场景的图像处理。本节的主题介绍视频后期处理中可用的过滤器事件。

13.4.1 【对比度】过滤器

- ● 技术速查：可以使用【对比度】过滤器调整图像的对比度和亮度。
  其参数面板如图13-6所示。

- ● 对比度：将微调器设置在 0 和 1.0 之间。这将通过创建 16 位查找表来压缩或扩展最大黑色度和最大白色度之间的范围，此表用于图像中任一指定灰度值。灰度值的计算取决于选择【绝对】还是【派生】。

- ● 亮度：将微调器设置在 0 和 1.0 之间。这将增加或减少所有颜色分量（红、绿和蓝）。

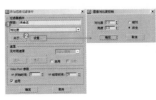

图 13-6

● 绝对/派生：确定【对比度】的灰度值计算。【绝对】使用任一颜色分量的最高值；【派生】使用3种颜色分量的平均值。

13.4.2 【衰减】过滤器

● 技术速查：【衰减】过滤器随时间淡入或淡出图像。淡入淡出的速率取决于淡入
淡出过滤器时间范围的长度。
其参数面板如图13-7所示。

● 淡入：向内。

● 淡出：向外。

图13-7

13.4.3 【图像Alpha】过滤器

● 技术速查：【图像Alpha】过滤器用过滤遮罩指定的通道替换图像的 Alpha 通道。此过滤器采用
【遮罩】（包括 G 缓冲区通道数据）下通道选项中所选定的任一通道，并将其应用到此队列的
Alpha 通道，从而替换此处的内容。如果未选择遮罩，则此过滤器无效。
此过滤器没有设置选项，如图13-8所示。

图13-8

13.4.4 【镜头效果】过滤器

● 技术速查：【镜头效果】过滤器将具有真实感的摄影
机光斑、光晕、微光、闪光以及景深模糊添加到场景
中。【镜头效果】会影响整个场景，场景中的特定对
象周围会生成镜头效果。

📁 镜头效果光斑

● 技术速查：【镜头效果光斑】对话框用于将镜头光斑
效果作为后期处理添加到渲染中。通常对场景中的灯
光应用光斑效果，随后对象周围会产生镜头光斑。可
以在【镜头效果光斑】对话框中控制镜头光斑的各个
方面。
其参数面板如图13-9所示。

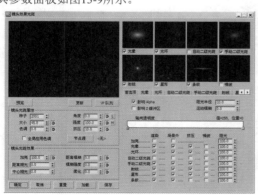

图13-9

技巧提示

如何调出【镜头效果光斑】对话框呢？

首先单击【添加图像过滤事件】按钮，然后在弹
出的对话框中设置类型为【镜头效果光斑】，最后单击
【设置】按钮即可，如图13-10所示。

图13-10

📁 镜头效果焦点

● 技术速查：【镜头效果焦点】对话框可用于根据对象距
摄影机的距离来模糊对象。焦点使用场景中的【Z 缓冲
区】信息来创建其模糊效果。可以使用【焦点】创建
效果，如焦点中的前景元素和焦点外的背景元素。

其参数面板如图13-11所示。

镜头效果光晕

◉ 技术速查：【镜头效果光晕】对话框可以用于在任何指定的对象周围添加有光晕的光环。例如，对于爆炸粒子系统，给粒子添加光晕使它们看起来好像更明亮而且更热。【镜头效果光晕】模块为多线程，可以利用多重处理的机器。

其参数面板如图13-12所示。

镜头效果高光

◉ 技术速查：使用【镜头效果高光】对话框可以指定明亮的、星形的高光，将其应用在具有发光材质的对象上。例如，在明亮的阳光下一辆闪闪发光的红色汽车可能会显示出高光。

其参数面板如图13-13所示。

图13—11

图13—12

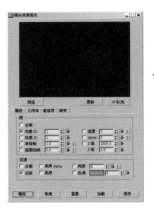
图13—13

13.4.5 【底片】过滤器

◉ 技术速查：【底片】过滤器反转图像的颜色，使其反转为类似彩色照片底片。

其参数面板如图13-14所示。

◉ 混合：设置出现的混合量。

13.4.6 【伪 Alpha 】过滤器

◉ 技术速查：【伪 Alpha 】过滤器根据图像的第1个像素（位于左上角的像素）创建一个 Alpha 图像通道，所有与此像素颜色相同的像素都会变成透明。

此过滤器没有设置选项，如图13-15所示。

图13—14   图13—15

13.4.7 【简单擦除】过滤器

◉ 技术速查：【简单擦除】过滤器使用擦拭变换显示或擦除前景图像。不同于擦拭层合成器，【简单擦除】过滤器会擦拭固定的图像。

其参数面板如图13-16所示。

◉ 右向箭头：从左向右擦拭。

◉ 左向箭头：从右向左擦拭。

◉ 推入：显示图像。

◉ 弹出：擦除图像。

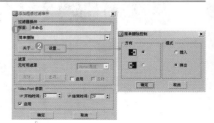
图13—16

13.4.8 【星空】过滤器

- 技术速查：【星空】过滤器使用可选运动模糊生成具有真实感的星空。【星空】
  过滤器需要摄影机视图。任一星运动都是摄影机运动的结果。
  其参数面板如图13-17所示。

- 源摄影机：用于从场景中的摄影机列表中选择摄影机。选择与用于渲染场景的摄
  影机相同的摄影机。

- 最暗的星：指定最暗的星。范围为 0～255。

- 最亮的星：指定最亮的星。范围为 0～255。

- 线性/对数：指定是按线性还是按对数计算亮度的范围。

- 星星大小（像素）：以像素为单位指定星星的大小。范围为 0.001～100。

- 使用：选中该复选框后，星空使用运动模糊。取消选中该复选框后，星星会显示为圆点，而不论摄影机是否运动。

- 数量：摄影机快门打开的帧时间百分比。默认设置为 75%。

- 暗淡：确定经过条纹处理的星星如何随着其轨迹的延长而逐渐暗淡。

- 随机：使用随机数【种子】来初始化随机数生成器，生成由【计数】微调器指定的星星数量。

- 种子：初始化随机数生成器。通过在不同动画中使用同一种子值，可以确保星空相同。

- 计数：选定【随机】时指定所生成的星星数量。

- 自定义：读取指定文件。提供的星星数据库（earth.stb 包含【Earth】天空中最亮的星星。

- 背景：合成背景中的星星。

- 前景：合成前景中的星星。

图13-17

13.5 层事件

层事件包含两个事件，它们也可创建从一个事件到随后事件的转换。本节介绍了视频后期处理中附带的层事件。

Alpha合成器

- 技术速查：【Alpha 合成器】使用前景图像的 Alpha 通道将两个图像合成。背景图像将显示在前景图像 Alpha 通道为透明的区域。
  如图13-18所示为【Alpha合成器】的面板。

图13-18

技巧提示

默认情况下，【添加图像层事件】按钮是灰色不可用的。要想使用层事件，需要按住【Ctrl键】同时选择两个层，此时会发现【添加图像层事件】按钮可以使用了，如图13-19所示。

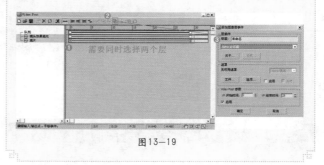

图13-19

交叉衰减变换

● 技术速查：【交叉衰减变换】随时间将这两个图像合成，从背景图像交叉淡入淡出至前景图像。交叉淡入淡出的速率由【交叉衰减变换】的时间范围长度确定。

如图13-20所示为【交叉衰减变换】的面板。

伪 Alpha

● 技术速查：【伪 Alpha】按照前景图像左上角的像素创建前景图像的 Alpha 通道，从而比对背景合成前景图像。前景图像中使用此颜色的所有像素都会变为透明。

如图13-21所示为【伪 Alpha】的面板。

图13-20

简单加法合成器

● 技术速查：【简单加法合成器】使用第二个图像的强度（HSV 值）来确定透明度以合成两个图像。完全强度（255）区域为不透明区域，零强度区域为透明区域，中等透明度区域是半透明区域。

如图13-22所示为【简单加法合成器】的面板。

图13-21

简单擦除

● 技术速查：【简单擦除】使用擦除变换显示或擦除前景图像。不同于擦除过滤器，【擦除层】事件会移动图像，将图像滑入或滑出。擦除的速率取决于【擦除】合成器时间范围的长度。

图13-22

其参数面板如图13-23所示。

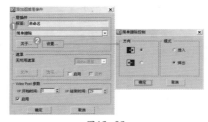

图13-23

★ 案例实战——镜头效果高光制作吊灯光斑

场景文件	无
案例文件	案例文件\Chapter 13\案例实战——镜头效果高光制作吊灯光斑.max
视频教学	视频文件\Chapter 13\案例实战——镜头效果高光制作吊灯光斑.flv
难易指数	★★★☆☆
技术掌握	掌握视频后期处理中的镜头效果高光的应用

实例介绍

本案例是室内夜晚场景，主要使用视频后期处理中的镜头效果高光制作吊灯光斑效果，最终渲染效果如图13-24所示。

图13-24

制作步骤

01 打开3ds Max 2013，并在场景中创建12个星形物体，如图13-25所示。

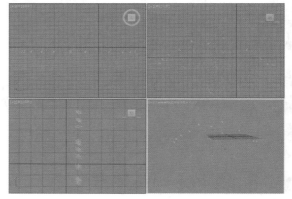

图13-25

02 选择这12个星形物体，并单击鼠标右键，在弹出的快捷菜单中选择【对象属性】命令，最后设置【G缓冲区】选项组下的【对象ID】为1，如图13-26所示。

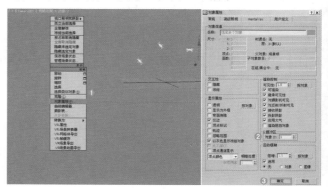

图13-26

03 按大键盘上的【8】键打开【环境和效果】对话框，并在【环境和贴图】通道中加载【背景.jpg】贴图文件，如图13-27所示。

图13-27

04 按【F9】键进行渲染，查看此时渲染效果，如图13-28所示。

图13-28

05 选择菜单栏中的【渲染/Video Post】命令，如图13-29所示。此时会弹出视频后期处理的对话框，如图13-30所示。

图13-29

图13-30

06 单击【添加场景事件】按钮，并在【添加场景事件】对话框中设置为【Camera001】，最后单击【确定】按钮，如图13-31所示。

图13-31

07 单击【添加图像过滤事件】按钮，并在【添加图像过滤事件】对话框中设置为【镜头效果高光】，并单击【确定】按钮，如图13-32所示。

图13-32

08 此时单击【设置】按钮，在【镜头效果高光】对话框中选择【首选项】选项卡，然后设置【大小】为10、【强度】为100，接着单击 VP队列 按钮，再单击 预览 按钮，此时会出现预览的效果，最后单击【确定】按钮，如图13-33所示。

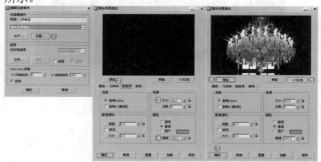

图13-33

09 单击【添加图像输出事件】按钮，并在【添加图像输出事件】对话框中单击 文件 按钮，然后设置一个文件名和要保存的路径，最后单击【确定】按钮，如图13-34所示。

图13-34

10 单击【执行序列】按钮，并在【执行Video Psot】对话框中设置【时间输出】为【范围】，设置【宽度】为1600、【高度】为1000，最后单击 渲染 按钮，如图13-35所示。

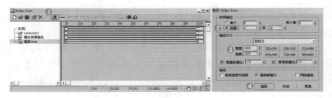

图13-35

技巧提示

使用视频后期处理功能时，要特别注意，一切的操作都是在【视频后期处理】面板中操作的，因此渲染也是需要单击该窗口的 渲染 按钮。而加入直接使用3ds Max界面右上角的【渲染】按钮 ，则不会出现在视频后期处理中设置的任何效果。

11 等待渲染完成，此时的效果如图13-36所示。

图13-36

★ **案例实战——镜头效果光晕制作夜晚月光**

场景文件	无
案例文件	案例文件\Chapter 13\案例实战——镜头效果光晕制作夜晚月光.max
视频教学	视频文件\Chapter 13\案例实战——镜头效果光晕制作夜晚月光.flv
难易指数	★★★☆☆
技术掌握	视频后期处理中的镜头效果光晕的应用

实例介绍

本案例是夜晚场景，主要使用视频后期处理中的镜头效果光晕制作夜晚月光效果，最终渲染效果如图13-37所示。

图13-37

制作步骤

01 打开3ds Max 2013，并在场景中创建一个球体，并设置其【半径】为15mm、【分段】为32，如图13-38所示。

02 打开材质编辑器，单击一个材质球，设置材质类型为【Standard】，并选中【自发光】选项组下的【颜色】复选框，并设置为浅黄色（红：246，绿：225，蓝：169），如图13-39所示。

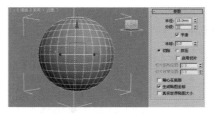

图13-38

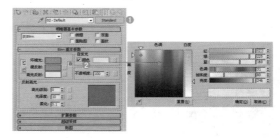

图13-39

03 将上一步中制作的材质赋予球体，选择球体并单击鼠标右键，在弹出的快捷菜单中选择【对象属性】命令，最后设置【G缓冲区】选项组下的【对象ID】为1，如图13-40所示。

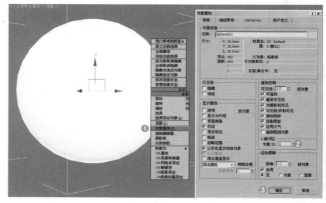

图13-40

04 在场景中创建一盏摄影机，位置如图13-41所示。

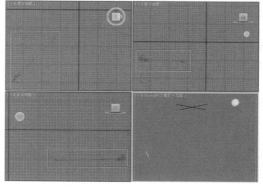

图13-41

05 按下大键盘上的【8】键打开【环境和效果】对话

框，并在【环境和贴图】通道中加载【背景.jpg】贴图文件，如图13-42所示。

06 按【F9】键进行渲染，查看此时的渲染效果如图13-43所示。

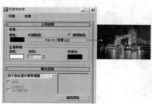

图13-42　　　　　　　图13-43

07 选择菜单栏中的【渲染/视频后期处理】命令，如图13-44所示。此时会弹出视频后期处理的对话框，如图13-45所示。

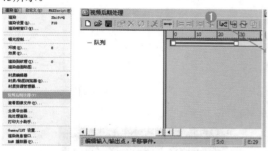

图13-44　　　　　　　图13-45

08 单击【添加场景事件】按钮，并在【添加场景事件】对话框中设置为【Camera001】，最后单击【确定】按钮，如图13-46所示。

图13-46

这里在【添加场景事件】对话框中设置为【Camera001】，就必须激活摄影机【Camera001】视图，才可以进行正确的模拟，否则将不会出现任何效果。因此，在这里选择了哪个视图就要对应激活哪个视图。

09 单击【添加图像过滤事件】按钮，并在【添加图像过滤事件】对话框中设置为【镜头效果光晕】，然后单击【确定】按钮，如图13-47所示。

图13-47

10 此时单击【设置】按钮，并在【镜头效果光晕】对话框中选择【首选项】选项卡，接着设置【大小】为6，设置【强度】为30，然后单击 VP 队列 按钮，单击 预览 按钮，此时会出现预览的效果，最后单击【确定】按钮，如图13-48所示。

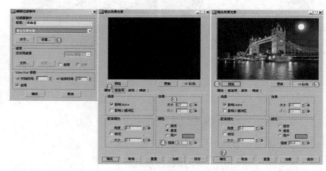

图13-48

11 单击【添加图像输出事件】按钮，并在【添加图像输出事件】对话框中单击 文件 按钮，并设置一个文件名和要保存的路径，最后单击【确定】按钮，如图13-49所示。

图13-49

12 单击【执行序列】按钮，并在【执行Video Post】对话框中设置【时间输出】为【单个】，设置【宽度】为1920、【高度】为1200，最后单击 渲染 按钮，如图13-50所示。

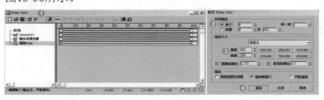

图13-50

技巧提示

在使用视频后期处理时，最后一个步骤也是渲染，但是在视频后期处理中的渲染与3ds Max中最常用的渲染是不同的，要想使用视频后期处理，需要单击视频后期处理中的【渲染】按钮进行最终的渲染。如图13-51所示为使用视频后期处理中的渲染和使用3ds Max的常用的渲染的对比效果，会发现只有使用了视频后期处理中的渲染才可以渲染出需要的效果。

使用Video Post中的【渲染】的效果　　　使用3ds Max的常用的【渲染】的效果

图13-51

13 等待渲染完成，此时的效果如图13-52所示。

图13-52

读书笔记

课后练习

【课后练习——镜头效果高光制作流星划过】

思路解析：

① 添加场景事件，并设置摄影机。

② 添加图像过滤事件，并设置方式为【镜头效果高光】。

③ 设置参数。

④ 添加图像输出事件，并进行渲染。

本章小结

通过本章的学习，可以掌握视频后期处理的面板，如过滤器事件、层事件等。使用3ds Max模拟可以制作出很多漂亮的后期效果，如光斑、月光等。

读书笔记

第14章

粒子系统和空间扭曲

■ 本章内容简介:

粒子系统和空间扭曲是附加的建模工具。粒子系统能生成粒子子对象,从而达到模拟雪、雨、灰尘等效果的目的。空间扭曲是使其他对象变形的力场,从而创建出涟漪、波浪和风吹等效果。3ds Max 2013的粒子系统是一种很强大的动画制作工具,可以通过设置粒子系统来控制密集对象群的运动动画效果。粒子系统通常用于制作云、雨、风、火、烟雾、暴风雪及爆炸等动画效果。

本章学习要点:

- 掌握粒子系统的参数和使用方法
- 掌握空间扭曲的参数和使用方法
- 掌握粒子系统和空间扭曲的综合使用

14.1 粒子系统

⊖ **技术速查**：粒子系统作为单一的实体来管理特定的成组对象，通过将所有粒子对象组合成单一的可控系统，可以很容易地使用一个参数来修改所有的对象，而且拥有良好的可控性和随机性。在创建粒子系统时会占用很大的内存资源，而且渲染速度相当慢。

如图14-1所示为使用【超级喷射】粒子系统制作的喷泉效果。

图14—1

3ds Max 2013包含7种粒子，分别是粒子流源、喷射、雪、超级喷射、暴风雪、粒子阵列和粒子云，如图14-2所示。这7种粒子在视图中的显示效果如图14-3所示。

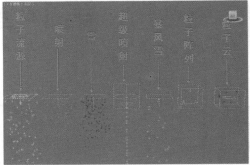

图14—2　　　　　　　　　　　图14—3

14.1.1 粒子流源

⊖ **技术速查**：粒子流源是每个流的视口图标，同时也作为默认的发射器。默认情况下，它显示为带有中心徽标的矩形，但是可以使用本主题所述控件更改其形状和外观。

单击 ▦、◯ 按钮，选择 粒子系统 ▼ 选项，单击 粒子流源 按钮，最后在视图中拖曳光标创建一个粒子流源，如图14-4所示。

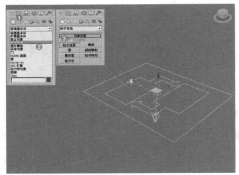

图14—4

进入修改面板，可以观察到粒子流源的参数包括【设置】、【发射】、【选择】、【系统管理】和【脚本】5个卷展栏，下面依次对这些卷展栏中的参数进行讲解。

🔲 设置

展开【设置】卷展栏，如图14-5所示。

⊖ **启用粒子发射**：控制是否开启粒子系统。

⊖ **粒子视图**：单击该按钮可以打开【粒子视图】对话框，也是该粒子最为重要的部分。

粒子视图主要包括5个部分，分别是事件显示、粒子图表、全局事件、出生事件和仓库，如图14-6所示。

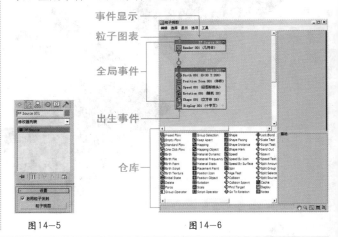

图14—5　　　　　　　　　　　图14—6

动手学：添加事件

添加事件主要有两种方法：

⊖ 在仓库中，选择需要的事件，并单击拖曳到【全局事件】的最下方，如图14-7所示。

⊖ 在粒子视图中单击鼠标右键，在弹出的快捷菜单中选择【新建/操作符事件/位置图标】命令。此时会在粒子视图中出现

新的事件，选择新的
事件中的【位置图
标】，并拖曳到【全
局事件】的最下方，
如图14-8所示。

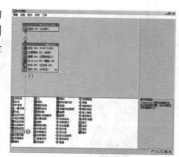

图14-7

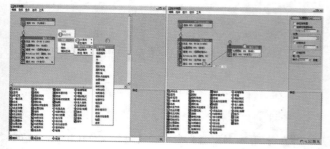

图14-8

发射

【发射】卷展栏可以设置发射器（粒子源）图标的物理特
性，以及渲染时视口中生成的粒子的百分比，如图14-9所示。

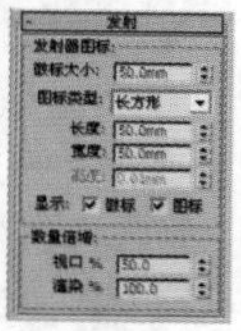

- 徽标大小：主要用来设置粒子流中心徽标
  的尺寸，其大小对粒子的发射没有任何
  影响。
- 图标类型：主要用来设置图标在视图中的
  显示方式，有【长方形】、【长方体】、
  【圆形】和【球体】4种方式。

图14-9

- 长度：当【图标类型】设置为【长方形】或【长方体】
  时，显示的是【长度】参数；当【图标类型】设置为
  【圆形】或【球体】时，显示的是【直径】参数。
- 宽度：用来设置【长方形】和【长方体】图标的宽度。
- 高度：用来设置【长方体】图标的高度。
- 显示：主要用来控制是否显示标志或图标。
- 视口%：主要用来设置视图中显示的粒子数量，该参
  数的值不会影响最终渲染的粒子数量，其取值范围为
  0～10000。
- 渲染%：主要用来设置最终渲染的粒子的数量百分比，
  该参数的大小会直接影响到最终渲染的粒子数量。

选择

【选择】卷展栏可使用这些控件基于每个粒子或事件来
选择粒子，事件级别粒子的选择用于调试和跟踪。展开【选
择】卷展栏，如图14-10所示。

- 粒子：用于通过单击粒子或拖动一个区域
  来选择粒子。
- 事件：用于按事件选择粒子。
- ID：使用此控件可设置要选择的粒子的 ID
  号。每次只能设置一个数字。
- 添加：设置完要选择的粒子的 ID 号后，单
  击【添加】按钮可将其添加到选择中。

图14-10

- 移除：设置完要取消选择的粒子的 ID 号后，单击【移
  除】按钮可将其从选择中移除。
- 清除选定义内容：选中该复选框后，单击【添加】按钮
  选择粒子会取消选择所有其他粒子。
- 从事件级别获取：单击可将【事件】级别选择转化为
  【粒子】级别。仅适用于【粒子】级别。
- 按事件选择：该列表显示粒子流中的所有事件，并高亮
  显示选定事件。

系统管理

【系统管理】卷展栏可限制系统中的粒子数，以及指
定更新系统的频率。展开【系统管理】卷展栏，如图14-11
所示。

- 上限：用来限制粒子的最大数量，默认值为
  100000。
- 视口：设置视图中的动画回放的综合步幅。
- 渲染：用来设置渲染时的综合步幅。

图14-11

脚本

【脚本】卷展栏可以将脚本应用于每个积分步长，以及
查看每帧的最后一个积分步长处的粒子系统。使用【每步更
新】脚本可设置依赖于历史记录的属性，而使用【最后一步
更新】脚本可设置独立于历史记录的属性。展开【脚本】卷
展栏，如图14-12所示。

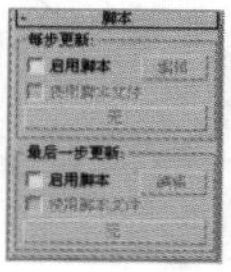

- 启用脚本：选中该复选框可引起按每积分
  步长执行内存中的脚本。
- 编辑：单击此按钮可打开具有当前脚本的
  文本编辑器窗口。

图14-12

- 使用脚本文件：当此项处于启用状态时，
  可以通过单击下面的按钮加载脚本文件。

读书笔记

技术专题——事件的基本操作

新建位置对象事件以后，系统会弹出关于位置对象的一个单独面板，在该面板中包括位置对象事件和其他的一些事件，如图14-13所示。

可以将【位置对象 001】事件拖曳到【事件 001】面板中，如图14-14所示。

图14-13　　　　　　　图14-14

当然也可以删除多余的事件，可以在单独面板上单击鼠标右键，然后在弹出的快捷菜单中选择【删除】命令将其删除，如图14-15所示。

若将【位置对象 001】事件拖曳到【事件 001】面板中的一个事件上，此时会将原来的事件替换，如图14-16所示。

图14-15

图14-16

★ 案例实战——粒子流源制作碰撞的小球

场景文件	01.max
案例文件	案例文件\Chapter 14\案例实战——粒子流源制作碰撞的小球.max
视频教学	视频文件\Chapter 14\案例实战——粒子流源制作碰撞的小球.flv
难易指数	★★★☆☆
技术掌握	掌握粒子流源制作球体粒子效果和导向板制作反弹效果的综合使用

实例介绍

本案例场景由4个长方体和1个球体组成，主要讲解粒子流源和导向板的综合使用的方法，最终渲染效果如图14-17所示。

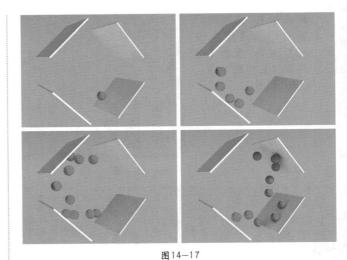

图14-17

制作步骤

01 打开本书配套光盘中的【场景文件/Chapter14/01.max】文件，如图14-18所示。

02 单击 、按钮，选择 粒子系统 选项，单击 粒子流源 按钮，如图14-19所示。

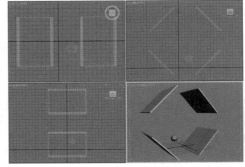

图14-18　　　　　　　　　　　图14-19

03 此时创建一个粒子流源，并命名为【PF Source 001】，然后展开【发射】卷展栏，设置【徽标大小】为772.463mm，设置【长度】为1213mm、【宽度】为993mm，如图14-20所示。此时的场景效果如图14-21所示。

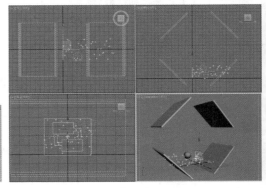

图14-20　　　　　　　　　　　图14-21

04 单击 粒子视图 按钮，如图14-22所示。此时弹出【粒子视图】对话框，如图14-23所示。

图14-22　　　　图14-23

05 右击【形状001】，并在快捷菜单中选择【删除】命令，如图14-24所示。

06 在【粒子视图】对话框中单击【出生 001】，展开【出生 001】卷展栏，然后设置【数量】为10，如图14-25所示。

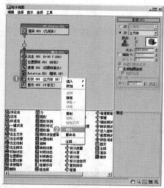

图14-24　　　　图14-25

07 在粒子仓库中单击【图形实例】，并拖动到事件中，最后单击【粒子几何体对象】选项组中的 无 按钮，并单击拾取场景中的球体【Sphere001】，如图14-26所示。

08 单击【显示 001】，并设置【类型】为【几何体】，设置颜色为蓝色，如图14-27所示。

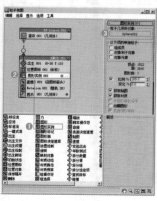

图14-26　　　　图14-27

09 此时拖动时间线，可以看到粒子发射球体，并沿单一的方向进行发射，如图14-28所示。

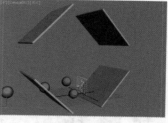

图14-28

10 单击 、 按钮，选择 导向器 选项，单击 导向板 按钮，如图14-29所示。展开【参数】卷展栏，设置【反弹】为1、【宽度】为3036mm、【长度】为2774mm，如图14-30所示。

图14-29　　　图14-30

11 拖曳并创建4个导向板，并依次放置到4个长方体的正前方，如图14-31所示。

12 单击仓库中的【碰撞】，并拖动到事件中，共拖动出4个【碰撞】。然后选择【碰撞 001】，并单击添加按钮，接着在视图中选择刚才创建的导向板【Deflector001】，最后设置【速度】为【反弹】，如图14-32所示。然后依次执行该操作，将【碰撞 002】、【碰撞 003】、【碰撞 004】也进行同样的设置。

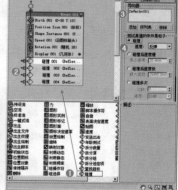

图14-31　　　　图14-32

技巧提示

创建导向板的目的是使粒子碰撞到导向板产生反弹的效果。

13 此时拖动时间线滑块查看此时的动画效果，如图14-33所示。

14 选择动画效果最明显的一些帧，然后单独渲染出这些单帧动画，最终效果如图14-34所示。

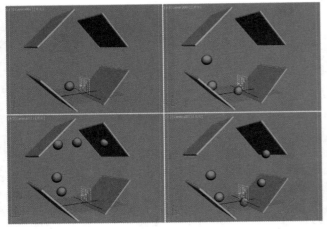

图14-33

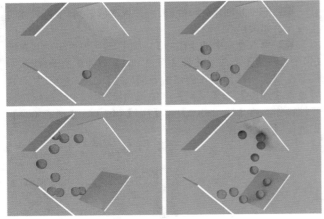

图14-34

★ 案例实战——粒子流源制作数字下落动画

场景文件	无
案例文件	案例文件\Chapter 14\案例实战——粒子流源制作数字下落动画.max
视频教学	视频文件\Chapter 14\案例实战——粒子流源制作数字下落动画.flv
难易指数	★★★☆☆
技术掌握	掌握粒子流源的使用方法

实例介绍

本案例是一个文字下落的镜头,主要讲解用粒子流源创建模拟特殊的电影镜头,最终渲染效果如图14-35所示。

图14-35

制作步骤

01 单击 、 按钮,选择 粒子系统 选项,单击 粒子流源 按钮,如图14-36所示。在顶视图中拖曳创建一个粒子流源,如图14-67所示。

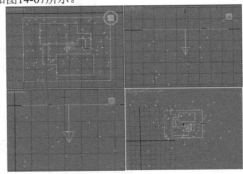

图14-36　　　　　　　　图14-37

02 选择【PF Source001】选项,然后展开【发射】卷展栏,设置【徽标大小】为1182mm,设置【长度】为1442mm、【宽度】为1937mm,如图14-38所示。

03 单击 粒子视图 按钮,如图14-39所示。此时弹出【粒子视图】对话框,如图14-40所示。

图14-38　　　图14-39　　　　　　图14-40

04 在【粒子视图】对话框中单击【出生 001】,展开【出生 001】卷展栏,然后设置【发射停止】为100、【数量】为500,如图14-41所示。

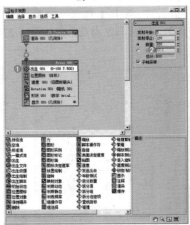

图14-41

05 单击【形状001】，设置【3D】为【数字Arial】，如图14-42所示。

06 单击【显示001】，并设置【类型】为【几何体】，设置颜色为蓝色，如图14-43所示。

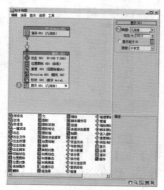

图14-42　　　　　　　　图14-43

07 此时拖动时间线滑块查看此时的动画效果，如图14-44所示。

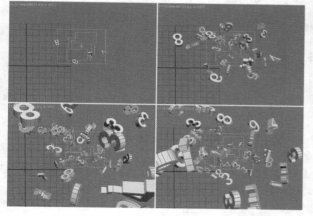

图14-44

08 选择动画效果最明显的一些帧，然后单独渲染出这些单帧动画，最终效果如图14-45所示。

图14-45

★ **案例实战——粒子流源制作雨滴**

场景文件	02.max
案例文件	案例文件\Chapter 14\案例实战——粒子流源制作雨滴.max
视频教学	视频教学\Chapter 14\案例实战——粒子流源制作雨滴.flv
难易指数	★★★☆☆
技术掌握	掌握粒子流源和重力的使用方法

实例介绍

本案例是下雨的场景，模拟了真实的雨滴下落和溅起水花的效果，主要使用粒子流源和重力进行模拟。最终渲染效果如图14-46所示。

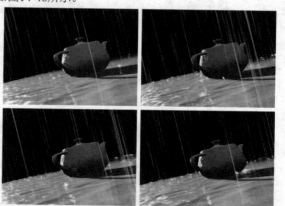

图14-46

制作步骤

使用粒子流源制作下落的雨滴

01 打开本书配套光盘中的【场景文件/Chapter14/02.max】文件，如图14-47所示。

02 单击、按钮，选择 粒子系统 选项，单击 粒子流源 按钮，如图14-48所示。

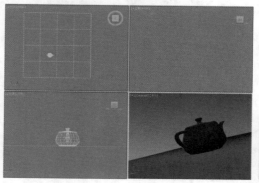

图14-47　　　　　　　　图14-48

03 在视图中拖曳创建一个粒子流源，并命名为【雨滴】。然后单击【修改】按钮，展开【发射】卷展栏，设置【徽标大小】为254mm，设置【长度】为508mm、【宽度】为508mm，设置【视口%】为25、【渲染%】为100，如图14-49所示。具体位置如图14-50所示。

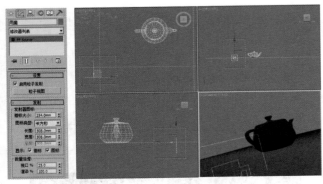

图14-49　　　　　　　　图14-50

04 单击 ⊕、⚬ 按钮，选择 力 选项，单击 重力 按钮，如图14-51所示。

05 在场景中拖曳创建一个重力，并命名为【Gravity01】，然后单击【修改】按钮，设置【强度】为0.3，如图14-52所示。

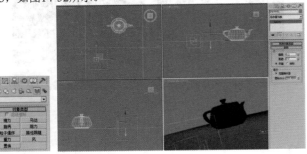

图14-51　　　　　　　　图14-52

06 选择粒子流源【雨滴】，并单击【修改】按钮，然后单击 粒子视图 按钮，如图14-53所示。此时弹出【粒子视图】对话框，如图14-54所示。

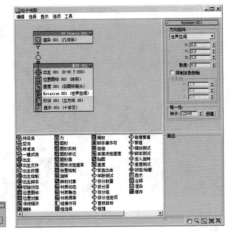

图14-53　　　　　　　　图14-54

07 单击【出生 001】，并设置【发射开始】为 -35、【发射停止】为200、【速率】为1500，如图14-55所示。单击【位置对象】，并单击 添加 按钮，在场景中拾取长方体【EmitterRain】，如图14-56所示。

图14-55　　　　　　　　图14-56

08 单击【旋转】，并设置【方向矩阵】为【速度空间】、【X】为90，如图14-57所示。单击【力】，并单击 添加 按钮，在场景中拾取重力【Gravity01】，如图14-58所示。

图14-57　　　　　　　　图14-58

09 单击【图形】，并设置【图形】为【四面体】，如图14-59所示。单击【缩放】，并设置【比例因子】的【X%】为3、【Y%】为200、【Z%】为3，并取消选中【限定比例】复选框，如图14-60所示。

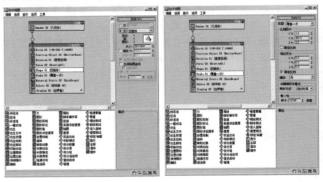

图14-59　　　　　　　　图14-60

10 单击【材质静态】，并在通道上添加【RainDrops】材质，具体设置如图14-61所示。

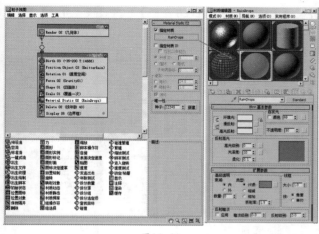

图14-61

11 单击【删除】，并设置【移除】为【按粒子年龄】，并设置【寿命】为40，如图14-62所示。单击【显示】，并设置【类型】为【边界框】，颜色为绿色（红：35，绿：177，蓝：41），如图14-63所示。

图14-62　　　　　　　图14-63

12 此时可以看到雨滴下落的效果，但是地面没有溅起水花，因此后面需要重点讲解制作溅起的雨滴的方法，如图14-64所示。

图14-64

使用粒子流源制作溅起的雨滴

01 再次创建一个粒子流源，并命名为【溅起】，如图14-65所示。

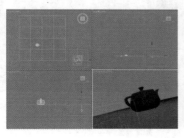

图14-65

技巧提示

　　此时场景中出现了两个粒子流源、一个重力、一个长方体、一个平面、一个茶壶，为了更方便地进行辨别，将各个对象的名称进行了标明，如图14-66所示。

图14-66

02 单击【修改】按钮，展开【发射】卷展栏，设置【徽标大小】为1330mm，设置【长度】为1967mm、【宽度】为1833mm，设置【视口%】为25、【渲染%】为100，如图14-67所示。

技巧提示

　　本案例分别模拟了雨滴下落和溅起水花两个部分，因此使用了两个粒子流源进行制作，这样的动画效果会更加真实。

图14-67

03 单击【出生001】，并设置【发射开始】为0、【发射停止】为200、【速率】为1200，如图14-68所示。单击【位置对象】，并单击 添加 按钮，在场景中拾取平面【Plane01】，如图14-69所示。

图14-68　　　　　　　图14-69

04 单击【速度】，并设置【速度】为100mm，并选中【反转】复选框，如图14-70所示。单击【显示】，并设置颜色为绿色（红：0，绿：252，蓝：12），如图14-71所示。

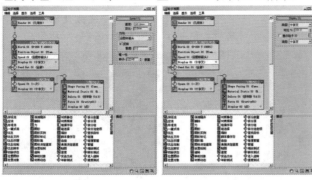

图14-70   图14-71

05 单击【发送出去】，如图14-72所示。单击【繁殖】，选中【删除父粒子】复选框，设置【子孙数】为50、【变化%】为30，设置【使用单位】为1003mm、【变化%】为30、【散度】为51.5，如图14-73所示。

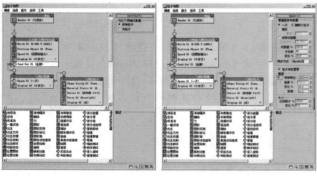

图14-72   图14-73

06 单击【显示】，并设置颜色为绿色（红：0，绿：252，蓝：12），如图14-74所示。单击【注视摄影机/对象】选项组下的 _____ 无 _____ 按钮，并在视图中单击摄影机【Camera01】，并设置【单位】为15mm、【变化%】为40，如图14-75所示。

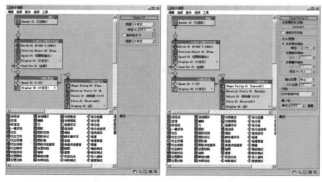

图14-74   图14-75

07 单击【材质静态】，并在通道上添加【RainSplashes】材质，如图14-76所示。单击【删除】，

并设置【移除】为【按粒子年龄】，并设置【寿命】为5、【变化】为3，如图14-77所示。

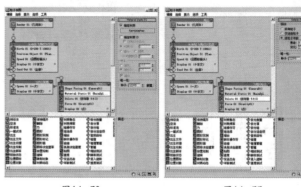

图14-76   图14-77

08 单击【力】，并单击 添加 按钮，在场景中拾取重力【Gravity01】，如图14-78所示。单击【显示】，并设置【类型】为【点】，并设置颜色为绿色（红：0，绿：252，蓝：12），如图14-79所示。

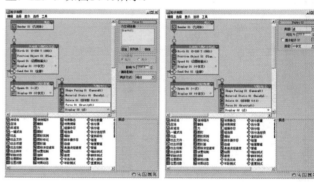

图14-78   图14-79

09 此时拖动时间线滑块查看此时的动画效果，如图14-80所示。

图14-80

10 选择动画效果最明显的一些帧，然后单独渲染出这些单帧动画，最终效果如图14-81所示。

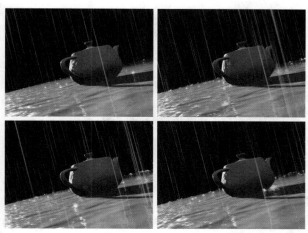

图14-81

14.1.2　喷射

- ⊙ 技术速查：【喷射】可以模拟雨、喷泉、公园水龙带的喷水等水滴效果。

  其参数设置面板如图14-82所示。

- ⊙ 视口计数：在指定的帧位置，设置视图中显示的最大粒子数量。

- ⊙ 渲染计数：在渲染某一帧时设置可以显示的最大粒子数量（与【计时】选项组下的参数配合使用）。

图14-82

- ⊙ 水滴大小：设置粒子的大小。
- ⊙ 速度：设置每个粒子离开发射器时的初始速度。
- ⊙ 变化：设置粒子的初始速度和方向。数值越大，喷射越强，范围越广。
- ⊙ 水滴/圆点/十字叉：设置粒子在视图中的显示方式。
- ⊙ 四面体：将粒子渲染为四面体。
- ⊙ 面：将粒子渲染为正方形面。
- ⊙ 开始：设置第1个出现的粒子的帧的编号。
- ⊙ 寿命：设置每个粒子的寿命。
- ⊙ 出生速率：设置每一帧产生的新粒子数。
- ⊙ 恒定：选中该复选框后，【出生速率】选项将不可用，此时的【出生速率】等于最大可持续速率。
- ⊙ 宽度/长度：设置发射器的长度和宽度。

★ 案例实战——喷射制作下雨动画

场景文件	无
案例文件	案例文件\Chapter 14\案例实战——喷射制作下雨动画.max
视频教学	视频文件\Chapter 14\案例实战——喷射制作下雨动画.flv
难易指数	★★★☆☆
技术掌握	掌握粒子系统下喷射的功能

实例介绍

　　本案例是一个雨天场景，主要讲解使用喷射制作雨天效果，最终效果如图14-83所示。

图14-83

制作步骤

01 单击 、 按钮，选择 粒子系统 选项，单击 喷射 按钮，如图14-84所示。单击鼠标左键并拖曳创建一个喷射，如图14-85所示。

图14-84

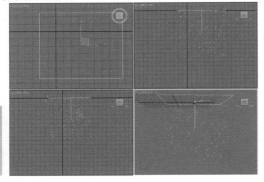

图14-85

02 单击【修改】按钮，并设置【视口计数】为1000、【渲染计数】为2000、【水滴大小】为8、【速度】为8、【变化】为0.56，并选中【水滴】单选按钮，设置【渲染】为【四面体】，并设置【计时】选项组下的【开始】为－50、【寿命】为60，如图14-86所示。此时场景如图14-87所示。

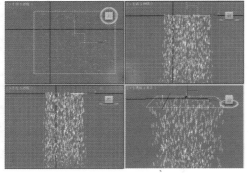

图14-86　　　　　　图14-87

03 单击【选择并旋转】工具 ，并沿Y轴旋转一定的角度，使得喷射略微倾斜，这样看起来会有雨天雨滴被风吹的感觉，如图14-88所示。

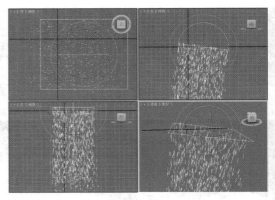

图14-88

04 按大键盘上的【8】键，打开【环境和效果】对话框，接着在通道上加载贴图文件【背景.jpg】，如图14-89所示。

图14-89

05 选择动画效果最明显的一些帧，然后单独渲染出这些单帧动画，最终效果如图14-90所示。

图14-90

14.1.3　雪

● 技术速查：【雪】常用来模拟降雪或投撒的纸屑。虽与喷射类似，但是它提供了其他参数来生成翻滚的雪花，渲染选项也有所不同。

其参数设置面板如图14-91所示。

● 视口计数：在指定的帧位置，设置视图中显示的最大粒子数量。

● 渲染计数：在渲染某一帧时设置可以显示的最大粒子数量。

● 雪花大小：设置粒子的大小。

● 速度：设置每个粒子离开发射器时的初始速度。

● 变化：设置粒子的初始速度和方向。数值越大，降雪范围越广。

图14-91

- 翻滚：设置雪花粒子的随机旋转量。
- 翻滚速率：设置雪花的旋转速度。
- 雪花/圆点/十字叉：设置粒子在视图中的显示方式。
- 六角形：将粒子渲染为六角形。
- 三角形：将粒子渲染为三角形。
- 面：将粒子渲染为正方形面。
- 开始：设置第1个出现的粒子的帧的编号。
- 寿命：设置粒子的寿命。
- 出生速率：设置每一帧产生的新粒子数。
- 恒定：选中该复选框后，【出生速率】选项将不可用，此时的【出生速率】等于最大可持续速率。
- 宽度/长度：设置发射器的长度和宽度。
- 隐藏：选中该复选框后，发射器将不会显示在视图中。

★ 案例实战——雪制作雪花动画

场景文件	无
案例文件	案例文件\Chapter 14\案例实战——雪制作雪花动画.max
视频教学	视频文件\Chapter 14\案例实战——雪制作雪花动画.flv
难易指数	★★☆☆☆
技术掌握	掌握粒子系统中的雪功能

实例介绍

本案例是一个雪场景，主要讲解粒子系统下的雪功能，最终渲染效果如图14-92所示。

图14-92

制作步骤

01 单击 、 按钮，选择 粒子系统 选项，单击 雪 按钮，如图14-93所示。单击鼠标左键并拖曳创建一个雪，如图14-94所示。

02 选中设置【视口计数】为400、【渲染计数】为4000、【雪花大小】为0.2、【速度】为10、【变化】为10，选中【雪花】单选按钮，设置【渲染】为【三角形】，并设置【计时】选项组下的【开始】为-30、【寿命】为30，如图14-95所示。

03 按下大键盘上的【8】键，然后打开【环境和效果】对话框，接着在通道上加载贴图文件【背景.jpg】，如图14-96所示。

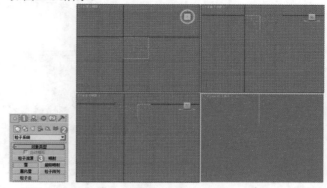

图14-93　　　　　　　　图14-94

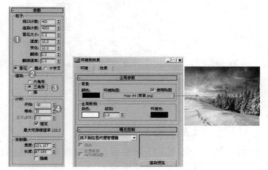

图14-95　　　　　　　　图14-96

04 选择动画效果最明显的一些帧，然后单独渲染出这些单帧动画，最终效果如图14-97所示。

图14-97

14.1.4　暴风雪

- 技术速查：【暴风雪】粒子是原来的【雪】粒子系统的高级版本，常用来制作暴风雪等动画效果。

其参数设置面板如图14-98所示。

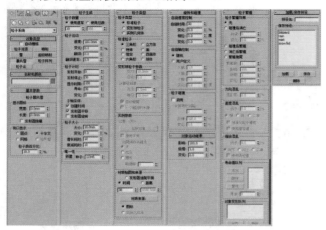

图14-98

基本参数

- 宽度/长度：设置发射器的宽度和长度。
- 发射器隐藏：选中该复选框后，发射器将不会显示在视图中（发射器不会被渲染出来）。
- 圆点/十字叉/网格/边界框：设置发射器在视图中的显示方式。

粒子生成

- 使用速率：指定每一帧发射的固定粒子数。
- 使用总数：指定在寿命范围内产生的总粒子数。
- 速度：设置粒子在出生时沿法线的发射速度。
- 变化：设置粒子的初始速度和方向。
- 发射开始：设置粒子在场景中开始出现的帧。
- 发射停止：设置粒子在场景中出现的最后一帧。
- 显示时限：指定所有粒子将消失的帧。
- 寿命：设置每个粒子的寿命。
- 变化：指定每个粒子的寿命从标准值变化的帧数。
- 大小：根据粒子的类型来指定所有粒子的目标大小。
- 变化：设置每个粒子的大小从标准值变化的百分比。
- 增长耗时：设置粒子从很小增长到很大过程中所经历的帧数。
- 衰减耗时：设置粒子在消亡之前缩小到其大小1/10所经历的帧数。

- 种子：设置特定的种子值。

粒子类型

- 标准粒子：使用标准粒子类型中的一种。
- 变形球粒子：使用变形球粒子。
- 实例几何体：使用对象的碎片来创建粒子。
- 三角形：将每个粒子渲染为三角形。
- 立方体：将每个粒子渲染为立方体。
- 特殊：将每个粒子渲染为由3个交叉的2D正方形。
- 面：将每个粒子渲染为始终朝向视图的正方形。
- 恒定：将每个例子渲染为相同大小的物体。
- 四面体：将每个粒子渲染为贴图四面体。
- 六角形：将每个粒子渲染为二维的六角形。
- 球体：将每个粒子渲染为球体。
- 张力：设置有关粒子与其他粒子混合倾向的紧密度。
- 变化：设置张力变化的百分比。
- 渲染：设置【变形球粒子】的粗糙度。
- 视口：设置视口显示的粗糙度。
- 自动粗糙：选中该复选框后，系统会自动设置粒子在视图中显示的粗糙度。
- 一个相连的水滴：如果取消选中该复选框，系统将计算所有粒子；如果选中该复选框，系统将使用快捷算法，并且仅计算和显示彼此相连或邻近的粒子。
- 拾取对象：单击该按钮可以在场景中选择要作为粒子使用的对象。
- 使用子树：若要将拾取对象的链接子对象包含在粒子中，则应该选中该复选框。
- 动画偏移关键点：该选项可以为粒子动画进行计时。
- 出生：设置每帧产生的新粒子数。
- 随机：当【帧偏移】设置为0时，该选项等同于【无】。否则每个粒子出生时使用的动画都将与源对象出生时使用的动画相同。
- 帧偏移：设置从源对象当前计时的偏移值。
- 时间：设置粒子从出生开始到生成完整的粒子的一个贴图所需的帧数。
- 距离：设置粒子从出生开始到生成完整的粒子的一个贴图所需的距离。
- 材质来源：更新粒子系统携带的材质。
- 图标：将粒子图标设置为指定材质的图标。
- 实例几何体：将粒子与几何体进行关联。

14.1.5 粒子云

- 技术速查：【粒子云】可以创建一群鸟、一个星空或一群奔跑的人群。【粒子云】粒子可以用来创建类似体积雾效果的粒子群。使用【粒子云】能够将粒子限定在一个长方体、球体、圆柱体之内，或限定在场景中拾取的对象的外形范围之内。其参数设置面板如图14-99所示。
- 长方体发射器：设置发射器为长方体形状的发射器。
- 球体发射器：设置发射器为球体形状的发射器。
- 圆柱体发射器：设置发射器为圆柱体形状的发射器。
- 基于对象的发射器：将选择的对象作为发射器。
- 半径/长度：【半径】用于调整【球体发射器】或【圆柱体发射器】的半径；【长度】用于调整【长方体发射器】的长度。
- 宽度：设置长方体发射器的宽度。
- 高度：设置长方体发射器或圆柱体发射器的高度。

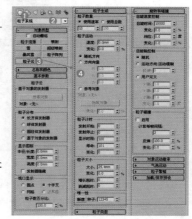

图14—99

14.1.6 粒子阵列

- 技术速查：【粒子阵列】粒子系统可将粒子分布在几何体对象上，也可用于创建复杂的对象爆炸效果，如图14-100所示。

图14—100

其参数设置面板如图14-101所示。

- 拾取对象：创建粒子系统以后，使用该按钮可以在场景中拾取某个对象作为发射器。
- 在整个曲面：在整个曲面上随机发射粒子。
- 沿可见边：从对象的可见边上随机发射粒子。
- 在所有的顶点上：从对象的顶点发射粒子。
- 在特殊点上：在对象曲面上随机分布的点上发射粒子。
- 总数：当选中【在特殊点上】单选按钮时才可用，主要用来设置使用的发射器的点数。
- 在面的中心：从每个三角面的中心发射粒子。
- 使用选定子对象：对于基于网格的发射器以及一定范围内基于面片的发射器，粒子流的源只限于传递到基于对象发射器中修改器堆栈的子对象选择。

图14—101

14.1.7 超级喷射

- 技术速查：【超级喷射】发射受控制的粒子喷射。此粒子系统与简单的喷射粒子系统类似，只是增加了所有新型粒子系统提供的功能。【超级喷射】粒子可以用来制作雨、喷泉、烟花等效果，若将其绑定到【路径跟随空间扭曲】上，还可以生成瀑布效果。其参数设置面板如图14-102所示。
- 轴偏离：设置粒子流与Z轴的夹角量（沿X轴的平面）。
- 扩散：设置粒子远离发射向量的扩散量（沿X轴的平面）。

- 平面偏离：设置围绕Z轴的发射角度量。如果【轴偏离】设置为0，那么该选项不起任何作用。

- 使用速率：指定每一帧发射的固定粒子数。

- 使用总数：指定在寿命范围内产生的总粒子数。

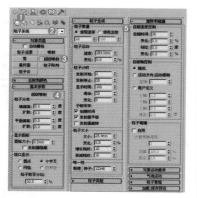

图14—102

- 速度：设置粒子在出生时沿法线的速度。
- 变化：设置每个粒子的发射速度应用的变化百分比。
- 显示时限：设置所有粒子将要消失的帧。
- 寿命：设置每个粒子的寿命。
- 变化：设置每个粒子的寿命可以从标准值变化的帧数。
- 大小：根据粒子的类型来指定所有粒子的目标大小。
- 种子：设置特定的种子值。

★ 案例实战——超级喷射制作魔幻方体

场景文件	无
案例文件	案例文件\Chapter 14\案例实战——超级喷射制作魔幻方体.max
视频教学	视频文件\Chapter 14\案例实战——超级喷射制作魔幻方体.flv
难易指数	★★★☆☆
技术掌握	掌握超级喷射功能

实例介绍

本案例是一个魔幻方体动画的制作，主要讲解超级喷射功能，最终效果如图14-103所示。

图14—103

制作步骤

01 单击 、 按钮，选择 粒子系统 选项，单击 超级喷射 按钮，如图14-104所示。在视图中拖曳创建一个超级喷射粒子，如图14-105所示。

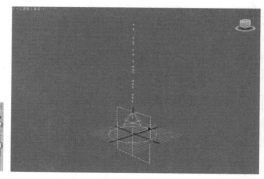

图14—104　　　　　　　图14—105

02 单击【修改】按钮，并设置【粒子分布】选项组下的【轴偏离】为30、【扩散】为17、【平面偏离】为50、【扩散】为150，设置【图标大小】为602mm，设置【视口显示】为【网格】、【粒子数百分比】为100，设置【粒子数量】方式为【使用速率】，并设置数值为5，设置【粒子运动】选项组下的【速度】为254mm，设置【粒子计时】选项组下的【发射停止】为60、【显示时限】为100、【寿命】为60，设置【粒子大小】选项组下的【大小】为1000mm，设置【粒子类型】为【标准粒子】，设置【标准粒子】为【立方体】，如图14-106所示。

图14—106

03 拖动时间线滑块后得到的效果如图14-107所示。

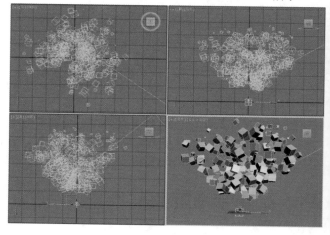

图14—107

04 单击 、 按钮，选择 力 选项，单击 风 按钮，如图14-108所示。

图14—108

05 在视图中拖曳创建一个风，如图14-109所示。

06 选择风，并单击【修改】按钮，设置【强度】为0.2，如图14-110所示。

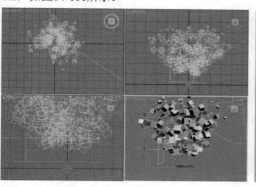

图14-109　　　　　　　　图14-110

07 选择【风】，并单击【绑定到空间扭曲】按钮，此时单击鼠标左键拖曳可以看到出现一条虚线，将鼠标移动到【超级喷射】上，松开鼠标，如图14-111所示。

08 此时可以看到【风】和【超级喷射】绑定成功，超级喷射出现了被风吹向一侧的效果，如图14-112所示。

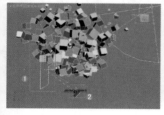

图14-111　　　　　　　　图14-112

 技巧提示

默认情况下，粒子系统和空间扭曲是互不影响的，只有将两者绑定到一起，才可以将空间扭曲施加到粒子系统上面。因此，【绑定到空间扭曲】工具是必不可少的。

09 选择动画效果最明显的一些帧，然后单独渲染出这些单帧动画，最终效果如图14-113所示。

图14-113

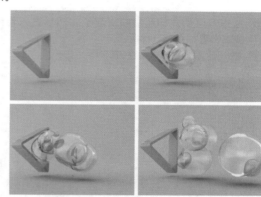

★ 案例实战——超级喷射制作泡泡

场景文件	无
案例文件	案例文件\Chapter 14\案例实战——超级喷射制作泡泡.max
视频教学	视频文件\Chapter 14\案例实战——超级喷射制作泡泡.flv
难易指数	★★★☆☆
技术掌握	掌握如何使用超级喷射制作彩色泡泡动画

实例介绍

本例使用超级喷射制作彩色泡泡动画效果，如图14-114所示。

图14-114

制作步骤

01 单击、按钮，选择 粒子系统 选项，单击 超级喷射 按钮，在视图中创建一个超级喷射粒子，其位置如图14-115所示。

02 使用 球体 工具在场景中创建一个球体，命名为【Sphere001】，然后在【参数】卷展栏下设置【半径】为8mm，【分段】为32，如图14-116所示。

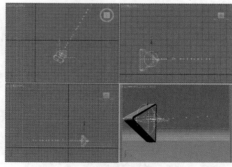

图14-115　　　　　　　　图14-116

03 单击【修改】按钮，为球体添加【壳】修改器，并设置【外部量】为0.001mm，如图14-117所示。

图14-117

405

选择动画效果最明显的一些帧，然后单独渲染出这些单帧动画，最终效果如图14-120所示。

图14-120

默认情况下创建的球体是实心的，而真实的泡泡是内部中空，边缘有一点厚度的效果，因此为了模拟这种效果，需要为球体加载【壳】修改器。加载【壳】修改器后，球体由实体变成了边缘带有一点厚度的真实模型效果。

04 选择前面创建的超级喷射粒子，然后进入修改面板，具体参数设置如图14-118所示。

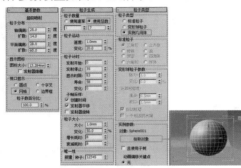

图14-118

展开【基本参数】卷展栏，然后在【粒子分布】选项组下设置【轴偏离】为25、【扩散】为14、【平面偏离】为28、【扩散】为60、【图标大小】为13.28mm，设置【视口显示】为【网格】，并设置【粒子数百分比】为100。

设置【粒子数量】为【使用总数】，并设置数值为7，设置【粒子运动】选项组下的【速度】为1mm、【变化】为20，设置【粒子计时】选项组下的【发射停止】为35、【显示时限】为83、【寿命】为58，设置【粒子大小】选项组下的【大小】为1mm、【变化】为50。

设置【粒子类型】为【实例几何体】，接着单击【实例参数】选项组下的 拾取对象 按钮，最后在视图中拾取球体【Sphere001】。

05 拖曳时间线滑块，此时可以观察到已经有很多球体从发射器中喷射出来了，如图14-119所示。

图14-119

★ 案例实战——超级喷射制作树叶随风飘

场景文件	无
案例文件	案例文件\Chapter 14\案例实战——超级喷射制作树叶随风飘.max
视频教学	视频文件\Chapter 14\案例实战——超级喷射制作树叶随风飘.flv
难易指数	★★★☆☆
技术掌握	掌握如何使用超级喷射制作落叶动画

实例介绍

本例使用超级喷射制作落叶动画效果，如图14-121所示。

图14-121

制作步骤

01 单击、按钮，选择 粒子系统 选项，单击 超级喷射 按钮，在视图中创建一个超级喷射粒子，其位置如图14-122所示。

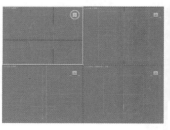

图14-122

02 使用 平面 工具在场景中创建一个平面，然后在【参数】卷展栏中设置【长度】为1200mm、【宽度】为900mm，如图14-123所示。

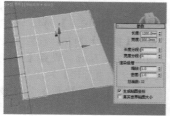

图14-123

03 选择前面创建的超级喷射粒子，然后进入修改面板，具体参数设置如图14-124所示。

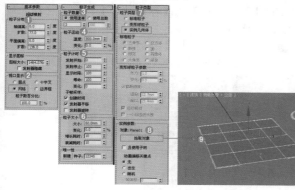

图14-124

展开【基本参数】卷展栏，然后在【粒子分布】选项组下设置【轴偏离】为0、【扩散】为77、【平面偏离】为0、【扩散】为138，设置【视口显示】为【网格】，并设置【粒子数百分比】为100。

设置【粒子数量】为【使用速率】，并设置数值为3，设置【粒子运动】选项组下的【速度】为800mm，设置【粒子计时】选项组下的【发射停止】为100、【显示时限】为100、【寿命】为100，设置【粒子大小】选项组下的【大小】为60mm。

设置【粒子类型】为【实例几何体】，接着单击【实例参数】选项组下的 拾取对象 按钮，最后在视图中拾取平面【Plane01】。

技巧提示

拖曳时间线滑块，此时可以观察到已经有很多面片从发射器中喷射出来了，如图14-125所示。

图14-125

04 选择一个空白材质球，然后将材质类型设置为【Standard】材质，具体参数如图14-126和11-127所示。

图14-126　　　　　　　　图14-127

选中【双面】复选框，并在【漫反射】后面的通道上加载【01.jpg】贴图文件。展开【贴图】卷展栏，并在【不透明度】后面的通道上加载【02.jpg】贴图文件。

05 按大键盘上的【8】键，打开【环境和效果】对话框，接着在通道上加载贴图文件【背景.jpg】，如图14-128所示。

图14-128

06 选择动画效果最明显的一些帧，然后单独渲染出这些单帧动画，最终效果如图14-129所示。

图14-129

★ 案例实战——超级喷射制作流星

场景文件	无
案例文件	案例文件\Chapter 14\案例实战——超级喷射制作流星.max
视频教学	视频文件\Chapter 14\案例实战——超级喷射制作流星.flv
难易指数	★★☆☆☆
技术掌握	掌握如何使用超级喷射制作流星划过效果，并掌握使用Ky_Trail Pro插件的使用

实例介绍

本例使用超级喷射粒子制作流星划过效果，如图14-130所示。

图14-130

制作步骤

01 单击 、 按钮，选择 粒子系统 选项，单击 超级喷射 按钮，在视图中创建一个超级喷射粒子，其位置如图14-131所示。

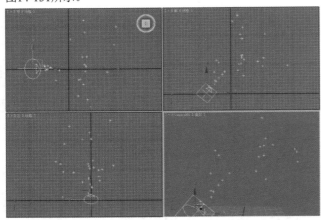

图14-131

02 选择创建的超级喷射粒子，然后进入修改面板，具体参数设置如图14-132所示。

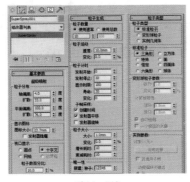

图14-132

展开【基本参数】卷展栏，然后在【粒子分布】选项组下设置【轴偏离】为4、【扩散】为33、【平面偏离】为100、【扩散】为76，设置【显示图标】选项组下的【图标大小】为23.7mm，设置【视口显示】为【十字叉】，并设置【粒子数百分比】为10。

设置【粒子数量】为【使用速率】，并设置数值为10，设置【粒子运动】选项组下的【速度】为10mm，设置【粒子计时】选项组下的【发射停止】为3、【显示时限】为100、【寿命】为30，设置【粒子大小】选项组下的【大小】为1mm。

设置【粒子类型】为【标准粒子】，设置【标准粒子】为【三角形】。

03 按大键盘上的【8】键打开【环境和效果】对话框，并在通道上加载贴图文件【1.jpg】，如图14-133所示。

图14-133

04 按大键盘上的【8】键，打开【环境和效果】对话框，接着选择【效果】选项卡，并单击 添加 按钮，接着选择【Ky_Trail Pro】选项，最后单击【确定】按钮，如图14-134所示。

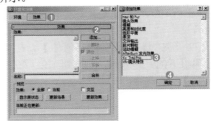

图14-134

技巧提示

默认情况下在3ds Max的【环境和效果】对话框中找不到【Ky_Trail Pro】效果，这是因为该效果是外置插件，需要成功安装后才可以使用。

05 单击【Emitters（发射器）】卷展栏下的  按钮，并依次拾取场景中的超级喷射【SuperSpray001】。展开【Trail Parameters（Trail参数）】卷展栏，并设置【Trail Life Duration（Trail长短）】为90，【Particles Quantity（粒子数量）】为1000，如图14-135所示。

06 展开【Trail Particles Geometry（Trail粒子几何）】卷展栏，并设置【Radius（半径）】的【Initial（初始）】为10mm、【Final（结束）】为5mm。展开【Trail Particles Visualization（Trail粒子可视化）】卷展栏，并设置【Intensity（强度）】的【Initial（初始）】为10、【Final（结束）】为10，如图14-136所示。

图14-135

07 按【F9】键渲染当前场景，渲染效果如图14-130所示。

图14-136

14.2 空间扭曲

技术速查：空间扭曲是影响其他对象外观的不可渲染对象。空间扭曲能创建使其他对象变形的力场，从而创建出涟漪、波浪和风吹等效果。空间扭曲的行为方式类似于修改器，只不过空间扭曲影响的是世界空间，而几何体修改器影响的是对象空间。创建空间扭曲对象时，视口中会显示一个线框来表示它。

可以像对其他3ds Max对象那样变换空间扭曲。空间扭曲的位置、旋转和缩放会影响其作用，如图14-138所示。

空间扭曲包括5种类型，分别是【力】、【导向器】、【几何/可变形】、【基于修改器】和【粒子和动力学】，如图14-139所示。

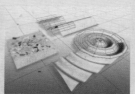

图14-138

图14-139

14.2.1 力

技术速查：力主要影响粒子系统，某些力也会影响几何体。

力的类型共有9种，分别是【推力】、【马达】、【漩涡】、【阻力】、【粒子爆炸】、【路径跟随】、【重力】、【风】和【置换】，如图14-140所示。

图14-140

推力

【推力】可以为粒子系统提供正向或负向的均匀单向力，如图14-141所示。

其参数设置面板如图14-142所示。

图14-141

- 开始时间/结束时间：空间扭曲效果开始和结束时所在的帧编号。
- 基本力：空间扭曲施加的力的量。
- 牛顿/磅：该选项用来指定【基本力】微调框使用的力的单位。
- 启用反馈：选中该复选框时，力会根据受影响粒子相对于指定的【目标速度】而变化。
- 可逆：选中该复选框时，如果粒子的速度超出了【目标速度】设置，力会发生逆转。仅在选中【启用反馈】复选框时可用。

图14-142

- 目标速度：以每帧的单位数指定【反馈】生效前的最大速度。仅在选中【启用反馈】复选框时可用。
- 增益：指定以何种速度调整力以达到目标速度。
- 启用（周期变化）：启用变化。
- 周期 1：噪波变化完成整个循环所需的时间。例如，设置 20 表示每 20 帧循环一次。
- 幅度 1：（用百分比表示的）变化强度。该选项使用的单位类型和【基本力】微调器相同。
- 相位 1：偏移变化模式。
- 周期 2：提供额外的变化模式（二阶波）来增加噪波。
- 幅度 2：（用百分比表示的）二阶波的变化强度。该选项使用的单位类型和【基本力】微调器相同。
- 相位 2：偏移二阶波的变化模式。
- 启用：选中该复选框时，会将效果范围限制为一个球体，其显示为一个带有 3 个环箍的球体。
- 范围：以单位数指定效果范围的半径。
- 图标大小：设置推力图标的大小。该设置仅用于显示目的，而不会改变推力效果。

马达

　　【马达】空间扭曲的工作方式类似于【推力】，但前者对受影响的粒子或对象应用的是转动扭矩而不是定向力，马达图标的位置和方向都会对围绕其旋转的粒子产生影响。如图14-143所示为马达影响的效果。

图14-143

　　其参数设置面板如图14-144所示。

- 开始时间/结束时间：设置空间扭曲开始和结束时所在的帧编号。
- 基本扭矩：设置空间扭曲对物体施加的力的量。
- N-m/Lb-ft/Lb-in（牛顿-米/磅力-英尺/磅力-英寸）：指定【基本扭矩】的度量单位。
- 启用反馈：选中该复选框后，力会根据受影响粒子相对于指定的【目标转速】而发生变化；若取消选中该复选框，不管受影响对象的速度如何，力都保持不变。

图14-144

- 可逆：选中该复选框后，如果对象的速度超出了【目标转速】，那么力会发生逆转。
- 目标转速：指定反馈生效前的最大转数。
- RPH/RPM/RPS（每小时/每分钟/每秒）：以每小时、每分钟或每秒的转数来指定【目标转速】的度量单位。
- 增益：指定以何种速度来调整力，以达到【目标转速】。
- 周期1：设置噪波变化完成整个循环所需的时间。例如，20表示每20帧循环一次。
- 幅度1：设置噪波变化的强度。
- 相位1：设置偏移变化的量。
- 范围：以单位数来指定效果范围的半径。
- 图标大小：设置马达图标的大小。

漩涡

　　【漩涡】可以将力应用于粒子，使粒子在急转的漩涡中进行旋转，然后让它们向下移动成一个长而窄的喷流或漩涡井，常用来创建黑洞、涡流和龙卷风，如图14-145所示。

　　其参数设置面板如图14-146所示。

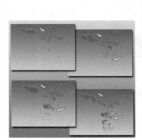

图14-145　　　　　　图14-146

阻力

　　【阻力】是一种在指定范围内按照指定量来降低粒子速率的粒子运动阻尼器。应用阻尼的方式可以是【线性】、【球形】或【圆柱形】，如图14-147所示。

　　其参数设置面板如图14-148所示。

图14-147　　　　　　图14-148

粒子爆炸

　　使用【粒子爆炸】可以创建一种使粒子系统发生爆炸的冲击波，其参数设置面板如图14-149所示。

路径跟随

　　【路径跟随】可以强制粒子沿指定的路径进行运动。路径通常为单一的样条线，也可以是具有多条样条线的图形，但粒子只会沿着其中一条样条线曲线进行运动，如图14-150

所示。

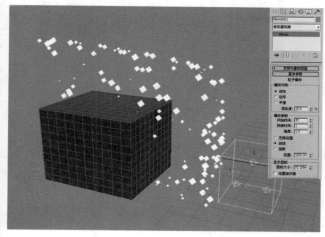

图14-149

图14-150

其参数设置面板如图14-151所示。

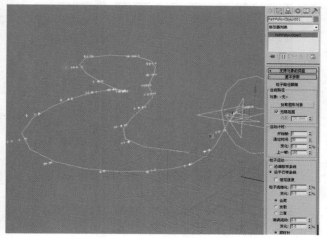

图14-151

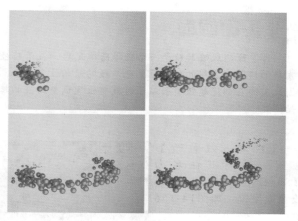

图14-152

制作步骤

01 打开本书配套光盘中的【场景文件/Chapter14/03.max】，可以看到场景中创建了一个球体【Sphere001】和一条线【Line001】，如图14-153所示。

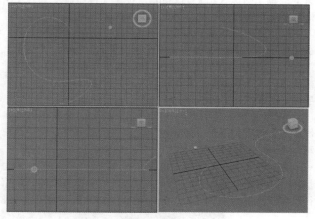

图14-153

02 单击 、 按钮，选择 粒子系统 选项，单击 超级喷射 按钮，如图14-154所示。在视图中拖曳创建一个超级喷射粒子，位置如图14-155所示。

★ 案例实战——路径跟随制作球体飞舞	
场景文件	03.max
案例文件	案例文件\Chapter 14\案例实战——路径跟随制作球体飞舞.max
视频教学	视频文件\Chapter 14\案例实战——路径跟随制作球体飞舞.flv
难易指数	★★★☆☆
技术掌握	掌握【超级喷射】粒子和【路径跟随】进行绑定到空间扭曲制作粒子沿路径进行发射的效果

实例介绍

本例使用【超级喷射】粒子模拟粒子的反射效果，并将路径跟随绑定到空间扭曲，使得粒子沿线的路径进行发射，从而出现神奇的效果，如图14-152所示。

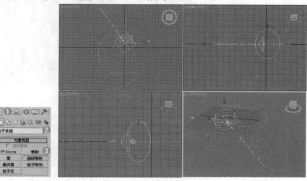

图14-154   图14-155

03 单击【修改】按钮，并将其命名为【SuperSpray001】，并修改参数设置，如图14-156所示。

展开【基本参数】卷展栏，然后在【粒子分布】选项组下设置【轴偏离】为115、【扩散】为83、【平面偏离】为83、【扩散】为180、在【显示图标】选项组下设置【图标大小】为25mm，设置【视口显示】为【网格】，并设置【粒子数百分比】为100。

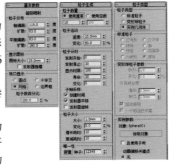

图14-156

设置【粒子数量】为【使用速率】，并设置数量为15，在【粒子运动】选项组下设置【速度】为10mm，【变化】为50，在【粒子计时】选项组下设置【发射停止】为30、【显示时限】为100、【寿命】为30，设置【粒子大小】选项组下的【大小】为1mm。

设置【粒子类型】为【实例几何体】，接着单击【实例参数】选项组下的 拾取对象 按钮，最后在视图中拾取球体【Sphere001】。

04 单击 ✳、≋ 按钮，选择 力 选项，单击 路径跟随 按钮，如图14-157所示。在场景中拖曳创建一个路径跟随，将其命名为【PathFollowObject001】，如图14-188所示。

图14-157   图14-158

05 选择【PathFollowObject001】，单击【修改】按钮并单击 拾取图形对象 按钮，最后单击拾取场景中的线【Line001】，如图14-159所示。

06 此时拖动时间线可以看到超级喷射粒子出现了喷射的效果，但是并没有沿线进行路径跟随，如图14-160所示。

 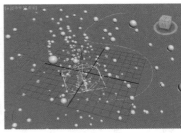

图14-159   图14-160

07 选择【SuperSpray001】，然后单击【绑定到空间扭曲】按钮 ≋，接着单击鼠标左键拖曳到红色的【PathFollowObject001】上松开鼠标，此时两者绑定成功，如图14-161所示。

08 绑定后，可以看到超级喷射粒子已经沿着线进行发射了，如图14-162所示。

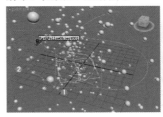 

图14-161   图14-162

09 此时拖动时间线，查看动画效果，如图14-163所示。

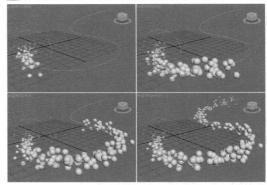

图14-163

10 选择动画效果最明显的一些帧，然后单独渲染出这些单帧动画，最终效果如图14-164所示。

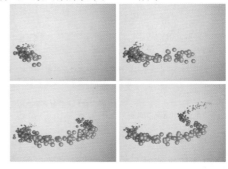

图14-164

重力

【重力】可以用来模拟粒子受到的自然重力。重力具有方向性，沿重力箭头方向的粒子为加速运动，沿重力箭头逆向的粒子为减速运动，如图14-165所示。

图14-165

其参数设置面板如图14-166所示。

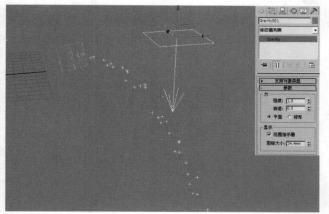

图14-166

风

【风】可以用来模拟风吹动粒子所产生的飘动效果，如图14-167所示。

图14-167

其参数设置面板如图14-168所示。

图14-168

置换

【置换】以力场的形式推动和重塑对象的几何外形，对几何体和粒子系统都会产生影响，如图14-169所示。

图14-169

其参数设置面板，如图14-170所示。

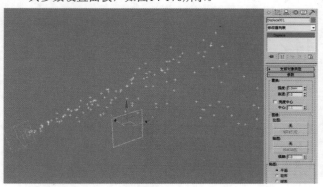

图14-170

14.2.2 导向器

🔵 技术速查：导向器用于使粒子偏转，如反弹、随机等。

导向器共有6种类型，分别是【泛方向导向板】、【泛方向导向球】、【全泛方向导向】、【全导向器】、【导向球】和【导向板】，如图14-171所示。

图14-171

泛方向导向板

【泛方向导向板】是空间扭曲的一种平面泛方向导向器类型，它能提供比原始导向器空间扭曲更强大的功能，包括折射和繁殖能力，如图14-172所示。

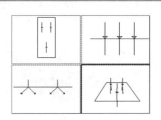

图14-172

泛方向导向球

【泛方向导向板】是空间扭曲的一种球形泛方向导向器类型，它提供的选项比原始的导向球更多，如图14-173所示。

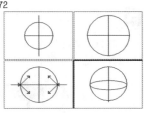

图14-173

全泛方向导向

【全泛方向导向】（通用泛方向导向器）提供的选项比原始的全导向器更多，如图14-174所示。

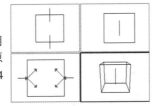

图14—174

全导向器

【全导向器】是一种能让用户使用任意对象作为粒子导向器的全导向器，如图14-175所示。

图14—175

导向球

【导向球】空间扭曲起着球形粒子导向器的作用，如图14-176所示。

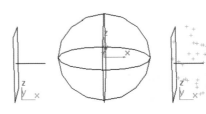

图14—176

导向板

【导向板】空间扭曲起着平面防护板的作用，它能排斥由粒子系统生成的粒子。例如，使用导向器可以模拟被雨水敲击的公路。将【导向器】空间扭曲和【重力】空间扭曲结合在一起可以产生瀑布和喷泉效果，如图14-177所示。

图14—177

14.2.3 几何/可变形

○ 技术速查：几何/可变形主要用于变形对象的几何形状。

几何/可变形包括7种类型，分别是【FFD(长方体)】、【FFD(圆柱体)】、【波浪】、【涟漪】、【置换】、【一致】和【爆炸】，如图14-178所示。

图14—178

FFD（长方体）

FFD（长方体）提供了一种通过调整晶格的控制点使长方体对象发生变形的方法，如图14-179所示。

图14—179

FFD（圆柱体）

FFD（圆柱体）提供了一种通过调整晶格的控制点使圆柱体对象发生变形的方法，如图14-180所示。

图14—180

波浪

使用【波浪】空间扭曲可以用来制作波浪效果，其参数设置面板如图14-181所示。

图14—181

涟漪

使用【涟漪】空间扭曲可以制作涟漪效果，其参数设置面板如图14-182所示。

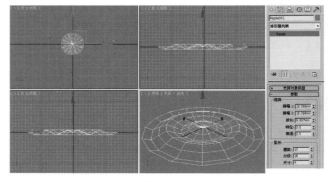

图14—182

★ 案例实战——涟漪制作咖啡动画

场景文件	04.max
案例文件	案例文件\Chapter 14\案例实战——涟漪制作咖啡动画.max
视频教学	视频文件\Chapter 14\案例实战——涟漪制作咖啡动画.flv
难易指数	★★★☆☆
技术掌握	掌握空间扭曲下涟漪的使用方法

实例介绍

本例使用涟漪和模型进行绑定，制作出真实的咖啡动画，如图14-183所示。

图14-183

制作步骤

01 打开本书配套光盘中的【场景文件/Chapter14/04.max】，此时的场景效果如图14-184所示。

02 单击 、 按钮，选择 几何/可变形 选项，单击 涟漪 按钮，并在场景中拖曳创建一个涟漪，将其命名为【Ripple001】，如图14-185所示。

 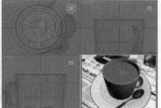

图14-184　　　　　　图14-185

03 选择【Ripple001】，单击【修改】按钮并设置【波长】为1264mm、【圈数】为10、【分段】为16、【尺寸】为4，如图14-186所示。

04 选择【Ripple001】，然后单击【绑定到空间扭曲】按钮 ，接着单击鼠标左键拖曳到红色的水面模型上松开鼠标，此时两者绑定成功，如图14-187所示。

 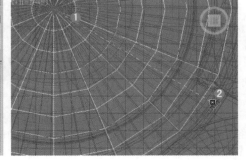

图14-186　　　　　　图14-187

05 单击 自动关键点 按钮，并将时间线拖动到第0帧，选择【Ripple001】并设置【振幅1】和【振幅2】为0mm，如图14-188所示。

06 将时间线拖动到第50帧，选择【Ripple001】并设置【振幅1】和【振幅2】为160mm，如图14-189所示。

07 将时间线拖动到第100帧，选择【Ripple001】并设置【振幅1】和【振幅2】为-100mm，如图14-190所示。

图14-188　　图14-189　　图14-190

08 此时拖动时间线，查看动画效果，如图14-191所示。

图14-191

09 选择动画效果最明显的一些帧，然后单独渲染出这些单帧动画，最终效果如图14-192所示。

图14-192

置换

使用【置换】空间扭曲可以制作置换效果，其参数设置面板如图14-193所示。

一致

【一致】空间扭曲修改绑定对象的方法是按照空间扭曲图标所指示的方向推动其顶点，直至这些顶点碰到指定目标对象，或从原始位置移动到指定距离。其参数设置面板如图14-194所示。

爆炸

【爆炸】空间扭曲主要用来制作爆炸动画效果，其参数设置面板如图14-195所示。

图14-193　　　　图14-194　　　　图14-195

★ 案例实战——爆炸制作爆炸文字

场景文件	05.max
案例文件	案例文件\Chapter 14\案例实战——爆炸制作爆炸文字.max
视频教学	视频文件\Chapter 14\案例实战——爆炸制作爆炸文字.flv
难易指数	★★★☆☆
技术掌握	掌握空间扭曲下爆炸的使用方法

实例介绍

本例使用爆炸模拟制作出三维文字爆炸的动画效果，如图14-196所示。

图14-196

制作步骤

01 打开本书配套光盘中的【场景文件/Chapter14/05.max】，此时的场景效果如图14-197所示。

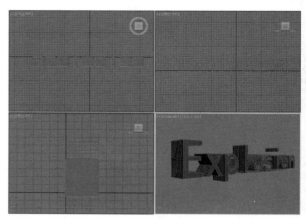

图14-197

02 单击 、 按钮，选择 几何/可变形 选项，单击 爆炸 按钮，如图14-198所示。在场景中单击创建一个爆炸，命名为【MeshBomb002】，如图14-199所示。

图14-198　　　　　　　　图14-199

03 选择爆炸，然后在修改面板下展开【爆炸参数】卷展栏，设置【强度】为0.3、【重力】为0，如图14-200所示。

04 再次创建一个爆炸，并命名为【MeshBomb001】，如图14-201所示。

图14-200　　　　　　图14-201

05 单击 自动关键点 按钮，并将时间线拖动到第0帧，然后将【MeshBomb001】移动到如图14-202所示的位置，并设置【强度】- 5.39、【重力】为1，如图14-203所示。

图14-202　　　　　　　图14-203

06 将时间线拖动到第5帧，然后将【MeshBomb001】移动到如图14-204所示的位置，并设置【强度】为－6.39、【重力】为0.98，如图14-205所示。

图14-204　　　　　　　图14-205

07 将时间线拖动到第60帧，然后将【MeshBomb001】移动到如图14-206所示的位置，并设置【强度】为0、【重力】为0，如图14-207所示。

图14-206　　　　　　　图14-207

08 此时拖动时间线滑块会发现没有任何爆炸动画，说明两者之间没有进行绑定。选择【MeshBomb002】，然后单击【绑定到空间扭曲】按钮，接着单击鼠标左键拖曳到文字模型上松开鼠标，此时两者绑定成功，如图14-208所示。

09 继续选择【MeshBomb001】，然后单击【绑定到空间扭曲】按钮，接着单击鼠标左键拖曳到文字模型上松开鼠标，此时两者绑定成功，如图14-209所示。

图14-208　　　　　　　图14-209

技巧提示

　　本案例一定要特别注意需要绑定到空间扭曲，否则将不会出现任何爆炸的效果。

10 选择动画效果最明显的一些帧，然后单独渲染出这些单帧动画，最终效果如图14-210所示。

图14-210

14.2.4　基于修改器

● 技术速查：基于修改器和标准对象修改器的效果完全相同。和其他空间扭曲一样，它们必须和对象绑定在一起，并且它们是在世界空间中发生作用。

　　基于修改器可以应用于许多对象，它与修改器的应用效果基本相同，包括【弯曲】、【扭曲】、【锥化】、【倾斜】、【噪波】和【拉伸】6种类型，如图14-211所示。

图14-211

弯曲

　　【弯曲】修改器允许将当前选中对象围绕单独轴弯曲360°，在对象几何体中产生均匀弯曲。可以在任意3个轴上控制弯曲的角度和方向，也可以对几何体的一段限制弯曲。其参数面板如图14-212所示。

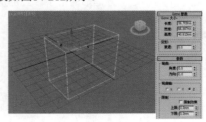

图14-212

扭曲

【扭曲】修改器在对象几何体中产生一个旋转效果。可以控制任意3个轴上扭曲的角度，并设置偏移来压缩扭曲相对于轴点的效果，也可以对几何体的一段限制扭曲。其参数面板如图14-213所示。

锥化

【锥化】修改器通过缩放对象几何体的两端产生锥化轮廓，一端放大而另一端缩小。可以在两组轴上控制锥化的量和曲，也可以对几何体的一段限制锥化，其参数面板如图14-214所示。

倾斜

【倾斜】修改器可以在对象几何体中产生均匀的偏移，可以控制在3个轴中任何一个上的倾斜的数量和方向，还可以限制几何体部分的倾斜，其参数面板如图14-215所示。

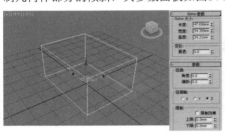
图14-213

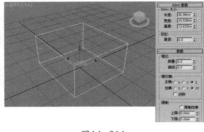
图14-214

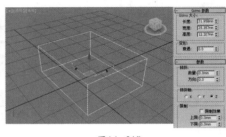
图14-215

噪波

【噪波】修改器沿着3个轴的任意组合调整对象顶点的位置，它是模拟对象形状随机变化的重要动画工具，其参数面板如图14-216所示。

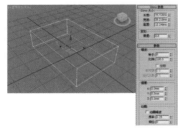
图14-216

拉伸

【拉伸】修改器可以模拟挤压和拉伸的传统动画效果。拉伸沿着特定拉伸轴应用缩放效果，并沿着剩余的两个副应用相反的缩放效果，其参数面板如图14-217所示。

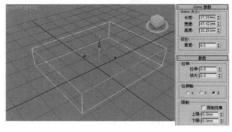
图14-217

14.2.5　粒子和动力学

技术速查：粒子和动力学只有【向量场】一种。向量场是一种特殊类型的空间扭曲，群组成员使用它来围绕不规则对象（如曲面和凹面）移动。

向量场这个小插件是个方框形的格子，其位置和尺寸可以改变，以便围绕要避开的对象。通过格子交叉生成向量，如图14-218所示。

图14-218

其参数面板如图14-219所示。

- 长度/宽度/高度：指定晶格的维数。晶格应该比向量场对象大。

- 长度分段/宽度分段/高度分段：指定向量场晶格的分辨率。分辨率越大，模拟的准确率便越高。

- 显示晶格：显示向量场晶格，即黄色线框。默认设置为选中状态。

- 显示范围：显示在生成向量的范围内障碍物的体积，显示为橄榄色线框。

图14-219

- 显示向量场：显示向量，向量会显示为在范围体积中自晶格交集向外发散的蓝色线条。
- 显示曲面采样数：显示自障碍物表面的采样点发出的绿色短线。
- 向量缩放：缩放向量，以使它们更易被看到或更隐蔽。
- 图标大小：调整向量场空间扭曲图标（即一对交叉双头箭头）的大小。
- 强度：设置向量对进入向量场的对象的运动的效果。
- 衰减（力）：确定向量强度随着与对象表面距离的变化而变化的比例。
- 平行/垂直：设置向量生成的力与向量场是平行还是垂直。
- 拉力：调整对象相对于向量场的位置。
- 向量场对象：用于指定障碍物。单击此按钮，然后选择其周围要生成向量场的对象。
- 范围：决定其中生成向量的体积。默认设置为1.0。
- 采样精度：充当在障碍物曲面上使用的有效采样率的倍增器，以计算向量场中的向量方向。
- 使用翻转面：表示在计算向量场期间要使用翻转法线。
- 计算：计算向量场。
- 起始距离：开始混合向量的位置与对象相距的距离。
- 衰减（混合向量）：混合周围向量的衰减。
- 混合分段 X/Y/Z：要在 X /Y/Z轴上混合的相邻晶格点数。
- 混合：单击此按钮实施混合。

课后练习

【课后练习——超级喷射制作彩色烟雾】
思路解析：
01 创建【超级喷射】，并设置参数。
02 创建【风】，并设置参数。
03 将【风】和【超级喷射】绑定到空间扭曲。

本章小结

　　通过本章的学习，可以掌握粒子与空间扭曲的知识，如粒子流源、喷射、雪、暴风雪、粒子云、粒子阵列、超级喷射、力、导向器、几何/可变形、基于修改器、粒子和动力学等。熟练掌握这些知识，可以制作出很多漂亮的粒子动画，广泛应用于特效、影视包装等。

 读书笔记

第15章

动力学技术

本章内容简介：

动力学（Dynamics）是经典力学的一门分支，主要研究运动的变化与造成变化的各种因素。换句话说，动力学主要研究的是力对于物体运动的影响。动力学支持动力学刚体、运动学刚体、静态刚体、mCloth对象等，并且它拥有物理属性，如质量、摩擦力和弹力等，可用来模拟真实的碰撞、下落、布料等效果。

本章学习要点：

· 刚体的创建方法及使用方法
· mCloth的创建方法及使用方法
· 约束的创建方法及使用方法
· 碎布玩偶的创建方法及使用方法
· Cloth修改器的使用方法

15.1 初识动力学MassFX

技术速查：3ds Max 2013版本延续使用了3ds Max 2012版本的MassFX，并且将其完善。在3ds Max 2012版本中MassFX功能非常不健全，而新版本中对于MassFX重点更新了mCloth工具、碎布玩偶工具，并且将之前的部分参数重新进行了修正。MassFX相对于之前的动力学系统Reactor而言，是一个非常大的进步。MassFX不仅简洁方便，而且运算速度非常快、支持的模型多边形个数也大大增加，并且少了很多错误。这也是3ds Max 的首次大的瘦身计划，将旧的、不方便的功能直接去除，取而代之的是新的功能。在以后的3ds Max版本中肯定会继续加大力度更新MassFX的内容。

如图15-1和15-2所示分别为3ds Max 2013版本的MassFX和的3ds Max 2012之前版本的Reactor动力学界面。

图15-1

图15-2

技术速查：MassFX这套动力学系统，可以配合多线程的Nvidia显示引擎来进行MAX视图里的实时运算，并能得到更为真实的动力学效果。MassFX的主要优势在于操作简单、实时运算，并解决了由于模型面数多而无法运算的问题。3ds Max 2013中的动力学系统非常强大，远远超越之前的任何一个版本，可以快速地制作出物体与物体之间真实的物理作用效果，是制作动画必不可少的一部分。动力学可以用于定义物理属性和外力，当对象遵循物理定律进行相互作用时，可以让场景自动生成最终的动画关键帧。而且让用户开心的是，虽然旧的Reactor没有了，但是新的MassFX无论操作模式还是参数设置都与之前的Reactor相似，因此非常容易学习。

在主工具栏的空白处单击鼠标右键，然后在弹出的快捷菜单中选择【MassFX 工具栏】命令，如图15-3所示。

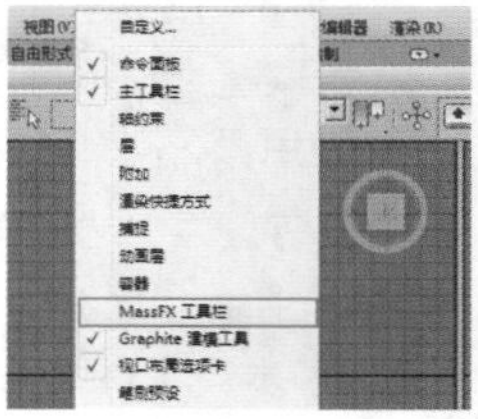

此时将会弹出MassFX的窗口，如图15-4所示。

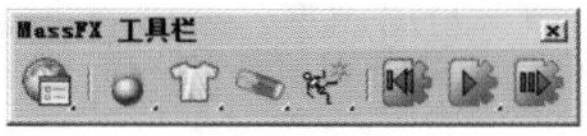

图15-3

图15-4

MassFX工具：该选项下面包括很多参数，如【世界】、【工具】、【编辑】和【显示】。

刚体：在创建完成物体后，可以为物体添加刚体，在这里分为3种，分别是动力学、运动学、静态。

mCloth：这是3ds Max 2013新增的功能，可以模拟真实的布料效果。

约束：可以创建约束对象，包括7种，分别是刚性、滑块、转轴、扭曲、通用、球和套管约束。

碎布玩偶：这是3ds Max 2013新增的功能，可以模拟碎布玩偶的动画效果。

重置模拟：单击该按钮可以将之前的模拟重置，回到最初状态。

模拟：单击该按钮可以开始进行模拟。

步阶模拟：单击或多次单击该按钮可以按照步阶进行模拟，方便查看每时每刻的状态。

技巧提示

为了操作方便，MassFX的窗口拖曳并停靠到主工具栏的下方，也可以将其拖曳并停靠到主工具栏的左侧，如图15-5所示。

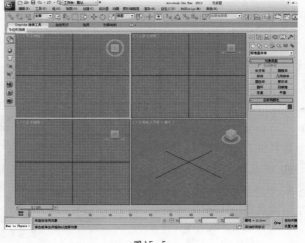

图15-5

15.2 动力学的设置步骤

3ds Max动力学是非常有趣味的一个模块，通常用来制作一些真实动画效果，如物体碰撞、跌落、机械的运作等。当然有读者会问，那为什么不直接为物体K动画呢？其实答案很简单，那就是K动画一般比较麻烦，而且动作不会非常真实，而3ds Max动力学是根据真实的物理原理进行计算，因此会实现非常真实的模拟效果，是使用3ds Max中的其他任何功能所不能比拟的。一般来说，使用动力学分为以下几个步骤，如图15-6所示。

① 创建物体 ➡ ② 为物体添加合适 ➡ ③ 设置参数 ➡ ④ 进行模拟，并
　　　　　　　 的动力学（如动　　　　　　　　　　　　生成动画
　　　　　　　 力学刚体）

图15-6

★ **本节知识导读：**

工具名称	工具用途	掌握级别
动力学刚体	制作参与到动力学中的物体，如下落的小球	★★★★★
运动学刚体	制作运动的物体碰撞，如击打台球、撞击墙面	★★★★★
静态刚体	制作静止的对象，如地面	★★★★★
mCloth对象	制作布料动力学对象，如桌布	★★★★☆
刚体约束	制作刚体的约束，不常用	★★☆☆☆
滑块约束	制作滑块的约束，不常用	★★☆☆☆
转枢约束	制作转枢的约束，不常用	★★☆☆☆
动力学碎布玩偶	制作动力学的破碎玩偶效果，不常用	★★☆☆☆

📖 **读书笔记**

15.3 创建动力学MassFX

15.3.1 MassFX 工具

单击【MassFX 工具】按钮，可以调出其工具面板，如图15-7所示。

💾 **世界参数**

● 技术速查：【MassFX 工具】对话框中的【世界参数】面板提供用于在 3ds Max 中创建物理模拟的全局设置和控件，这些设置会影响模拟中的所有对象。

图15-7

【世界参数】面板包含3个卷展栏，分别是【场景设置】、【高级设置】和【引擎】，如图15-8所示。

01 场景设置

● 使用地平面碰撞：如果选中该复选框，MassFX 将使用（不可见）无限静态刚体（即 Z=0）。也就是说，与主栅格共面。

图15-8

● 地面高度：选中【使用地面碰撞】复选框时地面刚体的高度。

● 平行重力：应用 MassFX 中的内置重力。

● 轴：应用重力的全局轴。对于标准上/下重力，将【方向】设置为 Z；这是默认设置。

● 无加速：以单位/平方秒为单位指定的重力。

● 强制对象的重力：可以使用重力空间扭曲将重力应用于刚体。

● 拾取重力：单击【拾取重力】按钮将其指定为在模拟中使用。

● 没有重力：选中该复选框时，重力不会影响模拟。

● 子步数：每个图形更新之间执行的模拟步数，由公式(子步数 + 1) × 帧速率确定。

● 解算器迭代数：全局设置，约束解算器强制执行碰撞和约束的次数。

● 使用高速碰撞：全局设置，用于切换连续的碰撞检测。

● 使用自适应力：该选项默认情况下是选中的，控制是否使用自适应力。

- **按照元素生成图形**：该选项控制是否按照元素生成图形。例如，3ds Max 中的茶壶基本体包含4个元素，分别为壶体、壶把、壶嘴和壶盖。如图15-9所示为启用和禁用【按照元素生成图形】时为茶壶生成的物理图形比较。

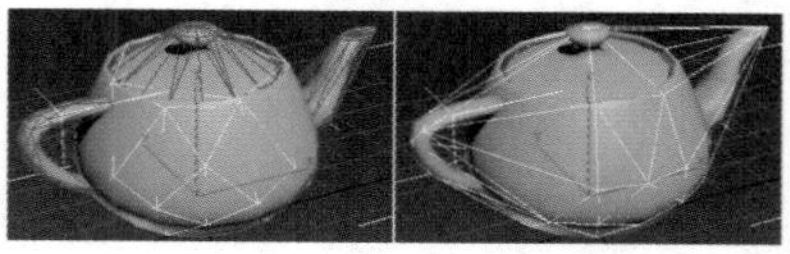

图15-9

02 高级设置

- **睡眠设置**：在模拟中移动速度低于某个速率的刚体将自动进入【睡眠】模式，从而使 MassFX 关注其他活动对象，提高了性能。
- **睡眠能量**：【睡眠】机制测量对象的移动量（组合平移和旋转），并在其运动低于【睡眠能量】阈值时将对象置为睡眠模式。
- **高速碰撞**：当选中【使用高速碰撞】复选框时，这些设置确定了MassFX计算此类碰撞的方法。
- **最低速度**：当选中【手动】单选按钮时，在模拟中移动速度低于此速度（以单位/秒为单位）的刚体将自动进入【睡眠】模式。
- **反弹设置**：选择用于确定刚体何时相互反弹的方法。
- **最低速度**：模拟中移动速度高于此速度（以单位/秒为单位）的刚体将相互反弹，这是碰撞的一部分。
- **接触壳**：使用这些设置确定周围的体积，其中 MassFX 在模拟的实体之间检测到碰撞。
- **接触距离**：允许移动刚体重叠的距离。
- **支撑台深度**：允许支撑体重叠的距离。当使用捕获变换设置实体在模拟中的初始位置时，此设置可以发挥作用。

03 引擎

- **使用多线程**：选中该复选框时，如果CPU具有多个内核，CPU可以执行多线程，以加快模拟的计算速度。在某些条件下可以提高性能，但是连续进行模拟的结果可能会不同。
- **硬件加速**：选中该复选框时，如果用户的系统配备了 Nvidia GPU，即可使用硬件加速来执行某些计算。在某些条件下可以提高性能，但是连续进行模拟的结果可能会不同。
- **关于 MassFX**：单击该按钮将打开一个小对话框，其中显示 MassFX 的基本信息，包括 PhysX 版本。

模拟工具

- **技术速查**：【MassFX 工具】对话框的【模拟工具】面板包含用于控制模拟和访问工具（如 MassFX 资源管理器）的按钮。

　　【模拟工具】面板包含3个卷展栏，分别是【模拟】、【模拟设置】和【实用程序】，如图15-10所示。

01 模拟

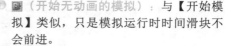

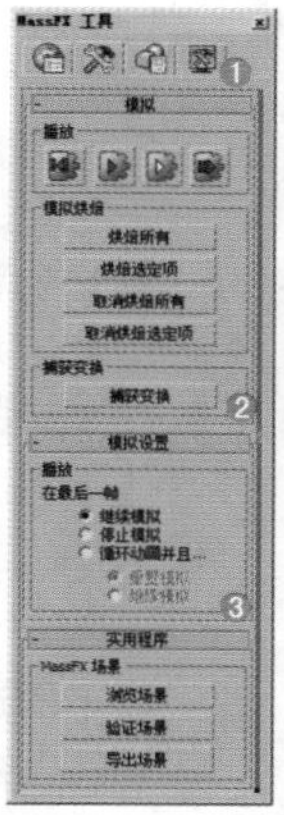

- **（重置模拟）**：停止模拟，将时间滑块移动到第1帧，并将任意动力学刚体设置为其初始变换。
- **（开始模拟）**：从当前帧运行模拟。时间滑块为每个模拟步长前进一帧，从而导致运动学刚体作为模拟的一部分进行移动。如果模拟正在运行（如高亮显示的按钮所示），单击【播放】按钮可以暂停模拟。

图15-10

- **（开始无动画的模拟）**：与【开始模拟】类似，只是模拟运行时时间滑块不会前进。
- **（步长模拟）**：运行一个帧的模拟并使时间滑块前进相同量。
- **烘焙所有**：将所有动力学刚体的变换存储为动画关键帧时重置模拟，然后运行它。
- **烘焙选定项**：与【烘焙所有】类似，只是烘焙仅应用于选定的动力学刚体。
- **取消烘焙所有**：删除烘焙时设置为运动学的所有刚体的关键帧，从而将这些刚体恢复为动力学刚体。
- **取消烘焙选定项**：与【取消烘焙所有】类似，只是取消烘焙仅应用于选定的适用刚体。
- **捕获变换**：将每个选定的动力学刚体的初始变换设置为其变换。

> **技巧提示**
>
> 　　在MassFX中，【烘焙】是指将模拟的动画生成到时间线上，这样直接拖动时间线即可查看动画。

02 模拟设置

- **在最后一帧**：当动画进行到最后一帧时，选择是否继续进行模拟。
- **继续模拟**：即使时间滑块达到最后一帧，也继续运行模拟。
- **停止模拟**：当时间滑块达到最后一帧时，停止模拟。
- **循环动画并且…**：选中此单选按钮，将在时间滑块达到最后一帧时重复播放动画。

03 实用程序

- **浏览场景**：打开【MassFX 资源管理器】对话框。

◎ 验证场景：确保各种场景元素不违反模拟要求。

◎ 导出场景：使模拟可用于其他程序。

🔲 多对象编辑器

◎ 技术速查：通过【MassFX 工具】对话框上的【多对象编辑器】面板，可以为模拟中的对象（刚体和约束）指定局部动态设置。

【多对象编辑器】面板包含7个卷展栏，分别是【刚体属性】、【物理材质】、【物理材质属性】、【物理网格】、【物理网格参数】、【力】和【高级】，如图15-11所示。

① 刚体属性

◎ 刚体类型：所有选定刚体的模拟类型。可用的选择有动力学、运动学和静态。

◎ 直到帧：如果选中该复选框，MassFX会在指定帧处将选定的运动学刚体转换为动态刚体。

◎ 烘焙：将未烘焙的选定刚体的模拟运动转换为标准动画关键帧。

◎ 使用高速碰撞：如果选中该复选框以及【世界参数】面板中的【使用高速碰撞】复选框，【高速碰撞】设置将应用于选定刚体。

图15-11

◎ 在睡眠模式中启动：如果选中该复选框，选定刚体将使用全局睡眠设置以睡眠模式开始模拟。

◎ 与刚体碰撞：如果选中（默认设置）该复选框，选定的刚体将与场景中的其他刚体发生碰撞。

② 物理材质

◎ 预设：从下拉列表框中选择预设材质，以将【物理材质属性】卷展栏上的所有值更改为预设中保存的值，并将这些值应用到选择内容。

◎ 创建预设：基于当前值创建新的物理材质预设。

◎ 删除预设：从列表中移除当前预设并将列表设置为【(无)】。当前的值将保留。

③ 物理材质属性

◎ 密度：此刚体的密度，度量单位为 g/cm^3（克每立方厘米）。这是国际单位制 （kg/m^3） 中等价度量单位的千分之一。

◎ 质量：此刚体的重量，度量单位为 kg（千克）。

◎ 静摩擦力：两个刚体开始互相滑动的难度系数。

◎ 动摩擦力：两个刚体保持互相滑动的难度系数。

◎ 反弹力：对象撞击到其他刚体时反弹的轻松程度和高度。

④ 物理网格

◎ 网格类型：选定刚体物理网格的类型。可用类型有【球体】、【长方体】、【胶囊】、【凸面】、【合成】、【原始】和【自定义】。

⑤ 物理网格参数

◎ 长度：控制物理网格的长度。

◎ 宽度：控制物理网格的宽度。

◎ 高度：控制物理网格的高度。

⑥ 力

◎ 使用世界重力：该选项控制是否使用世界重力。

◎ 应用的场景力：此列表框中可以显示添加的力名称。

⑦ 高级

◎ 覆盖解算器迭代次数：如果选中该复选框，将为选定刚体使用在此处指定的解算器迭代次数设置，而不使用全局设置。

◎ 启用背面碰撞：该列表用来控制是否开启物体的背面碰撞运算。

◎ 覆盖全局：该选项用来控制是否覆盖全局效果，包括接触距离、支撑台深度。

◎ 绝对/相对：此设置只适用于刚开始时为运动学类型之后在指定帧处切换为动态类型的刚体。

◎ 初始速度：刚体在变为动态类型时的起始方向和速度（每秒单位数）。

◎ 初始自旋：刚体在变为动态类型时旋转的起始轴和速度（每秒度数）。

◎ 线性：为减慢移动对象的速度所施加的力大小。

◎ 角度：为减慢旋转对象的速度所施加的力大小。

🔲 显示选项

◎ 技术速查：【MassFX 工具】对话框中的【显示选项】面板包含用于切换物理网格视口显示的控件以及用于调试模拟的 MassFX Visualizer。

【显示选项】面板包含两个卷展栏，分别是【刚体】和【MassFX Visualizer】，如图15-12所示。

① 刚体

◎ 显示物理网格：选中时，物理网格显示在视口中，可以使用【仅选定对象】复选框。

◎ 仅选定对象：选中该复选框时，仅选定对象的物理网格显示在视口中。仅在选

图15-12

中【显示物理网格】复选框时可用。

⓶ MassFX Visualizer

◉ 启用 Visualizer：选中该复选框时，此卷展栏上的其余设置生效。

◉ 缩放：基于视口的指示器（如轴）的相对大小。

动手学：使用【模拟】工具

在MassFX工具中，模拟分为3种，分别是重置模拟、开始模拟和步阶模拟，如图15-13所示。

图15-13

技巧提示

在旧版本中使用Reactor模拟物体下落时，需要设置一个地面，这样物体才会下落在地面上。而MassFX中不需要设置地面也可以完成下落，但需要注意的是物体需要离地面有一段距离，这样物体才会下落，若物体初始状态在坐标平面上，那么物体则不会有明显的下落，如图15-15所示。

01 如图15-14所示，单击【开始模拟】按钮▶，物体开始进行下落。

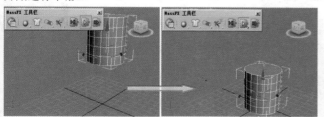

图15-14

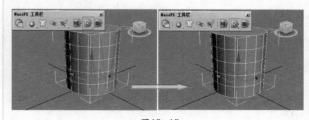

图15-15

02 此时，单击【重置模拟】按钮◀，发现物体回到了初始的状态，如图15-16所示。

03 同时还可以手动观察某一时刻的状态，多次单击【步阶模拟】按钮▶▶即可查看，如图15-17所示。

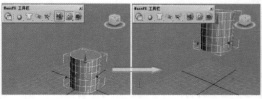

图15-16

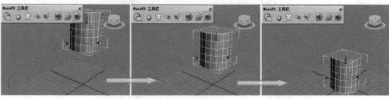

图15-17

动手学：将选定项设置为动力学刚体

在选择物体后，单击【刚体】按钮，有3种刚体可供选择，分别是 将选定项设置为动力学刚体 、 将选定项设置为运动学刚体 、 将选定项设置为静态刚体 ，如图15-18所示。该选项类似于3ds Max 2013以前版本中的【刚体集合】。

图15-18

01 【将选定项设置为动力学刚体】是一种作为刚体容器的动力学辅助对象。为物体添加【将选定项设置为动力学刚体】后，物体表面将会被包裹，如图15-19所示。

图15-19

第15章 动力学技术

02 同时该物体将自动被添加MassFX Rigid Body修改器，如图15-20所示。

图15-20

★ 案例实战——动力学刚体制作多米诺骨牌

场景文件	01.max
案例文件	案例文件\Chapter 15\案例实战——动力学刚体制作多米诺骨牌.max
视频教学	视频文件\Chapter 15\案例实战——动力学刚体制作多米诺骨牌.flv
难易指数	★★☆☆☆
技术掌握	掌握利用动力学刚体制作多米诺骨牌运动的动画的方法

实例介绍

本例使用动力学刚体制作多米诺骨牌运动的动画，效果如图15-21所示。

图15-21

制作步骤

01 打开本书配套光盘中的【场景文件/Chapter 15/01.max】文件，如图15-22所示。

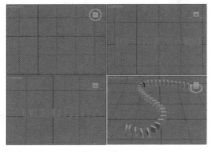

图15-22

02 单击【时间配置】按钮，并设置【结束时间】为450，最后单击【确定】按钮，如图15-23所示。

03 在主工具栏的空白处单击鼠标右键，然后在弹出的快捷菜单中选择【MassFX 工具栏】命令，如图15-24所示。此时将会弹出【MassFX 工具栏】，如图15-25所示。

图15-23　　　　　图15-24　　　　　图15-25

04 选择所有的长方体模型，单击【将选定项设置为动力学刚体】按钮，如图15-26所示。

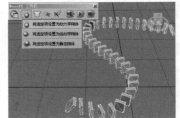

图15-26

答疑解惑：怎样判断使用哪种刚体？

在使用刚体时，需要判断应该为物体设置哪种刚体类型：
- 一直保持静止的物体，如地面等。
- 参与动力学的物体，遵循真实的物理运动，如被碰撞的物体、重力、下落。
- 将之前运动的物体，参与到动力学计算中，如之前飞行的小球。

05 单击【开始模拟】按钮，观察动画的效果，如图15-27所示。

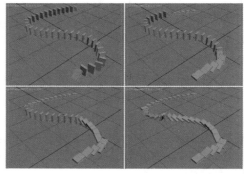

图15-27

06 选择【MassFX 工具】对话框中的【工具】选项卡，然后单击【模拟烘焙】选项组下的【烘焙所有】按钮，此时就会看到MassFX正在烘焙的过程，如图15-28所示。

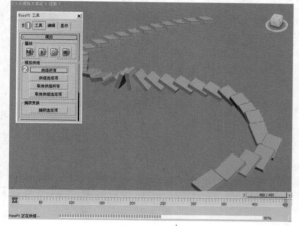

图15-28

07 此时自动在时间线上生成了关键帧动画，拖动时间线滑块可以看到动画的整个过程，如图15-29所示。

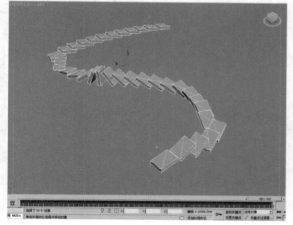

图15-29

08 选择动画效果最明显的一些帧，然后单独渲染出这些单帧动画，最终效果如图15-30所示。

图15-30

★ 案例实战——动力学刚体制作粉碎的茶壶

场景文件	02.max
案例文件	案例文件\Chapter 15\案例实战——动力学刚体制作粉碎的茶壶.max
视频教学	视频文件\Chapter 15\案例实战——动力学刚体制作粉碎的茶壶.flv
难易指数	★★☆☆☆
技术掌握	掌握利用动力学刚体制作粉碎的茶壶动画

实例介绍

本例使用动力学刚体制作粉碎的茶壶动画，效果如图15-31所示。

图15-31

制作步骤

01 打开本书配套光盘中的【场景文件/Chapter 15/02.max】文件，如图15-32所示。

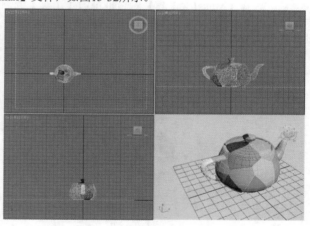

图15-32

02 在主工具栏的空白处单击鼠标右键，然后在弹出的快捷菜单中选择【MassFX 工具栏】命令，如图15-33所示。此时将会弹出【MassFX 工具栏】，如图15-34所示。

图15-33　　　　　　图15-34

03 选择所有的模型，并单击【将选定项设置为动力学刚体】按钮，如图15-35所示。

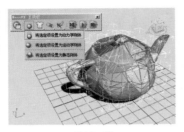

图15-35

04 单击【开始模拟】按钮，观察动画的效果，如图15-36所示。

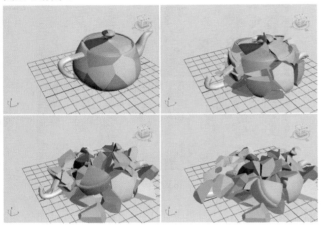

图15-36

05 选择【MassFX工具】对话框中的【工具】选项卡，然后单击【模拟烘焙】选项组下的【烘焙所有】按钮，此时就会看到MassFX正在烘焙的过程，如图15-37所示。

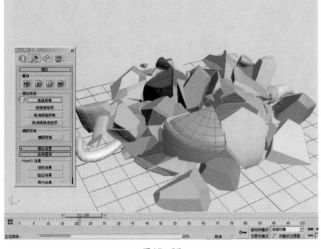

图15-37

06 此时自动在时间线上生成了关键帧动画，拖动时间线滑块可以看到动画的整个过程，如图15-38所示。

07 选择动画效果最明显的一些帧，然后单独渲染出这些单帧动画，最终效果如图15-39所示。

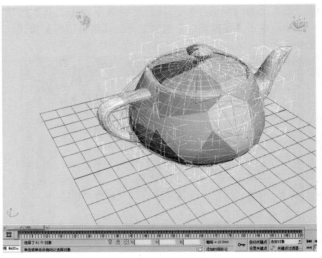

图15-38

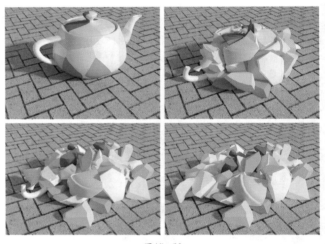

图15-39

★ 综合实战——制作LOGO演绎动画

素材文件	03.max
案例文件	案例文件\Chapter 15\综合实战——制作LOGO演绎动画.max
视频教学	视频文件\Chapter 15\综合实战——制作LOGO演绎动画.flv
难易指数	★★★★☆
技术掌握	掌握使用动力学刚体制作球体下落，并使用关键帧动画制作摄影机动画

实例介绍

LOGO演绎的目的在于使用三维动画的方式，全方位360°展示LOGO标志。最终效果如图15-40所示。

制作步骤

使用MassFx工具制作球体下落动画

01 打开本书配套光盘中的【场景文件/Chapter 15/03.max】文件，如图15-41所示。

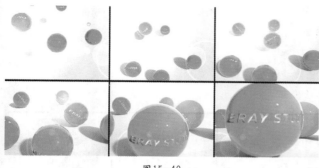

图15-40

图15-41

02 在主工具栏的空白处单击鼠标右键，在弹出的快捷菜单中选择【MassFx 工具栏】命令，如图15-42所示。

03 此时会弹出【MassFx 工具栏】，如图15-43所示。

图15-42　　　　图15-43

04 选择场景中的6个球体，并单击选择【将选定项设置为动力学刚体】按钮，如图15-44所示。

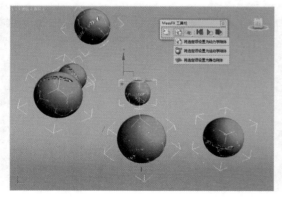

图15-44

05 选择所有球体，并单击【修改】按钮，设置【反弹力】为1，如图15-45所示。

06 此时单击【显示MassFX工具对话框】按钮，并选择【工具】选项卡，接着单击 烘焙所有 按钮，如图15-46所示。

图15-45　　　　　　图15-46

07 此时拖动时间线查看，已经出现了动画效果，如图15-47所示。

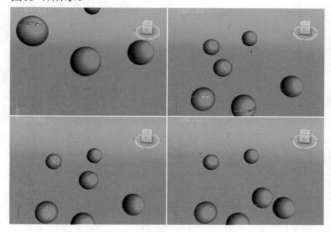

图15-47

制作摄影机镜头动画

01 单击 、 按钮，选择 标准 选项，单击 目标 按钮，如图15-48所示。

02 在场景中拖曳创建一盏摄影机，如图15-49所示。

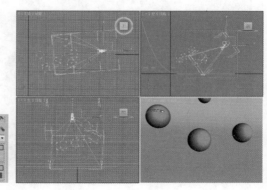

图15-48　　　　　　图15-49

03 此时单击 自动关键点 按钮，并将时间线拖动到第0帧，设置摄影机的位置，如图15-50所示。

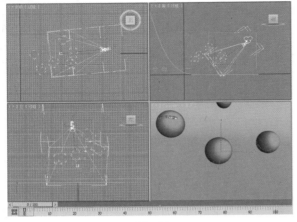

图15-50

04 将时间线拖动到第12帧，设置摄影机的位置，如图15-51所示。

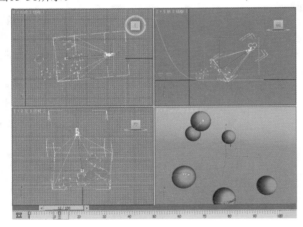

图15-51

05 将时间线拖动到第100帧，设置摄影机的位置，如图15-52所示。

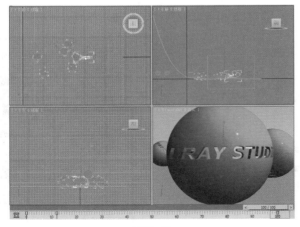

图15-52

06 单击【渲染】按钮 ，最终渲染的动画效果如图15-53所示。

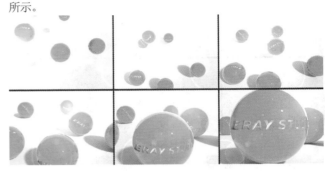

图15-53

★ 案例实战——动力学刚体制作下落的草莓

场景文件	04.max
案例文件	案例文件\Chapter 15\案例实战——动力学刚体制作下落的草莓.max
视频教学	视频文件\Chapter 15\案例实战——动力学刚体制作下落的草莓.flv
难易指数	★★☆☆☆
技术掌握	掌握利用动力学刚体制作下落的草莓动画

实例介绍

本例使用动力学刚体制作下落的草莓动画，效果如图15-54所示。

图15-54

制作步骤

01 打开本书配套光盘中的【场景文件/Chapter 15/04.max】文件，如图15-55所示。

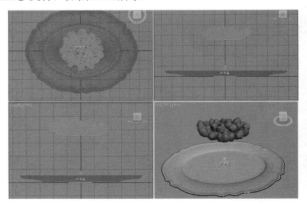

图15-55

02 在主工具栏的空白处单击鼠标右键，然后在弹出的快捷菜单中选择【MassFX 工具栏】命令，如图15-56所示。此时将会弹出【MassFX 工具栏】，如图15-57所示。

图15-56　　　　　　图15-57

03 选择所有的草莓模型和盘子模型，并单击【将选定项设置为动力学刚体】按钮，如图15-58所示。

图15-58

04 单击【开始模拟】按钮，观察动画的效果，如图15-59所示。

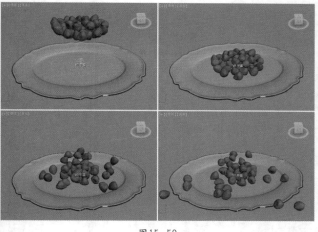

图15-59

05 选择【MassFX 工具】对话框中的【工具】选项卡，然后单击【模拟烘焙】选项组下的【烘焙所有】按钮，此时就会看到MassFX正在烘焙的过程，如图15-60所示。

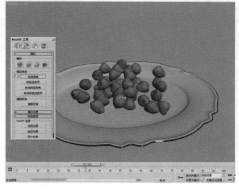

图15-60

06 此时自动在时间线上生成了关键帧动画，拖动时间线滑块可以看到动画的整个过程，如图15-61所示。

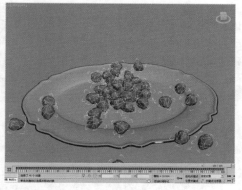

图15-61

07 选择动画效果最明显的一些帧，然后单独渲染出这些单帧动画，最终效果如图15-62所示。

图15-62

📖 读书笔记

动手学：将选定项设置为运动学刚体

01 【将选定项设置为运动学刚体】可以将运动的物体参与到动力学运算中。为物体添加【将选定项设置为运动学刚体】后，物体表面将会被黄色框包裹，如图15-63所示。

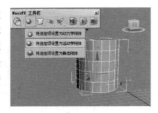

图15-63

02 要想使用【运动学刚体】，则需要为该物体设置初始的动画，这样在动力学运算时，该物体的动画才会参与到模拟中。如图15-64所示为圆柱体设置动画。

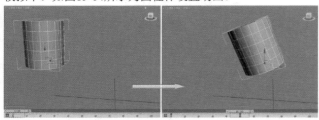

图15-64

03 单击【修改】按钮，并选中【直到帧】复选框，设置数值为50，如图15-65所示。

图15-65

技巧提示

这一步骤中选中【直到帧】复选框，并设置为50。这说明在模拟时，让圆柱体在50帧之前按照初始的动画进行运动，而从第50帧开始按照自己的惯性和重量进行物理运动，当然若圆柱体碰撞到其他物体，也会产生真实的碰撞。

04 单击【步阶模拟】按钮 ，查看此时的动画效果，如图15-66所示。

图15-66

★ 案例实战——运动学刚体制作碰撞的小球

场景文件	05.max
案例文件	案例文件\Chapter 15\案例实战——运动学刚体制作碰撞的小球.max
视频教学	视频文件\Chapter 15\案例实战——运动学刚体制作碰撞的小球.flv
难易指数	★★★☆☆
技术掌握	掌握利用运动学刚体制作桌球动画

实例介绍

本例利用运动学刚体制作碰撞的小球动画，效果如图15-67所示。

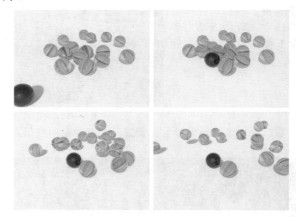

图15-67

制作步骤

01 打开本书配套光盘中的【场景文件/Chapter12/05.max】文件，如图15-68所示。

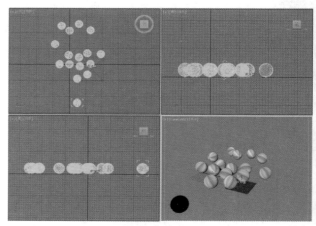

图15-68

02 在主工具栏的空白处单击鼠标右键，然后在弹出的快捷菜单中选择【MassFX 工具栏】命令，如图15-69所示。此时将会弹出【MassFX 工具栏】，如图15-70所示。

03 选择所有的彩色球体模型，单击【将选定项设置为动力学刚体】按钮 ，如图15-71所示。

04 选择黑色球体模型，单击【将选定项设置为运动学刚体】按钮 ，如图15-72所示。

图15-69　　　　　　图15-70

图15-71

图15-72

 技巧提示

将物体设置为【运动学刚体】后，若该物体之前有设置动画，那么之前设置的动画会参与到动力学的运算中去。若该物体之前没有设置动画，那么该物体在参与动力学运算时会保持静止状态。因此，利用【运动学刚体】可以制作运动的物体撞击、碰撞等动画效果。

05 选择黑色球体模型，接着在第0帧时，单击 自动关键点 按钮，将球体放置到如图15-73(上)所示的位置。拖动时间滑块到第25帧，最后单击【选择并移动】按钮 ，并将黑色球体模型移动到合适位置，如图15-73(下)所示。

06 再次单击 自动关键点 按钮，将其关闭。接着单击【开始模拟】按钮 ，观察动画的效果，如图15-74所示。

图15-73(上)

图15-73(下)

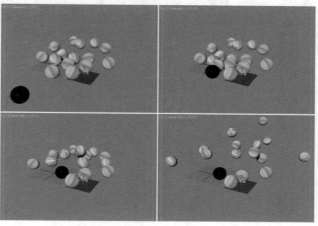

图15-74

07 选择【MassFX 工具】对话框中的【工具】选项卡，然后单击【模拟烘焙】选项组下的【烘焙所有】按钮，此时就会看到MassFX正在烘焙的过程，如图15-75所示。

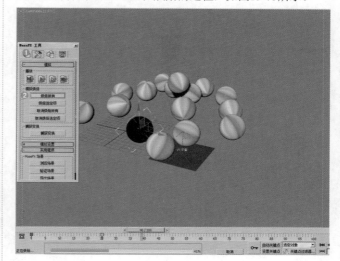

图15-75

08 此时自动在时间线上生成了关键帧动画，拖动时间线滑块可以看到动画的整个过程，如图15-76所示。

图15-76

09 选择动画效果最明显的一些帧，然后单独渲染出这些单帧动画，最终效果如图15-77所示。

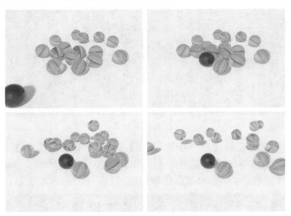

图15-77

★ 案例实战——运动学刚体制作击打保龄球

场景文件	06.max
案例文件	案例文件\Chapter 15\案例实战——运动学刚体制作击打保龄球.max
视频教学	视频文件\Chapter 15\案例实战——运动学刚体制作击打保龄球.flv
难易指数	★★★☆☆
技术掌握	掌握利用运动学刚体制作击打保龄球的方法

实例介绍

本例利用运动学刚体制作击打保龄球动画，效果如图15-78所示。

制作步骤

01 打开本书配套光盘中的【场景文件/Chapter 15/06.max】文件，如图15-79所示。

02 单击【时间配置】按钮，并设置【结束时间】为30，最后单击【确定】按钮，如图15-80所示。

03 在主工具栏的空白处单击鼠标右键，然后在弹出的快捷菜单中选择【MassFX 工具栏】命令，如图15-81所示。此时将会弹出【MassFX 工具栏】，如图15-82所示。

图15-78

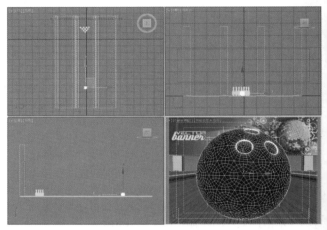

图15-79

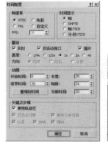

图15-80　　　　图15-81　　　　

图15-82

04 选择所有的保龄球模型，单击【将选定项设置为动力学刚体】按钮，如图15-83所示。单击【修改】按钮，进入修改面板，展开【物理材质】卷展栏，设置【质量】为0.01、【反弹力】为0.5，如图15-84所示。

05 单击【多对象编辑器】按钮，并选中【在睡眠模式中启动】复选框，如图15-85所示。

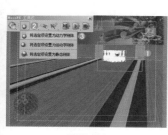

图15-83　　　　图15-84　　　图15-85

06 选择黑色球体模型，单击【将选定项设置为运动学刚体】按钮，如图15-86所示。进入修改面板，展开【物理材质】卷展栏，设置【质量】为0.014、【反弹力】为0.5，如图15-87所示。

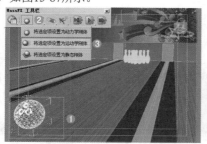

图15-86　　　　　　　　图15-87

读书笔记

---

07 选择黑色球体模型，接着在第0帧时，单击自动关键点按钮，将球体放置到如图15-88所示的位置。拖动时间滑块到第20帧，最后单击【选择并移动】按钮，并将黑色球体模型移动到合适位置，如图15-89所示。

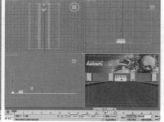

图15-88　　　　　　　图15-89

08 再次单击自动关键点按钮，将其关闭。接着单击【开始模拟】按钮，观察动画的效果，如图15-90所示。

图15-90

09 选择【MassFX 工具】对话框中的【工具】选项卡，然后单击【模拟烘焙】选项组下的【烘焙所有】按钮，此时就会看到MassFX正在烘焙的过程，如图15-91所示。

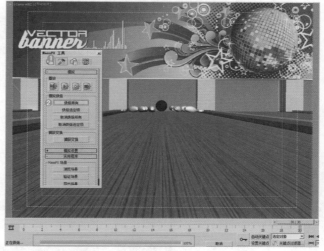

图15-91

10 此时自动在时间线上生成了关键帧动画，拖动时间线滑块可以看到动画的整个过程，如图15-92所示。

图15-92

11 选择动画效果最明显的一些帧，然后单独渲染出这些单帧动画，最终效果如图15-93所示。

图15-93

15.3.2 将选定项设置为静态刚体

将物体设置为【将选定项设置为静态刚体】，在参与动力学模拟时，该物体会保持静止状态，通常用来模拟地面等静止的对象。例如，将茶壶物体设置为【动力学刚体】，将平面物体设置为【静态刚体】，如图15-94所示。

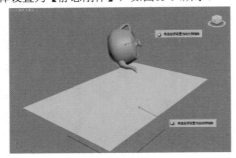

图15-94

当将物体设置为【静态刚体】时，会发现其实该物体在动力学计算时是保持静止的，因此可以充当地面，如图15-95所示。

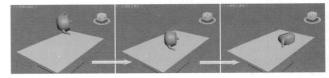

图15-95

15.4 创建mCloth

15.4.1 将选定对象设置为mCloth对象

mCloth 是一种特殊版本的 Cloth 修改器，设计用于 MassFX 模拟。通过它，Cloth 对象可以完全参与物理模拟，既影响模拟中其他对象的行为，也受到这些对象行为的影响。其参数面板如图15-96所示。

 mCloth模拟

【mCloth模拟】卷展栏的参数如图15-97所示。

- 布料行为：确定 mCloth 对象如何参与模拟。

图15-96   图15-97

- 直到帧：选中该复选框后，MassFX 会在指定帧处将选定的运动学 Cloth 转换为动力学 Cloth。
- 烘焙/取消烘焙：烘焙可以将 mCloth 对象的模拟运动转换为标准动画关键帧以进行渲染。
- 继承速度：选中该复选框后，mCloth 对象可通过使用动画从堆栈中的 mCloth 对象下面开始模拟。
- 动态拖动：不使用动画即可模拟，且允许拖动 Cloth 以设置其姿势或测试行为。

力

【力】卷展栏的参数如图15-98所示。

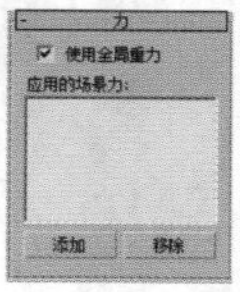

- 使用全局重力：选中该复选框后，mCloth 对象将使用 MassFX 全局重力设置。
- 应用的场景力：列出场景中影响模拟中此对象的力空间扭曲。

图15-98

- 添加：将场景中的力空间扭曲应用于模拟中的对象。
- 移除：可防止应用的空间扭曲影响对象。首先在列表中高亮显示对象，然后单击该按钮即可移除。

捕获状态

【捕获状态】卷展栏的参数如图15-99所示。

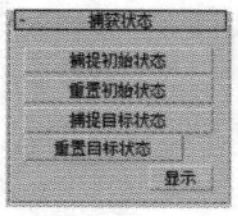

- 捕捉初始状态：将所选 mCloth 对象缓存的第1帧更新到当前位置。
- 重置初始状态：将所选 mCloth 对象的状态还原为应用修改器堆栈中的 mCloth 之前的状态。
- 捕捉目标状态：抓取 mCloth 对象的当前变形，并使用该网格来定义三角形之间的目标弯曲角度。
- 重置目标状态：将默认弯曲角度重置为堆栈中 mCloth 下面的网格。
- 显示：显示 Cloth 的当前目标状态，即所需的弯曲角度。

图15-99

纺织品物理特性

【纺织品物理特性】卷展栏的参数如图15-100所示。

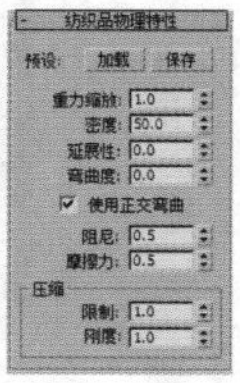

- 加载：打开【mCloth预设】对话框，用于从保存的文件中加载【纺织品物理特性】设置。
- 保存：打开一个小对话框，用于将【纺织品物理特性】设置保存到预设文件。

图15-100

- 重力缩放：使用全局重力处于启用状态时重力的倍增。
- 密度：Cloth 的权重，以克每平方厘米为单位。
- 延展性：拉伸 Cloth 的难易程度。
- 弯曲度：折叠 Cloth 的难易程度。

- 使用正交弯曲：计算弯曲角度，而不是弹力。在某些情况下，该方法更准确，但模拟时间更长。
- 阻尼：Cloth 的弹性，影响在摆动或捕捉回后其还原到基准位置所经历的时间。
- 摩擦力：Cloth 在其与自身或其他对象碰撞时抵制滑动的程度。
- 限制：Cloth 边可以压缩或折皱的程度。
- 刚度：Cloth 边抵制压缩或折皱的程度。

体积特性

【体积特性】卷展栏的参数如图15-101所示。

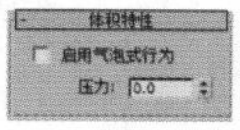

- 启用气泡式行为：模拟封闭体积，如轮胎或垫子。
- 压力：该参数控制 Cloth 的充气效果。

图15-101

交互

【交互】卷展栏的参数如图15-102所示。

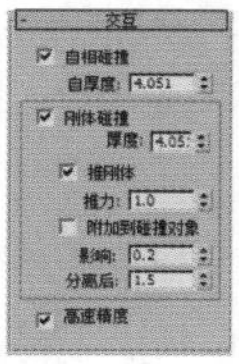

- 自相碰撞：选中后，mCloth 对象将尝试阻止自相交。
- 自厚度：用于自碰撞的 mCloth 对象的厚度。如果 Cloth 自相交，则尝试增加该值。
- 刚体碰撞：选中后，mCloth 对象可以与模拟中的刚体碰撞。

图15-102

- 厚度：用于与模拟中的刚体碰撞的 mCloth 对象的厚度。如果其他刚体与 Cloth 相交，则尝试增加该值。
- 推刚体：选中后，mCloth 对象可以影响与其碰撞的刚体的运动。
- 推力：mCloth 对象对与其碰撞的刚体施加的推力的强度。
- 附加到碰撞对象：启用后，mCloth 对象会粘附到与其碰撞的对象。
- 影响：mCloth 对象对其附加到的对象的影响。
- 分离后：与碰撞对象分离前 Cloth 的拉伸量。
- 高速精度：选中后，mCloth 对象将使用更准确的碰撞检测方法。这样会降低模拟速度。

撕裂

【撕裂】卷展栏的参数如图15-103所示。

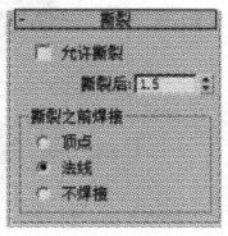

- 允许撕裂：选中后，Cloth中的预定义分割将在受到充足力的作用时撕裂。
- 撕裂后：Cloth边在撕裂前可以拉伸的量。
- 撕裂之前焊接：选择在出现撕裂之前 MassFX 如何处理预定义撕裂。

图15-103

可视化

【可视化】卷展栏的参数如图15-104所示。

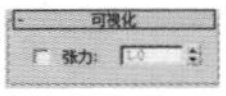

图15-104

- 张力：选中该复选框后，通过顶点着色的方法显示纺织品中的压缩和张力。拉伸的布料以红色表示，压缩的布料以蓝色表示，其他以绿色表示。

图15-104

 高级

【高级】卷展栏的参数如图15-105所示。

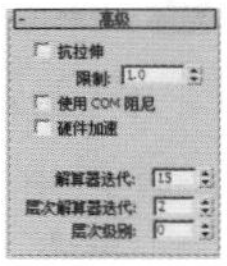

- 抗拉伸：选中该复选框后，帮助防止低解算器迭代次数值的过度拉伸。
- 限制：允许的过度拉伸的范围。
- 使用 COM 阻尼：影响阻尼，但使用质心，从而获得更硬的 Cloth。
- 硬件加速：选中该复选框后，模拟将使用 GPU。
- 解算器迭代：每个循环周期内解算器执行的迭代次数。使用较高值可以提高 Cloth 稳定性。
- 层次解算器迭代：层次解算器的迭代次数。在 mCloth 中，【层次】指的是在特定顶点上施加的力到相邻顶点的传播。
- 层次级别：力从一个顶点传播到相邻顶点的速度。增加该值可增加力在 Cloth 上扩散的速度。

图15-105

★ **案例实战——mCloth制作下落的布料**

场景文件	07.max
案例文件	案例文件\Chapter 15\案例实战——mCloth制作下落的布料.max
视频教学	视频教学\Chapter 15\案例实战——mCloth制作下落的布料.flv
难易指数	★★★☆☆
技术掌握	掌握利用mCloth制作下落的布料动画的方法

实例介绍

本例利用mCloth制作下落的布料动画，效果如图15-106所示。

图15-106

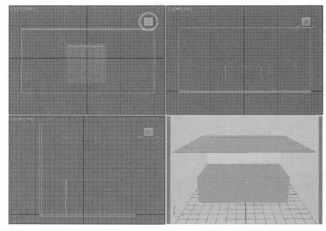制作步骤

01 打开本书配套光盘中的【场景文件/Chapter 15/07.max】文件，如图15-107所示。

图15-107

02 在主工具栏的空白处单击鼠标右键，然后在弹出的快捷菜单中选择【MassFX 工具栏】命令，如图15-108所示。此时将会弹出【MassFX 工具栏】，如图15-109所示。

图15-108　　　　　　图15-109

03 选择两个长方体，单击【将选定项设置为静态刚体】按钮，如图15-110所示。

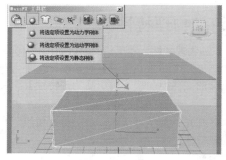

图15-110

04 选择平面，单击【将选定项设置为mCloth对象】按钮，如图15-111所示。

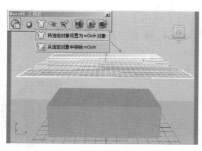

图15-111

05 单击【开始模拟】按钮 ，观察动画的效果，如图15-112所示。

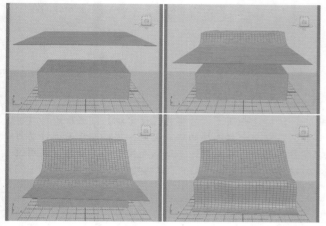

图15-112

06 选择【MassFX工具】对话框中的【工具】选项卡，然后单击【模拟烘焙】选项组下的【烘焙所有】按钮，此时就会看到MassFX正在烘焙的过程，如图15-113所示。

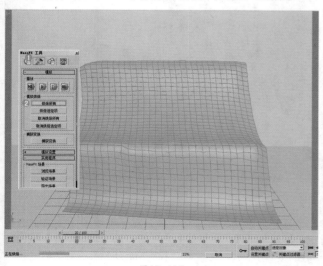

图15-113

07 此时自动在时间线上生成了关键帧动画，如图15-114所示。

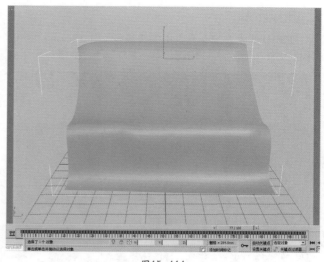

图15-114

08 选择动画效果最明显的一些帧，然后单独渲染出这些单帧动画，最终效果如图15-115所示。

图15-115

★ 案例实战——mCloth制作布料下落

场景文件	08.max
案例文件	案例文件\Chapter 15\案例实战——mCloth制作布料下落.max
视频教学	视频文件\Chapter 15\案例实战——mCloth制作布料下落.flv
难易指数	★★★☆☆
技术掌握	掌握利用mCloth制作布料下落动画的方法

实例介绍

本例利用mCloth制作布料下落动画，效果如图15-116所示。

图15-116

制作步骤

01 打开本书配套光盘中的【场景文件/Chapter 15/08.max】文件，如图15-117所示。

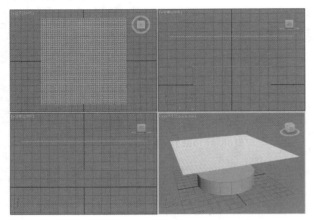

图15-117

02 在主工具栏的空白处单击鼠标右键，然后在弹出的快捷菜单中选择【MassFX 工具栏】命令，如图15-118所示。此时将会弹出【MassFX 工具栏】，如图15-119所示。

图15-118　　　　图15-119

03 选择平面，单击【将选定对象设置为mCloth】按钮，如图15-120所示。

04 选择圆柱体，单击【将选定项设置为动力学刚体】按钮，如图15-121所示。

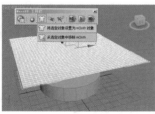

图15-120　　　　图15-121

05 选择平面模型，然后单击【修改】按钮，进入【顶点】级别，并选择如图15-122所示的顶点。

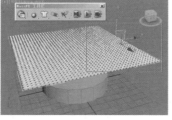

图15-122

06 单击【修改】按钮，并展开【组】卷展栏，单击 设定组 按钮，在弹出的对话框中单击【确定】按钮，如图15-123所示。

07 接着单击 框轴 按钮，如图15-124所示。

图15-123　　　　图15-124

> **技巧提示**
>
> 选择这些顶点，并将其【设定组】，然后进行【框轴】后相当于把选择的顶点固定，这样在后面进行动力学预览时，可以看到这些顶点是固定的。因此，使用该方法可以模拟悬挂的毛巾、飘扬的旗帜等效果。

08 接着单击【开始模拟】按钮，观察动画的效果，如图15-125所示。

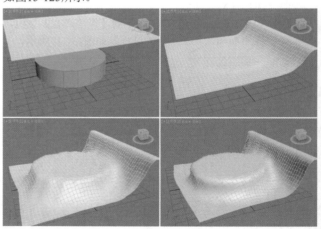

图15-125

09 选择【MassFX 工具】对话框中的【工具】选项卡，然后单击【模拟烘焙】选项组下的【烘焙所有】按钮，如图15-126所示。此时就会看到MassFX正在烘焙的过程，如图15-127所示。

10 此时自动在时间线上生成了关键帧动画，如图15-128所示。

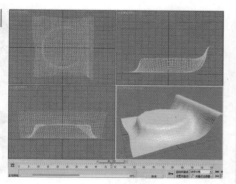

图15-126 图15-127

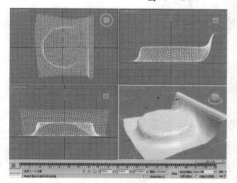

图15-128

11 选择动画效果最明显的一些帧，然后单独渲染出这些单帧动画，最终效果如图15-129所示。

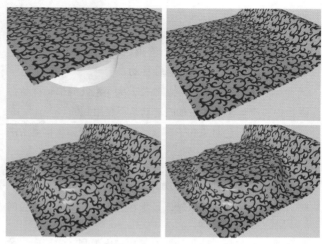

图15-129

15.4.2 从选定对象中移除mCloth

从选定对象中移除mCloth有两种方法：
- 选择mCloth对象，并单击【从选定对象中移除mCloth】按钮，如图15-130所示。
- 在修改面板中选择mCloth修改器后单击【删除】按钮 ，如图15-131所示。

图15-130 图15-131

15.5 创建约束

15.5.1 建立刚性约束

将新MassFX约束辅助对象添加到带有适合于刚体约束的设置的项目中。刚体约束使平移、摆动和扭曲全部锁定，尝试在开始模拟时保持两个刚体在相同的相对变换中。其参数面板如图15-132所示。

连接

- **父对象：** 设置刚体以作为约束的父对象使用。
- **子对象：** 设置刚体以作为约束的子对象使用。
- **可断开：** 如果选中该复选框，在模拟阶段可能会破坏此约束。
- **最大力：** 【可断开】复选框处于选中状态时，如果线性力的大小超过该值，将断开约束。

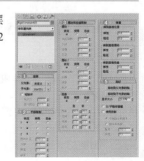

图15-132

- 最大扭矩：【可断开】复选框处于选中状态时，如果扭曲力的数量超过该值，将断开约束。

平移限制

- X/Y/Z：为每个轴选择沿轴约束运动的方式。
- 锁定：防止刚体沿此局部轴移动。
- 受限：允许对象按【限制半径】大小沿此局部轴移动。
- 自由：刚体沿着各自轴的运动是不受限制的。
- 限制半径：父对象和子对象可以从其初始偏移移离的沿受限轴的距离。
- 反弹：对于任何受限轴，碰撞时对象偏离限制而反弹的数量。值为0表示没有反弹，而值为1表示完全反弹。
- 弹簧：对于任何受限轴，是指在超限情况下将对象拉回限制点的弹簧强度。
- 阻尼：对于任何受限轴，在平移超出限制时它们所受的移动阻力数量。

摆动和扭曲限制

- 摆动 Y/摆动 Z：【摆动 Y】和【摆动 Z】分别表示围绕约束的局部 Y 轴和 Z 轴的旋转。
- 角度限制：当选中【受限】单选按钮时，离开中心允许旋转的度数。
- 反弹：当选中【受限】单选按钮时，碰撞时对象偏离限制而反弹的数量。
- 弹簧：选中【受限】单选按钮时，将对象拉回到限制（如果超出限制）的弹簧强度。
- 阻尼：当选中【受限】单选按钮且超出限制时，对象所受的旋转阻力数量。

★ 案例实战——扭曲约束制作摆动动画

场景文件	无
案例文件	案例文件\Chapter 15\案例实战——扭曲约束制作摆动动画.max
视频教学	视频文件\Chapter 15\案例实战——扭曲约束制作摆动动画.flv
难易指数	★★☆☆☆
技术掌握	掌握利用扭曲约束制作摆动动画的方法

实例介绍

本例利用扭曲约束制作摆动动画，效果如图15-133所示。

制作步骤

01 单击 、 按钮，选择 扩展基本体 选项，单击 环形结 按钮，在视图中创建一个环形结体，如图15-134所示。单击【修改】按钮，在【基础曲线】选项组下设置【半径】为18mm，在【横截面】选项组下设置【半径】为5mm，如图15-135所示。

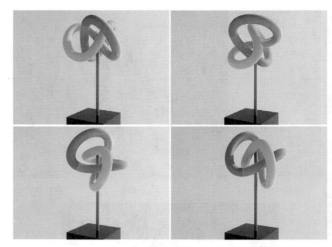

图15-133

图15-134

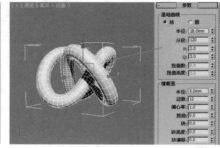

图15-135

02 接着在环形结下方创建一个【长方体】，设置【长度】为42mm、【宽度】为43mm、【高度】为28mm，如图15-136所示。

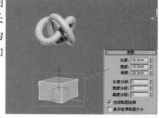

图15-136

03 在主工具栏的空白处单击鼠标右键，然后在弹出的快捷菜单中选择【MassFX 工具栏】命令，如图15-137所示。此时将会弹出【MassFX 工具栏】，如图15-138所示。

图15-137

图15-138

04 选择所创建的环形结，单击【将选定项设置为动力学刚体】按钮 ，如图15-139所示。

05 选择创建的长方体，单击【将选定项设置为动力学刚体】按钮 ，如图15-140所示。

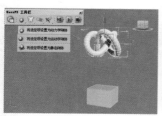
图15-139

图15-140

06 选择环形结模型，单击【创建扭曲约束】按钮，如图15-141所示。接着调整扭曲约束的位置，如图15-142所示。

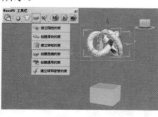
图15-141

图15-142

07 选择上一步创建的【扭曲约束】，进入修改面板，单击【父对象】后面的通道，接着到视图中拾取长方体模型，如图15-143所示。拾取后的效果如图15-144所示。

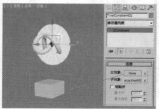
图15-143

图15-144

08 单击【开始模拟】按钮，观察动画的效果，如图15-145所示。

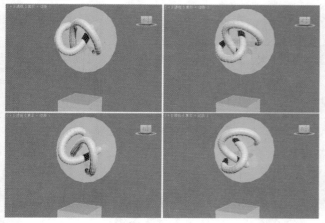
图15-145

09 选择【MassFX 工具】对话框中的【工具】选项卡，然后单击【模拟烘焙】选项组下的【烘焙所有】按钮，此时就会看到MassFX正在烘焙的过程，如图15-146所示。

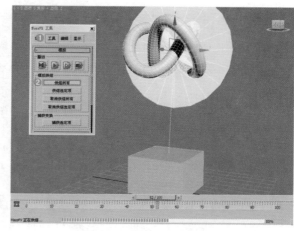
图15-146

10 此时自动在时间线上生成了关键帧动画，拖动时间线滑块可以看到动画的整个过程，如图15-147所示。

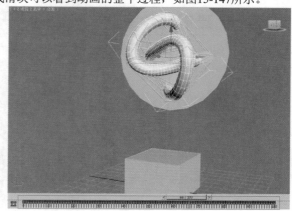
图15-147

11 选择动画效果最明显的一些帧，然后单独渲染出这些单帧动画，最终效果如图15-148所示。

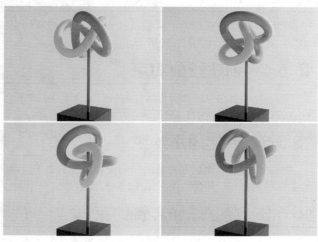
图15-148

弹簧

- 弹性：始终将父对象和子对象的平移拉回到其初始偏移位置的力量。
- 阻尼：弹性不为零时用于限制弹簧力的阻力。这不会导致对象本身因阻力而移动，而只会减轻弹簧的效果。

高级

- 移动到父对象的轴：设置在父对象的轴的约束位置。此选项对于子对象应围绕父对象轴旋转的相应约束非常有用，如破碎球约束到起重机的顶部。
- 移动到子对象的轴：调整约束的位置，以将其定位在子对象的轴上。
- 显示大小：要在视口中绘制约束辅助对象的大小。
- 父/子刚体碰撞：如果取消选中该复选框（默认），由某个约束所连接的父刚体和子刚体将无法相互碰撞。
- 使用投影：如果选中该复选框并且父对象和子对象违反约束的限制，将通过强迫它们回到限制范围来解决此状况。
- 距离：为了投影生效要超过的约束冲突的最小距离。低于此距离的错误不会使用投影。
- 角度：必须超过约束冲突的最小角度（以度为单位），投影才能生效。低于该角度的错误将不会使用投影。

15.5.2 创建滑块约束

将新MassFX约束辅助对象添加到带有适合于滑动约束设置的项目中。滑动约束类似于刚体约束，但是启用受限的 Y 变换。其参数面板如图15-149所示。

技巧提示

创建滑块约束和建立刚性约束的参数基本一致，因此不重复进行讲解。

图15-149

15.5.3 建立转枢约束

将新MassFX约束辅助对象添加到带有适合于转枢约束的设置项目中。转枢约束类似于刚体约束，但是【摆动1】限制为100°。其参数面板如图15-150所示。

15.5.4 创建扭曲约束

将新MassFX约束辅助对象添加到带有适合于扭曲约束的设置的项目中。扭曲约束类似于刚体约束，但是【扭曲】设置为自由。其参数面板如图15-151所示。

15.5.5 创建通用约束

将新MassFX约束辅助对象添加到带有适合于通用约束的设置的项目中。通用约束类似于刚体约束，但【摆动1】和【摆动2】限制为45°。其参数面板如图15-152所示。

15.5.6 建立球和套管约束

将新MassFX约束辅助对象添加到带有适合于球和套管约束的设置的项目中。球和套管约束类似于刚体约束，但【摆动1】和【摆动2】限制为80°，且【扭曲】设置为无限制。其参数面板如图15-153所示。

图15-150

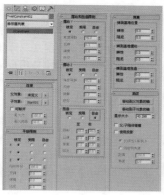

图15-151

图15-152

图15-153

15.6 创建碎布玩偶

15.6.1 创建动力学碎布玩偶

碎布玩偶辅助对象是 MassFX 的一个组件，可让动画角色作为动力学和运动学刚体参与到模拟中。角色可以是骨骼系统或 Biped，以及使用蒙皮的关联网格，如图15-154所示。

图15-154

常规

【常规】卷展栏的参数如图15-155所示。

- 显示图标：切换碎布玩偶对象的显示图标。
- 图标大小：碎布玩偶辅助对象图标的显示大小。
- 显示骨骼：切换骨骼物理图形的显示。

图15-155

- 显示约束：切换连接刚体约束的显示。
- 比例：约束的显示大小。增加此值可以更容易地在视口中选择约束。

设置

【设置】卷展栏的参数如图15-156所示。

- 碎布玩偶类型：确定碎布玩偶如何参与模拟的步骤。
- 拾取：将角色的骨骼与碎布玩偶关联。单击此按钮后，

单击角色中尚未与碎布玩偶关联的骨骼即可。

- 添加：将角色的骨骼与碎布玩偶关联。
- 移除：取消骨骼列表中高亮显示的骨骼与碎布玩偶的关联。
- 名称：列出碎布玩偶中的所有骨骼。高亮显示列表中的骨骼，以删除或成组骨骼，或者批量更改刚体设置。
- 按名称搜索：输入搜索文本可按字母顺序升序高亮显示第1个匹配的项目。
- 全部：单击该按钮可高亮显示所有列表条目。

图15-156

- 反转：单击该按钮可高亮显示所有未高亮显示的列表条目，并从高亮显示的列表条目中删除高亮显示。
- 无：单击该按钮可从所有列表条目中删除高亮显示。
- 【蒙皮】选项组下的列表框：列出与碎布玩偶角色关联的蒙皮网格。

骨骼属性

【骨骼属性】卷展栏的参数如图15-157所示。

- 源：确定图形的大小。
- 图形：指定用于高亮显示的骨骼的物理图形类型。

图15-157

- 充气：展开物理图形使其超出顶点或骨骼的云的程度。
- 权重：在蒙皮网格中查找关联顶点时，这是确定每个骨

骼要包含的顶点时，与【蒙皮】修改器中的权重值相关的截止权重。

- 更新选定骨骼：为列表中高亮显示的骨骼应用所有更改后的设置，然后重新生成其物理图形。

碎布玩偶属性

【碎布玩偶属性】卷展栏的参数如图15-158所示。

图15-158

- 使用默认质量：选中后，碎布玩偶中每个骨骼的质量为刚体中定义的质量。
- 总体质量：整个碎布玩偶集合的模拟质量，计算结果为碎布玩偶中所有刚体分质量之和。

- 分布率：使用【重新分布】时，此值将决定相邻刚体之间的最大质量分布率。

- 重新分布：根据【总体质量】和【分布率】的值，重新计算碎布玩偶刚体组成成分的质量。

碎布玩偶工具

【碎布玩偶工具】卷展栏的参数如图15-159所示。

- 更新所有骨骼：更改任何碎布玩偶设置后，通过单击此按钮可将更改后的设置应用到整个碎布玩偶，无论列表中高亮显示哪些骨骼。

图15-159

15.6.2　创建运动学碎布玩偶

【创建运动学碎布玩偶】和【创建动力学碎布玩偶】的方法一致，如图15-160所示。

15.6.3　移除碎布玩偶

选择上两节创建的动力学碎布玩偶或运动学碎布玩偶，并单击【移除碎布玩偶】按钮，即可将其删除，如图15-161所示。

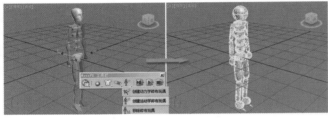

图15-160

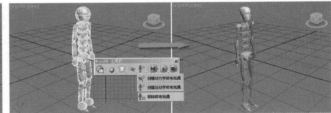

图15-161

15.7　Cloth修改器

　　Cloth是为角色和动物创建逼真的织物和定制衣服的高级工具。在3ds Max 2012版本之前，也可以使用Reactor中的布料集合模拟布料效果，但是功能不是特别强大，因此在3ds Max 2012版本中直接将Reactor去除。要想制作布料效果，首先要想到Cloth。如图15-162所示是Cloth制作的作品，。

　　Cloth修改器是Cloth系统的核心，应用于Cloth模拟组成部分的场景中的所有对象。该修改器用于定义 Cloth对象和冲突对象、指定属性和执行模拟。其他控件包括创建约束、交互拖动布料和清除模拟组件。其参数面板如图15-163所示。

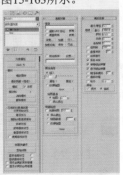

图15-162

图15-163

对象

在应用Cloth修改器之后，【对象】卷展栏是命令面板上可以看到的第1个卷展栏，其中包括了创建Cloth模拟和调整织物属性的大部分控件。

- 对象属性：用于打开【对象属性】对话框，在其中可定义要包含在模拟中的对象，确定这些对象是布料还是冲突对象，以及与其关联的参数。

- Cloth 力：向模拟添加类似风之类的力（即场景中的空间扭曲）。

- 模拟局部：不创建动画，开始模拟进程。使用此模拟可将衣服覆盖在角色上，或将衣服的面板缝合在一起。

- 模拟局部（阻尼）：和【模拟局部】相同，但是为布料添加了大量的阻尼。

- 模拟：在激活的时间段上创建模拟。与【模拟局部】不同，这种模拟会在每帧处以模拟缓存的形式创建模拟数据。

- 进程：选中该复选框之后，将在模拟期间打开【Cloth模拟】对话框。

- 模拟帧：显示当前模拟的帧数。

- 消除模拟：删除当前的模拟。这将删除所有Cloth对象的高速缓存，并将【模拟帧】设置为1。

- 截断模拟：删除模拟在当前帧之后创建的动画。

- 设置初始状态：将所选Cloth对象高速缓存的第1帧更新到当前位置。

- 重设状态：将所选Cloth对象的状态重设为应用修改器堆栈中的Cloth之前的状态。

- 删除对象高速缓存：删除所选的非Cloth对象的高速缓存。

- 抓取状态：从修改器堆栈顶部获取当前状态并更新当前帧的缓存。

- 抓取目标状态：用于指定保持形状的目标形状。

- 重置目标状态：将默认弯曲角度重设为堆栈中Cloth下面的网格。

- 使用目标状态：选中该复选框后，保留由抓取目标状态存储的网格形状。

- 创建关键点：为所选Cloth对象创建关键点。该对象塌陷为可编辑的网格，任意变形存储为顶点动画。

- 添加对象：用于向模拟添加对象，为此无须打开【对象属性】对话框。

- 显示当前状态：显示布料在上一模拟时间步阶结束时的当前状态。

- 显示目标状态：显示布料的当前目标状态，即由【保持形状】选项使用的所需弯曲角度。

- 显示启用的实体碰撞：选中该复选框时，高亮显示所有启用实体收集的顶点组。

- 显示启用的自身碰撞：选中该复选框时，高亮显示所有启用自收集的顶点组。

选定对象

【选定对象】卷展栏用于控制模拟缓存、使用纹理贴图或插补来控制并模拟布料属性（可选），以及指定弯曲贴图。此卷展栏只在模拟过程中选中单个对象时显示。

- 缓存：显示缓存文件的当前路径和文件名。

- 强制 UNC 路径：如果文本字段路径是指向映射的驱动器，则将该路径转换为UNC格式。

- 覆盖现有：选中该复选框时，Cloth可以覆盖现有缓存文件。要对当前模拟中的所有Cloth对象启用覆盖，则单击【全部】按钮。

- 设置：用于指定所选对象缓存文件的路径和文件名。单击【设置】按钮，导航到目录，输入文件名，然后单击【保存】按钮即可。

- 加载：将指定的文件加载到所选对象的缓存中。

- 导入：打开一个文件对话框，以加载一个缓存文件，而不是指定的文件。

- 加载所有：加载模拟中每个Cloth对象的指定缓存文件。

- 保存：使用指定的文件名和路径保存当前缓存（如果有的话）。

- 导出：打开一个文件对话框，以将缓存保存到一个文件，而不是指定的文件。

- 附加缓存：要以 PointCache2 格式创建第2个缓存，应选中【附加缓存】复选框，然后单击【设置】按钮以指定路径和文件名。

- 插入：在【对象属性】对话框中的两个不同设置（由右上角的【属性1】和【属性2】单选按钮确定）之间插入。

- 纹理贴图：设置纹理贴图，对Cloth对象应用【属性1】和【属性2】设置。

- 贴图通道：用于指定纹理贴图所要使用的贴图通道，或选择要用于取而代之的顶点颜色。

- 弯曲贴图：切换【弯曲贴图】选项的使用。

- 贴图类型：选择【弯曲】贴图的贴图类型。

模拟参数

【模拟参数】卷展栏设置用于指定重力、起始帧和缝合弹簧选项等常规模拟属性。这些设置在全局范围内应用于模拟，即应用于模拟中的所有对象。

- 厘米/单位：确定每 3ds Max 单位表示多少厘米。

- 地球：单击此按钮，设置地球的重力值。

- 重力：选中该复选框后，重力值将影响到模拟中的Cloth对象。

- 重力数值：以 cm/sec^2 为单位的重力大小。负值表示向下的重力。

- 步阶：模拟器可以采用的最大时间步阶大小。

- 子例：3ds Max 对固体对象位置每帧的采样次数。默认值为1。

- 起始帧：模拟开始处的帧。如果在执行模拟之后更改此值，则高速缓存将移动到此帧。默认值为0。

- 结束帧：选中该复选框后，确定模拟终止处的帧。默认值为100。

- 自相冲突：选中该复选框后，检测布料对布料之间的冲突。

- 检查相交：过时功能。该复选框无效。

- 实体冲突：选中该复选框后，模拟器将考虑布料对实体对象的冲突。此设置始终保留为开启。

- 使用缝合弹簧：选中该复选框后，使用随Garment Maker创建的缝合弹簧将织物接合在一起。

- 显示缝合弹簧：用于切换缝合弹簧在视口中的可视表示。这些设置并不渲染。

- 随渲染模拟：选中该复选框时，将在渲染时触发模拟。

- 高级收缩：选中该复选框时，Cloth对同一冲突对象两个部分之间收缩的布料进行测试。

- 张力：利用顶点颜色可以显现织物中的压缩/张力。

- 焊接：控制在完成撕裂布料之前如何在设置的撕裂上平滑布料。

组

【组】子对象层级可用于选择成组顶点，并将其约束到曲面、冲突对象或其他Cloth对象。其参数面板如图15-164所示。

- 设定组：利用选中顶点创建组。选择要包括在组中的顶点，然后单击此按钮。

- 删除组：删除在此列表中突出显示的组。

- 解除：解除指定给组的约束，将其状态设置回未指定。指定给此组的任意独特属性仍然有效。

- 初始化：将顶点连接到另一对象的约束包含有关组顶点的位置相对于其他对象的信息。

- 更改组：可用于修改组中选定的顶点。

图15-164

- 重命名：用于重命名突出显示的组。

- 节点：将突出显示的组约束到场景中对象或节点的变换。

- 曲面：将所选的组附加到场景中冲突对象的曲面上。

- Cloth：将Cloth顶点的选定组附加到另一Cloth对象。

- 保留：此组类型在修改器堆栈中的Cloth修改器下保留运动。

- 绘制：此组类型将顶点锁定就位或向选定组添加阻尼力。

- 模拟节点：除了该节点必须是Cloth模拟的组成部分之外，此选项和【节点】选项的功用相同。

- 组：将一个组附加到另一个组。仅推荐用于单顶点组。

- 无冲突：忽略在当前选择的组和另一组之间的冲突。

- 力场：用于将组链接到空间扭曲，并令空间扭曲影响顶点。

- 粘滞曲面：只有在组与某个曲面冲突之后，才会将其粘贴到该曲面上。

- 粘滞Cloth：只有在组与某个Cloth冲突之后，才会将其粘贴到该Cloth上。

- 焊接：单击该按钮使现有组转入【焊接】约束。必须先在【组】列表中高亮显示组的名称。

- 制造撕裂：单击该按钮使所选顶点转入带【焊接】约束的撕裂。

- 清除撕裂：单击该按钮从Cloth修改器移除所有撕裂。不能删除单个撕裂。

面板

在【面板】子对象层级上，可以随时选择一个面板（布料部分），并更改其布料属性。其参数面板如图15-165所示。

图15-165

- 预设：将选定面板的属性参数设置为下拉列表框中选择的预设值。

- 加载：从硬盘加载预设值。单击此按钮，然后导航至预设值所在目录，然后将其加载到Cloth属性中。

- 保存：将Cloth属性参数保存为文件，以便此后加载。

- 保持形状：选中后，根据【弯曲%】和【拉伸%】设置保留网格的形状。

- 弯曲%：将目标弯曲角度调整介于0和目标状态所定义的角度之间的值。

- 拉抻%：将目标拉伸角度调整介于0和目标状态所定义的角度之间的值。

層：设置选定面板的层。

接缝

【接缝】子对象层级用于定义接合口属性。其参数面板如图15-166所示。

- 启用：启用或关闭接合口，将其激活或取消激活。
- 折缝角度：在接合口上创建折缝。角度值将确定介于两个面板之间的折缝角度。
- 折缝强度：增减接合口的强度。此值将影响接合口相对于Cloth对象其余部分的抗弯强度。
- 缝合刚度：模拟时面板拉合在一起的力的大小。值越，大将面板拉合在一起时越结实、越快。
- 可撕裂的：选中该复选框时，将所选接合口设置为可撕裂。默认设置为禁用状态。

图15-166

- 启用全部：将所选衣服上的所有接合口设置为激活。
- 禁用全部：将所选衣服上的所有接合口设置为关闭。

面

【面】子对象层级启用Cloth对象的交互拖放，就像这些对象在本地模拟一样。此子对象层级用于以交互性更好的方式在场景中定位布料。其参数面板如图15-167所示。

- 模拟局部：开始布料的局部模拟。为了和布料能够实时交互反馈，必须启用此按钮。
- 动态拖动！：激活该按钮后，可以在进行本地模拟时拖动选定的面。
- 动态旋转！：激活该按钮后，可以在进行本地模拟时旋转选定的面。
- 随鼠标下移模拟：只在鼠标左键点击时运行本地模拟。
- 忽略背面：选中该复选框时，可以只选择面对的那些面。

图15-167

课后练习

【课后练习——动力学刚体和静态刚体制作球体下落动画】

思路解析：

01 选择所有的球体，并单击【将选定项设置为动力学刚体】按钮。

02 选择平面，并单击【将选定项设置为静态刚体】按钮。

03 接着进行模拟，并将动画进行烘焙。

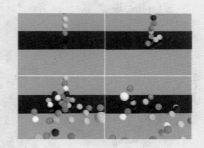

本章小结

通过本章的学习，可以掌握动力学的相关知识，如动力学刚体、运动学刚体、静态刚体、mCloth、约束、碎布玩偶、Cloth修改器等。熟练地掌握本章内容，可以快速地模拟制作物体地碰撞、物体下落、布料的悬挂、物体和布料的结合运动碰撞等。

第16章

毛发系统

本章内容简介：

毛发可以快速制作出物体表面的毛发模型，如头发、羽毛、胡须、草地、地毯等。这也是动画制作过程中难度较大的一部分，因此学好3ds Max的毛发功能是非常有必要的。

本章学习要点：

· Hair和Fur（WSM）修改器的参数
· Hair和Fur（WSM）修改器的使用方法
· VR毛皮的参数
· VR毛皮的使用方法

16.1 四类方法制作毛发

在3ds Max中创建毛发一般可以使用4种类型。

● 类型一：【Hair和Fur(WSM)】修改器。选择模型，并单击【修改】按钮，为其加载【Hair和Fur(WSM)】修改器，即可制作出毛发的效果。该方法也是在3ds Max中不安装任何渲染器和插件的情况下的唯一的制作毛发的方法。其参数面板如图16-1所示。

● 类型二：VR毛皮。在成功安装了VRay渲染器后，选择模型，并在创建面板中单击【几何体】按钮◯，并设置几何体类型为【VRay】，最后单击 VR毛皮 按钮，如图16-2所示。

● 类型三：毛发的相关插件，如Hairtrix等。需要选择模型，并在创建面板中单击【辅助对象】按钮▨，并设置类型为【HairTrix】，如图16-3所示。

● 类型四：使用不透明度贴图来进行制作。为材质设置不透明度材质，并赋予相应的模型，在渲染时即可得到真实的草地效果，如图16-4所示。

总体来说，这四类的毛发工具各有优劣。【Hair和Fur(WSM)】修改器是3ds Max的默认毛发工具，适合制作角色的毛发。VR毛皮则适合制作效果图中常用的毛发效果，如地毯、皮草等，渲染速度较慢。Hairtrix毛发插件适合制作动物的毛发，效果非常真实，渲染速度快，而且Hairtrix能直接在3ds max视图中调整发型。不透明度贴图的方法渲染速度最快，效果不太好，但是由于渲染速度快的原因，该方法广泛应用于制作动画中的毛发效果。

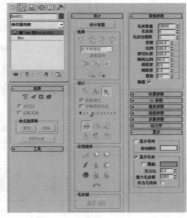

图16-1　　　　　　　　图16-2　　　图16-3

图16-4

16.2 【Hair和Fur（WSM）】修改器

● 技术速查：【Hair 和 Fur(WSM)】修改器是【Hair 和 Fur】功能的核心所在。该修改器可应用于要生长头发的任意对象，既可为网格对象也可为样条线对象。如果对象是网格对象，则头发将从整个曲面生长出来，除非选择了子对象。如果对象是样条线对象，头发将在样条线之间生长。

创建一个物体，然后为其加载一个【Hair和Fur(WSM)】（头发和毛发(WSM)）修改器，可以观察到加载修改器之后，物体表面就生长出了毛发效果，如图16-5所示。下面依次讲解【Hair和Fur(WSM)】修改器的各项参数。

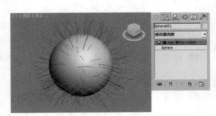

图16-5

 技巧提示

　　　【Hair和Fur(WSM)】仅在【透视】和【摄影机】视图中渲染。如果尝试渲染正交视图，则3dsMax 会显示一条警告，说明不会出现头发。

16.2.1 【选择】卷展栏

展开【选择】卷展栏，如图16-6所示。

图16-6

- 【导向】按钮 ![S]：是一个子对象层级，单击该按钮后，【设计】卷展栏中的 ![设计发型] 按钮将自动启用。
- 【面】按钮 ![]：是一个子对象层级，可以选择三角形面。
- 【多边形】按钮 ![]：是一个子对象层级，可以选择多边形。
- 【元素】按钮 ![]：是一个子对象层级，可以通过单击一次鼠标左键来选择对象中的所有连续多边形。
- 按顶点：选中该复选框后，只需要选择子对象的顶点就可以选中子对象。
- 忽略背面：选中该复选框后，选择子对象时只影响面对着用户的面。
- 复制：将命名选择集放置到复制缓冲区。
- 粘贴：从复制缓冲区中粘贴命名的选择集。
- 更新选择：根据当前子对象来选择重新要计算毛发生长的区域，然后更新显示。

16.2.2 【工具】卷展栏

展开【工具】卷展栏，如图16-7所示。

- 从样条线重梳：使用样条线来设计头发样式，如图16-8所示。

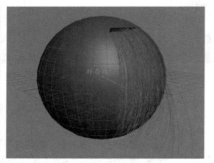

图16-7　　　　图16-8

- 样条线变形：可以允许用线来控制发型与动态效果，如图16-9所示。
- 重置其余：在曲面上重新分布头发的数量，以得到较为均匀的结果。
- 重生毛发：忽略全部样式信息，将头发复位到默认状态。
- 加载：加载预设的毛发样式，如图16-10所示为预设的毛发样式。
- 保存：保存预设的毛发样式。
- 复制：将所有毛发设置和样式信息复制到粘贴缓冲区。
- 粘贴：将所有毛发设置和样式信息粘贴到当前的【头发】修改对象中。

- 无：如果要指定毛发对象，可以单击该按钮，然后选择要使用的对象。
- X按钮：如果要停止使用实例节点，可以单击该按钮。
- 混合材质：选中该复选框后，应用于生长对象的材质以及应用于毛发对象的材质将合并为单一的多子对象材质，并应用于生长对象。
- 导向样条线：将所有导向复制为新的单一样条线对象。
- 毛发样条线：将所有毛发复制为新的单一样条线对象。
- 毛发网格：将所有毛发复制为新的单一网格对象。

图16-9

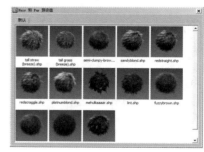

图16-10

16.2.3 【设计】卷展栏

展开【设计】卷展栏，如图16-11所示。

- 设计发型/完成设计：单击 ![设计发型] 按钮可以设计毛发的发型，此时该按钮会变成凹陷的 ![完成设计] 按钮；单击 ![完成设计] 按钮可以返回到【设计发型】状态。

- 【由头梢选择头发/选择全部顶点/选择导向顶点/由根选择导向】按钮 / / / ：选择头发的几种方式，用户可以根据实际需求来选择采用何种方式。

- 【长方体标记】：指定顶点在视图中的显示方式。

- 【反选/轮流选/展开选择】按钮 / / ：指定选择对象的方式。

- 【隐藏选定对象/显示隐藏对象】按钮 / ：隐藏或显示选定的导向头发。

- 【发梳】按钮 ：在该模式下，可以通过拖曳光标来梳理毛发。

图16-11

- 【剪头发】按钮 ：在该模式下可以修剪导向头发。

- 【选择】按钮 ：单击该按钮可以进入选择模式。

- 距离褪光：选中该复选框时，刷动效果将朝着画刷的边缘产生褪光现象，从而产生柔和的边缘效果（只适用于【发梳】模式）。

- 忽略背面头发：选中该复选框时，背面的头发将不受画刷的影响（适用于【发梳】和【剪头发】模式）。

- ·····：通过拖曳滑块来更改画刷的大小。

- 【平移】按钮 ：按照光标的移动方向来移动选定的顶点。

- 【站立】按钮 ：在曲面的垂直方向制作站立效果。

- 【蓬松发根】按钮 ：在曲面的垂直方向制作蓬松效果。

- 【丛】按钮 ：强制选定的导向之间相互更加靠近（向左拖曳光标）或更加分散（向右拖曳光标）。

- 【旋转】按钮 ：以光标位置为中心（位于发梳中心）来旋转导向毛发的顶点。

- 【比例】按钮 ：执行放大或缩小操作。

- 【衰减】按钮 ：将毛发长度制作成衰减效果。

- 【选定弹出】按钮 ：沿曲面的法线方向弹出选定的头发。

- 【弹出大小为零】按钮 ：与【选定弹出】类似，但只能对长度为0的头发进行编辑。

- 【重疏】按钮 ：使用引导线对毛发进行梳理。

- 【重置其余】按钮 ：在曲面上重新分布毛发的数量，以得到较为均匀的结果。

- 【切换碰撞】按钮 ：如果激活该按钮，设计发型时将考虑头发的碰撞。

- 【切换头发】按钮 ：切换头发在视图中显示方式，但是不会影响头发导向的显示。

- 【锁定/解除锁定】按钮 / ：锁定或解除锁定导向头发。

- 【撤消】按钮 ：撤消最近的操作。

- 【拆分选定头发组/合并选定头发组】按钮 / ：将头发组进行拆分或合并。

16.2.4 【常规参数】卷展栏

展开【常规参数】卷展栏，如图16-12所示。

图16-12

- 毛发数量：设置生成的毛发总数，如图16-13所示为【毛发数量】为3000和30000时的效果对比。

图16-13

- 毛发段：设置每根毛发的段数。段数越多，毛发越圆滑。如图16-14所示为【毛发段】为2和10时的效果对比。

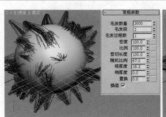

图16-14

- 毛发过程数：设置毛发过程数。

- 密度：设置毛发的整体密度。

- 比例：设置毛发的整体缩放比例。

- 剪切长度：设置将整体的毛发长度进行缩放的比例。如图16-15所示为剪切长度为20和100的对比效果。

图16-15

- 随机比例：设置在渲染毛发时的随机比例。
- 根厚度：设置发根的厚度。
- 梢厚度：设置发梢的厚度。
- 置换：设置毛发从根到生长对象曲面的置换量。
- 插值：选中该复选框后，毛发生长将插入到导向毛发之间。

16.2.5 【材质参数】卷展栏

展开【材质参数】卷展栏，如图16-16所示。

- 阻挡环境光：在照明模型时，控制环境或漫反射对模型影响的偏差。
- 发梢褪光：选中该复选框后，毛发将朝向梢部而产生淡出到透明的效果。该选项只适用于mental ray渲染器。
- 梢/根颜色：设置距离生长对象曲面最远或最近的头发梢部的颜色，如图16-17所示。

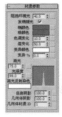

图16-16　　　　　图16-17

- 色调/值变化：设置头发颜色或亮度的变化量，如图16-18所示为色调变化为23和100的对比效果。
- 变异颜色：设置变异毛发的颜色。
- 变异%：设置接受【变异颜色】的毛发的百分比。如图16-19所示为变异为0和60的对比效果。

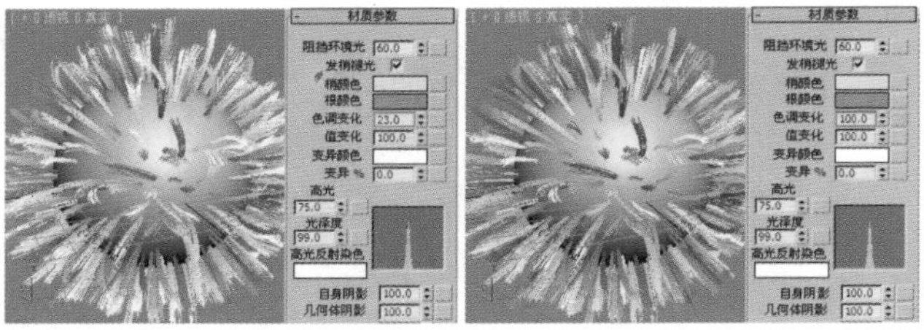

图16-18

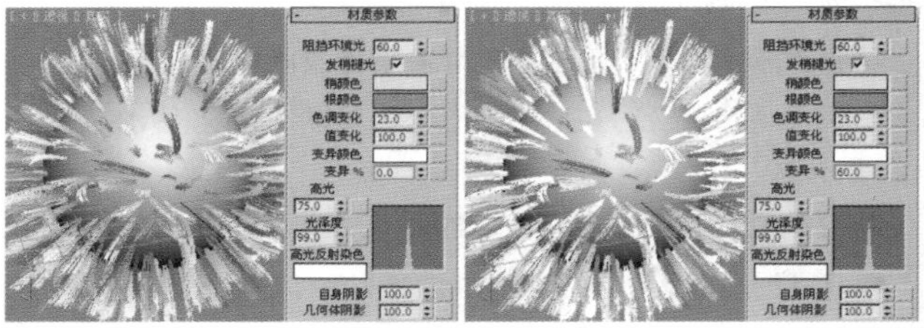

图16-19

- 高光：设置在毛发上高亮显示的亮度。
- 光泽度：设置在毛发上高亮显示的相对大小。
- 高光反射染色：设置反射高光的颜色。
- 自身阴影：设置自身阴影的大小。

- 几何体阴影：设置头发从场景中的几何体接收到的阴影的量。
- 几何体材质ID：在渲染几何体时设置头发的材质ID。

16.2.6 【mr参数】卷展栏

展开【mr参数】卷展栏，如图16-20所示。

- 应用mr明暗器：选中该复选框后，可以应用mental ray的明暗器来生成头发。

图16-20

16.2.7 【卷发参数】卷展栏

展开【卷发参数】卷展栏，如图16-21所示。

- 卷发根：设置头发在其根部的置换量。
- 卷发梢：设置头发在其梢部的置换量。
- 卷发X/Y/Z频率：控制在3个轴中的卷发频率。
- 卷发动画：设置波浪运动的幅度。如图16-22所示为卷发动画为0和100的对比效果。
- 动画速度：设置动画噪波场通过空间时的速度。
- 卷发动画方向：设置卷发动画的方向向量。

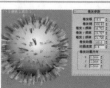

图16-21 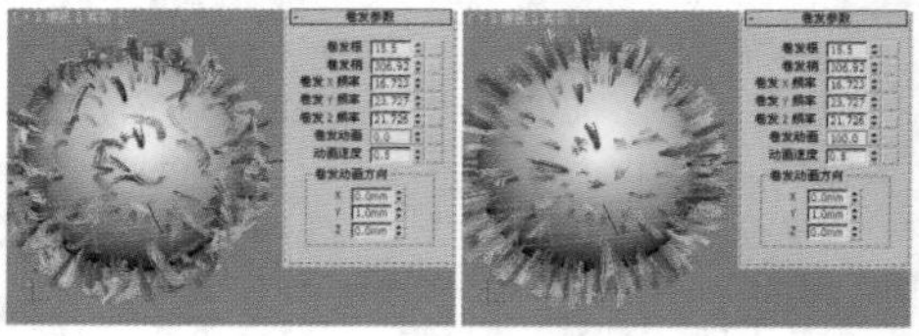　　　　　图16-22

16.2.8 【纽结参数】卷展栏

展开【纽结参数】卷展栏，如图16-23所示。

- 纽结根/梢：设置毛发在其根部/梢部的纽结置换量。如图16-24所示为纠结根为0和5的对比效果。
- 纽结X/Y/Z频率：设置在3个轴中的纽结频率。

  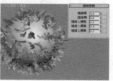

图16-23   图16-24

16.2.9 【多股参数】卷展栏

展开【多股参数】卷展栏，如图16-25所示。

- 数量：设置每个聚集块的毛发数量。
- 根展开：设置为根部聚集块中的每根毛发提供的随机补偿量。如图16-26所示为根展开为0.066和2的对比效果。
- 梢展开：设置为梢部聚集块中的每根毛发提供的随机补偿量。
- 随机化：设置随机处理聚集块中的每根毛发的长度。

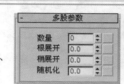 

图16-25   图16-26

16.2.10 【动力学】卷展栏

展开【动力学】卷展栏，如图16-27所示。

- 模式：有【无】、【现场】和【预计算】3个选项可供选择。如图16-28所示为模式设置为【无】和【现场】的对比效果。
- 起始：设置在计算模拟时要考虑的第1帧。
- 结束：设置在计算模拟时要考虑的最后一帧。
- 运行：单击该按钮可以进入模拟状态，并在【起始】和【结束】指定的帧范围内生成起始文件。
- 重力：设置在全局空间中垂直移动毛发的力。
- 刚度：设置动力学效果的强弱。
- 根控制：在动力学演算时，该参数只影响头发的根部。
- 衰减：设置动态头发承载前进到下一帧的速度。
- 碰撞：共有【无】、【球体】和【多边形】3种方式可供选择。
- 使用生长对象：选中该复选框后，头发和生长对象将发生碰撞。
- 添加/更换/删除按钮：在列表中添加/更换/删除对象。

图16-27   图16-28

16.2.11 【显示】卷展栏

展开【显示】卷展栏，如图16-29所示。

- 显示导向：选中该复选框后，头发在视图中会使用颜色样本中的颜色来显示导向。
- 导向颜色：设置导向所采用的颜色。
- 显示头发：选中该复选框后，生长头发的物体在视图中会显示出头发。
- 覆盖：取消选中该复选框后，3ds Max会使用与渲染颜色相近的颜色来显示头发。
- 百分比：设置在视图中显示的全部头发的百分比。
- 最大毛发数：设置在视图中显示的最大毛发数量。

图16-29

- 作为几何体：选中该复选框后，头发在视图中将显示为要渲染的实际几何体，而不是默认的线条。

★ 案例实战——【Hair和Fur（WSM）】修改器制作蒲公英

场景文件	01.max
案例文件	案例文件\Chapter 16\案例实战——【Hair和Fur（WSM）】修改器制作蒲公英.max
视频教学	视频文件\Chapter 16\案例实战——【Hair和Fur（WSM）】修改器制作蒲公英.flv
难易指数	★★☆☆☆
技术掌握	掌握【Hair和Fur（WSM）】修改器功能

实例介绍

本例利用【Hair和Fur(WSM)】修改器制作蒲公英，最终效果如图16-30所示。

图16—30

制作步骤

01 打开本书配套光盘中的【场景文件/Chapter16/01.max】文件，如图16-31所示。

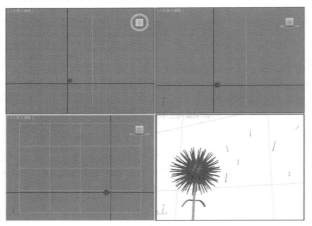

图16—31

02 选择模型，然后在修改面板下加载【Hair和Fur(WSN)】修改器，展开【常规参数】卷展栏，设置【毛发数量】为200、【毛发段】为3、【根厚度】为5、【梢厚度】为2。展开【卷发参数】卷展栏，设置【卷发根】为15.5、【卷发梢】为130。展开【多股参数】卷展栏，设置【数量】为50、【梢展开】为15，如图16-32所示。

图16—32

03 选择模型，然后在修改面板下加载利用【Hair和Fur(WSM)】修改器，然后展开【常规参数】卷展栏，设置【毛发数量】为20、【毛发段】为3、【根厚度】为100、【梢厚度】为100。展开【卷发参数】卷展栏，设置【卷发根】为15.5、【卷发梢】为130。展开【多股参数】卷展栏，设置【数量】为50、【梢展开】为15，如图16-33所示。

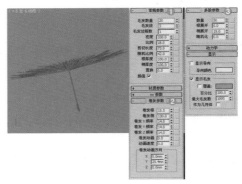

图16—33

04 按大键盘上的【8】键，弹出【环境和效果】对话框，展开【效果】卷展栏，选择【Hair和Fur】选项，设置【毛发】为【几何体】，如图16-34所示。

05 按【F9】键渲染当前场景，此时的渲染效果如图16-35所示。

图16—34   图16—35

★ **案例实战——【Hair和Fur(WSM)】修改器制作地毯**

场景文件	02.max
案例文件	案例文件\Chapter 16\案例实战——【Hair和Fur(WSM)】修改器制作地毯.max
视频教学	视频文件\Chapter 16\案例实战——【Hair和Fur(WSM)】修改器制作地毯.flv
难易指数	★★★☆☆
技术掌握	掌握【Hair和Fur (WSM)】修改器功能

实例介绍

本案例是一个小场景，主要讲解使用【Hair和Fur(WSM)】修改器制作地毯，最终渲染效果如图16-36所示。

图16—36

制作步骤

01 打开本书配套光盘中的【场景文件/Chapter16/02.max】，此的时场景效果如图16-37所示。

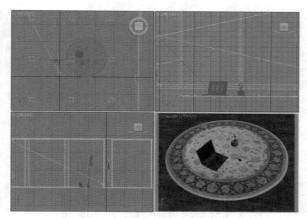

图16-37

02 选择模型，如图16-38所示。然后在修改面板下加载【Hair和Fur(WSN)】修改器，此时在选择的模型上出现了毛发，如图16-39所示。

 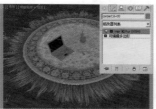

图16-38　　　　　　　　图16-39

技巧提示

假如需要加载【Hair和Fur(WSN)】修改器的模型处于成组的状态，那么需要将其解组后，选择边缘的模型，再加载【Hair和Fur(WSN)】修改器，才会出现正确的毛发效果。否则直接为成组的模型加载【Hair和Fur(WSN)】修改器，会在整个模型上生长毛发，如图16-40所示。

图16-40

03 单击【修改】按钮，并展开【常规参数】卷展栏，设置【毛发数量】为5000、【毛发段】为10、【毛发过程数】为1、【密度】为100、【比例】为7、【剪切长度】为100、【随机比例】为40、【根厚度】为0.7、【梢厚度】为0.7。展开【卷发参数】卷展栏，设置【卷发根】为0、【卷发梢】为50、【卷发X/Y/Z频率】均为15。展开【纽结参数】卷展栏，设置【纽结根】为0.4、【纽结梢】为5。展开【显示】卷展栏，设置【百分比】为2、【最大毛发数】为1000，如图16-41所示。

04 继续展开【材质参数】卷展栏，取消选中【发梢褪色】复选框，设置【梢颜色】为浅黄色（红：221，绿：203，蓝：190），设置【根颜色】为浅黄色（红：208，绿：194，蓝：178），最后设置【值变化】为16.667，如图16-42所示。

图16-41　　　　　　　　图16-412

05 此时效果如图16-43所示。

06 按【F9】键渲染当前场景，最终渲染效果如图16-44所示。

图16-43　　　　　　　　图16-44

★ 案例实战——【Hair和Fur(WSM)】修改器制作卡通草地

场景文件	03.max
案例文件	案例文件\Chapter 16\案例实战——【Hair和Fur(WSM)】修改器制作卡通草地.max
视频教学	视频文件\Chapter 16\案例实战——【Hair和Fur(WSM)】修改器制作卡通草地.flv
难易指数	★★★☆☆
技术掌握	掌握【Hair和Fur(WSM)】修改器功能

实例介绍

本案例是一个小场景，主要讲解使用【Hair和Fur(WSM)】修改器制作草地，最终渲染效果如图16-45所示。

图16-45

制作步骤

01 打开本书配套光盘中的【场景文件/Chapter16/03.max】，此时的场景效果如图16-46所示。

02 选择如图16-47所示的模型，然后在修改面板下加载【Hair和Fur(WSN)】修改器，此时在选择的模型上出现了毛发，如图16-48所示。

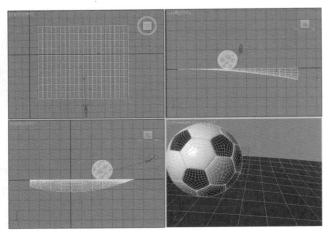

图16-46

图16-47

图16-48

03 单击【修改】按钮，并单击【设计】卷展栏下的 设计发型 按钮，然后单击【衰减】按钮 ，此时可以看到毛发变变短了，并且调节合适的笔刷大小 ，如图16-49所示。使用鼠标左键多次进行拖曳，将毛发梳理到满意的状态，如图16-50所示。

图16-49

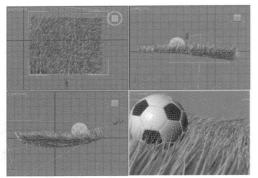

图16-50

04 毛发的状态确定之后，可以单击 完成设计 按钮，完成毛发的设计。然后单击【修改】按钮，并展开【常规参数】卷展栏，设置【毛发数量】为1000、【毛发段】为8、【根厚度】为12.54、【梢厚度】为0，如图16-51所示。

05 继续展开【材质参数】卷展栏，设置【梢颜色】为浅绿色（红：102，绿：192，蓝：97），设置【根颜色】为绿色（红：22，绿：117，蓝：0），最后设置【值变化】为40，如图16-52所示。

图16-51　　　　图16-52

06 此时的效果如图16-53所示。

图16-53

07 选择场景中的目标聚光灯Spot001，然后按大键盘上的【8】键打开【环境和效果】对话框，并选择【效果】选项卡，最后单击【照明】选项组下的【添加毛发属性】按钮，如图16-54所示。

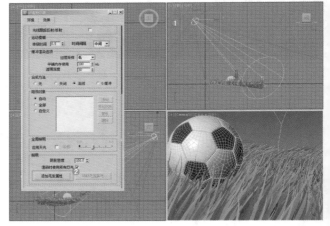

图16-54

技巧提示

为了让Hair和Fur毛发产生真实阴影的效果，需要将场景的灯光【添加毛发属性】，这样操作后场景的灯光将产生真实的光影。

08 按【F9】键渲染当前场景，最终渲染效果如图16-55所示。

图16-55

★ 案例实战——【Hair和Fur(WSM)】修改器制作兔子

场景文件	04.max
案例文件	案例文件\Chapter 16\案例实战——【Hair和Fur(WSM)】修改器制作兔子.max
视频教学	视频文件\Chapter 16\案例实战——【Hair和Fur(WSM)】修改器制作兔子.flv
难易指数	★★★☆☆
技术掌握	掌握【Hair和Fur(WSM)】修改器制作功能

实例介绍

本案例是一个室外场景，主要讲解使用【Hair和Fur(WSM)】修改器制作兔子皮毛，最终渲染效果如图16-56所示。

图16-56

制作步骤

01 打开本书配套光盘中的【场景文件/Chapter16/04.max】，此时的场景效果如图16-57所示。

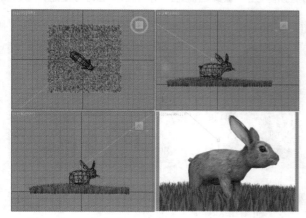

图16-57

02 选择如图16-58所示的兔子模型，然后在修改面板下加载【Hair和Fur(WSN)】修改器，此时在选择的模型上出现了毛发，如图16-59所示。

图16-58　　　　　　图16-59

03 单击【修改】按钮，并单击【设计】卷展栏下的 ⟨设计发型⟩ 按钮，然后单击【重疏】按钮 ✎，接着单击【衰减】按钮 ▦，此时可以看到毛发变短了，并且调节合适的笔刷大小 •⋯⋯⋯⋯，如图16-60所示。使用鼠标左键多次进行拖曳，将毛发梳理到满意的状态，如图16-61所示。

图16-60　　　　　　　　图16-61

技巧提示

在【设计】卷展栏中有很多好用的工具，【重疏】工具 ✎ 和【衰减】工具 ▦ 可以快速地改变毛发的属性。【重疏】工具 ✎ 可以使毛发整体下垂，产生真实的动物毛发效果，而【衰减】工具 ▦ 可以使毛发整体变短。

04 毛发的状态确定之后，可以单击 ⟨完成设计⟩ 按钮，完成毛发的设计。然后单击【修改】按钮，并展开【常规参数】卷展栏，设置【毛发数量】为100000、【毛发段】为5、【随机比例】为40、【根厚度】为3，如图16-62所示。

图16-62

05 继续展开【材质参数】卷展栏，设置【梢颜色】为白色，设置【根颜色】为白色，最后设置【色调变化】为3、【值变化】为3，如图16-63所示。

图16-63

06 此时的效果如图16-64所示。

图16-64

07 选择场景中的目标聚光灯Spot001，然后按【8】键打开【环境和效果】对话框，选择【效果】选项卡，最后单击【照明】选项组下的【添加毛发属性】按钮，如图16-65所示。

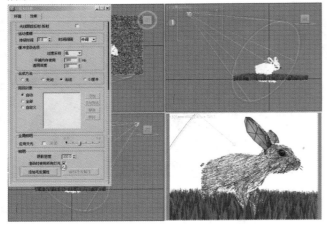

图16-65

08 按【F9】键渲染当前场景，最终渲染效果如图16-66所示。

图16-66

 读书笔记

16.3 VR毛皮

【VR毛皮】是VRay渲染器自带的一种毛发制作工具，经常用来制作地毯、草地和毛制品等，如图16-67所示。

图16-67

加载VRay渲染器后，随意创建一个物体，并且选择该物体，然后设置几何体类型为【VRay】，接着单击  按钮，就可以为选中的对象添加VR毛皮，如图16-68所示。下面讲解VR毛皮的各项参数。

图16-68

16.3.1 【参数】卷展栏

展开【参数】卷展栏，如图16-69所示。

- **源对象**：指定需要添加毛发的物体。
- **长度**：设置毛发的长度。如图16-70所示为长度为5和20的对比效果。
- **厚度**：设置毛发的厚度。该选项只有在渲染时才会看到变化，即无论设置厚度数值为多少，在视图中都不会产生任何变化。

图16-69

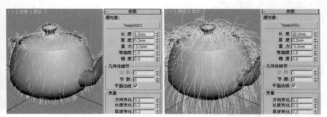

图16-70

- **重力**：控制毛发在Z轴方向被下拉的力度，也就是通常所说的重量。如图16-71所示为重力为10和－2的对比效果。

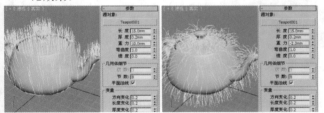

图16-71

- **弯曲**：设置毛发的弯曲程度。如图16-72所示为弯曲为0和3的对比效果。

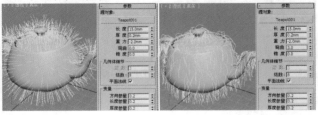

图16-72

- **锥度**：用来控制毛发锥化的程度。
- **边数**：当前这个参数还不可用，在以后的版本中将开发多边形的毛发。
- **结数**：用来控制毛发弯曲时的光滑程度。值越大，表示段数越多，弯曲的毛发越光滑。

- **平面法线**：这个选项用来控制毛发的呈现方式。当选中该复选框时，毛发将以平面方式呈现；当取消选中该复选框时，毛发将以圆柱体方式呈现。
- **方向参量**：控制毛发在方向上的随机变化。值越大，表示变化越强烈；0表示不变化。如图16-73所示为方向参量为0和4的对比效果。

图16-73

- **长度参量**：控制毛发长度的随机变化。1表示变化最强烈；0表示不变化。
- **厚度参量**：控制毛发粗细的随机变化。1表示变化最强烈；0表示不变化。
- **重力参量**：控制毛发受重力影响的随机变化。1表示变化最强烈；0表示不变化。
- **每个面**：用来控制每个面产生的毛发数量，因为物体的每个面不都是均匀的，所以渲染出来的毛发也不均匀。
- **每区域**：用来控制每单位面积中的毛发数量，这种方式下渲染出来的毛发比较均匀。数值越大，毛发的数量越多。
- **折射帧**：指定源物体获取到计算面大小的帧，获取的数据将贯穿整个动画过程。
- **全部对象**：选中该单选按钮后，全部的面都将产生毛发。
- **选定的面**：选中该单选按钮后，只有被选择的面才能产生毛发。
- **材质ID**：选中该单选按钮后，只有指定了材质ID的面才能产生毛发。
- **产生世界坐标**：所有的UVW贴图坐标都是从基础物体中获取，但该选项的W坐标可以修改毛发的偏移量。
- **通道**：指定在W坐标上将被修改的通道。

读书笔记

16.3.2 【贴图】卷展栏

展开【贴图】卷展栏，如图16-74所示。

- 基本贴图通道：选择贴图的通道。
- 弯曲方向贴图（RGB）：用彩色贴图来控制毛发的弯曲方向。
- 初始方向贴图（RGB）：用彩色贴图来控制毛发根部的生长方向。
- 长度贴图（单色）：用灰度贴图来控制毛发的长度。
- 厚度贴图（单色）：用灰度贴图来控制毛发的粗细。
- 重力贴图（单色）：用灰度贴图来控制毛发受重力的影响。
- 弯曲贴图（单色）：用灰度贴图来控制毛发的弯曲程度。
- 密度贴图（单色）：用灰度贴图来控制毛发的生长密度。

图16-74

16.3.3 【视口显示】卷展栏

展开【视口显示】卷展栏，如图16-75所示。

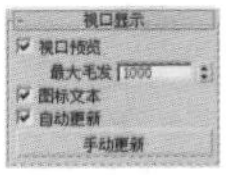

- 视口预览：当选中该复选框时，可以在视图中预览毛发的大致情况。下面的【最大毛发】的数值越大，毛发生长情况的预览越详细。

图16-75

- 自动更新：当选中该复选框时，改变毛发参数的时候，系统会在视图中自动更新毛发的显示情况。
- 手动更新：单击该按钮可以手动更新毛发在视图中的显示情况。

★ 案例实战——VR毛皮制作草地

场景文件	04.max
案例文件	案例文件\Chapter 16\案例实战——VR毛皮制作草地.max
视频教学	视频文件\Chapter 16\案例实战——VR毛皮制作草地.flv
难易指数	★★☆☆☆
技术掌握	掌握VR毛皮的运用

实例介绍

本例就来学习使用VR毛皮制作真实草地，最终渲染效果如图16-76所示。

图16-76

制作步骤

01 打开本书配套光盘中的【场景文件/Chapter16/04.

max】文件，如图16-77所示。

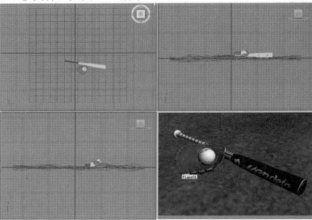

图16-77

02 选择地面模型，如图16-78所示。

03 单击 、 按钮，选择 VRay 选项，单击 VR毛皮 按钮，此时模型效果如图16-79所示。

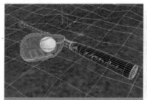

图16-78 　　　　　　　　图16-79

04 选择毛发，然后进入【修改】面板，在【参数】卷展栏中设置【长度】为100mm、【厚度】为2mm、【重力】为－18mm、【弯曲】为0.89，设置【结数】为8，设置【方向参量】为0.5、【长度参量】为0、【厚度参量】为0.1、【重力参量】为0，最后设置【分配】选项组下的【每个面】为350。此时效果如图16-80所示。

05 最终毛发效果如图16-81所示。

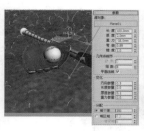

图16—80　　　　　　　　图16—81

05 最终渲染效果如图16-82所示。

图16—82

★ **案例实战——VR毛皮制作地毯**

场景文件	06.max
案例文件	案例文件\Chapter 16\案例实战——VR毛皮制作地毯.max
视频教学	视频文件\Chapter 16\案例实战——VR毛皮制作地毯.flv
难易指数	★★☆☆☆
技术掌握	掌握【VR毛皮】的运用

实例介绍

本例就来学习使用VR毛皮制作地毯，最终渲染效果如图16-83所示。

图16—83

制作步骤

01 打开本书配套光盘中的【场景文件/Chapter16/06.max】文件，如图16-84所示。

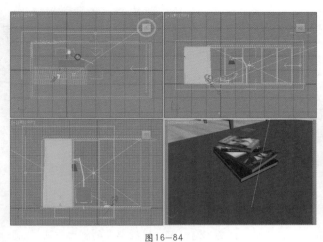

图16—84

02 选择地毯模型，如图16-85所示。

图16—85

03 单击　、　按钮，选择 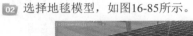 选项，单击 VR毛皮 按钮，如图16-86所示。

04 选择毛发，然后进入修改面板，在【参数】卷展栏中设置【长度】为60mm、【厚度】为0.5mm、【重力】为-3mm、【每个面】为150。此时效果如图16-87所示。

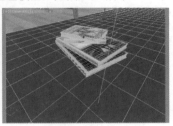

图16—86　　　　图16—87

05 最终毛发效果如图16-88所示。

06 最终渲染效果如图16-89所示。

图16—88　　　　　　　　图16—89

课后练习

【课后练习——VR毛皮制作毛毯】

思路解析：

① 需要添加毛发的模型。

② 添加VR毛皮。

③ 设置VR毛皮的参数。

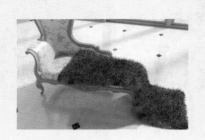

本章小结

通过对本章的学习，可以掌握毛发的制作方法，而且可以使用【Hair和Fur(WSM)】修改器、VR毛皮等方法进行制作，方法非常简单，而且参数也容易理解。掌握这些知识可以快速地模拟制作如草地、动物皮毛、人物头发、胡须、地毯。

读书笔记

第17章

基础动画

■ **本章内容简介：**

动画是一门幻想艺术，更容易直观表现和抒发人们的感情，可以把现实不可能看到的转为现实，经过影片的制作与放映，变成活动的影像。广义而言，即为动画。原先不活动的东西，经过影片的制作与放映，变成活动的影像。广义而言，即为动画。动画是通过把人、物的表情、动作、变化等分段画成许多画幅，再用摄影机连续拍摄成一系列画面，给视觉造成连续变化的图画。而基础动画指的是动画中较为基础、简单的动画，如移动、旋转等。

本章学习要点：

- 【自动关键点】设置动画的运用
- 【曲线编辑器】和【运动面板】的运用
- 【约束】动画和【变形器】的使用

17.1 初识动画

17.1.1 什么是动画

⊙ 技术速查：动画与电影、电视一样，都是采用视觉原理。电影采用了每秒24幅画面的速度拍摄和播放，电视采用了每秒25幅（PAL制，中国电视就用此制式）或30幅（NTSC制）画面的速度拍摄、播放。

动画发展到现在，分为二维动画和三维动画两种，尤其是3ds Max软件近年来在国内外掀起三维动画、电影的制作狂潮，涌现出一大批优秀、震撼的三维动画电影，如《丁丁历险记》、《勇敢传说》、《里约大冒险》等。如图17-1所示为一把椅子的简单动画效果。

图17-1

17.1.2 动画的制作流程

⊙ 技术速查：动画制作是一项非常烦琐而吃重的工作，分工极为细致。通常分为前期制作、中期制作、后期制作等。前期制作包括企划、作品设定、资金募集等；中期制作包括分镜、原画、中间画、动画、上色、背景作画、摄影、配音、录音等；后期制作包括剪接、特效、字幕、合成、试映等。

如今，计算机的加入使动画的制作变简单了，三维动画制作的过程分为以下几个步骤。

🔲 故事版（Storyboard）

这一步骤是最简单的，也是最重要的，因为故事版决定了三维动画制作整体的策划，包括动画的故事、人物的基本表情、姿势、场景位置等信息，如图17-2所示。

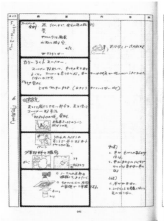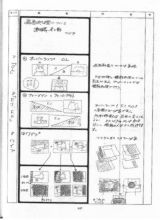

图17-2

🔲 布景（Set Dressing）

这一步是搭建模型。在这个步骤中，模型师需要创建动画所需要的模型，当然模型的建模好坏直接影响到动画的效果，如图17-3所示。

图17-3

🔲 布局（Layout）

这一步是按照故事版制作三维场景的布局。这是从二维转换成三维的第一步，这里能更准确地体现出场景布局跟任务之间的位置关系。场景也不需要灯光、材质、特效等很细的东西，能让导演看到准确的镜头的走位、长度、切换和角色的基本姿势等信息就达到目的了，如图17-4所示。

🔲 布局动画（Blocking Animation）

这一步需要动画师按照布景和布局中设计好的镜头来制作布局动画，这就开始进入真正的动画制作阶段了。把动作的关键动作设置好，这里已经能够比较细致地反映出角色的肢体动作、表情神态等信息，导演认可之后才能进行下一步，如图17-5所示。

图17-4

图17-5

制作动画 (Animation)

上一步通过之后，动画师就可以根据布局动画来进一步制作动画细节，加上挤压、拉伸、跟随、重叠、次要动作等。到这一步动画师的工作就已经完成了，这也是影片的核心之处，其他的特效灯光等都是辅助动画更加出彩的东西，如图17-6所示。

图17-6

模拟、上色（Simulation & Set Shading）

这一步是制作动力学相关的一些东西，譬如毛发、衣服布料等。通过材质贴图，人物和背景就有了颜色，看起来就更细致、真实、自然。这个过程后，颜色就能在不同的灯光中变化了，如图17-7所示。

图17-7

特效（Effects）

此步用特效来制作火、烟雾、水流等效果，虽然这些东西属于佐料，但是没有它们动画的效果也会逊色不少，如图17-8所示。

图17-8

灯光（Lighting）

再好的场景没有漂亮的布光也只是半成品。通过放置虚拟光源来模拟自然界中的光，根据前面的步骤制作出来的场景和材质编辑设定的反射率等数据，给场景打上灯光后，与自然界的景色就几乎没什么两样了，如图17-9所示。

渲染（Rendering）

这是三维动画视频制作的最后一步，渲染计算机中繁杂的数据并输出，加上后期制作（添加音频等），才是一部可以用于放映的影片，因为之前几步的效果都需要经过渲染才能表现出来（制作过程中受到硬件限制不能实时显示高质量的图象）。渲染的方式有很多，但都基于3种基本渲染算法，即扫描线、光线跟踪、辐射度（《汽车总动员》运用了光线跟踪技术，使景物看起来更真实，但是也大大增加了渲染的时间），如图17-10所示。

图17-9

图17-10

17.2 3ds Max动画的基础知识

17.2.1 关键帧动画的工具

■ 关键帧设置

启动3ds Max 2013后，在界面的右下角可以观察到一些设置动画关键帧的相关工具，如图17-11所示。

图17-11

○ 自动关键点：单击该按钮可以记录关键帧。在该状态下，物体的模型、材质、灯光和渲染都将被记录为不同属性的动画。启用【自动关键点】功能后，时间线会变成红色，拖曳时间线滑块可以控制动画的播放范围和关键帧等，如图17-12所示。

图17-12

○ 设置关键点：激活该按钮后，可以对关键点设置动画。

○ 【设置关键点】按钮 ○─：如果对当前的效果比较满意，可以单击该按钮（快捷键为【K】键）设置关键点。

动手学：创建关键帧动画

简单地来说，动画就是一定的时间内，物体的状态发生了变化。根据这个理论可以进行关键帧动画的设置。步骤如下：

01 选择物体，并打开 自动关键点 按钮，将时间线拖动到第0帧，并设置物体的位置、旋转、缩放等状态。如图17-13所示。

02 将时间线拖到第50帧，并再次设置物体的位置、旋转、缩放等状态，如图17-14所示。

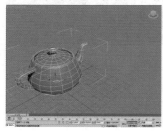
图17-13

图17-14

03 设置完成动画后，再次单击 自动关键点 按钮，拖到时间线可以查看现在的动画效果，如图17-15所示。

■ 播放控制

3ds Max 2013还提供了一些控制动画播放的相关工具，如图17-16所示。

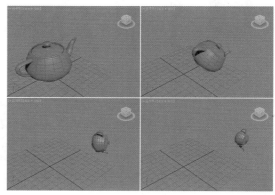
图17-15   图17-16

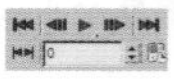

○ 【转至开头】按钮 ◄◄：如果当前时间线滑块没有处于第0帧位置，那么单击该按钮可以跳转到第0帧。

○ 【上一帧】按钮 ◄▍：将当前时间线滑块向前移动一帧。

○ 【播放动画】按钮 ▶ /【播放选定对象】按钮 ▣：单击【播放动画】按钮 ▶ 可以播放整个场景中的所有动画；单击【播放选定对象】按钮 ▣ 可以播放选定对象的动画，而未选定的对象将静止不动。

○ 【下一帧】按钮 ▶▍：将当前时间线滑块向后移动一帧。

○ 【转至结尾】按钮 ▶▶：如果当前时间线滑块没有处于结束帧位置，那么单击该按钮可以跳转到最后一帧。

- 【关键点模式切换】按钮 ：单击该按钮可以切换到关键点设置模式。

- ：在这里可以输入数字来跳转时间线滑块，如输入60，按【Enter】键就可以将时间线滑块跳转到第60帧。

- 【时间配置】按钮 ：单击该按钮可以打开【时间配置】对话框，其中的参数将在后面的内容中进行讲解。

时间配置

单击【时间配置】按钮 ，打开【时间配置】对话框，如图17-17所示。

图17-17

- **帧速率**：共有NTSC（30帧/秒）、PAL（25帧/秒）、Film（电影24帧/秒）和Custom（自定义）4种方式可供选择，但一般情况都采用PAL（25帧/秒）方式。

- **时间显示**：共有【帧】、SMPTE、【帧:TICK】和【分:秒:TICK】4种方式可供选择。

- **实时**：使视图中播放的动画与当前帧速率的设置保持一致。

- **仅活动视口**：使播放操作只在活动视口中进行。

- **循环**：控制动画只播放一次或者循环播放。

- **方向**：指定动画的播放方向。

- **开始时间/结束时间**：设置在时间线滑块中显示的活动时间段。

- **长度**：设置显示活动时间段的帧数。

- **帧数**：设置要渲染的帧数。

- **当前时间**：指定时间线滑块的当前帧。

- **重缩放时间**：拉伸或收缩活动时间段内的动画，以匹配指定的新时间段。

- **使用轨迹栏**：选中该复选框后，可以使关键点模式遵循轨迹栏中的所有关键点。

- **仅选定对象**：在使用【关键点步幅】模式时，该选项仅考虑选定对象的变换。

- **使用当前变换**：禁用【位置】、【旋转】、【缩放】选项时，该选项可以在关键点模式中使用当前变换。

- **位置/旋转/缩放**：指定关键点模式所使用的变换模式。

SPECIAL 技术拓展：什么是帧？

帧是影像动画中最小单位的单幅影像画面，相当于电影胶片上的每一格镜头。一帧就是一副静止的画面，连续的帧就形成动画，如电视图像等。我们通常说的帧数，简单地说，就是在1秒钟时间里传输的图片的帧数，也可以理解为图形处理器每秒钟能够刷新几次，通常用fps（Frames Per Second）表示。高的帧率可以得到更流畅、更逼真的动画。PAL电视标准，每秒25帧。NTSC电视标准，每秒29.97帧（简化为30帧）。

★ 案例实战——自动关键点制作行驶的火车

场景文件	01.max
案例文件	案例文件\Chapter 17\案例实战——自动关键点制作行驶的火车.max
视频教学	视频文件\Chapter 17\案例实战——自动关键点制作行驶的火车.flv
难易指数	★★★☆☆
技术掌握	掌握关键帧动画的使用

实例介绍

本案例是一个火车场景，主要用来讲解关键帧动画制作火车运动的使用方法，最终渲染效果如图17-18所示。

图17-18

制作步骤

01 打开本书配套光盘中的【场景文件/Chapter17/01.max】文件，此时的场景效果如图17-19所示。

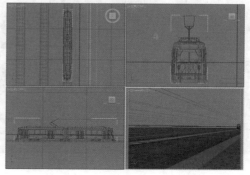

图17-19

02 选择火车模型，然后单击打开 自动关键点 按钮。接着将时间线滑块拖动到第0帧，并将火车模型移动到如图17-20所示的位置。

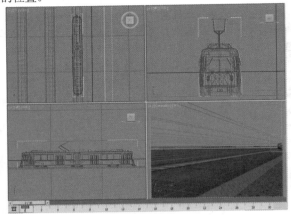

图17-20

03 接着将时间线滑块拖动到第30帧，并将火车模型移动到如图17-21所示的位置。

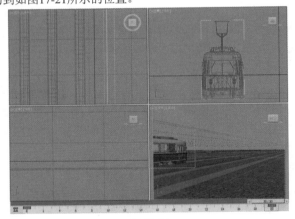

图17-21

04 单击关闭 自动关键点 按钮，然后拖曳时间线滑块查看动画效果，如图17-22所示。

图17-22

05 选择动画效果最明显的一些帧，然后单独渲染出这些单帧动画，最终效果如图17-23所示。

图17-23

★ 案例实战——关键帧制作三维饼形图动画

场景文件	02.max
案例文件	案例文件\Chapter 17\案例实战——关键帧制作三维饼形图动画.max
视频教学	视频文件\Chapter 17\案例实战——关键帧制作三维饼形图动画.flv
难易指数	★★★★☆
技术掌握	掌握关键帧的使用

实例介绍

在这个场景中，主要讲解利用关键帧动画制作三维饼图的动画效果，主要使用为参数设置关键帧的方法进行制作。最终渲染效果如图17-24所示。

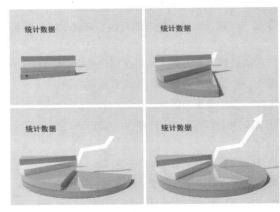

图17-24

制作步骤

制作圆柱体动画

01 打开本书配套光盘中的【场景文件/Chapter17/02.max】文件，此时的场景效果如图17-25所示。

02 选择红色的圆柱体模型，然后单击 自动关键点 按钮。接着将时间线滑块拖动到第0帧，并设置【切片起始位置】为0.5，如图17-26所示。

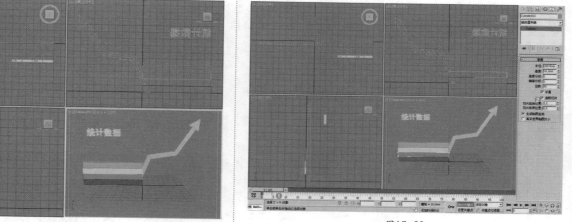

图17-25

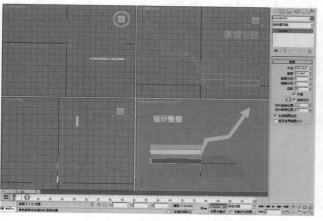

图17-26

03 接着将时间线滑块拖动到第50帧，并设置【切片起始位置】为250，如图17-27所示。

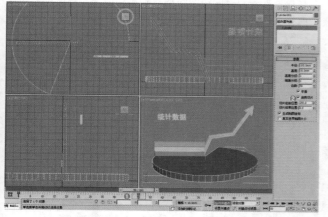

图17-27

04 选择蓝色的圆柱体模型，然后单击 自动关键点 按钮。接着将时间线滑块拖动到第0帧，并设置【切片起始位置】为0.5，如图17-28所示。

图17-28

05 接着将时间线滑块拖动到第50帧，并设置【切片起始位置】为120，如图17-29所示。

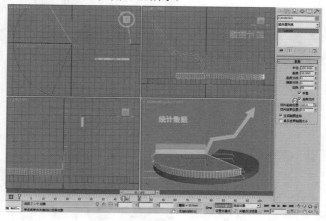

图17-29

06 选择绿色的圆柱体模型，然后单击 自动关键点 按钮。接着将时间线滑块拖动到第0帧，并设置【切片起始位置】为0.5，如图17-30所示。

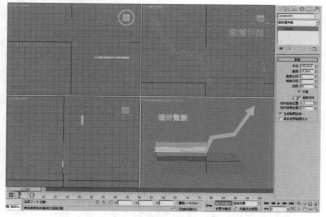

图17-30

07 接着将时间线滑块拖动到第50帧，并设置【切片起始位置】为60，如图17-31所示。

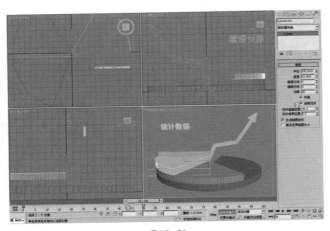

图17—31

08 选择紫色的圆柱体模型，然后单击打开 自动关键点 按钮。接着将时间线滑块拖动到第0帧，并设置【切片起始位置】为0.5，如图17-32所示。

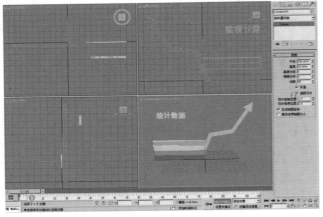

图17—32

09 接着将时间线滑块拖动到第50帧，并设置【切片起始位置】为30，如图17-33所示。

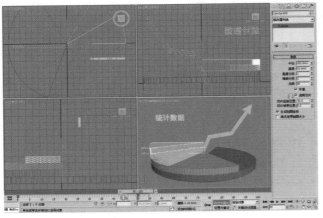

图17—33

制作箭头体动画

01 选择箭头模型，并单击【修改】按钮为其添加【切片】修改器，如图17-34所示。

图17—34

02 选择箭头模型，然后单击打开【自动关键点】按钮。接着将时间线滑块拖动到第0帧，并单击【修改】按钮，进入【切片平面】级别，并且设置【切片类型】为【移除底部】，最后将黄色的切片平面移动到箭头最底部，如图17-35所示。

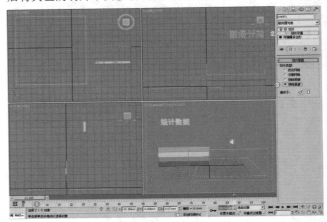

图17—35

技巧提示

【切片】修改器不仅可以对模型进行切片处理，更重要的是可以设置动画。该修改器广泛应用在建筑动画中，如模拟楼房建造动画、植物生长动画等。

03 接着将时间线滑块拖动到第50帧，并将黄色的切片平面移动到箭头最顶部，如图17-36所示。

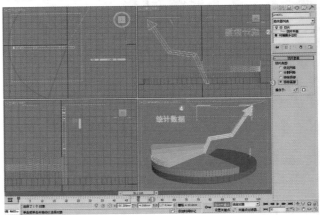

图17—36

04 单击关闭 自动关键点 按钮，然后拖曳时间线滑块查看动画效果，如图17-37所示。

图17-37

05 选择动画效果最明显的一些帧，然后单独渲染出这些单帧动画，最终效果如图17-38所示。

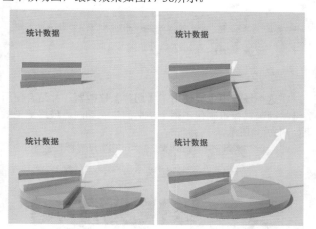

图17-38

★ 案例实战——自动关键点制作气球动画

场景文件	03.max
案例文件	案例文件\Chapter 17\案例实战——自动关键点制作气球动画.max
视频教学	视频文件\Chapter 17\案例实战——自动关键点制作气球动画.flv
难易指数	★★★☆☆
技术掌握	掌握自动关键点的使用

实例介绍

本案例是一个气球场景，主要用来讲解关键帧动画制作气球飘动的使用方法，最终渲染效果如图17-39所示。

图17-39

制作步骤

01 打开本书配套光盘中的【场景文件/Chapter17/03.max】文件，此时的场景效果如图17-40所示。

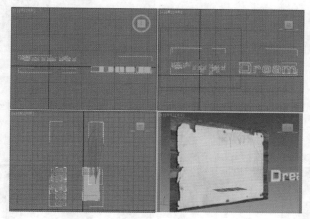

图17-40

02 选择文字模型，然后单击打开 自动关键点 按钮。接着将时间线滑块拖动到第0帧，并将文字模型移动到如图17-41所示的位置。

03 接着将时间线滑块拖动到第10帧，并将文字模型移动到如图17-42所示的位置。

图17-41   图17-42

04 依次选择每个气球，然后单击打开 自动关键点 按钮。接着将时间线滑块拖动到第0帧，并将气球模型移动到如图17-43所示的位置。

05 接着将时间线滑块拖动到第10帧，并将气球模型移动到如图17-44所示的位置。

图17-43   图17-44

06 接着将时间线滑块拖动到第11帧，并将气球模型移动到如图17-45所示的位置。

07 接着将时间线滑块拖动到第60帧，并将气球模型移动到如图17-46所示的位置。

图17-45　　　　　　　　图17-46

08　选择所有的气球模型和文字模型，并选择【组/成组】命令，然后单击打开 自动关键点 按钮，接着将时间线滑块拖动到第61帧，并将成组的模型移动到如图17-47所示的位置。

09　接着将时间线滑块拖动到第82帧，并将成组的模型移动到如图17-48所示的位置。

图17-47　　　　　　　　图17-48

10　接着将时间线滑块拖动到第100帧，并将成组的模型移动到如图17-49所示的位置。

图17-49

11　单击关闭 自动关键点 按钮，然后拖曳时间线滑块查看动画效果，如图17-50所示。

图17-50

12　选择动画效果最明显的一些帧，然后单独渲染出这些单帧动画，最终效果如图17-51所示。

图17-51

★ 案例实战——切片制作建筑生长动画

场景文件	04.max
案例文件	案例文件\Chapter 17\案例实战——切片制作建筑生长动画.max
视频教学	视频文件\Chapter 17\案例实战——切片制作建筑生长动画.flv
难易指数	★★★☆☆
技术掌握	使用【切片】修改器制作楼房生长动画效果

实例介绍

在这个场景中主要使用了【切片】修改器，并结合使用关键帧动画，模拟制作了两个楼房的生长动画。最终渲染效果如图17-52所示。

图17-52

制作步骤

01　打开本书配套光盘中的【场景文件/Chapter17/04.max】文件，此时的场景效果如图17-53所示。

02　选择场景中的所有楼体模型，如图17-54所示。

03　单击【修改】按钮，并为其添加【切片】修改器，并且设置【切片类型】为【移除顶部】，如图17-55所示。

04　选择楼体模型，然后单击打开 自动关键点 按钮。接着将时间线滑块拖动到第0帧，并单击【修改】按钮，进入【切片平面】级别，并且设置【切片类型】为【移除顶部】，最后将黄色的切片平面移动到楼体的最底部，如图17-56所示。

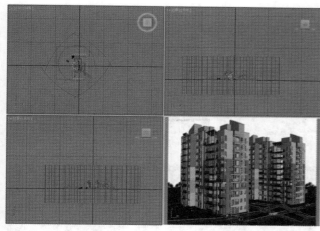

图17-53

图17-54　　　　　图17-55

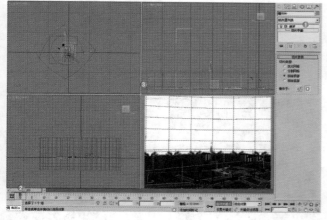

图17-56

05 接着将时间线滑块拖动到第80帧，并将黄色的切片平面移动到楼体最顶部，如图17-57所示。

06 单击关闭 自动关键点 按钮，然后拖曳时间线滑块查看动画效果，如图17-58所示。

技巧提示

假如需要让动画更精彩，那么可以分别为每一个楼体添加【切片】修改器并制作动画，当然也可以为每一个楼体中的结构（如窗户、墙面）添加【切片】修改器并制作动画。

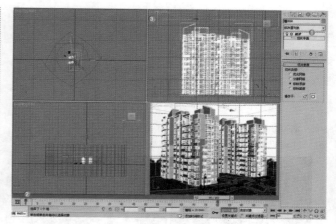

图17-57

图17-58

07 选择动画效果最明显的一些帧，然后单独渲染出这些单帧动画，最终效果如图17-59所示。

图17-59

★ 案例实战——摄影机拍摄动画

场景文件	05.max
案例文件	案例文件\Chapter 17\案例实战——摄影机拍摄动画.max
视频教学	视频文件\Chapter 17\案例实战——摄影机拍摄动画.flv
难易指数	★★★☆☆
技术掌握	掌握关键帧动画的使用

实例介绍

本案例使用了关键帧动画为场景的模型和灯光设置了动画，并将两者进行链接。最终渲染效果如图17-60所示。

图17-60

制作步骤

01 打开本书配套光盘中的【场景文件/Chapter17/05.max】文件，此时的场景效果如图17-61所示。

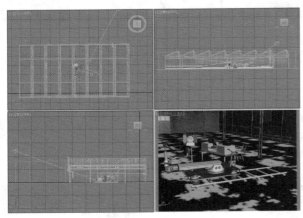

图17-61

02 选择场景中的轨道车模型，然后单击打开 自动关键点 按钮。接着将时间线滑块拖动到第0帧，并将轨道车模型移动到如图17-62所示的位置。

03 接着将时间线滑块拖动到第100帧，并将轨道车模型移动到如图17-63所示的位置。

04 选择场景中的拍摄灯模型，然后单击打开 自动关键点 按钮。接着将时间线滑块拖动到第0帧，并将拍摄灯模型移动到如图17-64所示的位置。

05 接着将时间线滑块拖动到第100帧，并将拍摄灯模型移动到如图17-65所示的位置。

图17-62　　　　　　　　图17-63

图17-64　　　　　　　　图17-65

06 选择场景中的灯光【Direct001】，然后单击【选择并链接】按钮，接着单击拍摄灯模型，这样就可以将灯光和拍摄灯模型链接到一起了，灯光跟随拍摄灯的运动而运动，如图17-66所示。

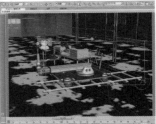

图17-66

07 单击关闭 自动关键点 按钮，然后拖曳时间线滑块查看动画效果，如图17-67所示。

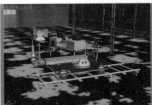

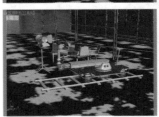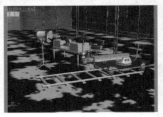

图17-67

 技巧提示

不仅可以为灯光制作动画，同样也可以为摄影机、材质制作动画，因此该案例为读者提供了一个全新的制作动画的思路。

08 选择动画效果最明显的一些帧，然后单独渲染出这些单帧动画，最终效果如图17-68所示。

图17-68

 技术拓展：如何将动画输出成视频格式？

在3ds Max中制作动画的最终目的是将动画从软件中输出，并保存为可以播放的视频格式。

01 单击打开【渲染设置】按钮，设置渲染器为VRay渲染器，并进行相应的参数设置。选择【公用】选项卡，设置【时间输出】为【活动时间段】，并设置合适的【输出大小】，如图17-69所示。

02 单击 文件... 按钮，并在弹出的【渲染输出文件】对话框中设置【保存类型】为【MOV】，最后单击 保存⑤ 按钮，如图17-70所示。

03 单击【渲染产品】按钮，等待动画渲染完成即可在保存的路径下面找到渲染的视频。

图17-69   图17-70

★ **案例实战——关键帧动画制作烛光动画**

场景文件	06.max
案例文件	案例文件\Chapter 17\案例实战——关键帧动画制作烛光动画.max
视频教学	视频文件\Chapter 17\案例实战——关键帧动画制作烛光动画.flv
难易指数	★★★☆☆
技术掌握	掌握关键帧动画的制作

实例介绍

本案例使用了【FFD】修改器，并结合关键帧动画，将烛光的模型设置了一个变化的动画。最终渲染效果如图17-71所示。

图17-71

制作步骤

01 打开本书配套光盘中的【场景文件/Chapter17/06.max】文件，此时的场景效果如图17-72所示。

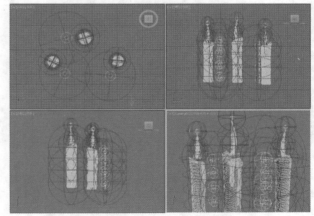

图17-72

02 选择最左侧的火焰模型，并单击【修改】按钮，为其加减【FFD4×4×4】修改器，如图17-73所示。

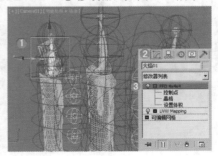

图17-73

03 进入【控制点】级别，并单击打开 自动关键点 按钮，此时拖动时间线滑块到第1帧，然后设置控制点到如图17-74所示的位置。

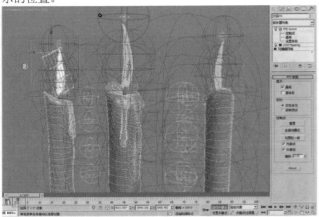

图17-74

04 此时拖动时间线滑块到第50帧，然后设置控制点到如图17-75所示的位置。

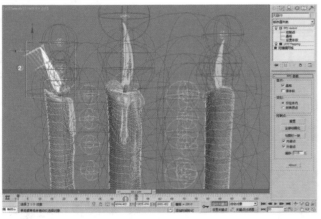

图17-75

05 此时拖动时间线滑块到第100帧，然后设置控制点到如图17-76所示的位置。

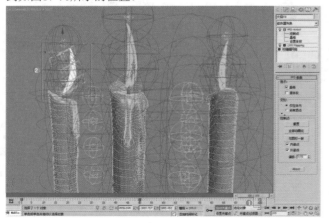

图17-76

06 用同样的方法制作出剩余两个火焰的动画，如图17-77所示。

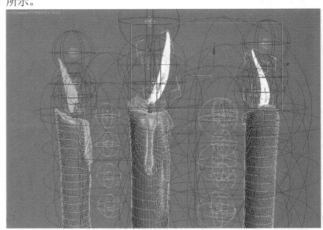

图17-77

07 单击关闭 自动关键点 按钮，然后拖曳时间线滑块查看动画效果，如图17-78所示。

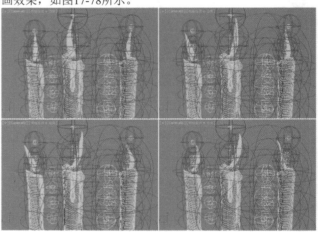

图17-78

08 最终渲染效果如图17-79所示。

图17-79

★ 综合实战——关键帧制作球体转动LOGO

场景文件	07.max
案例文件	案例文件\Chapter 17\综合实战——关键帧制作球体转动LOGO.max
视频教学	视频文件\Chapter 17\综合实战——关键帧制作球体转动LOGO.flv
难易指数	★★★★☆
技术掌握	掌握关键帧动画的使用

实例介绍

本案例使用关键帧动画为球体设置了参数，主要使用了【启用切片】复选框下面的参数，为球体设置不同的切片效果，从而出现了变幻的球体效果。最终渲染效果如图17-80所示。

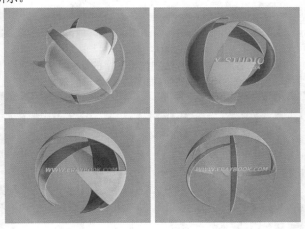

图17-80

制作步骤

01 打开本书配套光盘中的【场景文件/Chapter17/07.max】文件，此时的场景效果如图17-81所示。

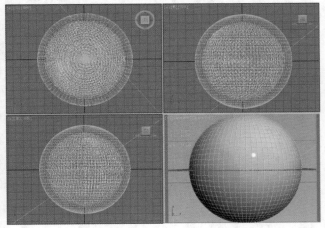

图17-81

02 选择白色的球体模型，然后单击打开 自动关键点 按钮。接着将时间线滑块拖动到第0帧，并设置【半径】为60mm，如图17-82所示。

03 接着将时间线滑块拖动到第10帧，并设置【半径】为0mm，如图17-83所示。

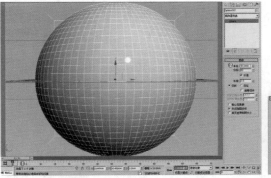

图17-82　　　　　　　　　　　　图17-83

04 选择粉色球体，接着将时间线滑块拖动到第0帧，并选中【启用切片】复选框，然后设置【切片起始位置】为10，如图17-84所示。

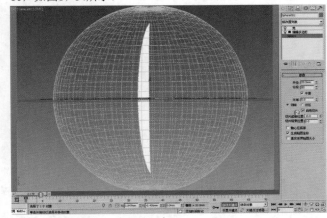

图17-84

05 选择粉色球体，接着将时间线滑块拖动到第25帧，并选中【启用切片】复选框，然后设置【切片起始位置】为90，如图17-85所示。

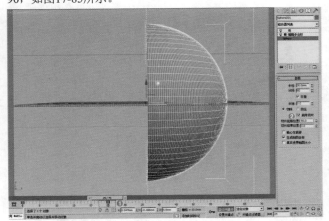

图17-85

06 选择粉色球体，接着将时间线滑块拖动到第50帧，并选中【启用切片】复选框，然后设置【切片起始位置】为1，如图17-86所示。

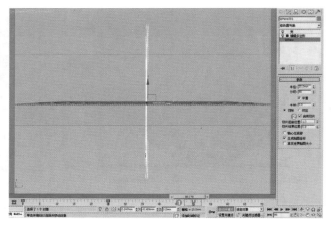

图17-86

07 继续设置其他球体的动画。将时间线滑块拖动到第0帧，设置其他球体为如图17-87所示的效果。

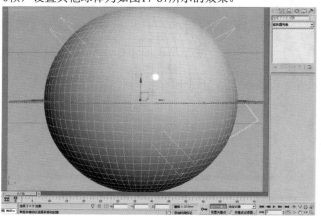

图17-87

08 继续设置其他球体的动画。将时间线滑块拖动到第25帧，设置其他球体为如图17-88所示的效果。

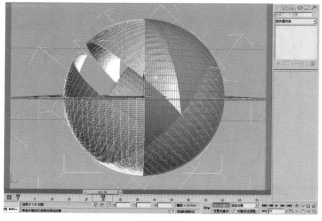

图17-88

09 继续设置其他球体的动画。将时间线滑块拖动到第50帧，设置其他球体为如图17-89所示的效果。

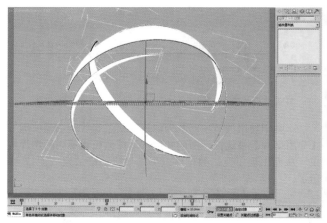

图17-89

10 最后用同样的方法制作出文字的动画。将时间线滑块拖动到第0帧，设置文字为如图17-90所示的效果。

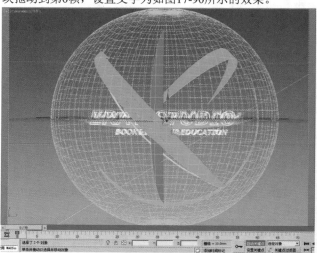

图17-90

11 将时间线滑块拖动到第25帧，设置文字为如图17-91所示的效果。

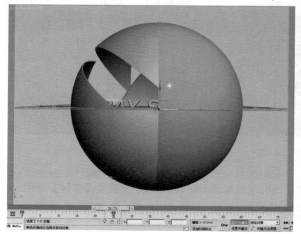

图17-91

12 将时间线滑块拖动到第26帧，设置文字为如图17-92所示的效果。

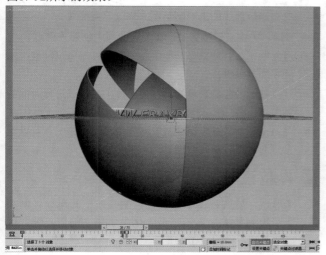

图17-92

13 单击关闭 自动关键点 按钮，然后拖曳时间线滑块查看动画效果，如图17-93所示。

图17-93

17.2.2　轨迹视图-曲线编辑器

◎ 技术速查：【曲线编辑器】是制作动画时经常使用到的一个编辑器。使用【曲线编辑器】可以快速地调节曲线来控制物体的运动状态。

单击主工具栏中的【曲线编辑器(打开)】按钮 ，打开【轨迹视图-曲线编辑器】窗口，如图17-95所示。

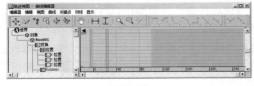

图17-95

14 选择动画效果最明显的一些帧，然后单独渲染出这些单帧动画，最终效果如图17-94所示。

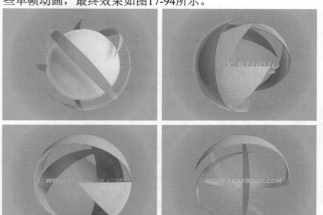

图17-94

 读书笔记

为物体设置动画属性以后，在【轨迹视图-曲线编辑器】窗口中就会有与之相对应的曲线，如图17-96所示是【位置】属性的【X位置】、【Y位置】和【Z位置】曲线。

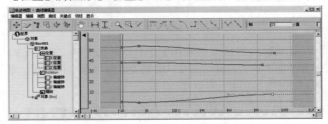

图17-96

技术专题——不同动画曲线所代表的含义.

在【轨迹视图-曲线编辑器】窗口中，X轴默认使用红色曲线来表示，Y轴默认使用绿色曲线来表示，Z轴默认使用紫色曲线来表示，这3条曲线与坐标轴的3条轴线的颜色相同，如图17-97所示的X轴曲线为水平直线，这代表物体在X轴上未发生移动。

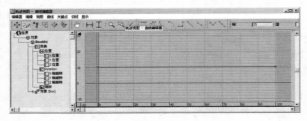

图17-97

图17-98中的Y轴曲线为抛物线形状，代表物体在Y轴方向上正处于加速运动状态。

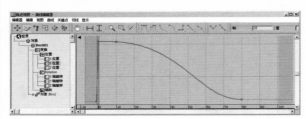

图17-98

图17-99中的Z轴曲线为倾斜的均匀曲线，代表物体在Z轴方向上处于匀速运动状态。

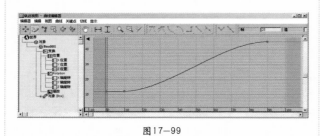

图17-99

下面讲解【轨迹视图-曲线编辑器】窗口中的相关工具。

关键点控制工具

【关键点控制:轨迹视图】工具栏中的工具主要用来调整曲线基本形状，同时也可以调整关键帧和添加关键点，如图17-100所示。

- 【移动关键点】按钮 ✦/【水平移动关键点】按钮 ➡/【垂直移动关键点】按钮 ⬆：在函数曲线图上任意、水平或垂直移动关键点。

图17-100

- 【绘制曲线】按钮 ：可使用该选项绘制新曲线，或直接在函数曲线图上绘制草图来修改已有曲线。

- 【插入关键点】按钮 ：在现有曲线上创建关键点。

- 【区域工具】按钮 ：使用此工具可以在矩形区域中移动和缩放关键点。

- 【调整时间工具】按钮 ：使用该工具可以进行时间的调节。

- 【对全部对象从定时工具】按钮 ：使用该工具可以对全部对象进行从定时间。

导航工具

【导航：轨迹视图】工具栏中的导航工具可以控制平移、水平方向最大化显示、最大化显示值、缩放、缩放区域、孤立曲线，如图17-101所示。

图17-101

- 【平移】按钮 ：该选项可以控制平移轨迹视图。

- 【框显水平范围】按钮 ：该选项用来控制水平方向的最大化显示效果。

- 【框显值范围】按钮 ：该选项用来控制最大化显示数值。

- 【缩放】按钮 ：该选项用来控制轨迹视图的缩放效果。

- 【缩放区域】按钮 ：该选项可以通过拖动鼠标左键的区域进行缩放。

- 【孤立曲线】按钮 ：该选项用来控制孤立的曲线。

关键点切线工具

【关键点切线:轨迹视图】工具栏中的工具主要用来调整曲线的切线，如图17-102所示。

图17-102

- 【将切线设置为自动】按钮 ：选择关键点后，单击该按钮可以切换为自动切线。

- 【将切线设置为自定义】按钮 ：将关键点设置为自定义切线。

- 【将切线设置为快速】按钮 ：将关键点切线设置为快速内切线或快速外切线，也可以设置为快速内切线兼快速外切线。

- 【将切线设置为慢速】按钮 ：将关键点切线设置为慢速内切线或慢速外切线，也可以设置为慢速内切线兼慢速外切线。

- 【将切线设置为阶跃】按钮 ：将关键点切线设置为阶跃内切线或阶跃外切线，也可以设置为阶跃内切线兼阶跃外切线。

- 【将切线设置为线性】按钮 ：将关键点切线设置为线

性内切线或线性外切线，也可以设置为线性内切线兼线性外切线。

- 【将切线设置为平滑】按钮 : 将关键点切线设置为平滑切线。

切线动作工具

【切线动作:轨迹视图】工具栏上提供的工具可用于统一和断开动画关键点切线，如图17-103所示。

图17-103

- 【断开切线】按钮 : 允许将两条切线（控制柄）连接到一个关键点，使其能够独立移动，以便不同的运动能够进出关键点。选择一个或多个带有统一切线的关键点，然后单击【断开切线】按钮即可。

- 【统一切线】按钮 : 如果切线是统一的，按任意方向移动控制柄，从而控制柄之间保持最小角度。选择一个或多个带有断开切线的关键点，然后单击【统一切线】按钮即可。

关键点输入工具

【关键点输入:轨迹视图】工具栏中包含用于从键盘编辑单个关键点的字段，如图17-104所示。

图17-104

- 帧: 显示选定关键点的帧编号（在时间中的位置）。可以输入新的帧数或输入一个表达式，以将关键点移至其他帧。

- 值: 显示高亮显示的关键点的值（即在空间中的位置）。这是一个可编辑字段，可以输入新的数值或表达式来更改关键点的值。

★ 案例实战——曲线编辑器制作旋转的排球

场景文件	08.max
案例文件	案例文件\Chapter 17\案例实战——曲线编辑器制作旋转的排球.max
视频教学	视频文件\Chapter 17\案例实战——曲线编辑器制作旋转的排球.flv
难易指数	★★★☆☆
技术掌握	掌握曲线编辑器功能的使用

实例介绍

本案例是一个排球场场景，主要用来讲解曲线编辑器的使用方法，最终渲染效果如图17-105所示。

图17-105

制作步骤

制作高尔夫球棒动画

01 打开本书配套光盘中的【场景文件/Chapter17/08.max】文件，此时的场景效果如图17-106所示。

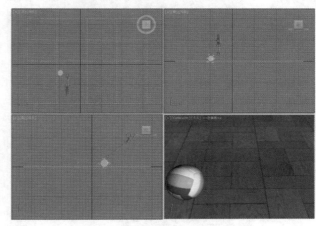
图17-106

02 选择排球模型，然后单击打开 自动关键点 按钮，拖动时间线滑块到第0帧，然后设置排球模型为如图17-107所示的位置。

03 接着拖动时间线滑块到第50帧，然后移动所选择的部分模型到如图17-108所示的位置。

图17-107 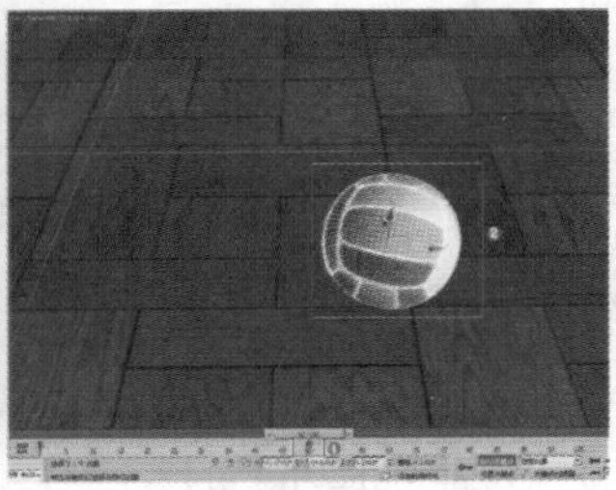　　　　　　图17-108

04 此时拖动时间线滑块到第100帧，然后移动所选择的部分模型到如图17-109所示的位置。

05 此时拖动时间线滑块到第100帧，然后沿Z轴旋转360°，如图17-110所示。

图17-109　　　　　　图17-110

使用曲线编辑器调节动画

01 为了使动画更加真实，此时需要通过调节曲线编辑器进行调整。单击【曲线编辑器】按钮，此时可以看到曲线编辑器面板，如图17-111所示。

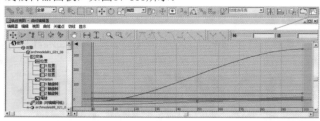

图17-111

02 单击面板左侧的【X位置】，可以看到X轴位移上的动画曲线，可以发现在第50帧的曲线过渡非常强烈，因此证明该部分的动画过渡不合适，如图17-112所示。

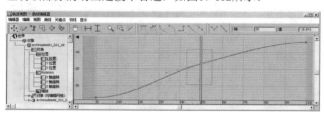

图17-112

03 此时单击面板左侧的【X位置】，并调节曲线的形状，使其过渡更缓和，如图17-113所示。

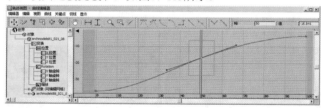

图17-113

04 单击面板左侧的【Y位置】，此时可以看到Y轴位移上的动画曲线，发现在第50帧的曲线过渡非常强烈，因此证明该部分的动画过渡不合适，如图17-114所示。

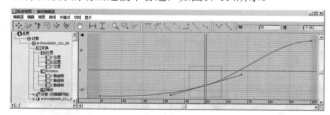

图17-114

05 此时单击面板左侧的【Y位置】，并调节曲线的形状，使其过渡更缓和，如图17-115所示。

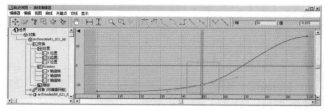

图17-115

06 单击关闭 自动关键点 按钮，然后拖曳时间线滑块查看动画效果，如图17-116所示。

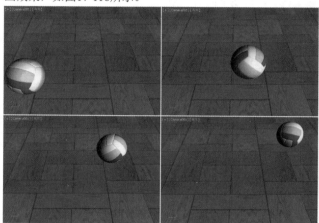

图17-116

07 最终渲染效果如图17-117所示。

图17-117

17.2.3 运动面板

◉ 技术速查：运动面板包含有为了使用变换控制器的特殊工具。运动面板包含许多同样的控制器功能，如曲线编辑器、加号控制及IK解算器等特殊控制器。

使用运动面板可以查看和使用一个选定对象的变换控制器，如图17-118所示。

图17-118

🔲 【指定控制器】卷展栏

【指定控制器】卷展栏向单个对象指定并追加不同的变换控制器，还可以在轨迹视图中指定控制器，如图17-119所示。

图17-119

🔲 【PRS 参数】卷展栏

【PRS 参数参数】卷展栏提供用于创建和删除关键点的工具，PRS 代表3个基本的变换控制器，即位置、旋转和缩放，如图17-120所示。

图17-120

🔲 【位置XYZ参数】卷展栏

【位置XYZ参数】卷展栏可以用来设置【位置轴】的方式，包括X、Y、Z 3种，如图17-121所示。

图17-121

🔲 【关键点信息(基本)】卷展栏

【关键点信息(基本)】卷展栏用于更改一个或多个选定关键点的动画值、时间和插值方法，如图17-122所示。

图17-122

🔲 【关键点信息(高级)】卷展栏

【关键点信息(高级) 】卷展栏包含除【关键点信息(基本)】卷展栏关键点设置以外的其他关键点设置，如图17-123所示。

图17-123

17.2.4 约束

- 🔘 技术速查：所谓约束，就是将事物的变化限制在一个特定的范围内。将两个或多个对象绑定在一起后，使用【动画/约束】子菜单中的命令可以控制对象的位置、旋转或缩放。

选择【动画/约束】命令，可以观察到【约束】命令的7个子命令，分别是【附着约束】、【曲面约束】、【路径约束】、【位置约束】、【链接约束】、【注视约束】和【方向约束】，如图17-124所示。

图17-124

- 🔘 附着约束：将对象的位置附到另一个对象的面上。
- 🔘 曲面约束：沿着另一个对象的曲面来限制对象的位置。
- 🔘 路径约束：沿着路径来约束对象的移动效果。
- 🔘 位置约束：使受约束的对象跟随另一个对象的位置。
- 🔘 链接约束：将一个对象中的受约束对象链接到另一个对象上。
- 🔘 注视约束：约束对象的方向，使其始终注视另一个对象。
- 🔘 方向约束：使受约束的对象旋转跟随另一个对象的旋转效果。

★ 案例实战——路径约束和路径变形制作写字动画

场景文件	09.max
案例文件	案例文件\Chapter 17\案例实战——路径约束和路径变形制作写字动画.max
视频教学	视频文件\Chapter 17\案例实战——路径约束和路径变形制作写字动画.flv
难易指数	★★★☆☆
技术掌握	掌握路径约束和路径变形功能

实例介绍

本案例是一个写信的场景，主要讲解路径约束和路径变形的使用方法，最终渲染效果如图17-125所示。

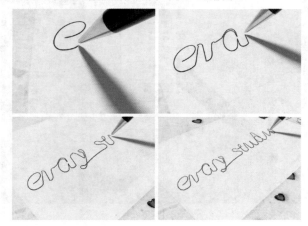

图17-125

制作步骤

创建写字动画

01 打开本书配套光盘中的【场景文件/Chapter17/09.max】文件，场景效果如图17-126所示。

图17-126

02 使用【选择并移动】工具 和【选择并旋转】工具 ，将钢笔移动到如图17-127所示的位置。

图17-127

03 选择钢笔模型，然后选择【动画/约束/路径约束】命令，最后单击拾取场景中的文字，如图17-128所示。

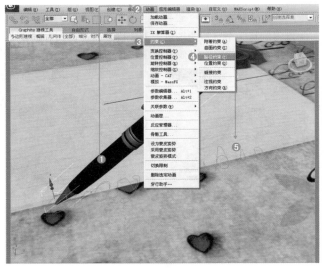

图17-128

04 此时拖动时间线滑块查看动画效果，如图17-129所示。

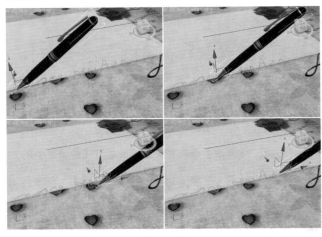

图17-129

> **技巧提示**
>
> 在创建文字时，最好将文字调整成连笔的效果，这样在制作动画时不会出现错误。

05 选择场景中的圆柱体，然后进入修改面板，并加载【路径变形】修改器，如图17-130所示。

> **技巧提示**
>
> 这个步骤非常重要，需要设置合适的圆柱体的分段，这样在后面制作写字动画时，才会出现正确的效果。如图17-131所示为圆柱体的设置参数。

图17-130

图17-131

06 选择圆柱体，然后单击 拾取路径 按钮，最后单击拾取文字，此时会看到已经出现了部分文字，如图17-132所示。

图17-132

07 选择圆柱体，然后单击打开 自动关键点 按钮，此时拖动时间线滑块到第0帧，并进入修改面板，最后设置【拉伸】

为0，如图17-133所示。继续拖动时间线滑块到第10帧，并进入修改面板，最后设置【拉伸】为0.313，如图17-134所示。

图17-133

图17-134

08 继续拖动时间线滑块到第20帧，并进入修改面板，最后设置【拉伸】为0.603，如图17-135所示。继续拖动时间线滑块到第30帧，并进入修改面板，最后设置【拉伸】为0.916，如图17-136所示。

09 继续拖动时间线滑块到第40帧，并进入修改面板，最后设置【拉伸】为1.208，如图17-137所示。继续拖动时间线滑块到第50帧，并进入修改面板，最后设置【拉伸】为1.513，如图17-138所示。

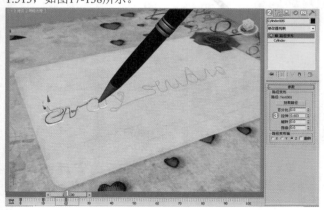

图17-135

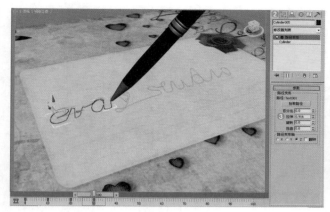

图17-136

图17-137

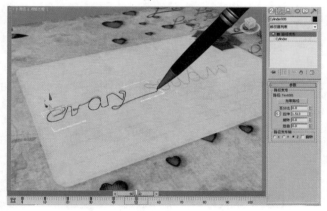

图17-138

10 继续拖动时间线滑块到第60帧，并进入修改面板，最后设置【拉伸】为1.815，如图17-139所示。继续拖动时间线滑块到第70帧，并进入修改面板，最后设置【拉伸】为2.136，如图17-140所示。

11 继续拖动时间线滑块到第80帧，并进入修改面板，最后设置【拉伸】为2.436，如图17-141所示。继续拖动时间线滑块到第90帧，并进入修改面板，最后设置【拉伸】为2.72，如图17-142所示。

12 继续拖动时间线滑块到第100帧，并进入修改面板，最后设置【拉伸】为3.05，如图17-143所示。

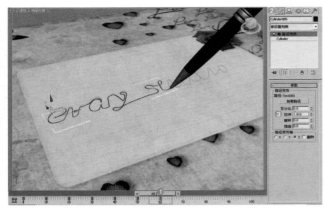

图17-139

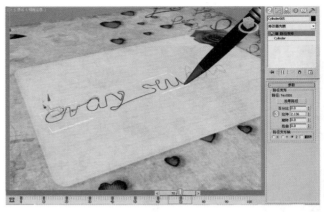

图17-140

图17-141

图17-142

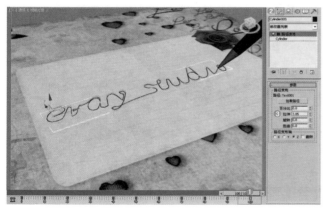

图17-143

13 单击关闭 自动关键点 按钮，然后拖曳时间线滑块查看动画效果，如图17-144所示。

图17-144

这个步骤非常烦琐，主要的操作是为了在每一帧的状态下钢笔和文字书写的轨迹完全吻合，这样在播放动画时就不会出现钢笔与文字不同步的情况。在本案例中，以每10帧调节一次参数和位置的对齐，而为了模拟出更真实的效果，读者可以以每5帧调节一次参数和位置的对齐。

创建摄影机动画

01 单击 ▪、▪按钮，选择 标准 ▾选项，单击 目标 按钮，如图17-145所示。在场景中拖曳创建一盏摄影机，如图17-146所示。

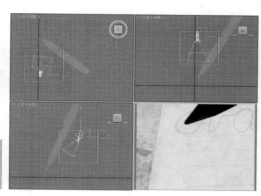

图17-145   图17-146

02 单击打开 自动关键点 按钮，此时拖动时间线滑块到第0
帧，将摄影机移动到如图17-147所示的位置。

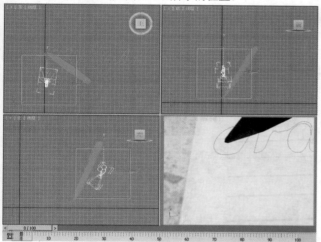

图17-147

03 再次拖动时间线滑块到第100帧，并将摄影机移动
到如图17-148所示的位置。

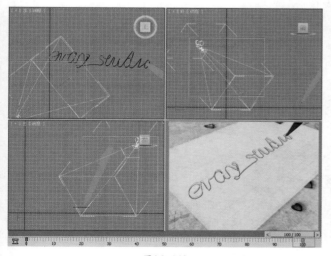

图17-148

04 单击关闭 自动关键点 按钮，然后拖曳时间线滑块查看动
画效果，如图17-149所示。

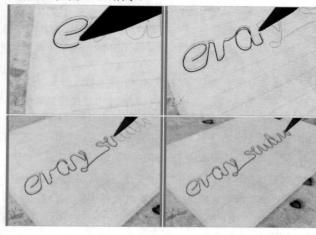

图17-149

05 最终渲染效果如图17-150所示。

图17-150

📖 **读书笔记**

17.2.5　变形器

- ⊙ 技术速查：【变形器】修改器可以用来改变网格、面片和NURBS模型的形状，同时还支持材质变形，一般用于制作3D角色的口型动画和与其同步的面部表情动画。
  如图17-151所示为使用变形器制作的人物表情动画效果。

图17-151

在场景中任意创建一个对象，然后进入修改面板，接着为其加载一个【变形器】修改器，其参数设置面板如图17-152所示。

3ds Max 2013 自学视频教程

- ⊙ ▭▭▭▭▭▭：在该下拉列表框中可以选择以前保存的标记，或在文本框中输入新名称创建新标记。
- ⊙ 保存标记：在文本框中输入新的标记名称后，单击该按钮可以存储标记。
- ⊙ 删除标记：在下拉列表框中选择标记后，单击该按钮可以将其删除。
- ⊙ 列出范围：显示通道列表中的可见通道的范围。
- ⊙ 加载多个目标：用于将多个变形目标加载到空的通道中。
- ⊙ 重新加载所有变形目标：重新加载所有变形目标。
- ⊙ 活动通道值清零：如果已经开启了【自动关键点】功能，单击该按钮可以为所有活动变形通道创建值为0的关键点。
- ⊙ 自动重新加载目标：启用该选项后，允许【变形器】修改器自动更新动画目标。
- ⊙ 从场景中拾取对象：使用该按钮可以在视图中拾取一个对象，然后可以将变形目标指定给当前通道。

- ⊙ 捕获当前状态：选择一个空的通道后可以激活该按钮。
- ⊙ 删除：删除当前通道的指定目标。
- ⊙ 提取：选择蓝色通道后，单击该按钮可以使用变形数据来创建对象。

图17-152

- ⊙ 使用限制：如果在【全局参数】卷展栏下禁用了【使用限制】选项，那么该选项可以在当前通道上使用限制。
- ⊙ 最小/最大值：设置限制的最小/最大数值。
- ⊙ 使用顶点选择：仅变形当前通道上的选定顶点。
- ⊙ 目标列表：列出与当前通道关联的所有中间变形目标。
- ⊙ 【上移】按钮↑/【下移】按钮↓：在列表中向上/下移动选定的中间变形目标。
- ⊙ 目标%：指定选定的中间变形目标在整个变形解决方案中所占的百分比。
- ⊙ 张力：设置选定的中间变形目标之间的顶点在变换时的整体线性张力。

课后练习

【课后练习——漩涡贴图制作咖啡动画】

思路解析：

- ① 使用【漩涡】程序贴图制作咖啡材质。
- ② 设置咖啡的凹凸纹理。
- ③ 使用关键帧设置【扭曲】参数的动画。

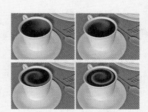

本章小结

通过本章的学习，可以掌握基本动画的知识，如关键帧动画、曲线编辑器、运动面板、约束动画、变形器等，可以快速地模拟较为简单的常用动画效果，如物体移动、旋转、缩放动画，物体沿线进行路径移动动画，以及材质、灯光、摄影机动画等。

第18章

高级动画

本章内容简介：

高级动画与基础动画有相似之处，但是高级动画应用的技术更难，效果更逼真，主要用来制作人物、角色的动画。在本章不仅要研究动画的设置，而且要对动画产生的根源进行剖析。要研究动画，首先需要了解运动系统。运动系统由骨、关节和肌肉等组成，其功能是使位移或保持姿势。动画表现中最难的就是动作的真实、流畅度，因此研究好人体解剖学和人体动作原理是非常重要的。

本章学习要点：

- 骨骼的创建方法
- Biped的创建方法
- 为对象进行蒙皮
- CAT对象功能的使用

18.1 认识高级动画

国外的三维动画电影非常精彩，很大原因是在动作真实的基础上，把人物、角色的个性进行放大，这样趣味性更强，更容易激发观看者的兴趣。

18.1.1 什么是高级动画

高级动画主要包括骨骼、Biped、蒙皮、CAT等知识。通过对这些知识的学习，可以制作角色动画、人物动画，如图18-1所示。

图18-1

18.1.2 人体结构与运动规律

骨骼结构

○ 技术速查：人体的骨骼起着支撑身体的作用，是人体运动系统的一部分。成人有206块骨。骨与骨之间一般用关节和韧带连接起来。通俗地讲，骨骼就是人体的基本框架。

如图18-2所示为人体骨骼的分布图。

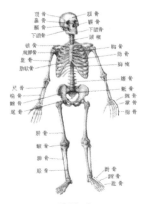

图18-2

肌肉分布

○ 技术速查：肌肉（muscle）主要由肌肉组织构成。骨骼肌是运动系统的动力部分，在神经系统的支配下，骨骼肌收缩中，牵引骨产生运动。人体骨骼肌共有600多块，分布广，约占体重的40%。

肌肉收缩牵引骨骼而产生关节的运动，其作用犹如杠杆装置，有3种基本形式。平衡杠杆运动，支点在重点和力点之间，如寰枕关节进行的仰头和低头运动；省力杠杆运动，其重点位于支点和力点之间，如起步抬足跟时踝关节的运动；速度杠杆运动，其力点位于重点和支点之间，如举起重物时肘关节的运动。如图18-3所示为肌肉分布图。

人物运动规律

动画运动规律，是研究时间、空间、张数、速度的概念及彼此之间的相互关系，从而处理好动画中动作的节奏的规律，如图18-4所示。人物运动是动画中经常要表现的，在设

计时要注意人走路、奔跑和跳跃时的基本动作，各部位用力的大小，先后等要根据实际进行设计。

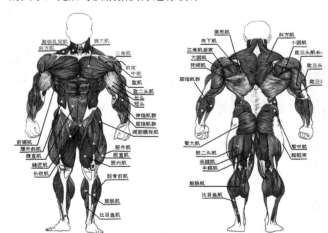

图18-3

图18-4

动物运动规律

动物的基本动作是走、跑、跳、跃、飞、游等，不同动物因运动方式不同，所以各部位的运动也就产生差异，如豹的奔跑速度比较快，因此身体的运动幅度较大，如图18-5所示。

马奔跑速度较慢时，身体基本保持不变，而四肢变化较大，如图18-6所示。

图18-5

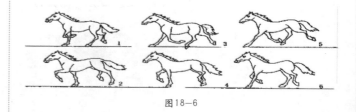

图18-6

18.2 骨骼和蒙皮动画

18.2.1 骨骼

 创建骨骼

🔘 技术速查：3ds Max 2013中的骨骼系统非常强大，可以制作出各种动画效果，也是3ds Max存在时间最久的动画系统。

单击 🔳、🔳 按钮，选择 标准 ▼ 选项，单击 骨骼 按钮，如图18-7所示。然后单击鼠标左键即可创建骨骼，单击鼠标右键即可完成创建，如图18-8所示。

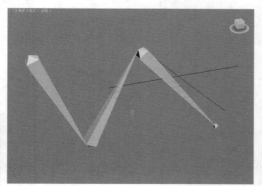

图18-7　　　　　　图18-8

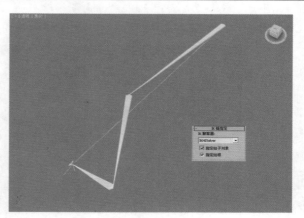

图18-9

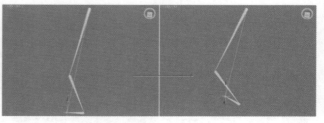

图18-10

🔘 **线性IK**

🔘 技术速查：线性IK使用位置约束控制器将IK链约束到一条曲线上，使其能够在曲线节点的控制下在上、下、左、右方向上进行扭动，以此来模拟软体动物的运动效果。

在创建骨骼时，如果在【IK链指定】卷展栏下选中【指定给子对象】复选框，那么创建出来的骨骼会出现一条连接线，如图18-9所示。

当将连接该线的十字图标选中并进行移动时，会发现这个运动效果类似于人的腿部运动，如图18-10所示。

★ 案例实战——HI解算器创建线性IK

场景文件	无
案例文件	案例文件\Chapter 18\案例实战——HI解算器创建线性IK.max
视频教学	视频文件\Chapter 18\案例实战——HI解算器创建线性IK.flv
难易指数	★★☆☆☆
技术掌握	掌握如何使用【骨骼】工具和【解算器】创建线性IK

实例介绍

本例使用【骨骼】工具和【HI解算器】创建的线性IK，效果如图18-11所示。

制作步骤

01 单击 🔳、🔳 按钮，选择 标准 ▼ 选项，单击 骨骼 按钮，如图18-12所示。

02 在视图中单击5次鼠标左键，最后单击鼠标右键完成创建，此时的骨骼效果如图18-13所示。

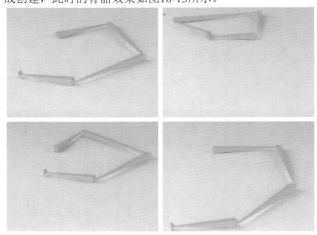

图18-11

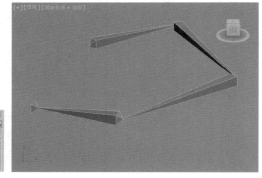

图18-12　　　　　　　　　图18-13

03 选择【动画/IK解算器/ HI解算器】菜单命令，此时在视图中会出现一条虚线，将光标放置在骨骼的末端并单击鼠标左键，将骨骼的始端和末端链接起来，如图18-14所示，完成后的效果如图18-15所示。

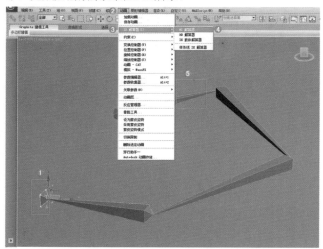

图18-14

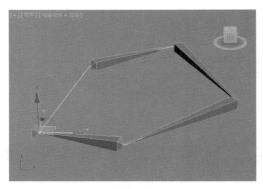

图18-15

04 此时移动解算器图标的位置，即可变换骨骼的效果，如图18-16所示。

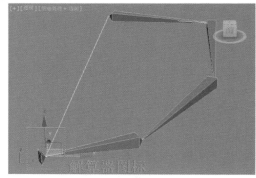

图18-16

05 使用【选择并移动】工具✛移动解算器，可以调节出各种各样的骨骼效果，如图18-17所示。

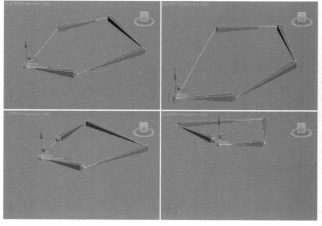

图18-17

06 对不同的骨骼样式进行渲染，最终效果如图18-18所示。

父子关系

⊙ 技术速查：父子关系是骨骼系统中非常重要的知识点，可以规定骨骼的控制。

创建好骨骼节点后，单击主工具栏中的【按名称选择】按钮，在弹出的对话框中可以观察到骨骼节点之间的父子关系，其关系是Bone001>Bone002>Bone003>Bone004，如图18-19所示。

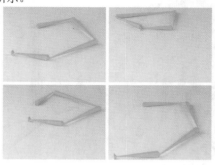

图18-18

图18-19

选择骨骼Bone001，然后使用【选择并移动】工具拖曳该骨骼，可以观察到Bone001、Bone002、Bone003、Bone004都会跟随着进行移动，如图18-20所示。而当选择骨骼Bone003，然后使用【选择并移动】工具拖曳该骨骼时，可以观察到Bone001没有任何变化，Bone002产生了一定的变化，而Bone003、Bone004完全会跟随着进行移动，如图18-21所示。

图18-20

图18-21

★ 案例实战——为骨骼对象建立父子关系

场景文件	无
案例文件	案例文件\Chapter 18\案例实战——为骨骼对象建立父子关系.max
视频教学	视频文件\Chapter 18\案例实战——为骨骼对象建立父子关系.flv
难易指数	★★☆☆☆
技术掌握	掌握如何为骨骼对象建立父子关系

实例介绍

本例使用【骨骼】工具和【选择并链接】工具创建的父子骨骼效果如图18-22所示。

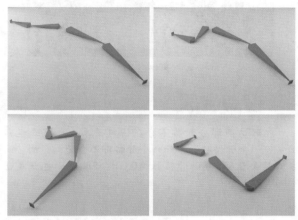

图18-22

制作步骤

01 单击 、 按钮，选择 标准选项，单击 骨骼 按钮，如图18-23所示。

02 在视图中单击2次鼠标左键，然后单击1次鼠标右键创建完成，此时的骨骼效果如图18-24所示。

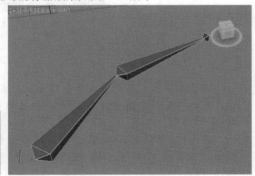

图18-23   图18-24

通过前面学习的知识可以得出，骨骼节点之间的父子关系为A＞B＞C，如图18-25所示。

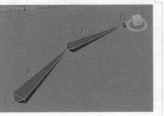

图18-25

03 继续使用【骨骼】工具创建出D、E、F骨骼，如图18-26所示。

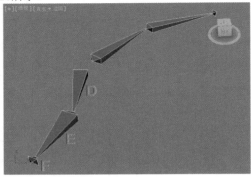

图18-26

技巧提示

此时这两部分骨骼不存在任何关系，也就是说移动任何一个骨骼时，另外一个骨骼都不会受到影响。而本例需要让A部分的骨骼影响D、E、F骨骼，也就是让A>D>E>F。

04 在主工具栏中单击【选择并链接】按钮，然后将D骨骼链接到A骨骼上，链接成功后，A骨骼就与D骨骼建立了父子关系，如图18-27所示。

图18-27

技巧提示

链接成功后，使用【选择并移动】工具拖曳A骨骼，此时所有的骨骼都会跟随A骨骼产生移动效果，如图18-28所示。

当移动E骨骼时，只有左侧的F骨骼会受到相应的影响，而右侧的A、B、C骨骼不会受到任何影响，如图18-29所示。

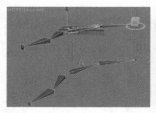

图18-28

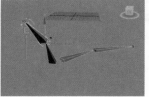

图18-29

05 调节出不同样式的骨骼，如图18-30所示。

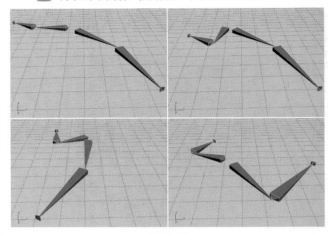

图18-30

06 分别对其进行渲染，最终效果如图18-31所示。

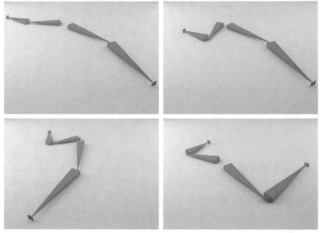

图18-31

添加骨骼

在创建完骨骼后，还可以继续添加骨骼，将光标放置在骨骼节点的末端，当光标变成十字形时单击并拖曳光标即可继续添加骨骼，如图18-32所示。

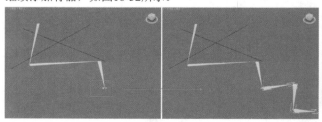

图18-32

删除骨骼

当需要将部分骨骼删除时，只需要将其选中，并按【Delete】键即可，如图18-33所示。

图18-33

骨骼参数

选择创建的骨骼，然后进入修改面板，其参数设置面板如图18-34所示。

- ⚪ 宽度/高度：设置骨骼的宽度和高度。
- ⚪ 锥化：调整骨骼形状的锥化程度。如果设置数值为0，则生成的骨骼形状为长方体形状。
- ⚪ 侧鳍：在所创建的骨骼的侧面添加一组鳍。
- ⚪ 大小：设置鳍的大小。
- ⚪ 始端锥化/末端锥化：设置鳍的始端和末端的锥化程度。
- ⚪ 前鳍：在所创建的骨骼的前端添加一组鳍。
- ⚪ 后鳍：在所创建的骨骼的后端添加一组鳍。
- ⚪ 生成贴图坐标：由于骨骼是可渲染的，选中该复选框后可以对其使用贴图坐标。

图18-34

如果需要修改骨骼，可以选择【动画/骨骼工具】命令，然后在弹出的【骨骼工具】对话框中调整骨骼的参数，如图18-35所示。

图18-35

★ 综合实战——骨骼对象制作踢球动画	
场景文件	01.max
案例文件	案例文件\Chapter 18\综合实战——骨骼对象制作踢球动画.max
视频教学	视频文件\Chapter 18\综合实战——骨骼对象制作踢球动画.flv
难易指数	★★★★☆
技术掌握	掌握骨骼对象、【蒙皮】修改器的使用、关键帧动画的使用

实例介绍

本案例是利用骨骼对象、【蒙皮】修改器、关键帧动画制作人物踢球动画，最终效果如图18-36所示。

图18-36

制作步骤

创建骨骼

01 打开本书配套光盘中的【场景文件/Chapter18/01.max】，此时场景效果如图18-37所示。

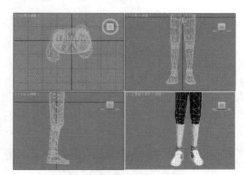

图18-37

02 单击 、 按钮，选择 标准 ▼选项，单击 骨骼 按钮，如图18-38所示。

03 在左视图中单击4次鼠标左键，然后单击1次鼠标右键，此时左腿骨骼创建完成，具体参数设置如图18-39所示。

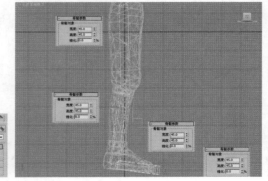

图18-38   图18-39

04 继续使用【骨骼】工具制作右腿骨骼，如图18-40所示。

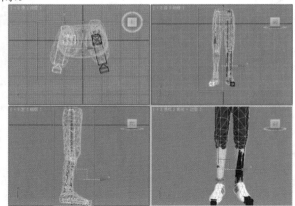

图18-40

为人物蒙皮

01 选择人物模型，单击【修改】按钮，为其加载【蒙皮】修改器，然后单击 添加 按钮，并在列表中选择所有的骨骼，进行添加，如图18-41所示。

图18-41

02 此时需要建立解算器，将两个骨骼联系起来，这样会产生真实的腿部运动的效果。选择左腿骨骼中的如图18-42左图所示的骨骼，然后选择菜单栏中的【动画/IK解算器/HI解算器】命令，最后单击大腿部分的骨骼，如图18-42所示。

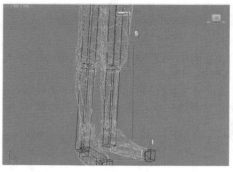

图18-42

03 选择右腿骨骼中的如图18-43左图所示的骨骼，然后选择菜单栏中的【动画/IK解算器/HI解算器】命令，最后单击大腿部分的骨骼，如图18-43所示。

04 此时会看到在人物脚踝位置产生了一个十字形的图标，如图18-44所示。

05 当移动这个十字形图标时，会看到与人的真实运动模式是完全一致的，如图18-45所示。

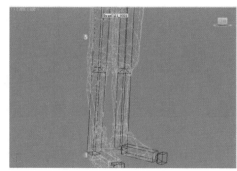

图18-43

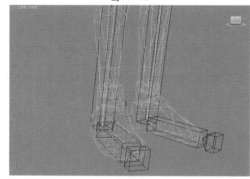

图18-44

图18-45

创建腿部动画

01 单击打开 自动关键点 按钮，此时拖动时间线滑块到第0帧，选择脚踝位置的十字形图标，然后使用【选择并移动】工具 将其移动到如图18-46所示的效果。

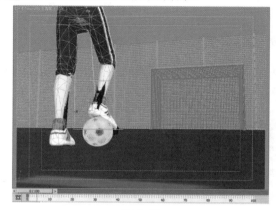

图18-46

02 此时拖动时间线滑块到第10帧，选择脚踝位置的十字形图标，然后使用【选择并移动】工具 ✛ 将其移动到如图18-47所示的效果。

图18—47

03 此时拖动时间线滑块到第20帧，选择脚踝位置的十字形图标，然后使用【选择并移动】工具 ✛ 将其移动到如图18-48所示的效果。

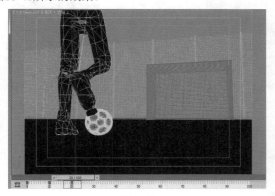

图18—48

04 此时拖动时间线滑块到第30帧，选择脚踝位置的十字形图标，然后使用【选择并移动】工具 ✛ 将其移动到如图18-49所示的效果。

图18—49

05 此时拖动时间线滑块到第40帧，选择脚踝位置的十字形图标，然后使用【选择并移动】工具 ✛ 将其移动到如图18-50所示的效果。

图18—50

06 此时拖动时间线滑块到第50帧，选择脚踝位置的十字形图标，然后使用【选择并移动】工具 ✛ 将其移动到如图18-51所示的效果。

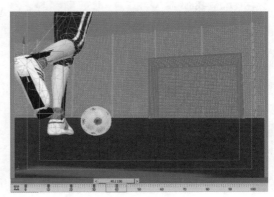

图18—51

07 此时拖动时间线滑块到第60帧，选择脚踝位置的十字形图标，然后使用【选择并移动】工具 ✛ 将其移动到如图18-52所示的效果。

图18—52

08 此时拖动时间线滑块到第70帧，选择脚踝位置的十字形图标，然后使用【选择并移动】工具 将其移动到如图18-53所示的效果。

图18—53

09 此时拖动时间线滑块到第100帧，选择脚踝位置的十字形图标，然后使用【选择并移动】工具 将其移动到如图18-54所示的效果。

图18—54

创建足球动画

01 单击打开 自动关键点 按钮，此时拖动时间线滑块到第50帧，选择足球模型，然后使用【选择并移动】工具 将其移动到如图18-55所示的效果。

图18—55

02 此时拖动时间线滑块到第66帧，选择足球模型，然后使用【选择并移动】工具 将其移动到如图18-56所示的效果。

图18—56

03 此时拖动时间线滑块到第80帧，选择足球模型，然后使用【选择并移动】工具 将其移动到如图18-57所示的效果。

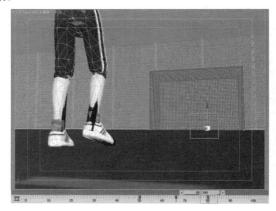

图18—57

04 此时拖动时间线滑块到第92帧，选择足球模型，然后使用【选择并移动】工具 将其移动到如图18-58所示的效果。

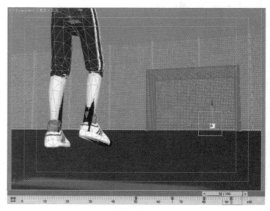

图18—58

05 此时拖动时间线滑块到第100帧，选择足球模型，然后使用【选择并移动】工具将其移动到如图18-59所示的效果。

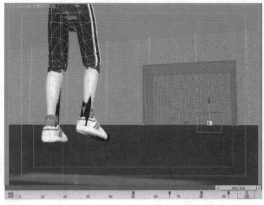

图18-59

06 单击关闭 自动关键点 按钮，然后拖曳时间线滑块查看动画效果，如图18-60所示。

图18-60

07 动画制作完成后，我们可以将所有的骨骼隐藏，最终渲染效果如图18-61所示。

图18-61

 读书笔记

_____

_____

_____

_____

_____

_____

_____

18.2.2　Biped

● 技术速查：3ds Max 2013中有一个完整的制作人物角色的骨骼系统，那就是Biped。使用Biped工具创建出的骨骼与真实的人体骨骼基本一致，因此使用该工具可以快速地制作出人物动画，同时还可以通过修改Biped的参数来制作出其他生物。

单击 ■、■ 按钮，选择 标准 ▼ 选项，单击 Biped 按钮，如图18-62所示。最后在场景中拖曳光标创建一个Biped，如图18-63所示。

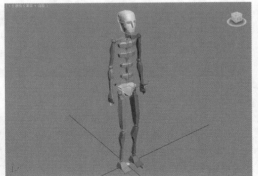

图18-62　　　　　　　　图18-63

技术专题——如何修改Biped的结构和动作？

当选择骨骼，并单击【修改】按钮时，会看到没有任何参数，这是因为Biped的参数并不在修改面板中，而是在运动面板中。选择任意的骨骼，并进入运动面板，此时会弹出很多参数，如图18-64所示。

但是在上面的参数中，并没有看到调整骨骼结构的参数。此时单击【体形模式】按钮 ，即可切换出关于设置体形结构的参数，如图18-65所示。

图18-64　　　　　图18-65

此时可以进行修改参数，当然默认的参数是与人类的骨骼结构相符的，当设置一些参数，如设置【尾部链接】为8时，会发现此时的Biped产生了尾骨，如图18-66所示。

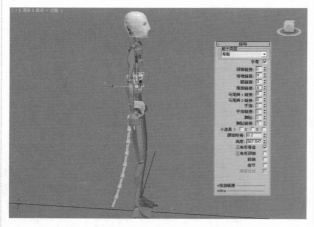

图18-66

而且此时可以通过将部分骨骼移动和旋转来调整Biped的动作，如图18-67所示。

同时也可以通过修改参数，为Biped设置【手指】、【手指链接】和【脚趾】、【脚趾链接】的数目，如图18-68所示。

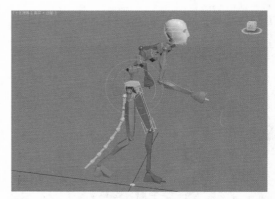

图18-67

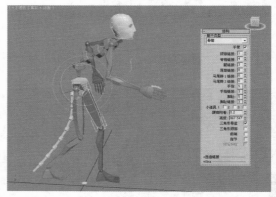

图18-68

创建出Biped后，在运动面板中可以修改Biped的效果，如图18-69所示。

- 【体形模式】按钮 ：用于更改两足动物的骨骼结构，并使两足动物与网格对齐。
- 【足迹模式】按钮 ：用于创建和编辑足迹动画。
- 【运动流模式】按钮 ：用于将运动文件集成到较长的动画脚本中。
- 【混合器模式】按钮 ：用于查看、保存和加载使用运动混合器创建的动画。
- 【Biped播放】按钮 ：仅在【显示首选项】对话框中删除了所有的两足动物后，才能使用该工具播放它们的动画。

图18-69

- 【加载文件】按钮 ：加载bip、fig或stp文件。
- 【保存文件】按钮 ：保存Biped文件（.bip）、体形文件（.fig）以及步长文件（.stp）。

- 【转换】按钮：将足迹动画转换成自由形式的动画。
- 【移动所有模式】按钮：一起移动和旋转两足动物及其相关动画。

单击【形体模式】按钮，其参数设置面板如图18-70所示。

图18-70

- 【躯干水平】按钮：选择质心后可以编辑两足动物的水平运动效果。
- 【躯干垂直】按钮：选择质心后可以编辑两足动物的垂直运动效果。
- 【躯干旋转】按钮：选择质心后可以编辑两足动物的旋转运动效果。
- 【锁定COM关键点】按钮：激活该按钮后，可以同时选择多个COM轨迹。
- 【对称】按钮：选择两足动物另一侧的匹配对象。
- 【相反】按钮：选择两足动物另一侧的匹配对象，并取消当前选择对象。

单击【足迹模式】按钮，其参数设置面板如图18-71所示。

- 【创建足迹（附加）】按钮：单击该按钮可启用【创建足迹】模式。
- 【创建足迹（在当前帧上）】按钮：在当前帧中创建足迹。
- 【创建多个足迹】按钮：自动创建行走、跑动或跳跃的足迹图标。
- 【行走】按钮：将两足动物的步态设为行走。
- 【跑动】按钮：将两足动物的步态设为跑动。

图18-71

- 【跳跃】按钮：将两足动物的步态设为跳跃。
- 行走足迹：指定在行走期间新足迹着地时的帧数（仅用于【行走】模式，当切换为【跑动】或【跳跃】模式时，该参数会进行相应地调整）。
- 双脚支撑：指定在行走期间双脚都着地时的帧数（仅用于【行走】模式，当切换为【跑动】或【跳跃】模式时，该参数会进行相应地调整）。
- 【为非活动足迹创建关键点】按钮：单击该按钮可以激活所有的非活动足迹。
- 【取消激活足迹】按钮：删除指定给选定足迹的躯干关键点，使这些足迹成为非活动足迹。
- 【删除足迹】按钮：删除选定的足迹。
- 【复制足迹】按钮：将选定的足迹和两足动物的关键点复制到足迹缓冲区中。
- 【粘贴足迹】按钮：将足迹从足迹缓冲区粘贴到场景中。
- 弯曲：设置所选择的足迹路径的弯曲量。
- 缩放：设置所选择足迹的缩放比例。
- 长度：选中该复选框后，【缩放】选项会更改所选足迹的步幅长度。
- 宽度：选中该复选框后，【缩放】选项会更改所选足迹的步幅宽度。

★ **案例实战——Biped制作人物格斗**

场景文件	02.max
案例文件	案例文件\Chapter 18\案例实战——Biped制作人物格斗.max
视频教学	视频文件\Chapter 18\案例实战——Biped制作人物格斗.flv
难易指数	★★★☆☆
技术掌握	掌握Bip动作库的应用和【蒙皮】修改器的应用

实例介绍

本例利用Biped制作人物打斗动画，效果如图18-72所示。

图18-72

制作步骤

01 打开本书配套光盘中的【场景文件/Chapter18/02.max】文件，如图18-73所示。

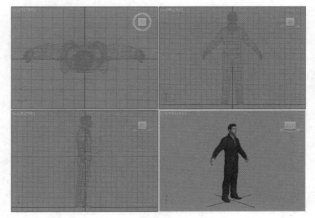

图18-73

02 单击 ⚙、✦按钮，选择 标准 ▾选项，单击 Biped 按钮，如图18-74所示。

03 在场景中拖曳创建一个Biped，并将其移动到人体骨架内部的位置，如图18-75所示。

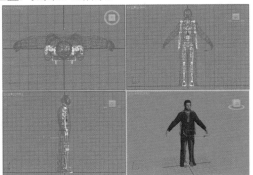

图18-74 　　　　　　图18-75

04 单击选择上一步创建的Biped的任意部分，然后进入运动面板，并单击【体型模式】按钮 🧍，最后设置【手指】为5、【手指链接】为3，设置【高度】为1.777m，如图18-76所示。

05 继续保持【体型模式】按钮 🧍 处于按下的状态，并使用【选择并移动】工具 ✛调节骨骼的位置，使用【选择并旋转】工具 ⟳旋转部分骨骼，使用【选择并缩放】工具 ▣缩放部分骨骼，如图18-77所示。

图18-76

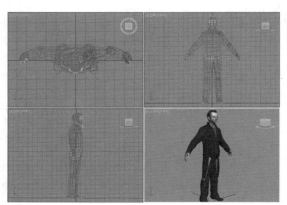

图18-77

06 选择人体骨架模型，然后为其加载一个【蒙皮】修改器，如图18-78所示。接着单击 添加 按钮，最后在列表中选择所有的骨骼，如图18-79所示。

图18-78 　　　图18-79

07 选择场景中的骨骼，如图18-80所示。然后单击【运动】按钮 ◎，接着展开【Biped】卷展栏，并单击【加载文件】按钮 ☞，如图18-81所示。

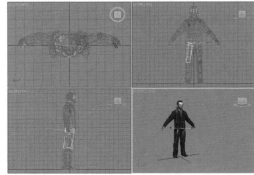

图18-80 　　　　　　图18-81

08 此时在场景中弹出了【打开】面板，然后找到本书配套光盘中的【打斗动作.bip】文件，如图18-82所示。在弹出的对话框中单击【确定】按钮，如图18-83所示。

图18-82 　　　　　　图18-83

09 此时场景中人物已经出现了很大的变化，并且在视图中出现了很多脚印。拖动时间线滑块，在透视图中出现了一段打斗的动画，如图18-84所示。

图18-84

图18-85

10 此时的渲染效果如图18-85所示。

图18-87

18.2.3 蒙皮

◯ 技术速查：当角色模型制作完成、角色骨骼制作完成后，需要将模型和骨骼连接起来，从而通过控制骨骼的运动来控制角色模型的运动的过程称为蒙皮。

如图18-86所示为使用蒙皮为人物骨骼蒙皮的效果。

3ds Max 2013提供了两个蒙皮修改器，分别是【蒙皮】修改器和【Physique】修改器，这里将重点讲解【蒙皮】修改器的使用方法。【蒙皮】修改器是一种骨骼变形工具，用于通过另一个对象对一个对

图18-86

象进行变形，可使用骨骼、样条线或其他对象变形网格、面片或 NURBS 对象。创建好角色的模型和骨骼后，选择角色模型，然后为其加载一个【蒙皮】修改器，接着在【参数】卷展栏下单击 编辑封套 按钮，激活其他参数，如图18-87所示。

◯ 编辑封套：单击该按钮可以进入子对象层级，进入子对象层级后可以编辑封套和顶点的权重。

◯ 顶点：选中该复选框后可以选择顶点，并且可以使用 收缩 工具、 扩大 工具、 环 工具和 循环 工具来选择顶点。

◯ 添加/移除：使用【添加】工具可以添加一个或多个骨骼；使用

【移除】工具可以移除选中骨骼。

◯ 半径：设置封套横截面的半径大小。

◯ 挤压：设置所拉伸骨骼的挤压倍增量。

◯ 【绝对/相对】按钮A/R：用来切换计算内外封套之间的顶点权重的方式。

◯ 【封套可见性】按钮◢/◢：用来控制未选定的封套是否可见。

◯ 【缓慢衰减】按钮◢：为选定的封套选择衰减曲线。

◯ 【复制】按钮◳/【粘贴】按钮◳：使用【复制】工具◳可以复制选定封套的大小和图形；使用【粘贴】工具◳可以将复制的对象粘贴到所选定的封套上。

◯ 绝对效果：设置选定骨骼相对于选定顶点的绝对权重。

◯ 刚性：选中该复选框后，可以使选定顶点仅受一个最具影响力的骨骼的影响。

◯ 刚性控制柄：选中该复选框后，可以使选定面片顶点的控制柄仅受一个最具影响力的骨骼的影响。

◯ 规格化：选中该复选框后，可以强制每个选定顶点的总权重合计为1。

◯ 【排除/包含选定的顶点】按钮◢/◢：将当前选定的顶点排除/添加到当前骨骼的排除列表中。

◯ 【选定排除的顶点】按钮◢：选择所有从当前骨骼排除的顶点。

◯ 【烘焙选定顶点】按钮◳：单击该按钮可以烘焙当前的顶点权重。

◯ 【权重工具】按钮◢：单击该按钮可以打开【权重工具】对话框。

◯ 权重表：单击该按钮可以打开【蒙皮权重表】对话框，

在其中可以查看和更改骨架结构中所有骨骼的权重。

- 绘制权重：使用该工具可以绘制选定骨骼的权重。
- 【绘制选项】按钮 ：单击该按钮可以打开【绘制选项】对话框，在其中可以设置绘制权重的参数。
- 绘制混合权重：选中该复选框后，通过均分相邻顶点的权重，然后可以基于笔刷强度来应用平均权重，这样可以缓和绘制的值。
- 镜像模式：将封套和顶点从网格的一个侧面镜像到另一个侧面。
- 【镜像粘贴】按钮 ：将选定封套和顶点粘贴到物体的另一侧。
- 【将绿色粘贴到蓝色骨骼】按钮 ：将封套设置从绿色骨骼粘贴到蓝色骨骼上。

- 【将蓝色粘贴到绿色骨骼】按钮 ：将封套设置从蓝色骨骼粘贴到绿色骨骼上。
- 【将绿色粘贴到蓝色顶点】按钮 ：将各个顶点从所有绿色顶点粘贴到对应的蓝色顶点上。
- 【将蓝色粘贴到绿色顶点】按钮 ：将各个顶点从所有蓝色顶点粘贴到对应的绿色顶点上。
- 镜像平面：用来选择镜像的平面是左侧平面还是右侧平面。
- 镜像偏移：设置沿【镜像平面】轴移动镜像平面的偏移量。
- 镜像阈值：在将顶点设置为左侧或右侧顶点时，使用该选项可以设置镜像工具能观察到的相对距离。

18.3 辅助对象

辅助对象起支持的作用，就像阶段手或构造助手，如图18-88所示。

图18-88

- 技术速查：群组辅助对象在character studio中充当了控制群组模拟的命令中心。

在大多数情况下，每个场景需要的群组对象不会多于一个，如图18-89所示。

其参数面板如图18-90所示。

图18-89

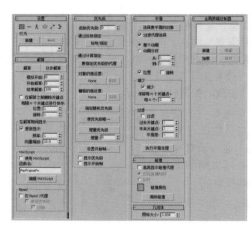

图18-90

【设置】卷展栏

群组辅助对象的【设置】卷展栏包含了设置群组功能的控件。

- 【散布】按钮 ：群组辅助对象的【散布对象】对话框

包含使用克隆对象（如代理）来创建群组的工具。

- 【对象/代理关联】按钮**～**：可以使用此对话框链接任意数量的代理对象对。
- 【Biped/代理关联】按钮**∡**：使用该对话框把许多代理与相等数量的 Biped 相关联。
- 【多个代理编辑】按钮**▦**：【编辑多个代理】对话框可以定义代理组并为之设置参数。
- 【行为指定】按钮**⊿**：【行为指定和组合】对话框可用于将代理分组归类到组合，并为单个代理和组合指定行为和认知控制器。
- 【认知控制器】按钮**⊐**：使用【认知控制器】编辑器可以将行为合并到状态中。
- 新建：打开选择行为类型对话框。选择一个行为并单击【确定】按钮来将此行为添加到场景中。然后使用行为指定和组合对话框给场景中的一个或多个代理指定行为。
- 删除：删除当前行为。
- 行为列表：列出当前场景中的所有行为（使用【新建】来添加新行为）。

▣ 【解算】卷展栏

一旦创建了群组模拟，使用此卷展栏来设置求解参数并求解模拟。从任意帧开始，可以连续求解或一次一帧进行求解。

- 解算：应用所有指定行为到指定的代理中来连续运行群组模拟。
- 分步求解：以时间滑块位置指定帧作为开始帧，来一次一帧地运行群组模拟。
- 模拟开始：模拟的第1帧。默认值为 0。
- 开始解算：开始进行解算的帧。默认值为 0。
- 结束解算：指定解算的最后一帧。默认值为 100。
- 在解算之前删除关键点：删除在求解发生范围之内的活动代理的关键点。
- 每隔 N 个关键点进行保存：在求解之后，使用它来指定要保存的位置和旋转关键点数目。
- 位置/旋转：保存代理位置和旋转关键点的频率。
- 更新显示：选中该复选框时，在群组模拟过程中产生的运动显示在视口中。
- 频率：在求解过程中，多长时间进行一次更新显示。
- 向量缩放：在模拟过程中，显示全局缩放的所有力和速度向量。
- 使用 MAXScript：选中该复选框时，在解决过程中，用户指定的脚本在每一帧上执行。

- 函数名：将被执行的函数名。此名称也必须在脚本中指定。
- 编辑 MAXScript：单击此按钮打开 MAXScript 窗口来显示和修改脚本。
- 仅 Biped/代理：选中该复选框时，计算中仅包含 Biped/代理。
- 使用优先级：选中该复选框时，Biped/代理以一次一个的方式进行计算，并根据它们的优先级值排序，从最低值到最高值。
- 回溯：当求解使用 Biped 群组模拟时，打开回溯功能。

▣ 【优先级】卷展栏

对包含与代理有关的 Biped 的模拟进行求解时，群组系统会使用【优先级】卷展栏设置。

- 起始优先级：设置初始优先级值。
- 拾取/指定：允许在视口中依次选择每个代理，然后将连续的较高优先级值指定给任何数目的代理。
- 要指定优先级的代理：允许使用【选择】对话框指定受后续使用该组中的其他控件影响的代理。
- 对象的接近度：允许根据代理与特定对象之间的距离指定优先级。
- 栅格的接近度：允许根据代理与特定栅格对象指定的无限平面之间的距离指定优先级。
- 指定随机优先级：为选定的代理指定随机优先级。
- 使优先级唯一：确保所有的代理具有唯一的优先级值。
- 增量优先级：按照增量值递增所有选定代理的优先级。
- 增量：按照【增量优先级】按钮调整代理优先级设置值。
- 设置开始帧：打开【设置开始帧】对话框，以便根据指定的优先级设置开始帧。
- 显示优先级：启用作为附加到代理的黑色数字的指定优先级值的显示。
- 显示开始帧：启用作为附加到代理的黑色数字的指定开始帧值的显示。

▣ 【平滑】卷展栏

在现有的动画关键点（也就是说，一个已求解的模拟）上，平滑用来创建看起来更自然的动画。

- 选择要平滑的对象：打开选择对话框，可以指定要平滑的对象位置和/或旋转。
- 过滤代理选择：选中该复选框时，由【选择要平滑的对象】打开的选择对话框仅显示代理。
- 整个动画：平滑所有动画帧。这是默认选项。

- 动画分段：仅平滑【从】和【到】字段中指定范围内的帧。
- 从：当选中了【动画分段】单选按钮时，指定要平滑动画的第1帧。
- 到：当选中了【动画分段】单选按钮时，指定要平滑动画的最后1帧。
- 位置：选中该复选框时，在模拟结束后，通过模拟产生的选定对象的动画路径便已经进行了平滑。
- 旋转：选中该复选框时，在模拟结束后，通过模拟产生的选定对象的旋转便已经进行了平滑。
- 减少：通过在每一帧中每隔 N 个关键点进行保留来减少关键点数目。
- 保留每 N 个关键点：通过每隔 2 个关键点进行保留或每隔 3 个关键点进行保留等来限制平滑处理量。
- 过滤：选中该复选框时，使用组中的其他设置来执行平滑操作。
- 过去关键点：使用当前帧之前的关键点数目来平均位置和/或旋转。默认值为2。

- 未来关键点：使用当前帧之后的关键点数目来平均位置和/或旋转。默认值为2。
- 平滑度：确定要执行的平滑程度。设置的值越大，计算涉及的所有关键点便越靠近平均值。
- 执行平滑处理：单击此按钮来执行平滑操作。

【碰撞】卷展栏

在群组模拟过程中，可以使用此卷展栏来获得由【回避】行为定义的碰撞。

- 高亮显示碰撞代理：选中该复选框时，发生碰撞的代理用碰撞颜色突出显示。
- 仅在碰撞期间：碰撞代理仅在实际发生碰撞的帧中突出显示。
- 始终：碰撞代理在碰撞帧和后续帧中均突出显示。
- 碰撞颜色：此颜色样例表明突出显示碰撞代理所使用的颜色。
- 清除碰撞：从所有代理中清除碰撞信息。

【几何体】卷展栏

使用该参数可修改群组对象的大小。

- 图标大小：决定群组辅助对象图标的大小。

【全局剪辑控制器】卷展栏

- 新建/编辑/加载/保存：可以对控制器进行新建/编辑/加载/保存的操作。

18.4 CAT对象

- 技术速查：CAT 是一个3ds Max的动画角色插件，操作简单，而且功能非常强大，是制作动画必备的插件之一。

在3ds Max 2013中将CAT进行了集成，因此不需要进行安装，如图18-91所示。

CAT 有助于角色绑定、非线性动画、动画分层、运动捕捉导入和肌肉模拟，其下主要包括3大模块，分别是CAT肌肉、肌肉股、CAT父对象，如图18-92所示。

图18-91　　　　　　　　　　图18-92

18.4.1 CAT肌肉

- 技术速查：CAT肌肉属于非渲染、多段式辅助对象，最适合用于在拉伸和变形时需要保持相对一致的大面积，如肩膀和胸部。

单击 ✦、◻ 按钮，选择 CAT对象 选项，单击 CAT肌肉 按钮，如图18-93所示。创建 CAT肌肉后，可以修改其分段方式、碰撞检测属性等，如图18-94所示。

CAT肌肉的参数可以控制类型、属性、控制柄、冲突检查等参数。其参数面板如图18-95所示。

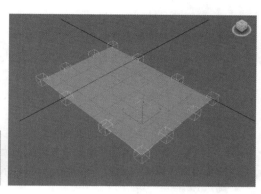

图18-93　　　　　　　图18-94

⊙ 类型：可以选择【网格】或【骨骼】。两
种类型有一个共同点，即移动控制柄可改
变肌肉的形状，每个控制柄在保留部分肌
肉名称的情况下都有自己的名称。网格是
肌肉相当于单块碎片，上面有许多始终完
全相互连接的面板。骨骼是每块面板都相
当于一个单独的骨骼，具有自己的名称；
通过移动控制柄改变肌肉形状时，这些面
板可以分离开来。

⊙ 名称：肌肉组件的基本名称。

⊙ 颜色：肌肉及其控制柄的颜色。若要更改
颜色，则单击色样。

图18-95

⊙ U 分段/V 分段：分别指肌肉在水平和垂直维度上细分的
段数。这些数字越大，可用于肌肉变形的定义就越多。

⊙ L/M/R：肌肉所在的绑定侧面。例如，可以选中【L】
单选按钮在左边设置肌肉，然后通过选中【R】单选按
钮跨中心轴对肌肉执行镜像操作。

⊙ 镜像轴 X/Y/Z：肌肉沿其分布的轴。此选项可帮助镜像
系统工作。

⊙ 可见：切换肌肉控制柄的显示。

⊙ 中间控制柄：切换与各个角点控制柄相连的 Bezier 型额
外控制柄的显示，该控制柄的位置位于肌肉中心附近。

⊙ 控制柄大小：每个控制柄的大小；此选项的更改会影响
所有控制柄。

⊙ 添加：通过单击此按钮，然后选择对象，可将碰撞对象
添加到列表中。

⊙ ▓▓▓：高亮显示某个列表项目后，单击此按钮可将其
从列表中删除。

⊙ 硬度：高亮显示的列表项使肌肉变形的程度。默认设置
为 1.0。

⊙ 扭曲：为碰撞对象引起的变形添加粗糙度。

⊙ 顶点法线/对象X：为碰撞对象引起的变形选择方向。只
有在列表中高亮显示某个碰撞对象时，此选项才可用。

⊙ 平滑：打开时，此选项将恢复碰撞对象引起的变形。只
有在列表中高亮显示某个碰撞对象时，此选项才可用。

⊙ 反转：反转碰撞对象引起的变形的方向。只有在列表中
高亮显示某个碰撞对象时，此选项才可用。

18.4.2　肌肉股

⊙ 技术速查：肌肉股是一种用于角色蒙皮的非渲染辅助对
象。其作用类似于两个点之间的 Bezier 曲线。股的精
度高于CAT肌肉，而且在必须扭曲蒙皮的情况下可提供
更好的结果。CAT肌肉最适用于肩部和胸部的蒙皮，但
对于手臂和腿的蒙皮，肌肉股更加适宜。

　单击 ▪、▫ 按钮，选择 CAT对象 ▼ 选项，单击
肌肉股 按钮，如图18-96所示。如图18-97所示为用于使用
二头肌的肌肉股。

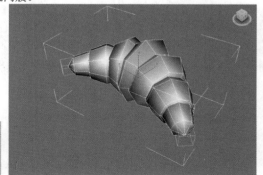

图18-96　　　　　　　图18-97

其参数面板如图18-98所示。

⊙ 类型：选择【网格】或【骨骼】。两种类型有一个共同
点，即移动控制柄可改变肌肉的形状，每个控制柄在
保留部分肌肉名称的情况下都有自己的名称。网格肌
肉充当单个碎片。骨骼是每个球体充当一块单独的骨
骼，并具有自己的名称。

⊙ L/M/R：肌肉所在的绑定侧面。例如，可以
选中【L】单选按钮在左边设置肌肉，然后
通过选中【R】单选按钮跨中心轴对肌肉执
行镜像操作。

⊙ 镜像轴 X/Y/Z：肌肉沿其分布的轴。此选项
可帮助镜像系统工作。

⊙ 可见：切换肌肉控制柄的显示。

⊙ 控制柄大小：每个控制柄的大小；此选项的
更改会影响所有控制柄。通常控制柄是在创
建时按照其与整个肌肉的比例来设置大小
的；使用此设置可调节控制柄的大小。

图18-98

○ 球体数：构成肌肉股的球体的数量。此值越大，肌肉的分辨率越高。

○ 显示轮廓曲线：打开【肌肉轮廓曲线】对话框，其中包含一个图形，编辑该图形可控制肌肉股的剖面或轮廓。默认情况下，肌肉的中间较厚，两端较薄，但可以通过移动曲线上的3个点（不能为该曲线添加点）更改此设置，如图18-99所示。

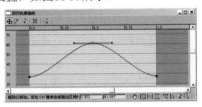

图18-99

○ 启用：选中该复选框时，更改肌肉长度将影响剖面；缩短肌肉会使其增厚（挤压），而加长肌肉会使其减薄（拉伸）。

○ 当前比例：此只读字段显示肌肉缩放量，该数量以松弛状态和通过移动端点调整的长度为基准。

○ 倍增：增加或减少挤压和拉伸的量。增大此值可实现放大效果。

○ 松弛长度：肌肉处于松弛状态（即【当前状态】= 1.0）时的长度。

○ 当前长度：此只读字段显示肌肉的当前长度。

○ 设置松弛状态：单击该按钮以设置松弛状态。此操作会将【松弛长度】设置为当前长度，将【当前比例】设置为 1.0。

○ 当前球体：要调整的球体。

○ 半径：此只读字段显示当前球体的半径。

○ U开始/U结束：相对于球体全长测量的当前球体的范围，在此上下文中是指 0.0 ~ 1.0 的范围。

18.4.3　CAT父对象

○ 技术速查：每个 CATRig 都有一个 CAT父对象。CAT父对象是在创建绑定时在每个绑定下显示的带有箭头的三角形符号，可将此符号视为绑定的角色节点。

如图18-100所示为CAT父对象。

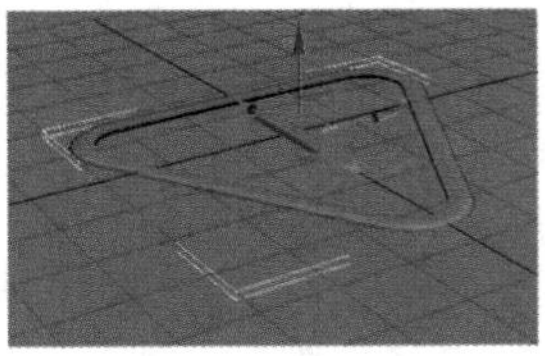

图18-100

CATRig参数

【CATRig参数】卷展栏可以用来设置名称、轨迹显示和骨骼长度轴等参数。其参数面板如图18-101所示。

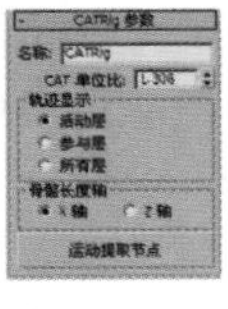

○ 名称：显示 CAT 用作 CATRig 中所有骨骼的前缀的名称，并允许用户对此名称进行编辑。

○ CAT单位比：CATRig 的缩放比。CATRig 中用于定义骨骼长度、宽度和高度等方面的所有大小参数均采用 CATUnits 作为单位。

图18-101

○ 轨迹显示：选择 CAT 在【轨迹视图】中显示此 CATRig 上的层和关键帧所采用的方法。

○ 骨骼长度轴：选择CATRig用作长度轴的轴（X 或 Z）。

○ 运动提取节点：切换运动提取节点。

CATRig加载保存

【CATRig加载保存】卷展栏用来控制加载CAT或保持CAT。其参数面板如图18-102所示。

○ CATRig 预设列表：列出所有可用 CATRig 预设。要加载，则在该列表中单击它，然后在视口中单击或拖动，如图18-103所示。

图18-102 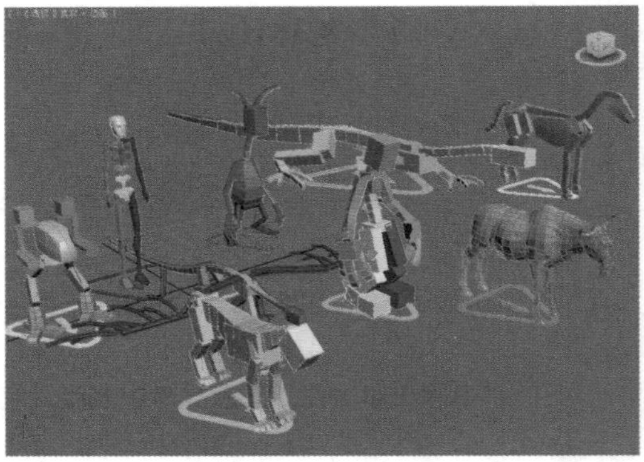　　　　　　　图18-103

○ 打开【预设绑定】按钮 ：打开将 CATRig 预设（仅限 RG3 格式）加载到选定 CAT父对象 的文件对话框。使用此选项可加载除默认位置（[系统路径]\plugcfg\CAT\CATRigs\）以外的其他位置中的预设。

○ 【保存预设绑定】按钮 ：保存预设绑定将选定CATRig 另存为预设文件。如果使用默认位置，预设随即显示在列表中，以便于添加到场景中。

○ 创建骨盆 ：创建骨盆/重新加载按钮标签、功能和可用性取决于上下文。如果绑定中不存在任何骨盆，按钮标签则为【创建骨盆】，单击此按钮可创建一个用作自定义绑定的基础的骨盆。如果绑定包含骨盆，并且该骨盆是从 RG3 预设加载而来或已另存为 RG3 预设，则会显示【重新加载】按钮标签，单击此按钮可加载当前预设文件。

- 添加装配：用于在 CAT 父对象 级别向绑定添加场景中的对象。

- 从预设更新绑定：如果选中该复选框，当加载场景时，场景文件将保留原始角色，但 CAT 会自动使用更新后的数据（保存在预设中）替换此角色。CAT 自动将原始角色的动画应用到新角色。两个角色越相似，传输的动画则越佳。

18.4.4　CAT父对象的运动参数

- 技术速查：当创建完成一个CAT父对象后，骨骼系统是保持静止的，这个时候最希望看到的是CAT父对象运动起来。

单击 、 按钮，选择 CAT对象 选项，单击 CAT父对象 按钮，然后展开【CATRig加载保存】卷展栏，最后单击Ape节点，如图18-104所示。在场景中拖曳即可完成创建，如图18-105所示。

图18-104　　　　　　　图18-105

此时进入运动面板，动作的设置都在该面板中进行，如图18-106所示。

- 【设置模式】按钮 ：在设置模式下创建和修改用户的 CAT 装备。可在稍后添加或移除骨骼，即使在设置角色动画之后也可以执行这些操作。

- 【动画模式】按钮 ：在动画模式下设置角色动画。

- 【装备着色模式】按钮 ：设置绑定的着色模式，从弹出菜单中选择模式。

- 【摄影表】按钮 ：在【摄影表】模式下打开【轨迹视图】，以便显示所有层的范围。

图18-106

- 层堆栈：列出当前绑定的所有动画层以及每个动画层的类型、颜色（如果适用）和【全局权重】值。

- 【添加层】按钮 ：为层堆栈添加新层。单击并按住Abs按钮以打开弹出菜单，然后往下拖至要添加的层类型，并释放以创建层。

- 【移除层】按钮 ：从层堆栈中移除高亮显示的层。

- 【复制层】按钮 ：复制高亮显示的层以便粘贴。

- 【粘贴层】按钮 ：将复制的层粘贴到层堆栈中。

- 名称：显示高亮显示的层的名称。要更改此名称，请编辑文本字段。

- 【显示层变换 Gizmo】按钮 ：为层堆栈中的当前层创建变换 Gizmo。

- 【CATMotion 编辑器】按钮 ：打开 CATMotion 编辑器。仅当 CATMotion 层处于活动状态时可用。

- 【关键点姿势至层】按钮 ：如果已启用自动关键点，则将角色的当前姿势的关键点设置到选定层；如果已禁用【自动关键点】，则将角色的当前姿势偏移到选定层。

- 【上移层】/【下移层】按钮 ：单击向上或向下按钮可分别将高亮显示的层在层堆栈中上移或下移一个位置。

- 忽略：如果选中该复选框，则不会将高亮显示的层的动画应用于绑定。

- 单独：如果选中该复选框，则仅将高亮显示的层的动画应用于绑定；并忽略其他层。

- 全局权重：高亮显示的层对整个动画的影响程度。

- 局部权重：选定骨骼的高亮显示的层中的动画对整个动画的影响程度。

- 时间扭曲：启用对动画层速度的控制。通常会对该值设置动画。

★ 案例实战——创建多种CAT

场景文件	无
案例文件	案例文件\Chapter 18\案例实战——创建多种CAT.max
视频教学	视频文件\Chapter 18\案例实战——创建多种CAT.flv
难易指数	★★☆☆☆
技术掌握	掌握CAT的创建方法

实例介绍

本例使用CAT工具创建多种骨骼系统，如图18-107所示。

图18-107

制作步骤

01 单击 、 按钮，选择 CAT对象 选项，单击 CAT父对象 按钮，如图18-108所示。

02 在【CATRig加载保存】卷展栏下单击Alien节点，如图18-109所示。

图18-108　　图18-109

03 在视图中拖曳创建一个Alien，如图18-110所示。单击【修改】按钮，设置【CAT单位比】为0.5，如图18-111所示。

04 在【CATRig加载保存】卷展栏下单击Ape节点，如图18-112所示。

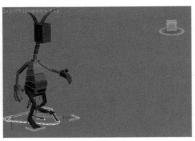

图18-110　　　　图18-111　　图18-112

05 在视图中拖曳创建一个Ape，如图18-113所示。单击【修改】按钮，设置【CAT单位比】为0.236，如图18-114所示。

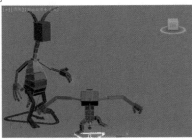

图18-113　　　　　图18-114

答疑解惑：如何移动CAT？如何修改CAT的姿势？

移动CAT父对象（带有箭头的三角形），即可将整个CAT进行移动，如图18-115所示。

选择CAT的部分结构或控制器进行旋转或移动即可调整CAT的姿势，如图18-116所示。

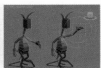

图18-115　　　　　图18-116

06 在【CATRig加载保存】卷展栏下单击Clown节点，如图18-117所示。

07 在视图中拖曳创建一个Clown，并调整其姿势，如图18-118左图所示。单击【修改】按钮，设置【CAT单位比】为0.4，如图18-118右图所示。

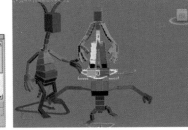

图18-117　　　　　图18-118

08 在【CATRig加载保存】卷展栏下单击Lizard节点，如图18-119所示。

09 在视图中拖曳创建一个Lizard，并调整其姿势，如图18-120左图所示。并单击【修改】按钮，设置【CAT单位比】为0.5，如图18-120右图所示。

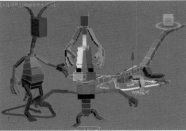

图18-119　　　　　图18-120

10 最终渲染效果如图18-121所示。

图18-121

★ 综合实战——CAT制作马奔跑动画

场景文件	03.max
案例文件	案例文件\Chapter 18\综合实战——CAT制作马奔跑动画.max
视频教学	视频文件\Chapter 18\综合实战——CAT制作马奔跑动画.flv
难易指数	★★★★☆
技术掌握	掌握CAT父对象动物的创建、【蒙皮】修改器的使用

实例介绍

本案例是利用CAT父对象创建马奔跑动画，最终效果如图18-122所示。

图18-122

制作步骤

01　打开本书配套光盘中的【场景文件/Chapter18/03.max】文件，此时的场景效果如图18-123所示。

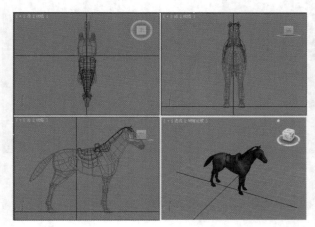

图18-123

02　单击 、 按钮，选择 CAT对象 选项，单击 CAT父对象 按钮，然后展开【CATRig加载保存】卷展栏，最后单击Horse节点，如图18-124所示。

03　此时在场景中拖曳进行创建，如图18-125所示。

图18-124

图18-125

04　单击【修改】按钮，并展开【CATRig参数】卷展栏，设置【CAT单位比】为0.3，如图18-126所示。

05　此时选择骨骼的底座，将骨骼的底座移动到正确的位置，如图18-127所示。

　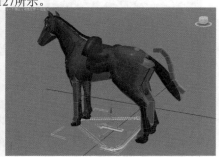

图18-126　　　　　　　　　图18-127

06　使用【选择并移动】工具 和【选择并旋转】工具 调整每一个骨骼的位置，使其与马模型相应位置匹配，如图18-128所示。

07　选择马模型，然后在修改面板下加载【蒙皮】修改器，展开【参数】卷展栏，单击 添加 按钮添加马的骨骼，如图18-129所示。

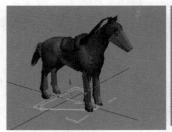　

图18-128　　　　　　　　　图18-129

技巧提示

在单击 添加 按钮后会弹出列表，此时需要在列表中选择所有的骨骼部分，为了避免选择不全面或者选择错误，只选择列表中带有Horse的名称即可，如图18-130所示。

图18-130

08 选择骨骼的底座，然后单击【运动】按钮，展开【层管理器】卷展栏，单击按钮，如图18-131所示。

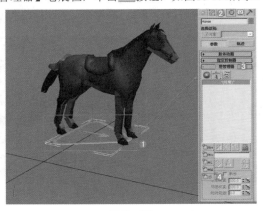

图18-131

09 在【层管理器】卷展栏下单击按钮，如图18-132所示，此时会并变成按钮，被蒙皮的马模型已经变成运动形式，如图18-133所示。

 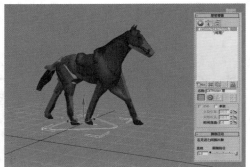

图18-132 图18-133

10 此时拖动时间线滑块查看动画效果，如图18-134所示。

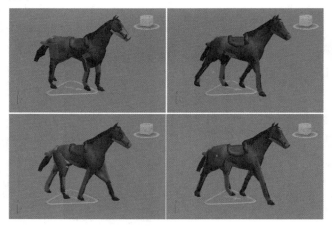

图18-134

11 单击按钮，此时会弹出【Horse-Globals】对话框，单击Globals节点，并在【行走模式】选项组下选中【直

线行走】单选按钮，如图18-135所示。

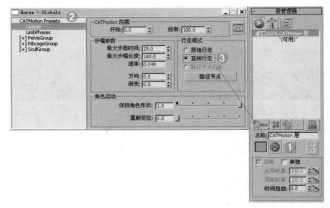

图18-135

12 拖动时间线滑块透视图动画效果，如图18-136所示。

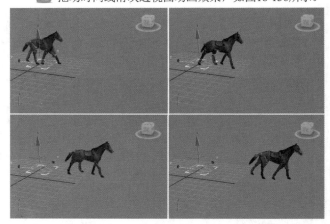

图18-136

13 最终渲染效果如图18-137所示。

图18-137

★ 综合实战——CAT对象制作老虎动画

场景文件	04.max
案例文件	案例文件\Chapter 18\综合实战——CAT对象制作老虎动画.max
视频教学	视频文件\Chapter 18\综合实战——CAT对象制作老虎动画.flv
难易指数	★★★★★
技术掌握	掌握CAT对象、【蒙皮】修改器、CAT动画的使用

实例介绍

本案例是利用CAT对象、【蒙皮】修改器、CAT动画制作老虎动画，最终效果如图18-138所示。

图18-138

制作步骤

创建CAT骨骼和蒙皮

01 打开本书配套光盘中的【场景文件/Chapter18/04.max】文件，此时的场景效果如图18-139所示。

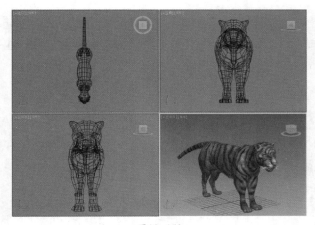

图18-139

02 单击 、 按钮，选择 CAT 对象 选项，单击 CAT 父对象 按钮，然后展开【CATRig加载保存】卷展栏，最后单击Panther节点，如图18-140所示。

03 此时在场景中拖曳进行创建，如图18-141所示。

图18-140　　　　　　　图18-141

04 单击【修改】按钮，并展开【CATRig参数】卷展栏，设置【CAT单位比】为1.3，如图18-142所示。

05 此时选择骨骼的底座，将骨骼的底座移动到正确的位置，如图18-143所示。

图18-142　　　　　　　图18-143

06 使用【选择并移动】工具 和【选择并旋转】工具 调整每一个骨骼的位置，使其与老虎模型相应位置匹配，如图18-144所示。

07 继续使用【选择并移动】工具 和【选择并旋转】工具 调整每一个骨骼的位置，使其与老虎模型相应位置匹配，如图18-145所示。

图18-144　　　　　　　图18-145

08 此时可以选择每一个骨骼，并单击【修改】按钮，对骨骼的尺寸进行调整，如图18-146所示。

图18-146

09 选择老虎模型，然后在修改面板下加载【蒙皮】修改器，展开【参数】卷展栏，单击 添加 按钮并添加老虎的骨骼，如图18-147所示。

图18-147

在单击 添加 按钮后，会弹出列表，此时需要在列表中选择所有的骨骼部分，为了避免选择不全面或者选择错误，只选择列表中带有Panther的名称即可，如图18-148所示。

图18-148

创建动画

01 将此时的老虎模型和CAT移动到如图18-149所示的位置。

02 使用 线 工具，在场景中创建一条如图18-150所示的线。

图18-149

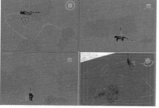

图18-150

03 单击 、 按钮，选择 标准 选项，单击 点 按钮，如图18-151所示。

04 单击拖曳创建一个节点，位置如图18-152所示。

图18-151   图18-152

05 选择上一步创建的节点，然后单击【修改】按钮，选中【三轴架】、【交叉】和【长方体】复选框，并设置【大小】为40，如图18-153所示。

06 选择刚才创建的节点，然后选择菜单栏中的【动画/约束/路径约束】命令，最后单击刚才创建的线，如图18-154所示。

图18-153   图18-154

07 此时节点已经产生了一个路径约束动画效果。选择骨骼的底座，然后单击【运动】按钮 ，展开【层管理器】卷展栏，单击 按钮，如图18-155所示。

08 单击 按钮，此时会弹出【CATMotion】对话框，如图18-156所示。

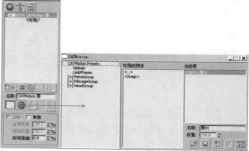

图18-155   图18-156

09 在【CATMotion】对话框中单击Globals节点，并在【行走模式】选项组下单击 路径节点 按钮，最后单击拾取场景中的节点，如图18-157所示。

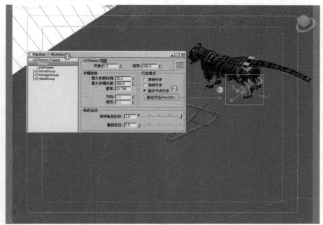

图18-157

技巧提示

本案例让老虎沿着线进行行走，思路较为特殊，但是不难理解。首先创建节点，然后将节点路径约束到线上，接着在【CATMotion】对话框中单击Globals节点，并在【行走模式】选项组下单击 路径节点 按钮，最后单击拾取场景中的节点，这样老虎就会跟随节点沿着线进行行走了。

10 此时将【行走模式】选择为【路径节点行走】，如图18-158所示。

图18-158

11 在【层管理器】卷展栏下单击 按钮，如图18-159所示，此时会变成 按钮，老虎模型已经变成运动形式，拖动时间线滑块可以看到老虎已经产生了行走的动画效果，但是身体是平躺的，如图18-160所示。

图18-159　　　　　图18-160

12 选择节点，然后单击【运动】按钮 ，接着选中【跟随】复选框，设置【轴】为【Y】，选中【翻转】复选框，如图18-161所示。

图18-161

13 此时发现老虎的位置产生了变化，如图18-162所示。

14 选择节点，然后使用【选择并旋转】工具 沿Y轴旋转90°，此时老虎的位置是正确的，如图18-163所示。

图18-162　　　　　图18-163

15 此时拖动时间线滑块查看动画效果，如图18-164所示。

图18-164

**读书笔记**

16 最终渲染效果如图18-165所示。

图18—165

课后练习

【课后练习——骨骼对象制作鸟飞翔动画】

思路解析：

01 首先创建骨骼。

02 建立父子关系。

03 为鸟模型进行蒙皮。

04 制作鸟的移动动画。

05 制作鸟的翅膀动画。

06 制作鸟的身体动画。

本章小结

　　通过本章的学习，可以掌握骨骼和蒙皮的技术，以及Biped、辅助对象、CAT对象的知识，可以快速地制作动物、角色、人物的运动动画效果，如动物行走、角色飞翔、人物运动等。这些知识难点较大，在平常三维动画电影中常看到的震撼镜头都可以通过对本章的学习制作出来。

常用物体折射率表

材质折射率

物体	折射率	物体	折射率	物体	折射率
空气	1.0003	液体二氧化碳	1.200	冰	1.309
水（20°）	1.333	丙酮	1.360	30%的糖溶液	1.380
普通酒精	1.360	酒精	1.329	面粉	1.434
溶化的石英	1.460	Calspar2	1.486	80%的糖溶液	1.490
玻璃	1.500	氯化钠	1.530	聚苯乙烯	1.550
翡翠	1.570	天青石	1.610	黄晶	1.610
二硫化碳	1.630	石英	1.540	二碘甲烷	1.740
红宝石	1.770	蓝宝石	1.770	水晶	2.000
钻石	2.417	氧化铬	2.705	氧化铜	2.705
非晶硒	2.920	碘晶体	3.340		

液体折射率

物体	分子式	密度	温度	折射率
甲醇	CH_3OH	0.794	20	1.3290
乙醇	C_2H_5OH	0.800	20	1.3618
丙醇	CH_3COCH_3	0.791	20	1.3593
苯醇	C_6H_6	1.880	20	1.5012
二硫化碳	CS_2	1.263	20	1.6276
四氯化碳	CCl_4	1.591	20	1.4607
三氯甲烷	$CHCl_3$	1.489	20	1.4467
乙醚	$C_2H_5 \cdot O \cdot C_2H_5$	0.715	20	1.3538
甘油	$C_3H_8O_3$	1.260	20	1.4730
松节油		0.87	20.7	1.4721
橄榄油		0.92	0	1.4763
水	H_2O	1.00	20	1.3330

晶体折射率

物体	分子式	最小折射率	最大折射率
冰	H_2O	1.313	1.309
氟化镁	MgF_2	1.378	1.390
石英	SiO_2	1.544	1.553
氧化镁	$MgO \cdot H_2O$	1.559	1.580
锆石	$ZrO_2 \cdot SiO_2$	1.923	1.968
硫化锌	ZnS	2.356	2.378
方解石	$CaO \cdot CO_2$	1.658	1.486
钙黄长石	$2CaO \cdot Al_2O_3 \cdot SiO_2$	1.669	1.658
菱镁矿	$ZnO \cdot CO_2$	1.700	1.509
刚石	Al_2O_3	1.768	1.760
淡红银矿	$3Ag_2S \cdot AS_2S_3$	2.979	2.711

快捷键索引

主界面快捷键

操作	快捷键
显示降级适配（开关）	O
适应透视图格点	Shift+Ctrl+A
排列	Alt+A
角度捕捉（开关）	A
动画模式（开关）	N
改变到后视图	K
背景锁定（开关）	Alt+Ctrl+B
前一时间单位	.
下一时间单位	,
改变到顶视图	T
改变到底视图	B
改变到摄影机视图	C
改变到前视图	F
改变到用户视图	U
改变到右视图	R
改变到透视图	P
循环改变选择方式	Ctrl+F
默认灯光（开关）	Ctrl+L
删除物体	Delete
当前视图暂时失效	D
是否显示几何体内框（开关）	Ctrl+E
显示第一个工具条	Alt+1
专家模式，全屏（开关）	Ctrl+X
暂存场景	Alt+Ctrl+H
取回场景	Alt+Ctrl+F
冻结所选物体	6
跳到最后一帧	End
跳到第一帧	Home
显示/隐藏摄影机	Shift+C
显示/隐藏几何体	Shift+O
显示/隐藏网格	G

续表

操作	快捷键
显示/隐藏帮助物体	Shift+H
显示/隐藏光源	Shift+L
显示/隐藏粒子系统	Shift+P
显示/隐藏空间扭曲物体	Shift+W
锁定用户界面（开关）	Alt+0
匹配到摄影机视图	Ctrl+C
材质编辑器	M
最大化当前视图（开关）	W
脚本编辑器	F11
新建场景	Ctrl+N
法线对齐	Alt+N
向下轻推网格	小键盘 -
向上轻推网格	小键盘 +
NURBS 表面显示方式	Alt+L 或 Ctrl+4
NURBS 调整方格 1	Ctrl+1
NURBS 调整方格 2	Ctrl+2
NURBS 调整方格 3	Ctrl+3
偏移捕捉	Alt+Ctrl+Space (Space 键即空格键)
打开一个 max 文件	Ctrl+O
平移视图	Ctrl+P
交互式平移视图	I
放高光	Ctrl+H
播放/停止动画	
快速渲染	Shift+Q
回到上一场景操作	Ctrl+A
回到上一视图操作	Shift+A
撤消场景操作	Ctrl+Z
撤消视图操作	Shift+Z
刷新所有视图	1
用前一次的参数进行渲染	Shift+E 或 F9
渲染配置	Shift+R 或 F10
在 XY/YZ/ZX 锁定中循环改变	F8
约束到 X 轴	F5
约束到 Y 轴	F6
约束到 Z 轴	F7
旋转视图模式	Ctrl+R 或 V
保存文件	Ctrl+S
透明显示所选物体（开关）	Alt+X
选择父物体	PageUp
选择子物体	PageDown
根据名称选择物体	H
选择锁定（开关）	Space (Space 键即空格键)
减淡所选物体的面（开关）	F2
显示所有物体网格（开关）	Shift+G
显示/隐藏命令面板	3
显示/隐藏浮动工具条	4
显示最后一次渲染的图像	Ctrl+I
显示/隐藏主要工具栏	Alt+6
显示/隐藏安全框	Shift+F
显示/隐藏所选物体的支架	J
百分比捕捉（开关）	Shift+Ctrl+P
打开/关闭捕捉	S
循环通过捕捉点	Alt+Space (Space 键即空格键)
间隔放置物体	Shift+I
改变到光线视图	Shift+4
循环改变子物体层级	Ins
子物体选择（开关）	Ctrl+B
贴图材质修正	Ctrl+T
加大动态坐标	+
减小动态坐标	-
激活动态坐标（开关）	X
精确输入转变量	F12
全部解冻	7
根据名字显示隐藏的物体	5
刷新背景图像	Alt+Shift+Ctrl+B
显示几何体外框（开关）	F4
视图背景	Alt+B
用方框快显几何体（开关）	Shift+B
打开虚拟现实	数字键盘 1
虚拟视图向下移动	数字键盘 2
虚拟视图向左移动	数字键盘 4
虚拟视图向右移动	数字键盘 6
虚拟视图向中移动	数字键盘 8
虚拟视图放大	数字键盘 7
虚拟视图缩小	数字键盘 9
实色显示场景中的几何体（开关）	F3
全部视图显示所有的物体	Shift+Ctrl+Z
视窗缩放到选择物体范围	E
缩放范围	Alt+Ctrl+Z
视窗放大两倍	Shift++ (数字键盘)
放大镜工具	Z
视窗放大两倍	Shift+- (数字键盘)
根据框选进行放大	Ctrl+W
视窗交互式放大	[
视窗交互式缩小	]

轨迹视图快捷键

操作	快捷键
加入关键帧	A
前一时间单位	<
下一时间单位	>
编辑关键帧模式	E
编辑区域模式	F3
编辑时间模式	F2
展开对象切换	O
展开轨迹切换	T
函数曲线模式	F5 或 F

操作	快捷键
锁定所选物体	Space (Space 键即空格键)
向上移动高亮显示	↑
向下移动高亮显示	↓
向左轻移关键帧	←
向右轻移关键帧	→
位置区域模式	F4
回到上一场景操作	Ctrl+A
向下收拢	Ctrl+↓
向上收拢	Ctrl+↑

渲染器设置快捷键

操作	快捷键
用前一次的配置进行渲染	F9
渲染配置	F10

示意视图快捷键

操作	快捷键
下一时间单位	>
前一时间单位	<
回到上一场景操作	Ctrl+A

Active Shade快捷键

操作	快捷键
绘制区域	D
渲染	R
锁定工具栏	Space (Space 键即空格键)

视频编辑快捷键

操作	快捷键
加入过滤器项目	Ctrl+F
加入输入项目	Ctrl+I
加入图层项目	Ctrl+L
加入输出项目	Ctrl+O
加入新的项目	Ctrl+A
加入场景事件	Ctrl+S
编辑当前事件	Ctrl+E
执行序列	Ctrl+R
新建序列	Ctrl+N

NURBS编辑快捷键

操作	快捷键
CV 约束法线移动	Alt+N
CV 约束到 U 向移动	Alt+U
CV 约束到 V 向移动	Alt+V
显示曲线	Shift+Ctrl+C
显示控制点	Ctrl+D
显示格子	Ctrl+L
NURBS 面显示方式切换	Alt+L
显示表面	Shift+Ctrl+S
显示工具箱	Ctrl+T
显示表面整齐	Shift+Ctrl+T
根据名字选择本物体的子层级	Ctrl+H
锁定 2D 所选物体	Space (Space 键即空格键)
选择 U 向的下一点	Ctrl+→
选择 U 向的下一点	Ctrl+↑
选择 U 向的前一点	Ctrl+←
选择 V 向的前一点	Ctrl+↓
根据名字选择子物体	H
柔软所选物体	Ctrl+S
转换到 CV 曲线层级	Alt+Shift+Z
转换到曲线层级	Alt+Shift+C
转换到点层级	Alt+Shift+P
转换到 CV 曲面层级	Alt+Shift+V
转换到曲面层级	Alt+Shift+S
转换到上一层级	Alt+Shift+T
转换降级	Ctrl+X

FFD快捷键

操作	快捷键
转换到控制点层级	Alt+Shift+C

常用家具尺寸附表

家具	长度	宽度	高度	深度 直径
衣橱		700（推拉门）	400~650（衣橱门）	600~650
推拉门		750~1500	1900~2400	
矮柜		300~600（柜门）		350~450
电视柜		600~700		450~600
单人床	1800、1806、2000、2100	900、1050、1200		
双人床	1800、1806、2000、2100	1350、1500、1800		
圆床				1860、2125、2424
室内门		800~950、1200（医院）	1900、2000、2100、2200、2400	
厕所、厨房门		800、900	1900、2000、2100	
窗帘盒		120~180	120（单层布），160~180（双层布）	
单人式沙发	800~950		350~420（坐垫），700~900（背高）	850~900
双人式沙发	1260~1500			800~900
三人式沙发	1750~1960			800~900
四人式沙发	2320~2520			800~900
小型长方形茶几	600~750	450~600	380~500（380最佳）	
中型长方形茶几	1200~1350	380~500或600~750		
正方形茶几	750~900	430~500		
大型长方形茶几	1500~1800	600~800	330~420（330最佳）	
圆形茶几			330~420	750、900、1050、1200
方形茶几		900、1050、1200、1350、1500	330~420	
固定式书桌		750	450~700（600最佳）	
活动式书桌			750~780	650~800
餐桌		1200、900、750（方桌）	750~780（中式），680~720（西式）	
长方桌宽度	1500、1650、1800、2100、2400	800、900、1050、1200		
圆桌				900、1200、1350、1500、1800
书架	600~1200	800~900		250~400（每一格）

室内常用尺寸附表

墙面尺寸
单位：mm

物体	高度
踢脚板	80~200
墙裙	800~1500
挂镜线	1600~1800

餐厅
单位：mm

物体	高度	宽度	直径	间距
餐桌	750~790			>500（其中座椅占500）
餐椅	450~500			
二人圆桌			500或800	
四人圆桌			900	
五人圆桌			1100	
六人圆桌			1100~1250	
八人圆桌			1300	
十人圆桌			1500	
十二人圆桌			1800	
二人方餐桌		700×850		
四人方餐桌		1350×850		
八人方餐桌		2250×850		

续表

物体	高度	宽度	直径	间距
餐桌转盘			700~800	
主通道		1200~1300		
内部工作道宽		600~900		
酒吧台	900~1050	500		
酒吧凳	600~750			

商场营业厅
单位：mm

物体	长度	宽度	高度	厚度	直径
单边双人走道		1600			
双边双人走道		2000			
双边三人走道		2300			
双边四人走道		3000			
营业员柜台走道		800			
营业员货柜台				800~1000	600
单靠背立货架				1800~2300	300~500
双靠背立货架				1800~2300	600~800
小商品橱窗				400~1200	500~800
陈列地台				400~800	
敞开式货架				400~600	
放射式售货架					2000
收款台	1600	600			

饭店客房
单位：mm/㎡

物体	长度	宽度	高度	面积	深度
标准间				25（大）、16~18（中）、16（小）	
床			400~450，850~950（床靠）		
床头柜		500~800	500~700		
写字台	1100~1500	450~600	700~750		
行李台	910~1070	500	400		
衣柜		800~1200	1600~2000		500
沙发		600~800	350~400，1000（靠背）		
衣架			1700~1900		

卫生间
单位：mm/㎡

物体	长度	宽度	高度	面积
卫生间				3~5
浴缸	1220、1520、1680	720	450	
座便器	750	350		
冲洗器	690	350		
盥洗盆	550	410		
淋浴器		2100		
化妆台	1350	450		

交通空间
单位：mm

物体	宽度	高度
楼梯间休息平台净空	≥2100	
楼梯跑道净空	≥2300	
客房走廊高		≥2400
两侧设座的综合式走廊	≥2500	
楼梯扶手高		850~1100
门	850~1000	≥1900
窗（不包含组合式窗子）	400~1800	
窗台		800~1200

灯具
单位：mm

物体	高度	直径
大吊灯	≥2400	
壁灯	1500~1800	
反光灯槽		≥2倍灯管直径
壁式床头灯	1200~1400	
照明开关	1000	

办公家具
单位：mm

物体	长度	宽度	高度	深度
办公桌	1200~1600	500~650	700~800	
办公椅	450	450	400~450	
沙发		600~800	350~450	
前置型茶几	900	400	400	
中心型茶几	900	900	400	
左右型茶几	600	400	400	
书柜		1200~1500	1800	450~500
书架		1000~1300	1800	350~450

精 品 图 书　推 荐 阅 读

　　"高效办公视频大讲堂"系列图书为清华社"视频大讲堂"大系中的子系列，是一套旨在帮助职场人士高效办公的从入门到精通类丛书。全系列包括 8 个品种，含行政办公、数据处理、财务分析、项目管理、商务演示等多个方向，适合行政、文秘、财务及管理人员使用。全系列均配有高清同步视频讲解，可帮助读者快速入门，在成就精英之路上助你一臂之力。

　　另外，本系列丛书还有如下特点：

1. 职场案例 + 拓展练习，让学习和实践无缝衔接
2. 应用技巧 + 疑难解答，有问有答让你少走弯路
3. 海量办公模板，让你工作事半功倍
4. 常用实用资源随书送，随看随用，真方便

（本系列图书在各地新华书店、书城及当当网、亚马逊、京东商城等网店有售）

精 品 图 书　推 荐 阅 读

　　"善于工作讲方法，提高效率有捷径。"清华大学出版社"高效随身查"系列就是一套致力于提高职场人员工作效率的"口袋书"。全系列包括11个品种，含图像处理与绘图、办公自动化及操作系统等多个方向，适合于设计人员、行政管理人员、文秘、网管等读者使用。

　　一两个技巧，也许能解除您一天的烦恼，让您少走很多弯路；一本小册子，也可能让您从职场中脱颖而出。"高效随身查"系列图书，教你以一当十的"绝活"，教你不加班的秘诀。

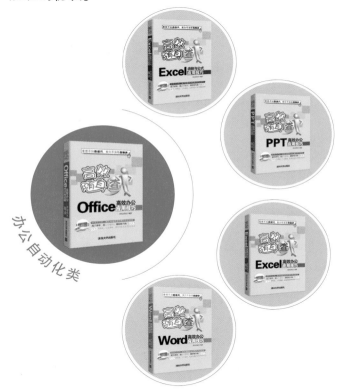

（本系列图书在各地新华书店、书城及当当网、亚马逊、京东商城等网店有售）

精 品 图 书　 推 荐 阅 读

　　如果给你足够的时间,你可以学会任何东西,但是很多情况下,东西尚未学会,人却老了。时间就是财富、效率就是竞争力,谁能够快速学习,谁就能增强竞争力。

　　以下图书为艺术设计专业讲师和专职设计师联合编写,采用"视频＋实例＋专题＋案例＋实例素材"的形式,致力于让读者在最短时间内掌握最有用的技能。以下图书含图像处理、平面设计、数码照片处理、3ds Max 和 VRay 效果图制作等多个方向,适合想学习相关内容的入门类读者使用。

（以上图书在各地新华书店、书城及当当网、亚马逊、京东商城等网店有售）

精 品 图 书 推 荐 阅 读

"CAD/CAM/CAE 技术视频大讲堂"丛书系清华社"视频大讲堂"重点大系的子系列之一，由国家一级注册建筑师组织编写，继承和创新了清华社"视频大讲堂"大系的编写模式、写作风格和优良品质。本系列图书集软件功能、技巧技法、应用案例、专业经验于一体，可以说超细、超全、超好学、超实用！具体表现在以下几个方面：

■☞ 大型高清同步视频演示讲解，可反复观摩，让学习更快捷、更高效
■☞ 大量中小精彩实例，通过实例学习更深入，更有趣
■☞ 每本书均配有不同类型的设计图集及配套的视频文件，积累项目经验

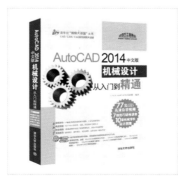

（本系列图书在各地新华书店、书城及当当网、亚马逊、京东商城等网店有售）